工程设计人员能力提升丛书

建筑钢结构设计方法与实例解析
（第二版）

张相勇　主编

中国建筑工业出版社

图书在版编目（CIP）数据

建筑钢结构设计方法与实例解析 / 张相勇主编. —2 版. —北京：中国建筑工业出版社，2023.8
（工程设计人员能力提升丛书）
ISBN 978-7-112-28795-6

Ⅰ.①建… Ⅱ.①张… Ⅲ.①建筑结构-钢结构-结构设计 Ⅳ.①TU391.04

中国国家版本馆 CIP 数据核字（2023）第 100882 号

本书依据国家最新标准规范编写而成，从设计一线人员的视角出发，尽量避免教科书晦涩难懂的理论推导，穿插讲解常规钢结构设计软件流程及设计思路。全书分为背景知识篇和工程实例篇，包括：钢结构概述、钢结构的材料选用、钢结构的连接、钢结构的防护设计、门式刚架、多高层钢结构、大跨空间钢结构、预应力钢结构、装配式钢结构住宅，书后附有钢结构设计常用软件、常用规范及标准等。本书讲解深入浅出，内容全面翔实，具有很强的可操作性及实用性。

本书可作为高等院校相关专业学生和结构设计新人的指导用书，亦可供具有一定经验的技术人员参考使用。

除特别说明外，本书中标高的单位均为“m”，其余长度单位均为“mm”。

责任编辑：王砾瑶
责任校对：张 颖

工程设计人员能力提升丛书
建筑钢结构设计方法与实例解析（第二版）
张相勇 主编
*
中国建筑工业出版社出版、发行（北京海淀三里河路 9 号）
各地新华书店、建筑书店经销
北京科地亚盟排版公司制版
廊坊市海涛印刷有限公司印刷
*
开本：787 毫米×1092 毫米 1/16 印张：24½ 字数：607 千字
2023 年 9 月第二版 2023 年 9 月第一次印刷
定价：**85.00** 元
ISBN 978-7-112-28795-6
（41197）

本书编委会

主　编： 张相勇

副主编： 曹志亮

编　委： 马　彬　李黎明　卜龙瑰　常为华　陈丽莹

序一

钢结构具有材料强度高，重量轻，抗震性能好，工业化程度高，施工周期短及可回收循环利用等优点，是典型的绿色建筑材料，广泛应用于土木工程各领域。钢结构亦具有造型独特和轻盈灵巧的美学特征和建筑表现力，深受建筑师青睐，在大型建筑、商业建筑和标志性建筑中广泛应用。目前，节能、高效、环保和工业化已成为现代结构工程发展的必然趋势，此必将促进我国结构工程师对钢结构知识不断深入的学习与认识，并在实际工程中加以应用和推广。

我国钢产量已连续多年位居世界第一，为我国钢结构的发展奠定了雄厚的物质基础。住房和城乡建设部及相关各行业主管部门均明确提出大力发展钢结构，给我国钢结构产业的发展创造了良好的政策环境及前所未有的发展机遇，各地钢结构建筑正迅猛发展。

本书作者张相勇博士是来自我国著名大型设计院的一线结构工程师，有十多年从事结构设计的实践经历。作者理论功底扎实，实践经验丰富，在长期从事结构设计尤其是钢结构设计的实践过程中，对钢结构常用结构体系均熟练掌握，包括门式刚架、多层钢结构、高层钢结构、超高层钢结构、空间网格结构（网架、网壳、管桁架）、预应力钢结构（张弦梁、预应力压杆、斜拉结构及拉索幕墙钢结构）等，并在工程中自如地应用。尤其难能可贵的是，作者在繁忙的设计工作之余能耐得住寂寞，潜心著书，将自己直接负责或参与的典型工程一一梳理，为读者呈现了钢结构设计的精彩画卷。

本书写作从设计一线人员的视角出发，尽量避免教科书晦涩难懂的理论推导，穿插讲解常规钢结构设计软件流程及设计思路，把复杂的设计过程说清楚，让读者非常易于理解。书中将建筑与结构设计，设计理论与工程实例，手算与软件计算分析，结构整体设计与节点设计相结合，讲述深入浅出，内容全面翔实，具有很强的可操作性与实用性，是一本与众不同、颇有价值的钢结构设计参考书。

本书值得钢结构的初学者和从业人员阅读。我相信，不仅高等院校相关专业的学生和结构设计的新人能通过本书接触到鲜活的工程案例，从而对钢结构工程设计产生浓厚兴趣；对钢结构设计有一定经验的技术人员也会从本书中找到共鸣，借以拓宽设计思路，提高设计水平，在自己的设计实践中勇于创新。

最后，对本书作者为推动我国钢结构的发展所做出的贡献表示赞赏和敬意!

李国强

2013 年 2 月于同济园

序二

自改革开放以来，我国冶金工业发展迅速，钢产量增加超乎人们的预料，1978 年我国钢产量仅 3178 万 t，居世界第五，而到了 1996 年我国钢产量已经超过 1 亿 t，雄踞世界第一。而在 21 世纪，我国钢产量的增加更令世界瞩目，到 2012 年我国钢产量已达到 7 亿 t，占全球钢产量的一半，随着钢产量的迅速增长，我国建筑用钢政策也由过去的节约用钢发展到现在的提倡在条件允许下尽量采用钢结构。

钢结构有加工制作周期短、建设速度快、综合力学性能好、重量轻、便于拆装、易于实现高度工业现代化生产、可回收利用等优点。同时随着建筑师对建筑艺术的不断追求创新，钢结构以它独特的造型能力，丰富了建筑师的创意能力。

我国近年来钢结构发展十分迅速，一些地区的地标性建筑都选择了钢结构，这就给结构工程师从事钢结构设计提供了一个良好的平台，但我国钢结构的兴起毕竟只有不到二十年的时间，许多设计院在 21 世纪前还是以设计钢筋混凝土结构和砌体结构为主，在这些单位中的设计骨干对钢结构设计还不是十分熟悉。众所周知，一个大学生到一个独当一面的结构工程师需要一个把书本知识转换成工作能力的成长阶段，在这个阶段中，如有人进行正确引导，对成长十分有利，但鉴于我国很多设计单位尤其是中小设计单位没有这个条件，张相勇高级工程师想通过本书对那些刚出校门，又无人指导的年轻工程师快速完成这一转换过程提供帮助。

本书作者通过自己的设计实践，从结构设计角度，由简到繁，全面叙述了整个钢结构设计过程所需要解决的各方面问题，涵盖从钢结构选材、连接计算、防腐防火设计到施工图绘制等钢结构设计的基础知识；再到各种钢结构设计实例的详细设计过程，穿插讲解常规计算分析与设计软件（含 PKPM-STS、3D3S、MIDAS/GEN、ETABS、SAP2000、ABAQUS 等）的应用，工程实例包括多层、高层、超高层等各种多高层钢结构和门式刚架、网架、网壳、管桁架、预应力钢结构等大跨度钢结构。书中共 11 个设计实例均系作者负责或参与的工程，因而作者写起来得心应手，读者阅读起来也会觉得通俗易懂。

本书内容既有相当的广度，也具有一定的深度。相信本书的出版会对那些刚从学校毕业的结构设计人员从事钢结构设计起到很好的引导作用。另外，对于那些在设计一线工作了一段时间，想在钢结构其他领域有所拓展的工程师，本书亦能提供非常适用的借鉴。

值得一提的是本书作者张相勇博士长期在设计院工作，个中辛苦我感同身受，但作者能够在百忙之中不惮艰辛，持之以恒，写出一本对我国钢结构发展有益的著作，很令我钦佩!

中国钢结构协会专家委员会委员
北京市建筑设计研究院有限公司结构副总工
甘　明
2013 年 2 月于北京院

第二版前言

光阴似箭，距离本书第一版面世，转眼已有十年。

十年前，建筑钢结构的设计实用教材较为匮乏，本书的问世恰逢其时，在行业内获得广泛好评，并得到广大结构设计师尤其是新入行人员的热烈追捧。

通过网络群获知，有不少设计师通过本书的实用案例，按图索骥，从设计“小白”逐渐成长为单位的钢结构设计业务骨干，或者创业成为钢结构产业的企业家；也有不少高校将本书提供的实用案例用于学生毕业设计，取得很好的效果……

一本技术类的书籍，能产生如此大的能量，实在是作为编著者的我们始料未及的。倍感欣慰的同时，也更加明白著书立说是何等的崇高与神圣。

十年间，世事变迁，行业重构，知识与人才也在更新换代。

在“双碳”目标及新型建筑工业化的大背景下，我国大力发展装配式建筑，而钢结构建筑作为装配式建筑的“优等生”正开展得如火如荼，新建建筑采用钢结构的占比，亦逐年增多并势不可挡。

为了让本书跟上时代，使这本深受行业技术人员欢迎的著作继续发挥作用，出版社的编辑多次催促我们再版该书。但工作繁重，著书也着实耗费心力，所以一直难以启动。最近两年才陆陆续续抽空修订此书，了却了一桩心愿。

本书修订时，基本保持了原有的体例，把原有的各个结构体系案例按最新标准重新进行了核算与校对，涉及的最新标准包括《钢结构设计标准》GB 50017—2017、《钢结构通用规范》GB 55006—2021、《建筑与市政工程抗震通用规范》GB 55002—2021、《门式刚架轻型房屋钢结构技术规范》GB 51022—2015、《高层民用建筑钢结构技术规程》JGJ 99—2015、《装配式钢结构住宅建筑技术标准》JGJ/T 469—2019 等，以使本书与时俱进，达到实用之目的。

另外，针对钢结构装配式建筑，选取了其中的钢结构装配式住宅，通过对“异形柱-双钢板组合剪力墙结构”这一钢结构住宅新体系的设计过程进行讲解，让读者全面掌握新体系的结构设计过程。

未来已来，行业生态大变革的画卷正在展开，让我们共同迎接钢结构建筑飞速发展的明天。

希望本书的再版能为行业发展做出应有的贡献。

编者

2023 年 5 月于张相勇博士创新工作室

前言

从 2012 年 3 月底开始，中国建筑工业出版社的编辑找到我，希望编写一本面向钢结构设计新人的书。刚开始我比较犹豫，一方面担心自己时间上安排不开，作为一名结构设计团队的主管人员，既要参与并负责各种类型工程项目的结构设计工作，又要负责团队各方面的管理工作，平时工作实在繁忙；另一方面担心自己才疏学浅，而写书责任重大，著作等身须在自己充分积累与沉淀之后，否则为写书而写书，不如不写。在徘徊期间，我一边和出版社接触，一边亲自进行钢结构设计方面的图书调研工作。经过再三考虑，我觉得这是一件值得做且很有必要做的事情，于是我决定尽我所能，着手酝酿这样一本钢结构设计的书。

经过一段时间的调研，我发现目前市场上面向结构设计新人的书也发行了不少，但很多似曾相识却实操性有所欠缺：讲混凝土结构设计入门的多，钢结构设计入门的少；由高校学者主要按构件体系编写的多，而设计院一线钢结构工程师编写的少；介绍常规结构设计软件的多，而结合各类生动的钢结构工程实例阐述设计步骤与思路的少。

回顾自己从事结构设计工作的过程，虽然从上大学便对钢结构情有独钟，硕士期间也研读了大量的钢结构著作，但硕士毕业后作为一个结构设计新人，面对实实在在的工程，在林林总总的规范、图集面前，还是感到无所适从。而当时钢结构设计的参考书多为构件设计手册、节点设计手册等，针对实际工程及整体结构的实例非常少，且可操作性不强。工作中，接到钢结构设计任务后，设计周期总是非常短，我只能一边硬着头皮向前辈请教，一边自己摸索领悟与积累，同时遇到问题到专业网络论坛（如中华钢结构论坛）发帖讨教，慢慢地也从一个遇到工程一筹莫展的小兵成长为对各种钢结构都能迎难而上并顺利完成的结构设计工程师。工作期间，我有幸参与了北京银泰中心 250m 高纯钢结构工程、北京财源国际中心超高层混合结构工程等的主要钢结构设计，主持并负责了青岛北站（含无柱雨棚）及合肥南站等超限大跨空间钢结构的设计工作，同时负责了很多含门头雨棚、拉索幕墙、网架（壳）屋面、管桁架、门式刚架等钢结构工程的设计工作，对钢结构有了全新的认识。

结构设计，不管是混凝土还是钢结构，在目前的市场环境下，总是时间很紧，但结构设计工程师承担的任务却很重，责任也非常大。一路走来，作为一线工程师，确实感到结构设计工程师职业所赋予的责任感与成就感。结构设计无小事，引用北京市建筑设计研究院有限公司总工齐五辉说过的话，“结构师职业有两面，一面是枷锁，一面是荣誉”。任何细微的失误都有可能引起安全事故，但一项工程顺利完工并投入使用所带来的成就感也是不言而喻的。

21 世纪是钢结构的世纪，这是古老的土木工程学科科技发展的必然。进入 21 世纪，钢结构无论设计、施工还是材料等技术都在突飞猛进，钢材以其优越的材料性能和绿色低碳的特点正成为建造摩天大楼、大跨公共建筑及工业厂房的重要建筑材料，钢结构亦成为首选的结构形式。世界发达国家都非常重视发展钢结构，可以说，钢结构建筑发展水平往往是衡量一个国家或地区经济发展的重要标志，而大跨空间钢结构尤其能体现一个国家建筑技术整体水平的高低。但以本人的工作经历来看，目前国内钢结构设计师还很欠缺，很多结构工程师由于种种原因对钢结构设计有畏难情绪，不少中小型设计单位遇到钢结构工程便依靠外部资源解决。钢结构产业方兴未艾，未来将有广阔的发展前景。钢结构设计与混凝土设计，既有共同点也有很大的不同。本人平时也传帮带结构设计新人，并指导在校研究生做设计与研究，新手们大都希望学习钢结构设计，参与钢结构工程设计的愿望非常强烈，同时也迫切希望有一本贴合实际工程，能为他们提供实操训练的书籍。我也感到，作为一个结构设计工程师，只有对无论是混凝土还是钢结构工程均有相当的设计经验才能让自己的结构设计职业生涯更加完善。

为此，本人感到有必要静下心来，挤出时间抛砖引玉，对以往的钢结构设计工程简要梳理，为希望从事钢结构设计的工程师们编写一本理论深度较浅但参考性与实操性较强的书，让结构设计新人快速成长为独当一面的结构专业负责人。希望能为我国钢结构设计的发展和提高做出微薄的贡献。

本书主要分为两篇，背景知识篇和工程实例篇。背景知识篇主要简明扼要讲解钢结构概况、钢结构施工图内容与要求、钢结构设计深化及详图表达，钢结构设计的一般步骤与设计思路，钢结构制作与安装、钢结构材料、连接、防腐防火设计等。工程实例篇在钢结构设计步骤与思路的框架下详细阐述各工程实例，包括门式刚架、多层钢结构、高层钢结构、超高层钢结构、空间网格结构（网架、网壳、管桁架）、预应力钢结构（张弦梁、预应力压杆、斜拉结构及拉索幕墙钢结构）等共 11 个工程实例。这些实例都是作者负责或参与的且已建好投入使用的钢结构工程，具有很好的参考价值。本书可作为从事钢结构设计的工程师的入门指导书，对钢结构设计有一定经验的工程师亦可将其作为开拓设计领域提高水平的参考书。书中还结合结构设计过程总结了一些作者切身的经验教训、设计技巧，有用的钢结构设计信息等，提醒读者在迈向钢结构设计高手时应注意和规避的问题。

本书写作大纲拟定及全书的统稿指导与修订由本人负责，其中，第 7.3 节由李黎明参与编写，第 8.3、8.4 节由张爵扬在本人指导下编写，其他章节由本人编写，本人作为第二导师指导的研究生刘国跃、尧金金做了大量辛苦的编辑工作；写作过程中，中建钢构北京公司的吕黄兵总工，瞿海雁博士副总工，中建八局钢构公司的焦峰华项目经理提供了制作与安装的诸多资料。在此，对师弟李黎明、张爵扬及卜龙瑰，师妹王莹等，学生刘国跃与尧金金，以及钢结构施工单位的吕黄兵、瞿海雁、焦峰华等朋友致以最高的谢意！

借本书出版之机，我还要感谢对我从事钢结构设计与研究工作有重要影响和帮助的人。本人导师北京科技大学牟在根教授，早年曾长期在中国建筑科学研究院从事结构设计与研究工作，引导我对钢结构尤其是空间结构产生了浓厚兴趣，作为全国空间结构委员会专家多次带领我参加全国空间结构会议，在我的设计工作中一直对我进行有益的指导，并抽出宝贵时间认真审核本书稿，成为我生活中的良师益友。中国电子工程设计院总工、中国勘察设计大师娄宇，在本人全程参与北京银泰中心设计团队的两年多时间里，娄总带领我们在高层钢结构尤其是超高层钢结构资料非常缺乏的情况下做了很多前瞻性的探索与研究，并指导我们做钢结构设计与相关研究，使我对高层及超高层钢结构有了深刻的认识并积累了宝贵的实践经验；此后的一年多时间里我加入到另外一个超高层混合结构项目北京财源国际中心（西塔）的设计团队，项目也是在娄总的带领和指导下完成，本书亦是在其关心与多次鼓励下我才坚持写完，其对弟子的支持与厚爱我将终生感怀。另外，还要感谢北京市建筑设计研究院有限公司的诸位老总，包括柯长华大师、张青书记及副总、齐五辉总工、院副总甘明、束伟农、薛慧立及朱忠义等前辈，其中甘总对我负责的中国动漫游戏城多层钢结构、鄂尔多斯职业学院电教中心网架结构、鄂尔多斯综合高中体育馆管桁架等工程进行了审核与指导，并在青岛北站及雨棚钢结构设计中为我保驾护航，还抽出时间为本书赐序；薛总对我负责的鄂尔多斯职业学院试验生产车间门式刚架结构，青岛北站及雨棚钢结构等工程进行了审核与指导，柯总对青岛北站及雨棚钢结构工程进行了审定与指导，朱总和我在合肥南站大跨超限工程的设计中精诚合作。各工程设计过程中记不清多少次向各位老总请教，累受教益，深表谢忱！此外，同济大学李国强教授欣然赐序，新版《钢结构设计规范》修订组主编王立军教授级高工、还有范重教授级高工、钱基宏研究员、朱丹教授级高工、薛慧立教授级高工、朱忠义教授级高工、王燕教授、戴立先教授级高工等均拨冗审阅书稿，点评并提出了宝贵建议，他们对本人的支持与鼓励令我充满敬意。最后，对我国著名建筑师吴晨博士表示由衷的谢意，与其合作是我工作经验积累的源泉，很难想象，没有他的大力支持，这本书能够如期面世。

需要指出的是，本书由于工程实例较多，工程建成时间跨越新旧规范，少许工程可能采用当时适用的规范，而现有规范有不少更新，本书写作时尽量按新规范及新软件（含PKPM-STS、3D3S、ETABS、MIDAS/GEN、SAP2000等）进行了校正，但难免挂一漏万；本书着重介绍各种钢结构体系的设计步骤与思路，因而并不会对读者阅读造成很大的影响，提醒读者在参考本书进行工程设计时应严格遵照当前的适用规范。

由于时间紧迫，限于作者的理论水平与实践经验，书中难免有错误或不当之处，恳请读者批评指正，作者将不胜感谢。作者电子邮箱：yongzx@126.com。

张相勇

2013年3月于北京院

目录

上篇　背景知识篇

下篇　工程实例篇

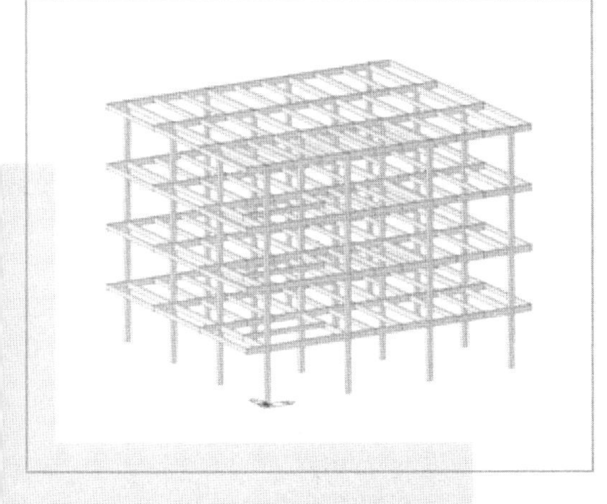

上篇

背景知识篇

第 1 章　钢结构概述

1.1　走近钢结构工程

钢结构是一种重量轻、强度高、抗震性能好，并且节能环保，能够循环使用的建筑结构，具有非常明显的绿色建筑的特点。其工程应用与发展的主要领域为：单层轻型厂房及仓库、单层重型厂房、大跨度公共建筑、高层和超高层建筑、多层工业厂房、办公楼及住宅、铁路桥梁、大跨度公路及城市桥梁、城市高架路、塔桅结构、海洋平台、矿井、各种容器及管道、需拆卸及移动的结构等。

中华人民共和国成立后一段时间，受钢产量的制约，钢结构的合理使用与发展受到限制，钢结构仅在重型厂房、大跨度公共建筑、铁路桥梁以及塔桅结构中采用，钢结构发展比较缓慢。改革开放初期，我国钢年产量仅 3000 万吨，国家实行节约用钢的政策。到 20 世纪 90 年代中期，我国钢产量有了较大发展，建设部提出了合理采用钢结构的方针；其后，随着我国钢产量的进一步提高，又提出了在建筑中积极采用钢结构的方针。改革开放 40 多年以来，我国建筑钢结构行业取得了巨大的发展，奠定了雄厚的基础。

自 20 世纪 90 年代至今，我国钢材产量持续保持世界第一，从 1996 年钢产量突破 1 亿吨，到全国钢产量 1.3 亿万吨，产业规模名列世界第一位。钢材的质量和钢材的规格已能满足建筑钢结构的要求，国家也相继出台了多项鼓励建筑用钢政策，1999 年《国家建筑钢结构产业“十五”计划和 2010 年发展规划纲要》提出了在“十五”期间，建筑钢结构行业要作为国家发展的重点，这使得钢结构行业步入快速发展期。住房和城乡建设部 2011 年公布的《建筑业发展“十二五”规划》明确，“十二五”期间，钢结构工程比例继续增大，大力宣传、弘扬钢结构的成就，钢结构技术、经济优越性及低碳减排、循环经济，以及长远的战略资源的储备和利用。通过国家对钢结构产业的关注与扶持，提出促进发展钢结构产业的合理政策、措施，鼓励扶持的办法及有关产品减轻税负等，真正达到促进行业健康持续稳定发展。钢结构工程比例增大意味着钢结构产业将迎来新发展机遇。2017 年住房和城乡建设部出台的《建筑节能与绿色建筑发展“十三五”规划》和《“十三五”装配式建筑行动方案》等文件，提出大力发展装配式建筑，培育设计、生产、施工一体化龙头企业，积极发展钢结构等建筑结构体系。受益于政策的大力支持，全国钢结构产量不断增加。2015～2020 年，全国钢结构产量逐年上升，由 5100 万吨增加至 8900 万吨。不仅产量上升，技术上也在不断提高。北京大兴国际机场航站楼、国家速滑馆等 10 项钢结构工程入选“新时代十大钢结构经典工程”名单。

目前钢结构的发展日新月异，规模更大，技术更新，呈现出数百年来未曾有过的兴旺景象，被称为建筑行业的“朝阳产业”。当前，钢结构的建筑发展水平已成为衡量一个国家或地区的经济发展水平的重要标志。现在，我们迎来了钢结构发展的又一次高峰，各项钢结构工程如雨后春笋般地拔地而起。以“鸟巢”和“水立方”（图 1-1）为代表的大中城市体育场馆；以国家大剧院（图 1-2）为代表的大型剧院和文化设施；以北京大兴国际机场航站楼（图 1-3）为代表的航站楼工程；以人民日报社和中央电视台办公楼（图 1-4）为代表的传媒机构；以青岛火车北站（图 1-5）为代表的大型火车站房，以“中国尊”为代表的（图 1-6）超高层写字楼等，基本上都是钢结构工程。

图 1-1 “鸟巢”和“水立方”

图 1-2 国家大剧院

图 1-3 北京大兴国际机场航站楼

图 1-4 人民日报社和中央电视台办公楼

图 1-5 青岛火车北站

尽管我国钢结构发展迅猛，但主要集中应用于工业厂房、大跨度或超高层建筑中，钢结构建筑在全部建筑中的应用比例还非常低，不到 15%，而美国、瑞典、日本等国的钢结构房屋面积已达到总建筑面积的 40%左右。因此，我国钢结构还是一个很年轻的行业，总体水平与西方发达国家相比，仍有较大的差距。这个差距是钢结构发展的潜力，也是钢结构发展的空间。2021 年 10 月，中国钢结构协会发布了《钢结构行业“十四五”规划及 2035 年远景目标》，提出钢结构行业“十四五”期间发展目标：到 2025 年年底，全国钢结构用量达到 1.4 亿吨左右，占全国粗钢产量比例 15%以上，钢结构建筑占新建建筑面积比例达到 15%以上。到 2035 年，我国钢结构建筑应用达到中等发达国家水平，钢结构用钢量达到每年 2.0 亿吨以上，占粗钢产量 25%以上，钢结构建筑占新建建筑面积比例逐步达到 40%，基本实现钢结构智能建造。

图 1-6　“中国尊”超高层写字楼

就建筑结构来讲，21 世纪将是钢结构的世纪。土木工程最初是土和木，而后是砖和混凝土，现在发展到钢筋混凝土结构、钢结构，这是科学技术发展的必然，也是土木工程本身的进步。

1.2 钢结构的优缺点

钢结构在工程中得到广泛的应用和迅速的发展，是由于钢结构与其他结构相比具有很多的优点。

1. 钢结构的优点

（1）强度高，质量轻。钢材与其他建筑材料诸如混凝土、砖石和木材相比，强度要高得多，弹性模量也高（钢材的弹性模量 $E=206\times10^3\text{N/mm}^2$）。如常用的 Q345（Q355）钢抗拉、抗压和抗弯强度的设计值为 $f=305\text{N/mm}^2$（厚度或直径<16mm），而常用的 C30 混凝土轴心抗压强度设计值为 $f_c=14.3\text{N/mm}^2$，即使采用强度较低的钢材，其强度与密度的比值也比混凝土和木材大得多，从而在同样受力条件下，结构构件质量轻且截面小，特别适用于跨度大、荷载大的构件和结构。以同样跨度承受同样荷载，钢屋架的质量最多不过为钢筋混凝土屋架的 1/4～1/3，冷弯薄壁型钢屋架甚至接近 1/10、结构自重的降低，可以减小地震作用，进而减小结构内力，还可以使基础的造价降低，这个优势在软土地区更加明显。此外，构件轻巧也便于运输和安装。

（2）材料均匀，塑性、韧性好，抗震性能优越。弹性力学和材料力学的基本假定是：假定物体是连续的、完全弹性的、均匀的、各向同性的，凡是符合以上四个基本假定的物体，就可看作是理想弹性体。

钢材由于组织均匀，接近各向同性，而且在一定的应力幅度内几乎是完全弹性的，弹性模量大，有良好的塑性和韧性，为理想的弹性-塑性体。钢结构的实际工作性能比较符合目前采用的理论计算模型，因此可靠性高。

钢材塑性好，钢结构不会因偶然超载或局部超载而突然断裂破坏；钢材韧性好，使钢结构较能适应振动荷载，地震区的钢结构比其他材料的工程结构更耐震，钢结构一般是地震中损坏最小的结构。

鉴于上述优点，钢结构适应于高层建筑、大跨空间结构、重型厂房的承重骨架和受动力荷载影响的结构，如有较大锻锤、产生动力作用或有其他设备的厂房。

（3）工业化程度高，工期短。钢结构所用的材料少，且多是成品或半成品材料，加工比较简单，并能够使用机械操作，易于定型化、标准化，工业化生产程度高。因此，钢构件一般在加工厂制作而成，精度高，质量稳定，劳动强度低。

构件在工地拼装时，多采用简单方便的焊接或螺栓连接，钢构件与其他材料构件的连接也比较方便。有时钢构件还可以在地面拼装成较大的单元后再进行吊装，以降低高空作业量，缩短施工工期。施工周期短，使整个建筑更早投入使用，不但可以缩短贷款建设的还贷时间，减少贷款利息，而且提前收到投资回报，综合效益高。

（4）构件截面小，有效空间大。由于钢材的强度高，构件截面小，所占空间也就小。以相同受力条件的简支梁为例，混凝土梁的高度通常是跨度的 1/16～1/12，而钢梁是 1/18～1/12，如果钢梁有足够的侧向支承，甚至可以达到 1/20，有效增加了房屋的层间净高。在梁高相同的条件下，钢结构的开间可以比混凝土结构的开间大 50%，能更好地满足建筑上大开间、灵活分割的要求。柱的截面尺寸也类似，避免了“粗柱笨梁”现象，室内视觉开阔，美观方便。

另外，民用建筑中的管道很多，如果采用钢结构，可在梁腹板上开洞以穿越管道，如果采用混凝土结构，则不宜开洞，管道一般从梁下通过，从而要占用一定的空间。因此在楼层净高相同的条件下，钢结构的楼层高度要比混凝土结构的小，可以减小墙体高度，并节约室内空调所需的能源，减少房屋维护和使用费用，减少建筑在建造阶段和运维阶段的碳排放。

(5) 节能、环保、碳排放少。与传统的砌体结构和混凝土结构相比，钢结构属于绿色建筑结构体系。所谓绿色建筑，是指有利于环境保护、节约能源的建筑。建筑不仅是为居住使用，更应考虑为人创造舒适的、低能耗的建筑。

目前钢结构房屋的墙体多采用新型轻质复合墙板或轻质砌块，如高性能 NALC 板（即蒸压轻质加气混凝土板）、复合夹心墙板、幕墙等；楼（屋）面多采用复合楼板，如压型钢板-混凝土组合板、钢筋桁架组合楼板、轻钢龙骨楼盖等，符合建筑节能和环保的要求。

此外，钢结构的施工方式为干式施工，可避免混凝土湿式施工所造成的环境污染。钢结构材料还可利用夜间交通流畅期间运送，不影响城市闹市区建筑物周围的日间交通，噪声也小。另外，对于已建成的钢结构也比较容易进行改建和加固，用螺栓连接的钢结构可以根据需要进行拆迁，也有利于环境保护。采用钢结构可大大减少砂、石、灰的用量，减轻对不可再生资源的破坏；钢结构拆除后可异地再装配或回炉再生循环利用，可大大减少灰色建筑垃圾。

根据冶金工业规划研究院数据，钢结构建筑全生命周期的碳排放为 261.8kg/m^2，现浇钢筋混凝土建筑的碳排放为 317.5kg/m^2。尽管国内一些科研机构的研究数据有所差别，但钢结构建筑是碳减排的“优等生”，已是行业共识。

2. 钢结构的不足之处

(1) 钢材耐热性好，但耐火性差。钢材耐热而不耐火，随着温度升高而强度降低。当钢结构长期受到 100℃ 辐射热时，钢材不会有质的变化，具有一定的耐热性。温度在 250℃以内，钢的性质变化很小，温度达到 300℃以后，强度逐渐下降，达到 450～650℃时，钢材强度急剧下降，强度接近为零，可能会全部瞬间崩溃。因此，钢结构的防火性能比钢筋混凝土差，一般用于温度不高于 250℃ 的场所。当温度升至 150℃以上时，需要隔热层加以保护。有特殊防火要求的建筑，钢结构更需要用耐火材料围护，对于钢结构住宅或高层建筑钢结构，应根据建筑物的重要性等级和防火规范加以特别处理。例如，利用蛭石板、蛭石喷涂层、石膏板或 NALC 板等加以防护。

(2) 钢材耐腐蚀性差，应采取防护措施。钢材在潮湿环境中易于锈蚀，处于有腐蚀性介质的环境中更易生锈，因此，钢结构必须进行防锈处理。尤其是暴露在大气中的结构、有腐蚀性介质的化工车间以及沿海建筑，更应特别注意防腐问题。

钢结构的防护可采用油漆、镀铝（锌）复合涂层。但这种防护并非一劳永逸，需相隔一段时间重新维修，因而其维护费用较高。目前国内外正发展不易锈蚀的耐候钢，此外，长效油漆的研究也取得进展，使用这种防护措施可延长钢结构寿命，节省维护费用。

虽然钢结构体系具有很多优点，但我国毕竟还处于发展的初期阶段，有诸多问题需要逐步解决，比如钢结构技术及配套体系有待于进一步开发、研究和完善；需要妥善解决防腐、防火问题；工程造价也需要进一步降低以利于钢结构的大力推广。

1.3 钢结构的主要结构体系

用于房屋建筑结构的结构体系有：

1. 平面承重结构体系

平面承重结构体系由承重体系和附加构件两部分组成，其中承重体系是由一系列相互平行平面结构组成，承担该结构平面内的竖向荷载和横向水平荷载，并传递到基础。附加构件由纵向构件及支撑组成，将各个平面结构连成整体，同时也承受结构平面外的纵向水平力。轻型门式刚架结构（图 1-7）是最近几年来广泛应用的平面承重结构体系，除厂房建筑外，还有商业建筑（如超市等）、汽车展厅、体育馆等。常用的有两铰刚架、三铰刚架及无铰刚架，梁柱截面有等截面及变截面两种形式。

2. 多层、高层和超高层建筑结构体系

多层、高层和超高层建筑结构体系主要有框架、框架-支撑体系、框架-内筒体系、带伸臂桁架的框架-内筒体系、筒中筒及成束筒等结构体系。

钢框架结构是一种常用的钢结构形式，多用于大跨度公共建筑、工业厂房和一些对建筑空间、建筑体型、建筑功能有特殊要求的建筑物和构筑物中，如剧院、商场、体育馆、火车站、展览厅、造船厂、飞机厂、停车库、仓库、工业车间、电厂锅炉刚架等，如图 1-8 为首钢二通厂区改造项目中的中国动漫游戏城办公楼，本工程各新建单体分别位于原有铸钢车间内部或在外部贴建，4 层新钢框架结构与原有混凝土排架结构厂房全部脱开。近些年来，装配式钢结构住宅，越来越受到人们的重视。如图 1-9 为 2002～2003 年完工的北京市最早的装配式钢结构住宅——北京市经济技术开发区亦庄青年公寓小区，建筑面积约 11.7 万 m^2。

图 1-7　鄂尔多斯职业学院试验生产车间门式刚架结构

图 1-8　中国动漫游戏城

框架结构一般可分为单层单跨、单层多跨和多层多跨等结构形式，以满足不同建筑造型和功能的需求。根据结构的抗侧力体系的不同，钢结构框架可分为纯框架、中心支撑框架、偏心支撑框架、框筒等。纯框架结构延性好，但抗侧力刚度较差；中心支撑框架通过支撑提高框架的刚度，但支撑受压会屈曲，支撑屈曲将导致原结构的承载力降低；偏心支撑框架可通过偏心梁段剪切屈服限制支撑的受压屈曲，从而保证结构具有稳定的承载力和

图 1-9　北京亦庄青年公寓小区

良好的耗能性能，而结构抗侧力刚度介于纯框架和中心支撑框架之间；框筒实际上是密柱框架结构，由于梁跨小、刚度大，使周围柱近似构成一个整体受弯的薄壁筒体，具有较大的抗侧刚度和承载力，因而框筒结构多用于超高层建筑。如图 1-10 为位于长安街边的北京银泰中心，其中 A 塔楼高 249.5m，采用筒中筒钢结构体系。

图 1-10　北京银泰中心

3. 空间受力结构体系

空间受力结构体系分为刚性空间结构和柔性空间结构等。

（1）刚性空间结构的网格结构有网架结构、网壳结构和管桁架结构等。网架结构（图 1-11）是空间网格结构的一种，它是由大致相同的格子或尺寸较小的单元组成。由于网架结构具有优越的结构性能，良好的经济性、安全性与适用性，在我国的应用也比较广泛，特别是在大型公共建筑和工业厂房屋盖中更为常见。通常平板型或有微小弧度的空间网格结构称为网架，曲面型的空间网格结构称为网壳。网架一般是双层的，在某些情况下也可以做成三层。网架结构受力杆件通过节点有机地结合起来。节点一般设计成铰接，材料主要承受轴向力，杆件的截面相对较小。网架结构最大的特点是由于杆件之间的互相支撑作用，很多杆件从两个方向或多个方向有规律地组成高次超静定空间结构，它刚度大，整体性好，抗震能力强，而且能够承受由于地基不均匀沉降所带来的不利影响。即使在个别杆件受到损伤的情况下，也能自动调节杆件的内力，保持结构的安全。网架的杆件多为钢管，有时也采用其他型钢，材质为 Q235 或 Q345(Q355)。网架结构能够适应不同的跨度、不同的支承条件的公共建筑和工业厂房的要求，也能适应不同建筑平面及其组合。

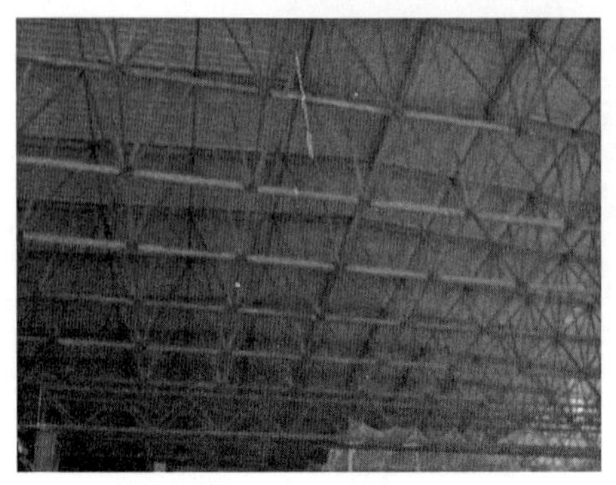

图 1-11　网架结构图

网壳结构属于曲面型网格结构，网壳一般只有单层和双层两种，是主要承受薄膜内力的壳体，具有杆系结构构造简单和薄壳结构受力合理的特点。因而是一类跨越能力大、刚度好、材料省、杆件单一、制作安装方便、有广阔应用和发展前景的大跨度和超大跨度的空间结构。网壳结构按曲面外形可分为球面网壳（包括椭球面）、圆柱面网壳（包括其他曲线的柱面网壳）、双曲扁网壳、双曲抛物面网壳以及通过切割和组合手段构成的新的网壳外形。网壳结构造型丰富多彩，不论是建筑平面还是空间曲面外形，都可以根据创作任意选取，因此建筑设计人员都乐于采用该结构形式。图 1-12 为深圳体育中心，通过白色的巨型网壳结构将体育、商业等建筑空间进行整合，外形酷似“春茧”，形成了形体完整的建筑综合体。

图 1-12　深圳体育中心

管桁架结构近年来在大跨空间结构中得到了广泛应用，可分为平面或空间桁架，与一般桁架的区别在于连接节点的方式不同。随着多维数控切割技术的发展，使得形态各异的相贯线都能顺利切割与制作。管桁架结构具有简洁、流畅的视觉效果，造型丰富，在门厅、航站楼、体育馆、会议展览中心等建筑中得到了广泛应用。图 1-13 为苏州湾文化中心钢飘带，采用柔性空间弯扭管桁架。

图 1-13　苏州湾文化中心大跨度空间弯扭管桁架

（2）柔性空间结构有悬索结构、斜拉结构、张弦结构、索穹顶结构及索膜结构等

1）悬索结构：悬索结构通过索的轴向拉伸来抵抗外荷载作用，是以一系列受拉钢索为主要承重构件，按照一定的规律布置，并悬挂在边缘构件或支承结构上而形成的一种空间结构。钢索的材料是由高强度钢丝组成的钢绞线、钢丝绳或钢丝束等，可以最充分地利用钢索的抗拉强度，大大减轻结构自重。边缘构件或支承结构用于锚固钢索，并承受悬索的拉力，可采用圈梁、拱、桁架、框架等，也可采用柔性拉索作为边缘构件。悬索结构包括单层索系（单索、索网）、双层索系及横向加劲索系等。图 1-14 为采用了双曲面马鞍形单层索网结构屋面设计的国家速滑馆，通过 49 对承重索和 30 对稳定索编织成长跨 198m、短跨 124m 的索网状屋面，是目前世界上规模最大的单层双向正交马鞍形索网屋面体育馆。

2）斜拉结构：斜拉结构是在立柱（塔、桅）上挂斜拉索到主要承重构件而组成的结构体系。斜拉结构一般采用轻型屋面，设置的立柱（桅杆）高出屋面，斜拉索可平行布置，也可按辐射状布置。图 1-15 为中国援助柬埔寨的德佐国家体育场。

3）张弦结构：张弦结构（张弦梁和弦支穹顶等）是由下弦索、上弦梁和竖腹杆组成的索杆、梁结构体系。通过对下弦的张拉，竖腹杆的轴向力使上弦梁产生与外荷载作用相反的内力和变位，起卸载作用。北京奥运工程国家体育馆（图 1-16）是一项有代表性双向大跨度张弦网格结构，网格结构由正交正放桁架系组成，网格间距为 8.5m 和 12m，结构高度为 1.518～3.973m；比赛区域网格结构下部设置撑杆和双向张弦结构，撑杆的最大长度为 9.248m。

图 1-14　国家速滑馆屋面单层索网结构

图 1-15　中国援助柬埔寨的德佐国家体育场

张弦梁中的梁若采用空间桁架代替单根型钢梁，则可以跨越更大的空间，如北京农展馆新馆就是一个典型工程（图 1-17）。

弦支穹顶是由日本法政大学川口卫教授 1993 年研制成功的，其特点是通过对拉索施加预应力，使上层单层壳中产生与荷载反向的变形和内力，这样较单纯单层网壳杆件内力及节点位移小得多，既解决了单层网壳的稳定性问题，又减小甚至完全消除了对下部结构产生的水平推力。图 1-18 为北京奥运工程羽毛球馆。

4）索穹顶结构：索穹顶结构是由脊索、谷索、环索、撑杆及斜索组成并支承在圆形、

图 1-16　北京奥运工程国家体育馆双向度张弦网格结构

图 1-17　北京农展馆新馆张弦立体桁架结构

图 1-18　北京奥运工程羽毛球馆弦支穹顶结构

椭圆形或多边形刚性周边构件上的结构体系。索穹顶是一种受力合理、结构效率高的结构体系，它由连续的拉索和不连续的压杆组成，完全体现了富勒关于“压杆的孤岛存在于拉杆的海洋中”的思想。图 1-19 是我国近年自主设计并施工完成的 71.2m 大跨度索穹顶结构工程——鄂尔多斯伊金霍洛旗体育中心。索穹顶结构最大的优势是能够最大限度地利用材料的受力特性，只用常规索结构用材量的 1/3 就可以建造超大跨度的建筑，是空间结构中非常先进的一种形式。

图 1-19　鄂尔多斯伊金霍洛旗体育中心索穹顶结构

5）索膜结构：索膜结构是 20 世纪中期发展起来的一种新型建筑结构形式，是以性能优良的织物为材料，利用柔性拉索或刚性骨架将膜面绷紧，也可向膜内充气，通过空气压力来支承膜面，从而形成具有一定刚度并能覆盖较大空间的结构体系。

膜结构作为最轻的建筑结构，建筑屋面的重量仅为常规钢屋面的 1/30，这很显然降低了墙体与基础的造价；由于膜工程中所有的加工与制作均在工厂内完成，施工现场的安装施工工期几乎要比传统的建筑施工工期缩短一半；膜建筑中所用的膜材，热传导性较低，单层膜的保温效果可与砖墙相比，优于玻璃，其半透明性在建筑内部产生均匀的自然漫散射光，减少了白天电力照明的时间，非常节能；膜材对紫外线有较高的过滤性，可过滤大部分的紫外线；同时膜材有很高的自洁性，通过雨水的冲刷，可保持外观的自洁，所以说膜建筑是21世纪的绿色环保建筑；由于膜建筑自重轻，可以不需要内部支撑而覆盖大面积的空间，人们可更自由地创造更大的建筑空间，跨度越大，越能体现出膜建筑的经济性；膜建筑在吸声、防火方面也表现不俗；由于膜建筑的特点，建筑师可充分地展开想象的翅膀，实现传统建筑所实现不了的建筑梦想。目前膜建筑被广泛应用于以下各个领域：

文化设施——展览中心、剧场、会议厅、博物馆、植物园、水族馆等；

体育设施——体育场、体育馆、健身中心、游泳馆、网球馆、篮球馆等；

商业设施——商场、购物中心、酒店、餐厅、商店门头（挑檐）、商业街等；

交通设施——机场、火车站、公交车站、收费站、码头、加油站、天桥连廊等；

工业设施——工厂、仓库、科研中心、处理中心、温室、物流中心等；

景观设施——建筑入口、标志性小品、步行街、停车场等。

由中国工程建设标准化协会发布的《膜结构技术规程》CECS 158∶2015，在综合考虑了国内外的实践经验的基础上，根据造型需要和支承条件等，将膜结构分为以下四种结构形式：

图1-20　北京水泥厂空气支承式膜结构

① 空气支承式膜结构：主要依靠膜曲面的气压差来维持膜曲面的形状。该结构要求有密闭的充气空间，并应设置维持内压的充气装置。图1-20为北京水泥厂空气支承膜结构。

② 索系支承式膜结构：由空间索系作为主要的受力构件，在索系上布置按要求设计的张紧的膜材。图1-21为鄂尔多斯伊金霍洛旗体育中心索系支承式膜结构。

③ 骨架支承式膜结构：由钢构件或其他刚性结构作为承重骨架，在骨架上布置按要求设计的张紧的膜材。图1-22为内蒙古民族幼儿师范学校体育场看台。

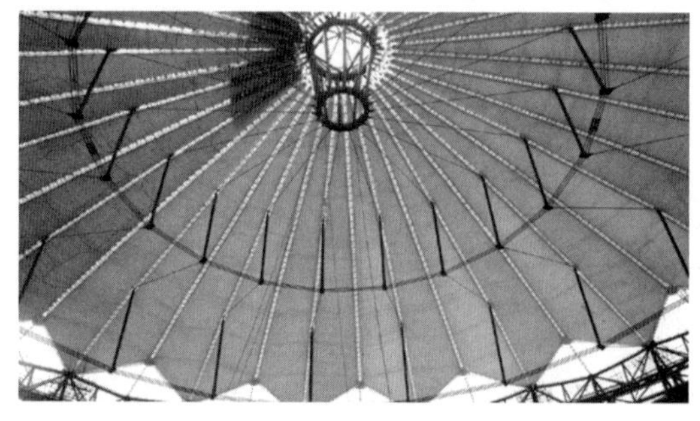

图1-21　鄂尔多斯伊金霍洛旗体育中心索系支承式膜结构

图1-22　内蒙古民族幼儿师范学校体育场看台

④ 整体张拉式膜结构：由桅杆等支承结构提供吊点、并在周边设置锚固点，通过预

张拉而形成的稳定体系。图 1-23 为北京首都机场南线收费大棚。

图 1-23　北京首都机场南线收费大棚

1.4　钢结构设计的一般原则和一般过程

1.4.1　钢结构设计的一般原则

钢结构设计做到经济合理、安全可靠、技术先进是保证高质量钢结构建筑的重要环节，这就要求正确合理地选择、使用和遵守相关钢结构设计规范、规程和标准，并遵循以下基本设计原则：

（1）除疲劳强度计算采用容许应力法外，其他设计计算均采用以概率论为基础的极限状态设计方法进行设计；

（2）所有承载结构按承载能力极限状态和正常使用极限状态的原则进行设计计算；

（3）设计时应根据不同建筑来考虑安全等级要求，并通过相应系数体现在荷载效应计算中；

（4）结构构件或连接按承载能力极限状态设计时，一般应按适用条件采用荷载效应的基本组合或偶然组合进行考虑；

（5）对于正常使用极限状态，应根据不同的设计要求，采用不同的荷载组合（标准组合、频遇组合或准永久组合等）；

（6）疲劳强度验算时仍采用容许应力法；

（7）钢材的选择应考虑结构的重要性、受荷载情况、连接工艺、建筑物所处的环境等影响因素；

（8）选择钢种时应注重的指标主要有：抗拉强度、屈服点、伸长率、硫和磷含量限定及碳含量限定、冷弯试验指标和冲击韧性指标；

（9）对于冷弯薄壁型钢结构设计，应采用有效截面面积值进行计算，并遵守现行国家标准《冷弯薄壁型钢结构技术规范》GB 50018 的相关规定。

1.4.2　钢结构设计的一般过程

钢结构设计的一般过程与钢筋混凝土结构的设计过程大体类似，都是先进行内力分析，然后开始设计与绘图，但其与钢筋混凝土结构设计最大的不同是钢结构需要进行种类繁多的节点设计。结构设计源自功能要求，包括建筑功能、实用要求、工艺要求等。因此，结构设计首先从结构体系开始。为实现结构体系，要形成一个完整的结构概念设计，即传力体系设计。由此可见，结构体系就是一个传力体系，结构设计就是要将传力体系设计得简洁、明确、清晰、流畅，负担有重有轻，传力有始有终。有了好的概念设计，即传力体系构思，下一步就是结构布置，即实现传力体系。一般钢结构设计过程可用如图 1-24 所示的流程图来阐述。

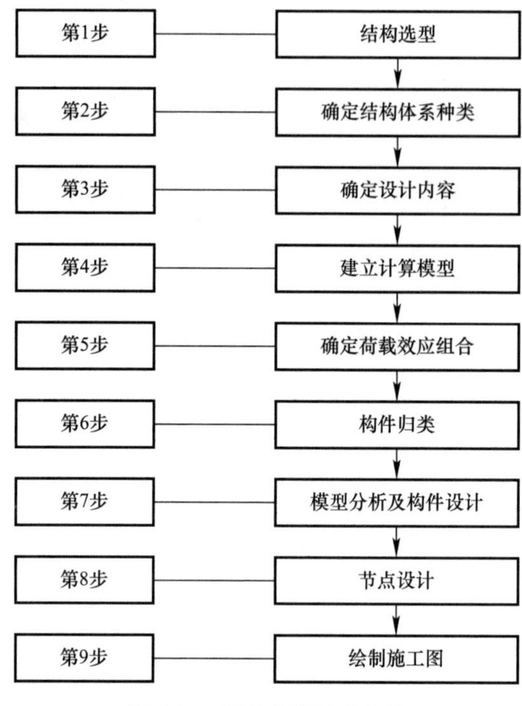

图 1-24　钢结构设计流程图

1.5　建筑工程施工图的内容及要求

结构工程师在进行结构设计时，首先要看懂建筑施工图，了解建筑师的设计意图以及建筑各部分的功能与做法，并且与建筑、水、暖、电、勘察等各专业密切配合。不管是混凝土结构，还是钢结构或其他结构工程，建筑的建造均要经过两个阶段，一是设计阶段；二是施工阶段。为施工服务的图样称为施工图。

由于专业的分工不同，一套完整的施工图一般分为建筑施工图（简称“建施”）、结构施工图（简称“结施”）、设备施工图（简称“设施”）和电气施工图（简称“电施”）。

其中，各专业的图纸应按图纸内容的主次关系、逻辑关系，并且遵循“先整体、后局部”以及施工的先后顺序进行排列。图纸的编号通常称为图号，其编号方法一般是将专业施工图的简称和排列序号组合在一起，如建施-1、结施-2 等。

图纸目录应包括建设单位名称、工程名称、图纸的类别及设计编号，各类图纸的图号、图名及图幅的大小等，其目的是便于查阅。

现简要叙述钢结构工程的建筑施工图和结构施工图的内容及要求。

1.5.1　建筑施工图的内容及要求

建筑施工图是在确定了建筑平面图、立面图、剖面图初步设计的基础上绘制的，它必须满足施工的要求。建筑施工图是表示建筑物的总体布局、外部造型、内部布置、细部构造、内外装饰以及一些固定设施和施工要求的图样，它所表达的建筑构配件、材料、轴线、尺寸（包括标高）和固定设施等必须与结构、设备施工图取得一致，并互相配合与协调。总之，建筑施工图主要用来作为施工放线、砌筑基础及墙身、铺设楼板、楼梯、屋面、安装门窗、室内外装饰以及编制预算和施工组织计划等的依据。

建筑施工图一般包括设计总说明、建筑总平面图、门窗表、建筑平面图、建筑立面图、建筑剖面图和建筑详图等图纸。

1. 建筑施工图的有关规定

建筑施工图除了要符合一般的投影原理以及视图、剖面图和断面图等基本图式方法外，还应严格遵守现行国家标准《房屋建筑制图统一标准》GB/T 50001、《建筑制图标准》GB/T 50104、《建筑结构制图标准》GB/T 50105 和《建筑工程设计文件编制深度规定》（2016 年版）的规定。

2. 设计总说明

设计总说明应包括工程概况、设计依据、施工要求等，主要对图样上未能详细注写的用料和做法等要求作出具体的文字说明。

3. 建筑总平面图

建筑总平面图是表明新建房屋所在基地有关范围内的总体布局，它反映新建房屋、构筑物等的位置和朝向，室外场地、道路、绿化等的布置，地形、地貌、标高以及原有环境的关系和临街情况等；也是房屋及其他设施施工定位、土方施工以及绘制水、暖、电等管线总平面图和施工总平面图的依据。建筑总平面图一般包括：

（1）图名、比例；

（2）应用图例来表明新建区、扩建区或改建区的总体布置，表明各建筑物和构筑物的位置，道路、广场、室外场地和绿化等的布置情况以及各建筑物的层数等。在总平面图上一般应画上所采用的主要图例及其名称。此外对于现行国家标准《建筑制图标准》GB/T 50104 中缺乏而需要自定的图例，必须在总平面图中绘制清楚，并注明名称；

（3）确定新建或扩建工程的具体位置，一般根据原有建筑或道路来定位，并以“m”为单位标注出定位尺寸。新建成片的建筑物和构筑物或较大的公共建筑或厂房，往往用坐标来确定每一建筑物及道路转折点等的位置。当地势起伏较大的地区，还应画出地形等高线；

（4）注明新建房屋底层室内地面和室外整平地面的绝对标高；

（5）画上风向频率玫瑰图及指北针，来表示该地区的常年风向频率和建筑物、构筑物等的朝向，有时也可只画单独的指北针。

4. 建筑平面图

建筑平面图主要用来表示建筑物的平面形状、水平方向各部分（如出入口、走廊、楼梯、房间、阳台等）的布置和组合关系、门窗位置、墙和柱的布置以及其他建筑构配件的位置和大小等。建筑平面图是施工放线、砌筑墙体、安装门窗等的重要依据。

一般地说，多层房屋就应画出各层平面图。但当有些楼层的平面布置相同或仅有局部不同时，则只需要画出一个共同的平面图（也称标准层平面图）。对于局部不同之处，只需另绘局部平面图。平面图一般采用 1∶50、1∶100 或 1∶200 的比例。平面图的主要内容包括：

（1）图名、比例、朝向；

（2）主要承重构件的纵横定位轴线及其编号（注意：为了避免与数字 1、0、2 混淆，英文字母 I、O、Z 不得用作轴线编号）；

（3）建筑物整体及各组成部分的平面布置情况，即各房间的组合和分隔，墙、柱的断面形状及尺寸；

（4）门窗型号及其布置；

（5）楼梯梯级的形状，梯段的走向和级数；

（6）其他构件如台阶、花台、雨篷、阳台以及各种装饰等的位置、形状和尺寸，厕所、盥洗、厨房等固定设施的布置等；

（7）标出平面图中应标注的尺寸、标高以及某些坡度及其下坡方向；

（8）底层平面图中应标明剖面图的剖切位置线和剖视方向及其编号，表示房屋朝向的指北针；

（9）屋面平面图中应标示出屋顶形状、屋面排水方向、坡度或泛水，以及其他构配件的位置和某些轴线等；

（10）详图索引符号；

（11）各房间名称。

如图 1-25 是某钢结构工程首层建筑平面图。

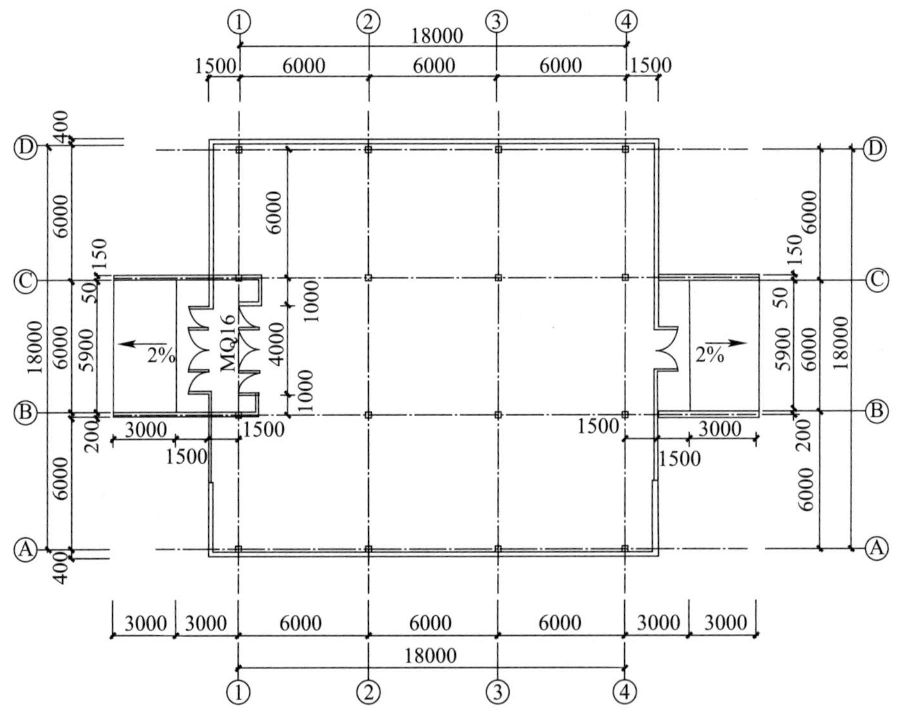

图 1-25　某钢结构工程首层建筑平面图

5. 建筑立面图

建筑立面图用来表示建筑物的体型和外貌，并表明外墙面装饰要求等的图样，是施工装修的主要依据。建筑立面图有多个立面，通常将房屋的主要出入口或反映房屋外貌主要特征的立面图称为正立面图，从而确定背立面图和左、右侧立面图，有时也可按房屋的朝向来确定立面图的名称，如南立面图、北立面图、东立面图和西立面图。有时也可按立面图两端的轴线编号来确定立面图的名称。当某些房屋的平面形状比较复杂，还需加画其他方向或其他部位的立面图。如果房屋的东西立面布置完全对称，则可合用而取名东西立面图。立面图的主要内容包括：

(1) 图名、比例；

(2) 立面图两端的定位轴线及其编号；

(3) 门窗的形状、位置及其开启方向符号；

(4) 屋顶外形；

(5) 各外墙面、台阶、花台、雨篷、窗台、雨水管、水斗、外墙装饰和各种线脚等的位置、形状、用料、做法（包括颜色）等；

(6) 标高及其必须标注的局部尺寸；

(7) 详图索引符号。

图 1-26 是某钢结构工程建筑立面图。

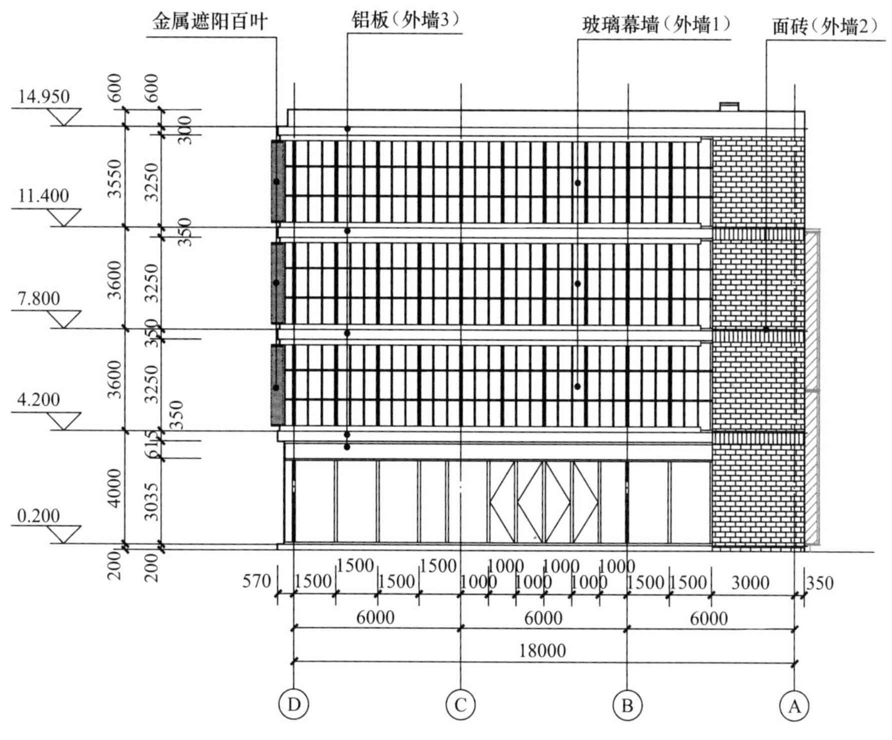

图 1-26 某钢结构工程建筑立面图

6. 建筑剖面图

建筑剖面图表示建筑物内部垂直方向的高度、楼层分层、垂直空间的利用以及简要的结构形式和构造方式等情况的图样，例如屋顶形式、屋顶坡度、檐口形式、楼板搁置方向、楼梯的形式及简要的结构、构造。

剖面图的剖切位置应选择在内部结构和构造比较复杂或有变化以及有代表性的部位，其数量视建筑物的复杂程度和实际情况而定。一般剖切平面位置都应通过门、窗洞口，借此来表示门窗洞口的高度和竖直方向的位置和构造，以便施工。如果用一个剖切平面不能满足要求时，则允许将剖切平面转折后来绘制剖面图。剖面图的主要内容包括：

（1）图名、比例；

（2）外墙（或柱）的定位轴线及其间距尺寸；

（3）剖切到的室内外地面（包括台阶、明沟及散水等）、楼面层（包括顶棚）、屋顶层（包括隔热通风防水层及顶棚）、剖切到的内外墙及其门、窗（包括过梁、圈梁、防潮层、女儿墙及压顶）、剖切到的各种承重梁和连系梁、楼梯平台、雨篷、阳台以及剖切到的孔道、水箱等的位置、形状及其图例，一般不画出地面以下的基础；

（4）未剖切到的可见部分，如看到的墙面及凹凸轮廓、梁、柱、阳台、门、窗、踢脚、勒脚、台阶（包括平台踏步）、水斗和雨水管，以及看到的楼梯段（包括栏杆扶手）和各种装饰等的位置和形状；

（5）竖直方向的尺寸和标高；

（6）详图索引符号；

（7）某些用料注释。

图 1-27 是某钢结构工程建筑剖面图。

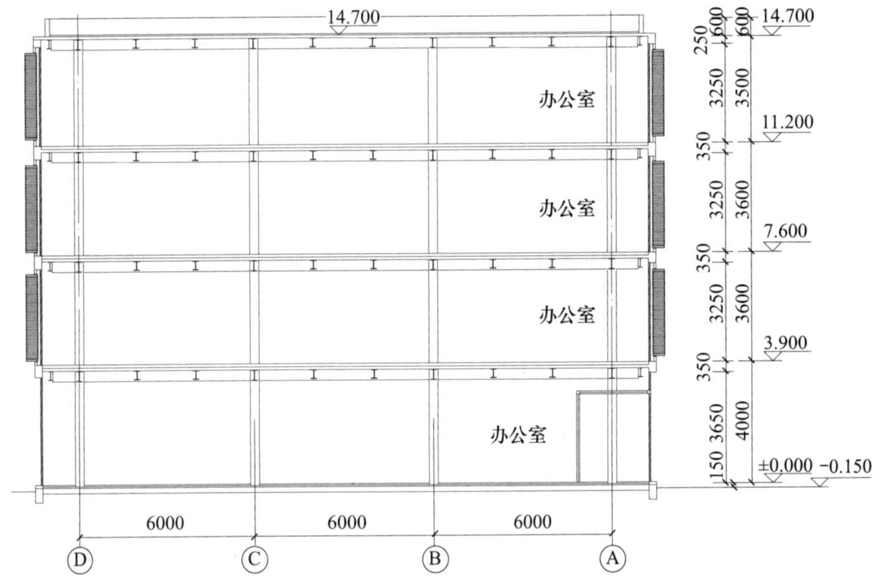

图 1-27　某钢结构工程建筑剖面图

7. 建筑详图

建筑详图是建筑细部的施工图。因为建筑平、立、剖面图一般采用较小的比例，因而某些建筑构配件（如门、窗、楼梯、阳台、各种装饰等）和某些建筑剖面图节点（如檐口、窗台、明沟以及楼地面层和屋顶等）的详细构造（包括式样、层次、做法、用料和详细尺寸等）都无法表达清楚。根据施工需要，必须另外绘制比例较大的图样，才能表达清楚，这种图样称为建筑详图，它是建筑平、立、剖面图的补充。对于套用标准图集或通用详图的建筑构配件和剖面节点，只要注明所套用的图集名称、编号或页次，则可不必再画出详图。所以建筑详图的特点是比例大，图示清楚，尺寸标注齐全，文字说明准确、详细。

建筑详图的主要内容有：

（1）图名、比例；

（2）详图符号及其编号以及再需另画详图时的索引符号；

（3）建筑构配件的形状以及其他构配件的详细构造、层次、有关的详细尺寸和材料图例等；

（4）详细注明各部分和各层次的用料、做法、颜色以及施工要求等；

（5）需要画上的定位轴线及其编号；

（6）需要标注的标高等。

建筑平、立、剖面图在绘制时，一般先从平面开始，然后再画立面、剖面等。画时要从大到小，从整体到局部，逐步深入。绘制建筑平、立、剖面图必须注意保持它们的完整性和统一性。例如立面图上的外墙面的门、窗布置和它们的宽度应与平面图上相应的门、窗布置和门、窗宽度相一致。剖面图上外墙面的门、窗布置和它们的高度应与立面图上相应的门、窗布置和门、窗高度相一致。同时，立面图上各部位的高度尺寸，除了根据使用功能和立面造型外，是从剖面图中构配件的构造关系来确定的，因此在设计和绘图中，立面图和剖面图相应的高度关系必须一致，立面图和平面图相应的宽度关系也必须一致。

建筑平、立、剖面图在绘制时，一般都是先画定位轴线；然后画出建筑构配件的形状和大小；画出各个建筑细部；再画上尺寸线、标高符号、详图索引符号等，最后注写尺寸、标高数字和有关说明。

图 1-25～图 1-27 是正式建筑施工图的图纸，在实际设计过程中，建筑图纸需要逐步完善，往往先有建筑平面图、立面图、剖面图，然后逐渐深化，最后补充大样图，结构与建筑以及其他专业在这个过程中需要不断配合，不断完善，直到最后接近实际工程。

作为结构工程师，要有足够的经验与耐心，在经济合理的前提下最大可能地实现建筑师的意图。

1.5.2　结构施工图的内容及要求

建筑结构设计内容包括计算书和结构施工图两大部分。计算书以文字及必要的图表详细记载结构计算的全部过程和计算结果，是绘制结构施工图的依据。结构施工图以图形和必要的文字、表格描述结构设计结果，是制造厂深化设计及加工制造构件、施工单位工地结构安装的主要依据。结构施工图一般有基础图（含基础详图）、上部结构的布置图和结构详图等。具体地说包括结构设计总说明、基础平面图、基础详图、柱网布置图、支撑布置图、各层（包括屋面）结构平面图、框架图、楼梯（雨篷）图、构件及节点详图等。

结构施工图主要表达结构设计的内容，它是表示建筑物各承重构件（如基础、承重墙、柱、梁、板、屋架等）布置、形状、大小、材料、构造及其相互关系的图样。它还要反映出其他专业（如建筑、给水排水、暖通、电气等）对结构的要求。结构施工图主要用来作为施工放线、挖基槽、支模板、绑扎钢筋、设置预埋件和预留孔洞、浇捣混凝土，安装梁、板、柱等构件以及编制预算和施工组织设计等的依据。

钢结构的施工图数量与工程大小和结构复杂程度有关，一般十几张至几十张乃至几百张。施工图的图幅大小、比例、线型、图例、图框以及标注方法等要依据《房屋建筑制图统一标准》GB/T 50001—2010 和《建筑结构制图标准》GB/T 50105—2010 进行绘制，以保证制图质量，符合设计、施工和存档的要求。图面要清晰、简明，布局合理，看图方便。

（1）结构设计总说明

结构设计总说明是结构施工图的前言，一般包括结构设计概况，设计依据和遵循的规范，主要荷载取值（风、雪、活荷载以及设防烈度等），材料（钢材、焊条、螺栓等）的牌号或级别，加工制作、运输、安装的方法、注意事项、操作和质量要求，防火与防腐，图例，以及其他不易用图形表达或为简化图面而改用文字说明的内容（如未注明的焊缝尺寸、螺栓规格、孔径等）。除了总说明外，必要时在相关图纸上还需提供有关设计、材质、焊接要求、制造和安装的方式、注意事项等文字内容。

结构设计总说明要简要、准确、明了，要用专业技术术语和规定的技术标准，避免漏说、含糊及措辞不当。否则，会影响钢构件的加工、制作与安装质量，影响编制预决算进行招标投标和投资控制，以及安排施工进度计划。

下面是某钢结构工程的结构设计说明，供读者参考。

某钢结构工程结构设计说明

一、工程概况

本工程为某改扩建工程中的新建部分，包括办公单元（A、B、C 和 D）、餐厅、展厅及商业等若干单体，为 2～4 层钢框架结构，仅展厅带有一层地下室用作变电所。±0.000 标高相当于绝对标高 59.450m。

二、岩土工程概况

1. 根据××基础工程公司提供的《××工程岩土工程勘察报告》中土层描述情况，该工程建筑场地地层分布从上到下分别为杂填土、砂质粉土层及卵石层。以卵石层作为基础持力层。由勘察单位提供的本层土承载力标准值为 400kPa（北京地区基础规范对地基承载力取标准值）。

2. 场地土为坚硬土，建筑场地类别为Ⅱ类。

三、结构设计依据

1. 本工程依据的国家和北京市现行设计规范、规程、标准图集：

建筑结构可靠性设计统一标准	GB 50068—2018
工程结构通用规范	GB 55001—2021
建筑与市政工程抗震通用规范	GB 55002—2021
钢结构通用规范	GB 55006—2021
建筑结构荷载规范	GB 50009—2012
建筑抗震设计规范	GB 50011—2010（2016 年版）
混凝土结构设计规范	GB 50010—2010（2015 年版）
钢结构设计标准	GB 50017—2017
建筑钢结构防火技术规范	GB 51249—2017
建筑钢结构防腐蚀技术规程	JGJ/T 251—2011
冷弯薄壁型钢结构技术规范	GB 50018—2002
轻骨料混凝土结构技术规程	JGJ/T 12—2019
建筑地基基础设计规范	GB 50007—2011
北京地区建筑地基基础勘察设计规范	DBJ 01-501—2021
混凝土结构施工图平面整体表示方法制图规则和构造详图（现浇混凝土框架、剪力墙、梁、板）	22G101-1

建筑物抗震构造详图（多层和高层钢筋混凝土房屋）	20G329-1
蒸压轻质加气混凝土板（NALC）构造详图	03SG715-1
多、高层民用建筑钢结构节点构造详图	16G519

2. 楼面活荷载标准值：（本工程施工及使用阶段荷载标准值均不应超过设计采用的荷载标准值，确有需要时应经设计验算复核，并采取相应加强措施。）

使用部位	办公室	卫生间	楼梯间	上人屋面	不上人屋面
活荷载值（kN/m^2）	2.0	2.5	3.5	2.5	0.5

注：办公室二次装修时灵活布置的隔墙的附加等效面荷载值不得大于 1.0kN/m^2。

3. 基本风压：0.45kN/m^2；基本雪压：0.40kN/m^2。

4. 结构设计工作年限为 50 年，建筑结构安全等级为二级。

5. 结构抗震设防分类为标准设防类（丙类）；

抗震设防烈度及设计地震分组为 8 度区（0.2g）第一组。

6. 本工程地基基础设计等级为丙级。

7. 场地标准冻深：0.800m。

四、其他说明

1. 土建工程除满足本设计规定和要求外，还应遵守现行国家标准的《混凝土结构工程施工质量验收规范》GB 50204、《钢结构工程施工质量验收标准》GB 50205，施工时应做好工程记录，特别是隐蔽工程记录，施工完成后应及时绘制竣工图。

2. 当总说明与设计图有矛盾时，以具体设计为准。

第一部分 钢筋混凝土结构（略）

第二部分 钢结构

一、结构材料

（一）钢材

1. 本工程除特别注明外钢框架梁、柱、次梁及隅撑采用 Q345B 钢，其他结构构件均采用 Q235B 钢。

2. 钢材性能应符合现行国家标准《碳素结构钢》GB/T 700 及《低合金高强度结构钢》GB/T 1591 的要求，钢材应有钢材出厂证明，具有抗拉强度、伸长率、屈服强度及冷弯性能和碳、硫、磷含量的合格保证。钢材到场后，还必须按有关规定进行抽检复验。

3. 所有钢材尚应符合下列要求：

（1）钢材的屈服强度实测值与抗拉强度实测值的比值不应大于 0.85；

（2）钢材应有明显的屈服台阶，且伸长率不应小于 20%；

（3）钢材应有良好的焊接性和合格的冲击韧性。

（二）焊条与焊剂

1. 手工电弧焊：Q345（Q355）钢之间焊接采用 E50××型焊条，Q235 钢之间或 Q235 钢与 Q345（Q355）钢之间焊接采用 E43××型焊条，所用焊条应符合现行国家标准《非合金钢及细晶粒钢焊条》GB/T 5117 和《热强钢焊条》GB/T 5118 的规定。

2. 自动焊接或半自动焊接：所采用的焊丝和相应的焊剂应与主体金属力学性能相适应，当 Q235 钢与 Q345（Q355）钢焊接时，应与 Q235 钢相适应。焊丝和焊剂应分别符合现行国家标准《熔化焊用钢丝》GB/T 14957，《埋弧焊用非合金钢及细晶粒钢实心焊丝、药芯焊丝和焊丝-焊剂组合分类要求》GB/T 5293 及《埋弧焊用热强钢实心焊丝、药芯焊丝和焊丝-焊剂组合分类要求》GB/T 12470 等规定的要求。埋弧焊：Q345 钢焊丝采用 H08MnA，焊剂采用 F50××型，Q235 钢焊丝采用 H08A，焊剂采用 F4A×型。

（三）螺栓

1. 普通螺栓：采用 4.6 级 C 级螺栓，其螺栓、螺母、垫圈应符合现行国家标准《六角头螺栓　C 级》GB/T 5780 的规定。

2. 高强螺栓：采用 10.9 级扭剪型高强度螺栓，并应满足现行国家标准《钢结构用扭剪型高强度螺栓连接副》GB/T 3632 的要求。

（四）钢梁上翼缘和埋入式柱脚栓钉：应符合现行国家标准《电弧螺柱焊用圆柱头焊钉》GB/T 10433 的要求。

（五）防火涂料：应符合国家现行标准《钢结构防火涂料》GB 14907 及《钢结构防火涂料应用技术规程》T/CECS 24 的规定。

（六）所有进场材料均应有质量证明书及化学成分，机械性能检测报告。材料进场后必须进行复验并确认合格后方准使用。

二、施工中应遵守下列规范

钢结构工程施工质量验收标准	GB 50205—2020
钢结构高强度螺栓连接技术规程	JGJ 82—2011
钢结构焊接规范	GB 50661—2011
组合楼板设计与施工规范	CECS 273：2010

三、施工

（一）加工制作

1. 所有焊工必须持合格证上岗。

2. 认真进行焊接工艺评定，在统一的焊接工艺要求下制作结构构件。

3. 焊接时注意防止焊接变形的产生，应注意合理的焊接顺序，如：对称、分段、分层焊、跳焊等焊接，避免一次成型，焊接中应采取各种有效措施以防止或减小变形，当变形超过现行规范规定时，必须加以矫正。

4. 梁、柱与端板的焊接一律采用全熔透的对接焊缝，坡口形式应符合国家现行标准的要求。

5. 焊缝应力求规整、美观，不得有凹陷、缺焊、咬肉、夹渣、气孔、未焊透等缺陷。

6. 柱子下端与柱底板连接处，应进行端部铣平。

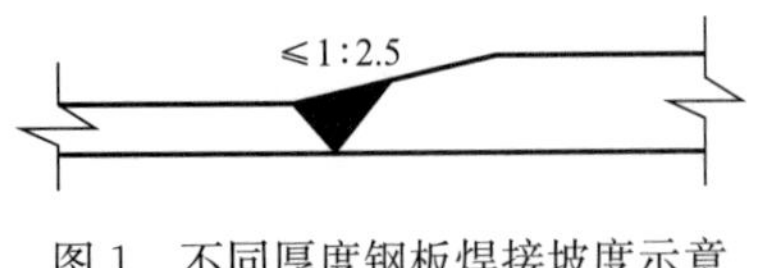

图 1　不同厚度钢板焊接坡度示意

7. 所有的对接焊缝应加引弧板，引弧板长度不小于 100mm，焊后切除铲平。

8. 翼缘板不同厚度的钢板拼接时，当板厚相差大于 4mm 时，应做如图 1 所示的坡度。

9. 本设计中所有构件、节点的焊接要求、焊接类型、焊缝厚度坡口尺寸均应按国家标准图集《多、高层民用建筑钢结构节点构造详图》16G519 的要求进行。

10. 图中未注明的角焊缝焊脚尺寸根据较薄钢板厚度按表 1 取值。

11. 焊缝质量等级要求：

(1) 钢板、构件拼接焊缝、柱壁板间在柱节点区上下各600mm范围内的组合焊缝、在工地进行上下柱拼接时，接头上下各100mm范围内箱形柱壁板间焊缝、钢柱、钢梁、支撑对接接头处的全熔透对接焊缝及全熔透剖口焊缝，均为一级焊缝。

角焊缝焊脚尺寸　　**表1**

钢板厚（mm）	5	6	7	8	9	10	11	12	14	15	16	18	20
焊角 h_f（mm）	5	6	6	6	7	7	8	9	10	10	12	14	16

(2) 其余钢构件的全熔透对接焊缝及全熔透剖口焊缝为二级焊缝。

(3) 角焊缝及图中其余未说明焊缝为三级焊缝。

(4) 要求探伤的焊缝应符合现行国家标准《焊缝无损检测　超声检测技术、检测等级和评定》GB/T 11345和《钢结构工程施工质量验收标准》GB 50205的有关要求。

12. 所有梁柱加劲板与梁柱连接处应切角。

13. 高强度螺栓孔径比杆径大1.5～2.0mm，普通螺栓孔径比杆径大1.0～1.5mm。高强度螺栓应自由穿入螺栓孔。高强度螺栓孔应采用机钻成孔，不得采用气割扩孔。

(二) 构件安装

1. 结构安装前应对构件进行全面检查，如构件的数量、长度、垂直度、安装接头处螺栓孔之间的尺寸等是否符合设计要求，对制造中遗留下的缺陷及运输中产生的变形，应在地面预先矫正妥善解决。

2. 钢柱与基础采用柱脚锚栓连接，安装钢柱前应检查柱脚螺栓之间的尺寸，露出基础顶面的标高是否符合设计要求，以及柱脚锚栓的螺纹是否有损坏等，若发现不符时，应在柱安装前调整补救，并根据基础顶面标高和柱的实际长度确定柱底细石混凝土找平层厚度。

3. 结构吊装时，应采取适当措施防止产生过大的变形，同时应将绳扣与构件的接触部位加垫块垫好，以防止刻伤构件。

4. 柱吊装就位后，对其位置方位、垂直度等检查校正无误后，及时拧紧柱脚螺栓螺母，并将螺母与垫板焊接，垫板与顶板焊接，还应及时系牢支撑及其他连系构件，以保证结构的稳定性。

5. 安装单元的大小应根据构件重量及运输和起吊设备确定。在安装前应用经纬仪和水平仪检查柱支座等的定位和标高，以及锚栓位置正确无误后方可安装。

6. 钢结构在一个单元的安装、校正、栓接、焊接全部完成并检验合格后再开始下一个单元的安装。当天安装的构件要形成空间稳定体系保证结构的安全。

7. 本工程高强度螺栓均采用摩擦型连接。在连接处构件接触面采用喷砂处理，摩擦面的抗滑移系数对Q345B钢不小于0.40。单个10.9级高强度螺栓预拉力P（kN）应满足表2要求。

10.9级高强度螺栓预拉力要求　　**表2**

螺栓的公称直径（mm）	M16	M20	M22	M24	M27	M30
螺栓的预拉力（kN）	100	155	190	225	290	355

高强度大六角头螺栓连接副、扭剪型高强度螺栓连接副出厂时应分别随箱带有扭矩系数和预拉力的检验报告。

(三) 防锈与防火

1. 钢材表面采用喷射（抛丸）除锈方法，除锈等级应符合系列标准《涂覆涂料前钢

材表面处理　表面清洁度的目视评定》GB/T 8923 规定中的 Sa2 $\frac{1}{2}$级。

2. 本工程钢结构处于微腐蚀环境，应选用品质相当或不低于表 3 类别的产品。

选用品质要求　　　　**表 3**

无防火保护钢结构	环氧磷酸锌底漆 50μm	防火保护钢结构	环氧富锌底漆 50μm
	厚浆型环氧云铁中间漆 100μm		防火涂料见建筑图
	丙烯酸改性聚硅氧烷面漆 50μm		环氧封闭漆 40μm
			丙烯酸改性聚硅氧烷面漆 50μm

3. 防火涂料的特性及面漆颜色见建筑图要求。

4. 防火涂料必须选用通过国家检测机关检测合格，消防部门认可的产品，且需与底漆配套。所选用防火涂料的性能、涂层厚度、质量要求应符合国家现行标准《钢结构防火涂料》GB 14907 和《钢结构防火涂料应用技术规程》T/CECS 24 的规定。

5. 下列部位禁止涂漆：

高强度螺栓连接的摩擦接触面。工地焊接部位及两侧 100mm、且要满足超声波探伤要求的范围，但工地焊接部位需进行不影响焊接的除锈处理，除锈后涂刷防锈保护漆。

6. 钢结构安装完毕后，应对工地焊接部位、紧固件以及防锈受损的部位进行补漆。

7. 应提供防腐漆与防火涂料相匹配的试验报告。

（四）组合楼板与幕墙

1. 本工程所采用组合楼板按组合板设计（压型钢板充当板底受拉钢筋），压型钢板应选用热镀锌钢板，镀锌厚度 275g/m^2（双面）。压型钢板选用国家标准图集《钢与混凝土组合楼（屋）盖结构构造》05SG522 中的闭口型，型号 YXB40-185-740（B）或 YXB65-185-555（B）。压型钢板厂家应满足下列要求并提供相关文件供设计院审核：

（1）提供压型钢板的板型、规格、材质（化学成分、机械性能）。（2）提供结构工程计算书和测试数据来表明压型钢板、板跨都符合规定的强度和变形要求。（3）提供表明每块楼板的位置、所需要的最小厚度和尺寸。图纸应清晰地表示与钢结构构件的所有焊接、机械连接详图、侧面搭接详图。（4）提供所有开孔、板边缘处的连续金属板收头和堵头，以及任何需要补充的钢结构加强构件说明。（5）提供相关的楼板承重和耐火试验报告。（6）配合压型钢板的现场安装进度供货，并提供相关的技术和设备交底。（7）提供一份完整、详细的施工说明。

2. 本工程玻璃幕墙骨架的部分待幕墙厂家确定后，由厂家提供设计图。

以上厂家设计图须与钢结构加工图同步设计，并应及时将与主体结构连接部分设计图反馈给主体结构承包商和设计院。

（2）基础平面图

基础图是表示建筑物室内地面以下基础部分的平面布置和详细构造的图样，它是施工时放线、开挖基坑和施工基础的依据。基础图通常包括基础平面图和基础详图。

1）基础平面图

基础平面图是表示基础在基槽未回填时平面布置的图样，主要用于基础的平面定位、名称、编号以及各基础详图索引号等，制图比例可取 1∶100 或 1∶200。

在基础平面图中，只要画出基础墙、构造柱、承重柱的断面以及基础地面的轮廓线，至于基础的细部投影都可省略不画。这些细部的形状，将具体放在基础详图中。柱的外形线是剖到的轮廓线，应画成粗实线。基础平面图一般采用 1∶100 的比例绘制。条形基础和独立基础的外形线是可见轮廓线，则画成中实线。基础平面图中必须表明基础的大小尺寸和定位尺寸。基础代号注写在基础剖切线的一侧，以便在相应的基础断面图中查到基础底面的宽度。基础的定位尺寸也就是基础墙、柱的轴线尺寸（应注意它们的定位轴线及其编号必须与建筑平面图相一致）。基础平面图的主要内容概括如下：

① 图名、比例；

② 纵横定位轴线及其编号；

③ 基础的平面布置，即基础墙、构造柱、承重柱以及基础底面的形状、大小及其与轴线的关系；

④ 基础梁（拉梁）的位置和代号；

⑤ 断面图的剖切线及其编号（或注写基础代号）；

⑥ 轴线尺寸、基础大小尺寸和定位尺寸；

⑦ 施工说明；

⑧ 当基础底面标高有变化时，应在基础平面图对应部位的附近画出一段基础垫层的垂直剖面图，来表示基底标高的变化，并标注相应的基底标高。

2）基础详图

基础详图一般采用垂直断面图来表示，主要绘制各基础的立面图、剖（断）面图，内容包括基础组成、做法、标高、尺寸、配筋、预埋件、零部件（钢板、型钢、螺栓等）编号，比例可取 1∶50～1∶10。基础详图的主要内容概括如下：

① 图名、比例；

② 基础断面图中轴线及其编号（若为通用断面图，则轴线圆圈内不予编号）；

③ 基础断面形状、大小、材料、配筋；

④ 基础梁和基础拉梁的截面尺寸及配筋；

⑤ 基础拉梁与构造柱的连接做法；

⑥ 基础断面详细尺寸、锚栓的平面位置及其尺寸和室内外地面、基础垫层底面的标高；

⑦ 防潮层的位置和做法；

⑧ 施工说明。

图 1-28、图 1-29 是钢框架结构的基础平面布置图和详图，其中在基础平面布置图中，应反映锚栓的布置情况。

（3）结构平面图

表示房屋上部结构布置的图样，叫作结构布置图。在结构布置图中，采用最多的是结构平面图的形式。它是表示建筑物室外地面以上各层平面承重构件布置的图样，是施工时布置或安放各层承重构件的依据。

从二层到屋面，各层均需绘制结构平面图。当有标准层时，相同的楼层可绘制一个标准层结构平面图，但需注明从哪一层至哪一层及相应标高。楼层结构平面图的内容包括梁柱的位置、名称、编号，连接节点的详图索引号，混凝土楼板的配筋图或预制楼板的排板图，有时也包括支撑的布置。结构平面图的制图比例一般取 1∶100。图 1-30 是某钢框架工程的结构平面布置图。

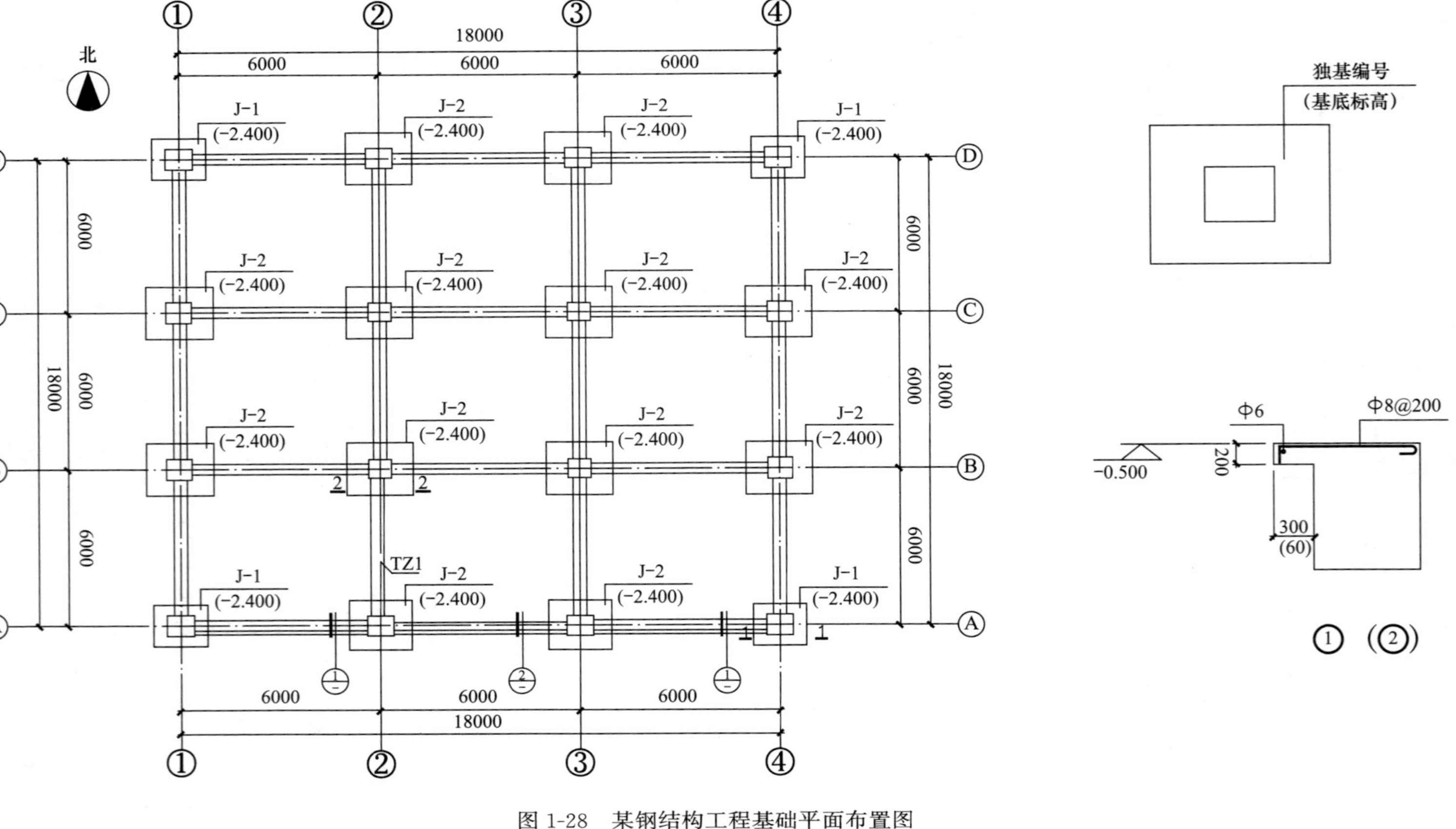

图 1-28　某钢结构工程基础平面布置图

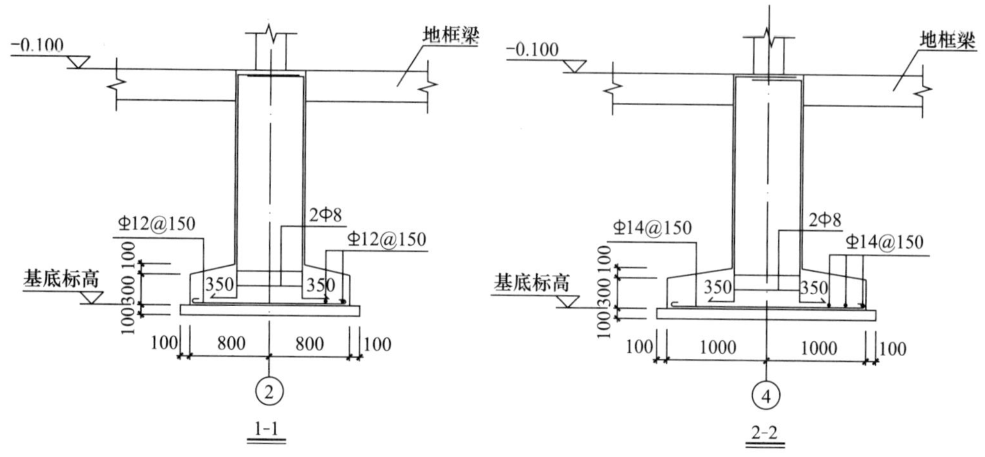

图 1-29　某钢结构工程基础详图

（4）屋顶结构平面图

屋顶结构平面图是表示屋面承重构件平面布置的图样，其内容和图示要求与楼面结构平面图基本相同。由于屋面排水需要，屋面承重构件可根据需要按一定的坡度布置，并设置天沟板。此外，屋顶结构平面图中常附有屋顶水箱等结构以及上人孔等。

屋面结构平面图的主要内容概括如下：

① 图名、比例；

② 定位轴线及其编号；

③ 下层承重墙和门窗洞的布置，本层柱子的位置；

④ 楼层或屋顶结构构件的平面布置，如各种梁（楼面梁、屋面梁、雨篷梁、阳台梁、门窗梁、圈梁等）、楼板（或屋面板）的布置和代号等；

⑤ 单层厂房则有柱、吊车梁、连系梁（或墙梁）、柱间支撑结构布置图和屋架及支撑布置图；

⑥ 轴线尺寸和构件定位尺寸（含标高尺寸）；

⑦ 附有有关屋架、梁、板等与其他构件连接的构造图；

⑧ 施工说明等。

（5）钢结构其他详图

构件图和节点详图应详细注明各构件的编号、规格、尺寸，包括加工尺寸、拼装定位尺寸、孔洞位置等，制图比例一般为 1∶20～1∶10。

楼梯图和雨篷图分别绘制楼梯和雨篷的结构平、立（剖）面详图，包括标高、尺寸、构件编号（配筋）、节点详图、构件编号等。

材料表用于配合详图进一步明确各构件的规格、尺寸，按构件（并列出构件数量）分别汇列其编号、截面规格、长度、数量、重量和特殊加工要求，为下一步深化设计提供依据，为材料准备、零部件加工和保管以及技术指标统计提供资料和方便。

除了总说明外，必要时在相关图纸上还需提供有关设计、材质、焊接要求、制造和安装的方式、涂装、注意事项等文字内容。

图 1-31 是某钢结构工程的相关节点详图。

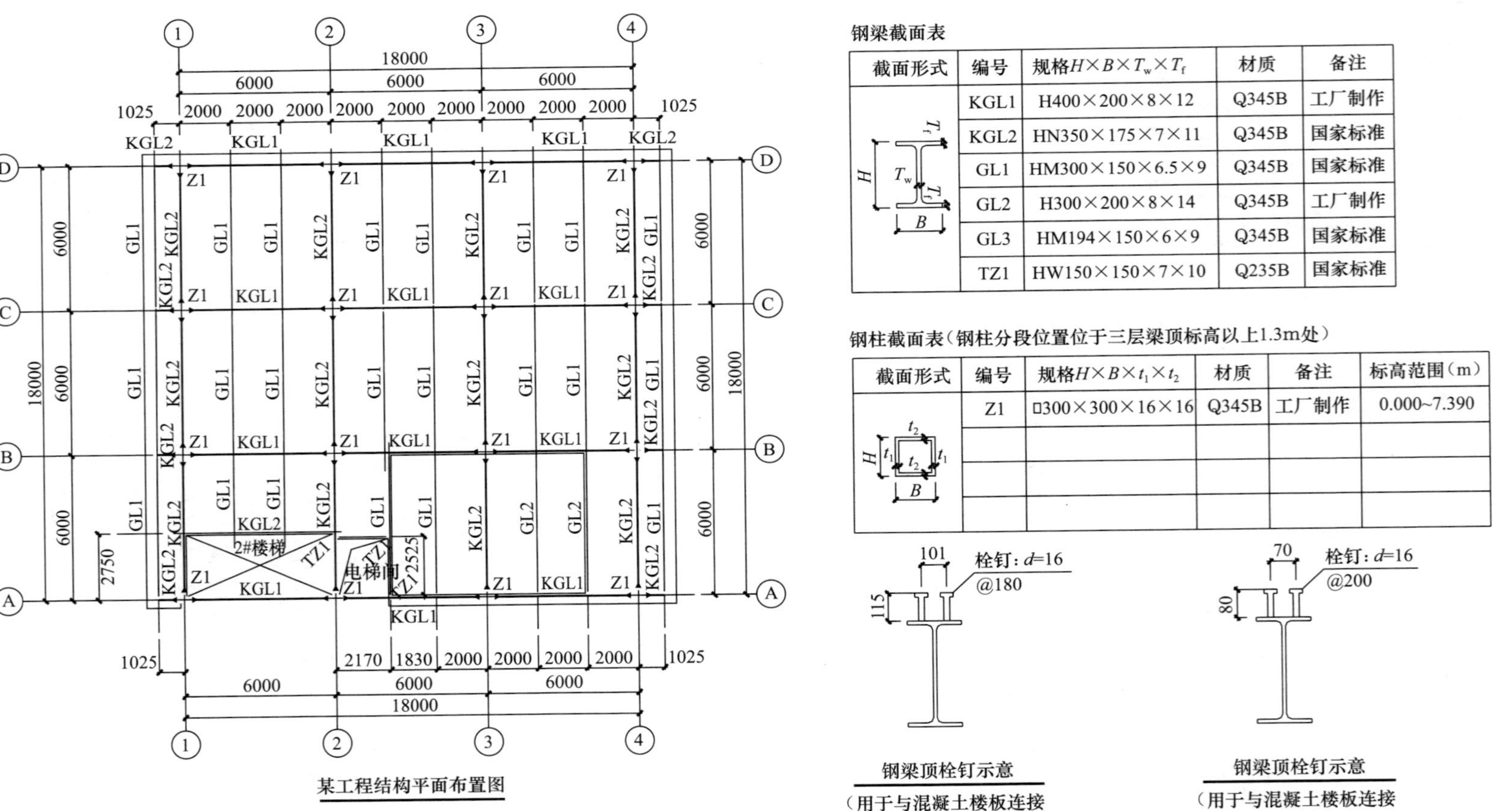

钢梁截面表

截面形式	编号	规格$H\times B\times T_w\times T_f$	材质	备注
	KGL1	H400×200×8×12	Q345B	工厂制作
	KGL2	HN350×175×7×11	Q345B	国家标准
	GL1	HM300×150×6.5×9	Q345B	国家标准
	GL2	H300×200×8×14	Q345B	工厂制作
	GL3	HM194×150×6×9	Q345B	国家标准
	TZ1	HW150×150×7×10	Q235B	国家标准

钢柱截面表（钢柱分段位置位于三层梁顶标高以上1.3m处）

截面形式	编号	规格$H\times B\times t_1\times t_2$	材质	备注	标高范围（m）
	Z1	□300×300×16×16	Q345B	工厂制作	0.000~7.390

图1-30　某钢结构工程结构平面布置图

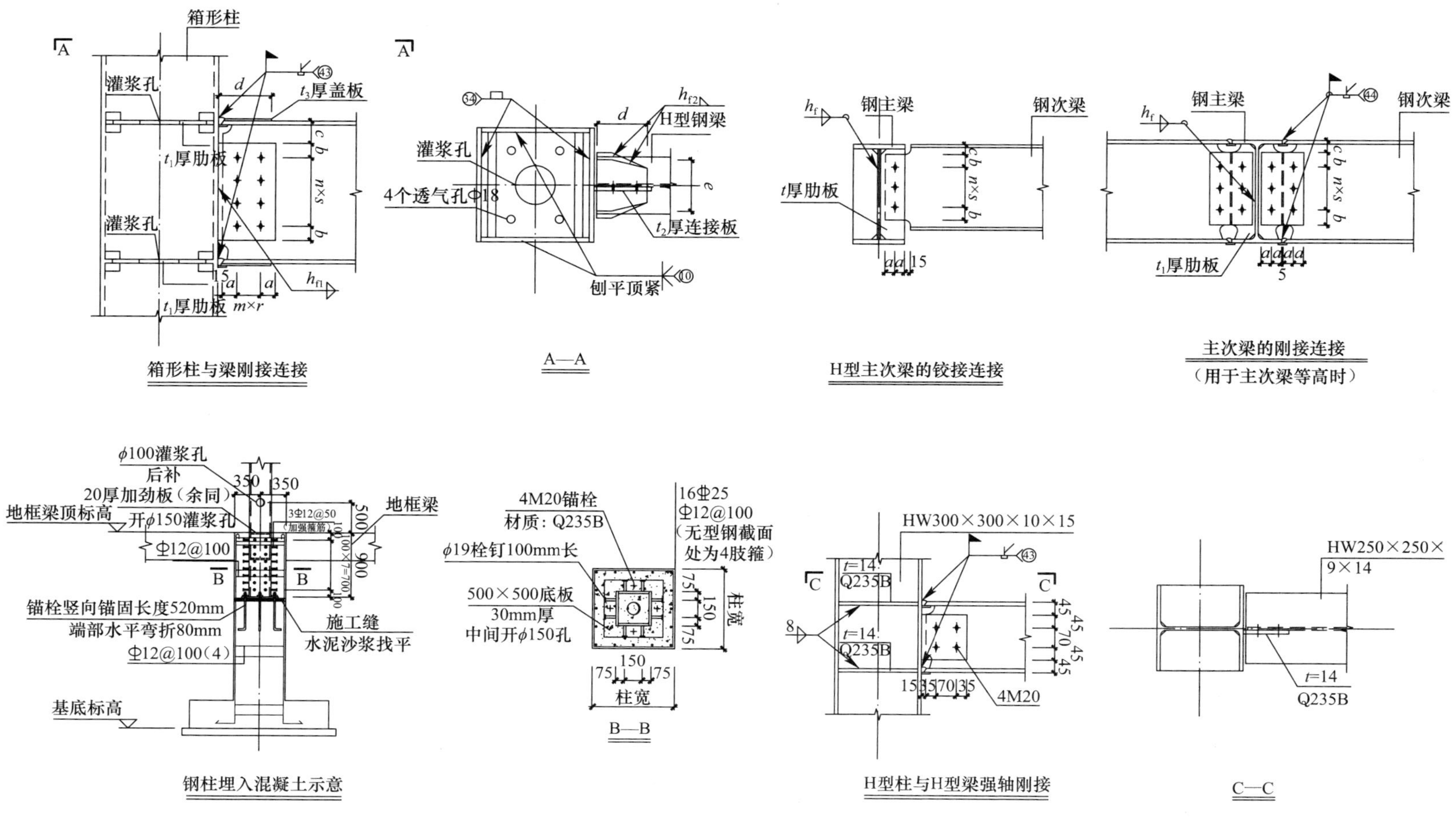

图 1-31　某钢结构工程节点详图

除了建筑与结构施工图外，结构工程师还应了解设备与电气施工图，对设备系统有概念上的认识，并对设备基础布置及管线的空间走向重点关注。设备与电气在结构设计过程中的主要影响有两个方面：一个是荷载，另一个是墙、梁、楼板等结构构件预留洞口，这方面需要结构工程师与设备及电气工程师不断配合进行适配以寻求最合理的解决方案。

1.6 钢结构设计深化及详图表达

1.6.1 钢结构设计深化及详图设计的发展现状

在建筑结构工程中，钢结构工程具有一定的特殊性。其特殊性首先表现在钢结构工程的构件有很大的比例是在工厂生产，在场进行拼装连接工作，构件加工精度要求高，需要大量的工厂制作图纸。其次是钢结构构件的连接形式复杂多样，节点设计是整体设计不可分割的重要组成部分，节点的设计施工难度大。最后，钢结构材料强度高，抗震性能优越，新材料研发和施工技术发展迅速，在大跨度空间和超高层建筑方面牢固地占据非常重要的地位。因此，钢结构工程的设计施工与其他类型的建筑有所区别，即除了体现构件截面和节点连接的施工图之外，在施工图与实际施工之间，还需要进行大量的图纸转化深化工作，以满足加工制造和现场安装的需要。同时，大跨度和超高层建筑的广泛应用，对施工技术提出了新的要求，施工方案及仿真分析逐渐成为此类工程建设中不可或缺的重要环节。

早期我国的钢结构设计图纸，在前苏联的两阶段设计基础上合并为一个阶段。图纸专业化程度较高，图纸深度较详细但又不能直接用于加工。这一阶段，钢结构设计基本局限在钢铁、冶金、交通和化工等专业设计院的业务范围，从业人员也很有限。20 世纪 80 年代后期，特别是 90 年代以后，随着工业厂房和民用钢结构建筑大量涌现，建筑钢结构得到了飞速发展，设计体制上逐步向欧美专业化分工的体系发展，并首先在沿海发达地区逐渐形成了众多的钢结构深化专业公司，钢结构加工企业内部的技术部门也逐渐向专业化方向发展。与此同时，由于设计行业任务量高速增加等因素，传统设计院逐渐放弃了钢结构深化业务。由此，以专业钢结构深化公司和大型钢结构加工厂为核心，初步形成了钢结构深化设计的专业市场。

近年，随着大型项目的不断增多，大型加工企业实力的不断增强，钢结构深化设计涵盖的内容不断扩大，由最初的安装图和加工详图的绘制，发展成为包含设计深化、设计优化、施工验算、复杂结构三维仿真、详图绘制和工程量统计等在内的综合性专业化行业，并逐渐进入了国际市场，业务范围包括民用建筑、石油化工、电力通信、铁路桥梁和海洋平台等众多的科研试验项目和施工仿真分析，吸引了大批的科研院校加盟，极大提升了设计深化科技含量，提高了设计深化的地位。而各种施工仿真分析软件、三维建模软件的不断发展，使得在较短的设计周期内建立比较精确的仿真模型和获得详尽的详图图纸成为可能。

1.6.2 钢结构设计深化及详图设计的主要内容

1. 设计深化及详图设计的概念

设计深化顾名思义就是对设计进行深化，使图纸表达面面俱到，连接节点满足设计要求和安装要求，最终使工程顺利实施。详图设计，就是将设计图纸转化为详细设计图纸，使得图纸内容可直接用于制作安装。国外的习惯与国内不同，国内的施工图在国外习惯称为"Detail Dcsign"，即"详细设计图"，其中包含了设计深化图；而国内的详图在国外则称为"Shop Drawing"，直译就是"工厂制作图"，仅供工厂制作使用。从概念描述方面看，国外的称谓更为科学直观，而国内的设计深化所涵盖的内容则更为广泛。它不仅包括了设计所要表达的内容，还包括施工承包商所关心的材供、运输、安装方法和顺序等方面问题，部分承担了项目咨询的角色。

2. 设计深化及详图设计的主要内容

(1) 施工全过程仿真分析

施工全过程仿真分析，在大型的桥梁、水电建筑物建设中较早就有应用；随着大型的民用项目日益增多，施工仿真逐渐成为大型复杂项目不可缺少的内容。施工全过程仿真一般包括如下内容：施工各状态下的结构稳定性分析，特殊施工荷载作用下的结构安全性仿真分析，整体吊装模拟验算，大跨结构的预起拱验算，大跨结构的卸载方案仿真研究，焊接结构施工合拢状态仿真，超高层结构的压缩预调分析，特殊结构的施工精度控制分析等。

(2) 结构设计优化调整

在仿真建模分析时，原结构设计的计算模型，与考虑施工全过程的计算模型，虽然最终状态相同，但在施工过程中因为施工支撑或施工温度等原因产生了应力畸变，这些在施工过程构件和节点中产生的应力并不会随着结构的几何尺寸恢复到设计状态而消失，通常会部分地保留下来，从而影响到结构在使用期的安全。如果不能通过改变施工顺序或施工方案解决这些问题的影响，则需要对原有设计进行优化调整，如采取加强或增加某些构件的措施，以保证结构在使用阶段的安全。

(3) 节点深化

普通钢结构连接节点主要有：柱脚节点、支座节点、梁柱连接、梁梁连接、桁架的弦杆腹杆连接，以及空间结构的螺栓球节点、焊接球节点、钢管空间相贯节点、多构件汇交铸钢节点，还有预应力钢结构中包括的拉索连接节点、拉索张拉节点、拉索贯穿节点等。上述各类节点的设计均属施工图的范畴。节点深化的主要内容是指根据施工图的设计原则，对图纸中未指定的节点进行焊接强度验算、螺栓群验算、现场拼接节点连接计算、节点设计的施工可行性复核和复杂节点空间放样等。

(4) 构件安装图

安装图用于指导现场安装定位和连接。构件加工完成后，将每个构件安装到正确的位置，并采用正确的方式进行连接，是安装图的主要任务。

一套完整的安装图纸，通常包括构件平面布置图、立面图、剖面图，节点大样图，各层构件节点的编号图等内容，同时还要提供详细的构件信息表，直观表达构件编号、材质、外形尺寸和重量等信息。

(5) 构件加工图

构件加工图为工厂的制作图，是工厂加工的依据，也是构件出厂验收的依据。构件加工图可以细分为构件大样图和零件图等部分。

1) 构件大样图

构件大样图主要表达构件的出厂状态，主要内容为在工厂内进行零件组装和拼装的要求，包括拼接尺寸、附属构件定位、制孔要求、坡口形式和工厂内节点连接方式等。除此之外，通常还应包括表面处理、防腐甚至包装等要求。构件大样图所代表的构件状态，即为构件运输至现场的成品状态，具有方便现场核对检查的功能。

2）零件图

零件图有时也称加工工艺图。图纸表达的是在加工厂不可拆分的构件最小单元，如板件、型钢、管材、节点铸件、机加工件和球节点等。图纸直接由技工阅读并据此下料放样。

随着数控机床和相关控制软件的发展，零件图逐渐被计算机自动放样替代。目前相贯线切割基本实现了无纸化生产。近些年来，随着加工设备国产化的快速发展，电脑自动套材、下料、激光切割（图 1-32）、机器人焊接（图 1-33）、机器人钻孔等智能制造设备也逐渐在国内各大钢结构加工厂普遍应用。

图 1-32　钢结构激光切割设备

图 1-33　H 型钢加劲肋焊接机器人

（6）工程量分析

在构件加工图中，材料表容易被忽视，但它却是深化详图的重要部分，其包含构件、零件、螺栓编号，以及与之相应的规格、数量、尺寸、质量和材质的信息，这些信息对正确理解图纸大有帮助，还可以很容易得到精确的采购所需信息。通过对这些材料表格进行归纳分类统计，可以迅速制定材料采购计划、安装计划，为项目管理提供很大的便利。

1.7　钢结构加工制作与安装基本知识

1.7.1　钢结构加工制作

钢结构工程是一个系统工程，它包括设计、加工制造和施工安装三个过程。了解钢结构各个组成部分的加工制造过程对于结构工程师而言是十分必要的。钢结构的加工制作与安装均应满足现行国家标准《钢结构工程施工规范》GB 50755（以下简称《施工规范》）及《钢结构工程施工质量验收标准》GB 50205（以下简称《验收标准》）的相关要求，钢结构工程的焊接亦应遵守现行国家标准《钢结构焊接规范》GB 50661 的规定。

限于篇幅，本节仅介绍钢结构工程中使用较多的 H 型钢、圆管形构件等典型构件的加工制作内容。

（1）H 型钢加工制作

焊接 H 型构件加工制作采用 H 型钢生产线进行组焊，首先在 H 型钢自动组立机上将腹板和其中一块翼缘板组装成 T 型，然后再将 T 型与另一块翼缘板组装成 H 型，合格后转入后续各工序，焊接 H 型构件加工制作流程如图 1-34 所示。

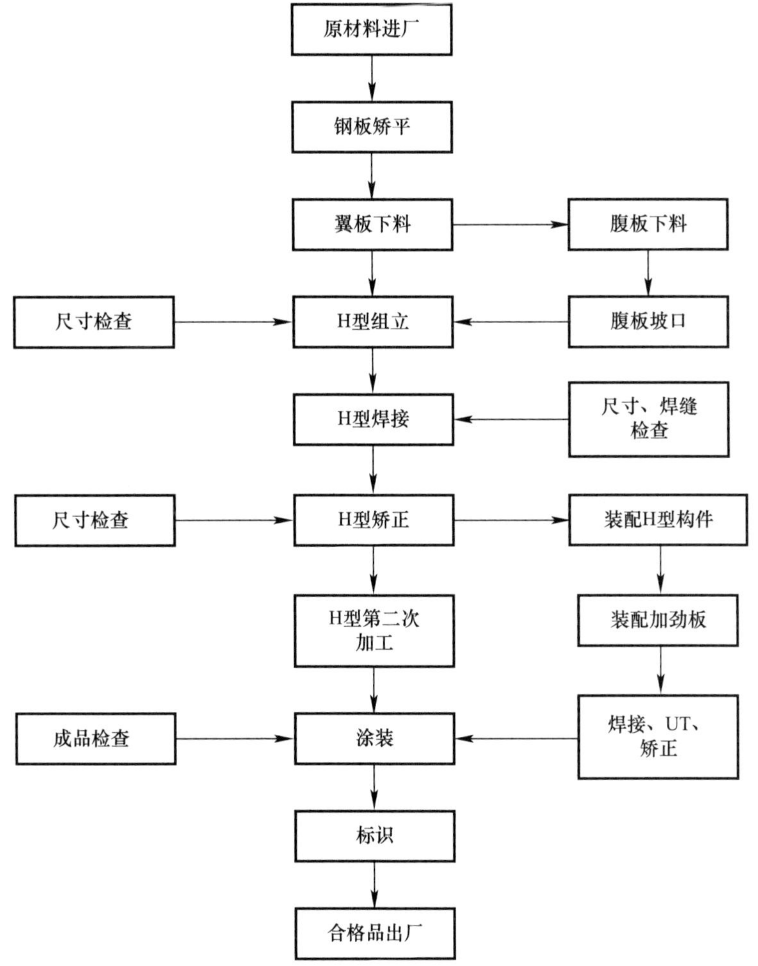

图 1-34　焊接 H 型构件加工制作流程图

焊接 H 型构件加工制作工艺和方法流程如图 1-35 所示。

焊接 H 型构件加工制作工艺要点有以下几个方面：

1）下料切割

焊接 H 型钢腹板、翼缘板切割下料前应用矫平机对钢板进行矫平，切割设备主要采用火焰多头直条切割机（较厚板材）或等离子切割机（较薄板材）。切割时进行多块板同时下料，以防止零件切割后产生侧弯，其加工实景如图 1-36 所示。

下料前应仔细核对钢板的材质、规格、尺寸是否正确，核对无误后方可进行切割，同时应对钢板的不平度进行检查，不平度超过《施工规范》规定的应先进行矫平。

切割前将钢板表面的铁锈、油污等杂物清除干净，以保证切割质量。切割后应将切割面上的氧化皮、硫渣清除干净，然后转入下道工序。切割公差和质量应满足《施工规范》规定要求。

2）H 型组立

焊接 H 型钢在组立前应标出翼板中心线与腹板定位线，同时检查翼缘板、腹板编号、材质、尺寸、数量的正确性，合格后方可进行组立。

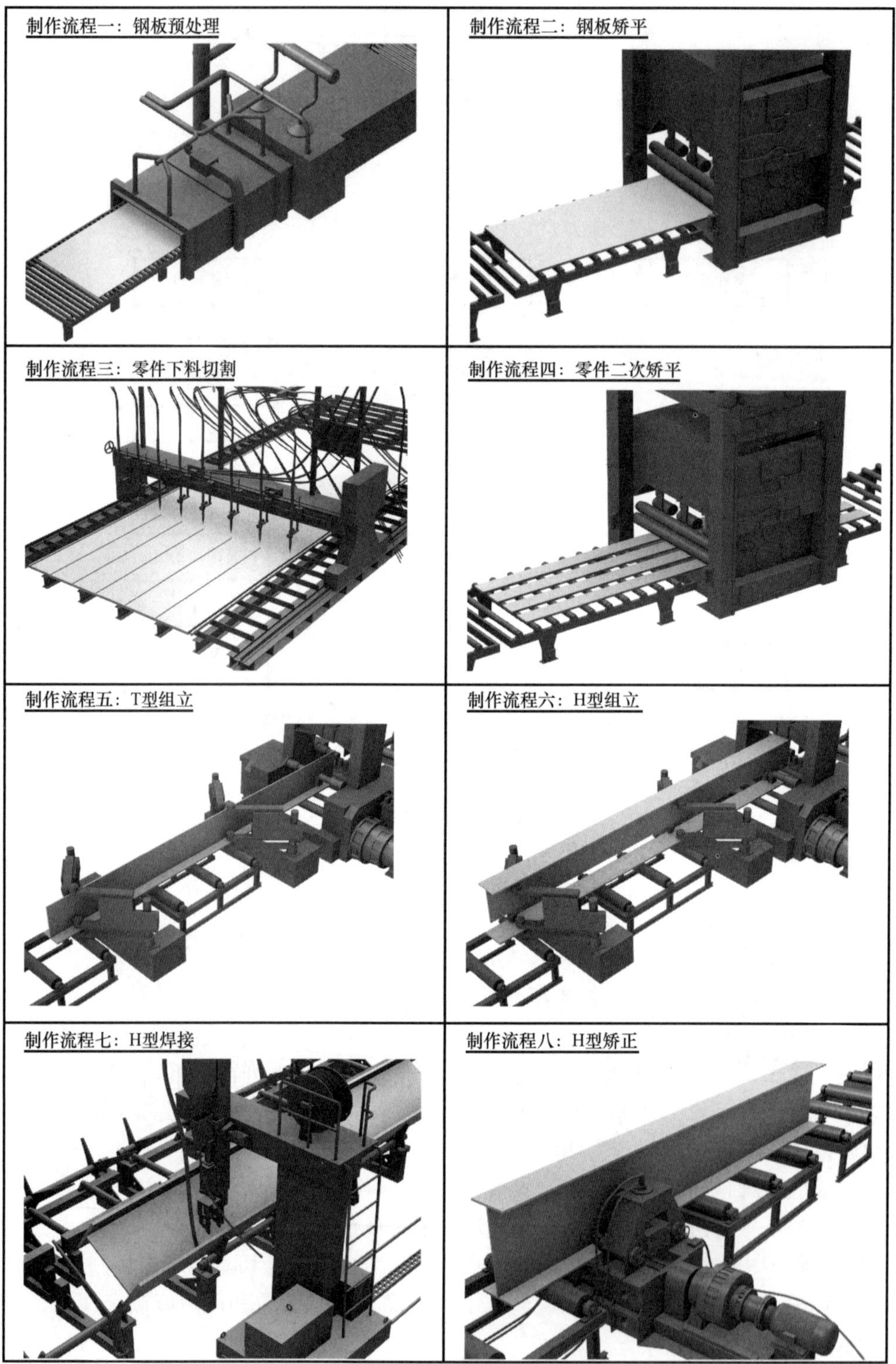

图 1-35　焊接 H 型构件加工制作工艺和方法流程（一）

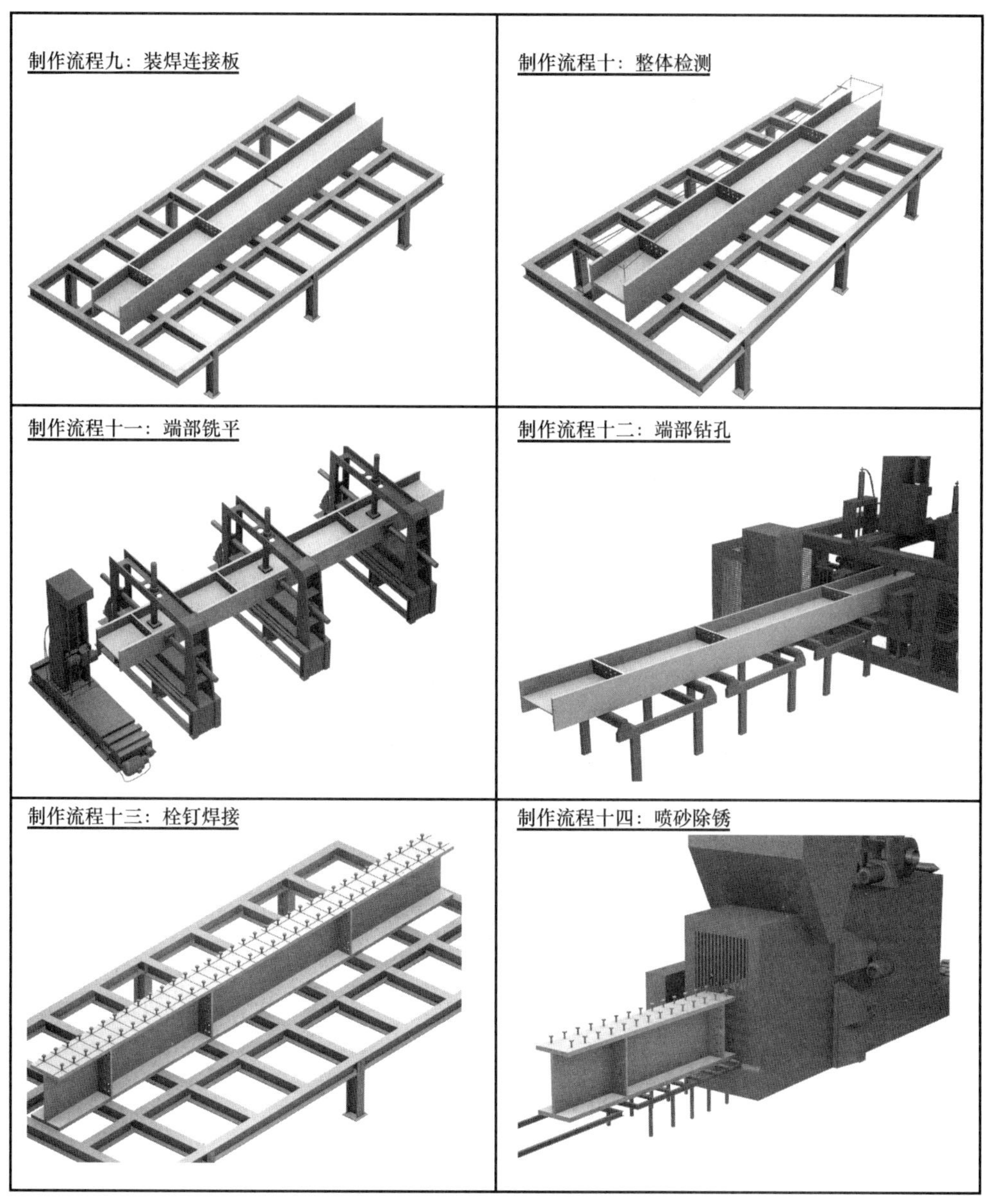

图 1-35　焊接 H 型构件加工制作工艺和方法流程（二）

在 H 型钢自动组立机上进行组立时，先进行翼缘板与腹板的 T 型组立，并进行定位焊接。然后将 T 型与翼缘板组立成 H 型，如图 1-37 所示。组立时翼缘板的拼接缝与腹板拼接缝应错开 200mm 以上。

H 型钢进行胎架组装时，组装用的平台和胎架应符合构件装配的精度要求，并具有足够的强度和刚度，组装前需经专人验收合格后方可使用。

焊接 H 型钢组立时定位焊缝严禁出现裂纹或气孔，定位焊必须由持相应合格证的焊工施焊，所用焊接材料与正式施焊相同。定位焊焊脚高度应不大于设计焊脚高度的 2/3，同时也不应低于设计焊脚高度的 1/2。定位焊焊缝长度为 50mm 左右，间距小于 300mm，

图 1-36　工厂钢板切割实景

定位焊距 H 型钢端部距离大于 50mm。定位焊需要预热时，预热温度应高于正式施焊预热温度。

H 型钢组立精度应满足《施工规范》及《验收标准》要求。

3）H 型钢焊接

H 型钢组立合格后吊入龙门式自动埋弧焊接机上进行焊接。焊接前应清除焊缝区域存在的铁锈、毛刺、氧化物、油污等杂质。首先在两端加装与构件材质相同的引弧板和熄弧板，焊缝引出长度不应小于 50mm。再用陶瓷电加热器将焊缝两侧 100mm 范围内进行预热，预热温度为 80～120℃，加热过程中用红外线测温仪进行测量，防止加热温度过高，待加热至规定温度后即可进行焊接。

(a) 工厂H型钢T型组立实景

(b) 工厂H型钢⊥型与翼缘组立实景

图 1-37　H 型钢组立

焊接方法采用门式埋弧焊进行自动焊接，焊接时按照图 1-38 焊接顺序进行，即焊缝①→焊缝④→焊缝②→焊缝③。如果板厚小于 40mm，则每道焊缝一次焊满然后进行相应的翻身，如果腹板厚度大于 40mm，则每道焊缝一次不要焊满，通过多次的翻身转动来减少焊接变形。

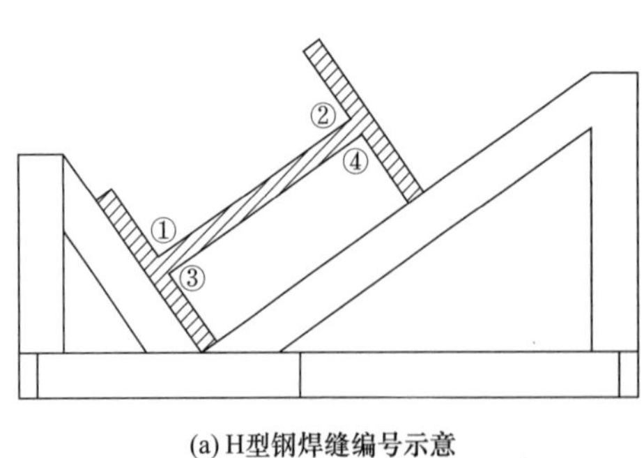

(a) H型钢焊缝编号示意

(b) 工厂H型钢埋弧自动焊实景

图 1-38　H 型钢焊接

进行埋弧焊焊接时，焊脚高度应满足设计图纸要求，焊接过程中应观察焊丝的位置，及时调整，避免焊丝跑偏。焊接过程中如发生断弧，接头部位焊缝应打磨出不小于 1∶4

的过渡坡才能继续施焊。

焊接完成后，除去焊缝表面熔渣及两侧飞溅物，用气割割除引弧板和引出板，将割口修磨平整，严禁用锤击落。

4）焊接 H 型钢矫正

H 型钢焊接完成后应进行矫正，矫正分机械矫正和火焰矫正两种形式，其中焊接角变形采用火焰烘烤或用 H 型钢翼缘矫正机进行机械矫正，矫正后的钢材表面不应有明显的划痕或损伤，划痕深度不得大于 0.5mm。弯曲、扭曲变形采用火焰矫正，矫正温度控制在 800～900℃，且不得有过烧现象。

（2）圆管形构件加工制作

圆管形构件加工制作流程如图 1-39 所示。

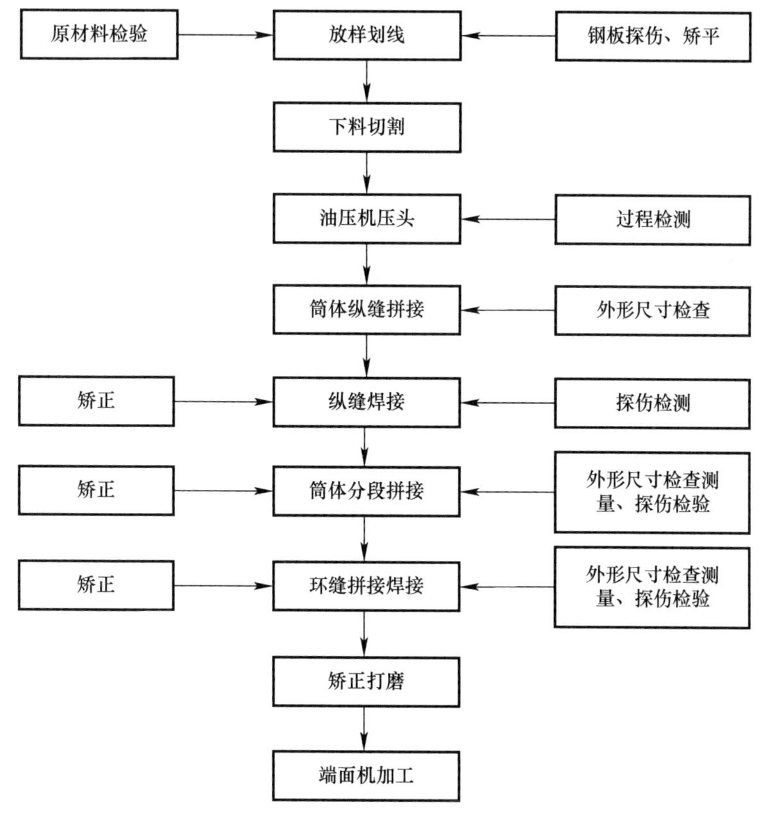

图 1-39　圆管形构件加工制作流程

圆管形构件制作工艺和方法流程如图 1-40 所示。

圆管型构件制作工艺要点如下：

采用计算机三维放样技术，对钢柱筒体零件进行准确放样，绘制零件详图，作为绘制下料图及数控编程的依据。

1）筒体卷制加工余量的加放

① 钢管压制直径精度的控制。

② 当钢管钢板较厚时，在压制过程中钢板的延伸率发生变化，会直接导致加工后筒体的直径偏大，所以加工前必须采取措施进行预防，应将钢管直径缩小进行展开下料。

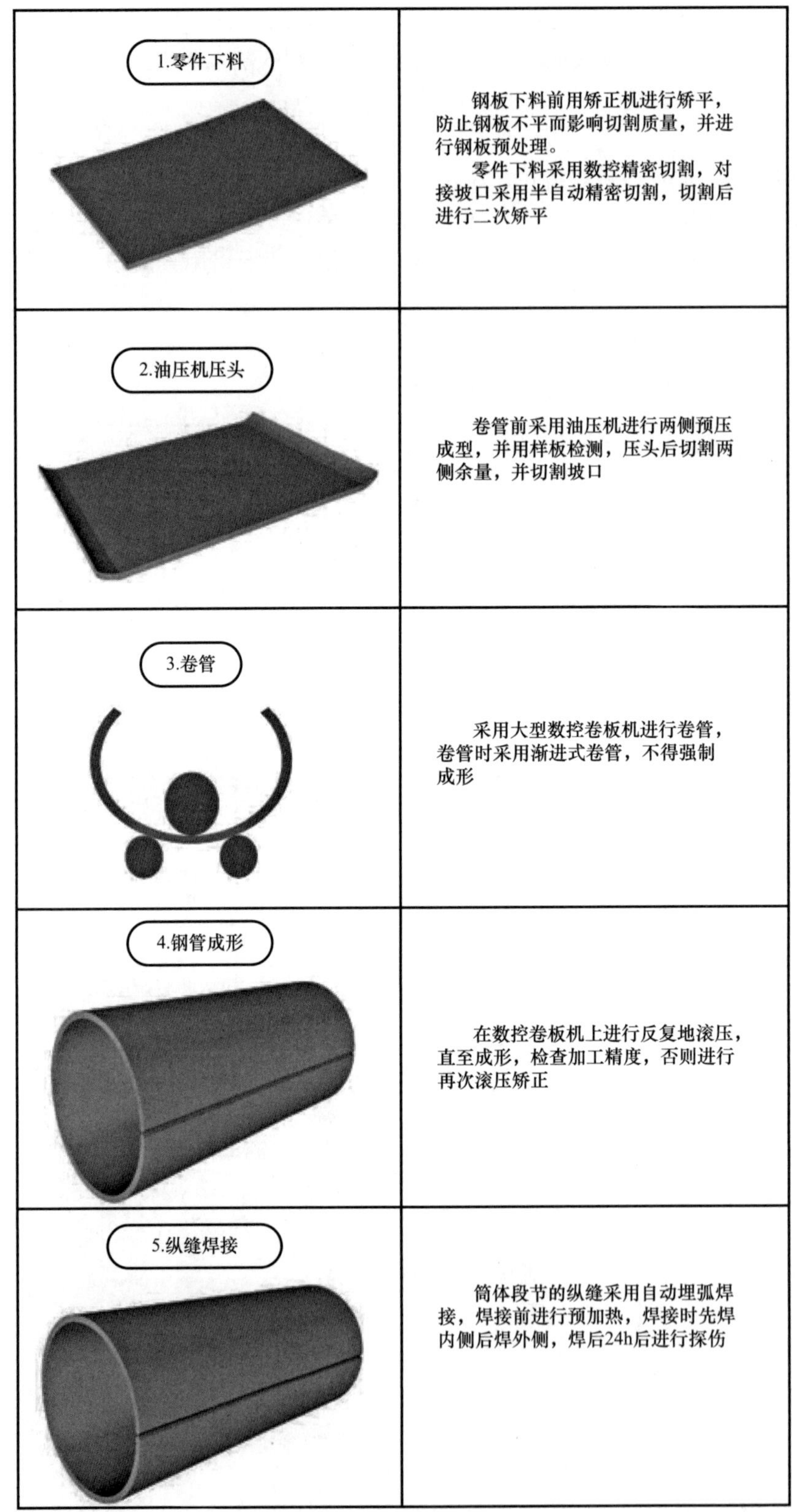

1.零件下料
钢板下料前用矫正机进行矫平，防止钢板不平而影响切割质量，并进行钢板预处理。
零件下料采用数控精密切割，对接坡口采用半自动精密切割，切割后进行二次矫平
2.油压机压头
卷管前采用油压机进行两侧预压成型，并用样板检测，压头后切割两侧余量，并切割坡口
3.卷管
采用大型数控卷板机进行卷管，卷管时采用渐进式卷管，不得强制成形
4.钢管成形
在数控卷板机上进行反复地滚压，直至成形，检查加工精度，否则进行再次滚压矫正
5.纵缝焊接
筒体段节的纵缝采用自动埋弧焊接，焊接前进行预加热，焊接时先焊内侧后焊外侧，焊后24h后进行探伤

图 1-40　圆管形构件制作工艺和方法流程图（一）

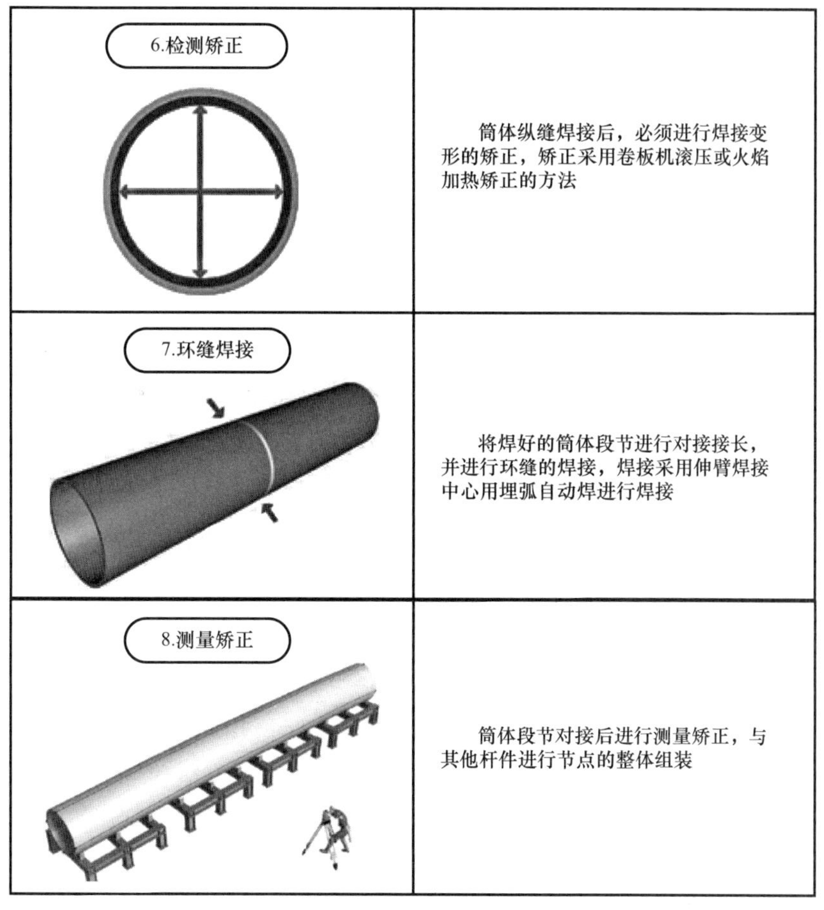
6.检测矫正
筒体纵缝焊接后，必须进行焊接变形的矫正，矫正采用卷板机滚压或火焰加热矫正的方法
7.环缝焊接
将焊好的筒体段节进行对接接长，并进行环缝的焊接，焊接采用伸臂焊接中心用埋弧自动焊进行焊接
8.测量矫正
筒体段节对接后进行测量矫正，与其他杆件进行节点的整体组装

图 1-40　圆管形构件制作工艺和方法流程图（二）

③ 钢管轧制压头余量的加放

为保证每一管节位于纵缝区域曲线光顺，必须在纵缝两侧各加放一定的加工压头余量，如图 1-41 所示。

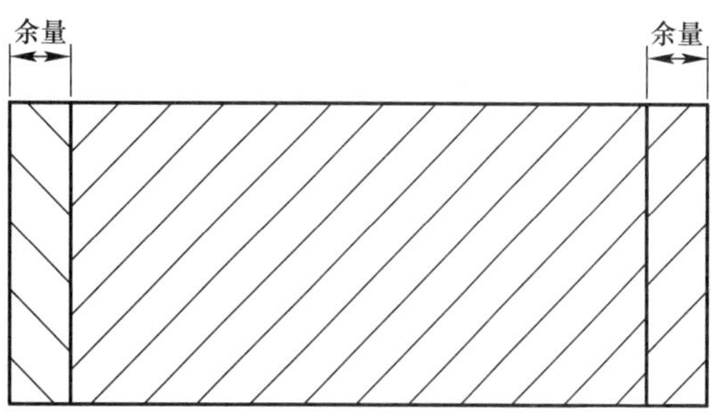
余量
余量

图 1-41　钢管轧制压头余量加放示意图

压头：压头质量的好坏直接关系到筒体的轧制质量，所以为保证加工质量，尤其是椭圆度要求，压头检验用样板必须使用专用样板（样板公差 1mm），样板要求用 2～3mm 薄钢板制作，且圆弧处必须上铣床加工，从而保证加工质量，切割两端余量后并开坡口根据钢管的直径制作压模并安装，采用 2000t 油压机进行钢板两端部压头，钢板端部的压制次数至少为三次，先在钢板端部 150mm 范围内压一次，然后在 300mm 范围内重压二次，以减小钢板的弹性，防止头部失圆，压制后用样板检验。为了保证筒体的外形尺寸精度，锥形圆管筒体轧制时根据其锥度要求在零件上画出加工母线，轧制过程中通过加工母线位置进行调节钢板进料方向及速度，从而达到加工成型的要求。如图 1-42 所示。

将压好头的钢板吊入三辊轧车后，必须用靠模式拉线进行调整，以保证钢板端部与轧辊成一直线，防止卷管后产生错边，然后按要求徐徐轧制，直至卷制结束。

2）钢管的定位焊接

把卷好的管体吊入拼装胎架上进行纵缝的拼接，拼接时应注意板边错边量和焊缝间隙，另外定位焊时不得用短弧焊进行定位，定位前用火焰预热到120～150℃，定位焊长度不小于60mm，间距300mm左右。拼接后检查管口椭圆度、错边等，合格后提交检查员验收，并做好焊前记录。

图1-42 钢管压头轧制

3）钢管的纵缝焊接

焊接顺序有严格的规定，即先焊内侧，后焊外侧。内侧焊满2/3坡口深度后进行外侧碳弧气刨清根，并焊满外侧坡口，再焊满内侧大坡口，使焊缝成型。焊前装好引熄弧板，并调整焊机机头，准备焊接。焊接前必须对焊缝两侧（$2t+100$）mm范围内进行预热（t为壁厚），预热采用陶瓷电加热板进行预热，预热温度100～150℃，加热时需随时用测温仪和温控仪测量控制加热温度，不得太高，焊后进行矫正，待完全冷却后进行焊缝无损检测。其加工图如图1-43所示。

图1-43 钢管纵缝焊接示意图

4）防止管体焊接产生微裂纹的措施

由于厚板从卷制到成型的过程中，产生的拘束应力非常大，将直接导致钢板的硬度增大，使材料塑性降低，钢材可焊性降低，焊接后在焊缝热影响区易产生微裂纹，为了保证管体焊缝不致产生裂纹需采取相关措施进行施工，如进行焊后热处理，用电加热的方法对焊缝进行消氢处理。具体方法为：在管体外侧面上焊上悬挂电加热器的碰钉，把电加热器均匀地挂在碰钉上，然后采用二层50mm厚硅酸铝保温隔热材料将电加热器包好，外用一层铁丝网将保温材料紧固，进行均匀加热。

5）钢管小段节焊后的矫正

管体加工过程中和加工成型及纵缝焊接后均需采用专用样板进行检查管体的成型，加工样板采用 2～3mm 不锈钢板制作，每节管体用不少于三个部位的检查样板进行检查。管体加工成型后应直立于水平平台上进行检查，其精度应达到《施工规范》及《验收标准》要求。当达不到以上要求时，必须进行矫正，矫正采用卷板机和火焰加热法进行。如误差出现偏大时，采用卷板机用滚压法进行矫正，如图 1-44 所示。

图 1-44　钢管小段卷板机矫正示意图

如误差较小时，采用局部火焰加热法进行局部矫正。

6）钢管接长和环缝的焊接

胎架制作时必须在地面划出钢管中心线、钢管定位企口线等，并提交专职检查员验收合格后方可使用。接管前每个小段节必须进行矫正，特别是椭圆度必须矫正好。相邻管节拼装组装时，纵缝应相互错开大于 300mm，并必须保证两端口的椭圆度、垂直度以及直线度要求，符合要求后再进行定位焊。

拼接后在所有管体上弹出 0°、90°、180°、270°母线，并用样冲标记。如图 1-45 所示。

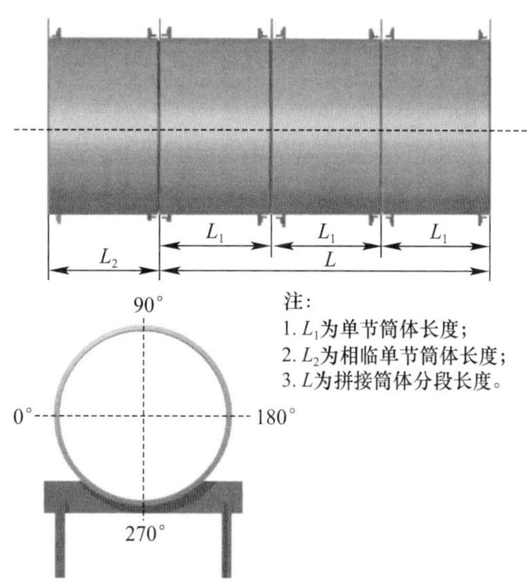

图 1-45　钢管母线标记方位示意图

同样，将拼接好的管体吊入滚轮焊接胎架上用埋弧焊进行环缝的焊接，焊接要求同纵缝要求，环缝焊接顺序：先焊管体内侧焊缝，外侧清根后再焊管体外侧焊缝。环缝焊接前同样采用陶瓷电加热板进行焊前预热。

除上文所述的 H 型钢和圆管形钢外，在实际工程中常见的钢构件还有箱形截面和十字形截面，其工厂加工图如图 1-46 所示。

(a) 箱形截面钢材加工实景

(b) 十字形构件工厂加工制作实景

图 1-46　其他钢构件加工实景

图 1-47　工厂构件焊缝超声波探伤实景

需要注意的是，各种组合构件在各板块焊接完成后需进行焊缝超声波探伤，对不合格焊缝需制定专项返修方案，同时检查构件外观尺寸，并对尺寸偏差进行火焰矫正。超声波探伤如图 1-47 所示。

1.7.2　钢结构安装

钢结构工程的安装应满足设计施工图的要求。钢结构工程实施前，应有经施工单位技术负责人审批的施工组织设计、与其配套专项施工安装方案等技术文件，并按有关规定报送监理工程师或业主代表；重要钢结构工程的施工技术方案和安全应急预案，应组织专家评审。

钢结构安装包含丰富的内容，且门式刚架、多高层钢结构及大跨度空间结构等钢结构工程的安装各有自身的特点，限于篇幅，本节仅概要介绍各类钢结构安装的基本知识，读者可查阅相关资料。

1. 钢结构安装一般要求

钢结构安装现场应设置专门的构件堆场，并采取必要措施防止构件变形或表面被污染。高强度螺栓、焊条、焊丝、涂料等材料应在干燥、封闭环境下储存。现场构件堆场要求满足的基本条件：满足运输车辆通行要求；场地平整；有电源、水源，排水通畅；堆场的面积满足工程进度需要，若现场不能满足要求时可设置中转场地。露天设置的堆场应对构件采取适当的覆盖措施。钢结构吊装前应清除构件表面的油污、泥沙和灰尘等杂物，并做好轴线和标高标记。操作平台、爬梯、安全绳等辅助措施宜在吊装前固定在构件上。

钢结构安装应根据结构特点按照合理顺序进行，保证安装阶段的结构稳定，必要时应增加临时固定措施。临时措施应能承受结构自重、施工荷载、风荷载、雪荷载、地震作用、吊装产生的冲击荷载等的作用，并不至于使结构产生永久变形。

钢结构安装矫正时应考虑温度、日照等因素对结构变形的影响。施工单位和监理单位宜在大致相同的天气条件和时间段进行测量验收。因钢结构受温度和日照的影响变形比较明显，但此类变形属于可恢复的变形，要求施工单位和监理单位在大致相同的天气条件和时间段进行测量验收可避免测量结果不一致。

钢结构吊装应在构件上设置专门的吊装耳板或吊装孔。设计文件无特殊要求时，吊装耳板和吊装孔可保留在构件上，若需去除耳板，应采用气割或碳弧气刨方式在离母材 3～5mm 位置切割，严禁采用锤击方式去除。

当前复杂钢结构工程逐渐增多，有很多构件受到运输或吊装等条件的限制，只能分段分体制作或安装，为了检验其制作的整体性和准确性，保证现场安装定位，一般在出厂前进行工厂内预拼装，或在施工现场进行预拼装。预拼装早期采用多实体预拼装，随着计算机硬件及软件的发展，越来越多的工程也逐步采用计算机辅助模拟预拼装，该方法具有速度快、精度高、节能环保、经济实用的目的。

2. 起重设备和吊具

钢结构安装应采用塔式起重机、履带式起重机、汽车式起重机等定型产品作为主要吊装设备。若选用非定型产品作为吊装设备，应编制专项方案，并经评审后方可组织实施。非定型产品主要是指采用卷扬机、液压油缸、千斤顶等作为吊装起重设备。起重设备需要附着或支承在主体结构上时，应得到原设计单位的认可，其作用力不得使原结构产生永久变形。严禁超出起重设备的额定起重量进行钢结构吊装。

起重设备的选择应综合考虑起重设备的起重性能、结构特点、现场环境、作业效率等因素。当构件重量超过单台起重设备的额定起重量范围时，构件可采用抬吊的方式吊装。采用抬吊方式时，起重设备应进行合理的负荷分配，构件重量不得超过两台起重设备额定起重量总和的 75%，单台起重设备的负荷量不得超过额定起重量的 80%；吊装作业应进行安全验算并采取相应的安全措施，应有经批准的抬吊作业专项方案；吊装操作时应保持两台起重设备升降和移动同步，两台起重设备的吊钩、滑车组均应基本保持垂直状态。吊装用钢丝绳、吊装带、卸扣、吊钩等吊具应定期检查，不得超出其额定许用荷载。

3. 基础、支撑面和预埋件

钢结构安装前应对建筑物的定位轴线、基础轴线和标高、地脚螺栓位置等进行检查，并应办理交接验收。当基础工程分批进行交接时，每次交接验收不应少于一个安装单元的柱基基础；基础混凝土强度应达到设计要求，基础周围回填夯实应完毕且基础的轴线标志和标高基准点应准确、齐全。

基础顶面直接作为柱的支承面、基础顶面预埋钢板（或支座）作为柱的支承面时，其支承面、地脚螺栓（锚栓）的允许偏差应符合《施工规范》的规定。

锚栓及预埋件安装应符合下列规定：

1）宜采用锚栓定位支架、定位板等辅助固定措施；

2）锚栓和预埋件安装到位后，应可靠固定；当锚栓埋设精度较高时，可采用预留孔洞、二次埋设等工艺；

3）锚栓应采取防止损坏、锈蚀和污染的保护措施；

4）钢柱地脚螺栓紧固后，外漏部分应采取防止螺母松动锈蚀的措施；

5）当锚栓需要施加预应力时，可采用后张拉方法，张拉力应符合设计文件的要求，并在张拉完成后进行灌浆处理。

4. 构件安装

钢柱安装应符合下列规定：

1）柱脚安装时，锚栓宜使用导入器或护套；

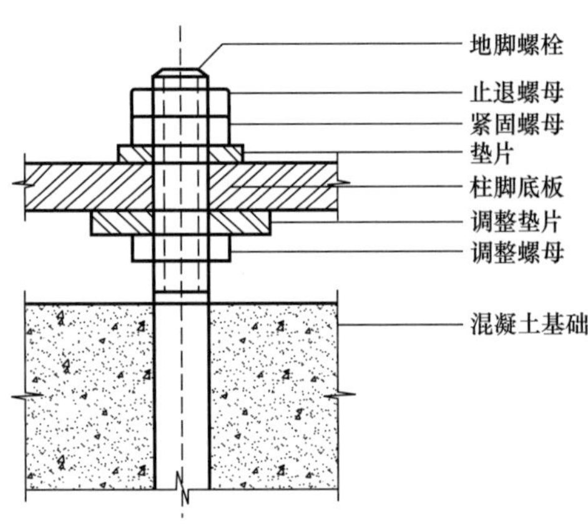

图 1-48 柱脚底板标高精确调整图

2）首节钢柱的标高，可采用在底板下的地脚螺栓上加一调整垫片和一调整螺母的方法精确控制，精度可达±1mm。如图 1-48 所示。

3）首节钢柱安装后应及时进行垂直度、标高和轴线位置校正，钢柱的垂直度可采用经纬仪或线锤测量。校正合格后钢柱须可靠固定并进行柱底二次灌浆，灌浆前应清除柱底板与基础面之间杂物；

4）首节以上钢柱定位轴线应从地面控制轴线直接引上，不得从下层柱的轴线引上；钢柱校正垂直度时，应确定钢梁接头焊接的收缩量，并应预留焊缝收缩变形值；

5）倾斜钢柱可采用三维坐标测量法进行测校，或采用柱顶投影点结合标高进行测校，校正合格后宜采用刚性支撑固定。

钢梁安装应符合下列规定：

1）钢梁宜采用两点起吊；当单根钢梁长度大于 21m，采用两点吊装不能满足构件强度和变形要求时，宜设置 3～4 个吊装点吊装或采用平衡梁吊装，吊点位置应通过计算确定；

2）钢梁可采用一机一吊或一机串吊的方式；就位后应立即临时固定连接；

3）钢梁面的标高及两端高差可采用水准仪与标尺进行测量，校正完成后应进行永久性连接。

支撑安装应符合下列规定：

1）交叉支撑宜按照从下到上的次序组合吊装；

2）若无特殊规定时，支撑构件校正需待相邻结构校正固定后进行；

3）屈曲约束支撑应按设计文件和产品说明书的要求进行安装。

桁架（屋架）安装应在钢柱校正合格后进行，并符合下列规定：

1）钢桁架（屋架）可采用整榀或分段安装；

2）钢桁架（屋架）应在起扳和吊装过程中防止产生变形；

3）单榀安装钢桁架（屋架）时应采用缆绳或刚性支撑增加侧向临时约束。

钢板剪力墙安装应符合下列规定：

1）钢板剪力墙吊装时应采取防止钢板墙平面外的变形措施；

2）钢板剪力墙的施工时间和顺序应满足设计文件的要求。

关节轴承节点安装应符合下列要求：

1）关节轴承节点应采用专门的工装进行吊装和安装；

2）轴承总成不宜解体安装，就位后需采取临时固定措施，防止节点扭转；

3）关节轴承的销轴与孔装配时必须密贴接触，宜采用锥形孔、轴，用专用工具顶紧安装；

4）安装完毕后做好成品保护，避免轴承受损。

钢铸件或铸钢节点安装应符合下列要求：

1）出厂时应标识清晰的安装基准标记；

2）现场焊接应严格按焊接工艺评定的要求施焊和检验。

由多个构件在地面组拼的组合构件吊装，吊点位置和数量应经计算确定。根据设计文件要求或吊装工况要求，后安装构件的安装应满足设计文件要求，其加工长度宜根据现场实际测量长度确定；当延迟构件与已完成结构采用焊接连接时，应采取减少焊接变形和焊接残余应力措施。

5. 门式刚架

单跨结构宜从跨端一侧向另一侧、中间向两端或两端向中间的顺序进行吊装。多跨结构，宜先吊主跨、后吊副跨；当有多台起重机共同作业时，也可多跨同时吊装。单层门式刚架钢结构，宜按立柱、连系梁、柱间支撑、吊车梁、屋架、檩条、屋面支撑、屋面板的顺序进行安装。

安装过程中，需及时安装临时柱间支撑或稳定缆绳，在形成空间结构稳定体系后方可扩展安装。空间结构稳定体系应能承受结构自重、风荷载、雪荷载、地震作用、施工荷载以及吊装过程中的冲击荷载的作用。如图 1-49 为正在安装的某门式刚架结构。

图 1-49　某门式刚架结构安装

6. 多层、高层钢结构

多层、高层钢结构安装宜划分成多个流水作业段安装，流水段宜以每节框架为单位。流水段划分应符合下列规定：

1）流水段内的最重构件应在吊装机械的起重能力范围内；

2）起重设备的爬升高度应满足下节流水段内构件的起吊高度；

3）每节流水段内的柱长度应根据工厂加工、运输堆放、现场吊装等因素确定，长度宜取 2～3 个楼层高度，分节位置宜在梁层标高以上 1.0～1.3m 处；

4）钢结构流水段的划分应与混凝土结构施工相适应；

5）每节流水段可根据结构特点和现场条件在平面上划分流水区进行施工。

流水作业段内的构件吊装宜符合下列规定：

1）吊装可采用整个流水段内先柱后梁、或局部先柱后梁的顺序；单柱不得长时间处于悬臂状态；

2）钢楼板及压型金属板安装应与构件吊装进度同步；

3）特殊流水段内的吊装顺序应按安装工艺确定，并应符合设计文件的要求。

多层及高层钢结构安装校正应依据基准柱进行，并应符合下列规定：

1）基准柱应能够控制建筑物的平面尺寸并便于其他柱的校正，宜选择角柱为基准柱；

2）钢柱校正宜采用合适的测量仪器和校正工具；

3）基准柱应校正完毕后，再对其他柱进行校正。

多层及高层钢结构安装时，楼层标高可采用相对标高或设计标高进行控制，并应符合下列规定：

1）当采用设计标高控制时，应以每节柱为单位进行柱标高调整，并应使每节柱的标

图 1-50　某超高层钢结构安装

高符合设计的要求；

2）建筑物总高度的允许偏差和同一层内各节柱的柱顶高度差，应符合现行国家标准《钢结构工程施工质量验收标准》GB 50205 的有关规定。

同一流水作业段、同一安装高度的一节柱，当各柱的全部构件安装、校正、连接完毕并验收合格后，应再从地面引放上一节柱的定位轴线。高层钢结构安装时应分析竖向压缩变形对结构的影响，并应根据结构特点和影响程度采取预调安装标高、设置后连接构件等相应措施。如图 1-50 为正在安装的某超高层钢结构工程。

7. 空间结构

空间结构的安装方法，应根据结构类型、受力和构造特点、施工技术条件等因素确定。本节列出了几种典型的空间钢结构安装方法。

高空散装法适用于全支架拼装的各种空间网格结构，也可根据结构特点选用少支架的悬挑拼装施工方法；分条或分块安装法适用于分割后结构的刚度和受力状况改变较小的空间网格结构，分条或分块的大小根据设备的起重能力确定；滑移法适用于能设置平行滑轨的各种空间网格结构，尤其适用于跨越施工（待安装的屋盖结构下部不允许搭设支架或行走起重机）或场地狭窄、起重运输不便等情况。当空间网格结构为大面积大柱网或狭长平面时，可采用滑移法施工；整体提升法适用于各种空间网格结构，结构在地面整体拼装完毕后提升至设计标高、就位；整体顶升法适用于支点较少的各种空间网格结构，结构在地面整体拼装完毕后顶升至设计标高、就位；整体吊装法适用于中小型空间网格结构，吊装时可在高空平移或旋转就位；折叠展开式整体提升法适用于柱面网壳结构，在地面或接近地面的工作平台上折叠起来拼装，然后将折叠的机构用提升设备提升到设计标高，最后在高空补足原先去掉的杆件，使机构变成结构；高空悬拼安装法适用于大悬挑空间钢结构，目的为减少临时支撑数量。

下面对高空散装法、分条分块吊装法、滑移施工法、单元或整体提升法、单元或整体顶升法的注意事项进行说明。

（1）高空散装法

1）安装顺序要保证拼装精度，减少积累误差。悬挑法施工时，先拼成可承受自重的结构体系，然后逐步扩展；

2）搭设的支承架、操作平台或满堂脚手架需经过工况设计计算，保证支承系统的竖向刚度和稳定，并满足地耐力要求；支承系统卸载拆除时，注意荷载均衡，变形协调；

3）搭设拼装支架时，支承点宜设在下弦节点处，同时在支架上设置可调节标高的装置。如图 1-51 为正在采用高空散装法安装的网架结构。

（2）分条分块吊装法

1）结构吊装可采用起重机吊装就位，受场地条件或起重性能限制时，也可以采用拔杆起吊，当采用多门滑轮时优先选滑轮组；

2）吊装过程中起重机或拔杆的受力要明确，多台起重机或拔杆共同受力时，其起重能力宜控制在额定负荷能力的 0.8 倍以下；

3）起重机行走道路、工作站位、拔杆基础的荷载满足地耐力要求；

4）将结构分为若干单元吊装时，其设置的临时支撑及其拆除过程需经过计算确定；

5）结构单元应具有足够刚度和自身的几何不变性，否则应采取临时加固措施；

图 1-51　高空散装法安装的网架结构

6）结构吊装时，保证各吊点起升及下降的同步性。

（3）滑移施工法

1）需对滑移工况作施工分析，明确滑移支点反力对地面、梁、楼面作用，必要时采取适当的加固措施；

2）滑轨可固定于梁顶面的预埋件、地面或楼面上，滑轨与预埋件、地面及楼面的连接牢固可靠；

3）滑移可采用滑动或滚动两种方法，其动力可采用卷扬机、捯链或钢绞线液压千斤顶和千斤顶等，滑移时防止由静摩擦力转为动摩擦力时的突然滑动。滑移的方法根据水平力和垂直力的大小确定。

4）当采用多点牵引时，宜采用计算机控制。

如图 1-52 为正在高空累积滑移的某网架结构工程。

图 1-52　高空累积滑移的某网架结构工程

（4）单元或整体提升法

1）提升吊点及支承位置根据被提升结构的变形控制和受力分析确定，并根据各吊点处的反力值选择提升设备和设计（验算）支承柱，使提升的结构和节点具有足够刚度。

2）支承结构应作强度、稳定验算，可考虑冗余设计，提升装置的配置方式宜与结构永久支承状态相接近，提升装置的能力设定：当结构的施工状态为静定约束时，为提升荷载的 1.2～1.5 倍；当结构的施工状态为超静定约束时，为提升荷载的 1.5～2 倍。当采用液压千斤顶提升时，各提升点的额定负荷能力宜为使用负荷能力的 1.5 倍以上。

3）提升设备宜根据结构特点，布置在结构支承柱顶部，也可设置在临时支承柱顶。

4）当采用拔杆作为起吊设备时，优选滑轮组。

5）结构提升时应控制各提升点之间的高度偏差，使其提升高度差在一定范围内。

6）对提升结构作详细验算，包括提升同步差异引起的结构内力变化，吊点处的局部强度和稳定性验算等。

如图 1-53 为正在整体提升的大跨钢结构。

（5）单元或整体顶升法

1）被顶升结构需具有足够的刚度；

2）宜利用结构柱作为顶升时的支承结构，也可在其附近设置临时顶升支架；

3）顶升用的支承柱或临时支架上的缀板间距，为千斤顶使用行程的整数倍，其标高偏差不应大于 5mm；

4）顶升千斤顶可采用丝杆千斤顶或液压千斤顶，其使用负荷能力应将额定负荷能力乘以折减系数；

5）顶升时各顶升点的允许差值控制在一定范围内；

6）千斤顶或千斤顶合力的中心与柱轴线对准，其允许偏移值小于等于 5mm，千斤顶应保持垂直；

7）顶升前及顶升过程中，结构支座中心对柱基准轴线的水平偏移值不大于柱截面短边尺寸的 1/50 及柱高的 1/500。

索（预应力）结构施工应符合下列规定：

1）施工前应对钢索、锚具及零配件的出厂报告、产品质量保证书、检测报告，以及索体长度、直径、品种、规格、色泽、数量等进行验收，并应验收合格后再进行预应力施工；

2）索（预应力）结构施工张拉前，应进行全过程施工阶段结构分析，并应以分析结果为依据确定张拉顺序，编制索（预应力）施工专项方案；

3）索（预应力）结构施工张拉前，应进行钢结构分项验收，验收合格后方可进行预应力张拉施工；

4）索（预应力）张拉应符合分阶段、分级、对称、缓慢匀速、同步加载的原则，应根据结构和材料特点确定超张拉的要求；

5）索（预应力）结构宜进行索力和结构变形监测，并形成监测报告。

索（预应力）结构施工控制的要点是拉索张拉力和结构外形控制。在实际操作中同时达到设计要求难度较大，一般应与设计单位商讨相应的控制标准，使张拉力和结构外形能兼顾达到要求。如图 1-54 为正在张拉的张弦拱结构。

图 1-53　整体提升的大跨钢结构

图 1-54　正在张拉的张弦拱结构

钢结构安装前应根据设计文件要求确定是否需要采取预调，如超高层钢柱长度，大悬挑结构或大跨空间结构中主要构件等。若需要采取预调，应根据预调后的结构位形进行施工详图设计。同时，施工应考虑环境温度变化对结构的影响。温度变化对钢构件有热胀冷缩的影响，结构跨度越大温度影响越敏感，特别合拢施工需选取适当的时间段，避免次应力的产生。

另外，高层钢结构、大跨度空间结构、高耸结构等大型重要钢结构工程，应按设计要求或合同约定进行施工监测和健康监测。施工监测方法应根据工程监测对象、监测目的、监测频度、监测时间长短、精度要求等具体情况选定。钢结构施工期间，可对结构变形、应力应变、环境量等内容进行过程监测。钢结构工程具体的监测内容及监测部位可根据不同的工程要求和施工状况选取。采用的监测仪器和设备应满足数据精度要求，且保证数据稳定和准确。宜采用灵敏度高、抗腐蚀性好、抗电磁波干扰强、体积小、重量轻的传感器。当有特殊要求时，可在运营阶段继续对结构状态进行健康监测，健康监测宜与施工监测相结合。如图 1-55 为北京市建筑工程研究院为奥运工程国家体育馆项目开发的健康监测系统。

图 1-55　国家体育馆健康监测系统

第2章　钢结构的材料选用

2.1　建筑钢结构用钢材

2.1.1　对建筑钢结构所用钢材的要求

1. 较高的强度

要求钢材具有较高的屈服强度 f_y 和抗拉强度 f_u，以减少构件截面。节约钢材和降低造价，提供结构的安全保障。屈强比 f_y/f_u 大小反映设计强度储备的大小，屈强比越小，则表明强度储备越大。但要适度控制屈强比大小，过小则会导致钢材强度利用率低，不够经济。

2. 足够的变形能力

要求钢材具有良好的塑性和冲击韧性。钢材的塑性变形能力是通过伸长率 δ 来反映的。伸长率较高的钢材，对于调整局部高峰应力，进行应力重分布，减少结构脆性破坏均有重要作用。因此，屈服强度 f_y、抗拉强度 f_u 和伸长率 δ 是承重钢结构对钢材要求所必须的三项机械性能指标。冲击韧性是指钢材在冲击荷载作用下断裂时吸收能量的一种能力，是钢材抵抗因低温、应力集中、冲击荷载作用下脆性断裂能量的另一种机械性能指标。

3. 良好的加工性能

即适合冷、热加工，同时具有良好的可焊性，不因这些加工而对强度、塑性和韧性带来较大的有害影响。为此要求对钢材进行冷弯试验，冷弯性能是衡量钢材在常温下弯曲加工生产塑性变形时对产生裂纹的抵抗能力的一项指标。由于冷弯时试件中部受弯部位受到冲头挤压及弯曲、剪切的复杂作用，因此，它也是考察钢材在复杂应力状态下发生塑性变形能力的一项指标。

4. 特定条件下的附加要求

根据结构特定工作条件，诸如处于有害介质侵蚀（包括大气锈蚀）以及低温、疲劳状态等，对钢材提出相应的要求。

在上述各项要求基础上，尚应考虑市场钢材的供应情况及价格。

2.1.2　钢材分类及选用

1. 钢材分类

(1) 碳素结构钢

按照现行国家标准《碳素结构钢》GB/T 700 规定，碳素结构钢分为四个牌号，即 Q195、Q215、Q235 和 Q275。质量等级分为 A、B、C、D 四种。脱氧方法分为沸腾钢 (F)、镇静钢 (Z)、特殊镇静钢 (TZ) 三种。A 级最差，D 级最好。A、B 级的脱氧方法可分为沸腾钢 (F) 和镇静钢 (Z) 两种，C 级钢为镇静钢，D 级钢为特殊镇静钢 (TZ)。其中 Q195 无质量等级、Q215 只有 A、B 两种质量等级，Q235 和 Q275 有 A、B、C、D

四种质量等级。

碳素结构钢的表示方法如下：

例如：Q235AF

Q 代表钢材屈服强度“屈”字的汉语拼音首位字母；235 表示屈服强度数值；A 表示质量等级；F 表示沸腾钢，Z 和 TZ 在牌号中省略不写。

《钢结构设计标准》GB 50017—2017 中仅推荐使用 Q235 材质，而且 A 级钢仅可用于结构工作温度高于 0℃的不需要验算疲劳的结构，且 Q235A 不宜用于焊接结构。

（2）低合金高强度结构钢

低合金高强度结构钢可明显提高钢材强度，使钢结构强度、刚度、稳定性三个控制指标均能充分满足，尤其在跨度或重负荷结构中优点更为突出，一般比普通碳素钢节省钢材 20%左右。当然，价格要高于普通碳素钢。

1966 年我国自行研发生产的 16Mn 钢（即 Q345（Q355）低合金高强度结构钢），填补了我国低合金结构钢生产的空白。经过多年的应用和发展，1994 年低合金结构钢已经系列化，可生产 Q295、Q345（Q355）、Q390、Q420、Q460 共 5 个牌号钢供工程应用。到 2008 年，因工程应用和国际接轨需要，又开发生产了 Q500、Q550、Q620、Q690 等更高强度级别牌号钢。50 余年来，低合金高强度结构钢，特别是 Q345 钢在钢结构工程领域中得到了广泛的应用。中国钢结构协会的调研资料表明，10 余年来，我国钢结构工程中应用 Q345 等低合金高强度结构钢的比重已占到总用钢量的 80%以上，Q345（Q355）钢也成为《钢结构设计标准》GB 50017—2017 中推荐首选的钢材牌号。

《低合金高强度结构钢》GB/T 1591—2018 中钢材牌号有热轧状态交货的 Q355、Q390、Q420、Q460 共四种，有正火与正火轧制钢交货的牌号 Q355N、Q390N、Q420N、Q460N 共四种、有热机械轧制钢交货的牌号 Q355M、Q390M、Q420M、Q460M、Q500M、Q550M、Q620M、Q690M 共 8 种供工程应用。质量等级分为 B、C、D、E、F 五种。

低合金高强度结构钢的表示方法如下，例如 Q355ND：

Q 代表钢材屈服强度“屈”字的汉语拼音首位字母；355 表示最小上屈服强度数值；N 表示交货状态为正火或正火轧制；D 表示质量等级。交货状态为热轧时，交货状态代号 AR 或 WAR 可省略；交货状态为正火或正火轧制状态时，交货状态均可用 N 表示。当要求钢板具有厚度方向的性能时，则可在上述规定的牌号后加上代表厚度方向（Z 向）性能级别的符号，如：Q355NDZ25。

需要特别注意的是由于《钢结构设计标准》GB 50017—2017 等一批钢结构相关标准要早于《低合金高强度结构钢》GB/T 1591—2018 执行，且目前尚未修订。设计选用低合金高强度结构钢时，不应再直接选用 Q345 钢。二者区别如下：

1）在设计文件中对所选用的钢材应正确完整地注明其牌号，如 Q355、Q355N 或 Q355M。但也应注意，若按《钢结构设计标准》GB 50017—2017、《结构用无缝钢管》GB/T 8162—2018 或《建筑结构用钢板》GB/T 19879—2015 等钢材标准选用钢材时，仍应按现行国家标准《低合金高强度结构钢》GB/T 1591—2018 所规定的钢材牌号选用。

2）取消了各牌号 A 级钢，对正火、正火轧制钢和热机械轧制钢，增加了 F 级质量等级要求，其冲击功（纵向）可保证低温－60℃条件下不低于 27J。

3）热轧钢材一般为纵向轧制，故其纵向性能要优于横向性能（如横向冲击功一般较纵向要降低20%以上）。以往钢材标准中一般只规定纵向冲击功限值，而《低合金高强度结构钢》GB/T 1591—2018分别规定了纵向和横向冲击功的保证限值，便于设计人员更为知情地合理选材。

4）按轧制工艺类别细化规定了焊接性能的量化指标——“碳当量”（C_{EV}）与“焊接裂纹敏感指数”（P_{cm}）。

5）将各类钢材屈服强度由原来的下屈服强度（R_{el}）取值改为上屈服强度（R_{eH}）取值，故钢材屈服强度一般提高了10MPa（上、下屈服强度值是进行钢材拉伸试验时其屈服强度微小波动的上限值与下限值。在各钢材产品标准中屈服强度的取值并不统一，有取上限者，也有取下限者。此上限与下限的差值，一般为屈服强度值的2%～3%）；同时新规定的热机械轧制钢抗拉强度值，也均降低10～20MPa。

将Q345修改为Q355后将使钢号的修正系数ε_k受到影响，其他强度指标不受影响，目前《钢结构设计标准》GB 50017—2017尚未提出修改更正的通知文件，审图单位的要求也不相同。在施工图设计中，建议将两种参数都写入钢结构设计说明中。本书中为了保持与大多数规范一致，除规范中直接表述为Q355外，其他地方仍采用Q345（表2-1）。

Q355与Q345屈服强度 f_y 对比 **表2-1**

钢材厚度或直径（mm）	≤16	>16，≤40	>40，≤63	>63，≤80	>63，≤100
Q355	355	345	335	325	315
Q345	345	335	325	315	305

（3）建筑结构用钢板

由于近年来建筑钢结构快速发展，市场上推出了性能较好的建筑结构用钢板，现行国家标准《建筑结构用钢板》GB/T 19879中包含Q235GJ、Q345GJ、Q390GJ、Q420GJ、Q460GJ、Q500GJ、Q550GJ、Q620GJ、Q690GJ共九个牌号，质量等级有B、C、D、E四种。后四个牌号只有C、D、E三种质量等级。

建筑结构用钢板的表示方法如下：

例如：Q345GJC

Q代表钢材屈服强度“屈”字的汉语拼音首位字母；345表示最小屈服强度数值；GJ代表高性能建筑结构用钢的汉语拼音；C表示质量等级。对于厚度方向性能钢板，则可在质量等级后加上代表厚度方向性能级别（Z15、Z25或Z35）的字符，如：Q345NDZ25。

考虑到应用与钢强度研究的样本问题，现行国家标准《钢结构设计标准》GB 50017仅列入Q345GJ的相关设计指标。

（4）耐候钢

耐候钢是在钢中加入少量的铜、磷、铬、镍元素，使其在金属基体表面形成保护层，以提高钢耐大气腐蚀的性能，还可以加入少量的钼、铌、钒、钛、锆等元素，以细化晶粒，提高钢材的力学性能，改善钢的强韧性，降低脆性转变温度，使其具有较好的抗脆断性能。耐候钢分为高耐候钢和焊接耐候钢两类，前者较后者有较好的耐大气腐蚀性能，但焊接性能较后者差。耐候钢可应用于车辆、集装箱、建筑、塔架、轨道等其他结构件。

1）高耐候钢

我国耐候钢共分Q295GNH、Q355GNH、Q265GNH、Q310GNH四种牌号，前两种为热轧生产方式，后两种为冷轧生产方式。钢材的牌号由“屈服强度”“高耐候”的汉语拼音字母“Q”“GNH”、屈服强度的下限值以及质量等级（A、B、C、D、E）组成。

热轧高耐候钢通常钢板最大厚度为20mm，型钢厚度为40mm，冷轧高耐候钢通常钢板最大厚度为3.5mm。

例如：Q355GNHC，Q为屈服强度中“屈”字汉语拼音的首字母；355为钢的屈服强度下限值；G、N、H分别为“高”“耐”“候”三个汉语拼音的首字母；C为质量等级。

2）焊接结构用耐候钢

以保持钢材具有良好的焊接性能为特点，其Q355NH以下适用厚度可达100mm，Q415NH及以上最大适用厚度为60mm。对处于外露环境，且对耐腐蚀有特殊要求或在腐蚀性气态和固态介质作用下的焊接承重结构，宜采用此种钢材。其质量要求应符合《耐候结构钢》GB/T 4171—2008的规定。该规定列出了Q235NH、Q355NH、Q415NH、Q460NH、Q500NH、Q500NH六种牌号，其质量等级按A、B、C、D、E顺序组成，其中E给出了−40℃的V形冲击试验指标。

3）结构用高强度耐候焊接钢管

结构用耐候焊接钢管适用于建筑结构中使用的桩柱、塔架、支座、网架结构及其他结构用直焊耐候焊接钢管。

《结构用耐候焊接钢管》YB/T 4112—2013规定，高强度耐候焊接钢管钢材牌号和化学成分符合《耐候结构钢》GB/T 4171—2008的规定。

钢管的长度通常为3000～12500mm，钢管外径D允许偏差分为三个等级：$D\leqslant 60.3$mm、$60.3\text{mm}\leqslant D\leqslant 508$mm、$D>508$mm。壁厚$s$允许偏差分为两个等级：$s\leqslant 20$mm，$s>20$mm。钢管的长度允许偏差为+20mm。

经供需双方协议，可供应其他规格。

（5）桥梁用结构钢

《桥梁用结构钢》GB/T 714—2015规定的桥梁用钢有Q345q、Q370q、Q420q、Q460q、Q500q、Q550q、Q620q和Q690q共八个普通钢牌号，Q345qNH、Q370qNH、Q420qNH、Q460qNH、Q500qNH和Q550qNH共六个耐大气腐蚀钢牌号。其中q表示桥梁钢“桥”字汉语拼音的首字母。同样各牌号分不同质量等级，按不同质量等级规定不同的化学成分和力学性能，桥梁用结构钢分C、D、E、F四个质量等级。交货状态有热轧或正火、热机械轧制、调质。

（6）耐火耐候结构钢

耐火耐候结构钢为通过添加适量的合金元素，如铝、铜、铬等，以提高耐火性能和耐大气腐蚀性能的钢。

《耐火耐候结构钢》GB/T 41324—2022规定耐火耐候结构钢采用牌号加质量等级表示，钢的牌号由代表屈服强度中“屈”字汉语拼音的首字母“Q”、规定的最小上屈服强度数值、代表“耐火耐候”的后缀英文字母“FRW”三部分组成；质量等级代号采用B、C、D、E表示。

例如：Q550FRWE，Q为屈服强度中“屈”字汉语拼音的首字母；550为规定的最小上屈服强度数值，单位为兆帕（MPa）；FRW 为“耐火耐候”的英文“fire resistant weathering”首字母缩写；E 为质量等级。

耐火耐候钢有 Q235FRW、Q355FRW、Q390FRW、Q420FRW、Q460FRW、Q500FRW、Q500FRW、Q620FRW、Q690FRW 共九个牌号，B、C、D、E 四个质量等级。

耐火耐候结构钢使用与制造一般的结构和建筑结构的具有耐火性能、耐大气性能的热轧钢板和钢带、热轧型钢。由于现行国家标准《结构用无缝钢管》GB/T 8162 中，钢管的壁厚分组、材料的屈服强度均与现行国家标准《低合金高强度结构钢》GB/T 1591 有所不同，因此其强度设计值应按照现行国家标准《钢结构设计标准》GB 50017 选用。

（7）结构用无缝钢管

《结构用无缝钢管》GB/T 8162—2018 适用于机械结构和一般工程用无缝钢管。其成型工艺有热轧（扩）钢管、冷拔（轧）钢管两种。由于现行国家标准《结构用无缝钢管》GB/T 8162 中钢管的壁厚分组、材料的屈服强度均与现行国家标准《低合金高强度结构钢》GB/T 1591 有所不同，因此其强度设计值应按照现行国家标准《钢结构设计标准》GB 50017 选用。

（8）铸钢

按《钢结构设计标准》GB 50017—2017 规定，非焊接结构用钢铸件采用的铸钢材质应符合现行国家标准《一般工程用铸造碳钢件》GB/T 11352 的规定；焊接结构用钢铸件采用的铸钢材质应符合现行国家标准《焊接结构用铸钢件》GB/T 7659 的规定。

非焊接铸钢分为 ZG200—400、ZG230—450、ZG270—500、ZG310—570、ZG340—640 五种铸钢牌号，其中前一个数值表示屈服强度（N/mm^2），后一个数值表示抗拉强度（N/mm^2）。ZG200—400 牌号因强度低、ZG340—640 牌号因其塑性太差（$\delta_5=10\%$），冲击功也低（$A_{kv}=10J$），故二者未被列入现行国家标准《钢结构设计标准》GB 50017 中。

焊接结构用铸钢件分为 ZG200—400H、ZG230—450H、ZG270—480H、ZG300—500H、ZG340—550H 共五个牌号。牌号末尾“H”为“焊”字汉语拼音的首字母，表示焊接用钢。ZG200—400 牌号因强度低未被列入现行国家标准《钢结构设计标准》GB 50017 中。

随着我国钢铁工业的不断发展和科技创新，新的钢材品种及应用将不断丰富，如国家体育馆“鸟巢”局部受力较大部位采用了 Q460E—Z35 号钢材（我国舞阳钢厂生产），采用控温控轧技术形成高强度、延性及韧性均较好、厚度达 110mm 的钢材就是突出的一例。这里难以概全，仅作简略介绍。

2. 建筑结构用钢材的选用

结构钢材的选用应遵循技术可靠、经理合理的原则，综合考虑结构的重要性、荷载特征、结构形式、应力状态、连接方法、工作环境、钢材厚度和价格等因素，选用合适的钢材牌号和材性保证项目，并应在设计文件中完整地注明对钢材的技术要求。

钢结构承重构件所用的钢材应具有屈服强度、断后伸长率，抗拉强度和硫、磷含量的合格保证，对低温使用环境下尚应具有冲击韧性的合格证，对焊接结构尚应具有碳或碳当量的合格保证；铸钢件和要求抗层状撕裂（Z 向）性能的钢材尚应具有断面收缩率的合格保证。焊接承重结构以及重要的非焊接承重结构采用的钢材，还应具有弯曲试验的合格保证；对直接承受动力荷载或需验算疲劳的构件，其所用的钢材尚应具有冲击韧性的合格保证。

（1）对于没有特殊要求的建筑用钢钢材质量的选定，与工作温度、是否需要焊接、是否需要进行疲劳验算等有关，《钢结构设计标准》GB 50017—2017 将其归纳如表 2-2 所示。

钢板质量等级选用表　　**表 2-2**

<table>
<tr><th colspan="2" rowspan="2">类别</th><th colspan="4">工作温度（℃）</th></tr>
<tr><th>$T>0$</th><th>$-20<T\leqslant 0$</th><th colspan="2">$-40<T\leqslant -20$</th></tr>
<tr><td rowspan="2">不需要疲劳验算</td><td>非焊接结构</td><td>B（允许 A）</td><td rowspan="2">B</td><td rowspan="2">B</td><td rowspan="4">受拉构件及承重结构的受拉板件：
1. 板厚或直径小于 40mm：C；
2. 板厚或直径不小于 40mm：D
3. 重要承重结构的受拉板材宜选建筑结构用钢板</td></tr>
<tr><td>焊接结构</td><td>B（允许用 Q345A～Q420A）</td></tr>
<tr><td rowspan="2">需要疲劳验算</td><td>非焊接结构</td><td>B</td><td>Q235B、Q345B、Q345GJC、Q390C、Q420C、Q460C</td><td>Q235C、Q345C、Q345GJC、Q390C、Q420D、Q460D</td></tr>
<tr><td>焊接结构</td><td>B</td><td>Q235C、Q345C、Q345GJC、Q390D、Q420D、Q460D</td><td>Q235C、Q345C、Q345GJC、Q390D、Q420D、Q460D</td></tr>
</table>

注：吊车起重量不小于 50t 的中级工作制吊车梁，其质量等级要求应与需要验算疲劳的构件相同。

由于钢板板厚增大，硫、磷含量过高会对钢材的冲击韧性和抗脆断性能造成不利影响，因此承重结构在低于－20℃环境下工作时，钢材的硫、磷含量不宜大于 0.030%；焊接构件宜选用较薄的板件；重要承重结构的受拉厚板宜选用细化晶粒的钢板。

严格来说，结构工作温度的取值与可靠度相关。为便于使用，在室外工作的构件，结构工作温度可按照国家标准《民用建筑供暖通风与空气调节设计规范》GB 50736—2012 的最低日平均气温有关（详见《钢结构设计标准》GB 50007—2017 条文说明表 4），对于室内工作的构件，如能始终保持在某一温度上，可将其作为工作温度，如供暖房间的工作温度可视为 0℃以上；否则可按上述表 4 最低日气温增加 5℃采用。

（2）由于当焊接熔融平面平行于材料表面时，层状撕裂较易发生，因此 T 形、十字形、角形焊接连接节点宜满足下列要求：

1）当翼缘板厚度等于或大于 40mm 且连接焊缝熔透高度大于或等于 25mm 或连接角焊缝单面高度大于 35mm 时，设计宜采用对厚度方向性能有要求的抗层状撕裂钢板，其 Z 向承载性能等级不宜低于 Z15（限制钢板的含硫量不大于 0.01%）；当翼缘板厚度大于或等于 40mm 且连接焊缝熔透高度大于 40mm 或连接角焊缝单面高度大于 60mm 时，Z 向承载性能等级不宜低于 Z25（限制钢板的含硫量不大于 0.007%）；

2）翼缘板厚度大于或等于 25mm，且连接焊缝熔透高度等于或大于 16mm 时，宜限制钢板的含硫量不大于 0.01%。

（3）采用塑性设计的结构及进行调幅的构件，所采用的钢材应符合下列规定：

1）屈强比不应大于 0.85；

2）钢材应有明显的屈服台阶，且伸长率不应小于 20%。

根据工程调研和独立试验实测数据，国产建筑钢材 Q235～Q460 钢的屈强比标准值都小于 0.83%，伸长率都大于 20%，故均可采用。塑性区不宜采用屈服强度过高的钢材。

（4）钢管结构中的无加劲肋直接焊接的相贯节点，其管材的屈强比不宜大于 0.8；与受拉构件焊接连接的钢管，当管壁厚度大于 25mm 且沿厚度方向承受较大的拉应力时，应采取措施防止层状撕裂。无加劲肋钢管的主要破坏模式之一是贯通钢管管壁局部弯曲导致的塑性破坏，若无一定的塑性保证，相关计算方法并不适用。当主管壁厚超过 25mm 时，管节点施焊时应采取焊前预热等措施降低焊接残余应力，防止出现层状撕裂，或采取具有厚度方向性能要求的 Z 向钢。

（5）高层钢结构建筑用钢材选用应符合下列规定：

1）主要承重构件所用的钢材牌号宜选用 Q345、Q390 钢，一般构件宜选用 Q235 钢，其材质和材料性能应分别符合现行国家标准《低合金高强度结构钢》GB/T 1591 和《碳素结构钢》GB/T 700。

2）主要承重构件所用较厚的板材时宜选用高性能建筑用钢板，其材质和材料性能应符合现行国家标准《建筑结构用钢板》GB/T 19879。

3）承重构件所用的钢材质量等级不宜低于 B 级；抗震等级为二级及二级以上的高层民用建筑钢结构，其框架梁、柱和抗侧力支撑等主要抗侧力构件钢材的质量等级不宜低于 C 级。

4）承重构件中厚度不小于 40mm 的受拉板件，其工作温度低于－20℃时，宜适当提高其所用钢材的质量等级。

5）选用 Q235A 或 Q235B 级钢时应选用镇静钢。

6）按抗震设计的框架梁、柱和抗侧力构件支撑等主要抗侧力构件，其钢材性能要求尚应符合下列规定：

① 钢材抗拉性能应有明显的屈服台阶，其断后伸长率不应小于 20%。

② 钢材屈服强度的波动范围不应大于 120N/mm^2，钢材的实测屈强比不应大于 0.85；

③ 抗震等级为三级及三级以上的高层民用建筑钢结构，其主要抗侧力构件所用的钢材应具有与其工作温度相适应的冲击韧性合格保证。

（6）偏心支撑框架中的消能梁段所用钢材的屈服强度不应大于 345N/mm^2。屈强比不应大于 0.8；且屈服强度波动范围不应大于 100N/mm^2。有依据时，屈曲约束支撑核心单元可选用材质与性能符合现行国家标准《建筑用低屈服强度钢板》GB/T 28905 的低屈服强度钢。

2.1.3 型钢的应用及可选用的规格

1. H 型钢的应用

（1）H 型钢的优点：

轧制的 H 型钢是国内外高层建筑钢结构中常用的钢材，对梁、柱、支撑等构件均可适用。H 型钢具有下列优点：

1）翼缘宽度大，提高绕弱轴方向的承载力。

轧制宽翼缘 H 型钢的高宽比可达到 1.0。当用作柱时，由于其弱轴方向的惯性矩有较大的增加，构件的长细比可减小，相应可提高绕弱轴方向的承载力。当用作受弯的梁时，与截面高度相同的工字钢相比，H 型钢在两个方向的截面惯性矩均大于工字钢，具有较大的受弯承载力。

2）上下平行翼缘的板便于连接构造。

当采用普通螺栓或高强度螺栓连接时，无须作特殊构造处理，不需要像工字钢那样设置附加斜垫圈。采用焊接连接时，便于采用坡口熔透焊或局部坡口焊接连接，也便于（H型钢）构件之间的工地拼接。

3）比三块钢板焊接组成的 H 型钢质量高、价格也低。

钢号相同时，轧制 H 型钢本身由于无焊接过程和焊接变形矫正过程，质量高于焊接 H 型钢，相应地价格也低于焊接 H 型钢。

（2）H 型钢的分类：

轧制 H 型钢的钢号为低碳结构钢 Q235 钢、低合金钢 Q345 钢和 Q390 钢，可指定质量等级。根据现行国家标准《热轧 H 型钢和剖分 T 型钢》GB/T 11263 的规定，H 型钢截面特点详见表 2-3。

H 型钢截面特点　　**表 2-3**

型号	特点
宽翼缘（HW）	1. 翼缘较宽，截面宽高比为 1∶1； 2. 弱轴回转半径相对较大； 3. 规格 100mm×100mm～500mm×500mm
中翼缘（HM）	1. 截面宽高比为 1∶1.3～1∶1.2； 2. 规格 150mm×100mm～600mm×300mm
窄翼缘（HN）	1. 截面宽高比为 1∶3～1∶2； 2. 截面高 100～1000mm

（3）桩用 H 型钢（HP），常用的其宽高比为 1∶1，截面规格：200mm×200mm～500mm×500mm，大多数这类 H 型钢的翼缘厚度同腹板。

2. 角钢

角钢有等边角钢和不等边角钢两种，可以用来组成独立的受力构件，或作为受力构件之间的连接零件。等肢角钢以肢宽和肢厚表示，如∟100×10 即为肢宽 100mm，肢厚 10mm 的等边角钢。不等边角钢是以两肢的宽度和肢厚表示，如∟100×80×8 即为长肢宽 100mm，短肢宽 80mm，肢厚 8mm 的不等边角钢。我国目前生产的最大等边角钢的肢宽为 200mm，最大不等边角钢两个肢宽分别为 200mm 和 125mm。角钢通常的长度一般为 4～19m。

3. 工字钢

工字钢有普通工字钢和轻型工字钢两种。它主要用于在其腹板平面内受弯的构件，或由几个工字钢组成的组合构件。由于它两个主轴方向的惯性矩和回转半径相差较大，不宜单独用作轴心受压构件或承受斜弯曲和双向弯曲的构件。

普通工字钢用号数表示，号数即为其截面高度的厘米数，20 号以上的工字钢，同一号数有三种腹板厚度，分别为 a、b、c 三类。如 I32a 即表示截面高度为 320mm，其腹板厚度为 a 类。a 类腹板最薄、翼缘最窄，b 类较厚较宽，c 类最厚最宽。同样高度的轻型工字钢的翼缘要比普通工字钢的翼缘宽而薄，腹板亦薄但回转半径略大，重量较轻。轻型工字钢可用汉语拼音字母符号“Q”表示，如 QI40，即表示截面高度为 400mm 的轻型工字钢。普通工字钢的最大号数为 I63。轻型工字钢的通常长度为 5～9m。

4. 槽钢

槽钢分普通槽钢和轻型槽钢两种，亦是以截面高度厘米数表示，如［12，即截面高度为 120mm；Q［22a，即轻型槽钢，其截面高度为 220mm，a 类（腹板较薄）。槽钢伸出肢较大，可用于屋盖檩条，承受斜弯曲或双向弯曲。另外，槽钢翼缘内表面的斜度较小，安装螺栓比工字钢容易。由于槽钢的腹板较厚，所以槽钢组成的构件用钢量较大。轻型槽钢的翼缘比普通槽钢的翼缘宽而薄，回转半径大，重量相对轻一些。槽钢号数最大为 40 号，通常长度为 5～19m。

5. 钢板

钢板有薄板、厚板、特厚板和扁钢（带钢）等，其规格如下：

(1) 薄钢板一般用冷轧法轧制，厚度 0.35～4mm，宽度 500～1800mm，长度为 4～6m；

(2) 厚钢板，厚度 4.5～60mm（亦有将 4.5～20mm 称为中厚板，＞20mm 称为厚板的），宽度 700～3000mm，长度 4～12m；

(3) 特厚板，板厚大于 60mm，宽度为 600～3800mm，长度 4～9m；

(4) 扁钢，厚度 4～60mm，宽度为 120～200mm，长度 3～9m。

厚钢板用作梁、柱、实腹式框架等构件的腹板和翼缘，以及桁架中的节点板。特厚板用于高层钢结构箱形柱等。薄钢板主要是用来制造冷弯薄壁型钢。扁钢可作为组合梁的翼缘板、各种构件的连接板、桁架节点板和零件等。

图纸中对钢板规格采用“—宽×厚×长”或“—宽×厚”表示方法，如—50×8×3100，—450×8。

6. 选用型钢时注意事项

(1) 选用工字钢、槽钢及角钢时，一般不宜选用最大型号规格，以适应市场易于供货的条件。

(2) 轻型屋面、墙面的檩条一般应选用冷弯薄壁型钢，C 型钢，屋面坡度较大的檩条可用冷弯薄壁 Z 型钢，应避免选用热轧工字钢、槽钢。当檩条荷载较大或跨度较大时，可选用斜卷边 Z 型钢。

(3) 在同一工程或同一构件中，同类型钢或钢板的规格种类不宜过多，一般不超过 5～6 种；不同钢号的钢板或型钢应避免选用同一厚度或同一规格。

(4) 加工制作单位必须按设计要求进行钢材订货，钢材到货时必须按所附材质保证单（每批号）验收，重要结构用材应进行主要力学性能及化学成分的复验，经确认后方可使用。钢材的复验应由有国家认可资质的专业单位进行。

(5) 当因故材料需代用时，不论是材质或规格代用，均应由加工制作单位提出代用方法及相应材料的性能参数与依据标准，经设计确认后，方可代用。无论何种情况，承重结构不得使用无牌号、无质量保证书的钢材。

(6) 当因故需使用国外钢材时，应经上一级审核或主管单位、业主单位同意，并完全遵守国外相应的钢材标准、性能等进行设计，提出选材技术要求。

(7) 在工程中以 H 型钢替代工字钢时，可参照相关资料进行选用。

按照截面面积大体相近，并且绕 X 轴的抗弯强度不低于相应工字钢的原则，工字钢有关型号与《热轧型钢》GB/T 706—2016 中 H 型钢的有关型号二者性能应进行参数比较，下面举例说明。

如 I32a，$A=67.12\text{cm}^2$；$W_x=692.5\text{cm}^3$，$r_x=12.83\text{cm}$，$r_y=2.64\text{cm}$；H350×175，

$A=63.66\text{cm}^2$；$W_x=782\text{cm}^3$，$r_x=14.7\text{cm}$，$r_y=3.93\text{cm}$。

两者之比为：$A=63.66/67.12=0.948$；$B=782/692.5=1.129$；$r_x=14.7/12.83=1.146$；$r_y=3.93/2.64=1.489$。

由此可知，当采用 H 型截面时，比热轧工字钢较为有利，面积小，重量轻，同时提高了抗弯、抗剪承载能力。

2.2　螺栓、锚栓及圆柱头栓钉

2.2.1　螺栓连接

螺栓作为钢结构的主要连接紧固件，常用于钢结构制作和安装过程中构件间的连接、固定和定位等。螺栓连接可分为普通螺栓和高强度螺栓两大类。其中，对高层建筑钢结构而言，高强度螺栓作为受力螺栓则广泛应用，而普通螺栓仅作为临时安装之用。

关于螺栓连接的设计计算，将在第 3 章详细介绍，这里仅从材料及螺栓选用的角度加以介绍。

1. 高强度螺栓

高强度螺栓杆件连接端及连接板表面经特殊处理后（如喷砂），形成粗糙面，再对高强度螺栓施加预拉力，将使紧固部件产生很大的摩擦阻力。由于高强度螺栓的孔径比栓杆直径大 1.5～2.0mm，便于构件安装连接，可减少大量工地焊接的工作量。

高强度螺栓从外形上可分高强度大六角头螺栓（图 2-1）和扭剪型高强度螺栓（图 2-2）两种。高强度大六角头螺栓连接副通常由螺杆、螺母及两个垫圈组成，扭剪型高强度螺栓通常由螺杆、螺母及一个垫圈组成。前者施拧时需采用专用的定扭力扳手，后者施拧时采用可将一端梅花头拧脱的专用扳手。

图 2-1　高强度大六角头螺栓连接副

图 2-2　扭剪型高强度螺栓连接副

按强度性能等级分为 8.8 级、10.9 级，目前我国使用的高强度大六角头螺栓有 8.8 级和 10.9 级两种，钢结构用扭剪型高强度螺栓连接副只有 10.9 级一种。强度性能等级中整数部分的“8”或“10”表示螺栓热处理后的最低抗拉强度 f_u 为 800N/mm^2（实际为 830N/mm^2）或 1000N/mm^2（实际为 1040N/mm^2）；小数点加后面数字即“0.8”或“0.9”表示螺栓经热处理后的屈强比 f_y/f_u（由于高强度螺栓钢材无明显屈服点，故 f_y 取相当于残余应变 0.2%的条件屈服强度）。由此可知，8.8 级和 10.9 级螺栓钢材经热处理后的最低屈服强度 f_y 分别为 $0.8\times830=664\text{N/mm}^2$ 和 $0.9\times1040=936\text{N/mm}^2$。

高强度螺栓的螺纹规格有 M12、M16、M20、(M22)、M24、(M27)、M30，应用时宜优先选用不带括号的规格。

高强度大六角头螺栓连接副的材质、性能等应符合现行国家标准《钢结构用高强度大六角头螺栓》GB/T 1228、《钢结构用高强度大六角头螺母》GB/T 1229、《钢结构用高强度垫圈》GB/T 1230 以及《钢结构用高强度大六角头螺栓、大六角头螺母、垫圈技术条件》GB/T 1231 的规定。扭剪型高强度螺栓连接副的材质、性能应符合现行国家标准《钢结构用扭剪型高强度螺栓连接副》GB/T 3632 的规定。

高强度螺栓连接副根据其受力特征可分为两种受力类型：

（1）高强度螺栓摩擦型连接

高强度螺栓摩擦型连接，是靠连接板叠间的摩擦阻力传递剪力，以摩擦阻力刚被克服作为连接承载力的极限状态。

（2）高强度螺栓承压型连接

高强度螺栓承压型连接，是当剪力大于摩擦阻力后，以栓杆被剪断或连接板被挤坏作为承载力极限状态，其计算方法基本上同普通螺栓，它的承载力极限值大于摩擦型高强度螺栓。相应地，现行国家标准《钢结构设计标准》GB 50017 中规定承压型高强度螺栓用于承受静载的结构，这是由于剪力大于摩擦阻力后螺栓将产生滑移，不宜用于承受反向内力（如抗震建筑）的构件连接。

制造厂生产供应的高强度螺栓不区分摩擦型及承压型。

2. 普通螺栓

建筑结构使用普通螺栓一般为六角头螺栓，根据产品质量和制作公差的不同，可分为 A、B、C 级，A、B 级称为精致螺栓，C 级称为粗制螺栓。钢结构连接常用的 C 级普通螺栓的材料等级有 4.6 级、4.8 级两种，而 5.6 级和 8.8 级普通螺栓为 A 级或 B 级，使用较少。它们的选用应符合现行国家标准《六角头螺栓》GB 5782 和《六角头螺栓　C 级》GB 5780 的规定。

A 级普通螺栓的螺纹规格适用于 $d=1.6\sim24$mm 和长度 $l\leqslant10d$ 或 $l\leqslant150$mm（取较小值），B 级螺栓适用于 $d>24$mm 或长度 $l>10d$ 或 $l>150$mm（取较小值）的规格。C 级螺栓螺纹规格 M5～M64，各级螺纹规格宜按 M5、M6、M8、M10、M12、（M14）、M16、（M18）、M20、（M22）、M24、（M27）、M30、（M33）、M36、（M39）、M42、（M45）、M48、（M52）、M56、（M60）、M64 系列选用，其中带括号者为非优选螺纹规格。

关于普通螺栓的应用、设计强度和连接计算，详见第 3 章，此处从略。

2.2.2 锚栓

锚栓一般用作钢柱柱脚与钢筋混凝土基础之间的锚固连接件，主要承受柱脚的拉力，如图 2-3 所示。锚栓直径一般较大，常用未经加工的圆钢制成，锚栓可选用 Q235、Q345、Q390 或更高的钢材，其质量等级不宜低于 B 级。工作高度不高于－20℃时，应按照现行国家标准《钢结构设计标准》GB 50017 执行。钢材宜为现行国家标准《碳素结构钢》GB/T 700 规定的 Q235 钢或《低合金高强度结构钢》GB/T 1591 规定的 Q345（Q355）、Q390 钢。若柱脚的拉力比较大时，如超高层建筑巨型柱在大震

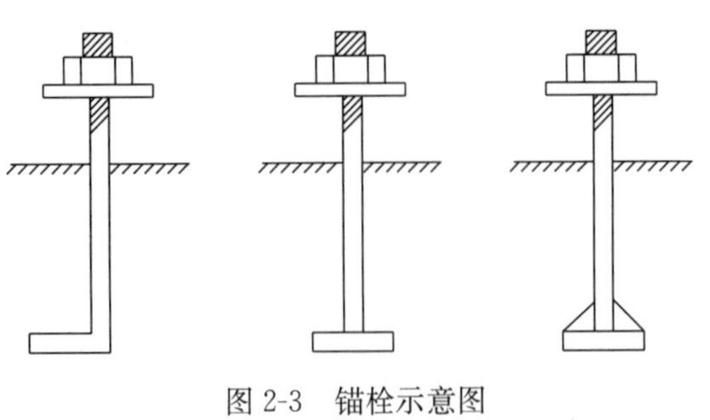

图 2-3　锚栓示意图

情况下，需要采用高强钢拉杆作为基础锚栓，材质应满足现行国家标准《钢拉杆》GB/T 20934的规定。

2.2.3 圆柱头栓钉

圆柱头栓钉是电弧螺柱用圆柱头焊钉的简称，如图2-4所示，为带圆柱头的实心钢杆，根据现行国家标准《电弧螺柱焊用圆柱头焊钉》GB/T 10433的规定，公称直径为10～25mm共六种规格，常用的圆柱头栓钉的规格及尺寸如表2-4所示。

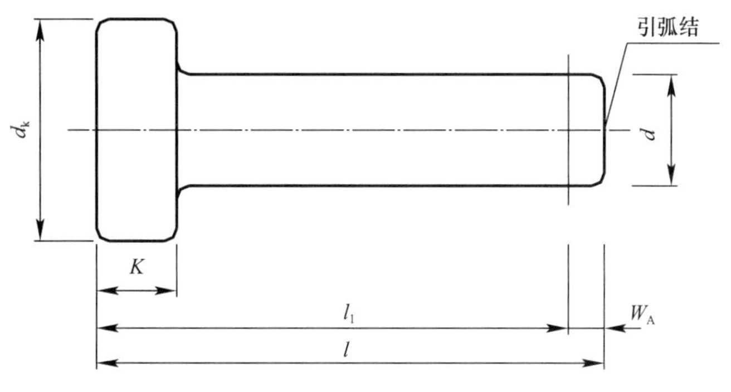

图2-4 圆柱头栓钉的尺寸

常用圆柱头栓钉的规格及尺寸（mm） **表2-4**

公称直径	13	16	19	22
栓钉杆直径 d（最小值）	12.57	15.57	18.48	21.48
大头直径 d_k（最小值）	21.58	28.58	31.5	34.5
大头厚度（最小值）K	7.55	7.55	9.55	9.55
熔化长度（参考值）W_A	5	5	6	6
熔后公称长度 l_1	80、100、120		80、100、120 130、150、170	80、100、120、130 150、170、200

圆柱头栓钉作为抗剪件、埋设件或锚固件广泛应用于高层结构埋入式钢接柱脚、外包式刚性柱脚以及压型钢板组合楼盖的连接中，常用栓钉直径为ϕ13～ϕ22，一般为ϕ19，栓钉长度不应小于4倍直径。

栓钉材料宜采用硅镇静钢、铝镇静钢或铁合金钢制作，其钢材机械性能应符合表2-5的要求。

栓钉钢材的机械（力学）性能 **表2-5**

材料	标准	伸长率（%）
ML15、ML15AI	《冷镦和冷挤压用钢》GB/T 6478	$\sigma_b \geqslant 400\text{N/mm}^2$ σ_s 或 $\sigma_{0.2} \geqslant 320\text{N/mm}^2$ $\sigma_5 \geqslant 14\%$

注：σ_b 为抗拉强度、σ_s 或 $\sigma_{0.2}$ 为屈服强度或名义屈服强度，σ_5 为伸长率。

为保证圆柱头栓钉与钢结构的焊接质量，应采用专用焊机焊接，并在所焊母材上设置焊接瓷杯。这种焊接瓷杯有B1、B2两种类型，前者用于将栓钉直接焊于钢构件上，后者则用于栓钉穿透压型钢板后焊于钢梁上，如图2-5、表2-6所示。

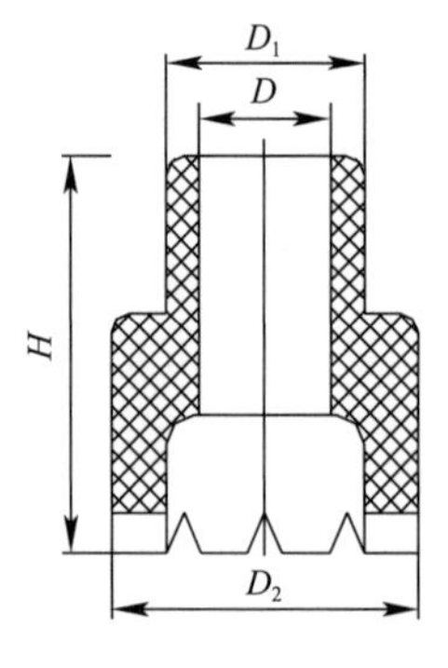

(a) 普通平焊用瓷环——B1型

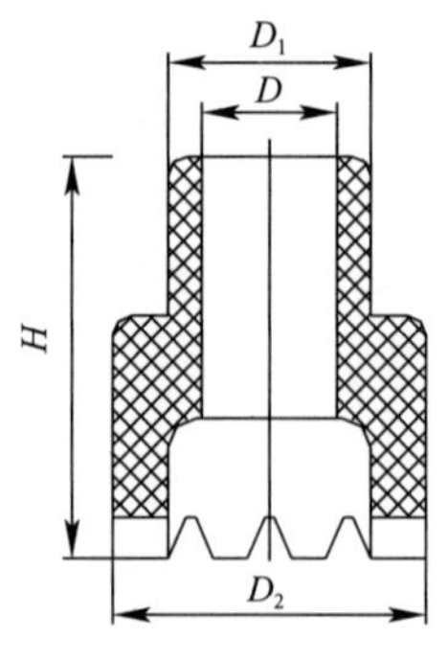

(b) 穿透平焊用瓷环——B2型

图 2-5 焊接瓷环示意图

B1 圆柱头焊钉用瓷环尺寸（mm） **表 2-6**

焊钉公称直径 d	D		D_1	D_2	H
	min	max			
10	10.3	10.8	14	18	11
13	13.4	13.9	18	23	12
16	16.5	17	23.5	27	17
19	19.5	20	27	31.5	18
22	23	23.5	30	36.5	18.5
25	26	26.5	38	41.5	22

B1 标记示例：

公称直径 d＝19mm 电弧螺柱焊用圆柱头焊钉，普通平焊用 B1 型瓷环的标记：

瓷环　GB/T 10433　19 B1

2.3 焊接材料

建筑钢结构的焊接材料应符合下列要求：

（1）焊条或焊丝的型号和性能应与相应母材的性能相适应，其熔敷金属的力学性能应与相应母材的力学性能应符合设计规定，且不低于相应母材标准的下限值。

（2）对直接承受动力荷载或需要疲劳验算的结构，以及低温环境下工作的厚板结构，宜采用低轻型焊条；

（3）手工焊接采用的焊条，应符合现行国家标准《非合金钢及细晶粒钢焊条》GB/T 5117 或《热强钢焊条》GB/T 5118 的规定；埋弧焊用焊丝和焊剂应符合现行国家标准《埋弧焊用非合金钢及细晶粒钢实心焊丝、药芯焊丝和焊丝-焊剂组合分类要求》GB/T 5293 和《埋弧焊用热强钢实心焊丝、药芯焊丝和焊丝-焊剂组合分类要求》GB/T 12470 的规定；自动焊接或半自动焊接采用的焊丝应符合现行国家标准《熔化焊用钢丝》GB/T 14957、《熔化极气体保护电弧焊用非合金钢及细晶粒钢实心焊丝》GB/T 8110、《非合金钢及细晶粒钢药芯焊丝》GB/T 10045 及《热强钢药芯焊丝》GB/T 17493 的规定；二氧化碳气体保护焊用的焊丝，应符合现行国家标准《熔化极气体保护电弧焊用非合金钢及细晶粒钢实心焊丝》GB/T 8110 的规定；熔化咀电渣焊和非熔化咀电渣焊采用的焊丝应符合现行国家标准《熔化焊用钢丝》GB/T 14957 的规定；

（4）所选用的焊条或焊丝型号应与主体金属力学性能相适应。各类焊条、焊丝与母材的选配应遵守现行国家标准《钢结构焊接规范》GB 50661 的要求。当两种不同钢材相连接时，在保证可焊性的前提下，应采用与低强度钢材相适应的焊接材料。

第 3 章　钢结构的连接

钢结构是由钢板、型钢等通过连接制成基本构件（如梁、柱、桁架等），再运到工地安装连接成整体结构。因此在钢结构中，连接占有很重要的地位，设计任何钢结构都会遇到连接问题。

3.1　钢材的连接方法

钢结构的连接方法可分为焊缝连接、螺栓连接和铆钉连接三种（图 3-1）。

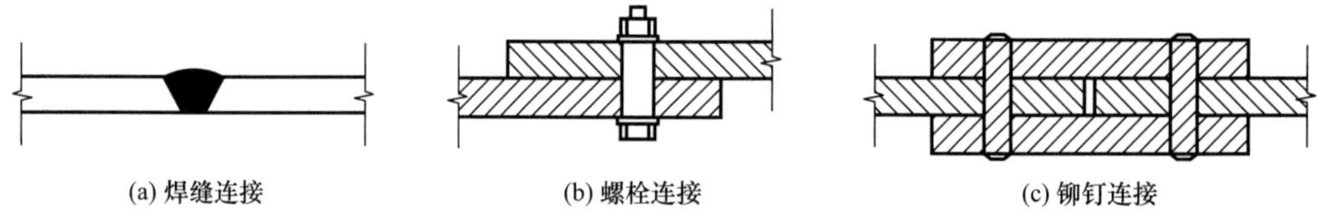

(a) 焊缝连接　　(b) 螺栓连接　　(c) 铆钉连接

图 3-1　钢结构的连接方式

焊缝连接是现代钢结构最主要的连接方法。它的优点是：不削弱构件截面，节省钢材；焊件间可直接焊接，构造简单，加工简便；连接的密封性好，刚度大；易于采用自动化生产。但是，焊缝连接也有如下缺点：在焊缝的热影响区内钢材的力学性能发生变化。材质变脆；焊接结构中不可避免地产生残余应力和残余变形，对结构的工作往往有不利的影响；焊接结构对裂纹很敏感，一旦局部发生裂纹，便有可能迅速扩展到整个截面，尤其在低温下更易发生脆裂。

铆钉连接需要先在构件上开孔，用加热的铆钉进行铆合，有时也可用常温的铆钉进行铆合，但需要较大的铆合力。铆钉连接由于费钢费工，现在很少采用。但是，铆钉连接传力可靠，韧性和塑性较好，质量易于检查，对经常受动力荷载作用、荷载较大和跨度较大的结构，有时仍然采用铆接结构。

螺栓连接可分为普通螺栓连接和高强度螺栓连接两种。普通螺栓通常采用 Q235 钢材制成，安装时用普通扳手拧紧。高强度螺栓则用高强度钢材经热处理制成，用能控制螺栓杆的扭矩或拉力的特制扳手拧紧到规定的预拉力值，把被连接件高度夹紧。所以，螺栓连接是通过螺栓这种紧固件把被连接件连接成为一体的。螺栓连接的优点是施工工艺简单、安装方便，特别适用于工地安装连接，且工程进度和质量易得到保证。另外，由于装拆方便。螺栓连接适用于需装拆结构的连接和临时性连接。其缺点是因开孔对构件截面有一定的削弱，有时在构造上还须增设辅助连接件，故用料增加，构造较繁。此外，螺栓连接需制孔，拼装和安装时需对孔，工作量增加，且对制造方的精度要求较高，但仍是钢结构连接的重要方式之一。

除上述常用连接方式外，在薄壁钢结构中还经常采用射钉、自攻螺钉和焊钉（栓钉）

等连接方式。射钉和自攻螺钉主要用于薄板之间的连接，如压型钢板与梁连接，具有安装操作方便的特点。焊钉用于混凝土与钢板连接，使两种材料能共同工作。

3.2　焊缝连接的特性

3.2.1　钢结构中常用的焊接方法

钢结构的焊接方法最常用的有电弧焊、电阻焊和气焊。

(1) 电弧焊

电弧焊的质量比较可靠，是最常用的一种焊接方法。电弧焊可分为手工电弧焊、自动或半自动埋弧焊及 CO_2 气体保护焊等。

手工电弧焊是通电后在涂有焊药的焊条与焊件间产生电弧，由电弧提供热源，使焊条熔化，滴落在焊件上被电弧所吹成的小凹槽熔池中，并与焊件熔化部分结成焊缝。由焊条药皮形成的熔渣和气体覆盖熔池，防止空气中的氧、氮等有害气体与熔化的液体金属接触，避免形成脆性易裂的化合物。

在自动或半自动埋弧焊中，将光焊条埋在焊剂层下，通电后，由于电弧的作用使焊丝和焊剂熔化。熔化后的焊剂浮在熔化的金属表面上保护熔化金属，使之不与外界空气接触，有时焊剂还可供给焊缝必要的合金元素，以改善焊缝质量。自动焊的焊缝质量均匀，塑性好，冲击韧性高。半自动焊除由人工操作前进外，其余过程与自动焊相同，而焊缝质量介于自动焊与手工焊之间。自动焊和半自动焊所采用的焊丝和焊剂要保证其熔敷金属的抗拉强度不低于相应手工焊焊条的数值。Q235 钢焊件可采用 H08、H08A、H08MnA 等焊丝配合高锰、高硅型焊剂；Q345 和 Q390 钢焊件可采用 H08、H08E 焊丝配合高锰型焊剂，也可采用 H08Mn、H08MnA 焊丝配合中锰型焊剂或高锰型焊剂，或采用 H10Mn2 配合无锰型或低锰型焊剂。

(2) 电阻焊

电阻焊利用电流通过焊件接触点表面产生的热量来熔化金属，再通过压力使其焊合。薄壁型钢的焊接常采用电阻焊，电阻焊适用于厚度为 6～12mm 的板叠。

(3) 气焊

气焊是利用乙炔在氧气中燃烧而形成的火焰来熔化焊条形成焊缝，气焊用于薄钢板或小型结构中。

3.2.2　焊缝的连接形式

焊缝的连接形式可按构件相对位置、构造和施焊位置来划分。

(1) 按构件的相对位置分

焊接的连接形式按构件的相对位置可分为平接、搭接和顶接三种类型（图 3-2）。

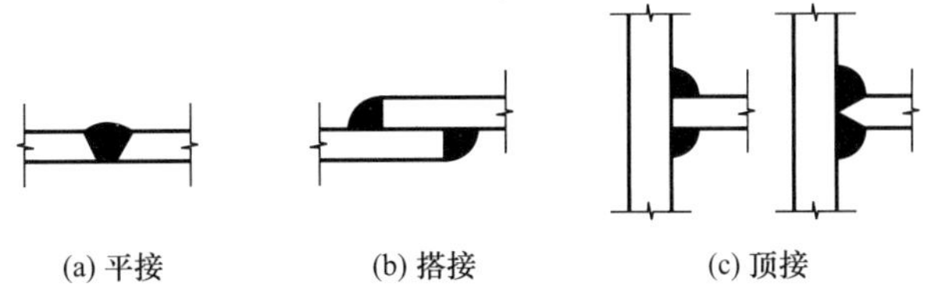

图 3-2　焊接的连接形式

（2）按构造分

焊接的连接形式按构造可分为对接焊缝和角焊缝两种形式。图 3-2 中的平接和顶接（K 型焊缝）为对接焊缝，搭接和顶接为角焊缝。采用对接焊缝，如厚度较大就需要将焊接接触边坡口，用角焊缝则不需坡口。对接焊缝的坡口形式，宜根据板厚和施工条件按有关现行国家标准的要求选用（图 3-3）。

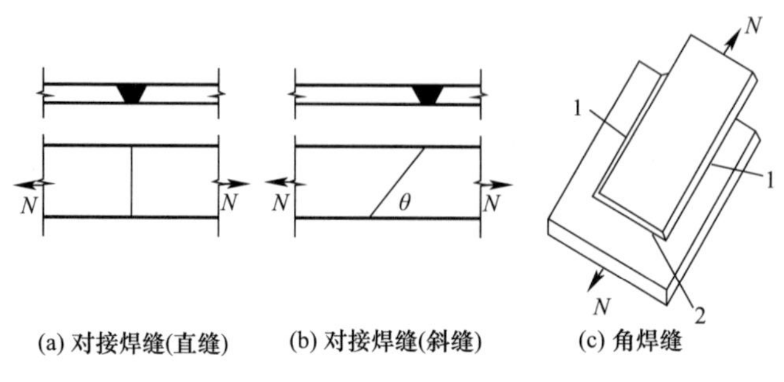

图 3-3　焊缝形式

1—侧面角焊缝；2—正面角焊缝

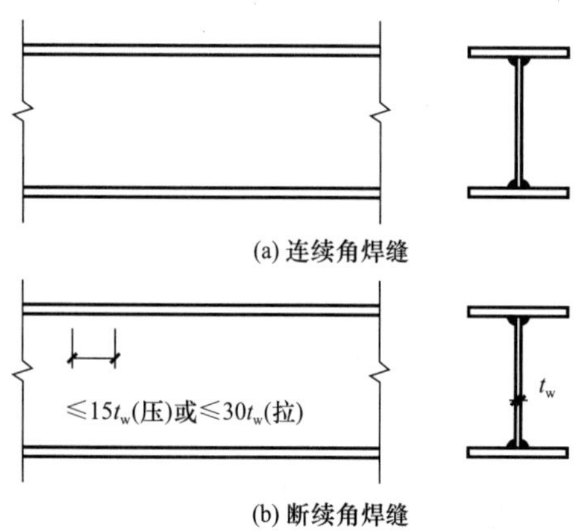

图 3-4　连续角焊缝和断续角焊缝示意图

对接焊缝按作用力的方向可分为直缝和斜缝。

角焊缝可分为正面角焊缝和侧面角焊缝。

焊缝按沿长度方向的分布情况分，有连续角焊缝和断续角焊缝两种形式（图 3-4）。连续角焊缝受力性能较好，为主要的角焊缝形式。断续角焊缝容易引起应力集中，重要结构中应避免采用，它只用于一些次要构件的连接或次要焊缝中。角焊缝的长度不得小于 $10h_f$ 或 50mm，其净距不宜太大，以免因距离过大使连接不易紧密，潮气易侵入而引起锈蚀。一般在受压构件中净距不应大于 $15t_w$，在受拉构件中不应大于 $30t_w$，t_w 为较薄焊件的厚度。

（3）按施焊位置分

焊缝按施焊位置分俯焊、立焊、横焊和仰焊等（图 3-5）。俯焊焊缝的焊接工作最方便，质量也最好，应尽量采用。立焊和横焊的质量及生产率比俯焊差一些，仰焊的操作条件最差。焊缝质量不易保证，因此应尽量避免采用。

焊缝的施焊位置是由构造决定的，在设计焊接结构时，不得任意加大焊缝，同时焊缝的布置要避免焊缝立体交叉和在一处集中大量焊缝，尽量对称于构件形心。要尽量采用便于俯焊的焊缝构造，避免可能要求仰焊的焊缝构造。

3.2.3　焊缝连接的质量检验

焊缝中可能存在裂纹、气孔、烧穿和未焊透等缺陷（图 3-6）。焊缝的缺陷将削弱焊缝的受力面积，而且在缺陷处形成应力集中、裂纹，并使裂纹扩展引起断裂，对结构很不利。因此，焊缝质量检验极为重要。现行国家标准《钢结构工程施工质量验收标准》GB 50205 规定，焊缝质量检查标准分为一、二、三级，其中三级只要求对全部焊缝通过外观检查，

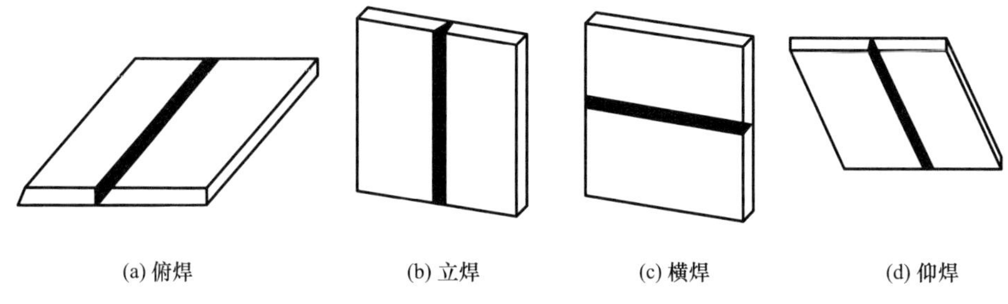

图 3-5　焊缝的施焊位置

即检查实际尺寸是否符合设计要求和有无看得见的裂纹、咬边等缺陷。对于重要结构或要求焊缝金属强度等于被焊金属强度的对接焊缝，必须进行一级或二级质量检验，即在外观检查的基础上再做无损检验。二级焊缝应进行抽检，抽检比例应小于 20%，其合格等级应为现行国家标准《焊缝无损检测　超声检测　技术、检测等级和评定》GB/T 11345 中 B 级检验的Ⅲ级及Ⅲ级以上。一级焊缝应进行 100%的检验，其合格等级应为现行国家标准 GB/T 11345 中 B 级检验的Ⅱ级及Ⅱ级以上。

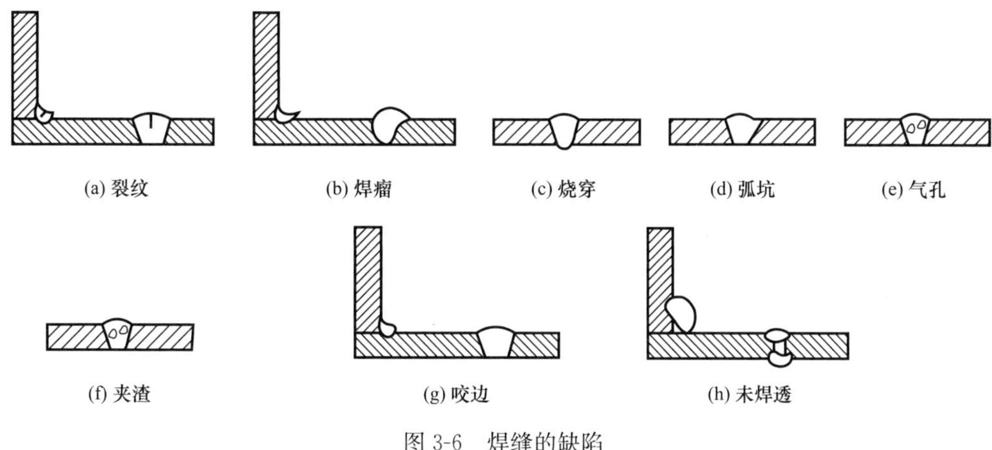

图 3-6　焊缝的缺陷

钢结构焊缝质量等级是设计人员在设计图纸上注明的，设计人员应根据结构的重要性、荷载特性、焊缝形式、工作环境以及应力状态等情况按下述原则分别选用不同的质量等级：

（1）在承受动荷载且需要进行疲劳计算的构件中，凡要求与母材等强连接的焊缝应予焊透，其质量等级为：

1）作用力垂直于焊缝长度方向的横向对接焊缝或 T 形对接与角接组合焊缝受拉时应为一级，受压时应为二级；

2）作用力平行于焊缝长度方向对接焊缝应为二级。

3）重级工作制（A6～A8 级）和起重量 $Q \geqslant 50$t 的中级工作制（A4、A5 级）吊车梁的腹板与上翼缘之间以及吊车桁架上弦杆与节点板之间的 T 形接头焊缝均要求焊透，焊缝形式一般为对接与角接的组合焊缝，其质量等级不应低于二级。

（2）在工作温度等于或低于－20℃的地区，对接焊缝的质量等级不得低于二级。

（3）不需要计算疲劳的构件中，凡要求与母材等强对接的焊缝宜焊透。其质量等级当受拉时不应低于二级，受压时不宜低于二级。

（4）部分焊透的对接焊缝、不要求焊透的T形接头采用的角焊缝或部分焊透的对接与角接的组合焊缝，以及搭接连接采用的角焊缝，其焊缝质量等级为：

1）对直接承受动荷载且需要验算疲劳的结构和吊车起重量等于或大于50t的中级工作制吊车梁以及梁柱、牛腿等重要节点不应低于二级；

2）对其他结构，可为三级。

此外，现行行业标准《高层民用建筑钢结构技术规程》JGJ 99—2015规定，梁与柱刚性连接时，梁翼缘与柱的连接、框架柱的拼接、外露柱脚的柱身与底板的连接以及伸臂桁架等重要的受拉构件的拼接，均应采用一级全熔透焊缝，其他熔透焊缝为二级。非熔透的角焊缝和部分熔透的对接与角接组合焊缝的外观质量标准应为二级。现行行业标准《空间网格结构技术规程》JGJ 7规定，当设计无要求时应符合下列规定：钢管与钢管的对接焊缝应为一级焊缝；球管对接焊缝、钢管与封板（或锥头）的对接焊缝应为二级焊缝。

焊缝施工质量要进行三方面的检验，即焊缝内部缺陷检验、焊缝表面缺陷检验和焊缝尺寸偏差检验。

（1）焊缝内部缺陷检验：焊缝内部缺陷主要有裂纹、未熔合、根部未焊透、气孔和夹渣等，检验时主要采用无损探伤的方法，即超声波探伤，当超声波不能对缺陷作出判断时，应采用射线探伤。具体详见国家现行标准：《焊缝无损检测　超声检测　技术、检测等级和评定》GB/T 11345、《钢结构超声波探伤及质量分级法》JG/T 203、《钢结构焊接规范》GB 50661和《焊缝无损检测　射线检测》GB/T 3323。

（2）焊缝表面缺陷检验：焊缝表面缺陷见图3-6，主要采用观察检查或使用放大镜观察，当存在疑义时，可以采用表面渗透探伤（着色或磁粉）检验。

焊缝强度指标应按表3-1采用并应符合下列要求：

（1）手工用焊条、自动焊和半自动焊采用的焊丝和焊剂，应保证其熔敷金属的力学性能不低于母材的性能。

（2）焊缝质量等级应符合现行国家标准《钢结构工程施工质量验收标准》GB 50205的规定。其中厚度小于6mm的对接焊缝，不宜用超声波探伤确定焊缝质量等级。

（3）对接焊缝抗弯受压区强度设计值取 f_c^w，抗弯受拉区强度设计值取 f_t^w。

（4）计算下列情况的连接时，表3-1规定的强度设计值应乘以相应的连接系数；几种情况同时存在时，其折减系数应连乘。

焊缝强度指标（N/mm^2）　**表3-1**

焊接方法和焊条型号	构件钢材		对接焊缝强度设计值				角焊缝强度设计值	对接焊缝抗拉强度 f_u^w	角焊缝抗拉、抗压和抗剪强度 f_u^f
	牌号	钢材厚度或直径（mm）	抗压 f_c^w	抗拉 f_t^w		抗剪 f_v^w	抗拉、压、剪 f_f^w		
				一、二级焊缝	三级				
自动焊、半自动焊和E43型焊条的手工焊	Q235	≤16	215	215	185	125	160	415	240
		>16，≤40	205	205	175	120			
		>40，≤100	200	200	170	115			

续表

焊接方法和焊条型号	构件钢材 牌号	构件钢材 钢材厚度或直径（mm）	对接焊缝强度设计值 抗压 f_c^w	对接焊缝强度设计值 抗拉 f_t^w 一、二级焊缝	对接焊缝强度设计值 抗拉 f_t^w 三级	对接焊缝强度设计值 抗剪 f_v^w	角焊缝强度设计值 抗拉、压、剪 f_f^w	对接焊缝抗拉强度 f_u^w	角焊缝抗拉、抗压和抗剪强度 f_u^f
自动焊、半自动焊和 E50、E55 型焊条的手工焊	Q345	≤16	305	305	260	175	200	480（E50）540（E55）	280（E50）315（E55）
		>16，≤40	295	295	250	170			
		>40，≤63	290	290	245	165			
		>63，≤80	280	280	240	160			
		>80，≤100	270	270	230	155			
	Q390	≤16	345	345	295	200	200（E50）220（E55）		
		>16，≤40	330	330	280	190			
		>40，≤63	310	310	265	180			
		>63，≤100	295	295	260	170			
自动焊、半自动焊和 E55、E60 型焊条的手工焊	Q420	≤16	375	375	320	215	220（E55）240（E60）	540（E55）590（E60）	315（E55）340（E60）
		>16，≤40	355	355	300	205			
		>40，≤63	320	320	270	185			
		>63，≤100	305	305	260	175			
自动焊、半自动焊和 E55、E60 型焊条的手工焊	Q460	≤16	410	410	350	235	220（E55）240（E60）	540（E55）590（E60）	315（E55）340（E60）
		>16，≤40	390	390	330	225			
		>40，≤63	355	355	300	205			
		>63，≤100	340	340	290	265			
自动焊、半自动焊和 E50、E55 型焊条的手工焊	Q345GJ	>16，≤35	310	310	265	180	200	480（E50）540（E55）	280（E50）315（E55）
		>35，≤50	290	290	245	170			
		>50，≤100	285	285	240	165			

注：表中厚度系指计算点的钢材厚度，对轴心受拉和轴心受压构件系指截面中较厚板件的厚度。

1）施焊条件较差的高空安装焊缝，其强度设计值应乘以折减系数 0.9；

2）进行无垫板的单面施焊对接焊缝的连接计算应乘以折减系数 0.85。

3.3　螺 栓 连 接

钢结构用螺栓连接主要有普通螺栓和高强度螺栓两大类。

3.3.1　普通螺栓连接

1. 普通螺栓的构造

普通螺栓分 A 级、B 级和 C 级。

A 级、B 级螺栓也称精制螺栓，材料性能等级属于 5.6 级或 8.8 级，一般由优质碳素钢中 45 号钢和 35 号钢制成。其制作精度和螺栓孔的精度、孔壁表面粗糙度等要求都比较严格。A 级、B 级螺栓加工尺寸精确，制造安装复杂，目前在钢结构中已较少使用。

C 级螺栓也称粗制螺栓，其性能等级属于 4.6 级和 4.8 级，一般由普通碳素钢 Q235-B. F 钢制成，其制作精度和螺栓的允许偏差、孔壁表面粗糙度等要求都比 A 级、B 级普通螺栓低，因此成本较低。C 级普通螺栓的螺杆直径较螺孔直径小 1.0～1.5mm，受剪时工作性能较差，在螺栓群中各螺栓所受剪力也不均匀，因此适用于承受拉力的连接中。C 级普通螺栓的拆装比较方便，常用于安装连接及可拆卸的结构中，有时也可以用于不重要的受剪连接中。

螺栓在构件上的排列可以是并列或错列，排列时应考虑下列要求：

（1）受力要求——为避免钢板端部被剪断，螺栓的端距不应小于 $2d_0$，d_0 为螺栓孔径。对受压构件，当沿作用力方向的栓距过大时，在被连接的板件间易发生张口或鼓曲现象。因此，从受力的角度规定了最大和最小的容许间距。

（2）构造要求——若栓距及线距过大，则构件接触面不够紧密，潮气易于侵入缝隙而发生锈蚀，因此规定了螺栓的最大容许间距。

（3）施工要求——要保证有一定的空间，便于转动螺栓扳手，因此规定了螺栓最小容许间距。

根据以上要求，《钢结构设计标准》GB 50017—2017 规定的螺栓最大和最小间距见图 3-7 和表 3-2。

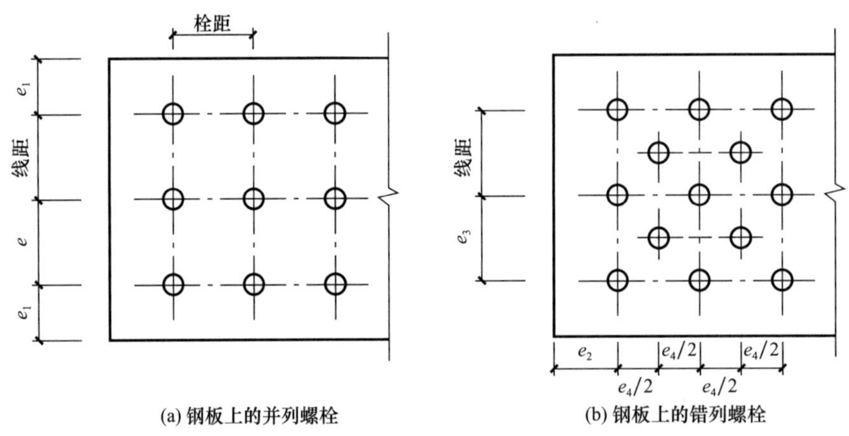

图 3-7　钢板上螺栓的排列

钢板上的螺栓容许间距　　表 3-2

<table>
<tr><th>名称</th><th colspan="3">位置和方向</th><th>最大容许距离
（取两者的较小值）</th><th>最小容许
距离</th></tr>
<tr><td rowspan="4">中心间距</td><td colspan="3">外排（垂直内力方向或顺内力方向）</td><td>$8d_0$ 或 $12t$</td><td rowspan="4">$3d_0$</td></tr>
<tr><td rowspan="3">中间排</td><td colspan="2">垂直内力方向</td><td>$16d_0$ 或 $24t$</td></tr>
<tr><td rowspan="2">顺内力方向</td><td>构件受压力</td><td>$12d_0$ 或 $18t$</td></tr>
<tr><td>构件受拉力</td><td>$16d_0$ 或 $24t$</td></tr>
</table>

续表

<table>
<tr><th>名称</th><th colspan="3">位置和方向</th><th>最大容许距离
（取两者的较小值）</th><th>最小容许
距离</th></tr>
<tr><td rowspan="4">中心至构件
边缘的距离</td><td colspan="3">顺内力方向</td><td rowspan="4">$4d_0$ 或 $8t$</td><td>$2d_0$</td></tr>
<tr><td rowspan="3">垂直内力
方向</td><td colspan="2">剪切边或手工气割边</td><td>$1.5d_0$</td></tr>
<tr><td rowspan="2">轧制边、自动
切割或锯割边</td><td>高强度螺栓</td><td>$1.5d_0$</td></tr>
<tr><td>其他螺栓或
铆钉</td><td>$1.2d_0$</td></tr>
</table>

注：1. d_0 为螺栓孔径，t 为外层较厚板件厚度。

2. 钢板边缘与刚性构件（如角钢、槽钢等）相连的螺栓最大间距，可按中间排的数值采用。型钢上的螺栓排列规定见图 3-8，表 3-3～表 3-5。

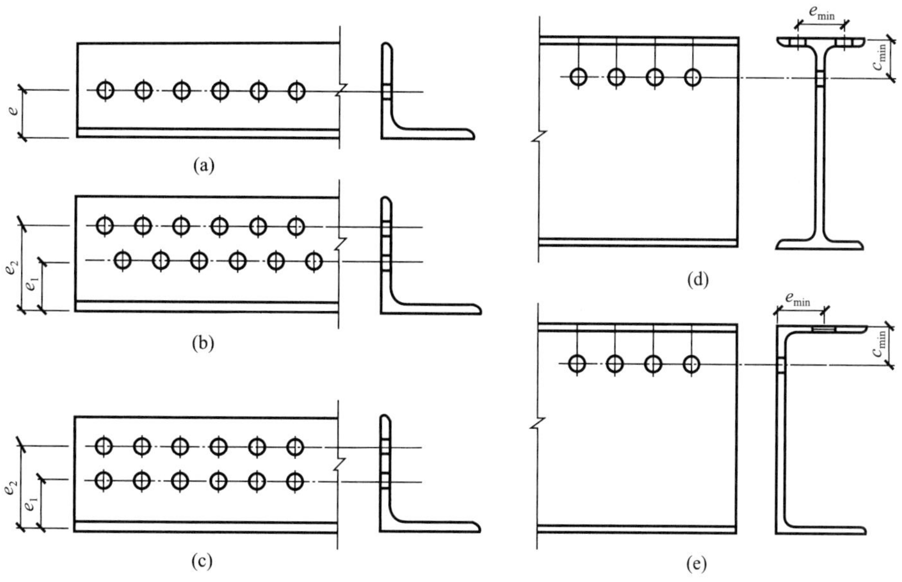

图 3-8　型钢的螺栓排列

角钢上螺栓的容许最小间距（mm）　　**表 3-3**

肢宽		40	45	50	56	63	70	75	80	90	100	110	125	140	160	180	200
单行	e	25	25	30	30	35	40	40	45	50	55	60	70				
	d_0	12	13	14	15.5	17.5	20	21.5	21.5	23.5	23.5	26	26				
双行错列	e_1												55	60	70	70	80
	e_2												90	100	120	140	160
	d_0												23.5	23.5	26	26	26
双行并列	e_1														60	70	80
	e_2														130	140	160
	d_0														23.5	23.5	26

工字钢和槽钢腹板上的螺栓容许距离（mm）　　**表 3-4**

工字钢型号	12	14	16	18	20	22	25	28	32	36	40	45	50	56	63
线距 c_{min}	40	45	45	45	50	50	55	60	60	65	70	75	75	75	75

续表

槽钢型号	12	14	16	18	20	22	25	28	32	36	40				
线距 c_{min}	40	45	50	50	55	55	55	60	65	70	75				

工字钢和槽钢翼缘上的螺栓容许距离（mm） **表 3-5**

工字钢型号	12	14	16	18	20	22	25	28	32	36	40	45	50	56	63
线距 e_{min}	40	40	50	55	60	65	65	70	75	80	80	85	90	95	95
槽钢型号	12	14	16	18	20	22	25	28	32	36	40				
线距 e_{min}	30	35	35	40	40	45	45	45	50	56	60				

2. 普通螺栓的工作性能

普通螺栓连接按螺栓传力方式，可分为受剪螺栓连接和受拉螺栓连接。图 3-9(a) 为受剪螺栓，依靠螺栓的承压和抗剪来传力。图 3-9(b) 所示外力平行于螺栓杆，该螺栓为受拉螺栓。

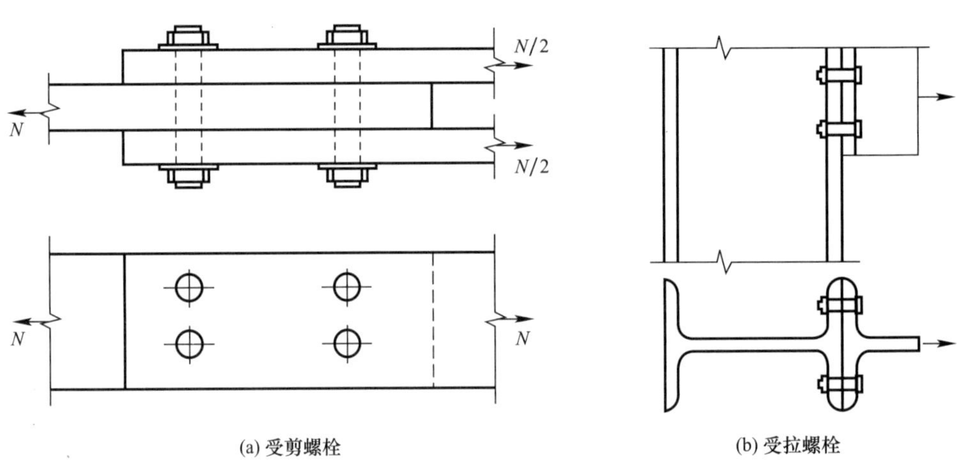

图 3-9 剪力螺栓与拉力螺栓

(1) 受剪螺栓连接

受剪螺栓连接在受力以后，首先由构件间的摩擦力抵抗外力。由于摩擦力很小，构件间不久就出现滑移，螺栓杆和螺栓孔壁发生接触，使螺栓杆受剪，同时螺栓杆和孔壁间互相接触挤压（图 3-10）。

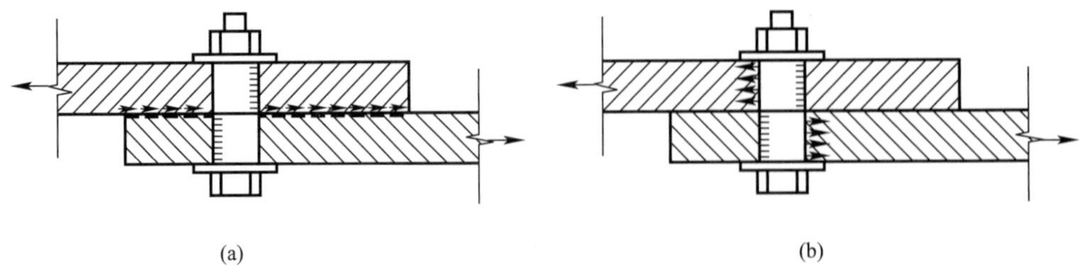

图 3-10 受剪螺栓连接的工作性能

图 3-11 表示螺栓连接有五种可能的破坏情况。其中，对螺栓杆被剪断、孔壁挤压以

及板被拉断三种情况要进行计算；而对于钢板剪断和螺栓杆弯曲破坏两种形式，可以通过限制端距 $e_1 \geqslant 2d_0$，以避免板因受螺栓杆挤压而被剪断，见图 3-11（d），限制板叠厚度不超过 $5d$，以避免螺杆弯曲过大而破坏，见图 3-11（e）。

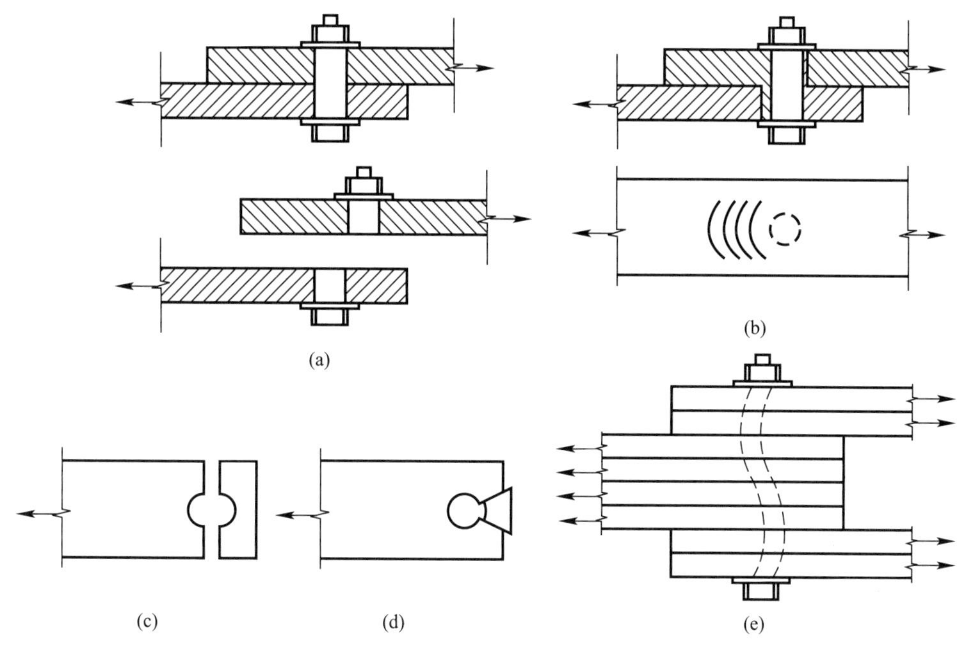

图 3-11　剪力螺栓的破坏情况

一个受剪螺栓的设计承载力按下列两式计算：

受剪承载力设计值为

$$N_v^b = n_v \frac{\pi d^2}{4} f_v^b \tag{3-1}$$

承压承载力设计值为

$$N_c^b = d \sum t f_c^b \tag{3-2}$$

式中　n_v——螺栓受剪面数（图 3-12），单剪 $n_v = 1.0$，双剪 $n_v = 2.0$ 等；

d——螺栓杆直径；

$\sum t$——在同一方向承压构件的较小总厚度，如图 3-13 中，对于双剪面 $\sum t$ 取 $(a+c)$ 或 b 中的较小值；

f_v^b、f_c^b——普通螺栓的抗剪、承压强度设计值，按表 3-6 采用。

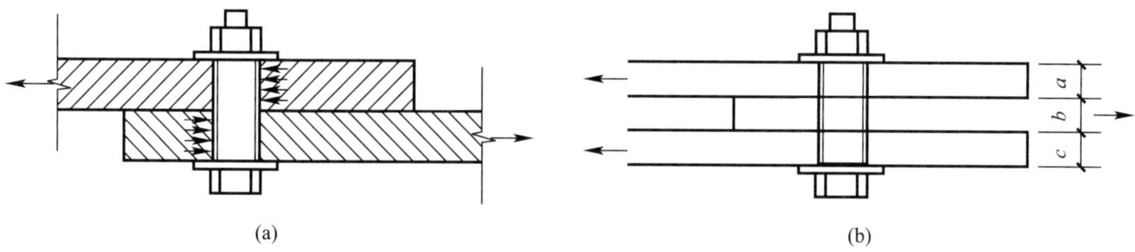

图 3-12　剪力螺栓的剪切面数和承压厚度

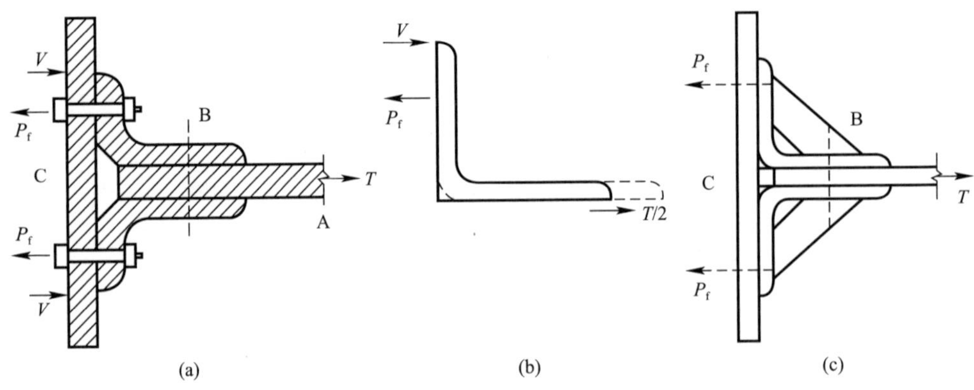

图 3-13　拉力螺栓受力状态

（2）受拉螺栓连接

在受拉螺栓连接中，外力趋向于将被连接构件拉开，而使螺栓受拉，最后螺栓杆会被拉断。如图 3-13 所示的顶接连接中，构件 A 的拉力 T 先由剪力螺栓传递给拼接角钢 B，然后通过拉力螺栓传递给 C。角钢的刚度对螺栓的拉力大小影响很大。如果角钢刚度不是很大，在 $T/2$ 作用下角钢的一个肢（与拉力螺栓垂直的肢）发生较大的变形，起杠杆作用，在角钢外侧产生反力 V（图 3-13）。螺栓受力 $P_f=T/2+V$，角钢的刚度愈小，V 愈大。实际计算中 V 值很难计算。目前采用不考虑反力 V，即螺栓拉力只采用 $P_f=T/2$，而将拉力螺栓的抗拉强度适当降低。此外，在构造上也可以采取一些措施来减少或消除 V，如在角钢中设加劲肋或增加角钢厚度等。

单个受剪螺栓的承载力设计值应该取 N_v^b 和 N_c^b 的最小值 N_{min}^b。

单个受拉螺栓的承载力设计值为

$$N_t^b=\frac{\pi d_e^2}{4}f_t^b \tag{3-3}$$

式中　d_e——普通螺栓或锚栓螺纹处的有效直径，其取值见表 3-7；

　　f_t^b——普通螺栓或锚栓的抗拉强度设计值，按表 3-6 采用。

关于螺栓群的计算，限于篇幅，在此不再详述，请读者参考其他钢结构有关书籍。

3.3.2　高强度螺栓连接

1. 高强度螺栓的构造

高强度螺栓采用经过热处理的高强度钢材做成，从性能等级上分为 8.8 级和 10.9 级，也记作 8.8S、10.9S，符号意义同普通螺栓。

高强度螺栓从受力特征上可分为摩擦型连接、承压型连接两类。高强度螺栓摩擦型连接紧密，受力良好，耐疲劳，适宜承受动力荷载，但连接面需要作摩擦面处理，如喷砂、喷砂后涂无机富锌漆。高强度螺栓承压型连接的连接面只需作防锈处理。

高强度螺栓根据螺栓构造和施工方法不同，可分为大六角头高强度螺栓和扭剪型高强度螺栓两类（图 3-14）。大六角头型和普通六角头粗制螺栓相同，扭剪型的螺栓头与铆钉头相仿，但在它的螺纹端头设置了一个梅花卡头和一个能够控制紧固扭矩的环形槽沟，见图 3-14(b)。

螺栓连接的强度指标（N/mm^2） 表 3-6

螺栓的性能等级、锚栓和构件钢材的牌号		普通螺栓						锚栓	承压型连接或网架用高强度螺栓			高强度螺栓的抗拉强度 f_c^b
		C级螺栓			A级、B级螺栓							
		抗拉 f_t^b	抗剪 f_v^b	承压 f_c^b	抗拉 f_t^b	抗剪 f_v^b	承压 f_c^b	抗拉 f_t^b	抗拉 f_t^b	抗剪 f_v^b	承压 f_c^b	
普通螺栓	4.6 级	170	140	—	—	—	—	—	—	—	—	
	4.8 级											
	5.6 级	—	—	—	210	190	—	—	—	—	—	
	8.8 级	—	—	—	400	320	—	—	—	—	—	
锚栓	Q235	—	—	—	—	—	—	140	—	—	—	
	Q345	—	—	—	—	—	—	180	—	—	—	
	Q390	—	—	—	—	—	—	185	—	—	—	
承压型连接高强度螺栓	8.8 级	—	—	—	—	—	—	—	400	250	—	830
	10.9 级	—	—	—	—	—	—	—	500	310	—	1040
螺栓球节点用高强度螺栓	9.8 级	—	—	—	—	—	—	—	385	—	—	
	10.9 级	—	—	—	—	—	—	—	430	—	—	
构件钢材牌号	Q235	—	—	305	—	—	405	—	—	—	470	
	Q345	—	—	385	—	—	510	—	—	—	590	
	Q390	—	—	400	—	—	530	—	—	—	615	
	Q420	—	—	425	—	—	560	—	—	—	655	
	Q460			450			595				695	
	Q345GJ			400			530				615	

注：1. A 级螺栓用于 $d\leqslant 24mm$ 和 $l\leqslant 10d$ 或 $l\leqslant 150mm$（按较小值）的螺栓；B 级螺栓用于 $d>24mm$ 或 $l>10d$ 或 $l>150mm$（按较小值）的螺栓。d 为公称直径，l 为螺栓公称长度。

2. A、B 级螺栓孔的精度和孔壁表面粗糙度，C 级螺栓孔的允许偏差和孔壁表面粗糙度，均应符合现行国家标准《钢结构工程施工质量验收标准》GB 50205 的要求。

3. 用于螺栓球节点网架的高强度螺栓，M12～M36 为 10.9 级，M39～M64 为 9.8 级。

螺栓的有效面积 **表 3-7**

螺栓直径 d（mm）	螺距 p（mm）	螺栓有效直径 d_e（mm）	螺栓有效面积 A_0（mm^2）	螺栓直径 d（mm）	螺距 p（mm）	螺栓有效直径 d_e（mm）	螺栓有效面积 A_0（mm^2）
16	2	14.1236	156.7	52	5	47.3090	1758
18	2.5	15.6445	192.5	56	5.5	50.8399	2030
20	2.5	17.0545	244.8	60	5.5	54.8939	2362
22	2.5	19.6545	303.4	64	6	58.3708	2676
24	3	21.1854	352.5	68	6	62.3708	3055
27	3	24.1854	459.4	72	6	66.3708	3460
30	3.5	26.7163	560.6	76	6	70.3708	3889
33	3.5	29.7163	693.6	80	6	74.3708	4344
36	4	32.2472	816.7	85	6	79.3708	4948
39	4	35.2472	975.8	90	6	84.3708	5591
42	435	37.7781	1121	95	6	89.3708	6273
45	4.5	40.7781	1306	100	6	94.3708	6995
48	5	43.3090	1473				

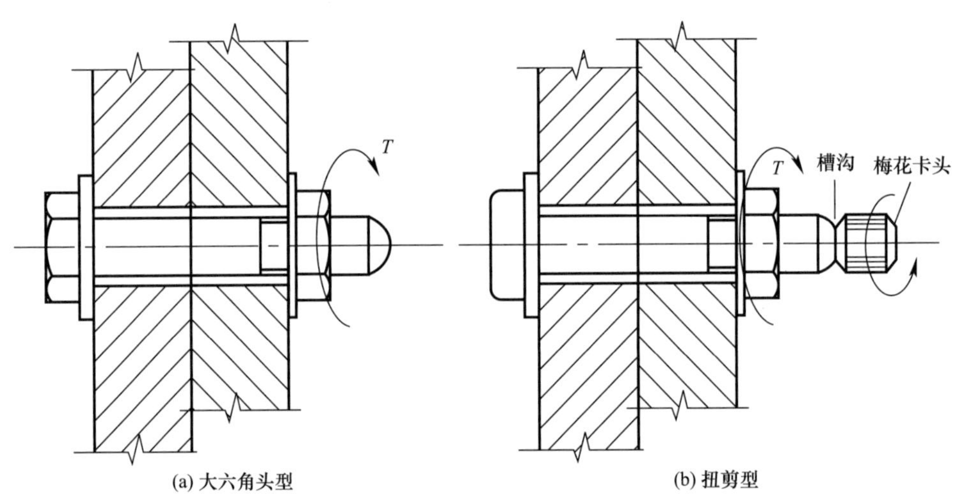

(a) 大六角头型 (b) 扭剪型

图 3-14 高强度螺栓

8.8 级仅用于大六角头高强度螺栓，10.9 级用于扭剪型高强度螺栓和大六角头高强度螺栓。

一个螺栓连接副包括螺栓、螺母、垫圈三部分，高强度螺栓连接副的推荐材料见表 3-8 和表 3-9，高强度力学性能见表 3-10，高强度螺栓的有效面积见表 3-11。

高强度螺栓的构造要求和排列要求，与普通螺栓的构造及排列要求相同。

2. 高强度螺栓的工作性能

（1）高强度螺栓的预拉力

高强度螺栓的预拉力是通过扭紧螺母实现的。一般采用扭矩法、转角法或扭掉螺栓尾部梅花卡头法（扭剪型）控制预拉力。

扭剪型高强度螺栓连接副的推荐材料　　**表 3-8**

类别	性能等级	推荐材料	标准编号
螺栓	10.9S	20MnTiB	GB/T 3077—2015
螺母	10.9H	45、35 号钢	GB/T 699—2015
		15MnVB	GB/T 3077—2015
垫圈	HRC35～45	45、35 号钢	GB/T 699—2015

大六角头高强度螺栓连接副的推荐材料　　**表 3-9**

类别	性能等级	推荐材料	标准编号	适用规格
螺栓	10.9S	20MnTiB	GB/T 3077—2015	≤M24
		35VB		≤M30
螺母	8.8S	40B	GB/T 3077—2015	≤M24
		45 号钢	GB/T 699—2015	≤M22
		35 号钢	GB/T 699—2015	≤M20
	10H	45、35 号钢	GB/T 699—2015	
		15MnVB	GB/T 3077—2015	
	8H	35 号钢	GB/T 699—2015	
垫圈	HRC35～45	45、35 号钢	GB/T 699—2015	

高强度螺栓力学性能　　**表 3-10**

性能等级	螺栓类型	抗拉强度 (MPa)	屈服强度 (MPa)	伸长率 δ_5 (%)	收缩率 Ψ (%)	冲击韧性 a_K (J/cm^2)
			不小于			
10.9S	大六角头螺栓 扭剪型螺栓	1040～1240	940	10	42	59
8.8S	大六角头螺栓	830～1030	660	12	45	78

高强度螺栓的有效截面面积　　**表 3-11**

螺栓规格	M16	M20	M22	M24	M27	M30
螺栓有效直径 d_e（mm）	14.1	17.7	19.7	21.2	24.2	26.7
螺距 P（mm）	2	2.5	2.5	3	3	3.5
有效截面面积 A_e（mm^2）	157	245	303	353	459	561

1）扭矩法：采用可直接显示扭矩的特制扳手，根据事先测定的扭矩和螺栓拉力之间的关系施加扭矩，并计入必要的超张拉值。

2）转角法：转角法分初拧和终拧两步。初拧是先用普通扳手使被连接构件相互紧密贴合，终拧是以初拧的贴紧位置为起点，根据按螺栓直径和板叠厚度所确定的终拧角度，用强有力的扳手旋转螺母，拧至预定角度值时，螺栓的拉力即达到了所需要的预拉力数值。

3）扭剪型：扭剪型高强度螺栓的受力特征与一般高强度螺栓相同，只是施加预拉力的方法为拧断螺栓梅花头切口处截面，如图 3-14(b) 来控制预拉力数值。这种螺栓施加预拉力简单、准确，规范规定预拉力设计值由下式计算：

$$P=0.9\times0.9\times0.9f_uA_e/1.2=0.6075f_uA_e \tag{3-4}$$

式中 f_u——螺栓材料经热处理后的最低抗拉强度（N/mm^2），对于 8.8 级螺栓，$f_u=830N/mm^2$，对于 10.9 级螺栓，$f_u=1040N/mm^2$；

A_e——高强度螺栓的有效截面面积（mm^2）。

式（3-4）中系数 1.2 是考虑拧紧时螺栓杆内将产生扭矩剪应力的不利影响。另外，式中三个 0.9 系数则分别考虑：

① 螺栓材质的不定性；

② 补偿螺栓紧固后有一定松弛引起预拉力损失；

③ 式中未按 f_y 计算预拉力，而是按 f_u 计算，取值应适当降低。

按式（3-4）计算并经适当调整，即得《钢结构设计标准》GB 50017—2017 规定的预拉力设计值 P（表 3-12）。

单个高强度螺栓的预拉力 P（kN） **表 3-12**

螺栓的强度等级	螺栓的公称直径（mm）					
	M16	M20	M22	M24	M27	M30
8.8 级	80	125	150	175	230	280
10.9 级	100	155	190	225	290	355

（2）高强度螺栓连接的摩擦面抗滑移系数

摩擦型高强度螺栓连接完全依靠被连接构件间的摩擦阻力传力，而摩擦阻力的大小除了螺栓的预拉力外，与被连接构件材料及其接触面的表面处理所确定的摩擦面抗滑移系数 μ 有关，《钢结构设计标准》GB 50017—2017 规定的摩擦面抗滑移系数 μ 值如表 3-13 所示。

限于篇幅，本书不再讲述高强度螺栓的连接计算，读者可参见其他钢结构设计方面的参考书。高强度螺栓连接的强度设计值见表 3-6。

摩擦面的抗滑移系数 μ 值 **表 3-13**

在连接处构建接触面的处理方法	构件的钢号		
	Q235	Q345 或 Q390	Q420
喷硬质石英砂或铸钢棱角砂	0.45	0.45	0.45
抛丸（喷砂）	0.40	0.40	0.40
钢丝刷消除浮锈或未经处理干净轧制表面	0.30	0.35	—

注：1. 钢丝刷除锈方向应与受力方向垂直；
2. 当连接件采用不同的钢材牌号时，μ 按相应低强度者取值；
3. 采用其他方法处理时，其处理工艺及抗滑移系数值均需经试验确定。

3.3.3 螺栓选用的原则

建筑钢结构用的普通螺栓一般应采用 C 级螺栓，并应符合国家标准《六角头螺栓　C 级》GB/T 5780 和《六角头螺栓　全螺纹　C 级》GB/T 5781 的规定。C 级螺栓适用于不直接承受动力荷载的受拉连接、较次要的受剪连接及安装连接，设计时宜注明等级，材料宜为 Q235 钢。当确有必要选用较高强度的精制螺栓时，也可选用 A 级、B 级螺栓。

选用高强度螺栓时，只需注明螺栓的级别（10.9 级和 8.8 级）和类别（摩擦型或承压型），不必提出钢号、钢种的要求。在钢结构工程中一般选用摩擦型连接。

第 4 章 钢结构的防护设计

众所周知，钢结构最大的缺点是易于锈蚀和耐火能力差。钢铁的腐蚀是自发的、不可避免的过程，但却可以控制；在发生火灾时钢结构在高温作用下很快失效倒塌，耐火极限仅 15min，所以，钢结构工程必须进行防护设计。钢结构工程的防护设计即对钢铁采取有效的防护措施，从而减缓钢铁的生锈腐蚀过程，以及钢结构在火灾温度升高时不超过临界温度，钢结构在火灾中就能保持稳定性，延长钢铁构件的使用寿命。

钢结构的防腐防火是结构设计、施工、使用中必须解决的重要问题，它牵扯到钢结构的耐久性、造价、维护费用、使用性能等诸方面。

处于高温工作环境中的钢结构，应考虑高温作用对钢结构的影响。高温工作对钢结构的影响主要是温度效应，包括结构的热膨胀效应和温度对结构材料力学性能的影响。钢结构的温度超过 100℃时，应进行结构温度作用的验算，并应根据不同的情况采取防火措施。

4.1 钢结构的防腐及防腐蚀设计

4.1.1 钢结构的腐蚀环境

防腐设计对钢结构工程显得尤为重要，它是保证钢结构安全使用的关键之一。钢结构涂装设计主要根据钢结构的重要性、腐蚀环境和钢结构的期望保护年限，来确定钢结构防腐涂装设计方案和漆膜厚度。钢结构防腐设计方案还必须考虑施工条件、维护管理和经济等几个方面的因素。钢结构腐蚀环境，是制订防护涂层的关键，具体分类见表 4-1。

腐蚀环境分类 **表 4-1**

腐蚀类别	单位面积上的质量损失（第一年暴露后）				温性气候年的典型环境（仅作参考）	
	低碳钢		锌		外部	内部
	质量损失（g・m^2）	厚度损失（μm）	质量损失（g・m^2）	厚度损失（μm）		
C1 很低	≤10	≤1.3	≤0.7	≤0.1	—	加热的建筑物内部，空气洁净，如办公室、商店、学校和宾馆等
C2 很低	10～200	1.3～25	0.7～5	0.1～0.7	大气污染较低，大部分是乡村地带	为加热的地方，冷凝有可能发生，如车房、体育馆
C3 中	200～400	25～50	5～15	0.7～2.1	城市和工业大气，中等的二氧化硫污染，低盐度沿海区域	高湿度和有些污染空气的生产场所，如食品加工厂、洗衣厂、酒厂、牛奶厂等

续表

腐蚀类别	单位面积上质量的损失（第一年暴露后）				温性气候年的典型环境（仅作参考）	
	低碳钢		锌		外部	内部
	质量损失（g·m^2）	厚度损失（μm）	质量损失（g·m^2）	厚度损失（μm）		
C4 高	400～650	50～80	15～30	2.1～4.2	高盐度的沿海区和工业区域	化工厂、游泳池、海船和船厂等
C5I 很高（工业）	650～1500	80～200	30～60	4.2～8.4	高盐度和恶劣大气的工业区域	总是有冷凝和高湿的建筑和地方
C5M 很高（海洋）	650～1500	80～200	30～60	4.2～8.4	高盐度的沿海和近岸地带	总是处于高湿高污染的建筑物和其他地方

一般来说，边远地区、低污染地区、有暖气的建筑内部等是C1 和C2 环境，典型的如机场。城市及工业环境：中等程度的污染区，如二氧化硫含量高、湿度高的生产区域是C3 环境，典型的如处于城市中的体育场馆。工业区、沿海和化工厂等可以视作是 C4 环境，典型的如电厂。高湿度的工业区域污染特别厉害的地方是 C5I 工业腐蚀环境，高湿度加上高盐度就是 C5M 海洋腐蚀环境。

4.1.2 防腐蚀方法的种类和特点

常用的钢结构的防腐蚀方法有以下四种：

（1）钢材本身抗腐蚀，即采用具有抗腐蚀能力的耐候钢；

（2）长效防腐蚀方法，即用热镀锌、热喷铝（锌）复合涂层进行钢结构表面处理，使钢结构的防腐蚀年限达到 20～30 年，甚至更长；

（3）涂层法，即在钢结构表面涂（喷）油漆或其他防腐蚀材料，其耐久年限一般为 5～10 年；

（4）对地下或地下钢结构采用阴极保护。

在以上四种方法中，以将钢材表面与环境隔断的方法应用最广。下面对耐候钢、金属镀层防锈、涂料防锈分别论述。

1. 耐候钢

特殊钢中除碳元素外，又添加了镍（Ni）、锰（Mn）、镉（Cr）、钼（Mo）、磷（P）等微量元素的低合金钢，这些钢称为耐候钢。耐候钢与普通钢相比，在劣化现象、劣化机理和主要外界劣化因素等方面都有不同，具有高 2～3 倍的耐蚀性。

耐候钢表面呈棕色，属于稳定的颜色，所以可不加任何处理的当作基层来使用，在桥梁、幕墙等部位都有应用。耐候钢的防锈机理是借助表面生成的稳定的铁锈来阻止锈蚀向内部深处发展。耐候钢最好在稳定的环境中使用。

若将耐候钢不加涂饰地放在室外，它与普通钢材一样，也是要生锈的。但是随着时间的流逝，锈会逐渐变得致密起来。锈层变成了对环境的保护膜，从而使得钢材成为具有延缓侵蚀进展机理的特殊钢。不过，稳定锈层的生成是有条件的，如果条件达不到的话，也就发挥不了这种效果，必须与一般的钢材一样，采取防锈措施。

2. 金属镀层——长效防腐蚀方法

为达到防锈的目的，可以在铁的基层上镀锌。镀锌方法大致可分为电镀锌和热镀锌。

镀锌的防锈机理主要有两个：一是形成致密的保护膜，防止环境中的侵蚀性物质与铁面接触；二是锌置换防蚀作用。即使在保护膜上有销孔和出现伤痕而露出铁面时，其周边的锌成阳极溶离出来的同时，有防蚀电流流入铁面，铁面受到电化学的保护。

（1）热浸锌

热浸锌是将除锈后的钢构件浸入 600℃高温熔化的锌液中，使钢构件表面附着锌层，锌层厚度对 5mm 以下薄板不得小于 65μm，对厚板不小于 68μm，足以隔绝钢铁氧化的可能性，从而起到防腐蚀的目的。这种方法的优点是保护层异常牢固，与钢铁结合一体，故能承受冲击力而且更具有耐磨蚀性。经热浸镀锌处理后的钢铁构件，耐久年限长，生产工业化程度高，质量稳定，防锈期长达 5～20 年或 20 年以上，同时无须经常保养和维修，一劳永逸，美观实用，安全可靠，是目前最佳的防锈和保护钢铁的方法。因而被大量用于受大气腐蚀较严重且不宜维修的室外钢结构中。如大量输电塔、通信塔等。近年来大量出现的轻钢结构体系中的压型钢板等，也较多采用热浸锌防腐蚀。

热浸锌的首道工序是酸洗除锈，然后是清洗，如果这两道工序不彻底，均会给防腐蚀留下隐患，所以必须处理彻底。对于钢结构设计者，应该避免设计出具有相贴合面的构件，以免贴合面的缝隙中酸洗不彻底或酸液洗不净，造成镀锌表面流黄水现象。

热浸锌是在高温下进行的。对于管形构件应该让其两端开敞。若两端封闭会造成管内空气膨胀而使封头板爆裂，从而造成安全事故。若一端封闭，一端开敞，则锌液流通不畅，易在管内积存。

采用热浸锌的构件目前在建筑钢结构中由于造价因素，只是一小部分构件，如灯杆、楼梯踏步、扶手等。美国巴特勒（Bugler）公司设计的轻型钢结构体系中，檩条、拉条等构件均采用热镀锌标准，但造价略高。

（2）热喷铝（锌）复合涂层

这是一种与热浸锌防腐蚀效果相当的长效防腐蚀方法。具体做法是先对钢构件表面作喷砂除锈，使其表面露出金属光泽并打毛，喷砂除锈，使其表面露出金属光泽并打毛，再用乙炔—氧气火焰将不断送出的铝（锌）丝融化，并用压缩空气吹附到钢构件表面，以形成蜂窝状的铝（锌）喷涂层（厚度 80～100μm）。最后用环氧树脂或氯丁橡胶漆等涂料填充毛细孔，以形成复合涂料。此法无法在管内构件的内壁施工，因而管状构件两端必须做气密性封闭，以使内壁不被腐蚀。这种工艺的一个优点是对构件尺寸适应性强，构件形状尺寸几乎不受限制。如葛洲坝的船闸就是用这种方法施工的。另一个优点则是这种工艺的热影响是局部的、受约束的，因而不会产生热变形。

与热浸锌相比，这种方法的工业化程度较低，喷砂喷铝（锌）的劳动强度大，质量的优劣与操作者的状态相关。

热喷涂工艺用于严重腐蚀环境下的钢结构，或者需要特别加强的防护防锈的重要承重构件。热喷涂工艺应符合现行国家标准《热喷涂　金属和其他无机覆盖层　锌、铝及其合金》GB/T 9793。热喷涂的总厚度在 120～150μm，表面封闭涂层可以选用乙烯、聚氨醋、环氧树脂等。

采用热浸锌和热喷涂的防腐蚀效果非常好，现在有很多大型的钢结构都采用了金属涂层再加涂料进行长效防腐蚀，即使在恶劣的腐蚀环境中，防腐蚀也可以达到 20～30 年，而且维修时只需要对涂料部分进行维修，而不需要对金属涂层进行基层处理。但该方法代价较高，在资金充裕的大型项目中采用较多。

3. 涂层法

涂层法是一种价格适中、施工方便、效果显著及适用性强的防腐蚀方法，在钢结构腐蚀中，应用最为广泛。

涂层法的防腐蚀性一般不如长效防腐蚀方法（但目前氟碳涂料防腐蚀年限甚至可达50年），所以用于室内钢结构或相对易于维护的室外钢结构较多。其一次成本低，但用于维护时维护成本较高。

涂层法施工的第一步是除锈。优质的涂层依赖于彻底的除锈。所以要求高的涂层一般多用喷砂或喷丸除锈，露出金属的光泽，除去所有的锈迹和油污。现场施工的涂层可用手工除锈。

涂层的选择要考虑周围不同环境的涂层对不同的腐蚀条件有不同的耐受性。涂层一般有底漆（层）和面漆（层）之分。底漆含粉料多，基料少，成膜粗糙，并与钢材粘附力强，与面漆结合性好。面漆则基料多，成膜有光泽，能保护底漆不受大气腐蚀，并能抗风化。不同的涂料之间有相容与否的问题，前后选用不同涂料时要注意它们的相容性。

涂层的施工要有适当的温度（5～38℃之间）和湿度（相对湿度不大于85%）。涂层的施工环境粉尘要少，构件表面不能有结露。涂装后4h之内不得淋雨。

4.1.3 防腐蚀设计

钢结构锈蚀后，杆件截面减少，结构的承载能力降低，减少钢结构的使用年限，特别是对轻型钢结构和冷弯薄壁型钢的钢结构，由于构件壁厚较薄，其影响更大。因此在设计钢结构时必须根据钢结构的周围环境，采取合理的防腐蚀措施。

《钢结构设计标准》GB 50017—2017 中，关于防腐设计要求如下：

钢结构除必须采取防腐蚀措施外，尚应避免加速腐蚀的不良设计，应考虑钢结构全生命周期内的检修、维护和大修。

钢结构防锈和防腐采用的涂料、钢材表面的除锈等级以及防腐蚀对钢结构的构造要求等应符合现行国家标准《工业建筑防腐蚀设计标准》GB/T 50046 和《涂覆涂料前钢材表面处理　表面清洁度的目视评定》GB/T 8923 的规定。在设计文件中应注明所要求的钢材除锈等级和所要用的涂料（或镀层）及涂（镀）层厚度。

1. 腐蚀性等级，钢结构防腐蚀设计前首先应根据其所处环境，确定其腐蚀性等级（表4-2）。

大气环境对建筑钢结构长期作用下的腐蚀性等级　　表4-2

腐蚀类型		腐蚀速率（mm/年）	腐蚀环境		
腐蚀性等级	名称		大气环境气体类型	年平均环境相对湿度（%）	大气环境
Ⅰ	无腐蚀	<0.001	A	<60	乡村大气
Ⅱ	弱腐蚀	0.001～0.025	A	60～75	乡村大气
			B	<60	城市大气
Ⅲ	轻腐蚀	0.025～0.05	A	>75	乡村大气
			B	60～75	城市大气
			C	<60	工业大气

续表

腐蚀类型		腐蚀速率（mm/年）	腐蚀环境		
腐蚀性等级	名称		大气环境气体类型	年平均环境相对湿度（%）	大气环境
Ⅳ	中腐蚀	0.05～0.2	B	＞75	城市大气
			C	60～75	工业大气
			D	＜60	海洋大气
Ⅴ	较强腐蚀	0.2～1.0	C	＞75	工业大气
			D	60～75	海洋大气
Ⅵ	强腐蚀	1.0～5.0	D	＜60	海洋大气

注：1. 在特殊场合与额外腐蚀荷载作用下，应将腐蚀类型提高等级；
2. 处于潮湿状态或不可避免结露的部位，环境相对湿度应取大于 75%；
3. 大气环境气体类型可根据现行国家标准《建筑钢结构防腐蚀技术规程》JGJ/T 251 附录 A 确定。

2. 防腐蚀设计年限

一般钢结构的防腐蚀年限不宜低于 5 年，重要结构不宜低于 15 年，应权衡设计工作年限中一次性投入和维护费用的高低选择合理的防腐蚀设计工作年限，由于钢结构防腐蚀设计年限通常低于建筑物设计年限，建筑物寿命期内通常需要对钢结构的防腐蚀措施进行维修，因此选择防腐蚀方案的时候，应考虑维修条件，维修困难的钢结构应加强防腐蚀方案。同一结构不同的部位可采用不同的防腐蚀设计年限。

3. 表面处理

钢结构在涂装之前应进行表面处理，防腐蚀设计文件应提出表面处理的质量要求，并应对表面除锈等级和表面粗糙度作出明确规定。有多种因素会影响防腐蚀保护层的有效使用寿命，如涂装表面处理质量、涂料的品种、组成、涂膜厚度、涂装道数、施工环境条件及涂装工艺等。其中表面处理质量的因素对涂装寿命的影响程度达到 49.5%。

钢结构在涂装前的除锈等级除应符合现行国家标准《涂覆涂料前钢材表面处理　表面清洁度的目视评定》GB/T 8923 的有关规定外，尚应符合表 4-3 的不同涂料表面最低除锈等级的要求。

不同涂料表面最低除锈等级　　表 4-3

项目	最低除锈等级
富锌底涂料、乙烯磷化底涂料	Sa2½
环氧或乙烯基酯玻璃鳞片底涂料	Sa2
氯化橡胶、聚氨酯、环氧树脂、聚氯乙烯萤丹、高氯化聚乙烯、氯磺化聚乙烯、醇酸、丙烯酸环氧、丙烯酸聚氨酯等底涂料	Sa2 或 St3
环氧沥青、聚氨酯沥青底涂料	St2
喷铝及其合金	Sa3
喷锌及其合金	Sa2½

注：1. 新建工程重要构件的除锈等级不应低于 Sa2½；
2. 喷射或抛射除锈后的表面粗糙度宜为 40～70μm，且不应大于涂层厚度的 1/3。

4. 涂层保护

涂层设计应符合下列规定：

（1）应按照涂层配套进行设计；

（2）应满足腐蚀环境、工况条件和防腐蚀年限要求；

（3）应综合考虑底涂层和基材的适应性，涂料各层之间的相容性和适应性，涂料品种与施工方法的适应性。

（4）防腐蚀面涂料的选择应符合下列规定：

1）用于室外环境时，可选用氯化橡胶、脂肪族聚氨酯、聚氯乙烯萤丹、高氯化聚乙烯、氯磺化聚乙烯、醇酸、丙烯酸环氧、丙烯酸聚氨酯等底涂料；

2）对涂层的耐磨、耐久和抗渗性能有较高要求时，宜选用树脂玻璃鳞片涂料。

（5）防腐蚀底涂料的选择应符合下列规定：

1）锌、铝和含锌、铝金属层的钢材，其表面应采用环氧底涂料封闭、底涂料的颜色可采用锌黄色；

2）在有机富锌或无机富锌底涂料上，宜采用环氧云铁或环氧铁红的涂料。

（6）钢结构的防腐蚀最小保护层厚度应符合表 4-4 的规定。

钢结构防腐蚀保护层最小厚度 **表 4-4**

防腐蚀保护层设计工作年限（年）	钢结构防腐蚀保护层最小厚度（μm）				
	腐蚀性等级Ⅱ级	腐蚀性等级Ⅲ级	腐蚀性等级Ⅳ级	腐蚀性等级Ⅴ级	腐蚀性等级Ⅵ级
$2 \leqslant t_1 < 5$	120	140	160	180	200
$5 \leqslant t_1 < 10$	160	180	200	220	240
$10 \leqslant t_1 < 15$	200	220	240	260	280

注：1. 防腐蚀保护层厚度包括涂料层的厚度或金属层与涂料层复合的厚度；
2. 室外工程的涂层厚度宜增加 20～40μm；
3. 钢结构表面需喷涂非膨胀型防火涂料时，可取消面漆，但底漆和中间漆的漆膜最小总厚度应满足要求。

为了达到有效的防腐效果，同时需对涂层的干膜厚有明确的规定，如表 4-5 所示。

规定干膜厚度与公差 **表 4-5**

所有测量值	≥80%规定干膜厚度
平均值	100%规定干膜厚度

（7）关于钢结构构件表面防腐蚀涂层配套，可在《工业建筑防腐蚀设计标准》GB/T 50046—2018 附录 C 中查询，本书不再赘述。

4.2 钢结构的防火及防火设计

4.2.1 钢结构的火灾危险及防火保护的方法

1. 钢结构的火灾危险

目前，钢结构已在建筑工程中发挥着独特且日益重要的作用。钢结构以其自身的优越性以及业内关注，已经在工程中得到合理的、迅速的应用，现已广泛运用于厂房、库房、体育馆、机场机库等工程。高层建筑，特别是超高层建筑中，采用钢结构的也日益增多，因此钢结构的火灾防护非常突出。

建筑用钢（Q235、Q345（Q355）钢等）在全负荷的情况下失去静态平衡稳定性的临界温度为 540℃左右。钢材的力学性能随温度的不同而变化，当温度升高时，钢材的屈服强度、抗拉强度和弹性模量总趋势是下降的，但是在 100℃以下时，变化不大。当温度在 250℃左右时，钢材的屈服强度、抗拉强度反而有较大提高，但是这时的相应伸长率较低、冲击韧性变差，钢材在此温度范围内破坏时常呈脆性破坏特征，称为“蓝脆”。当温度超过 300℃时，钢材的屈服强度、抗拉强度和弹性模量开始显著下降，而伸长率开始显著增大，钢材产生徐变；当温度超过 400℃时，强度和弹性模量都急剧降低；到 540℃左右，其强度下降一半左右，钢材的力学性能，诸如屈服点、抗压强度、弹性模量以及荷载能力等都迅速下降，低于建筑结构所要求的屈服强度。所以在发生火灾时，无防火保护的钢结构在高温作用下很快失效倒塌，耐火极限仅 15～20min。若采取措施，对钢结构进行保护，使其在火灾时温度升高不超过临界温度，钢结构在火灾中就能保持稳定性。

2. 钢结构的防火方法

目前，钢结构的防火有多种方法，这些方法有被动防火法，包括钢结构防火涂料保护、防火板保护、混凝土防火保护、结构内通水冷却、柔性卷材防火保护等，它们为钢结构提供了足够的耐火时间，从而受到人们的普遍欢迎，而以前三种方法应用较多。另一种为主动防火法，就是提高钢材自身的防火性能（如耐火钢）或设置结构喷淋。选择钢结构的防火措施时，应考虑下列因素：

（1）钢结构所处的部位，需防护的构件（如屋架、网架或梁、柱）；

（2）钢结构采取防护措施后结构增加的重量及占用的空间；

（3）防护材料的可靠性；

（4）施工难易程度和经济性。

无论用混凝土，还是防火板保护钢结构，达到规定的防火要求需要相当厚的保护层，这样必然会增加构件的质量和占用较多的室内空间，另外，对轻钢结构、网架结构和异形钢结构等，采用这两种方法也不合适。在这种情况下，采用钢结构防火涂料较为合理。钢结构防火涂料施工简便，无需复杂的工具即可施工、质量轻、造价低而且不受几何形状和部位的限制。

4.2.2　钢结构耐火极限要求

钢结构的防火设计必须包括构件的耐火时限的确定，防火涂料或者防火板材的类别、厚度、构造与计算选定，对防火材料的性能、施工、验收等技术要求以及依据的防火设计施工或材料规范等。必须慎重合理地确定设计项目的防火类别与建筑物防火等级。必要时与消防部门共同商定防火标准。

现行国家标准《建筑设计防火规范》GB 50016 中，根据其建筑高度和层数可分为单、多层民用建筑和高层民用建筑。高层民用建筑根据其建筑高度、使用功能和楼层的建筑面积分为一类和二类。民用建筑的分类应符合表 4-6 的规定。

民用建筑的分类　　表 4-6

名称	高层民用建筑		单、多层民用建筑
	一类	二类	
住宅建筑	建筑高度大于 54m 的住宅建筑（包括设置商业服务网点的住宅建筑）	建筑高度大于 27m，但不大于 54m 的住宅建筑（包括设置商业服务网点的住宅建筑）	建筑高度不大于 27m 的住宅建筑（包括设置商业服务网点的住宅建筑）

续表

名称	高层民用建筑		单、多层民用建筑
	一类	二类	
公共建筑	1. 建筑高度大于 50m 的公共建筑 2. 任意楼层建筑面积大于 1000m^2 的商店、展览、电信、邮政、财贸金融建筑和其他多种功能组合的建筑 3. 医疗建筑、重要公共建筑 4. 省级以上的广播电视和防灾指挥调度建筑、网局级和省级电力调度建筑 5. 藏书超过 100 万册的图书馆、书库	除一类高层公共建筑以外的其他高层公共建筑	1. 建筑高度大于 24m 的单层公共建筑 2. 建筑高度不大于 24m 的其他公共建筑

注：1. 表中未列入的建筑，其类别应根据本表确定。
2. 除现行国家标准《建筑设计防火规范》GB 50016 另有规定外，宿舍、公寓等非住宅类居住建筑的防火要求，应符合《建筑设计防火规范》GB 50016 有关公共建筑的规定；裙房的防火要求应符合该规范有关高层民用建筑的规定。

民用建筑的耐火等级可分为一、二、三、四级。耐火等级应根据其建筑高度、使用功能、重要性和火灾扑救难度等确定，并应符合下列规定：

1. 地下或半地下建筑（室）和一类高层建筑的耐火等级不应低于一级；

2. 单、多层重要公共建筑和二类高层建筑的耐火等级不应低于二级。

对建筑物的耐火等级、燃烧性能及相应的建筑应达到的耐火极限规定见表 4-7。

不同耐火等级建筑相应构件的燃烧性能和耐火极限　　表 4-7

构件名称		耐火等级（h）			
		一级	二级	三级	四级
墙	防火墙	不燃性 3.00	不燃性 3.00	不燃性 3.00	不燃性 3.00
	承重墙	不燃性 3.00	不燃性 2.50	不燃性 2.00	不燃性 0.5
	非承重外墙	不燃性 1.00	不燃性 1.00	不燃性 0.50	可燃性
	楼梯间和前室的墙、电梯井的墙、住宅建筑单元之间的墙和分户墙	不燃性 2.00	不燃性 2.00	不燃性 1.50	难燃性 0.5
	疏散走道两侧的隔墙	不燃性 1.00	不燃性 1.00	不燃性 0.50	难燃性 0.25
	房间隔墙	不燃性 0.75	不燃性 0.50	不燃性 0.50	难燃性 0.25
柱		不燃性 3.00	不燃性 2.50	不燃性 2.00	难燃性 0.5
梁		不燃性 2.00	不燃性 1.50	不燃性 1.00	难燃性 0.5
楼板、疏散楼梯、屋顶承重构件		不燃性 1.50	不燃性 1.00	不燃性 0.50	可燃性
吊顶（包括吊顶格栅）		不燃性 0.25	不燃性 0.25	不燃性 0.25	可燃性

注：1. 除现行国家标准《建筑设计防火规范》GB 50016 另有规定外，以木柱承重且墙体采用不燃材料的建筑，其耐火等级可按四级确定。
2. 住宅建筑构件的耐火极限和燃烧性可按照现行国家标准《住宅建筑规范》GB 50368 的规定执行。

4.2.3　钢结构防火保护措施

钢结构构件的耐火极限经验算低于设计耐火极限时，应采取防火措施。钢结构的防火措施应根据钢结构的结构类型，设计耐火极限和使用环境等因素确定。钢结构的防火保护可采用喷涂（抹涂）防火涂料、包覆防火板、包覆柔性毡状隔热材料、外包混凝土、金属网抹砂浆或砌筑砌体或其中几种的复（组）合。

1. 喷涂（抹涂）防火涂料保护

防火涂料通常根据高温下涂层的变化情况分为膨胀型和非膨胀型两大系列：

（1）膨胀型防火涂料，又称薄型防火涂料。厚度一般为 1～7mm，其中厚度小于 3mm 时也称超薄型防火涂料。膨胀型防火涂料基料为有机树脂，配方汇总含有发泡剂、碳化剂成分，遇火后自身会发泡膨胀，形成比原涂层厚度大十几倍到数十倍的多孔碳质层。多孔碳质层可阻挡外部热源对基材的传热，如同绝热屏障。膨胀型防火涂料用于钢结构防火，耐火极限可达 0.5～2h。

（2）非膨胀型防火涂料，又称厚型防火涂料，涂层厚度可从 7mm 到 50mm，主要成分为无机绝热材料，遇火不膨胀，自身具有隔热性。对应耐火极限可达到 0.5～3h。厚型防火涂料又分为两类，一类以矿物纤维为骨料采用干法喷涂施工；另一类是以膨胀蛭石、膨胀珍珠岩等颗粒材料为主的骨料，采用湿法喷涂施工。采用干法喷涂纤维材料与湿法喷涂颗粒材料相比，涂层密度轻，但施工时容易散发细微纤维粉尘，给施工环境和人员保护带来一定的问题，另外表面疏松，只适合于完全封闭的隐蔽工程。

选用钢结构防火涂料时，应考虑结构类型、耐火极限要求、工作环境等，选用原则如下：

（1）室内隐蔽构件，宜选用非膨胀型防火涂料；

（2）设计耐火极限大于 1.5h 的构件，不宜选用膨胀型防火涂料；

（3）室外、半室外钢结构采用膨胀型防火涂料时，应选用符合环境及其性能要求的产品；

（4）非膨胀型防火涂料涂层的厚度不应小于 10mm；

（5）防火涂料与防腐涂料应相容匹配；

（6）实际耐火极限大于 2.0h 的钢管混凝土柱，可选用膨胀型防火涂料或环氧类膨胀型钢结构防火涂料。

选用钢结构防火涂料时，还应注意下列问题：

（1）不要把技术性能仅能满足室内的涂料用于室外。

室外使用环境要比室内严酷很多，涂料在室外要经受日晒雨淋，风吹冰冻，应选用耐水、耐冻融、耐老化、强度高的防火涂料。

（2）不要轻易把饰面型防火涂料用于保护钢结构。

饰面型防火涂料用于木结构和可燃基材，一般厚度小于 1mm，薄薄的涂膜对于可燃材料能起到有效阻燃和防止火焰蔓延的作用，但其隔热性能一般达不到大幅度提高钢结构耐火极限的目的。

承重钢结构采用厚涂型防火涂料时，重要节点部位要加厚处理，如果有下列任一种情况时，涂层内应设与钢结构相连的镀锌钢丝网或玻璃纤维布：

（1）构件受冲击、振动荷载；

（2）涂层厚度大于或等于 30mm；

（3）防火涂料粘结强度小于或等于 0.05MPa；

（4）构件的腹板高度超过 500mm 且长期暴露在室外。

2. 防火板保护

采用涂覆防火涂料的保护方法，其做法如图 4-1 所示，也可以在钢梁或钢柱上预先设置固定龙骨，在龙骨上固定防火板，其做法如图 4-2 所示。

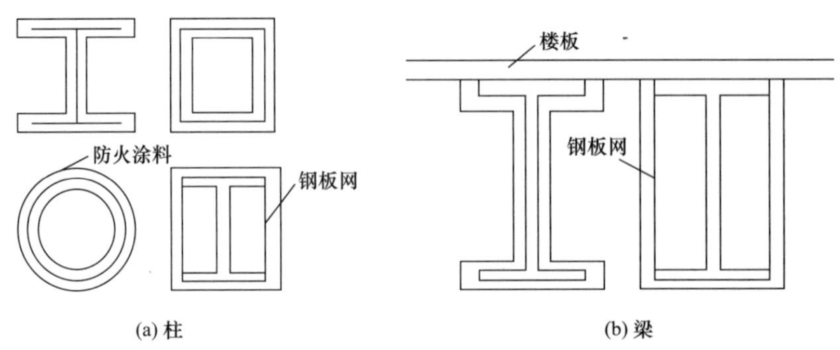

图 4-1　采用涂覆防水涂料的做法

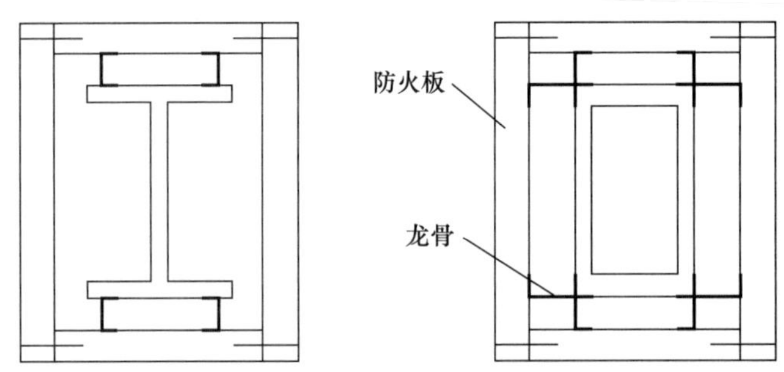

图 4-2　龙骨上固定防火板做法

（1）防火板应为不燃材料，且受火时不应出现炸裂或穿透裂缝等现象。

防火板用材基本应为不燃材料（A 级）。按现行国家标准《建筑材料不燃性试验方法》GB/T 5464 规定进行不燃性试验，且同时符合下列条件时，方可认定为不燃材料（或称为 A 级材料）：

1）由于材料燃烧引起的炉内平均升温不超过 50℃。

2）试样平均持续燃烧时间不超过 20s。

3）试样平均质量损失率不超过 50%。

一些无机板材，虽然本身不会燃烧，但在火灾的高温作用下，极易分解、炸裂失去结构刚度，有的还会释放出大量有毒气体。此类板材仍不能用作防火板材。

（2）防火板的包覆应根据构件形状和所处位置进行构造设计，并应采取确保安装牢固稳定的措施。

（3）固定和稳定防火板的龙骨及胶粘剂应为不燃材料，龙骨材料应能便于和构件、防火板连接，胶粘剂应能在高温下保持一定的强度，并应能保证防火板的包覆完整。

3. 包覆柔性毡状隔热材料保护

柔性毡状隔热材料主要有硅酸铝毡、岩棉毡、玻璃棉毡等各种矿物棉毡。使用时可采用钢丝网将防火毡直接固定在钢材表面。这种方法隔热性能好、施工简便、造价低，适用于平时不受机械伤害和不易被人为破坏的钢结构，且应符合下列要求：

（1）不应用于易受潮或受水的钢结构；

（2）在自重作用下，毡状材料不应发生压缩不均的现象。

4. 采用外包混凝土、金属网抹砂浆或砌筑砌体保护

采用这种方法的优点是强度高、耐冲击、耐久性好，缺点是占用空间较大，另外施工也比较麻烦，特别在钢梁、斜撑上，施工十分困难。

（1）当采用外包混凝土时，混凝土的强度等级不宜低于 C20；

（2）当采用外包金属网抹砂浆时，砂浆的强度等级不宜低于 M5；金属网网格不宜大于 20mm，丝径不宜小于 0.6mm；砂浆最小厚度不宜小于 25mm；

（3）当采用砌筑砌体时，砌块的强度等级不宜低于 MU10。

4.2.4　钢结构防火设计

钢结构应按照结构耐火承载力极限状态进行耐火验算和防火设计。

钢结构耐火承载力极限状态的最不利荷载（作用）效应组合设计值，应考虑火灾时结构上可能同时出现的荷载（作用），且应按下列组合值中的最不利值确定：

$$S_m=\gamma_{0T}(\gamma_G S_{Gk}+S_{Tk}+\phi_f S_{Qk}) \tag{4-1}$$

$$S_m=\gamma_{0T}(\gamma_G S_{Gk}+S_{Tk}+\phi_q S_{Qk}+\phi_w S_{Wk}) \tag{4-2}$$

式中：S_m——荷载（作用）效应组合的设计值；

S_{Gk}——按永久荷载标准值计算的荷载效应值；

S_{Tk}——按火灾下结构的温度标准值计算的作用效应值；

S_{Qk}——按楼面或屋面活荷载标准值计算的荷载效应值；

S_{Wk}——按风荷载标准值计算的荷载效应值；

γ_{0T}——结构重要性系数；对于耐火等级为一级的建筑，$\gamma_{0T}=1.1$；对于其他建筑，$\gamma_{0T}=1.0$；

γ_G——永久荷载的分项系数，一般可取 $\gamma_G=1.0$；当永久荷载有利时，取 $\gamma_G=0.9$；

ϕ_w——风荷载的频遇值系数，取 $\phi_w=0.4$；

ϕ_f——楼面或屋面活荷载的频遇值系数，应按现行国家标准《建筑结构荷载规范》GB 50009 的规定取值；

ϕ_q——楼面或屋面活荷载的准永久值系数，应按现行国家标准《建筑结构荷载规范》GB 50009 的规定取值。

钢结构防火设计应根据结构的重要性、结构类型和荷载调整等选用基于整体结构耐火验算和基于构件耐火验算的设计方法，其中跨度不小于 60m 的大跨度钢结构，宜选用基于整体结构耐火验算的防火设计方法，预应力钢结构和跨度不小于 120m 的大跨度建筑中的钢结构应采用基于整体结构耐火验算的防火设计方法。

（1）基于整体结构耐火验算的钢结构防火设计方法应符合下列规定：

1）各防火分区应分别作为一个火灾工况并选用最不利火灾场景进行验算；

2）应考虑结构的热膨胀效应、结构材料性能受高温作用的影响，必要时，还应考虑结构几何非线性的影响。

（2）基于构件耐火验算的钢结构防火设计方法应符合下列规定：

1）计算火灾下构件的组合效应时，对于受弯构件、拉弯构件和压弯构件等以弯曲变

形为主的构件，可不考虑热膨胀效应，且火灾下构件的边界约束和在外荷载作用下产生的内力可采用常温下的边界约束和内力，计算构件在火灾下的组合效应；对于轴心受拉、轴心受压等以轴向变形为主的构件，应考虑热膨胀效应对内力的影响。

2）计算火灾下构件的承载力时，构件温度应取其截面的最高平均温度，并应采用结构材料在相应温度下的强度与弹性模量。

（3）钢结构构件的耐火验算和防火设计，可采用耐火极限法、承载力法或临界温度法，且应符合下列规定：

1）耐火极限法。在设计荷载作用下，火灾下钢结构构件的实际耐火极限不应小于其设计耐火极限，并应按式（4-3）进行验算。其中，构件的实际耐火极限可按现行国家标准《建筑构件耐火试验方法　第1部分：通用要求》GB/T 9978.1、《建筑构件耐火试验方法　第5部分：承重水平分隔构件的特殊要求》GB/T 9978.5、《建筑构件耐火试验方法　第6部分：梁的特殊要求》GB/T 9978.6、《建筑构件耐火试验方法　第7部分：柱的特殊要求》GB/T 9978.7通过试验测定，或按《建筑钢结构防火技术规范》GB 51249有关规定计算确定。

$$t_{m} \geqslant t_{d} \tag{4-3}$$

耐火极限法是通过比较构件的实际耐火极限和设计耐火极限来判定构件的耐火性能是否符合要求，并确定其防火保护。结构受火作用是一个恒载升温的过程，以及先施加荷载再施加温度的作用。模拟恒载升温对于试验来说操作方便，但是对于理论计算来说则需要进行多次计算比较，因此暂时无法应用于工程设计中。现行国家标准《建筑钢结构防火技术规范》GB 51249也未给出具体的计算方法。

2）承载力法。在设计耐火极限时间内，火灾下钢结构构件的承载力设计值不应小于其最不利的荷载（作用）组合效应设计值，并应按式（4-4）进行验算。

$$R_{d} \geqslant S_{m} \tag{4-4}$$

3）临界温度法。在设计耐火极限时间内，火灾下钢结构构件的最高温度不应高于其临界温度，并应按式（4-5）进行验算。

$$T_{d} \geqslant T_{m} \tag{4-5}$$

式中　t_{m}——火灾下钢结构构件的实际耐火极限；

t_{d}——钢结构构件的设计耐火极限；

S_{m}——荷载（作用）效应组合的设计值；

R_{d}——结构构件抗力的设计值；

T_{m}——在设计耐火极限时间内构件的最高温度；

T_{d}——构件的临界温度。

4.3　钢结构的隔热

高温工作环境下的温度作用是一种持续作用，与火灾这类短期高温作用有所不同。在这种持续高温下的结构钢的力学性能与火灾高温下结构钢的力学性能也不完全相同，主要体现在蠕变和松弛上。当钢结构的温度不大于100℃时，钢材的设计强度和弹性模型相同；当钢结构的温度超过100℃时，高温下钢材的强度设计值和弹性模量有一定的折减。

处于高温环境的钢构件，一般分为两类，一类为本身处于热环境的钢构件，另一类为受热辐射影响的钢构件，当钢构件散热不佳即吸收热量大于散发热量时，除非采用降温措施，否则钢构件温度最终将等于环境温度，所以必须满足高温环境下的承载力设计要求，如高温下烟道的设计。当高温环境下的钢结构温度超过 100℃时，对于依靠预应力工作的构件或连接应专门评估蠕变或松弛对其承载力或正常使用性能的影响。

高温环境下的钢结构温度超过 100℃时，应进行结构温度作用的验算，应进行结构温度作用的验算，并应根据不同情况采取防护措施：

（1）当钢结构可能受到炽热融化金属的侵害时，应采取砌块或耐热固体材料做成的隔热层加以保护；

（2）当钢结构可能受到短时间的火焰直接作用时，应采取隔热防护措施；

（3）当高温环境下钢结构的承载能力不满足要求时，应采取增大构件截面、采用耐火钢或加耐热隔热涂层、热辐射屏蔽、水套隔热等降温措施。

（4）当高强度螺栓连接长期受热达到 150℃时，应采用加耐热隔热涂层、热辐射屏蔽等隔热防护措施。

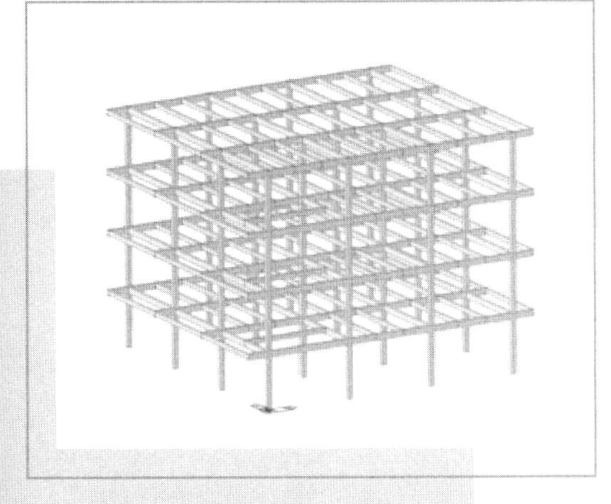

下篇 工程实例篇

- ◎ 第5章 门式刚架
- ◎ 第6章 多高层钢结构
- ◎ 第7章 大跨空间钢结构
- ◎ 第8章 预应力钢结构
- ◎ 第9章 装配式钢结构住宅

第 5 章　门式刚架

5.1　门式刚架设计背景知识

门式刚架结构在我国的应用大约始于 20 世纪 80 年代初期，四十年来得到迅速的发展。目前国内每年有大量的轻钢建筑工程涌现，主要用于轻型的厂房、仓库、体育馆、展览厅及活动房屋、夹层建筑等。

门式刚架轻型房屋钢结构体系，是由门式刚架承重结构、配套轻型屋盖和墙体围护结构以及相应的支撑系统所组成的结构体系，如图 5-1 所示。目前最流行的体系构成，是采用实腹式焊接 H 型钢门式刚架承重结构、薄壁型钢檩条或墙梁与彩色金属压型钢板组成的组合屋面及墙面围护结构。支撑系统则主要由用于纵向传力的竖向支撑系统和空间协同作用的纵向水平系杆、刚性或柔性水平支撑，以及用于控制焊接 H 型钢截面受压翼缘局部屈曲和平面稳定性的隅撑等所构成。

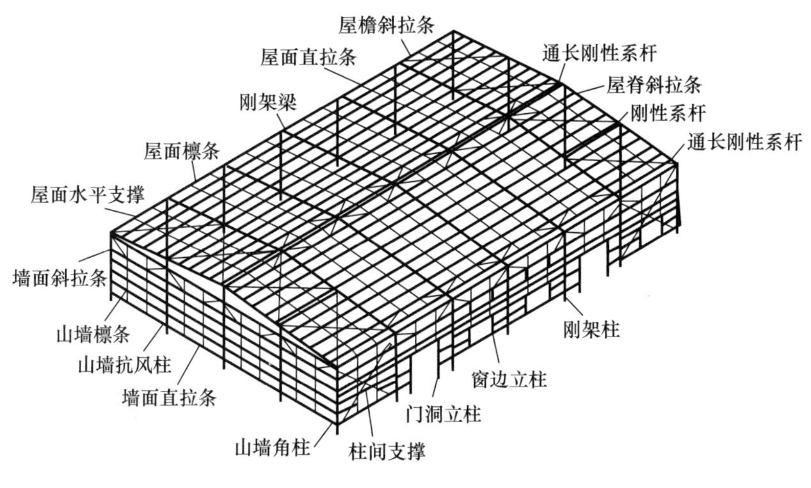

图 5-1　门式刚架结构示意图

门式刚架轻型房屋钢结构的优点主要体现在以下几个方面：

（1）轻型、快速、高效，应用节能环保型新型建材，实现工厂化加工制作、现场施工组装，方便快捷、缩短建设周期；

（2）结构坚固耐用、建筑外形简洁、质优价宜、经济效益明显；

（3）柱网尺寸布置自由灵活，能满足不同的平面布置需求；

（4）现场连接采用螺栓连接，能满足不同气候环境条件下的施工和使用要求。

近年来防火、防腐新产品的不断出现，已较好地解决了轻钢结构抗腐蚀性差的缺点，加上轻钢结构自身的诸多优点，使得它在工业厂房以及民用设施中获得了广泛的应用。

1. 结构形式与分类

门式刚架轻型房屋钢结构属轻型钢结构的一个分支，现行国家标准《门式刚架轻型房屋钢结构技术规范》GB 51022 规定，“门式刚架轻型房屋”是承重结构采用变截面或等截面实腹刚架，围护系统采用轻型钢屋面和轻型外墙的单层房屋。

门式刚架结构的主要承重构件是由支撑连接起来的多榀刚架体系，刚架的截面形式一般是焊接工字形，按照内力的变化将每一段构件做成不等高截面，即楔形梁柱，或做成等截面梁柱，在工厂加工成每一个可运输的单元（一段梁或柱），然后在现场用高强度螺栓进行组接。

门式刚架结构为平面结构体系，由边柱与斜梁采用刚接（近似刚接）的方式组成，一般情况下柱底宜为铰接，当有较大水平荷载、较大吊车、有局部夹层或檐口高度较高时，宜为刚接；中柱与斜梁可以刚接（或近似刚接）也可铰接，承载有吊车的中柱与屋面梁应采用刚接。

门式刚架的结构常见分类主要有：

（1）按照结构体系分，有实腹式与桁架式；

（2）按照截面形式分，有等截面与变截面：

（3）按跨度可分为单跨、双跨和多跨；

（4）按屋面坡脊数可分为单脊单坡、单脊双坡和多脊多坡。

2. 结构布置

（1）门式刚架的布置

门式刚架的跨度宜为 12～48m，当柱宽度不等时，其外侧应对齐，高度应根据使用要求的室内净高确定，宜取 4.5～9m。门式刚架的合理间距应综合考虑刚架跨度、荷载条件及使用要求等因素，一般宜取 6m、7.5m 或 9m，纵向温度区段不宜大于 300m，横向温度区段不宜大于 150m，当横向温度区段大于 150mm 时，应考虑温度的影响。

（2）结构布置对结构经济性的影响

在工程投标竞争中，高质量和快速的初步设计是中标的有力措施之一，熟悉门式刚架体系用钢量与建筑尺寸的基本规律，可以减少试算次数，提高设计速度和质量，从而为企业降低成本、增加效益提供技术保证。

1）柱距对总用钢量的影响

门式刚架设计目前设计已非常成熟，设计者在设计具体工程时，已能从满足结构设计要求的前提下，充分考虑门式刚架的经济性。门式刚架的经济性与许多技术参数如柱距、跨度的确定有关系。根据多项门式刚架工程的统计，柱距与总用钢量的关系如图 5-2 所示，呈凹形，有以下几个特点：

① 柱距小于 7m 时，总用钢量随柱距的增大普遍呈降低趋势，降幅随跨度的增大而增大；柱距 7～9m 内，曲线基本趋于平缓，即柱距的影响很小；柱距超过 9m 后，曲线逐步上升，主要是由于檩条、支撑、吊车梁等构件的用钢量大幅上升造成的。

② 竖向荷载（如屋面荷载、吊顶荷载、吊车荷载等）是影响经济柱距的主要因素，荷载大时经济柱距减小，荷载小时经济柱距增大。

③ 当荷载条件相同时，经济柱距与跨度大小基本没有关系，即各种跨度刚架体系的经济柱距基本相同，但跨度越大时，总用钢量对柱距越敏感，波动范围越大，采用经济柱

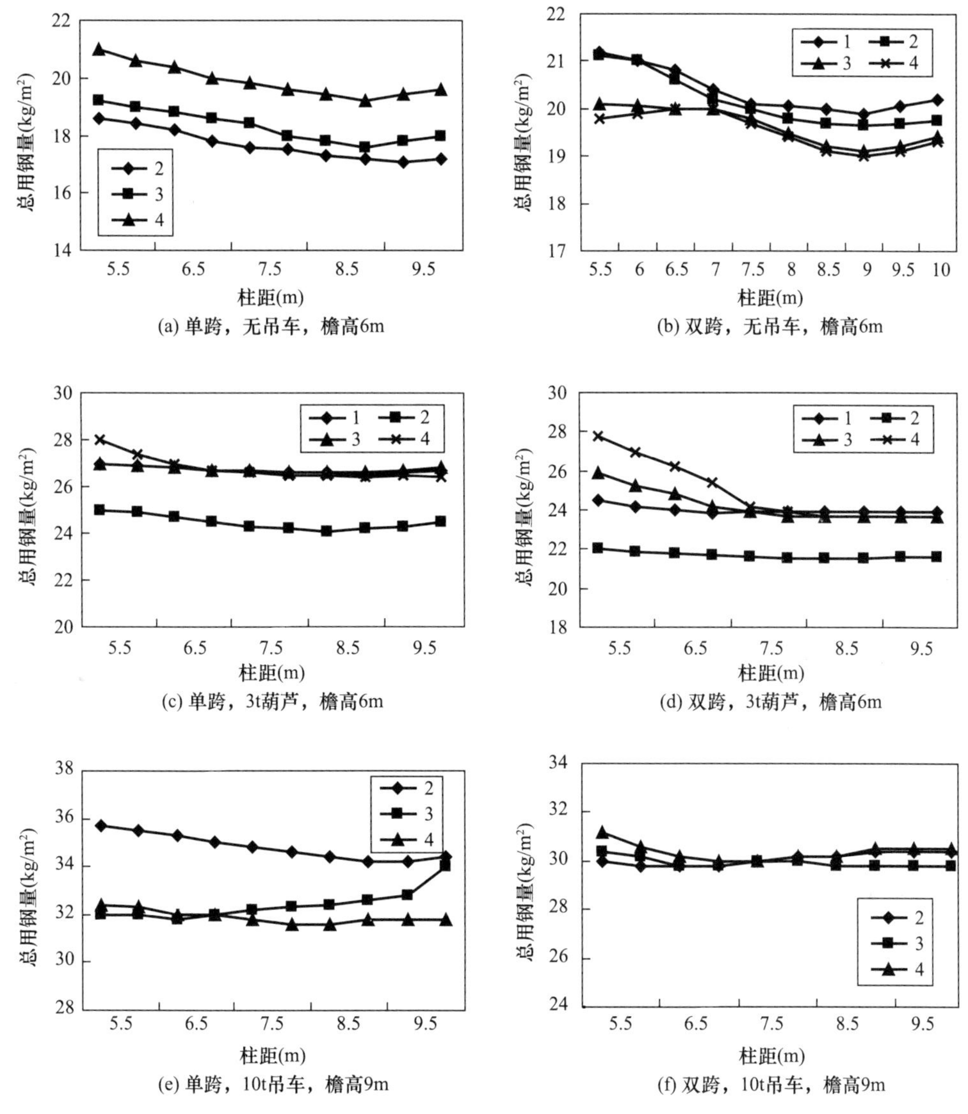

图 5-2　总用钢量与柱距的关系

1—跨度 15m（Q235）；2—跨度 18m（Q345）；3—跨度 24m（Q345）；4—跨度 30m（Q345）

距的效益越显著。

④ 单跨跨度相同的情况下，单跨比双跨的总用钢量略高，但曲线走势基本相同。

2）柱距对分项用钢量的影响

18m 和 30m 跨门式刚架体系在不同情况下的分项用钢量如图 5-3 所示，可以看出，随柱距的增加，各分项用钢量呈不同的趋势，其中刚架本身的用钢量越来越低，而檩条、支撑和吊车梁的用钢量逐步上升。如 18m 跨门式刚架体系在柱距达到 10m 时，刚架与檩条及支撑的用钢量基本持平，若柱距再增大，刚架用钢量比例将由第一位降至第二位；有 10t 吊车的 30m 跨刚架体系的情况也类似，吊车梁的用钢量与檩条、支撑的用钢量和发展趋势也基本相同。

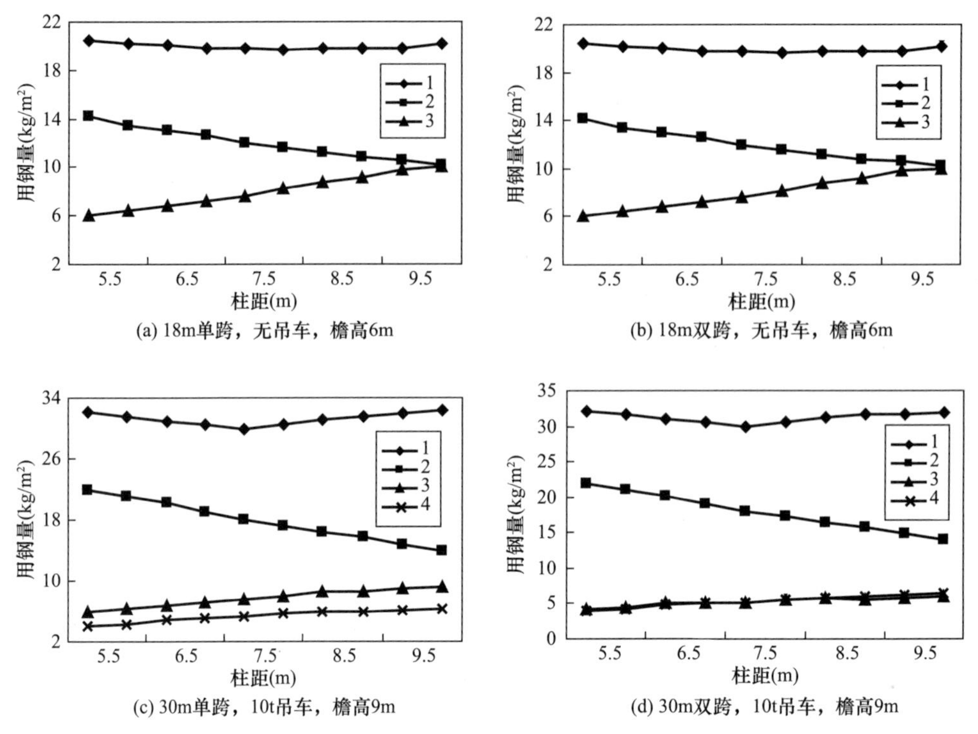

(a) 18m单跨，无吊车，檐高6m　(b) 18m双跨，无吊车，檐高6m

(c) 30m单跨，10t吊车，檐高9m　(d) 30m双跨，10t吊车，檐高9m

图 5-3　分项用钢量与柱距的关系

1—总用钢量；2—刚架用钢量；3—檩条、支撑用钢量；4—吊车梁用钢量

3）跨度对总用钢量的影响

根据前面分析的经济柱距，门式刚架体系在柱距分别取 6m 和 8m 时，跨度范围为最常用的 15～30m 时总用钢量与跨度的关系，计算结果如图 5-4 所示，具有如下特点：

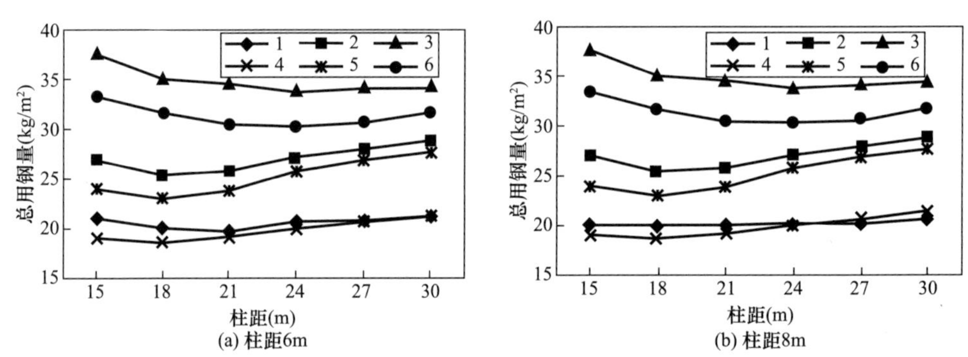

(a) 柱距6m　(b) 柱距8m

图 5-4　总用钢量与跨度的关系

1—单跨无吊车，檐高 6m；2—单跨，3t 葫芦，檐高 6m；3—单跨，10t 吊车，檐高 9m；4—双跨无吊车，檐高 6m；5—双跨，3t 葫芦，檐高 6m；6—双跨，10t 吊车，檐高 9m

① 门式刚架体系也存在经济跨度，因此不宜盲目追求大跨度。常规门式刚架的经济跨度范围在 18～30m，吊车吨位较大时经济跨度在 24～30m，无吊车或吊车吨位较小时，经济跨度在 18～21m；采用合理跨度可以节省钢材 5%～15%，降低总造价 2%～7%。

② 对图 5-4 进行横向比较可知，两者规律基本相同，说明经济跨度与柱距的关系不大。

③ 影响经济跨度的主要因素是荷载，荷载越大总用钢量对跨度越敏感，越应注意采用合理跨度。这是因为荷载大则柱截面大，若此时跨度较小，其单位用钢量必然上升，若跨度太大，梁截面又显著增大，也会导致单位用钢量的上升。

根据上面的分析结果，门式刚架设计时注意以下两个问题：

① 荷载是影响经济柱距的主要因素，当荷载较大时，柱距宜取得小一些，建议取 6～7m，荷载小时柱距宜取 8～9m。跨度越大则越应注意采用合理柱距，其经济效益越显著。

② 刚架跨度也存在最优尺寸，主要影响因素也是荷载大小。荷载较大时，跨度宜取 24～30m；荷载小时，经济跨度在 18～21m。与柱距一样，荷载越大则越应注意采用合理尺寸。

(3) 设计流程

门式刚架的设计流程根据建筑功能的区别有所不同，如有无夹层、吊车等，但整体差异不大，图 5-5 所示为门式刚架二维设计的基本流程。

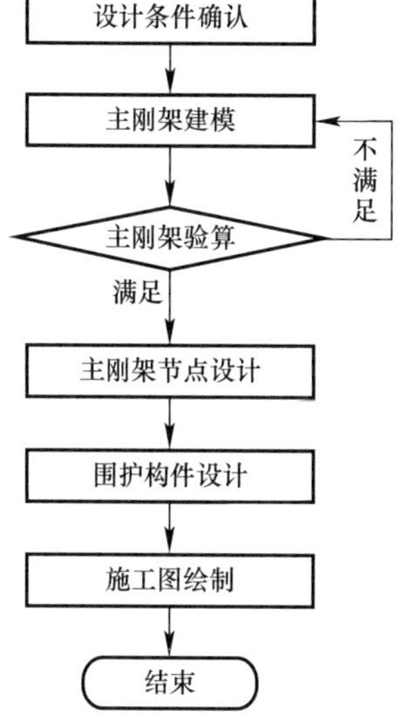

图 5-5 门式刚架二维设计流程图

5.2 工程实例概况及结构布置

1. 工程概况

本工程为某高校试验楼的生产车间，结构布置较为规整。外门窗采用断桥铝合金中空玻璃门窗，室内一般门为装饰木门及钢制推拉门，防火门为钢制防火门，外窗立樘位置齐墙外皮，内窗的立樘位置除特殊注明者居墙中；双向平开门立樘居墙中，单向平开门立樘与开启方向墙面平，结构布置时要考虑其细部的构造要求，留好余量。另外结构布置还应考虑以下因素：

(1) 厂房的坡度与建筑排水、屋面材料类别密切相关。常用的坡度范围是 1/20～1/8。

(2) 厂房的高度取决于适用条件和建筑要求，有吊车时还要满足吊车运行的净空要求。

(3) 厂房跨度取决于功能、经济要求。

(4) 刚架的间距应根据使用功能、刚架跨度、檩条合理跨度、荷载大小等综合确定，一般多在 6～9m。

2. 结构选型与布置

本结构为轻型门式刚架，其结构体系包括以下部分：

(1) 主结构：横向刚架（包括中部和端部刚架）、楼面梁、托梁、支撑体系等；

(2) 次结构：屋面檩条和墙面檩条等；

(3) 围护结构：屋面板和墙板等；

(4) 辅助结构：楼梯、平台、扶栏等；

(5) 基础。

主刚架由边柱、刚架梁、中柱等构件组成，边柱和斜梁通常根据门式刚架弯矩包络图的形状制作成变截面以达到节约材料的目的，根据门式刚架横向平面承载、纵向支撑提供平面外稳定的特点，要求边柱和梁在横向平面内具有较大的刚度，一般采用焊接工字型截面。中柱以承受轴压力为主，通常采用强弱轴惯性矩相差不大的宽翼缘工字钢、矩形钢管或圆管截面。

本结构横向长度 54m，为双跨门式刚架结构，两跨分别为 36m 与 18m，两侧各留 500mm，与建筑外墙皮对齐。纵向长度 102m，两侧各留 400mm。结构以 6m 为一段布置轴网，所有柱子均布置在轴网交点处。厂房内有 2 台额定起重量为 10t 吊车，位于 36m 跨度区间。其平面结构布置图如图 5-6 所示。

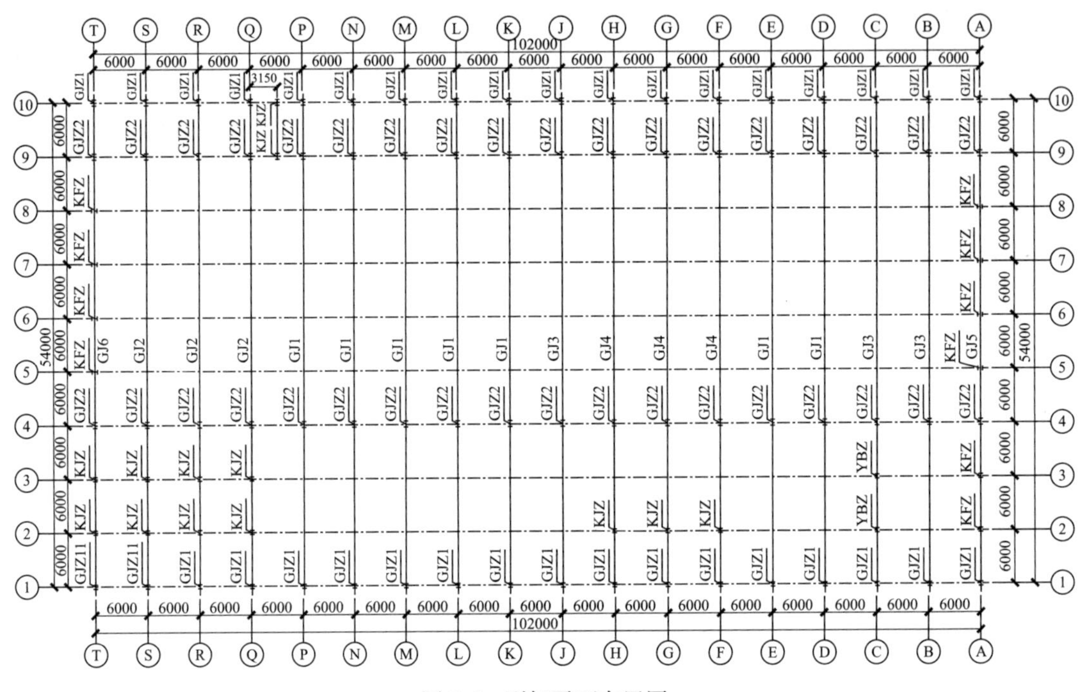

图 5-6 刚架平面布置图

结构檐口高度 11m，屋脊高度 12.845m，根据建筑功能要求，沿其长度结构剖面布置分为六种，特殊位置依照建筑功能设有夹层和平台，其剖面结构示意图如图 5-7 所示。

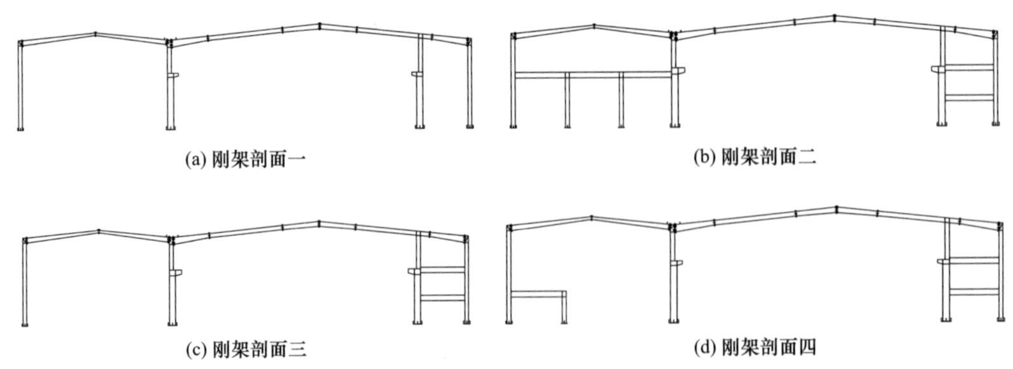

(a) 刚架剖面一 (b) 刚架剖面二

(c) 刚架剖面三 (d) 刚架剖面四

图 5-7 刚架剖面结构示意图（一）

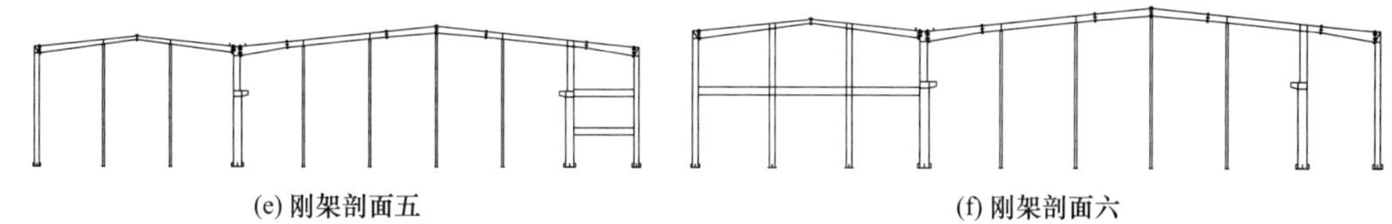

图 5-7　刚架剖面结构示意图（二）

5.3　预估截面并建立结构模型

本节以 3D3S 2022 版软件为例，介绍其建模中应注意的问题。

1. 截面初选

梁、柱截面尺寸在不清楚内力的情况下是无法通过计算预先确定的。设计一个复杂结构和设计单个构件不同，单个构件可以根据最不利内力确定满足条件的最优截面，而设计结构不同，必须换一个思维，即先选好截面，然后进行验算，所以初选截面一般的做法是参考相关图集以及已有类似工程初定，以下是推荐的截面初选方法：

（1）翼缘必须满足宽厚比要求以保证局部稳定性；

（2）腹板尽量满足高厚比要求，如果无法满足，可以通过设置加劲肋改善或者利用屈曲后强度；

（3）截面尺寸要考虑常用的板型，翼缘宽度一般为 10 的模数，翼缘与腹板厚度均不宜小于 6mm，否则工厂在加工时容易焊穿板件；

（4）门式刚架结构中，常用的板厚规格为（mm）：6，8，10，12，14，16，18，20，22，26；

（5）门式刚架结构中，常用的翼缘规格为（mm）：180，200，220，240，250，260，270，280，300，320，350，400，450；

（6）门式刚架结构中，常用的截面高度规格为（mm）：300，400，450，500，550，600，650，700，750，800，850，900，950。

2. 结构建模

待设置好每榀刚架后，布置轴线，在此基础上根据结构实际情况布置刚架。之后在单榀设计中，任选一榀刚架进行结构设计，进行结构的内力分析。

本工程结构荷载信息如下，在软件中逐一完成荷载的设置：

（1）屋面恒载标准值：0.50kN/m^2

（2）屋面活载标准值：0.50kN/m^2

（3）风荷载

规范：《门式刚架轻型房屋钢结构技术规范》GB 51022—2015

基本风压：0.50kN/m^2；建筑类型：封闭式

轴线类型：边柱外缘

地面粗糙度：B

柱底标高（m）：0.00

女儿墙高度（m）：0.00

（4）地震作用

规范：《建筑抗震设计规范》GB 50011—2010（2016 年版）

地震烈度：7 度（0.10*g*）

水平地震影响系数最大值：0.08

计算振型数：9

建筑结构阻尼比：0.050

特征周期值（s）：0.45

地震影响：多遇地震

场地类别：Ⅱ类

地震分组：第三组

周期折减系数：1.00

地震作用计算方法：振型分解法

施加方式如图 5-8 所示，根据实际情况施加节点荷载、单元荷载和单元导荷载等。

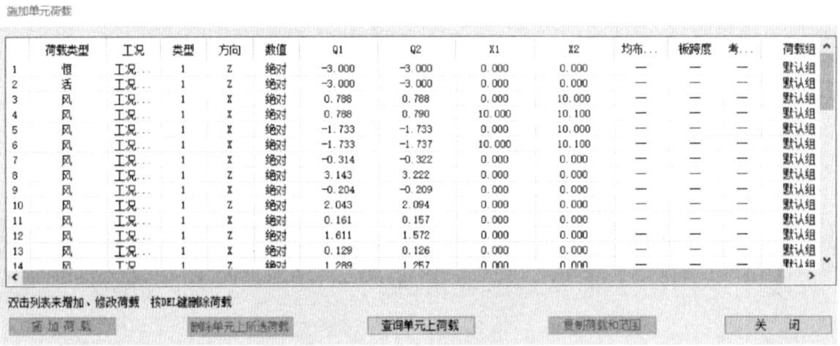

图 5-8　荷载施加窗口

荷载组合系数输入方式如图 5-9 所示。

图 5-9　荷载组合系数设置窗口

根据荷载信息，现列出部分梁、柱截面尺寸，如表 5-1 所示，其中部分截面参数在图 5-10 中已有标注。

首先在 3D3S 软件的“单榀设计”菜单中，选择一榀刚架，进行刚架的设计修改。软件在界面库中自动激活宽翼缘工字钢、工字形楔形截面、圆钢和索、冷弯薄壁四种截面，其中软件规定只有宽翼缘工字钢、工字形楔形两种截面类型可以套用《门式钢架轻型房屋钢结构技术规范》GB 51022—2015。设计中逐步完成构件截面、构件材型、偏心、计算长度、边界条件等的设定。

部分梁、柱截面参数表（mm）　　**表 5-1**

单元号	截面规格	单元号	截面规格
柱	450×300×8×12	梁	600×850×300×8×12
	750×300×12×20		600×300×8×12
	500×300×8×12		Z600～700×300×8×12
	750×300×12×20		Z600～700×300×8×12
	500×300×8×12		600×300×8×12
	450×300×8×12		600×300×8×12
梁	Z300～600×180×8×10		600×850×300×8×12
	600～850×300×8×12		

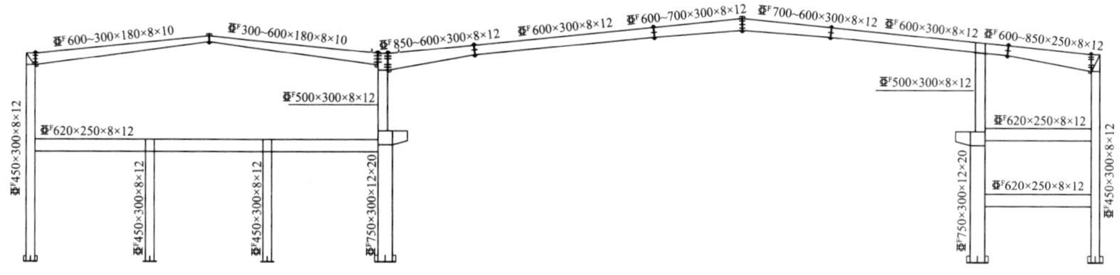

图 5-10　结构计算简图

新建门架中所有的连接都是刚接，默认没有单元铰接。铰接构造相对于刚接来说，简单很多，方便支座和安装，有条件时宜尽量采用。采用的节点形式要保证结构形式为几何不变体系。多跨门架中柱，柱顶弯矩较小，常做成摇摆柱。

柱底弯矩不太大，一般采用柱底为铰接的形式；当用于工业厂房且有 5t 以上的桥式吊车时，采用刚接柱脚。柱脚采用铰接还是刚接还要看房屋的高度和风荷载的大小，当风荷载很大，即使没有吊车，也宜设成刚接柱脚，以控制侧移。铰接与否还应结合土质情况。刚接柱脚由于存在弯矩，基础尺寸会较大，使综合造价上升。本工程柱脚全部采用刚接形式。

5.4　结构分析与工程判定

1. 主刚架计算

结构设计是一个整体问题，一定要顾全大局，不能仅盯住一个指标。就构件而言，除强度外，还有稳定性、挠度、变形和长细比等指标。设计时要学会全面分析问题，综合考虑各方面的因素。这首先要保证内力和位移的正确性，在此基础上通过应力比简单判断应力结果是否满足要求，必要时，可以通过分析计算结果文本详细判断结果的合理性。

本工程结构共有 6 种不同榀型刚架截面，现取其中一种为例详细介绍其分析方法。

结构计算简图如图 5-10 所示。

采用振型分析反应谱法，其结构振动周期如表 5-2 所示。

截面校核中，可以查询当前截面是否满足要求。其查询窗口如图 5-11 所示。

结构振动周期　　表 5-2

振型号	1	2	3	4	5	6	7	8	9
周期（s）	0.4698	0.2731	0.1657	0.1480	0.0953	0.0793	0.0604	0.0524	0.0485

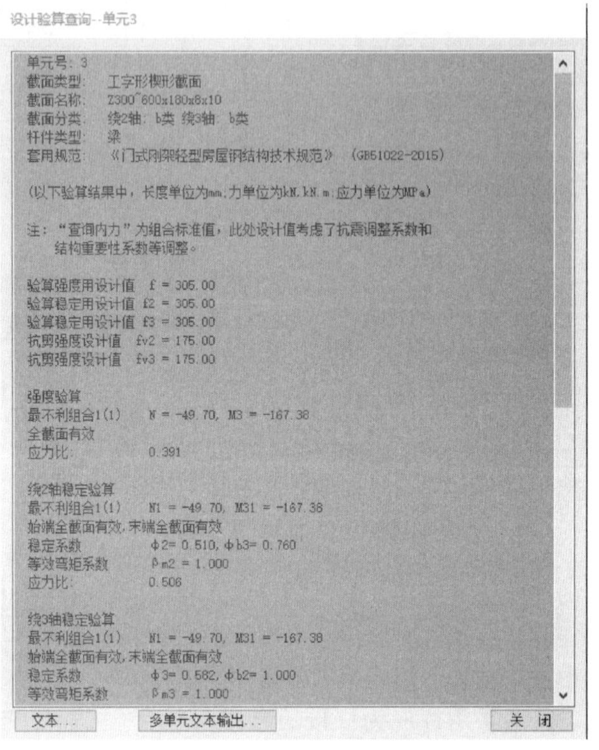

图 5-11　截面设计验算查询

构件应控制以下指标：

强度应力比：大于上限为不足，小于下限为过大；

稳定应力比：大于上限为不足，小于下限为过大；

抗剪应力比：大于上限为不足，小于下限为过大；

本工程不考虑地震作用局部稳定需要满足：翼缘外伸宽厚比要求 $15\sqrt{235/f_y}$，腹板在不满足 $250\sqrt{235/f_y}$ 的前提下取有效截面；

长细比：大于 180 为不足；

杆件沿 2 轴和 3 轴的相对挠度 W/L：大于 1/180 为不足；

结构最大竖向位移：大于 $L/180$ 为不足；

结构柱顶位移：无吊车且采用轻型墙板时大于 1/60 为不足、采用砌体墙时大于 1/240 为不足；有不带驾驶室吊车的厂房大于 1/180 为不足；有带驾驶室吊车的厂房大于 1/400 为不足；

门式刚架梁构件需要验算的主要项目有：强度、平面外整体稳定、局部稳定、挠度。门式刚架柱构件需要验算的主要项目有：强度、平面内整体稳定、平面外整体稳定、局部稳定、柱顶位移等。

门式刚架构件强度计算最显著的特点是可以考虑腹板屈曲后的强度来进行计算，这样能充分发挥材料的性能。

此榀刚架内力包络图如图 5-12 所示。

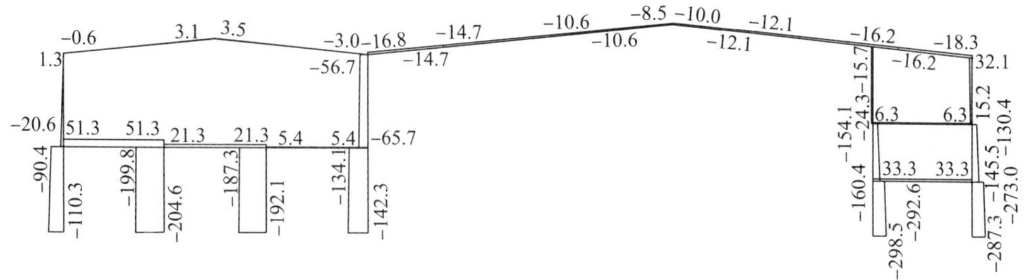

(a) 轴力N包络图(单位：kN)

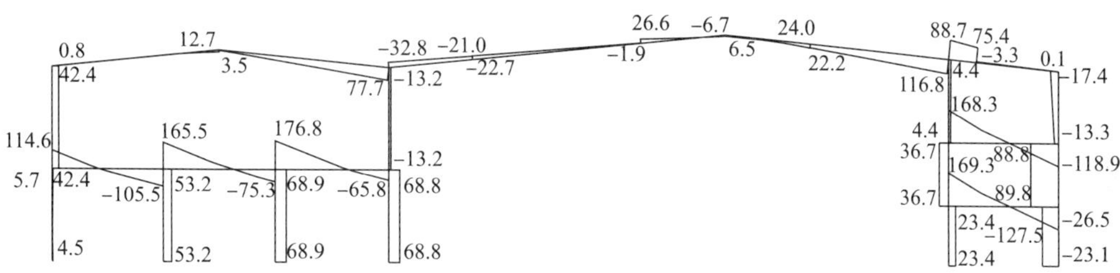

(b) 剪力V包络图(单位：kN)

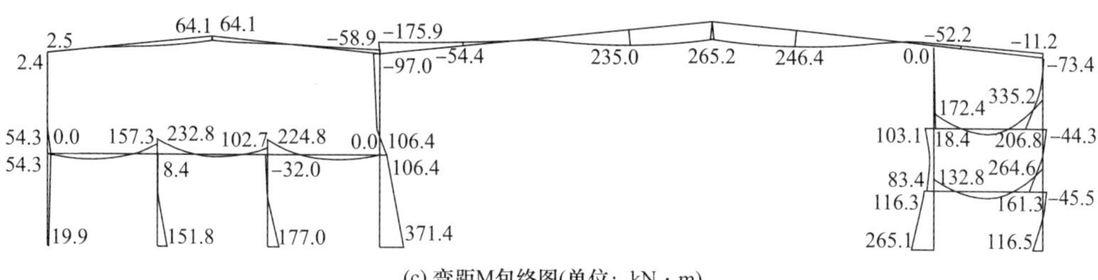

(c) 弯距M包络图(单位：kN · m)

图 5-12　刚架内力包络图

结构位移图如图 5-13 所示。

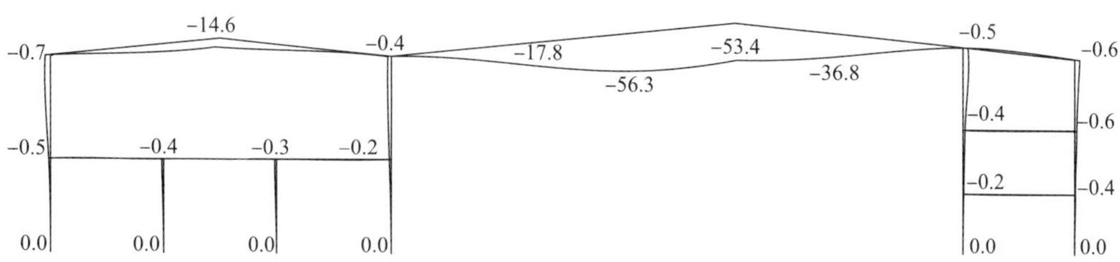

图 5-13　刚架结构位移图

通过结果可知，结构最大位移为 56.3mm，56.3/30000=1/533<1/180，满足规范要求。

2. 围护结构计算

在完成计算的两榀刚架中进行隅撑、屋檩、墙檩、抗风柱、屋面支撑、墙面支撑等围护结构的布置。布置中注意以下问题：

对于屋面支撑：

（1）门式刚架的屋面支撑应和斜梁构成几何不变的桁架体系。

（2）在房屋每个温度区段或分期建设的区段中，应分别设置独立的空间稳定结构的支撑体系。

（3）柱距越大，吊车起重量越大且工作级别越高，支撑的刚度应越大。

（4）地震区的支撑宜适当增加，并加强其节点构造。

（5）屋面支撑一般采用交叉支撑形式，可仅按轴心拉杆设计，不考虑压杆的工作。非地震区，可考虑用圆钢截面作为支撑。此时，由于圆钢末端设有特殊的张紧装置，可以不控制其长细比。地震区或风载较大时，一般用型钢截面作支撑。支撑一般按长细比控制，当荷载较大时，还应根据内力情况，验算材料强度。

（6）系杆一般按压杆设计，常用的截面形式为圆管截面。

其设置窗口如图 5-14 所示。

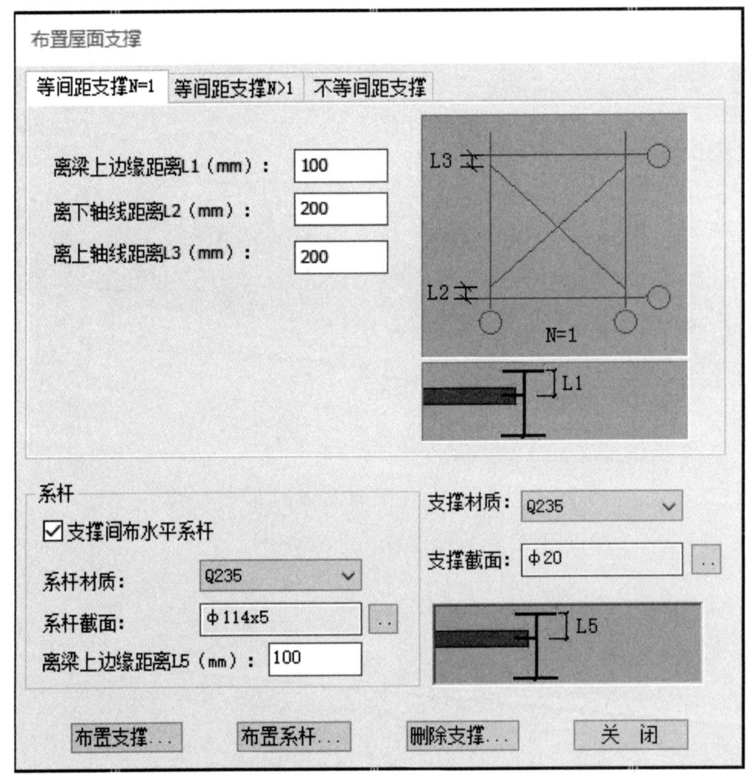

图 5-14　屋面支撑布置窗口

对于柱间支撑：

（1）厂房每个单元的每一柱列，都应设置柱间支撑，且边柱与中柱柱列应在同一开间内。

（2）有吊车时，柱间支撑应在牛腿上下分别设置上柱支撑和下柱支撑。

（3）当抗震设防烈度为 8 度或有桥式吊车时，厂房单元两端开间内宜设置上柱支撑。

（4）厂房各列柱的柱顶，应设置通常的水平系杆。

(5) 柱间支撑的形式主要有十字形、人字形和门形等。十字形支撑传力直接，构造简单，用料节省，刚度较大，是应用较多的一种形式；人字形和门形支撑主要用于柱距较大或由于建筑、功能限制不能使用十字形支撑的情况。

(6) 十字形支撑的设计，一般仅按受拉杆件进行设计，不考虑压杆的工作。在布置时，其倾角一般按 35°～55°考虑。

(7) 柱截面高度小于 800mm 时，一般多是沿柱子中心线设置单片支撑。其截面形式多为圆钢、单角钢、双角钢组成的 T 形或两槽钢组成的工字形截面。有吊车时，一般用后两种截面。

(8) 柱间支撑的截面大小可由计算确定，并应验算其长细比，对于荷载不大的情况，一般由长细比控制。

(9) 山墙风荷载由独立温度区段的所有柱间支撑承担，计算时，可按柱列求得，然后再平均分配到每道柱间支撑。分层时，可分别求。

(10) 吊车的纵向制动力由下柱柱间支撑承担。可按《建筑结构荷载规范》GB 50009—2012 第 6.1.2 条第 1 款规定计算。

(11) 纵向地震作用计算可按柱列法进行，计算按 2 个质点考虑。

(12) 纵向地震作用不与山墙风荷载和吊车的纵向制动力同时组合。

柱间支撑设置窗口如图 5-15 所示。

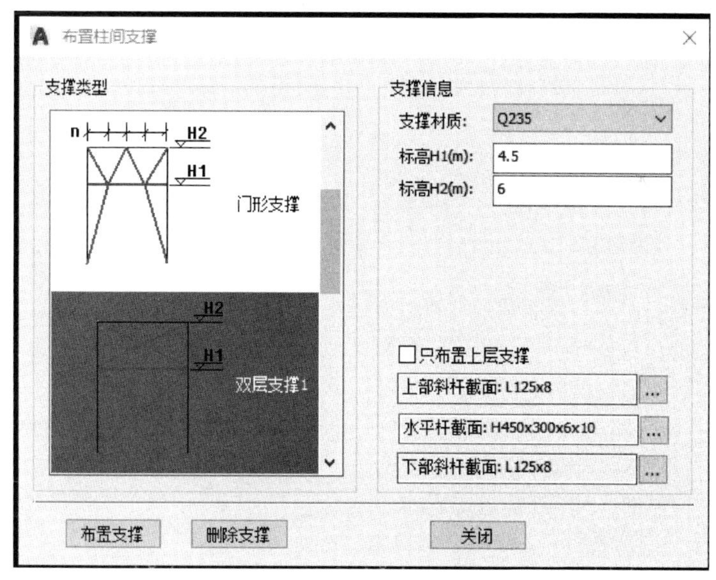

图 5-15　柱间支撑设置窗口

对于抗风柱，在以往通常采用弹簧片或竖向长螺栓孔的连接板与钢梁连接，以避免抗风柱承受钢檩传来的竖向荷载，此时抗风柱为纯受弯构件。现行国家标准《门式刚架轻型房屋钢结构技术规范》GB 51022—2015 条文说明指出，在屋面材料能够适应较大变形时，抗风柱柱顶可采用固定连接，作为屋面斜梁的中间竖向铰支座，此时需要注意抗风柱为压弯构件。

屋面支撑及柱间支撑杆件及抗风柱的截面需要通过计算得出，下面分别简要列出计算过程：

（1）屋面支撑计算

1）设计信息

支撑形式：普通角钢（等肢）

截面边长（mm）b=125

截面厚度（mm）t=8

截面特性：

　毛截面面积（mm）A=1975.000

　回转半径（mm）i_2=48.835

　　　　　　　　i_v=24.956

钢材钢号：Q235 钢

屈服强度 f_y=235

设计强度值 f=183

支撑数据：

　支撑点间距（m）　　B=6.000

　支撑跨度（m）　　　L=5.600

　构件轴线长度（m）　l=8.207

　平面内计算长度（m）l_x=8.207

　平面外计算长度（m）l_y=8.207

支撑验算模式如图 5-16 所示。

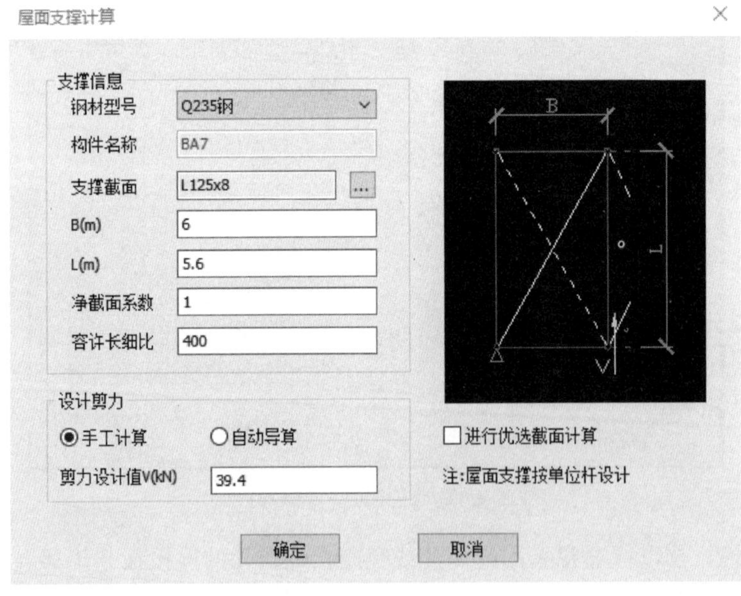

图 5-16　屋面支撑验算设置

2）支撑截面验算：

设计原则：按轴心拉杆进行设计。

作用本支撑段剪力设计值（kN）V=39.400

　支撑内力设计值（kN）　　　N=52.744

有效截面积（mm^2）　　　$A_e=1975.000$

强度验算结果（N/mm^2）　　$\sigma=29.238<f=183$

长细比校核　　$\lambda_2=168.064<[\lambda]=400$

$\lambda_v=328.876<[\lambda]=400$

验算满足！

3）螺栓连接验算：

螺栓采用 C 级 4.8 级普通螺栓，抗剪强度设计值 $f_v^b=140MPa$，抗压强度设计值 $f_c^b=328N$，螺栓规格为 M16，螺栓个数为 2 个。

受剪承载力：

$$N_v^b=nn_v\frac{\pi d^2}{4}f_v^b=2\times1\times\frac{3.14\times16^2}{4}\times140=56268.8N\approx56.27kN$$

承压承载力设计值为：

$$N_c^b=nd\sum tf_c^b=2\times16\times8\times328=83968N\approx84kN$$

支撑内力设计值为 $N=52.744kN<\min\{56.27, 84\}$ kN，故螺栓强度符合要求。

（2）柱间支撑计算

以结构中部柱间支撑为例，支撑材料为 Q235，支撑柱间距 6m，分两层，每层 5.05m，合计 10.10m，水平杆截面为 H450×300×8×10。支撑采用双层支撑形式，上层支撑为∟ 125×8，下层支撑为格构式 2∟ 140×90×8，荷载信息如下：

风荷载：

地面粗糙度 B 类，基本风压：$0.5kN/m^2$，高度变化系数 $\mu_z=1.0$，迎风面体形系数 $\mu_s=0.8$，经计算后，风荷载等效为节点荷载 $P_1=48kN$，作用于柱顶与斜撑的交点位置。

吊车荷载：

纵向吊车水平荷载经由软件先前计算提取，为 $P_2=54.36kN$，作用于第一层柱顶与斜撑的交点。结构受力模型如图 5-17 所示。

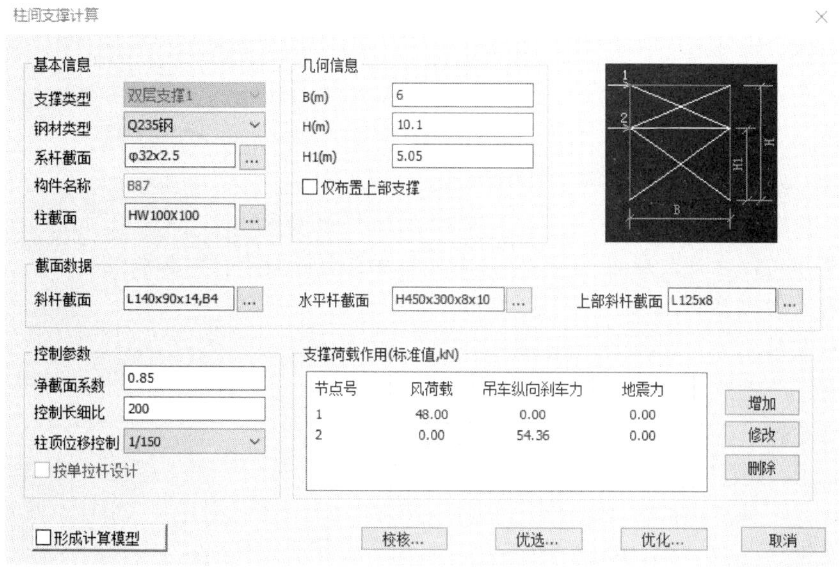

图 5-17　柱间支撑计算设置

计算结果如下：

———————————————————————————————

|　　　　柱间支撑设计　　　　　　　　　　　　|

———————————————————————————————

设计主要依据：

《建筑结构荷载规范》　　　　　　GB 50009—2012

《建筑抗震设计规范》　　　　　　GB 50011—2010（2016 年版）

《钢结构设计标准》　　　　　　　GB 50017—2017

——— 总信息 ———

钢材：Q235 钢

钢结构净截面面积与毛截面面积比：0.85

支撑杆件容许长细比：300

柱顶容许水平位移/柱高：1/150

设计验算：

柱间支撑单元号：7

截面名称：∟ 125×8

构件钢号：Q235B

验算规范：钢结构设计标准 GB 50017—2017

构件长度（mm）：L=6184.7

计算长度系数：Ux=0.5　　Uy=1.0

计算长度（mm）：Lx=3092.3　　Ly=6184.7

轴压截面分类：X 轴：b 类，Y 轴：b 类

强度计算组合：1.50×1.00 风载

强度计算设计值：N=−49.97kN，M2=0.00kNm，M3=0.00kNm

强度计算最大应力（N/mm^2）=29.766<=f=182.750

平面内稳定计算组合：1.50×1.00 风载

平面内稳定计算设计值：N=−49.97kN，M2=0.00kNm，M3=0.00kNm

平面内稳定计算最大应力（N/mm·mm）=60.720<=f=208.924

平面外稳定计算组合：1.50×1.00 风载

平面外稳定计算设计值：N=−49.97kN，M2=0.00kNm，M3=0.00kNm

平面外稳定计算最大应力（N/mm·mm）=205.254<=f=208.924

平面内长细比 λ=124<=f=300.000

平面外长细比 λ=248<=f=300.000

柱间支撑单元号：9

截面名称：∟ 140×90×8，B4

构件钢号：Q235B

验算规范：钢结构设计标准 GB 50017—2017

构件长度（mm）：L=7500.0

计算长度系数：Ux=0.5　　Uy=1.0

计算长度（mm）：Lx=3750.0　　Ly=7500.0
轴压截面分类：X 轴：b 类，Y 轴：b 类
强度计算组合：1.50×1.00 风载
强度计算设计值：N=−44.05kN，M2=0.00kNm，M3=0.00kNm
强度计算最大应力（N/mm^2）=14.363<=f=215.000
平面内稳定计算组合：1.50×1.00 风载
平面内稳定计算设计值：N=−44.05kN，M2=0.00kNm，M3=0.00kNm
平面内稳定计算最大应力（N/mm^2）=18.331<=f=215.000
平面外稳定计算组合：1.50×1.00 风载
平面外稳定计算设计值：N=−44.05kN，M2=0.00kNm，M3=0.00kNm
平面外稳定计算最大应力（N/mm^2）=79.997<=f=215.000
平面内长细比 λ=83<=f=300.000
平面外长细比 λ=219<=f=300.000

————————————————————————————

风荷载作用下柱顶最大水平（X 向）位移：

最大水平位移所在节点：3

位移值：　　1.012mm<=柱顶位移容许值：H/150=40.000mm

————计算结束————

（3）抗风柱设计

本工程抗风柱截面 H450×300×8×12，材料强度：Q345，风荷载，柱高度 11m，抗风柱间距 6m，柱上下段均为铰接。柱顶荷载设计值可由软件中读取，取恒载压力为 47kN，活载压力为 32kN。

地面粗糙度 B 类，基本风压：0.5kN/m^2，高度变化系数 μ_z=1.0，迎风面体形系数 μ_s=0.8。

抗风柱的计算参数按照图 5-18 输入。

————————————————————————————

抗风柱设计

————————————————————————————

————— 设计信息 —————

钢材钢号：Q345 钢
柱距（m）：6.000
柱高（m）：11.000
柱截面：H450×300×8×12

H×B×Tw×Tf=450×300×8×12

铰接信息：两端铰接
柱平面内计算长度系数：1.000
柱平面外计算长度（m）：7.200
强度计算净截面系数：　1.000
设计规范：《门式刚架轻型房屋钢结构技术规范》GB 51022—2015

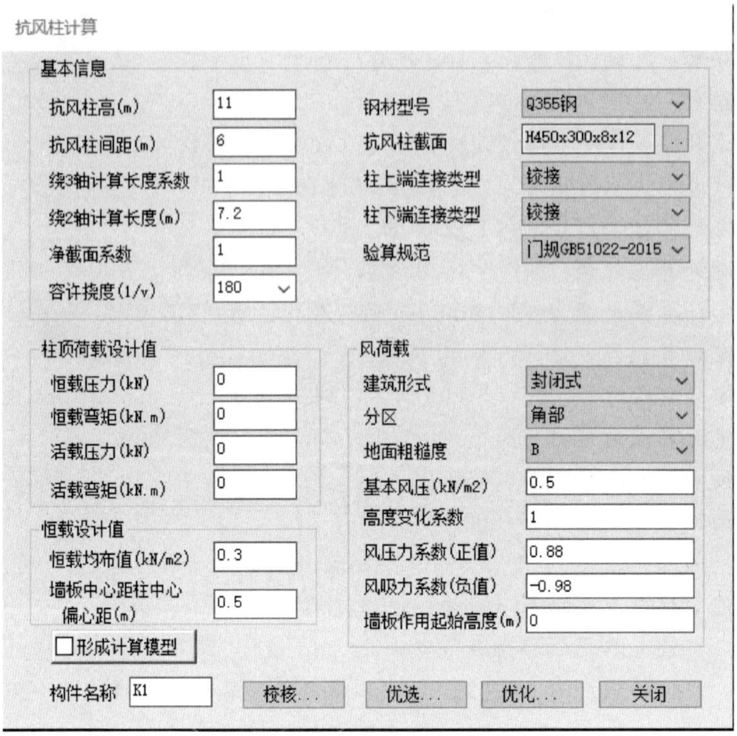

抗风柱计算

基本信息			
抗风柱高(m)	11	钢材型号	Q355钢
抗风柱间距(m)	6	抗风柱截面	H450x300x8x12
绕3轴计算长度系数	1	柱上端连接类型	铰接
绕2轴计算长度(m)	7.2	柱下端连接类型	铰接
净截面系数	1	验算规范	门规GB51022-2015
容许挠度(1/v)	180		

柱顶荷载设计值		风荷载	
恒载压力(kN)	0	建筑形式	封闭式
恒载弯矩(kN.m)	0	分区	角部
活载压力(kN)	0	地面粗糙度	B
活载弯矩(kN.m)	0	基本风压(kN/m2)	0.5
恒载设计值		高度变化系数	1
恒载均布值(kN/m2)	0.3	风压力系数(正值)	0.88
墙板中心距柱中心偏心距(m)	0.5	风吸力系数(负值)	-0.98
		墙板作用起始高度(m)	0

☐形成计算模型

构件名称 K1　校核...　优选...　优化...　关闭

图 5-18　抗风柱计算参数设置

容许挠度限值 [υ]：1/180=61.111（mm）

风载信息：

基本风压 W0（kN/m^2）：0.500

迎风面体型系数 μs1：0.880

背风面体型系数 μs2：−0.980

风压高度变化系数 μz：1.000

柱顶恒载（kN）：0.000

柱顶活载（kN）：0.000

墙板自重（kN/m^2）：0.300

墙板中心偏柱形心距（m）：0.500

风载、墙板荷载作用起始高度 y0（m）：0.000

—————— 设计依据 ——————

(1)《建筑结构荷载规范》GB 50009—2012

(2)《门式刚架轻型房屋钢结构技术规范》GB 51022—2015

—————— 抗风柱设计 ——————

(1) 截面特性计算

A=1.0608e+04；Xc=0.0000e+00；Yc=0.0000e+00；

Ix=3.9694e+08；Iy=5.4018e+07；

ix=1.9344e+02；iy=7.1360e+01；

W1x=1.7642e+06；W2x=1.7642e+06；

W1y=3.6012e+05；W2y=3.6012e+05；

(2) 风载计算

抗风柱上迎风面均布风载标准值 (kN/m)：2.640

抗风柱上背风面均布风载标准值 (kN/m)：−2.940

(3) 抗风柱强度验算结果

控制组合：1.30×1.00 恒载+1.50×1.00 风吸

设计内力：弯矩 (kN·m)：0.000　　轴力 (kN)：37.417

抗风柱强度计算最大应力 (N/mm^2)：3.883<=f=305.000

抗风柱强度验算满足

(4) 抗风柱平面内稳定验算结果

控制组合：1.30×1.00 恒载+1.50×1.00 风吸

平面内计算长度 (m)：11.000

抗风柱平面内长细比 λx：57

轴心受压稳定系数 φx：0.751

抗风柱平面内稳定计算最大应力 (N/mm^2)：0.000<=f=305.000

抗风柱平面内稳定应力验算满足

抗风柱平面内长细比 λx：57<= [λ] =220

(5) 抗风柱平面外稳定验算结果

控制组合：1.30×1.00 恒载+1.50×1.00 风吸

平面外计算长度 (m)：7.200

抗风柱平面外长细比 λy：101

轴心受压稳定系数 φy：0.416

受弯整体稳定系数 φb：0.536

抗风柱平面外稳定计算最大应力 (N/mm^2)：0.000<=f=305.000

抗风柱平面外稳定应力验算满足

抗风柱平面外长细比 λy：101<= [λ] =220

(6) 局部稳定验算

控制组合：1.30×1.00 恒载+1.50×1.00 风吸

腹板计算高厚比：H0/Tw=53.250<=容许高厚比 [H0/Tw] =250.0

翼缘宽厚比：B/T=12.167<=容许宽厚比 [B/T] =12.2

(7) 挠度验算

最大挠度：　0.000 (mm) <=容许挠度：61.1

抗风柱挠度验算满足。

****** 抗风柱验算满足 ******

5.5　节点与围护结构设计

在结构模型计算并满足规范要求的基础上，进行其构件与节点设计。以节点设计为例顺序如下：

（1）构造参数设计，如图 5-19 所示，分别对基本参数、框架节点、厂房刚架节点、柱脚进行计算方法，连接件、连接方式等进行设定。

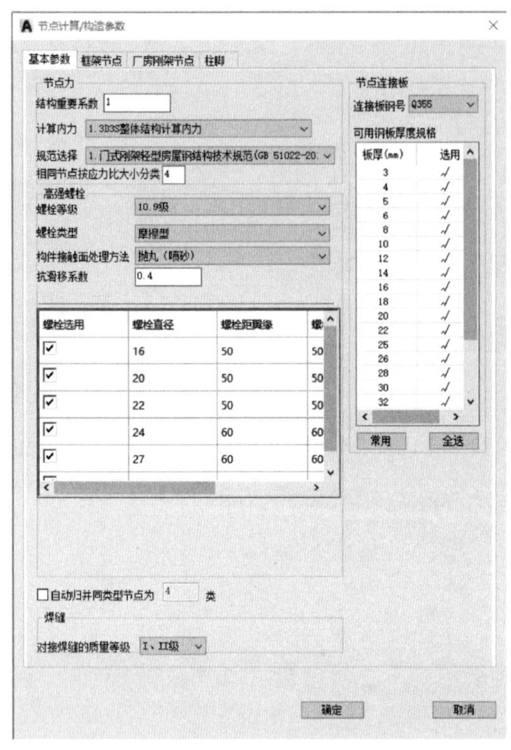

图 5-19　基本参数设置

高强度螺栓连接螺栓直径的选择：

在程序中，高强度螺栓是按增加排数—增大螺栓直径—增加列数来满足强度要求确定的。设计结果可能出现采用的螺栓直径小，排列密集的情况，与工程师的习惯不同。而且对于整个钢结构体系，不同的节点设计，软件可能自动选择不同直径的螺栓，出现好几种螺栓直径，下料施工不方便。建议设计人员在遇见这种情况时，在节点设计参数对话框中，指定一个螺栓直径，那么程序会根据指定的直径进行所有的连接设计。当然，在部分节点，指定直径会设计失败，这是由连接板件的板厚、板宽决定的。这时可以改变螺栓直径或直接将直径设为缺省，再一次进行节点设计。指定螺栓直径/缺省直径两种选择合理使用，将会减少工程中应用的螺栓种类，有合理的螺栓排列，得到满意的设计结果，减少工作量。同理连接件、加劲肋的厚度也不宜过多，宜根据被连接构件匹配几种即可。

（2）连接形式的选择，如图 5-20 所示。可以根据项目特点进行连接形式的选择。

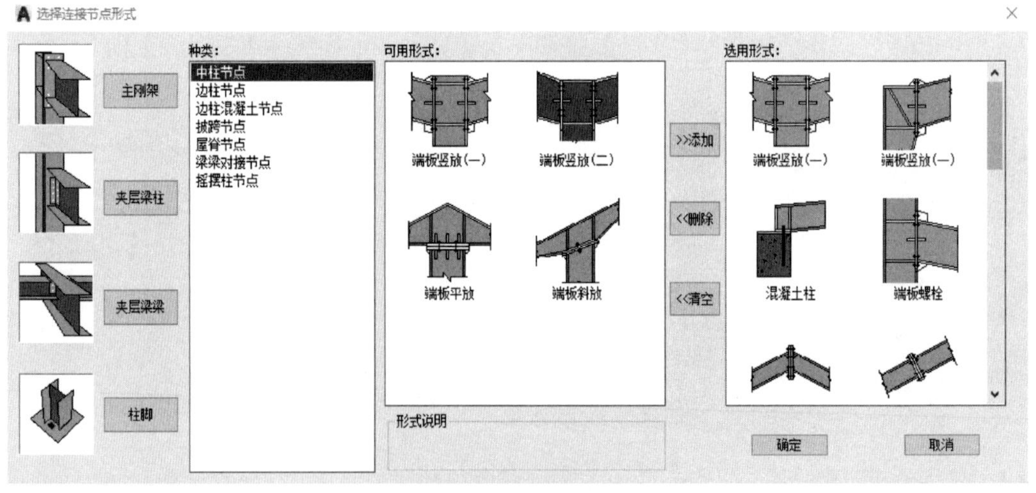

图 5-20　连接节点形式选择

（3）节点设计

节点设计可以进行自动设计，也可以选择构件逐个分别设计，如图 5-21 所示。无论选择哪种设计方法，要注重节点的归并，以加强制作、安装的便捷性。即使软件自动归并后，设计工程师也应该再检查一遍。

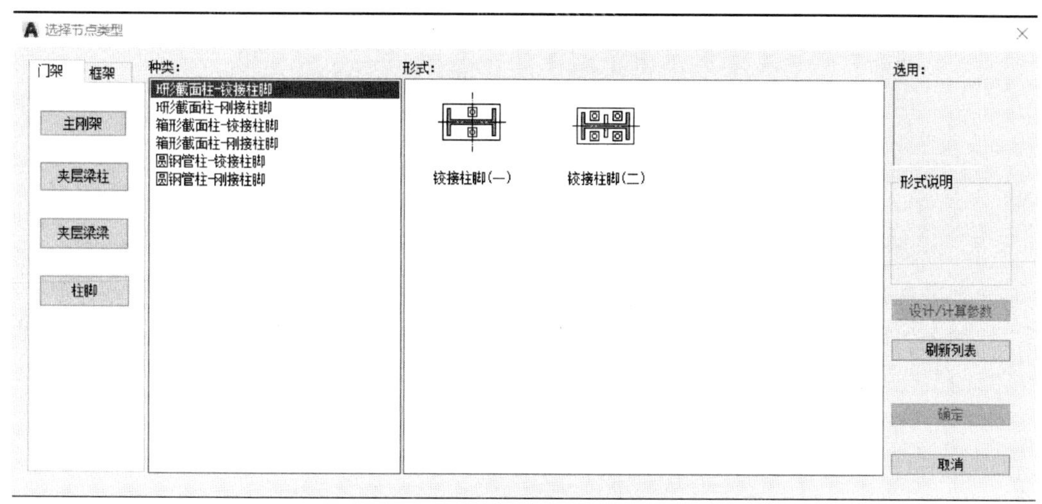

图 5-21　柱脚设计形式选择

（4）结果查询

节点设计完毕后，应对设计结果进行计算结果查询，检查是否有验算不满足或者构造不满足的节点，如设计人员想进行人工校核，也可从中读取相关设计信息。

1. 柱脚验算

本工程以某柱脚为例，图 5-22 计算如下：

电算得，柱底设计弯矩为 $M=98.9\text{kN}\cdot\text{m}$，柱底设计轴力为 $N=107\text{kN}$，柱底设计剪力为 $V=31.3\text{kN}$。柱脚底板尺寸为 $b\times l=440\text{mm}\times720\text{mm}$，基础混凝土强度等级为 C30，锚栓、柱脚底板材质均为 Q345B。

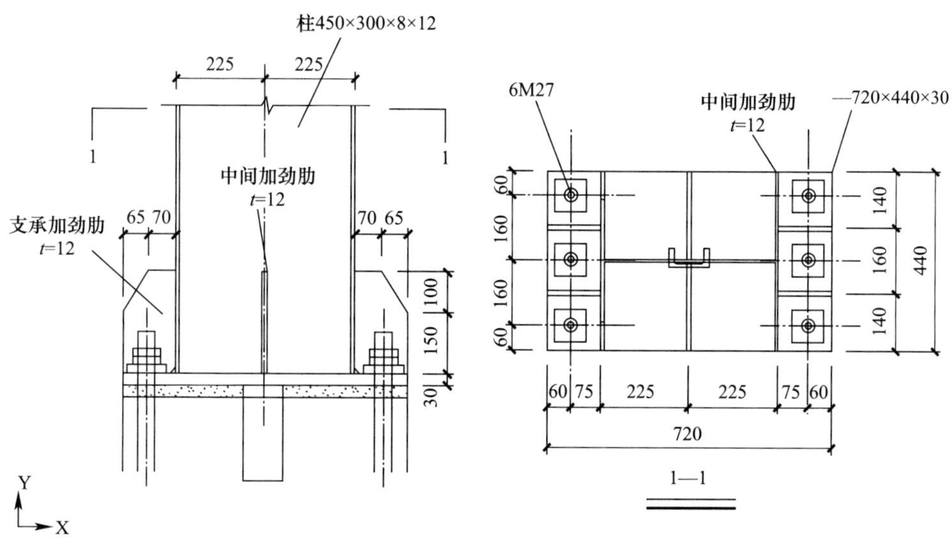

图 5-22　柱脚详图

（1）柱脚底板面积验算

柱脚底板范围内基础混凝土所受最大正应力为

$$\sigma_{max}=\frac{N}{Bl}+\frac{6M}{Bl^2}=\frac{107}{0.44\times0.72}\times10^{-3}+\frac{6\times98.9}{0.44\times0.72^2}\times10^{-3}=0.34+2.60=2.94\text{MPa}$$

$$\sigma_{min}=\frac{N}{Bl}-\frac{6M}{Bl^2}=\frac{107}{0.44\times0.72}\times10^{-3}-\frac{6\times98.9}{0.44\times0.72^2}\times10^{-3}=0.34-2.60=-2.26\text{MPa}$$

基础混凝土强度等级为 C30，抗压强度设计值 f_c=14.3MPa

$\sigma_{max}<f_c$，所以柱脚底板面积满足要求。

（2）柱脚底板厚度验算

取底板最大正应力作为作用于底板单位面积的均匀压应力进行计算。

柱脚底板可分为三边支承区格和两相邻边支承区格，三边支承区格内单位宽度上的最大弯矩为

$$M=\beta_2\sigma_c a_2^2=0.100\times2.94\times160^2=7526.4\text{N}\cdot\text{mm}$$

式中 β_2——取值见《钢结构设计手册》（第四版）中表 13.8-3；

a_2——三边支承板的自由边长度。

两相邻边支承区格内单位宽度上的最大弯矩为

$$M=\beta_2\sigma_c a_2^2=0.060\times2.94\times194.8^2=6693.8\text{N}\cdot\text{mm}$$

式中 β_2——取值见《钢结构设计手册》（第四版）中表 13.8-3；

a_2——两相邻边支承板的对角线长度。

所以，所需柱脚底板厚度为

$$t=\sqrt{\frac{6M_{max}}{f}}=\sqrt{\frac{6\times7526.4}{305}}=12.2\text{mm}$$

实取板厚度为 t=30mm，所以柱脚底板厚度满足要求。

（3）支承加劲肋处验算

1）柱脚底板范围内基础混凝土所受应力计算：

$$\sigma_{max}=0.34+2.60=2.94\text{MPa}$$

$$\sigma_{min}=0.34-2.60=-2.26\text{MPa}$$

$$e=\frac{2.94\times720}{2.26+2.94}=407\text{mm}$$

柱脚底板边长 l=720mm，d=660mm

支承加劲肋和边肋处底板的应力为

$$\sigma_c=\frac{2.94\times(407-135)}{407}=196\text{N/mm}^2$$

2）支承加劲肋验算

支承加劲肋截面承受地板区域内的基础反力

$$V_s=\frac{(2.94+1.96)}{2}\times220\times135=72.77\times10^3\text{N}$$

$$M_s=\frac{2\times0.98+3\times1.96}{6}\times220\times135^2=5.24\times10^6\text{N}\cdot\text{mm}^2$$

支承加劲肋采用$-135\times250\times12$（仅考虑支承加劲肋自身截面，不考虑底板作用）

$$\sigma_s=\frac{6\times5.24\times10^6}{12\times250^2}=41.92\text{N/mm}^2<305\text{N/mm}^2$$

$$\tau_s=\frac{1.5\times72.77\times10^3}{12\times250}=36.38\text{N/mm}^2<175\text{N/mm}^2$$

3）支承加劲肋与柱翼缘连接焊缝计算

连接焊缝采用两侧角焊缝 $h_f=10\text{mm}$

$$l_w=250-2\times10=230\text{mm}$$

$$\sigma_f=\frac{6\times5.24\times10^6}{0.7\times10\times230^2}=84.9\text{N/mm}^2<200\text{N/mm}^2$$

$$\tau_f=\frac{72.77\times10^3}{0.7\times10\times230}=22.59\text{N/mm}^2<200\text{N/mm}^2$$

$$\sqrt{\left(\frac{84.9}{1.22}\right)^2+22.59^2}=73.16\text{N/mm}^2<200\text{N/mm}^2$$

4）支承加劲肋与底板的连接焊缝计算：

$$l_w=135-2\times10=115\text{mm}$$

$$\tau_f=\frac{76.48\times10^3}{0.7\times2\times10\times115}=90.39\text{N/mm}^2<200\text{N/mm}^2$$

支承加劲肋及其焊缝满足要求。

（4）柱脚锚栓验算

图 5-23 中，

$a=l/2-e/3=720/2-407/3=224\text{mm}$,

$x=d-e/3=660-407/3=524\text{mm}$

由压力 N 和弯矩 M 产生的拉力为

$$N_t=\frac{M-Na}{x}$$

$$=\frac{98.9\times10^6-107\times10^3\times224}{524}$$

$$=143\times10^3\text{N}$$

此力由锚栓承担，所以所需锚栓面积为

$$A_n=\frac{N_t}{f_t^a}=\frac{143\times10^3}{180}=794\text{mm}^2$$

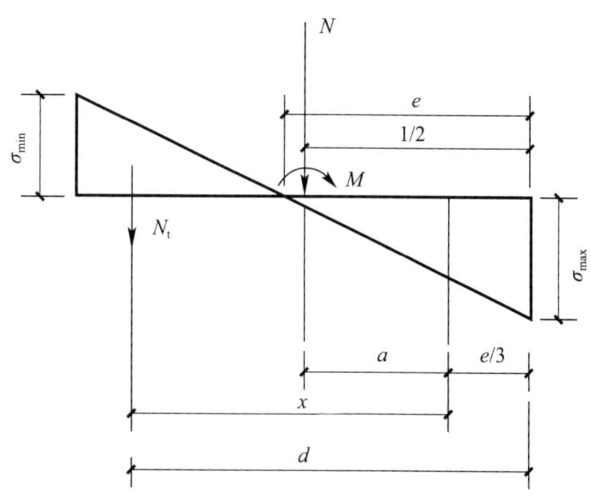

图 5-23　柱脚验算示意图

实际用拉锚栓 3M27，面积为 1717mm^2，所以锚栓满足要求。

（5）柱底抗剪验算

柱脚底板与混凝土基础之间摩擦系数为 $\mu=0.40$，故两者间摩擦力为：

$$F=\mu N=0.40\times107=42.8\text{kN}>V=331.3\text{kN}$$

故柱底抗剪满足要求。

2. 围护结构节点的设计

通过“围护结构连接节点几何参数”选项卡，根据工程结构的实际情况，设置屋檩支托、纵墙凸出式檩托等六种节点形式，其设置界面如图 5-24 所示。

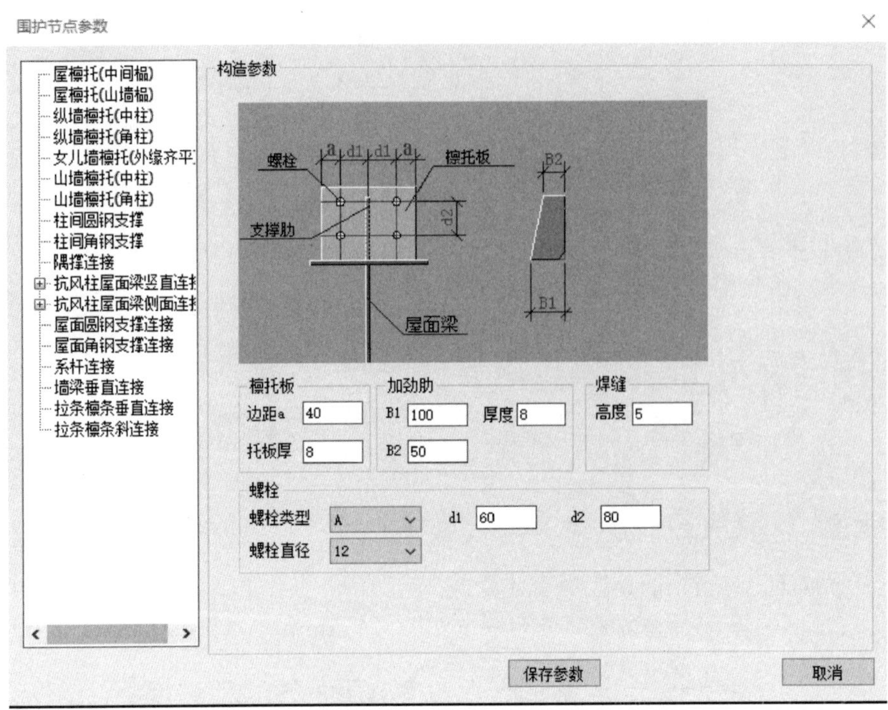

图 5-24　屋檩支托设置

另有隅撑、柱间支撑、屋面支撑、墙梁等，均需按照工程实际情况进行参数设置，其设置界面如图 5-25、图 5-26 所示。

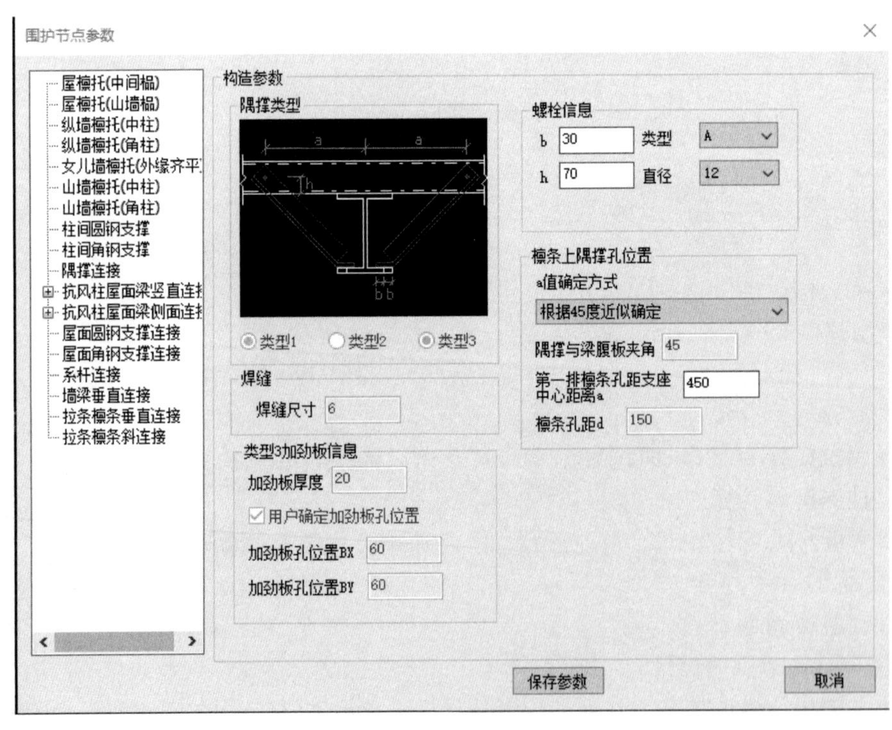

图 5-25　隅撑设置

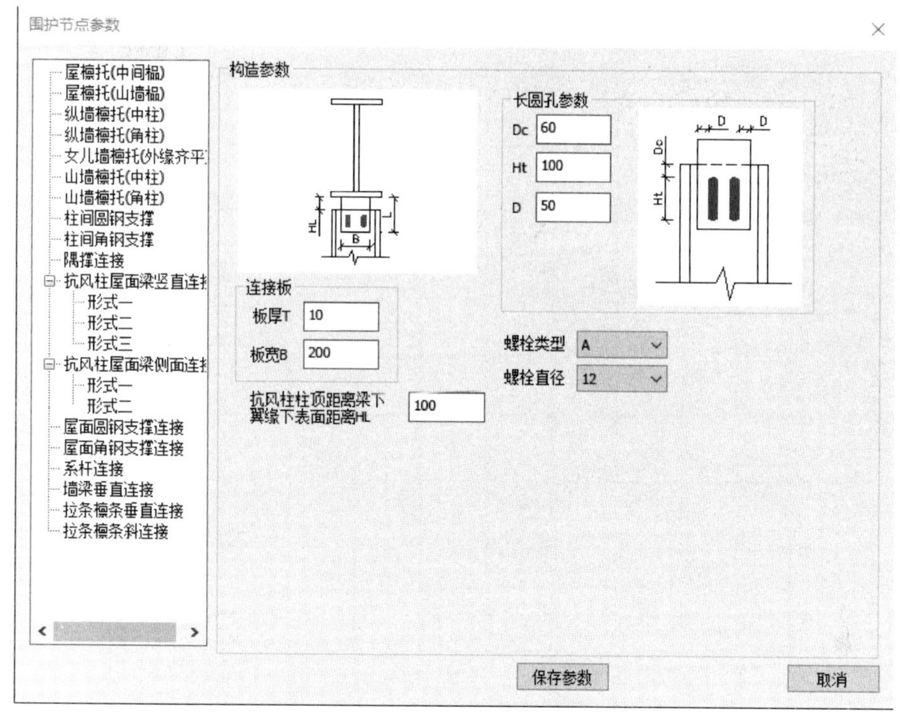

图 5-26　抗风柱节点设置

5.6　施工图绘制

门式刚架施工图一般包括结构设计总说明、锚栓布置图、刚架布置图（含支撑布置图）、檩条布置图、墙梁布置图、节点详图和材料表等。

定位轴线的编号按制图规范规定的轴线圈，尺寸标注在图样的下方与左侧，横向用阿拉伯数字自左向右编号，竖向用拉丁字母自下向上编写。然后用另一比例画出钢柱锚栓和山墙柱锚栓与各轴线的定位尺寸和数量，最后列出构件表，如图 5-27 所示。

本项目檩条采用 C 形薄壁钢，檩端与檩托采用两个螺栓连接，对檩条抗扭非常重要，檩距为 1.5m，按檩条的不同长度和不同连接编制不同编号。首先从中间标准长度的檩条编号，然后编带悬挑长度檩条编号。自下而上地顺序编号，再编制刚性檩条和屋脊檩条，最后编制直拉条和斜拉条以及撑杆的编号。圈出不同类型的安装节点，列出构件表，统计出各种构件的数量，如图 5-28 所示。

墙梁布置图应根据设计图提供的布置图，按不同长度不同构造对墙梁进行编号，自下而上编号，先编纵向墙梁，后编山墙墙梁的编号，先编直拉条，后编斜拉条，最后给门柱和门梁编号，列出构件表，统计好各种构件的数量，如图 5-29 所示。屋面支撑布置图如图 5-30 所示。

节点详图的深度要满足施工详图深化的要求，故需放大样确定具体尺寸，如刚架柱顶附近连接的构件较多，必须保证构件间不相碰，并留有操作空间，刚架 GJ1 的端部要求表示清楚与山墙柱、屋面支撑、柱间支撑及墙梁等的连接位置，相关尺寸必须放大样确定，材料表要详细，如图 5-31、图 5-32 所示。

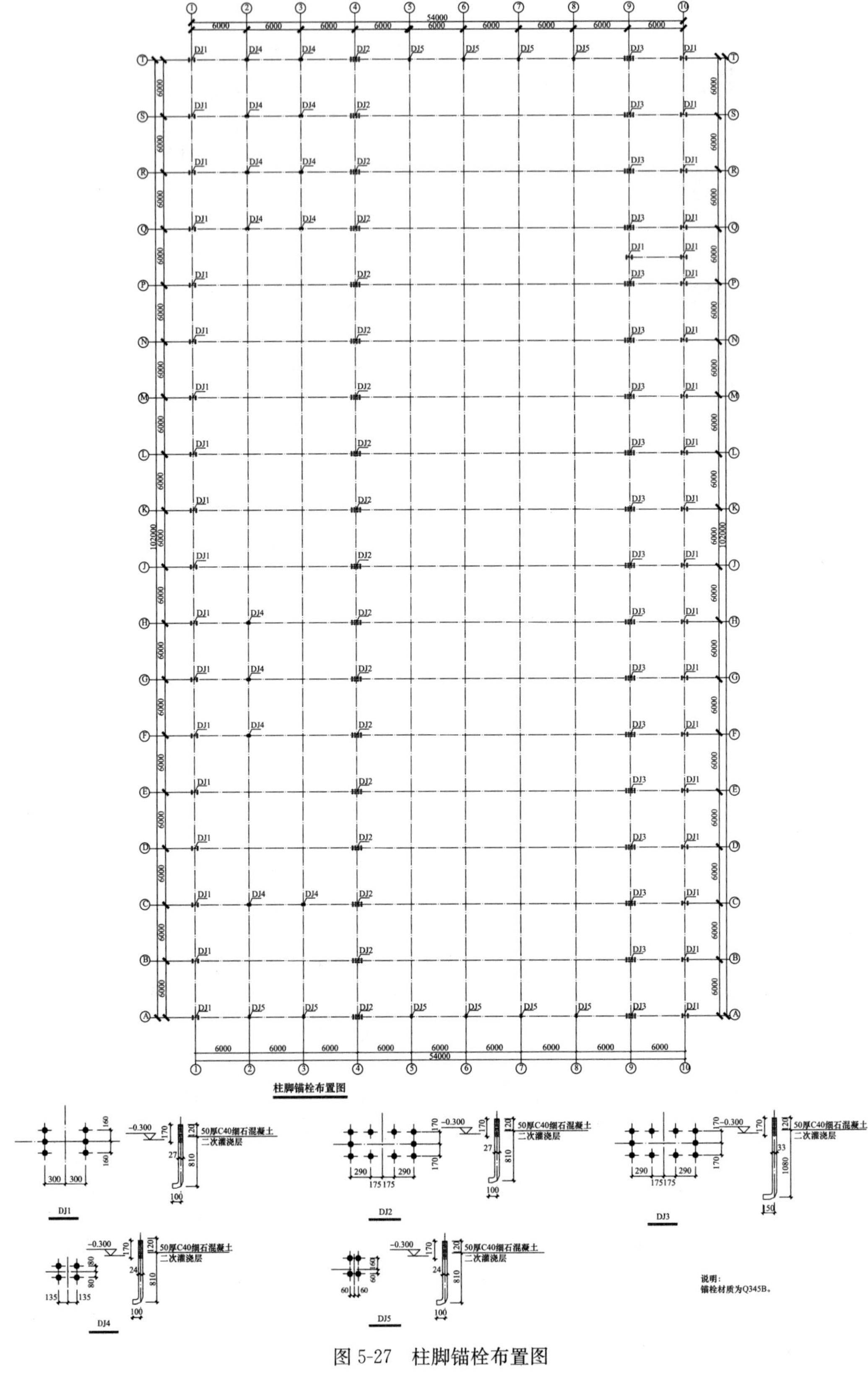

图 5-27　柱脚锚栓布置图

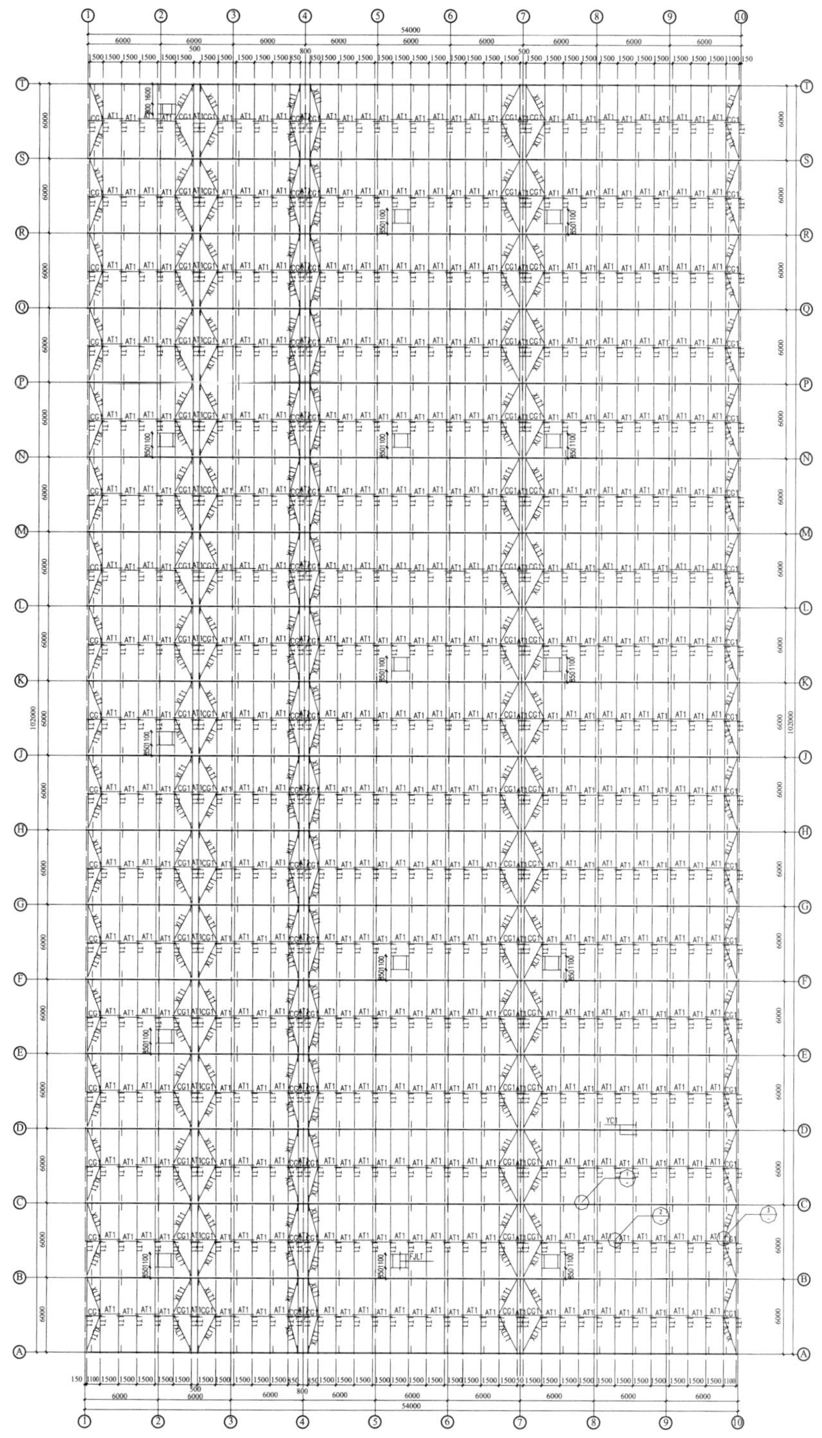

构件统计表

构件名称	构件编号	构件型号	备注
屋面檩条	LT1	C220×75×20×3.0	卷边槽形冷弯型钢
拉条	AT1	ϕ12(M12)	圆钢
	XLT1	ϕ12(M12)	圆钢
撑杆	CG1	ϕ12(M12)+ϕ32×2.5	圆钢外套钢管
隅撑	YC1	L50×4.0	等边角钢
附加檩条	FJLT	C220×75×20×2.5	卷边槽形冷弯型钢

图 5-28　屋面檩条布置图

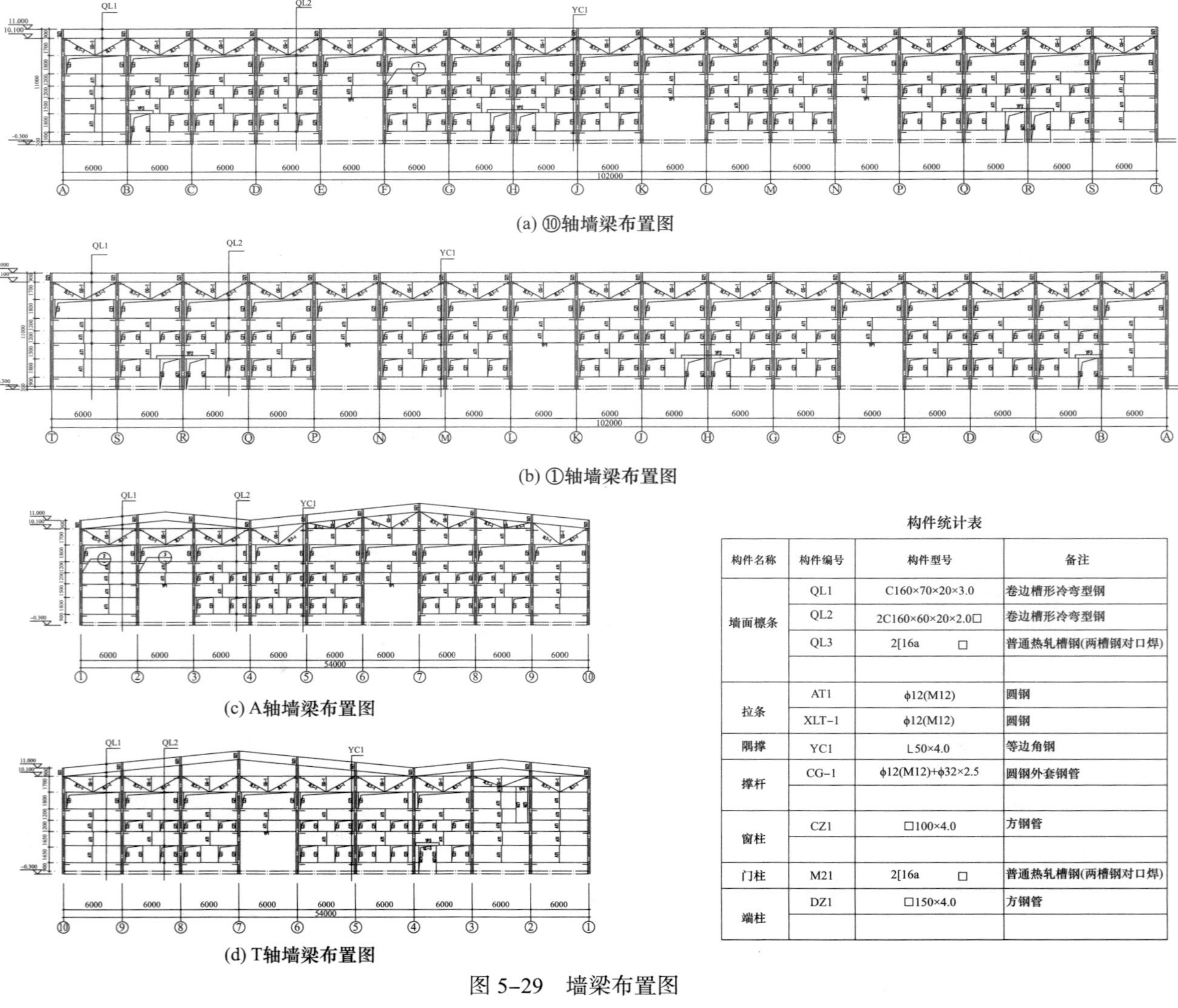

构件统计表

构件名称	构件编号	构件型号	备注
墙面檩条	QL1	C160×70×20×3.0	卷边槽形冷弯型钢
	QL2	2C160×60×20×2.0□	卷边槽形冷弯型钢
	QL3	2[16a □	普通热轧槽钢(两槽钢对口焊)
拉条	AT1	φ12(M12)	圆钢
	XLT-1	φ12(M12)	圆钢
隅撑	YC1	L50×4.0	等边角钢
撑杆	CG-1	φ12(M12)+φ32×2.5	圆钢外套钢管
窗柱	CZ1	□100×4.0	方钢管
门柱	M21	2[16a □	普通热轧槽钢(两槽钢对口焊)
端柱	DZ1	□150×4.0	方钢管

图 5-29　墙梁布置图

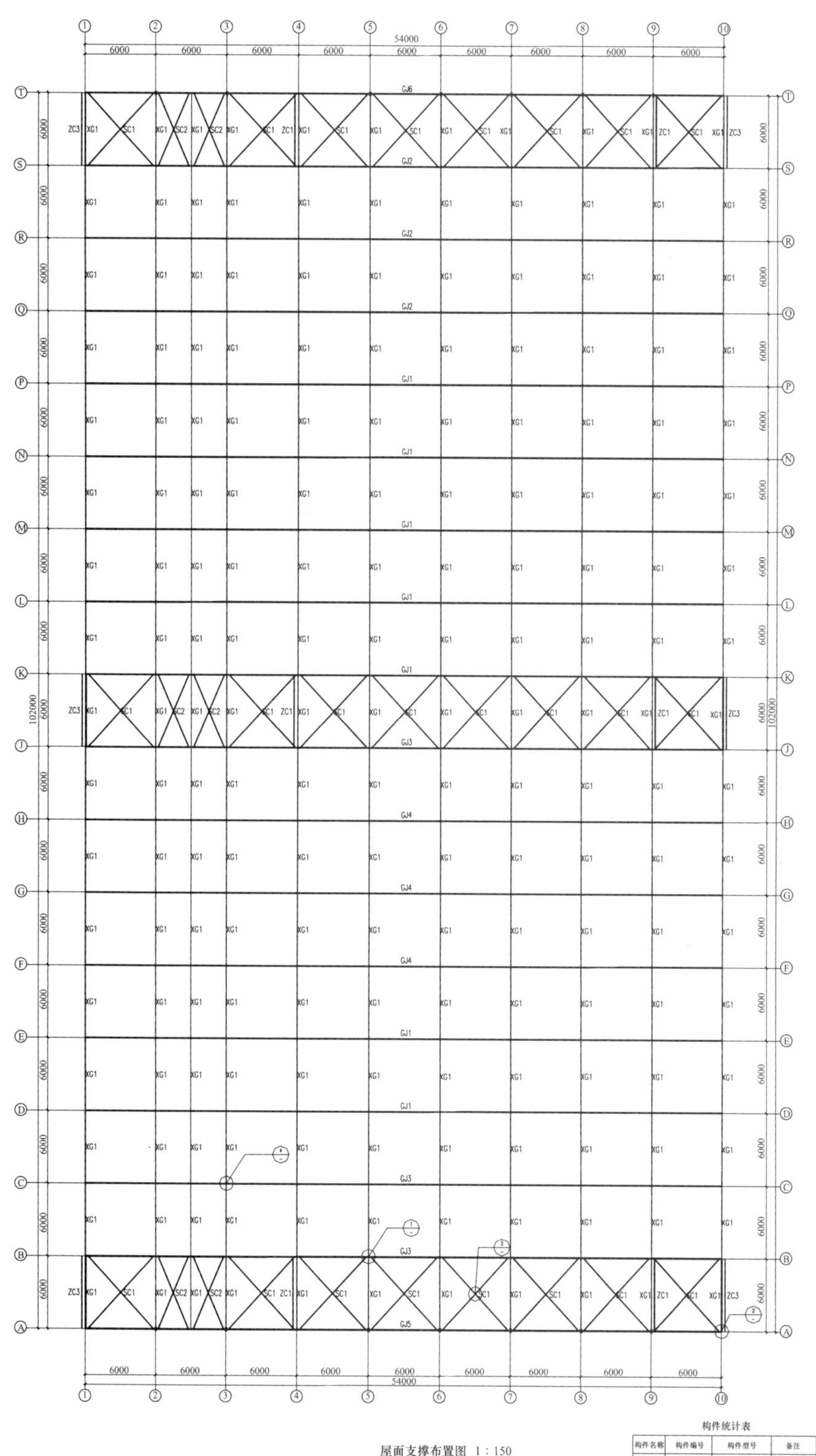

构件统计表

构件名称	构件编号	构件型号	备注
屋面支撑	SC1, SC2	L125×8	圆钢
系杆	XG1	ϕ120×4	圆钢管

图 5-30　屋面支撑布置图

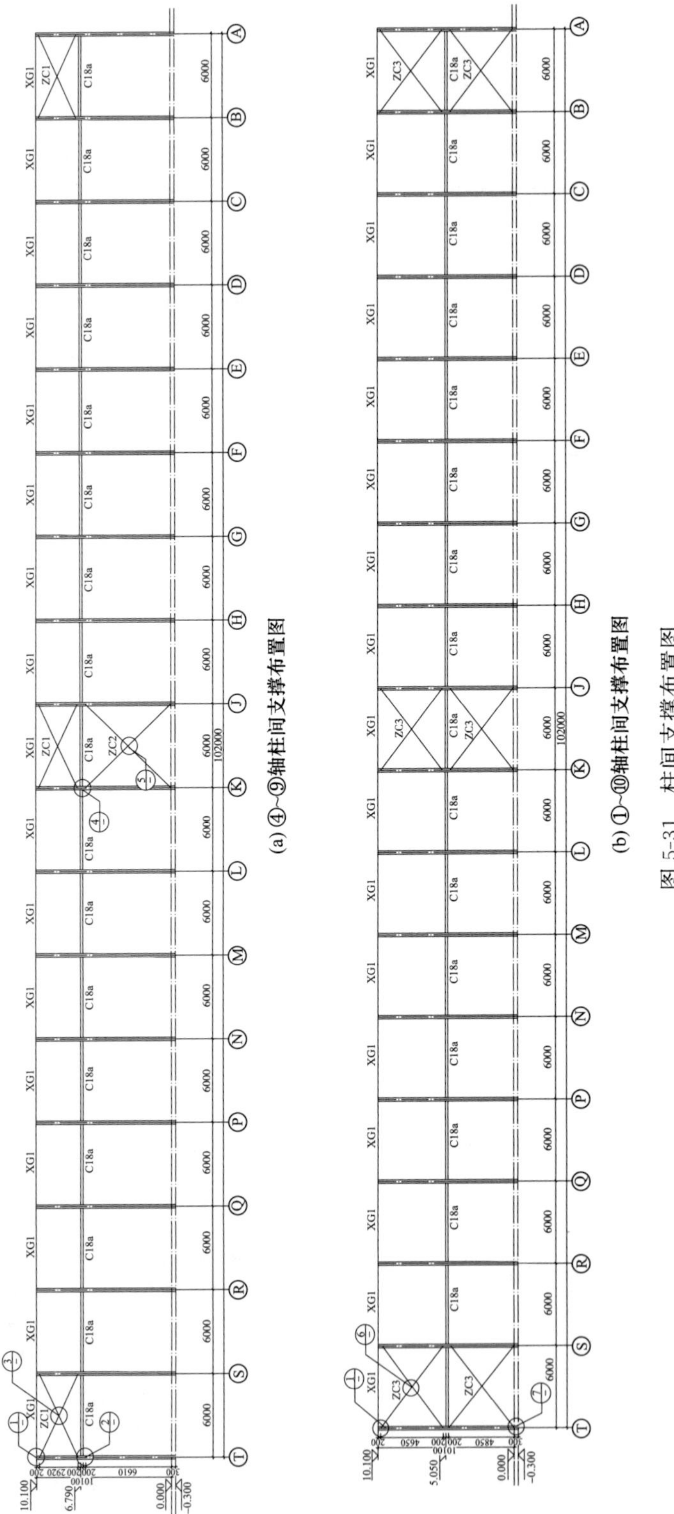

(a) ④~⑨轴柱间支撑布置图

(b) ①~⑩轴柱间支撑布置图

图 5-31 柱间支撑布置图

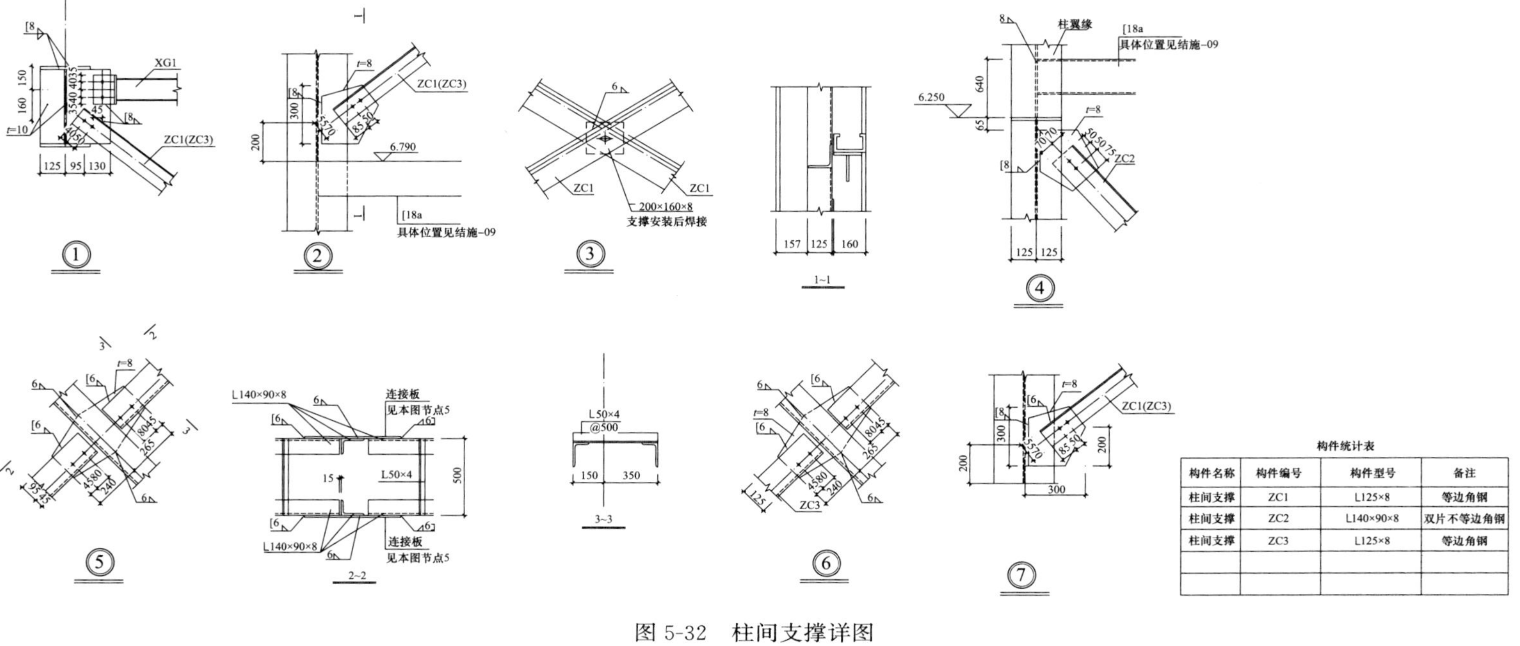

构件统计表

构件名称	构件编号	构件型号	备注
柱间支撑	ZC1	L125×8	等边角钢
柱间支撑	ZC2	L140×90×8	双片不等边角钢
柱间支撑	ZC3	L125×8	等边角钢

图 5-32　柱间支撑详图

第 6 章　多高层钢结构

6.1　某多层钢结构办公楼

根据我国的建筑设计防火规范，建筑高度大于 27m 的住宅建筑和高度大于 24m 其他类型民用建筑为高层建筑。根据《高层民用建筑钢结构技术规程》JGJ 99—2015，高层建筑是用于 10 层及 10 层以上或房屋高度大于 28m 的住宅建筑以及房屋高度大于 24m 的其他高层民用建筑钢结构，因而对钢结构工程来说，除了高层建筑外，都可以归为多层钢结构。

多层钢结构设计从设计流程上跟高层钢结构设计区别不大，仅仅是多层钢结构更多地只考虑竖向传力，而对于高层钢结构，因水平荷载（作用）成为主导荷载导致水平抗侧移刚度会成为重点考虑的对象。我国的图集《多、高层民用建筑钢结构节点构造详图》16G519 把工程中应用较成熟的相关节点进行归纳，表明多、高层钢结构工程都可参考应用。

多层钢框架结构是一种常用的钢结构形式，多用于大跨度公共建筑、工业厂房和一些对建筑空间、建筑体型、建筑功能有特殊要求的建筑物和构筑物中，如剧院、商场、体育馆、火车站、展览厅、造船厂、飞机库、仓库等。

从《建筑抗震设计规范》GB 50011—2010（2016 年版）表 8.1.1 可以看出，钢框架结构房屋对各设防烈度的适用高度分别为：6 度、7 度（0.10g）为 110m，7 度（0.15g）为 90m，8 度（0.20g）为 90m，8 度（0.30g）为 70m，9 度（0.40g）为 50m。对一般多层钢结构建筑来说，选用框架结构体系一般足以满足抗侧刚度的需要；除非地震作用非常大时，为了满足抗震要求结构抗侧移刚度要求较大，如果只通过增加梁柱截面来增大抗侧移刚度是不合理的，可以考虑在某些框架柱间设置支撑，以减少框架柱截面尺寸。本节着重讲述多层钢框架方面的内容。

钢框架是由钢梁和钢柱组成的能承受竖向和水平荷载的钢结构。框架杆件截面除满足材料的强度和稳定性外，还需保证框架的整体刚度，从而满足设计的使用要求。

一般情况下，钢结构构件截面较其他材料的截面小，因此在进行钢结构的设计时，稳定问题成为主要问题之一。钢框架结构的稳定问题主要包括框架的整体稳定问题、构件的整体稳定和局部稳定问题三个方面。

（1）框架的整体稳定问题，可以通过控制结构的抗侧移刚度来得以保证；

（2）构件的整体稳定问题，可以通过控制长细比、设置平面外的支撑来得以保证；

（3）构件的局部稳定问题，则可以通过限制翼缘的宽厚比及腹板高厚比或设置加劲肋来保证。

本节以某 4 层办公楼为例，介绍其设计流程及验算重点。多层钢框架设计流程图如图 6-1 所示。

6.1.1　工程简述及相关专业配合

本工程为北京西部一座动漫产业设计研发的办公楼群，总建筑面积约 1.7 万 m^2，共 6 个独立单体，均为 4 层建筑。本章选用其中某独立办公楼进行阐述，此办公楼高 15.6m，结构较为规整，纵向设为 3 跨，每跨均为 6m，纵向长度共 18m；横向设为 3 跨，每跨同样为 6m，其中梁端端部悬挑 1.5m，故横向长度 21m。结构设计时，在同建筑师充分交流的基础上，调整结构柱网，使结构能够满足室内较大的空间要求，同时方便消防、排烟设施的设置。经与多家压型钢板生产厂家咨询，所选压型钢板组合楼板经过耐火计算在不进行防火喷涂的条件下即可满足 1.5h 的耐火极限，另为安全计，还在压型钢板顺肋方向的每个槽内配置一根防火构造钢筋。设计初期，曾经应业主要求进行过混凝土框架结构与钢框架结构的比较，考虑到钢结构抗震性能优越，可在工厂加工，缩短施工周期，最后与业主商定采用钢框架结构。

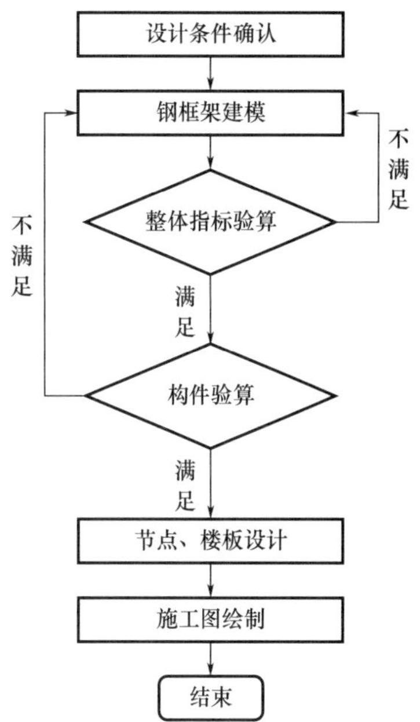

图 6-1　多层钢框架设计流程图

6.1.2　结构选型与结构布置

框架结构的楼层平面次梁的布置结合楼板的跨度需求进行，有时可以调整其荷载传递方向以满足不同的要求。通常为了减小截面，沿短向布置次梁，但是这会使主梁截面加大，减少了楼层净高，顶层边柱有时也会“吃不消”，此时把次梁支承在较短的主梁上可以“牺牲”次梁“保住”主梁和柱子。

结构方案确定以后，即可按设计资料进行整体计算以及构件及连接设计，最后绘制结构施工图，绘图时应尽量采用构件及连接构造的标准图集，如图集《多、高层民用建筑钢结构节点构造详图》16G519 等。另外，多高层钢结构隔墙应尽量采用轻质材料，如加气混凝土板，可参考图集《蒸压轻质加气混凝土板（NALC）构造详图》03SG715-1 等。

办公楼共四层，高 15.6m。结构采用钢结构框架体系，这主要考虑到框架结构在建筑平面设计中具有较大的灵活性，可以采用较大的柱距从而获得较大的使用空间，易于满足多功能的使用要求。结构刚度比较均匀，构造简单，便于施工。此办公楼高度为 15.6m，框架结构已经能够良好地保证结构安全可靠，并且很大程度上简化了设计工作，方便施工，此外，框架结构具有较好的延性，自振周期长，对地震作用不敏感，是较好的抗震结构形式。

在方案阶段用 MIDAS GEN 软件进行了建模计算，本结构标准层布置及全楼模型示意图如图 6-2 所示。因结构嵌固在 0.000 以下的混凝土结构上，方案阶段未包含 0.000 以下结构模型。

6.1.3　预估截面并建立结构模型

结构布置完成后，需要进行梁柱截面尺寸的估算，主要是梁、柱和支撑等构件的截面形状与尺寸进行预估初选。

根据荷载与支座情况，钢梁的截面高度通常在跨度的 1/50～1/20 之间选择。当翼缘

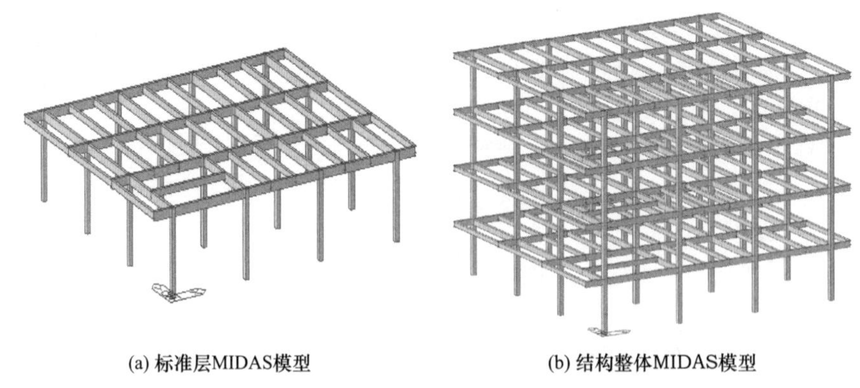

(a) 标准层MIDAS模型
(b) 结构整体MIDAS模型

图 6-2　MIDAS 模型

宽度根据梁间侧向支撑的间距按 l/b 限值确定时，可不用考虑钢梁的整体稳定的复杂计算。确定了截面高度和翼缘宽度后，其板件厚度可按规范中局部稳定的构造规定预估。

框架柱截面按长细比初算，通常依据《建筑抗震设计规范》GB 50011—2010（2016 年版）的 8.3.1 条框架柱长细比 λ 根据其不同的抗震等级有不同的限值。

> 《建筑抗震设计规范》GB 50011—2010（2016 年版）：
> 8.3.1 框架柱的长细比，一级不应大于 $60\sqrt{235/f_{ay}}$，二级不应大于 $80\sqrt{235/f_{ay}}$，三级不应大于 $100\sqrt{235/f_{ay}}$，四级时不应大于 $120\sqrt{235/f_{ay}}$。

本工程抗震设防烈度 8 度，钢结构抗震等级为三级，长细比按不大于 $100\sqrt{235/345}=82.5$ 考虑。根据轴心受压、双向受弯或单向受弯的不同，可选择钢管或 H 型钢截面等；在柱较高或对纵横向刚度有较大要求时，宜采用十字形截面或方管截面，若外观等有特殊需求，亦可采用圆管截面。

本工程由于楼层较少，故箱形截面变化不大，一～三层为 B300×16，第四层为 B300×12。在其他的高层钢结构框架结构中，柱截面尺寸一般随着高度增加而逐渐减小，其截面改变位置，通常结合一节柱的吊装长度设置。在重量满足吊装要求的情况下，通常一节柱长度不超过 12m。

设计条件：

本工程耐火等级一级，建筑结构安全等级为二级，建筑物设计工作年限 50 年。

结构类型：钢框架结构。

抗震设防烈度 8 度，相应的设计基本地震加速度值为 0.20g；建筑抗震设防类别为标准设防类（丙类）；建筑场地类别为Ⅱ类；设计地震分组：第一组，特征周期：0.35s；

结构荷载信息如下：

恒载：6.0kN/m^2

活载：3.0kN/m^2

风荷载：基本风压：0.45kN/m^2（50 年一遇）；地面粗糙度类别：C 类

雪荷载：0.40kN/m^2（50 年一遇）

下面将以 PKPM 为例，详细介绍其建模步骤。首先进入结构建模模块，其软件进入窗口如图 6-3 所示。

图 6-3 PKPM 结构建模进入界面

STS 建模的主要过程如下：

第 1 步：轴线输入

可直接在软件中输入，也可从 DWG 文件中导入，如图 6-4 所示。

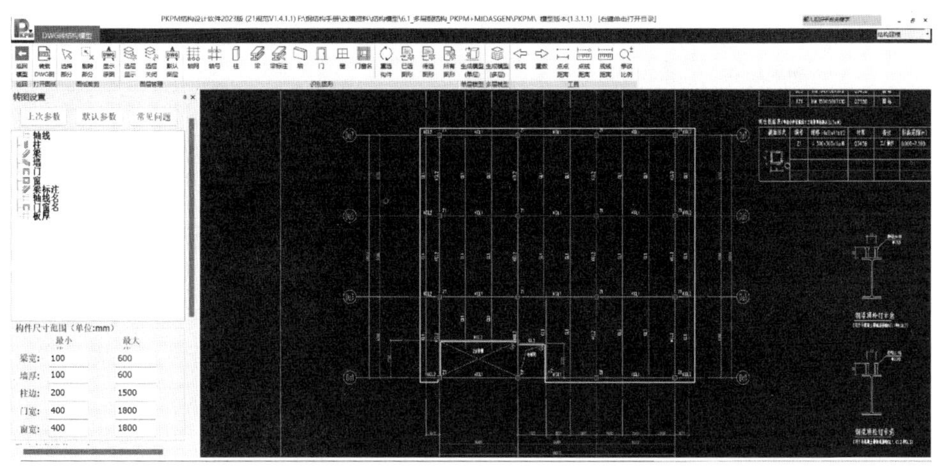

图 6-4 轴线 DWG 导入窗口

第 2 步：楼层定义

楼层定义包括构件定义、布置及标准层定义

选择一个标准层进行梁、柱截面定义及构件布置，如图 6-5 所示。在布置时，需要注意，柱只能布置在节点上，主梁只能布置在轴线上。

PKPM 有 5 种布置方式：外部导入、光标方式、轴线方式、窗口方式和围栏方式，建模时可以根据需要选择合适的方式。柱布置采用窗口方式，在所有节点位置布置柱子，布置柱子时可以根据建筑需要输入柱偏心及轴转角等。主梁布置方式与柱类似。

布置完梁柱后，可以进行截面显示，查看本标准层梁、柱构件的布置及截面尺寸、偏心是否正确；然后进行本层修改，删除不需要的梁、柱等，进行梁柱查改等；如果需要，可以修改偏心，考虑建筑外轮廓平齐、梁柱偏心等；还可以进行层编辑，几个标准层同时进行修改，可以插入标准层、删除标准层、层间复制等。相应菜单如图 6-6 所示。

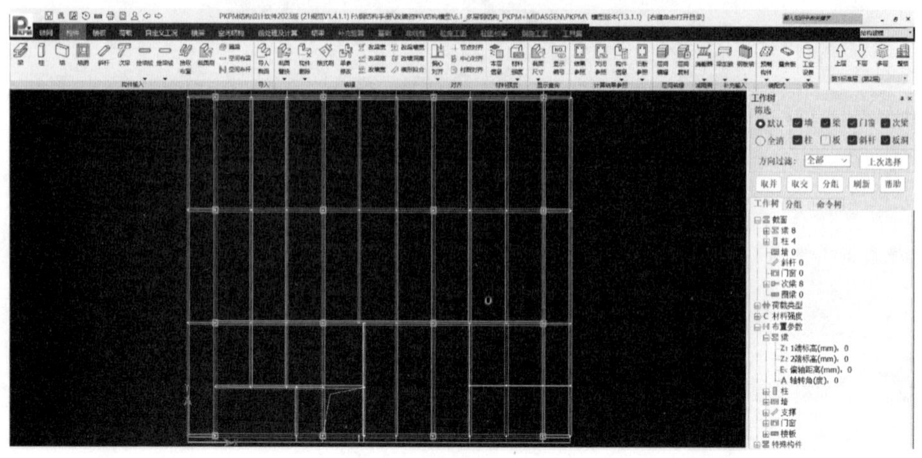

图 6-5　构件输入界面

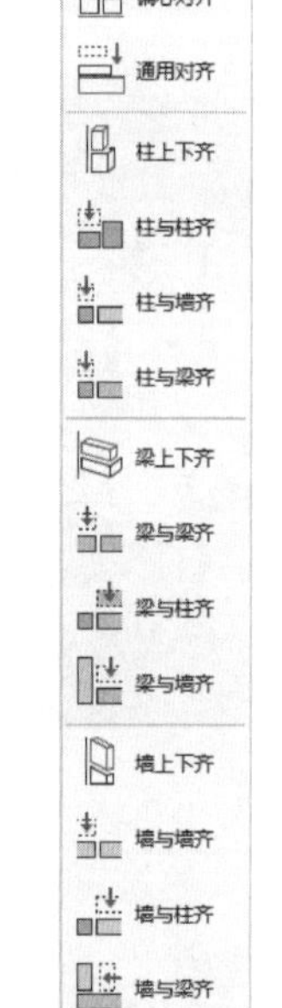

图 6-6　标准层定义菜单

布置完构件后，可以进一步布置楼板、楼梯。本模块仅考虑楼板的自重、整体刚度等，楼板的设计在施工图模块中进行。

楼板生成设置：

楼板生成主要功能有：

① 进行全房间开洞，“楼板开洞”；

② 对个别房间板厚发生变化的，按照设计实际做局部修改，“修改板厚”；

③ 对有悬挑板的梁上布置悬挑板，“设悬挑板”。

每层现浇楼板厚度已在建模中设置，这个数据是本层所有房间都采用的厚度，当某房间厚度并非此值时，则点此菜单，将这间房厚度修正。该命令主要用于结构为弹性楼板以及利用 STS 进行楼板弹塑性计算的情况。

对于楼梯间用两种方法处理，一是在其位置开一较大洞口，导荷载时其洞口范围的荷载将被扣除，需要在最初建模中输入楼梯传到周围梁墙的荷载，二是将楼梯所在房间的楼板厚度输入 0，导荷载时该房间上的荷载（楼板上的恒载、活载）仍能导至周围的梁和墙上。需要注意的是，板厚为 0 照样可以导算荷载，“全房间开洞”则不能导算荷载。此部分操作界面如图 6-7 所示。

当梁柱都输入完后，最后补充本层信息楼层定义中选“本层信息”，给出标准层板厚、材料等级、层高等，如图 6-8 所示。“楼层组装”的时候还需要重新输入层高信息，此处可不修改。

布置完一个标准层后，需要进行下一个标准层的构件布置，我们在前面设计时只输入一个标准层，需要添加一个新的标准层，如图 6-9 所示，如果两个标准层大部分相似，可以选择全部复制，如果只是轴线相似，可以选择只复制网格，以保证上下层节点对齐。

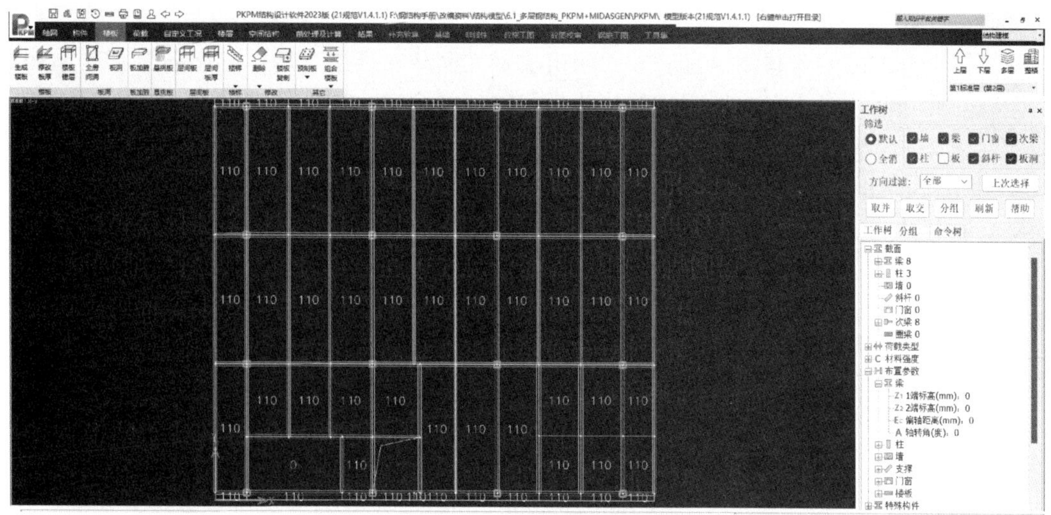

图 6-7　楼板输入模块

图 6-8　本层信息设置窗口

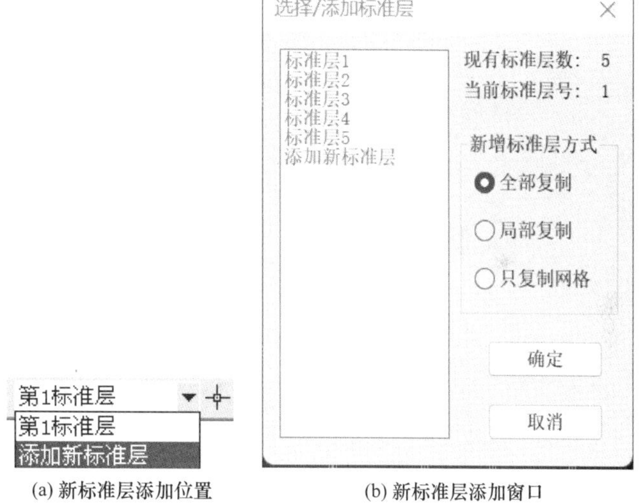

(a) 新标准层添加位置　　(b) 新标准层添加窗口

图 6-9　新标准层添加

对于本工程，地上四层，其中一～三层相同，第四层不同，只需重复定义两个标准层进行输入。

第 3 步：荷载输入

构件布置完成后，下一步需要输入墙以及设备基础荷载等，这些荷载一般作为恒荷载输入。对于不在梁上的线荷载有两种输入方式，一种是板带输入，另一种是将该线荷载变成板上的均布荷载，一般采用前一种方式输入。

在菜单“楼面荷载”中，依据各房间的不同荷载情况输入楼面恒载和楼面活载，荷载设置完毕后界面会有显示，如图 6-10 所示。

输入一个标准层楼面荷载后，如果下一个标准层荷载与其他标准层线荷载相差不大，或者仅仅有局部不同，可以选择荷载输入的“层间复制”进行荷载层间拷贝，然后再进行局部修改，如图 6-11 所示。

当每个标准层的荷载输入完后，我们需要定义荷载标准层，用以定义各层楼、屋面恒活荷载，此项必须输入；此处定义的荷载是指楼、屋面统一的恒、活荷载，个别房间荷载不同在 STS 主菜单右侧的【恒载】【活载】工具栏进行修改。

图 6-12 给出了荷载标准层定义，共定义了 4 个荷载标准层，在模型建立时根据结构的实际受载情况进行设定。

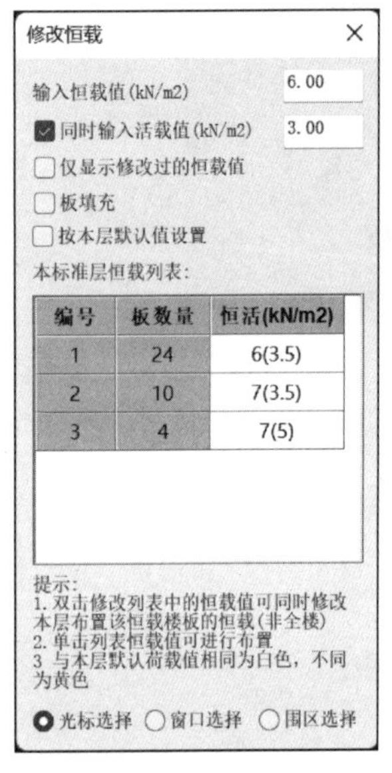

(a) 荷载设置窗口

(b) 楼面荷载布置示意图

图 6-10　荷载布置

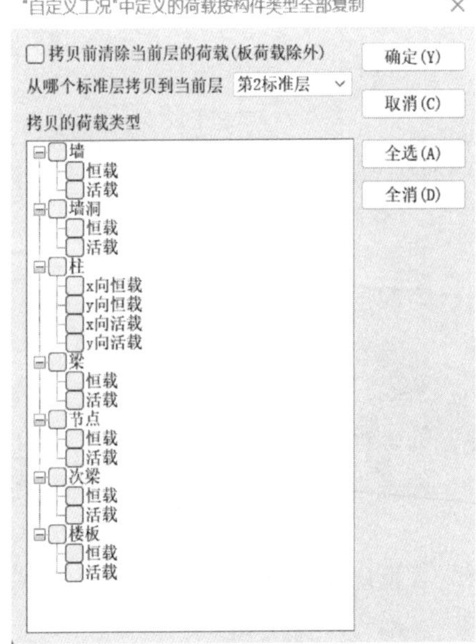

图 6-11　荷载层间拷贝

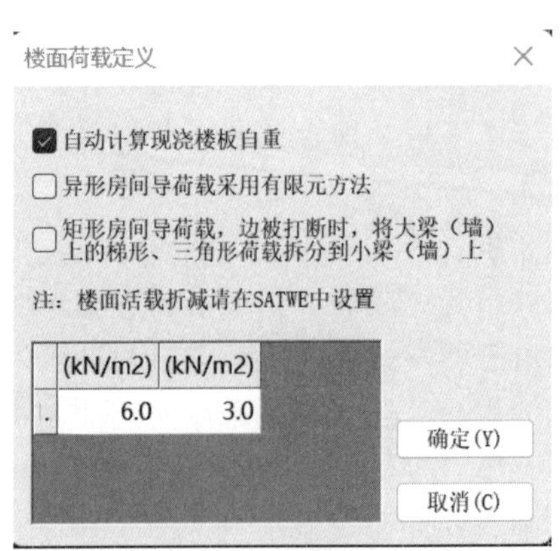

图 6-12　荷载定义

第 4 步：楼层组装

根据建筑方案，将各结构标准层和荷载标准层进行组装，形成结构整体模型。楼层的组装遵循自下而上的原则。本工程楼层组装如图 6-13 所示，定义了 5 个标准层，结构层高为 3900，可以在图 6-13 中进行修改，第五标准层为±0.000 以下的混凝土结构层。如果某一标准层和荷载标准层有多层，可以在图 6-13 左侧的“复制层数”选择相应的层数。

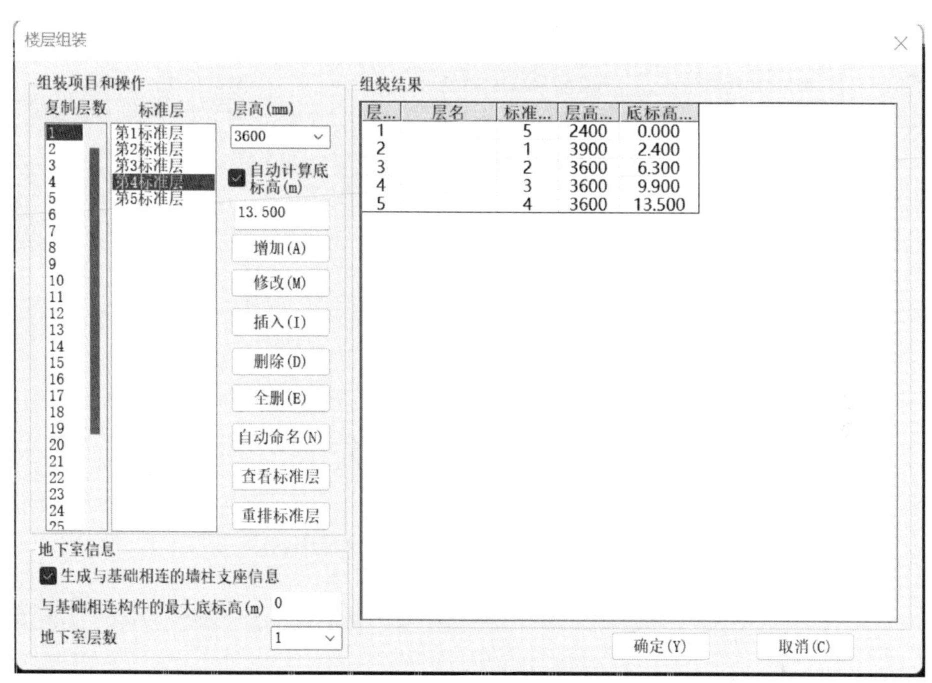

图 6-13　楼层组装

楼层组装完成后需要进行核查，一是核查结构总高等信息是否符合建筑模型，一是核查模型节点、荷载等是否正确。最后根据实际情况进行微调，如楼板开洞、荷载修改等。

第 5 步：结构分析设计

分析和设计参数补充定义：

待计算模型完全调试结束后，先点击【前处理及计算】，软件将生成 SATWE 数据，准备计算，随后自动切换至 SATWE 分析设计模块，然后点击【参数定义】，进入分析和设计参数补充定义界面，如图 6-14 所示。

在分析和设计参数补充定义界面完成总信息、设计信息、风荷载、地震信息的设置。

特殊构件补充定义：

单击【特殊构件补充定义】，进入图 6-15 所示的特殊构件补充定义界面。此界面包括特殊梁、特殊柱、特殊支撑、特殊节点等需要专项定义的内容，根据实际工程需要完成设置。

此外还有荷载补充、施工次序、多塔定义等功能根据具体工程特点进行补充修改。逐步完成以上各项后，选择【生成数据+全部计算】，进入 SATWE 分析计算。

分析和设计参数补充定义

搜参数名

总信息
多模型及包络
风荷载信息
地震信息
地震信息
隔震信息
活荷载信息
二阶效应
调整信息
刚度调整
内力调整
设计信息
基本信息
钢构件设计
材料信息
钢筋信息
混凝土
荷载组合
工况信息
组合信息
地下室信息
性能设计
高级参数
云计算

水平力与整体坐标夹角(度) -0
混凝土容重 (kN/m3) 25
钢材容重 (kN/m3) 78.5
裙房层数 0
转换层所在层号 0
嵌固端所在层号 2
地下室层数 1
墙元细分最大控制长度(m) 1
弹性板细分最大控制长度(m) 1
转换层指定为薄弱层
墙梁跨中节点作为刚性楼板从节点
考虑梁板顶面对齐
构件偏心方式 传统移动节点方式

结构材料信息 钢结构
结构体系 框架结构
恒活荷载计算信息 模拟施工加载 3
风荷载计算信息 计算水平风荷载
地震作用计算信息 计算水平地震作用
执行规范 通用规范(2021版)
结构所在地区 全国
“规定水平力”的确定方式 楼层剪力差方法(规范方法)
高位转换结构等效侧向刚度比计算 传统方法
墙倾覆力矩计算方法

墙梁转杆单元，当跨高比>= 0
框架梁转壳元，当跨高比< 0
梁墙扣除与柱重叠部分质量和重量
楼板扣除与梁板重叠部分质量和重量
自动计算现浇楼板自重
弹性板按有限元方式设计
全楼强制刚性楼板假定
不采用
采用
仅整体指标采用
整体计算考虑楼梯刚度
不考虑
考虑
以上两种模型包络设计
楼梯模型 壳单元
结构高度 A级 B级
施工次序

说明：规定水平力的确定方式
指定规定水平力的计算方法。建议选择"楼层剪力差方法（规范方法）"。"节点地震作用CQC组合方法"是程序提供的另一种方法，其结果仅供参考。具体可参考《抗规》第3.4.3-2条和《高规》第3.4.5条的规定。

参数导入 参数导出 恢复默认 确定 取消

图 6-14　分析和设计补充定义界面

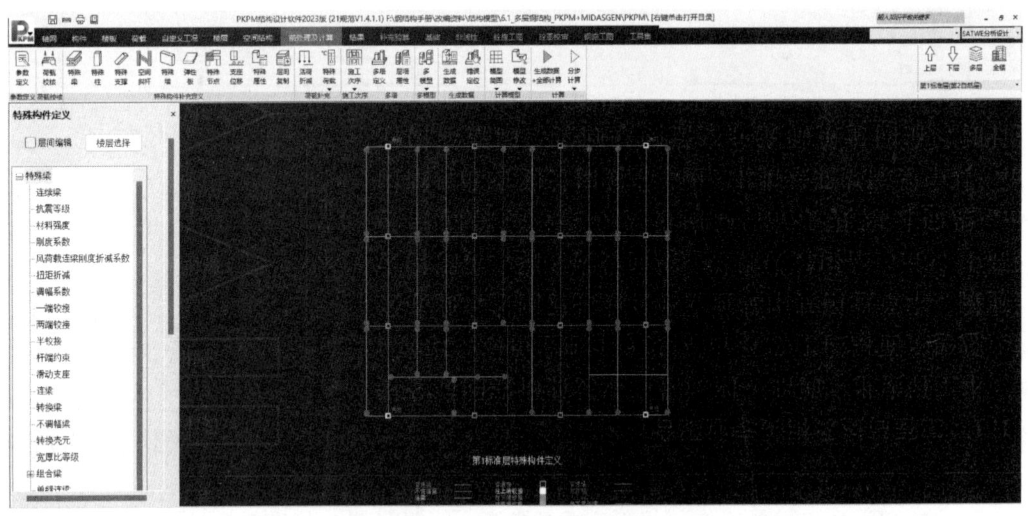

图 6-15　特殊构件补充定义

6.1.4　结构分析与工程判定

计算完毕后软件自动进入【结果】界面。在结果界面中可查看分析结果、设计结果、组合内力、文本结果等。如图 6-16 所示。

主要计算结果整理分析如下：

1. 振型分析

前 12 个振型的结构自由振动特征数据如图 6-17 所示，表明了第一、第二振型都是以平动分量为主，第三振型以扭转分量为主。平动分量与扭转分量之间的耦联现象很弱。但由于高阶振型的能量较小，所以对整个结构响应的贡献是很小的。更进一步，从提供的振动方向角可以看出，第一振型的振动主轴平行于 Y 轴，第二振型的振动主轴几乎平行于 X 轴。说明结构平面布置是比较均匀的，而且在 X 和 Y 两个方向上均有较好的对称性。

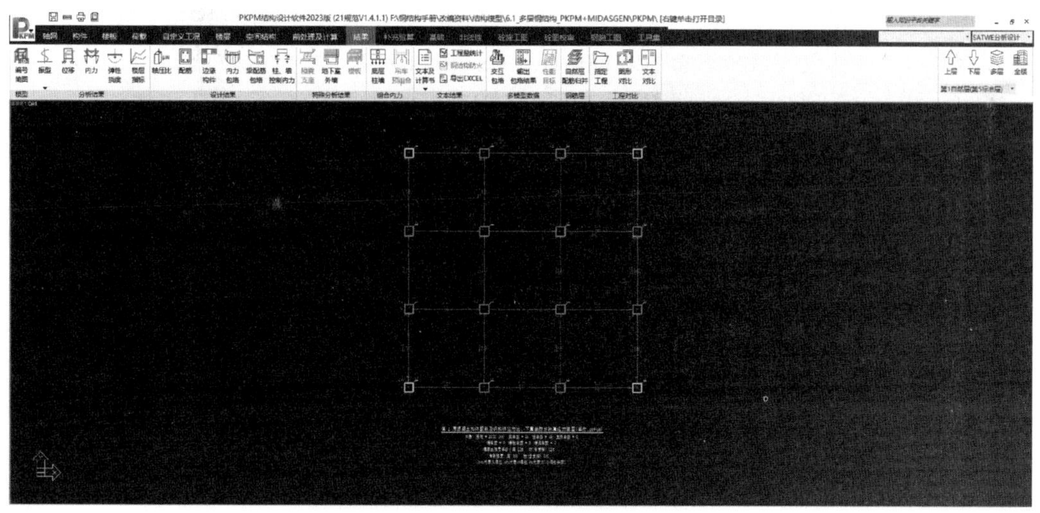

图 6-16　计算结果输出

地震作用的最不利方向角：0.00度

表1 结构周期及振型方向

振型号	周期(s)	方向角(度)	类型	扭振成分	X侧振成分	Y侧振成分	总侧振成分	阻尼比
1	1.5090	90.05	Y	0%	0%	100%	100%	3.50%
2	1.3244	0.31	X	5%	95%	0%	95%	3.50%
3	1.2763	174.85	T	95%	5%	0%	5%	3.50%
4	0.4593	90.06	Y	0%	0%	100%	100%	3.50%
5	0.4165	0.21	X	3%	97%	0%	97%	3.50%
6	0.3987	174.90	T	97%	3%	0%	3%	3.50%
7	0.2396	89.93	Y	0%	0%	100%	100%	3.50%
8	0.2265	179.86	X	2%	98%	0%	98%	3.50%
9	0.2153	3.73	T	98%	2%	0%	2%	3.50%
10	0.1565	88.25	Y	0%	0%	100%	100%	3.50%
11	0.1541	177.81	X	1%	98%	0%	99%	3.50%
12	0.1449	25.09	T	98%	2%	0%	2%	3.50%

有蓝色底色标识位置双击可以查看图形(本书为灰色底色)

根据《高规》3.4.5条，结构扭转为主的第一自振周期 Tt与平动为主的第一自振周期 T1之比，A 级高度高层建筑不应大于0.9，B 级高度高层建筑、混合结构高层建筑及复杂高层建筑不应大于0.85。

表2 结构周期比

第一扭转周期(s)	振型号	第一平动周期(s)	振型号	周期比
1.2763	3	1.5090	1	0.85

图 6-17　结构周期及振型方向输出文件

考虑刚性楼板，考虑偶然偏心。由图 6-17 可知，第一平动周期为 1.5090s，第一扭转周期为 1.2763s，周期比为 0.85。对于多层建筑，相关规范并未限定周期比的要求，只有高层建筑才需要控制周期比，对于本工程周期比不作控制性要求。

2. 有效质量系数

SATWE 计算的有效质量系数如表 6-1 所示，均大于 90%。此表反映了所取的振型数参与计算已经具有足够的工程精度，满足规范要求。

有效质量系数 **表 6-1**

Cmass-x	Cmass-y
99.51%	99.51%

3. 水平位移反应

表 6-2 给出了程序分析的水平位移值。数据表明结构有很好的侧移刚度，结构弹性层间位移能够满足抗震规范要求的地震作用下 1/250 的限值。

水平位移值 **表 6-2**

荷载	最大层间位移 Max u/h
	SATWE
地震 X 向	1/356
地震 Y 向	1/323
风载 X 向	1/1797
风载 Y 向	1/1307

亦可在【楼层指标】中选择【楼层位移】，在此查看各层地震和风荷载作用下反应力、剪力、层间位移角，层位移。其层间位移角如图 6-18 所示。

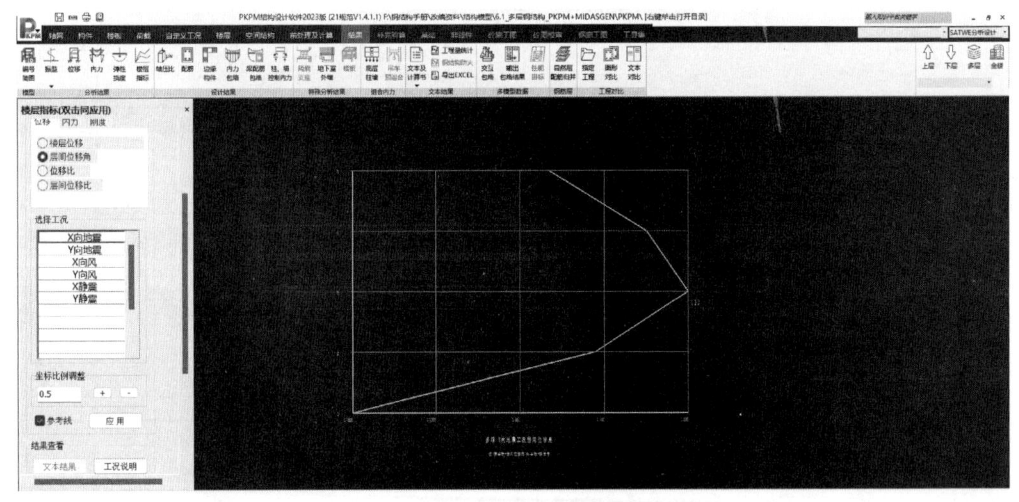

图 6-18　地震作用下结构层间位移角

4. 基底地震剪力

表 6-3 给出了计算所得的基底地震剪力与建筑物总重量之比值。数据表明能够满足抗震规范不小于 3.2%的要求。

基底剪力与结构总重的比值 **表 6-3**

SATWE		
结构物总重量		1638.538t
底部地震作用	X 方向	Q_{ox}/G_e=5.18%
	Y 方向	Q_{oy}/G_e=4.80%

5. 钢构件验算

一般情况下，多层钢结构较容易满足楼层剪力、层间位移角等整体控制要求，其验算重点为各钢构件的强度是否满足要求。

在设计结果中选择双击【配筋】，进入图 6-19，在此可按提示菜单查看构件的计算结果，钢构件程序列出应力比。此处构件初步计算主要查看结果有无超限，超限结果数值显示为红色。若有超限需对构件进行调整，直到满足设计要求为止。

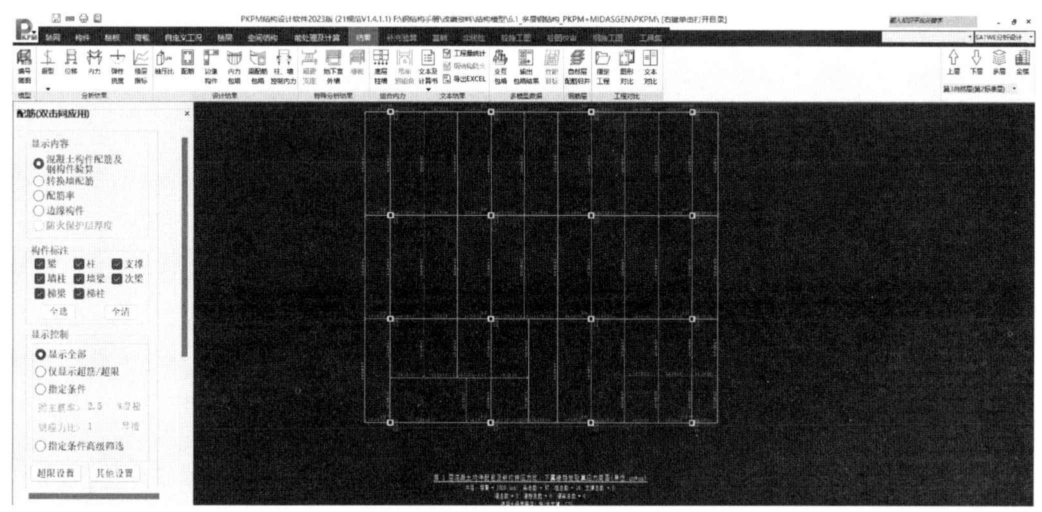

图 6-19　设计结果查看

6.1.5　构件和节点设计

构件的设计首先是材料的选择。钢框架设计比较常用的钢材是 Q235 和 Q345（Q355）。通常主结构使用单一钢种以便于工程管理。出于经济考虑，也可以选择不同强度钢材的组合截面。当强度起控制作用时，可选择 Q345（Q355）；而刚度或稳定起控制作用时，宜使用 Q235。

初学钢结构设计者，若预估的构件截面不满足设计要求，在加大截面时，应该分两种情况区别对待：

（1）若强度不满足，通常加大组成截面的板件厚度。其中，抗弯不满足，加大翼缘厚度；抗剪不满足，加大腹板厚度。

（2）若变形超限，通常不应加大板件厚度，而应考虑加大截面的高度，否则会很不经济。

有些结构设计软件具备自动加大截面优化设计功能，但往往很难把强度与刚度不满足的情况加以区分，因此，常常并不非常适用。

1. 框架梁设计

框架梁一般为非组合梁，用户应注意查看图 6-19 中各层钢构件验算简图界面中的梁信息，单击图 6-19 中【构件信息】菜单中的【梁信息】选项。其文本输出界面如图 6-20 所示。

2. 框架梁“工具集”复核

利用 PKPM 提供的工具集计算：用 PKPM 钢结构模块下“工具集”菜单，按采用非

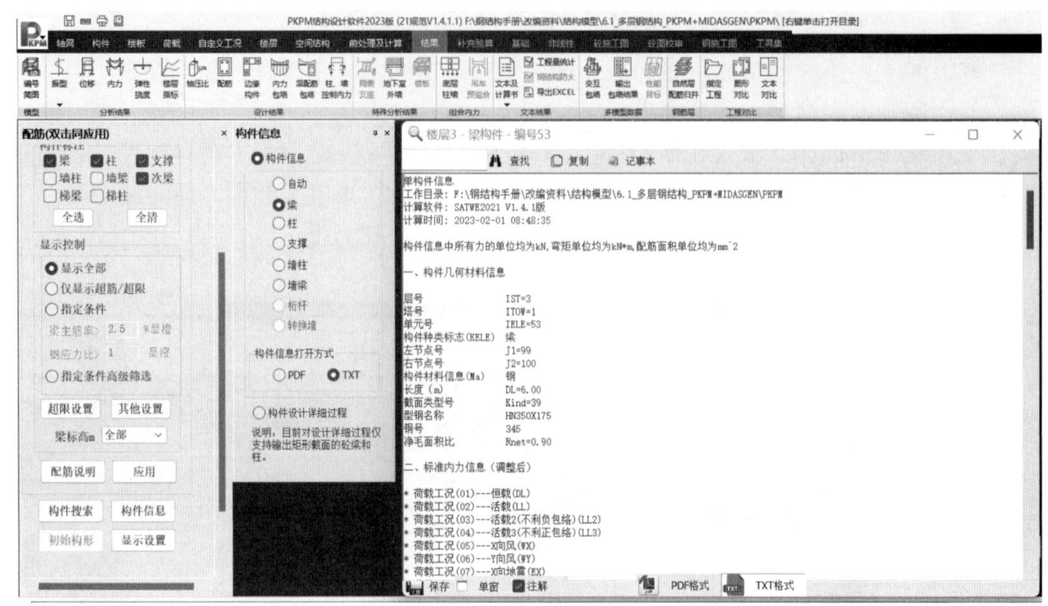

图 6-20　框架梁设计信息

组合梁验算梁最大内力下的截面强度，再按组合梁配置连接件（栓钉）。如本例中框架梁，先在最上侧的工具栏中选择【工具集】，进一步选择【钢结构工具】，再选【钢构件】，如图 6-21 所示。

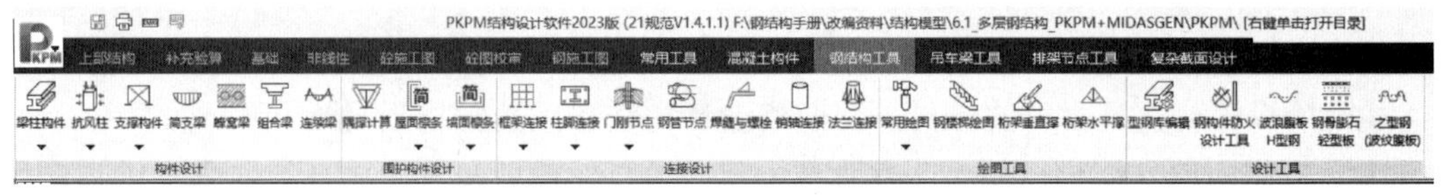

图 6-21　钢结构工具进入界面

在【梁柱构件】中选择梁构件，进入图 6-22。

完成梁截面和其他参数输入后，按照设计条件输入设计参数。梁上荷载作用形式：根据实际情况选择，一般框架梁既有次梁传来的集中荷载，又有楼面板传来的均布荷载，常选“多种类型”。

梁设计内力值：在图 6-22 中可得梁设计内力值。

腹板屈服后强度利用：承受静力荷载和间接承受动力荷载的焊接 H 型钢梁可考虑腹板屈服后强度利用，但应满足《钢结构设计标准》GB 50017—2017 中第 6.4 节要求。当采用轧制 H 型钢时，不能考虑腹板屈服后强度利用。本例为非组合梁且为焊接 H 型梁，考虑腹板屈服后强度利用。

平面外计算长度：取次梁间距。

3. 框架柱设计

框架柱设计中注意以下几点：

(1) 整体稳定性验算：按《高层民用建筑钢结构技术规程》JGJ 99—2015 第 7.3.2 条进行稳定性验算。

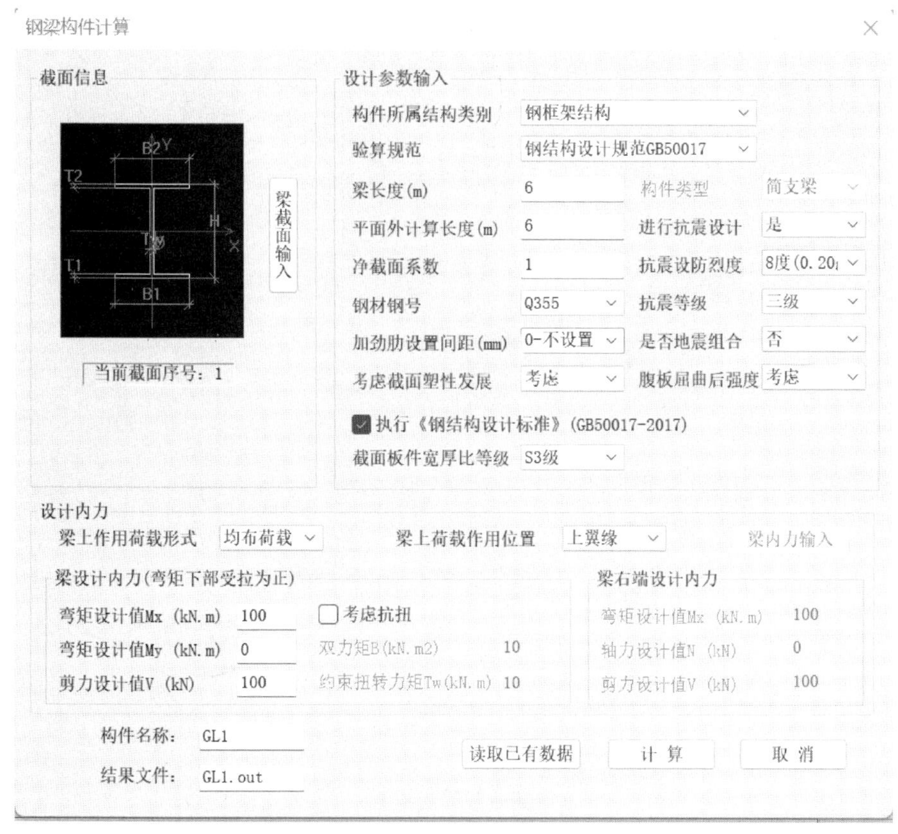

图 6-22　钢梁构件计算界面

（2）长细比：满足《高层民用建筑钢结构技术规程》JGJ 99—2015 第 7.3.9 条。

（3）抗震承载力（强柱弱梁）验算：满足《高层民用建筑钢结构技术规程》JGJ 99—2015 第 7.3.3 条相关要求。

（4）应力比：抗震设计时应满足《建筑与市政工程抗震通用规范》GB 55002—2021 中第 4.3.1 条，计算数值应不大于 1。

（5）局部稳定（板件宽厚比）验算：满足《建筑抗震设计规范》GB 50011—2010（2016 年版）中表 8.3.2 或《高层民用建筑钢结构技术规程》JGJ 99—2015 中第 7.4.1 条。

4. 组合梁设计

组合梁是指钢梁与梁上铺设的楼板（混凝土楼板或组合楼板）通过抗剪连接件共同组成的梁。由于钢梁与混凝土楼板的共同作用，使得组合梁在整体上刚度增强，从而可有效地减小钢梁截面，在满足规范要求的基础上节省钢材。组合梁的设计原则见表 6-4。

对于框架主梁，若两端固支，支座截面受负弯矩，即楼板区域受拉，拉力由楼板钢筋承担，一定程度上限制了组合楼板的优势，故工程中一般不采用组合梁进行设计。而对于两端铰接的简支次梁，楼板区域受压，能充分发挥楼板的作用，一般按组合梁设计以节省钢材。

如在图 6-23“钢构件应力比简图”中，主梁为按纯钢梁计算，应力比不应大于 1.0，而次梁应力比即使大于 1.0，也可以先不用管，只要在下一步中按组合梁复核满足强度、刚度、稳定性即可。

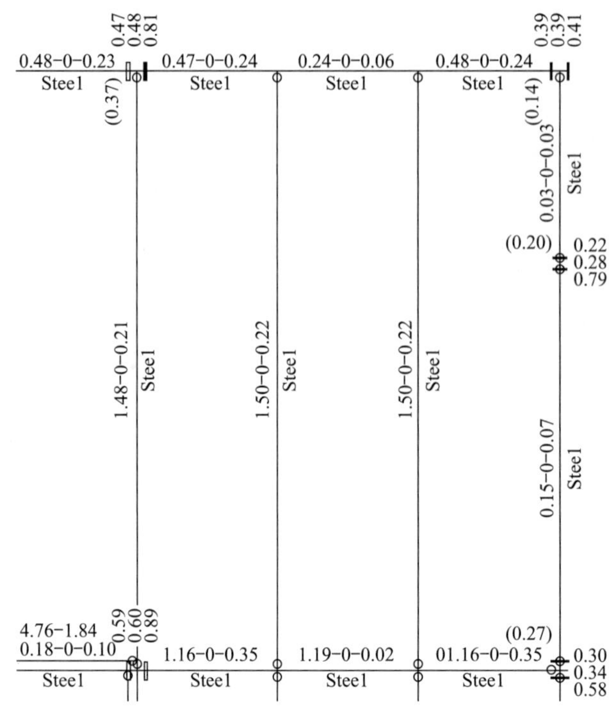

图 6-23　钢构件应力比简图

组合梁设计原则　　**表 6-4**

<table>
<tr><th colspan="3">设计原则</th></tr>
<tr><td>施工阶段</td><td colspan="2">组合梁施工时，混凝土硬结前的材料重量和施工荷载由钢梁承受，钢梁应根据实际临时支撑的情况按《钢结构设计标准》GB 50017—2017 中第 3 章和第 7 章的规定进行强度、稳定性及变形验算</td></tr>
<tr><td rowspan="3">使用阶段</td><td>弹性理论强度计算</td><td>施工阶段的荷载（扣除施工荷载）由钢梁承受，使用阶段后增加的荷载由组合梁承受。此时钢梁的应力应考虑两个阶段应力的叠加，组合梁混凝土翼板的应力则只考虑使用阶段所加荷载产生的应力</td></tr>
<tr><td>塑性理论强度计算</td><td>两个阶段的荷载（扣除施工荷载）均由组合梁承受</td></tr>
<tr><td>变形验算</td><td>组合梁的最终变形应考虑施工阶段永久荷载产生的钢梁变形与使用阶段组合梁的变形相叠加
组合梁的挠度限值按永久荷载和可变荷载的标准值设计时不大于跨度的 1/250。按可变荷载标准值设计时不大于跨度的 1/300</td></tr>
</table>

本例中选取模型中某次梁进行简支组合梁设计，设计过程如下：

（1）基本资料

类型：简支组合梁

组合梁跨度：6000mm

楼板类型：压型钢组合楼板

压型钢型号：YX21-180-900-1

压型钢板布置方向：垂直于组合梁

钢梁截面：HN300×150×6.5×9-Q355

设计依据：《钢结构设计标准》GB 50017—2017

《混凝土结构设计规范》GB 50010—2010（2015 年版）

《高层民用建筑钢结构技术规程》JGJ 99—2015

组合梁计算示意图如图 6-24 所示。

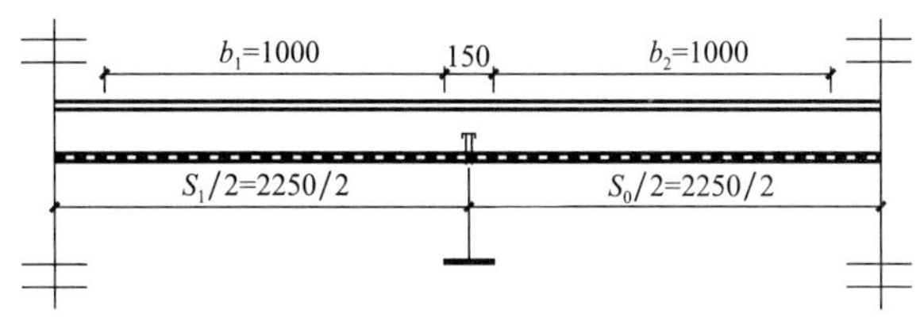

图 6-24　组合梁计算简图

（2）计算参数

荷载参数：

附加自重计算方式：取为钢梁自重，G_a＝0.367kN/m

均布恒载标准值：g_k＝15.6kN/m＝15.6N/mm

恒载承载力组合系数：γ_g＝1.3

均布活载标准值：q_k＝9.1kN/m＝9.1N/mm

活载分项系数：γ_q＝1.5

活载准永久系数：γ_{dq}＝0.5

活载调整系数：γ_L＝1

变形限值参数：

使用挠度限值：$[\omega]_s$＝1/250

钢梁截面参数：

截面高度：H＝300mm

上翼缘宽度：B_1＝150mm

下翼缘宽度：B_2＝150mm

腹板厚度：T_w＝6.5mm

上翼缘厚度：T_{f1}＝9mm

下翼缘厚度：T_{f2}＝9mm

翼缘与腹板交接圆弧半径：R_w＝13mm

截面形心到上翼缘距离：C_y＝150mm

钢梁面积：A＝46.78cm^2

截面惯性矩：I＝7210cm^4

截面抵抗矩：W＝481cm^3

半截面面积矩：S＝271.055cm^3

净截面系数：n_{et}＝0.95

钢梁材料参数：

材料类型：Q355

钢材弹性模量：E＝206000N/mm^2

钢材屈服强度标准值：$f_y=355\text{N/mm}^2$

强度换算系数：$C_F=(235/f_y)^{0.5}=0.814$

钢材全截面设计强度：$f=305\text{N/mm}^2$

截面翼缘钢材设计强度：$f_f=305\text{N/mm}^2$

腹板钢材抗剪设计强度：$f_v=175\text{N/mm}^2$

压型钢楼板参数：

钢板波槽高度：$h_p=21\text{mm}$

钢板波槽宽度：$b_p=1100\text{mm}$

混凝土翼板厚度：$h_c=150\text{mm}$

混凝土弹性模量：$E_c=30000\text{N/mm}^2$

混凝土轴心抗压强度：$f_c=14.3\text{N/mm}^2$

截面钢与混凝土弹性模量比值：$\alpha_E=6.867$

楼板顶部实配横向钢筋：HRBF400-Φ8@200

楼板底部实配横向钢筋：HRBF400-Φ8@200

梁翼板有效宽度计算：

自定义外侧翼板计算宽度：$b_{1z}=S_1=2250\text{mm}$

自定义内侧翼板计算宽度：$b_{2z}=S_0=2250\text{mm}$

按组合梁跨度计算翼缘计算宽度：$b_1=l/6=6000/6=1000\text{mm}$

按中间梁的间距计算翼缘计算宽度：

左侧翼缘计算宽度：$s_1=0.5\times(S_1-B_1)=0.5\times(2250-150)=1050\text{mm}$

右侧翼缘计算宽度：$s_0=0.5\times(S_0-B_1)=0.5\times(2250-150)=1050\text{mm}$

取梁左侧翼缘计算宽度：$b_1=\min(s_1,b_1)=\min(1050,1000)=1000\text{mm}$

取梁右侧翼缘计算宽度：$b_2=\min(s_0,b_1)=\min(1050,1000)=1000\text{mm}$

梁顶不设板托，取：$b_0=B_1=150\text{mm}$

混凝土翼板的有效宽度：$b_e=b_0+b_1+b_2=150+1000+1000=2150\text{mm}$

采用栓钉为连接件，参数如下：

栓钉抗剪承载力设计值由用户定义：$N_{vs}=79.388\text{kN}$

栓钉生产标准：《电弧螺柱焊用圆柱头焊钉》GB/T 10433

栓钉极限抗拉强度设计值：$f_u=400\text{N/mm}^2$

栓钉采用：M19×80

沿梁轴方向间距：$p=200\text{mm}$

沿梁宽方向栓钉数：$n_r=1$ 个

（3）验算结果一览（表 6-5）

组合梁验算结果 **表 6-5**

验算项	数值	限值	结果
正截面抗弯承载力比值	0.40	最大 1.00	满足
斜截面抗剪承载力比值	0.32	最大 1.00	满足
上翼缘宽厚比	6.53	最大 13.0	满足

续表

验算项	数值	限值	结果
腹板高厚比	39.4	最大 64.6	满足
使用阶段变形（mm）	10.7	最大 24.0	满足
组合梁高度（mm）	471	最大 750	满足
栓钉直径（mm）	19	$2.5T_{f1}=23$	满足
栓钉直径（mm）	19	最大宜 19	满足
栓钉高度（mm）	80.0	最小 76.0	满足
栓钉纵向间距（mm）	200	最小 114	满足
栓钉纵向间距（mm）	200	最大 400	满足
栓钉超过钢板肋高（mm）	59.0	最小 30.0	满足
栓钉超过钢板肋高（mm）	59.0	最大 75.0	满足
栓钉顶面保护层厚度（mm）	91.0	最小 15.0	满足
栓钉外缘距上翼边缘（mm）	65.5	最小 20.0	满足

（4）组合梁承载模式判断

钢梁全截面抗拉承载力：

$$A\times f=46.78\times 305/10=1426.79\text{kN}$$

混凝土翼板全截面抗压承载力：

$$b_e\times h_{c1}\times f_c=2150\times 150\times 14.3/1000=4611.75\text{kN}$$

压型钢楼板垂直于组合梁布置，计算栓钉承载力折减系数：

压型钢板肋上部宽度：$b_1=158\text{mm}$

压型钢板肋下部宽度：$b_2=108\text{mm}$

压型钢板上部宽度大于下部宽度，取混凝土凸肋平均宽度：

$$b_w=(b_1+b_2)/2=(158+108)/2=133\text{mm}$$

栓钉列数：$n_s<3$，取一个肋中栓钉数：$n_0=n_s=1$ 个

栓钉承载力折减系数：

$$\begin{aligned}\beta_v&=0.85/n_0^{0.5}\times b_w\times(h_d-h_p)/h_p^2\\&=0.85/1^{0.5}\times 133\times(80-21)/21^2\\&=15.125\end{aligned}$$

$\beta_v>1.0$，取 $\beta_v=1.0$

栓钉抗剪承载力由用户指定，取 $N_{vs}=79.388\text{kN}$

折减后单个栓钉抗剪承载力设计值：$N_{vs}=79.388\times 1=79.388\text{kN}=79388\text{N}$

梁轴线方向上连接件外侧边缘距离梁端取为 100mm，则组合梁上有连接件数目：

$N_r=n_s\times \text{Int}[(l-200-d_s)/p+1]=1\times \text{Int}[(6000-200-19)/200+1]=29$ 个

简支组合梁分为两个对称的剪跨区，每个剪跨区内有连接件数目：$n_r=0.5\times N_r=14.5$ 个

一个剪跨区内连接件的总抗剪承载力：$V_p=n_b\times N_{vs}=14.5\times 79.388=1151.126\text{kN}$

$0.5 \leqslant V_p/\min(A\times f, b_e\times h_{c1}\times f_c)=1151.126/\min(1426.79, 4611.75)=0.807<1.0$

该简支组合梁采用部分抗剪连接设计，按《钢结构设计标准》GB 50017—2017 第 14.4.2 条进行验算。

（5）强度验算

控制工况：1.3（恒+附加自重）+1.5×1 活

均布线荷载：$F=\gamma_g\times(g_k+g_{ak})+\gamma_q\times\gamma_L\times g_k=1.3\times(15.6+0.367)+1.5\times1\times9.1=34.407\text{kN/m}$

跨中弯矩：$M=Fl^2/8=34.407\times6000^2\times10^{-6}/8=154.833\text{kN}\cdot\text{m}$

梁端剪力：$V=Fl/2=34.407\times6000\times10^{-3}/2=103.222\text{kN}$

1）正应力强度验算

混凝土翼板有效受压区高度计算：

$$x=n_r\times N_{vs}/b_e/f_c=14.5\times79388/2150/14.3\times10^3=37.441\text{mm}$$

钢梁有效受压区面积计算：

$A_c=(A\times f-n_r\times N_{vs})/2/f=(46.78\times305/10-14.5\times79.388)/2/305\times10^{-2}=4.519\text{cm}^2$

钢梁上翼缘面积：

$$A_{f1}=B_1\times T_{f1}=150\times9\times10^{-2}=13.5\text{cm}^2$$

钢梁受压区高度计算：

$$A_c<A_{f1}，h_c=A_c/B_1=4.519\times10^2/150=3.013\text{mm}$$

钢梁受压区合力中心到梁顶距离计算：

$$y_c=0.5h_c=0.5\times3.013=1.506\text{mm}$$

钢梁受拉区合力中心到梁顶距离计算：

$$\begin{aligned}y_t&=(A\times y_t-A_c\times y_c)/(A-A_c)\\&=(46.78\times150-4.519\times1.506)/(46.78-4.519)\\&=165.879\text{mm}\end{aligned}$$

钢梁受拉区合力中心到混凝土受压区合力中心的距离：

$$y_1=y_t+h_{c1}-x/2+h_p=165.879+150-37.441/2+21=318.158\text{mm}$$

钢梁受拉区合力中心到受压区应力中心距离计算：

$$y_2=y_t-y_c=164.372\text{mm}$$

部分连接时组合梁截面抗弯承载力计算：

$$\begin{aligned}M_{u,r}&=n_r\times N_{vs}\times y_1+0.5\times(A\times f-n_r\times N_{vs})\times y_2\\&=14.5\times79.388\times318.158\times10^{-3}+0.5\times(1426.79-14.5\times79.388)\times164.372\times10^{-3}\\&=388.896\text{kN}\cdot\text{m}\end{aligned}$$

抗弯承载力比值：$\xi=M/M_{u,r}=154.833/388.896=0.398$

$\xi<1.0$，抗弯承载力，满足要求

2）剪应力强度验算

钢梁腹板高度：$h_w=H-T_{f1}-T_{f2}=300-2\times9=282\text{mm}$

抗剪承载力比值 ξ 计算：

$$\xi=V/(h_w\times t_w\times f_v)=103.222/(282\times6.5\times175)\times10^3=0.322$$

$\xi<1.0$，抗剪承载力，满足要求

（6）局稳验算

组合梁塑性中和轴位于钢梁截面内，钢梁上翼缘受压

上翼缘自由外伸宽度：$B_0=0.5\times(B_1-t_w)-R_w=0.5\times(150-6.5)-13=58.75\text{mm}$

截面腹板净高：$H_0=H-T_{f1}-T_{f2}-2\times R_w=300-9-9-2\times13=256\text{mm}$

截面自由外伸宽厚比限值（按塑性设计）：

$$[b_0/t]=13\times C_F=13\times0.814=10.577$$

上翼缘宽厚比：$B_0/T_{f1}=58.75/9=6.528<[b_0/t]$，满足

截面腹板高厚比限值：

$$[h_0/t_w]=64.594\times C_F=64.594\times0.814=52.554$$

腹板高厚比：$H_0/T_w=256/6.5=39.385<[h_0/t_w]$，满足

（7）变形验算

1）计算参数：

组合梁截面高度

$$H_z=H+h_c+h_p=300+150+21=471\text{mm}$$

混凝土翼板截面参数：

$$A_{cf}=b_e\times h_{c1}=2150\times150\times10^{-2}=3225\text{cm}^2$$

$$I_{cf}=b_e\times h_{c1}^3/12=2150\times150^3\times10^{-4}/12=60468.75\text{cm}^4$$

钢梁截面形心到混凝土翼板截面形心距离：

$$d_c=C_y+h_p+0.5\times h_{c1}=150+21+0.5\times150=246\text{mm}$$

2）短期效应下，组合梁截面力学参数计算

短期效应下，混凝土有效受压翼板的换算宽度：

$$b_{eq}=b_e/\alpha_E=2150/6.867=313.107\text{mm}$$

短期效应下，组合梁截面形心到钢梁截面形心的距离：

$$\begin{aligned}x_1&=A_{cf}\times d_c/(\alpha_E\times A+A_{cf})\\&=3225\times246/(6.867\times46.78+3225)\\&=223.717\text{mm}\end{aligned}$$

短期效应下，组合梁截面等效惯性矩：

$$\begin{aligned}I_{eq}&=I_{cf}/\alpha_E+b_{eq}\times h_c\times(d_c-x_1)^2+I+A\times x_1^2\\&=60468.75/6.867+313.107\times150\times(246-223.717)^2\times10^{-4}\\&\quad+7210+46.78\times223.717^2\times10^{-2}\\&=41761.202\text{cm}^4\end{aligned}$$

3）长期效应下，组合梁截面力学参数计算

长期效应下，混凝土有效受压翼板的换算宽度：

$$b_{eq,l}=b_e/2/\alpha_E=2150/2/13.733=156.553\text{mm}$$

长期效应下，组合梁截面形心到钢梁截面形心的距离：

$$\begin{aligned}x_{1,l}&=A_{cf}\times d_c/(2\times\alpha_E\times A+A_{cf})\\&=3225\times246/(2\times13.733\times46.78+3225)\\&=205.135\text{mm}\end{aligned}$$

长期效应下，组合梁截面等效惯性矩：

$$I_{eq,1}=I_{cf}/2/\alpha_E+b_{eq}\times h_c\times(d_c-x_{1,1})^2+I+A\times x_{1,1}^2$$
$$=60468.75/2/13.733+156.553\times150\times(246-205.135)^2\times10^{-4}$$
$$+7210+46.78\times205.135^2\times10^{-2}$$
$$=35219.801\text{cm}^4$$

抗剪连接件刚度系数：

$$k=N_{vs}=79388\text{N/mm}$$

4）准永久组合下，组合梁挠度计算

准永久组合均布线荷载：

$$F_d=g_k+g_{ak}+\gamma_{dq}\times q_k=1.0\times15.6+0.367+0.5\times9.1=20.517\text{kN/m}$$

考虑滑移效应的刚度折减系数 ζ 计算：

$$I_0=I+I_{cf}/2/\alpha_E=7210+60468.75/2/6.867=11613.064\text{cm}^4$$
$$A_0=A_{cf}\times A/(2\times\alpha_E A+A_{cf})=3225\times46.78/(2\times6.867\times46.78+3225)=39.009\text{cm}^2$$
$$A_1=(I_0+A_0\times d_c^2)/A_0=(11613.064+39.009\times246^2\times10^{-2})/39.009=902.862\text{cm}^2$$
$$j=0.81\times[(n_s\times k\times A_1)/(E\times I_0\times p)]^{0.5}$$
$$=0.81\times[(1\times79388\times902.862\times10^2)/(206000\times11613.064\times10^4\times200)]^{0.5}$$
$$=0.000991\text{mm}^{-1}$$
$$\eta=(36\times E\times d_c\times p\times A_0)/(n_s\times k\times h\times l^2)$$
$$=(36\times206000\times246\times200\times39.009\times10^2)/(1\times79388\times471\times6000^2)$$
$$=1.057$$

有刚度折减系数 ζ：

$$\zeta=\eta\times[0.4-3/(j\times l)^2]$$
$$=1.057\times[0.4-3/(0.000991\times6000)^2]$$
$$=0.333$$

组合梁考虑滑移效应的折减刚度：

$$B=EI_{eql}/(l+\zeta)=206000\times35219.801\times10^4/(1+0.333)=54.416\times10^{12}\text{N}\cdot\text{mm}^2$$

准永久组合下完全抗剪连接组合梁的最大挠度：

$$\omega_{dcom}=5\times F_d l^4/384/B$$
$$=5\times20.517\times6000^4/(384\times54.416\times10^{12})$$
$$=6.363\text{mm}$$

准永久组合下纯钢梁的最大挠度：

$$\omega_{ds}=5\times F_d l^4/384/E/I$$
$$=5\times20.517\times6000^4/384/206000/72100000$$
$$=23.311\text{mm}$$

准永久组合下该组合梁的最大挠度计算：

$$\omega_d=\omega_{dcom}+0.5\times(\omega_{ds}-\omega_{dcom})\times(1-\xi_s)$$
$$=6.363+0.5\times(23.311-6.363)\times(1-0.62)$$
$$=9.585\text{mm}$$

5）标准组合下，组合梁挠度计算

标准组合均布线荷载：

$$F_s = g_k + g_{ak} + q_k = 15.6 + 0.367 + 9.1 = 25.067\text{kN/m}$$

考虑滑移效应的刚度折减系数 ζ 计算：

$$I_0 = I + I_{cf}/\alpha_E = 7210 + 60468.75/6.867 = 16016.129\text{cm}^4$$

$$A_0 = A_{cf} \times A/(\alpha_E A + A_{cf}) = 3225 \times 46.78/(6.867 \times 46.78 + 3225) = 42.543\text{cm}^2$$

$$A_1 = (I_0 + A_0 \times d_c^2)/A_0 = (16016.129 + 42.543 \times 246^2 \times 10^{-2})/42.543 = 981.633\text{cm}^2$$

$$\begin{aligned} j &= 0.81 \times [(n_s \times k \times A_1)/(E \times I_0 \times p)]^{0.5} \\ &= 0.81 \times [(1 \times 79388 \times 981.633 \times 10^2)/(206000 \times 16016.129 \times 10^4 \times 200)]^{0.5} \\ &= 0.00088\text{mm}^{-1} \end{aligned}$$

$$\begin{aligned} \eta &= (36 \times E \times d_c \times p \times A_0)/(n_s \times k \times h \times l^2) \\ &= (36 \times 206000 \times 246 \times 200 \times 42.543 \times 10^2)/(1 \times 79388 \times 471 \times 6000^2) \\ &= 1.153 \end{aligned}$$

有刚度折减系数 ζ：

$$\begin{aligned} \zeta &= \eta \times [0.4 - 3/(j \times l)^2] \\ &= 1.153 \times [0.4 - 3/(0.00088 \times 6000)^2] \\ &= 0.337 \end{aligned}$$

组合梁考虑滑移效应的折减刚度：

$$B = EI_{eq}/(1+\zeta) = 206000 \times 41761.202 \times 10^4/(1+0.337) = 64.344 \times 10^{12}\text{N} \cdot \text{mm}^2$$

标准组合下完全抗剪连接组合梁的最大挠度：

$$\begin{aligned} \omega_{scom} &= 5 \times F_s l^4/384/B \\ &= 5 \times 25.067 \times 6000^4/(384 \times 64.344 \times 10^{12}) \\ &= 6.574\text{mm} \end{aligned}$$

标准组合下纯钢梁的最大挠度：

$$\begin{aligned} \omega_{ss} &= 5 \times F_s l^4/384/E/I \\ &= 5 \times 25.067 \times 6000^4/384/206000/7210 \times 10^{-4} \\ &= 28.063\text{mm} \end{aligned}$$

标准组合下该组合梁的最大挠度计算：

$$\begin{aligned} \omega_s &= \omega_{scom} + 0.5 \times (\omega_{ss} - \omega_{scom}) \times (1 - \xi_s) \\ &= 6.574 + 0.5 \times (28.063 - 6.575) \times (1 - 0.62) \\ &= 10.657\text{mm} \end{aligned}$$

6）使用阶段变形验算

使用阶段组合梁的允许挠度：

$$[\omega]_s = l/250 = 24\text{mm}$$

使用阶段梁的最大挠度：

$$\omega = \max(\omega_d, \omega_s) = 10.657\text{mm}$$

$\omega \leqslant [\omega]_s$，满足

5. 组合楼板设计

压型钢板与混凝土组合楼板是指在压型钢板上浇筑混凝土形成的组合楼板，根据压型钢板是否与混凝土共同工作可分为组合板和非组合板。非组合板是指压型钢板仅作为混凝土楼板的永久性模板，不考虑参与结构受力的现浇混凝土楼（屋面）板。组合板是指压型钢板除用作浇筑混凝土的永久性模板外还充当板底受拉钢筋的现浇混凝土楼（屋面）板。组合板具有以下使用特点及要求：

（1）在使用阶段压型钢板作为混凝土楼板的受拉钢筋，节省成本，也提高了楼板的刚度。

（2）在施工阶段压型钢板作为浇筑混凝土时的模板，其下通常可不再支设临时竖向支撑，直接由压型钢板承担未结硬的湿混凝土重量和施工荷载。

（3）压型钢板应采用热镀锌钢板，不应采用电镀锌钢板。其双面镀锌层总含量应满足在试用期间不致锈蚀的要求。组合楼板中采用的压型钢板的形式有开口型、缩口型和闭口型，如图 6-25 所示。

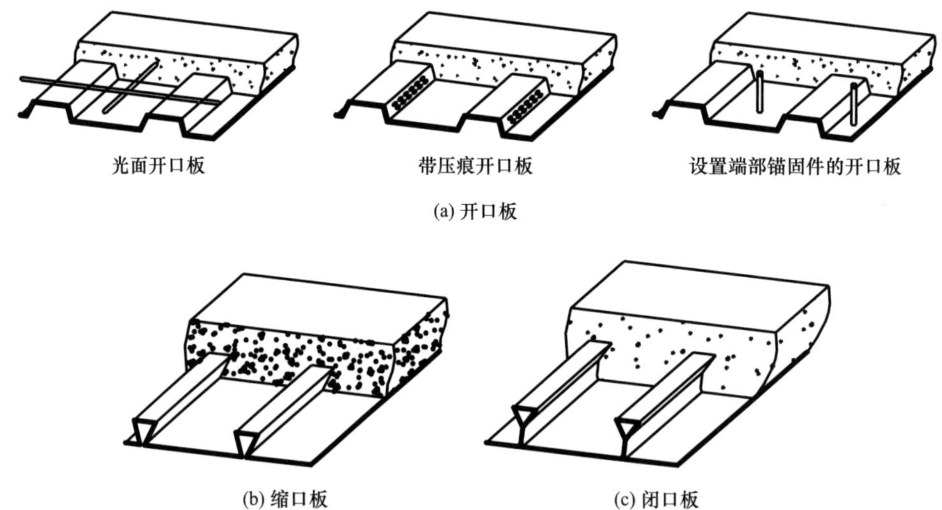

图 6-25　压型钢板组合楼板的基本形式

压型钢板选型可参照图集《钢与混凝土组合楼（屋）盖结构构造》05SG522 中相关板型。根据建筑设计防火规范，闭口或缩口型组合楼板总厚度不小于 110mm，而开口型组合楼板混凝土厚度至少 80mm，加上压型钢板波高一般不小于 130mm，如图 6-26 所示，因而在层高净空受到严格限制时一般选用闭口或缩口型组合楼板。但开口型组合楼板惯性矩一般会大于同重量的闭口或缩口型组合楼板，因而在层高相对较高而净空要求不太严的结构中更有优势。

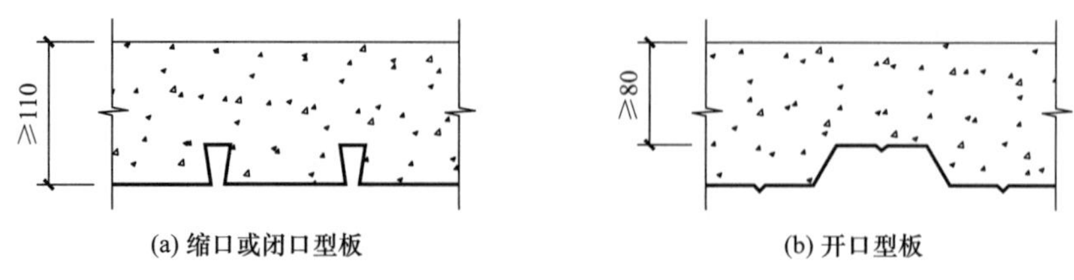

图 6-26　对组合楼板截面形状的要求

为阻止压型钢板与混凝土之间的滑移，在组合楼板的端部（包括简支板端部及连续板的各跨端部）均应设置栓钉。栓钉应设置在端支座的压型钢板凹肋处穿透压型钢板，并将栓钉和压型钢板均焊于钢梁翼缘上，栓钉直径、高度及间距应满足规范要求，且栓钉直径一般根据板跨按此采用：

板跨＜3m：　　　　　　栓钉直径宜取 13～16mm

3m＜板跨＜6m：　　　　栓钉直径宜取 16～19mm

板跨＞6m：　　　　　　栓钉直径宜取 19mm

组合楼板应对施工阶段和使用阶段的两个阶段分别进行设计，设计原则见表 6-6。

组合楼板设计原则　　　　**表 6-6**

	设计原则
施工阶段	1. 组合楼板中对作为混凝土底模的压型钢板按弹性方法进行强度和变形验算。 2. 计算时应考虑临时支撑的影响。但考虑到下料的不利情况，也可按两跨连续板或单跨简支板进行计算。 3. 永久荷载为组合楼板自重。当压型钢板变形 w 大于 20mm 时，在全跨应增加 $0.7w$ 厚的混凝土均布荷载或增设临时支撑。可变荷载为施工荷载和其他附加荷载，施工荷载应不小于 1.50kN/m^2。 4. 压型钢板的挠度限值可取 $l/180$（l 为板跨度）
使用阶段	1. 非组合板按钢筋混凝土楼板的设计方法进行设计。 2. 组合板应验算正截面抗弯承载力，纵向抗剪承载力，斜截面抗剪力。当有较大集中荷载作用时尚应进行局部荷载作用下的抗冲切承载力的验算
	挠度不应超过 $l/360$（l 为板跨度） 负弯矩区的最大裂缝宽度不应超过下列值： 在正常环境下：$\delta \leqslant 0.3\text{mm}$ 在室内高湿度环境和室外时：$\delta \geqslant 0.2\text{mm}$

本工程所采用组合楼板按组合板设计（压型钢板充当板底受拉钢筋），压型钢板选用热镀锌钢板，镀锌厚度 275g/m^2（双面）。压型钢板选用图集《钢与混凝土组合楼（屋）盖结构构造》05SG522 中的闭口型，型号 YXB40-185-740(B) 或 YXB65-185-555(B)(Q345)。设计文件中要求压型钢板厂家提供相关文件供设计单位审核：

（1）提供压型钢板的板型、规格、材质（化学成分、机械性能）。（2）提供工程计算书和测试数据来表明压型钢板、板跨都符合规定的强度和变形要求。（3）提供表明每块楼板的位置、所需要的最小厚度和尺寸。图纸应清晰地表示与钢结构构件的所有焊接、机械连接详图、侧面搭接详图。（4）提供所有开孔、板边缘处的连续金属板收头和堵头，以及任何需要补充的钢结构加强构件说明。（5）提供相关的楼板承重和耐火试验报告。（6）配合压型钢板的现场安装进度供货，并提供相关的技术和设备交底。（7）提供一份完整、详细的施工说明。

近年来，钢筋桁架组合楼板，逐渐取代压型钢板组合楼板。钢筋桁架组合楼板是将钢筋加工成钢筋桁架，并与薄钢板轧制成的底模结合成一体的组合楼板，是工厂化的系列标准产品。在现场施工阶段，能承受混凝土自重及施工荷载；浇捣成型后，钢筋桁架与混凝土形成钢筋桁架组合楼板。混凝土浇筑前如图 6-27 所示。

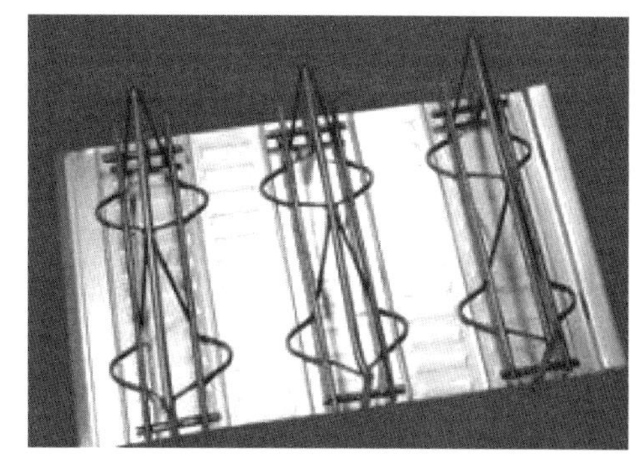

图 6-27　混凝土浇筑前钢筋桁架组合楼板示意图

6. 梁柱刚接节点设计

梁与柱的刚性连接，通常多采用柱为贯通型的连接形式，节点设计时可参照图集《多、高层民用建筑钢结构节点构造详图》16G519。归纳起来，可分为以下两种：

（1）梁端与柱的连接全部采用焊缝连接。

（2）梁翼缘与柱的连接采用焊缝连接，梁腹板与柱的连接采用高强度螺栓摩擦型连接。

在梁与柱的刚性连接中，当从柱悬伸短梁时，悬伸短梁与柱的连接应按梁与柱的连接进行设计，而悬伸短梁与中间区段梁的连接，则应按梁与梁的拼接连接进行设计。

梁柱刚性连接应满足下述基本要求：

1）在梁端弯矩和剪力共同作用下，梁、柱的连接应具有足够的承载力。

2）由梁上、下翼缘传来作用于柱上的集中力，不致引起柱翼缘或腹板的局部压曲破坏。否则应在柱中对应于梁上、下翼缘标高处设置水平加劲肋（对 H 型柱）或水平加劲隔板（对箱形或圆管截面）。

3）节点板域应有足够的抗剪强度和变形能力。

4）对于按抗震设计或塑性设计的结构，采用焊接或高强度螺栓连接的梁柱连接节点，尚应保证梁或柱的端部在形成塑性铰时，具有充分的转动能力。

梁与柱的刚性连接，其设计计算方法有：

（1）简化设计法

主梁翼缘的抗弯承载力大于主梁整个截面抗弯承载力的70%，即梁翼缘提供的塑性截面模量大于梁全截面塑性模量的70%$[b_f t_f(h-t_f)\times f_y>0.7W_p\times f_y]$时，可采用简化设计法，即假定梁端弯矩全部由梁翼缘承担，梁端剪力全部由梁腹板承担。这里的b_f、t_f、h分别为工字形截面梁的翼缘宽度和厚度，以及梁的截面高度，W_p为梁全截面的塑性模量，f_y为钢梁钢材的屈服强度。该方法计算较为简单，对高跨比适中或较大时在大多数情况下是偏于安全的。

1）当梁翼缘与柱采用全熔透坡口对接焊缝，梁腹板与柱采用双面角焊缝连接时（图 6-28）。对接焊缝的抗拉强度验算式为：

$$\sigma=\frac{N_f}{b_f t_f}\leqslant f_t^w \qquad N_f=\frac{M}{h-t_f} \tag{6-1}$$

式中，M为梁端弯矩，N_f为上、下翼缘内的水平力，f_t^w为对接焊缝抗拉强度设计值，梁腹板角焊缝抗剪强度的验算式为：

$$\tau=\frac{V}{2\times 0.7h_f l_w}\leqslant f_f^w \tag{6-2}$$

式中，h_f、l_w分别为角焊缝厚度及计算长度，V为梁端剪力，f_f^w为角焊缝强度设计值。

应当指出，在抗震设计中，上述两式中的f_t^w及f_f^w，应分别除以抗震调整系数γ_{RE}。

2）当梁翼缘与柱采用全焊透坡口对接焊缝，梁腹板与连接板采用高强度螺栓连接、而连接板用双面角焊缝与柱连接时（图 6-29），对接焊缝的强度验算式同式（6-1）。梁腹板的高强度螺栓抗剪承载力验算式为：

$$N_v=\frac{V}{n}\leqslant 0.9N_v^b \tag{6-3}$$

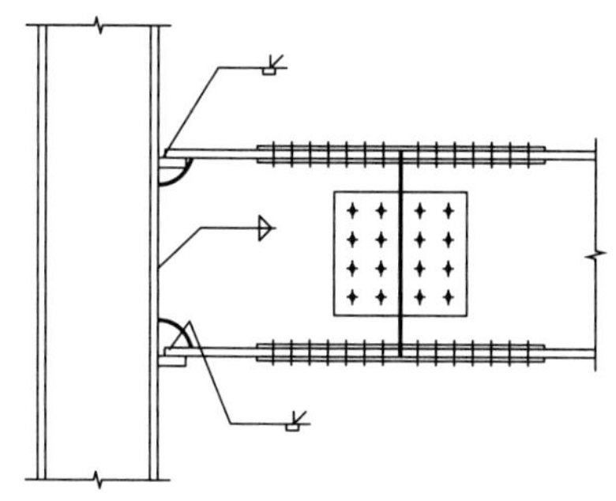
图 6-28 悬臂梁段与柱全焊接连接

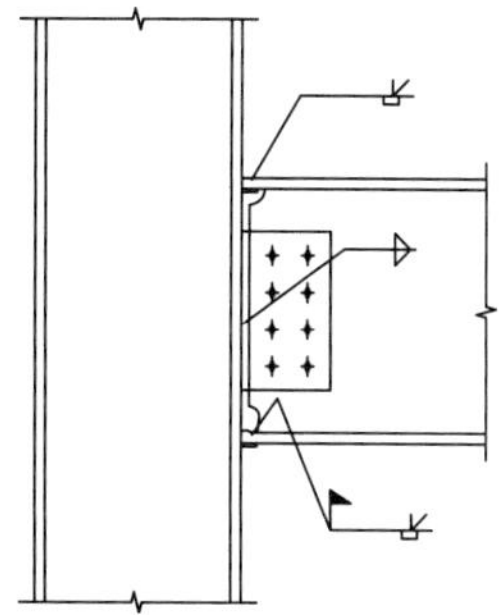
图 6-29 工字钢与工字钢柱的栓焊混合连接

式中，n 为螺栓数；N_v^b 为高强度螺栓受剪承载力设计值。系数 0.9 是考虑因先栓后焊，翼缘焊接热应力影响引起高强度螺栓预拉力损失而引入的一个抗剪承载力折减系数。

连接板与柱连接的双面角焊缝验算式同式（6-2）。

（2）精确计算法

该法是指梁腹板除全部承担梁端剪力外，尚应承担由梁端弯矩 M 按梁腹板和全截面的抗弯刚度比所分配到的弯矩 M_W，而梁翼缘仅承担弯矩 M_f。M_W、M_f 分别为：

$$M_W=\frac{I_W}{I}M \qquad M_f=\frac{I_f}{I}M \tag{6-4}$$

式中 I——梁截面惯性矩；

I_W，I_f——分别为梁腹板及梁翼缘对梁截面形心的惯性矩。

1）当梁翼缘与柱采用全熔透坡口对接焊缝，梁腹板与柱采用双面角焊缝连接时（图 6-28），对接焊缝抗拉强度验算式为：

$$\sigma=\frac{N_f}{b_f t_f}\leqslant f_t^w \qquad N_f=\frac{M_f}{h-t_f} \tag{6-5}$$

式中，N_f 为 M_f 引起的上、下翼缘作用力。

双面角焊缝强度验算式为：

$$\sqrt{\left(\frac{\sigma}{\beta_f}\right)^2+(\tau)^2}\leqslant f_f^w \tag{6-6}$$

式中

$$\sigma=\frac{M_W}{W}=\frac{3M_W}{0.7h_f l_W^2} \qquad \tau=\frac{V}{2\times 0.7h_f l_W}$$

2）当梁翼缘与柱采用全焊透坡口对接焊缝，梁腹板借助用双面角焊缝焊于柱上的连接板，用高强度螺栓连接时（图 6-29），对接焊缝的验算式同式（6-5）。

高强度螺栓连接的最外侧螺栓承受的剪力为：

$$N_v=\sqrt{(N_{T1})^2+(N_v)^2}\leqslant 0.9N_v^b \tag{6-7}$$

式中，$N_{T1}=\dfrac{M_W y_1}{\sum y_i^2}$，$N_v=\dfrac{V}{n}$。$y_1$ 为螺栓群中心至最外侧螺栓的垂直距离；y_i 为螺栓群中心至第 i 个螺栓的垂直距离。

连接板与柱连接的双面角焊缝验算式同式（6-6）。

在构件连接节点的设计中，除应验算其弹性阶段的连接强度外，尚应验算弹塑性阶段的极限承载力，钢结构构件连接极限承载力验算要求详见《建筑抗震设计规范》GB 50011—2010（2016 年版）第 8.2.8 条。

本例以某梁柱栓焊刚接节点为例，采用简化设计方法对其弹性阶段进行连接设计验算，其设计验算如下：

（1）节点基本资料

设计依据：

《建筑抗震设计规范》GB 50011—2010（2016 年版）

《钢结构连接节点设计手册》（第四版）

节点类型为：梁箱柱栓焊刚接

梁截面：WH400×200×8×12，材料：Q345

柱截面：BOX-400×16，材料：Q345

腹板螺栓群：10.9 级-M20

螺栓群并列布置：4 行；行间距 70mm；2 列；列间距 70mm；

螺栓群列边距：45mm，行边距 45mm

双侧焊缝，单根计算长度：$l_f=300-2\times9=282$mm

腹板连接板：300mm×160mm，厚：12mm

节点示意图如图 6-30 所示。

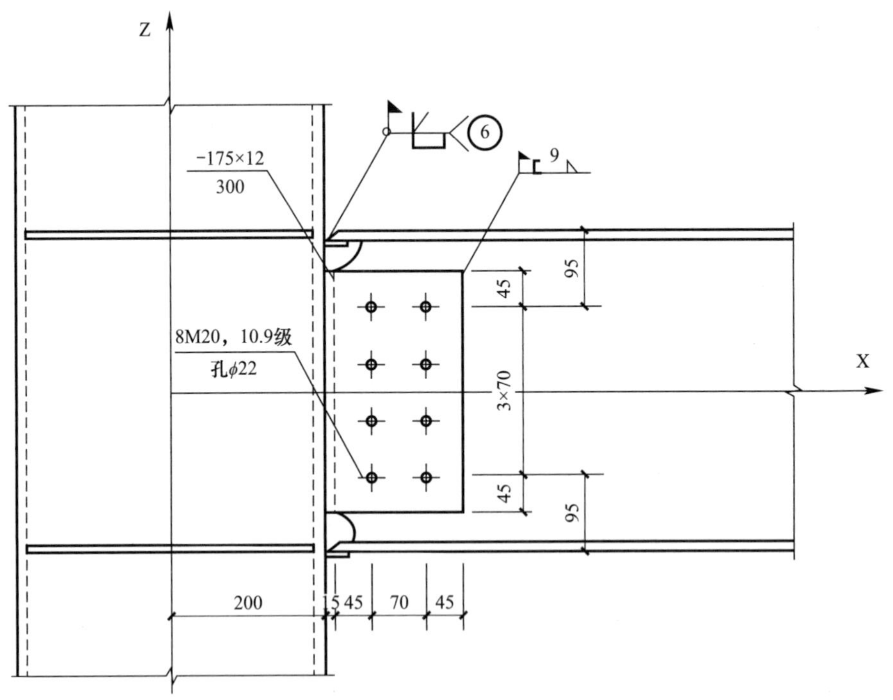

图 6-30　梁柱栓焊刚性连接示意图

（2）内力信息

设计内力：等强内力。

（3）验算结果一览（表 6-7）

验算结果表　　　　表 6-7

验算项	数值	限值	结果
最大拉应力（MPa）	等强内力	—	满足
最小拉应力（MPa）	等强内力	—	满足
承担剪力（kN）	36.8	最大 55.8	满足
列边距（mm）	45	最小 33	满足
列边距（mm）	45	最大 64	满足
外排列间距（mm）	70	最大 96	满足
中排列间距（mm）	70	最大 192	满足
列间距（mm）	70	最小 66	满足
行边距（mm）	45	最小 44	满足
行边距（mm）	45	最大 64	满足
外排行间距（mm）	70	最大 96	满足
中排行间距（mm）	70	最大 192	满足
行间距（mm）	70	最小 66	满足
净截面剪应力比	0.686	1	满足
净截面正应力比	0.000	1	满足
焊缝应力（MPa）	82.7	最大 200	满足
焊脚高度（mm）	9	最小 5	满足

（4）梁柱对接焊缝验算

等强设计，不再进行梁柱对接焊缝承载力验算。

（5）梁柱腹板螺栓群验算

1）螺栓群受力计算

控制工况：梁净截面承载力

梁腹板净截面抗剪承载力：$V_{wn}=[8\times(400-2\times12-4\times24-35-35)]\times175=294\text{kN}$

采用常用设计方法，翼缘承担全部弯矩

腹板分担弯矩：$M_w=0\text{kN}\cdot\text{m}$

2）螺栓群承载力计算

列向剪力：$V=V_z=294\text{kN}$

螺栓采用：10.9 级-M20

螺栓群并列布置：4 行；行间距 70mm；2 列；列间距 70mm

螺栓群列边距：45mm，行边距 45mm

螺栓受剪面个数为 1 个

连接板材料类型为 Q355

螺栓抗剪承载力：$N_{vb}=0.9k_n f\mu P=0.9\times1\times1\times0.4\times155=55.8\text{kN}$

计算右上角边缘螺栓承受的力：

$$N_v = V/8 = 294/8 = 36.75\text{kN}$$

$$N_h = 0\text{kN}$$

螺栓群对中心的坐标平方和：$S=\sum x^2+\sum y^2=58800\text{mm}^2$

$N_{mx}=0\text{kN}$

$N_{my}=0\text{kN}$

$N=[(|N_{mx}|+|N_h|)^2+(|N_{my}|+|N_v|)^2]^{0.5}$

$=[(0+0)^2+(0+36.75)^2]^{0.5}=36.75\text{kN}\leqslant 55.8\text{kN}$,满足

3）螺栓群构造检查（单位：mm）

列边距为 45，最小限值为 33，满足！

列边距为 45，最大限值为 64，满足！

外排列间距为 70，最大限值为 96，满足！

中排列间距为 70，最大限值为 192，满足！

列间距为 70，最小限值为 66，满足！

行边距为 45，最小限值为 44，满足！

行边距为 45，最大限值为 64，满足！

外排行间距为 70，最大限值为 96，满足！

中排行间距为 70，最大限值为 192，满足！

行间距为 70，最小限值为 66，满足！

（6）腹板连接板计算

连接板剪力：$V_l=V_z=294\text{kN}$

采用两种不同的连接板

连接板 1 截面宽度为：$B_{l1}=300\text{mm}$

连接板 1 截面厚度为：$T_{l1}=12\text{mm}$

连接板 1 有 2 块

连接板 2 截面宽度为：$B_{l2}=300\text{mm}$

连接板 2 截面厚度为：$T_{l2}=12\text{mm}$

连接板材料抗剪强度为：$f_v=175\text{N/mm}^2$

连接板材料抗拉强度为：$f=305\text{N/mm}^2$

连接板全面积：$A=B_l\times T_l=300\times12\times10^{-2}=36\text{cm}^2$

开洞总面积：$A_0=4\times24\times12\times10^{-2}=11.52\text{cm}^2$

连接板净面积：$A_n=A-A_0=36-11.52=24.48\text{cm}^2$

连接板净截面平均剪应力计算：

$\tau=V_l/A_n=294/24.48\times10=120.098\text{N/mm}^2\leqslant f_v=175\text{N/mm}^2$，满足！

连接板净截面正应力计算：

按《钢结构设计标准》GB 50017—2017 公式（8.1.1）计算：

$\sigma=N_l/A_n+M_l/W_n=(0/24.48)\times10+0/132591.36\times10^6=0\text{N/mm}^2\leqslant f=305\text{N/mm}^2$，满足

(7) 梁柱角焊缝验算

1) 角焊缝受力计算

控制工况：梁净截面承载力

梁腹板净截面抗剪承载力：$V_{wn}=8\times(400-2\times12-4\times24-35-35)\times175=294\text{kN}$

采用常用设计方法，翼缘承担全部弯矩

腹板分担弯矩：$M_w=0\text{kN}\cdot\text{m}$

2) 角焊缝承载力验算

焊缝受力：$N=N_w=0\text{kN}$；$V=294\text{kN}$；$M=0\text{kN}\cdot\text{m}$

焊脚高度：$h_f=9\text{mm}$

角焊缝有效焊脚高度：$h_e=0.7\times9=6.3\text{mm}$

双侧焊缝，单根计算长度：$l_f=300-2\times9=282\text{mm}$

强度设计值：$f=200\text{N/mm}^2$

$A=2\times l_f\times h_e=2\times282\times6.3=3553.2\text{mm}^2$

$\tau=V/A=294/35.532\times10=82.742\text{N/mm}^2$

综合应力：$\sigma=\tau=82.742\text{N/mm}^2\leqslant200\text{N/mm}^2$，满足

3) 角焊缝构造检查

角焊缝连接板最大厚度：$T_{max}=12\text{mm}$

构造要求最小焊脚高度：$h_{fmin}=5\text{mm}\leqslant9\text{mm}$，满足!

7. 梁铰接节点设计

梁与梁的铰接连接，通常指次梁与主梁的简支连接，节点设计时可参照图集《多、高层民用建筑钢结构节点构造详图》16G519。如图 6-31 所示的单板连接，由于主梁腹板在节点附近未作加强处理，主要用于次梁内力比较小的情形。

与此类似的还有将次梁与主梁加劲肋连接（图 6-32），两侧加劲肋增加了主梁腹板局部稳定性，是一种常用的主次梁连接方式；用连接板将次梁腹板与主梁的连接（图 6-33）主要用于主梁翼缘较窄无法排布高强度螺栓的情形。图 6-33 中连接板一般为两块。

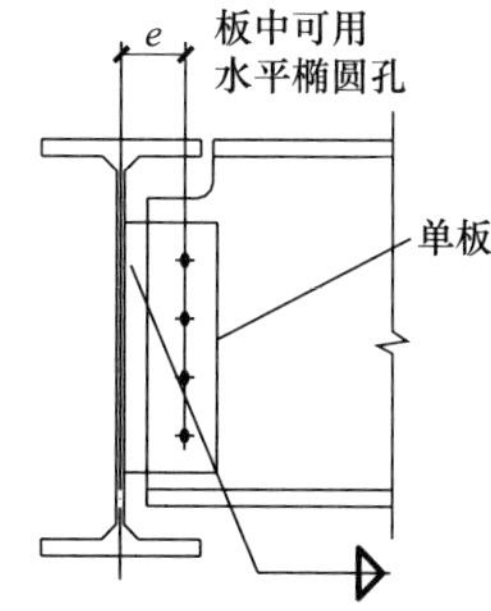

图 6-31　单板连接

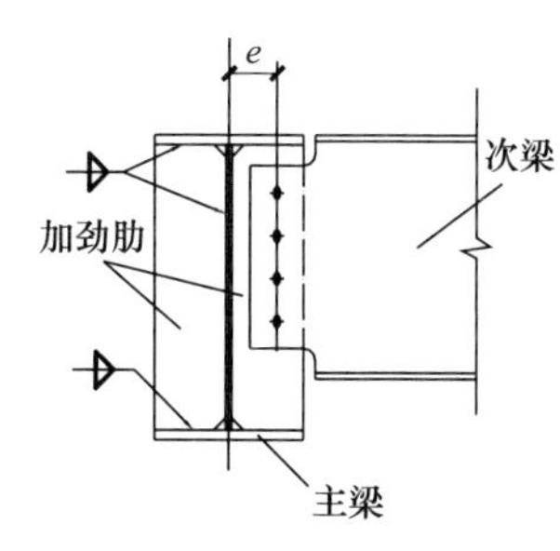
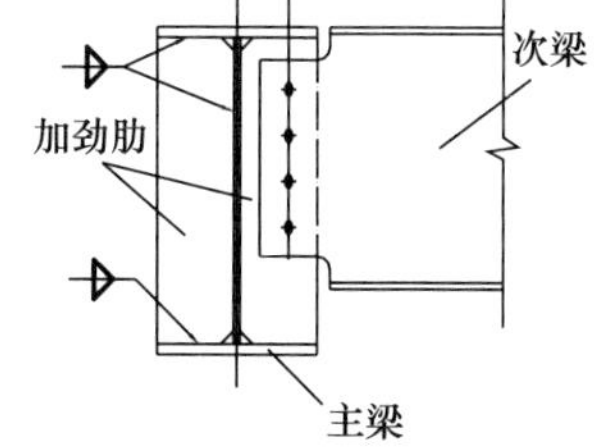

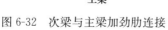

图 6-32　次梁与主梁加劲肋连接

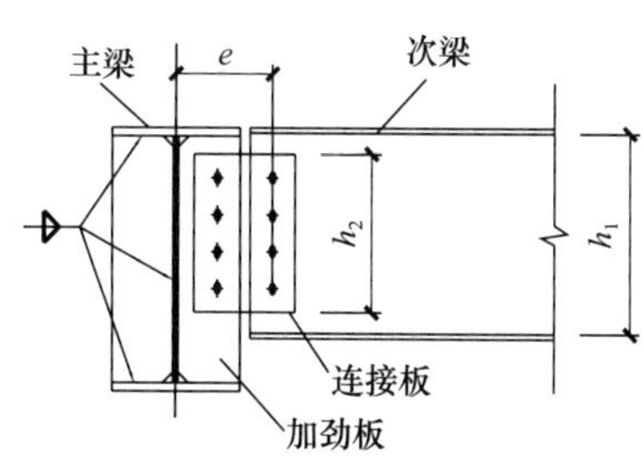

图 6-33　连接板连接

下面以结构中某主次梁铰接连接节点为例，详细介绍其设计验算流程。

(1) 节点基本资料

设计依据：

《钢结构设计标准》GB 50017—2017

《钢结构连接节点设计手册》（第四版）

节点类型：梁梁侧接螺栓铰接

梁截面：HN350×175×7×11，材料：Q345

主梁截面：HN400×200×8×13，材料：Q345

腹板螺栓群：10.9 级-M16

螺栓群并列布置：5 行；行间距 55mm；1 列

螺栓群列边距：35mm，行边距 35mm

双侧焊缝，单根计算长度：$l_f=334-2\times5=324$mm

腹板连接板：290mm×70mm，厚：8mm

间距：$a=5$mm

节点示意图如图 6-34 所示。

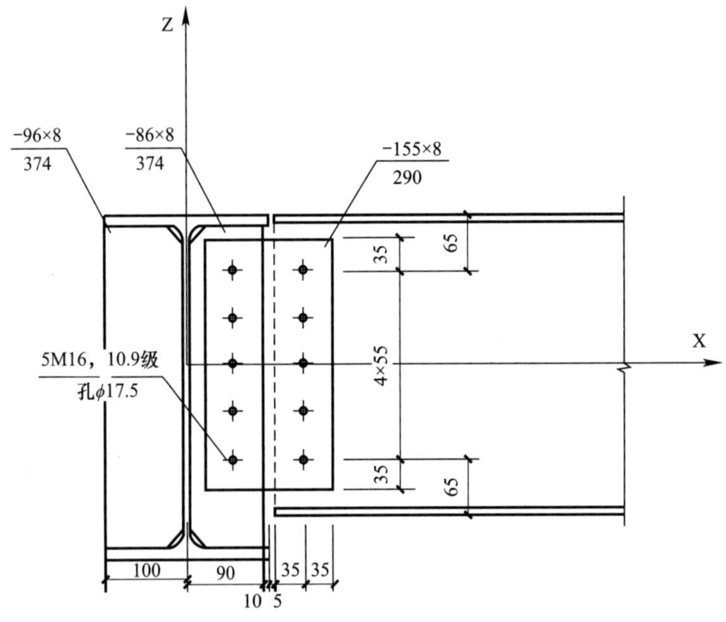

图 6-34　双侧螺栓连接铰接示意图

（2）内力信息

设计内力：组合工况内力设计值见表 6-8。

组合工况内力设计值　　　　**表 6-8**

工况	N_x(kN)	V_z(kN)	抗震
组合工况 1	0.0	100.0	否

（3）验算结果一览（表 6-9）

节点计算结果表　　　　**表 6-9**

验算项	数值	限值	结果
承担剪力（kN）	70.9	最大 72.0	满足

续表

验算项	数值	限值	结果
列边距（mm）	35	最小 26	满足
列边距（mm）	35	最大 64	满足
行边距（mm）	35	最小 35	满足
行边距（mm）	35	最大 64	满足
外排行间距（mm）	55	最大 96	满足
中排行间距（mm）	55	最大 192	满足
行间距（mm）	55	最小 53	满足
净截面剪应力比	0.188	1	满足
净截面正应力比	0.292	1	满足
焊缝应力（MPa）	104	最大 200	满足
焊脚高度（mm）	5	最小 5	满足
剪应力（MPa）	62.7	最大 175	满足
正应力（MPa）	0	最大 305	满足

（4）腹板螺栓群验算

1）螺栓群受力计算

控制工况：组合工况 1，$N_x=0$kN；$V_z=100$kN

次梁腹板螺栓群中心对剪力作用点（取主梁腹板）偏心：$e=200/2+5+70/2=140$mm

螺栓群偏心弯矩：$M=V_z\times e=100\times140\times10^{-3}=14$kN·m

2）腹板螺栓群承载力计算

列向剪力：$V=V_z=100$kN

平面内弯矩：$M=14$kN·m

螺栓采用：10.9 级-M16

螺栓群并列布置：5 行；行间距 55mm；1 列；

螺栓群列边距：35mm，行边距 35mm

螺栓受剪面个数为 2 个

连接板材料类型为 Q355

螺栓抗剪承载力：$N_{vb}=0.9k_n f\mu P=0.9\times1\times2\times0.4\times100=72$kN

计算右上角边缘螺栓承受的力：

$$N_v=V/5=100/5=20\text{kN}$$

$$N_h=0\text{kN}$$

螺栓群对中心的坐标平方和：$S=\sum x_2+\sum y_2=30250\text{mm}^2$

$N_{mx}=14\times55\times(5-1)/2/30250\times103=50.909$kN

$N_{my}=14\times55\times(1-1)/2/30250\times103=0$kN

$N=[(|N_{mx}|+|N_h|)\times2+(|N_{my}|+|N_v|)\times2]\times0.5$

$\quad=[(50.909+0)\times2+(0+20)\times2]\times0.5=70.909\text{kN}\leqslant72\text{kN}$，满足

3）腹板螺栓群构造检查（单位：mm）

列边距为 35，最小限值为 26，满足！

列边距为 35，最大限值为 64，满足！

行边距为 35，最小限值为 35，满足！

行边距为 35，最大限值为 64，满足！

外排行间距为 55，最大限值为 96，满足！

中排行间距为 55，最大限值为 192，满足！

行间距为 55，最小限值为 53，满足！

（5）腹板连接板计算

腹板连接板受力计算

控制工况：同腹板螺栓群（内力计算参上）

连接板剪力：$V_l=V_z=100\text{kN}$

连接板弯矩：$M_l=M_w=14\text{kN}\cdot\text{m}$

采用一样的两块连接板

连接板截面宽度为：$B_l=290\text{mm}$

连接板截面厚度为：$T_l=8\text{mm}$

连接板材料抗剪强度为：$f_v=175\text{N/mm}^2$

连接板材料抗拉强度为：$f=305\text{N/mm}^2$

连接板全面积：$A=B_l\cdot T_l\cdot 2=290\times 8\times 2\times 10^{-2}=46.4\text{cm}^2$

开洞总面积：$A_0=5\times 20\times 8\times 2\times 10^{-2}=16\text{cm}^2$

连接板净面积：$A_n=A-A_0=46.4-16=30.4\text{cm}^2$

连接板净截面平均剪应力计算：

$\tau=V_l/A_n=100/30.4\times 10=32.895\text{N/mm}^2\leqslant f_v=175\text{N/mm}^2$，满足！

连接板净截面正应力计算：

按《钢结构设计标准》GB 50017—2017 公式（8.1.1）计算：

$\sigma=N_l/A_n+M_l/W_n=(0/30.4)\times 10+14/157140.23\times 10^6=89.092\text{N/mm}^2\leqslant f=305$，满足！

（6）加劲肋角焊缝验算

1）角焊缝受力计算

控制工况同腹板螺栓群，其受力计算参上

2）角焊缝承载力验算

焊缝受力：$N=N_w=0\text{kN}$；$V=100\text{kN}$；$M=14\text{kN}\cdot\text{m}$

焊脚高度：$h_f=5\text{mm}$

角焊缝有效焊脚高度：$h_e=0.7\times 5=3.5\text{mm}$

双侧焊缝，单根计算长度：$l_f=334-2\times 5=324\text{mm}$

强度设计值：$f=200\text{N/mm}^2$

$A=2\cdot l_f\cdot h_e=2\times 324\times 3.5=2268\text{mm}^2$

$W=2\cdot l_{f2}\cdot h_e/6=2\times 324^2\times 3.5/6\times 10^{-3}=122.472\text{cm}^3$

$\sigma_M=|M|/W=|14|/122.472\times 10^3=114.312\text{N/mm}^2$

$\tau = V/A = 100/22.68 \times 10 = 44.092\text{N/mm}^2$

未直接承受动力荷载，取正面角焊缝的强度设计值增大系数：$\beta_f = 1.22$

综合应力：$\sigma = [(\sigma_M/\beta_f)^2 + \tau^2]^{0.5}$

$= [(114.312/1.22)^2 + 44.092^2]^{0.5} = 103.554\text{N/mm}^2 \leqslant 200\text{N/mm}^2$，满足

3）角焊缝构造检查

角焊缝连接板最大厚度：$T_{max} = 8\text{mm}$

构造要求最小焊脚高度：$h_{fmin} = 5\text{mm} \leqslant 5\text{mm}$，满足！

（7）梁腹净截面承载力验算

1）梁腹净截面抗剪验算

控制工况：组合工况1，$V_z = 100\text{kN}$

腹板净高：$h_0 = 350 - 11 - 11 - 5 \times 20 = 228\text{mm}$

腹板剪应力：$\tau = V/(h_0 \cdot T_w) = 100000/(228 \times 7) = 62.657 \leqslant 175\text{N/mm}^2$，满足

2）梁腹净截面抗弯验算

无偏心弯矩作用，抗弯应力为0，满足！

8. 柱脚节点设计

多层和高层钢结构中的刚性柱脚，按构造形式可分为：

① 外露式柱脚；

② 埋入式柱脚；

③ 外包式柱脚。

一般高层钢结构框架柱的柱脚宜采用埋入式或外包式柱脚。

（1）外露式柱脚

由柱脚锚栓固定的外露式柱脚，在弯矩和轴力作用下，存在钢柱根部截面先屈服和柱脚先屈服两种情况。由于柱脚受弯时的性能主要由锚栓性能决定，而多数情况下由锚栓屈服所决定的塑性弯矩较小，锚栓往往在其未削弱部分尚未达到屈服前，螺纹部分就已发生断裂，难以有充分的塑性发展。这就意味着当钢柱截面较大时，要设计大于钢柱截面抗弯承载力的柱脚较为困难。对于抗震设防的单层钢结构厂房，当采用外露式柱脚时，要求柱脚承载力不宜小于柱截面塑性屈服承载力的1.2倍。对于要求6、7度抗震设防且高度在50m以下的多高层钢结构房屋，当采用外露式柱脚时，则要求柱脚与基础连接的极限承载力$M_{u,base} \geqslant \alpha M_{pc}$，以实现“强连接、弱构件”的设计原则；其中$M_{pc}$为考虑轴力影响时柱的塑性受弯承载力；$\alpha$为连接系数，取$\alpha = 1.1$.

综上所述可知，当柱脚承受的地震作用较大时，采用外露式柱脚是不适宜的。

（2）埋入式柱脚

刚性固定埋入式柱脚是直接将钢柱埋入钢筋混凝土基础或基础梁的柱脚。其埋入办法：一种是预先将钢柱脚按要求组装固定在设计标高上，然后浇灌基础或基础梁的混凝土；另一种是预先按要求浇灌基础或基础梁的混凝土，在浇灌混凝土时，按要求留出安装钢柱脚用的插入杯口，待安装好钢柱脚后，再用混凝土强度等级比基础高一级的混凝土灌实。通常情况下，前一种方法对提高和确保钢柱脚和钢筋混凝土基础或基础梁的组合效应和整体刚度有利，所以在工程实际中多被采用。

（3）外包式柱脚

外包式柱脚，就是按一定的要求将钢柱脚采用钢筋混凝土包起来。外包式柱脚的设定位置，有在楼、地面之上的，也有在楼、地面之下的，这应视具体情况而定。

设计外包式柱脚的包脚钢筋混凝土部分时应注意：

① 弯曲屈服在先，剪切屈服在后，其极限抗弯承载力应高于钢柱的全塑性弯矩；

② 在基础梁形成塑性铰时，尚未达到其极限承载力；

③ 包脚钢筋混凝土部分的垂直纵向主筋，要有足够的锚固长度，而且在顶部要设弯钩。

外包式柱脚的钢筋混凝土包脚高度，截面尺寸和箍筋配置（特别是顶部加强箍筋），对柱脚的内力传递和恢复力特性起着重要的作用。因此，设计中应使混凝土的包脚有足够的高度和足够的保护层厚度，并要适当配置补强箍筋，且其细部尺寸尚应符合构造上的要求。

本工程采用埋入式柱脚，其计算验证过程如下：

（1）节点基本资料

设计依据：

《建筑抗震设计规范》GB 50011—2010（2016 年版）

《钢结构连接节点设计手册》（第四版）

《钢结构设计手册》（第四版）

节点类型：箱柱埋入刚接

柱截面：BOX-300×20，材料：Q235

柱全截面与底板采用对接焊缝，焊缝等级为：二级，采用引弧板；

底板尺寸：$L\times B=500\text{mm}\times 500\text{mm}$，厚：$T=20\text{mm}$

锚栓信息：个数为 4

采用锚栓：双螺母弯钩锚栓库_Q235-M20

方形锚栓垫板尺寸（mm）：$B\times T=70\times 20$

底板下混凝土采用 C30

基础梁混凝土采用 C30

基础埋深：1.5m

栓钉生产标准：《电弧螺柱焊用圆柱头焊钉》GB/T 10433

栓钉极限抗拉强度设计值：$f_u=400\text{N/mm}^2$

沿 Y 向栓钉采用：M19×80

行向排列：200mm×7

列向排列：100mm×2

沿 X 向栓钉采用：M19×80

行向排列：200mm×7

列向排列：100mm×2

实配钢筋：4HRBF400_22+10HRBF400_16+10HRBF400_16

近似取 X 向钢筋保护层厚度：$C_x=30\text{mm}$

近似取 Y 向钢筋保护层厚度：$C_y=30\text{mm}$

埋入式锚栓计算简图见图 6-35。

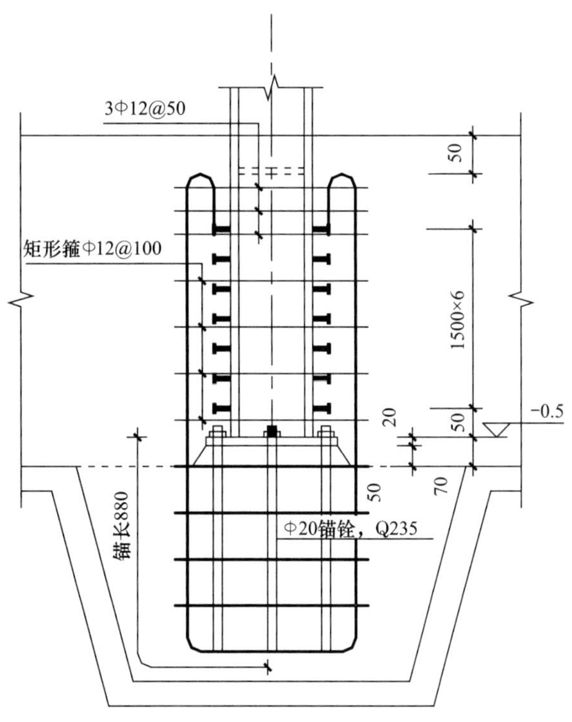

图 6-35　埋入式锚栓计算简图

（2）内力信息

设计内力：组合工况内力设计值见表 6-10。

组合内力设计值　　**表 6-10**

工况	N_z(kN)	V_x(kN)	V_y(kN)	M_x(kN·m)	M_y(kN·m)	抗震
组合工况 1	−2200.0	50.0	50.0	200.0	200.0	否

（3）验算结果一览（表 6-11）

柱脚验算结果表　　**表 6-11**

验算项	数值	限值	结果
底板下混凝土最大压应力（MPa）	8.80	最大 18.6	满足
锚栓锚固长度（mm）	600	最小 500	满足
X 向承担剪力（kN）	277	最大 279	满足
X 向压应力（MPa）	1.42	最大 14.3	满足
Y 向承担剪力（kN）	277	最大 450	满足
Y 向压应力（MPa）	1.42	最大 14.3	满足
沿 X 向抗剪应力比	50.4	最大 79.4	满足
X 向栓钉直径（mm）	19.0	最小 16.0	满足
X 向列间距（mm）	100	最大 200	满足
X 向列间距（mm）	76.0	最大 200	满足

续表

验算项	数值	限值	结果
X 向行间距（mm）	200	最大 200	满足
X 向行间距（mm）	200	最小 114	满足
X 向边距（mm）	100	最小为 29.5	满足
Y 向栓钉直径（mm）	19.0	最小 16.0	满足
Y 向列间距（mm）	100	最大 200	满足
Y 向列间距（mm）	76.0	最大 200	满足
Y 向行间距（mm）	200	最大 200	满足
Y 向行间距（mm）	200	最小 114	满足
Y 向边距（mm）	100	最小为 29.5	满足
绕 Y 轴承载力比值	0.53	最大 1.00	满足
绕 X 轴承载力比值	0.24	最大 1.00	满足
X 向中部纵筋直径（mm）	16.0	最小 12.0	满足
Y 向中部纵筋直径（mm）	16.0	最小 12.0	满足
角部部纵筋直径（mm）	22.0	最小 12.0	满足
箍筋间距（mm）	80.0	最大 250	满足
箍筋直径（mm）	10.0	最小 10.0	满足
柱脚埋入深度（mm）	1500	最小 450	满足

（4）底板下混凝土局部承压验算

控制工况：组合工况 1，$N_z=-2200$kN（受压）

底板面积：$A=L\times B=500\times 500\times 10^{-2}=2500\text{cm}^2$

局部受压面积：$A_l=500\times 500\times 10^{-2}=2500\text{cm}^2$

局部受压计算区域 X 向扩伸量：$b_x=\min(500，150)=150$mm

局部受压计算区域 Y 向扩伸量：$b_y=\min(500，150)=150$mm

局部受压计算面积：$A_b=(500+2\times 150)\times(500+2\times 150\times 10^{-2})=4225\text{cm}^2$

混凝土局部受压的强度提高系数：

$$\beta_l=(A_b/A_l)^{0.5}=(4225/2500)^{0.5}=1.3$$

底板承受的压力为：$N=2200$kN

底板下混凝土压应力：$\sigma_c=2200/2500\times 10=8.8\text{N/mm}^2\leqslant 1.3\times 14.3=18.59\text{N/mm}^2$，满足

（5）柱对接焊缝验算

柱截面与底板采用全对接焊缝，强度满足要求

（6）锚栓锚固长度验算

锚栓锚固长度最小值 $l_{a_min}=25\times d=25\times 20=500$mm

锚栓锚固长度 $l_a=600\text{mm}\geqslant 500$mm，满足要求。

(7) 端部X向抗剪验算

1) X向基本参数

柱子X向截面高度：$h_c=300mm$

X向受压翼缘宽度：$b_f=300mm$

柱子X向翼缘厚度：$t_f=40mm$

柱子X向腹板厚度：$t_w=40mm$

柱子腹板弯角半径：$r=20mm$

基础梁混凝土强度等级：C30

弹性模量：$E_c=30000N/mm^2$

抗压强度：$f_c=14.3N/mm^2$

抗拉强度：$f_t=1.43N/mm^2$

基础埋置深度：$d=1.5m$

水平加劲肋厚度：$t_s=8mm$

加劲肋中心到混凝土顶面距离：$d_s=50mm$

2) X向抗剪验算

基础梁抗剪面积：$A_{cs}=1950cm^2$

柱脚上部加劲肋有效承压宽度 $b_{e,s}$ 计算：

$$b_{e,s}=2\times t_f+2\times t_s=2\times 40+2\times 8=96mm$$

柱腹板的有效承压宽度 $b_{e,w}$ 计算：

$$b_{e,w}=2\times t_f+2\times r+t_w=2\times 40+2\times 20+40=160mm$$

钢柱承压区的承压力合力到混凝土顶面的距离 d_c 计算：

$$\begin{aligned}d_c&=(b_f\times b_{e,s}\times d_s+d\times d\times b_{e,w}/8-b_{e,s}\times b_{e,w}\times d_s)/(b_f\times b_{e,s}+d\times b_{e,w}/2-b_{e,s}\times b_{e,w})\\&=(300\times 96\times 50+1500\times 1500\times 160/8-96\times 160\times 50)/(300\times 96+1500\times 160/2-96\times 160)\\&=342.266mm\end{aligned}$$

柱子反弯点距离混凝土顶面高度 h_0 计算：

最大抵抗剪力：$V_{cap}=A_{cs}\times f_t=1950\times 1.43/10=278.85kN$

$$h_0=M_y/V_x=200/50\times 1000=4000mm$$

承受剪力：$V=(h_0+d_c)\times V_x/(3\times d/4-d_c)=(4000+342.266)\times 50/(3\times 1500/4-342.266)=277.378kN\leqslant 278.85N/mm^2$，满足

3) X向承压验算

混凝土承压力：

$$\begin{aligned}\sigma&=(2\times h_0/d+1)\times\{1+[1+1/(2\times h_0/d+1)^2]^{0.5}\}\times V/b_f/d\\&=(2\times 4000/1500+1)\times\{1+[1+1/(2\times 4000/1500+1)^2]^{0.5}\}\times 50/300/1500\times 10^3\\&=1.416N/mm^2\leqslant 14.3N/mm^2\text{,满足}\end{aligned}$$

(8) 端部Y向抗剪验算

1) Y向基本参数

柱子Y向截面高度：$h_c=300mm$

Y向受压翼缘宽度：$b_f=300mm$

柱子Y向翼缘厚度：$t_f=40mm$

柱子 Y 向腹板厚度：$t_w=40mm$

柱子腹板弯角半径：$r=20mm$

2）Y 向抗剪验算

基础梁抗剪面积：$A_{cs}=3150cm^2$

柱脚上部加劲肋有效承压宽度 $b_{e,s}$ 计算：

$$b_{e,s}=2\times t_f+2\times t_s=2\times 40+2\times 8=96mm$$

柱腹板的有效承压宽度 $b_{e,w}$ 计算：

$$b_{e,w}=2\times t_f+2\times r+t_w=2\times 40+2\times 20+40=160mm$$

钢柱承压区的承压力合力到混凝土顶面的距离 d_c 计算：

$$d_c=(b_f\times b_{e,s}\times d_s+d\times d\times b_{e,w}/8-b_{e,s}\times b_{e,w}\times d_s)/(b_f\times b_{e,s}+d\times b_{e,w}/2-b_{e,s}\times b_{e,w})$$
$$=(300\times 96\times 50+1500\times 1500\times 160/8-96\times 160\times 50)/(300\times 96+1500\times 160/2-96\times 160)$$
$$=342.266mm$$

柱子反弯点距离混凝土顶面高度 h_0 计算：

最大抵抗剪力：$V_{cap}=A_{cs}\times f_t=3150\times 1.43/10=450.45kN$

$$h_0=M_x/V_y=200/50\times 1000=4000mm$$

承受剪力：$V=(h_0+d_c)\times V_y/(3\times d/4-d_c)=(4000+342.266)\times 50/(3\times 1500/4-342.266)=277.378kN\leqslant 450.45N/mm^2$，满足

3）Y 向承压验算

混凝土承压力：

$$\sigma=(2\times h_0/d+1)\times[1+(1+1/(2\times h_0/d+1)^2)^{0.5}]\times V/b_f/d$$
$$=(2\times 4000/1500+1)\times[1+(1+1/(2\times 4000/1500+1)^2)^{0.5}]\times 50/300/1500\times 10^3$$
$$=1.416N/mm^2\leqslant 14.3N/mm^2\text{，满足}$$

（9）栓钉验算

栓钉生产标准：《电弧螺柱焊用圆柱头焊钉》GB/T 10433

栓钉极限抗拉强度设计值：$f_u=400N/mm^2$

沿 Y 向栓钉采用：M19×80

行向排列：200mm×7

列向排列：100mm×2

沿 X 向栓钉采用：M19×80

行向排列：200mm×7

列向排列：100mm×2

1）沿 Y 向栓钉验算

承载力验算控制工况：组合工况 1

控制内力：$N=-2200kN$，$M_y=200kN\cdot m$，$V_x=50kN$

顶部箍筋处弯矩设计值：$M_{yu}=|200+0.05\times 50|=202.5kN\cdot m$

X 向截面高度：$h_x=300mm$

X 向翼缘厚度：$t_x=20mm$

沿 Y 向一侧栓钉承担的翼缘轴力：

$$N_f=202.5/(300-20)\times 10^3=723.214kN$$

单个栓钉受剪承载力设计值计算：

栓钉钉杆面积：

$$A_s=\pi d^2/4=3.142\times19^2/4=283.529\text{mm}^2$$

$$\begin{aligned}N_{vs1}&=0.43\times A_s\times(E_c\times f_c)^{0.5}\\&=0.43\times283.529\times429000^{0.5}\times10^{-3}\\&=79.854\text{kN}\end{aligned}$$

$$N_{vs2}=0.7\times A_s\times f_u=0.7\times283.529\times400\times10^{-3}=79.388\text{kN}$$

$$N_{vs}=\min(N_{vs1},N_{vs2})=79.388\text{kN}$$

沿 Y 向单根栓钉承受剪力：

$$V-723.214/7/2=51.658\text{kN}$$

2）沿 X 向栓钉验算

承载力验算控制工况：组合工况 1

控制内力：$N=-2200\text{kN}$，$M_x=200\text{kN}\cdot\text{m}$，$V_y=50\text{kN}$

Y 向顶部箍筋处弯矩设计值：$M_{xu}=|200-50\times50|=197.5\text{kN}\cdot\text{m}$

Y 向截面高度：$h_y=300\text{mm}$

Y 向翼缘厚度：$t_y=20\text{mm}$

沿 X 向一侧栓钉承担的翼缘轴力：

$$N_{fy}=197.5/(300-20)\times10^3=705.357\text{kN}$$

单个栓钉受剪承载力设计值计算：

栓钉钉杆面积：

$$A_s=\pi d^2/4=3.142\times19^2/4=283.529\text{mm}^2$$

$$\begin{aligned}N_{vs1}&=0.43\times A_s\times(E_c\times f_c)^{0.5}\\&=0.43\times283.529\times429000^{0.5}\times10^{-3}\\&=79.854\text{kN}\end{aligned}$$

$$N_{vs2}=0.7\times A_s\times f_u=0.7\times283.529\times400\times10^{-3}=79.388\text{kN}$$

$$N_{vs}=\min(N_{vs1},\ N_{vs2})=79.388\text{kN}$$

沿 X 向单根栓钉承受剪力：

$$V=705.357/7/2=50.383\text{kN}$$

$\leqslant79.388\text{N/mm}^2$，满足

（10）钢筋验算

根据《钢结构设计手册》（第四版）13.8.4 节

箍筋直径 $d_{sv}=10\text{mm}\geqslant10\text{mm}$，满足要求

箍筋间距 $s=80\text{mm}\leqslant250\text{mm}$，满足要求

（11）柱脚埋入钢筋混凝土深度验算

X 向承载力验算控制工况：组合工况 1

埋入深度验算：

$$\begin{aligned}&V/b_f/d+2M/b_f/d^2+1/2\times[(2V/b_f/d+4M/b_f/d^2)^2+4V^2/b_f^2/d^2]^{0.5}\\&=50/0.3/1.5+2\times200/0.3/1.5^2+1/2\times[(2\times50/0.3/1.5+4\times200/0.3/1.5^2)^2+\\&\quad4\times50^2/0.3^2/1.5^2]^{0.5}\end{aligned}$$

$=1416\text{kN/m}^2=1.416\text{N/mm}^2 \leqslant f_c=14.3\text{N/mm}^2$，合格

Y 向承载力验算控制工况：组合工况 1

埋入深度验算：

$$V/b_f/d+2M/b_f/d^2+1/2\times[(2V/b_f/d+4M/b_f/d^2)^2+4V^2/b_f^2/d^2]^{0.5}$$

$$=50/0.3/1.5+2\times200/0.3/1.5^2+1/2\times[(2\times50/0.3/1.5+4\times200/0.3/1.5^2)^2+4\times50^2/0.3^2/1.5^2]^{0.5}$$

$=1416\text{kN/m}^2=1.416\text{N/mm}^2 \leqslant f_c=14.3\text{N/mm}^2$，合格

钢柱插入杯口最小深度验算：$d=1500\text{mm}>1.5h_c=1.5\times300=450\text{mm}$，合格

在实际设计中，考虑放大安全系数的影响，钢筋配置往往加大，本例在计算的基础上，最终设计图如图 6-36 所示。

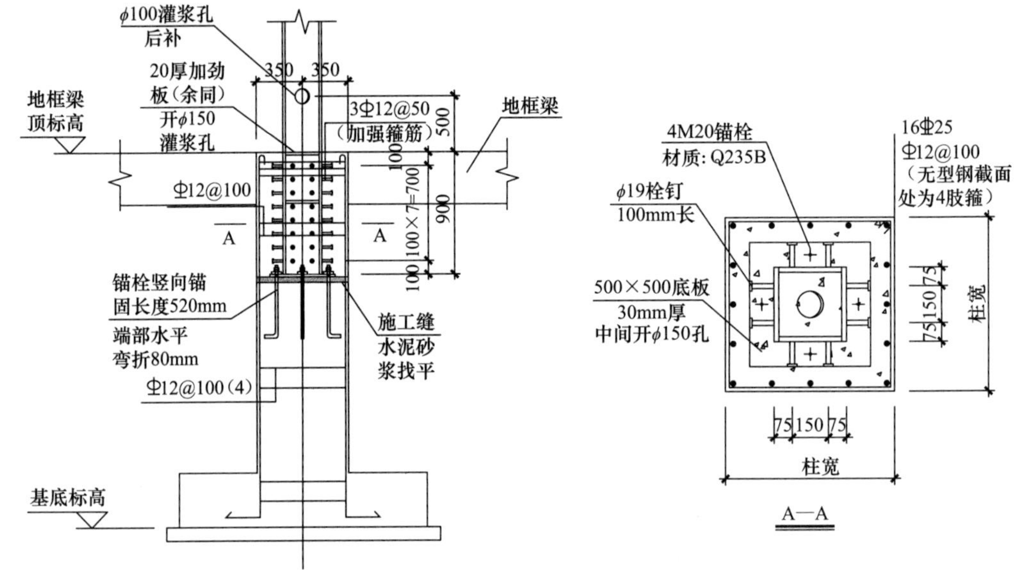

图 6-36 埋入式柱脚设计图

6.1.6 施工图绘制

多层钢结构设计施工图主要包括结构设计总说明，柱平面布置图，结构平面布置图，支撑布置图，柱梁截面选用表，节点详图等。

设计总说明主要介绍多层钢结构的设计意图、主要的设计技术原则及安装加工制作的要求，主要内容一般有：

（1）设计依据。

（2）自然条件：

基本风压；基本雪压；抗震设防烈度；建筑物安全等级；人防设防等级要求；

地基和基础设计依据的岩土工程勘察报告、场地土类别、地下水埋深等。

（3）钢材和连接材料的选用：

各部分构件选用的钢材牌号、标准及其性能要求；

焊接材料牌号、标准及其性能要求；

高强度螺栓连接形式、性能等级；

焊接栓钉的钢号、标准及规格；

楼板用压型钢板的型号。

（4）制作和安装要求。

（5）钢结构构件的防腐涂装要求。

（6）钢结构构件的防火要求。

（7）其他有关说明。

本工程结构平面图如图6-37所示。

施工图中钢结构构件的截面一般采用列表方法表示。多高层钢结构柱构件截面表的横向为柱构件编号，表的竖向为楼层数，表示柱截面尺寸，并显示出柱截面形式。应表示柱安装单元沿竖向的分段起止标高的划分，并表示钢结构柱构件截面壁厚改变的位置标高。梁构件截面表的横向分别为梁构件编号、截面尺寸和备注需要说明的问题。

节点图用以表示各构件之间相互连接关系及其构造特点，图中应注明各相关尺寸。对比较复杂的节点，应以局部放大的剖面图表示各构件的相互关系，节点图中包括梁与柱的刚性连接、铰接连接；主梁与次梁的铰接连接；柱与柱之间的拼接接头；支撑与梁、柱相连的焊接节点等。对连接图中连接板的厚度和数量、高强度螺栓的规格和数量、角焊缝的焊脚尺寸一般可列表表示，如图6-38所示。其他图纸可查看本书1.5节的内容。

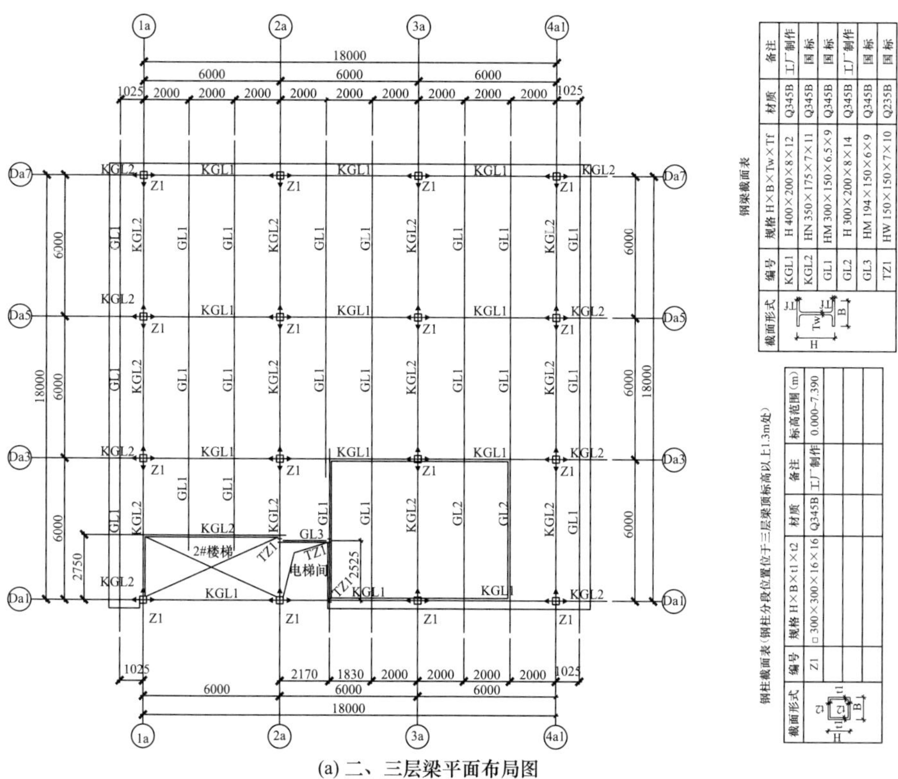

钢梁截面表

截面形式	编号	规格 H×B×Tw×Tf	材质	备注
	KGL1	H 400×200×8×12	Q345B	工厂制作
	KGL2	HN 350×175×7×11	Q345B	国标
	GL1	HM 300×150×6.5×9	Q345B	国标
	GL2	H 300×200×8×14	Q345B	工厂制作
	GL3	HM 194×150×6×9	Q345B	国标
	TZ1	HW 150×150×7×10	Q235B	国标

钢柱截面表（钢柱分段位置位于三层梁顶标高以上1.3m处）

截面形式	编号	规格 H×B×t1×t2	材质	备注	标高范围（m）
	Z1	□300×300×16×16	Q345B	工厂制作	0.000~7.390

(a) 二、三层梁平面布局图

图6-37　结构梁平面布置图（一）

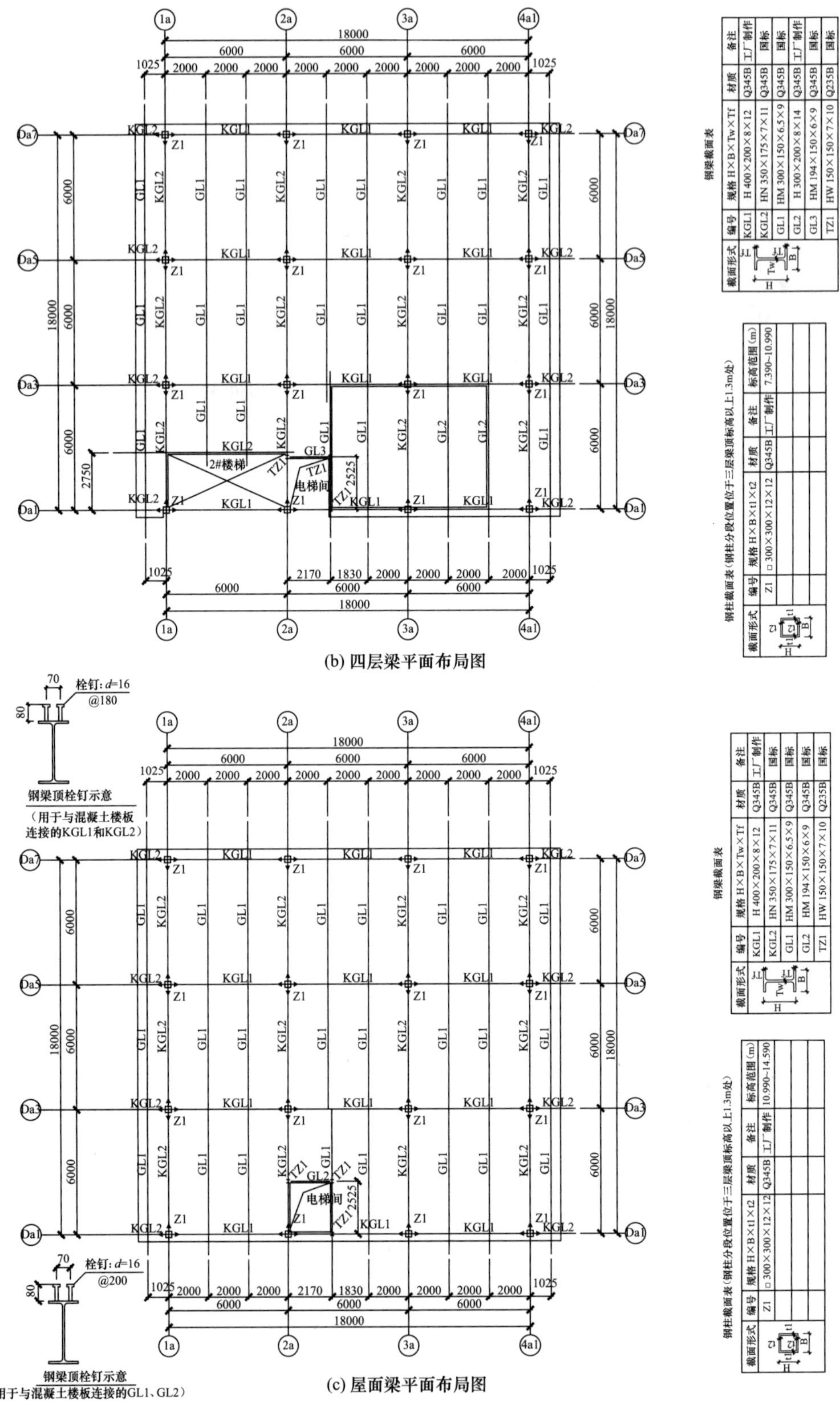

钢梁截面表

截面形式	编号	规格 H×B×Tw×Tf	材质	备注
	KGL1	H 400×200×8×12	Q345B	工厂制作
	KGL2	HN 350×175×7×11	Q345B	国标
	GL1	HM 300×150×6.5×9	Q345B	国标
	GL2	H 300×200×8×14	Q345B	工厂制作
	GL3	HM 194×150×6×9	Q345B	国标
	TZ1	HW 150×150×7×10	Q235B	国标

钢柱截面表（钢柱分段位置位于三层梁顶标高以上1.3m处）

截面形式	编号	规格 H×B×t1×t2	材质	备注	标高范围（m）
	Z1	□ 300×300×12×12	Q345B	工厂制作	7.390~10.990

(b) 四层梁平面布局图

钢梁截面表

截面形式	编号	规格 H×B×Tw×Tf	材质	备注
	KGL1	H 400×200×8×12	Q345B	工厂制作
	KGL2	HN 350×175×7×11	Q345B	国标
	GL1	HM 300×150×6.5×9	Q345B	国标
	GL2	HM 194×150×6×9	Q345B	国标
	TZ1	HW 150×150×7×10	Q235B	国标

钢柱截面表（钢柱分段位置位于三层梁顶标高以上1.3m处）

截面形式	编号	规格 H×B×t1×t2	材质	备注	标高范围（m）
	Z1	□ 300×300×12×12	Q345B	工厂制作	10.990~14.590

(c) 屋面梁平面布局图

图 6-37　结构梁平面布置图（二）

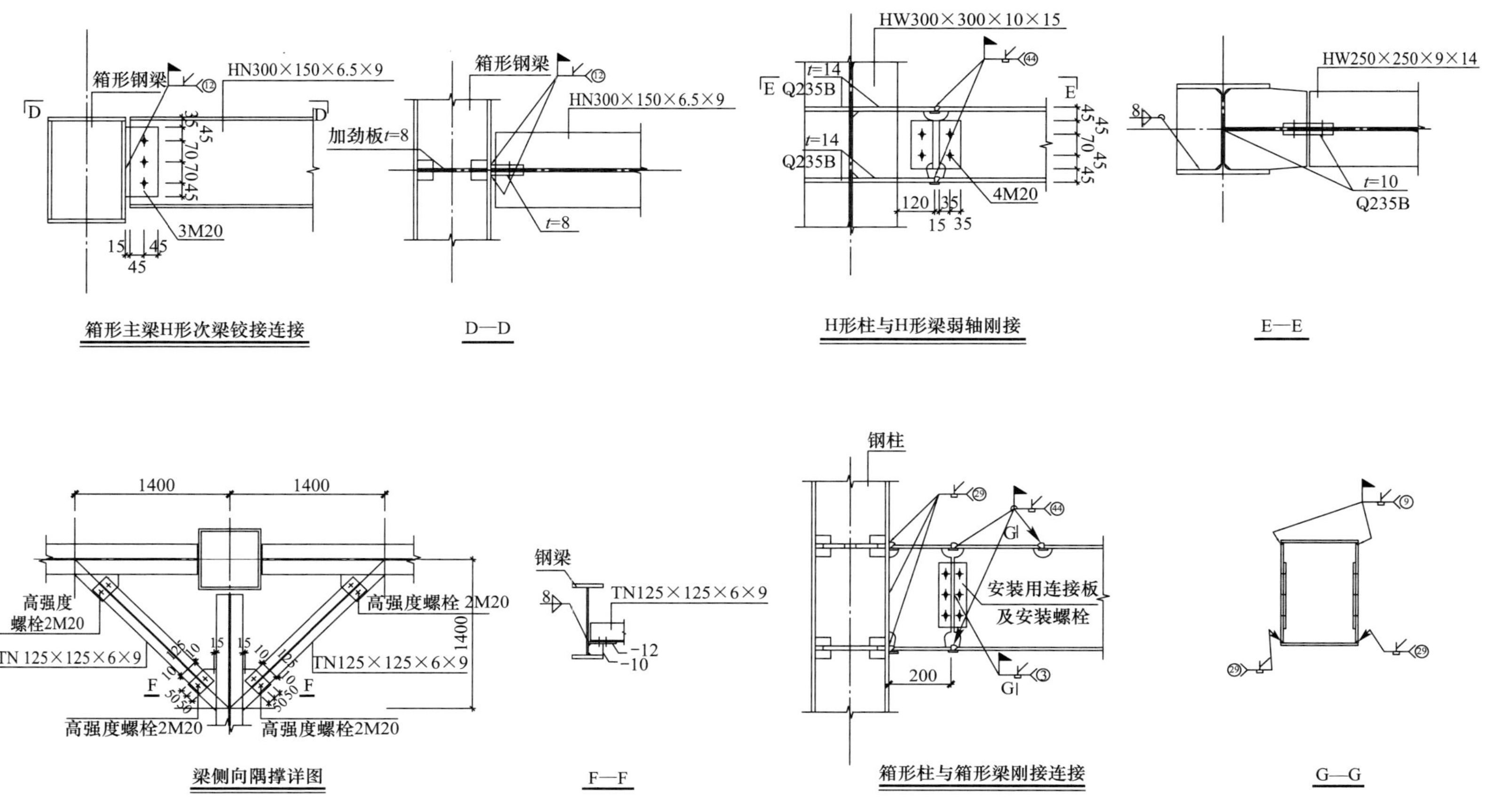

图 6-38　某钢结构工程节点详图（一）

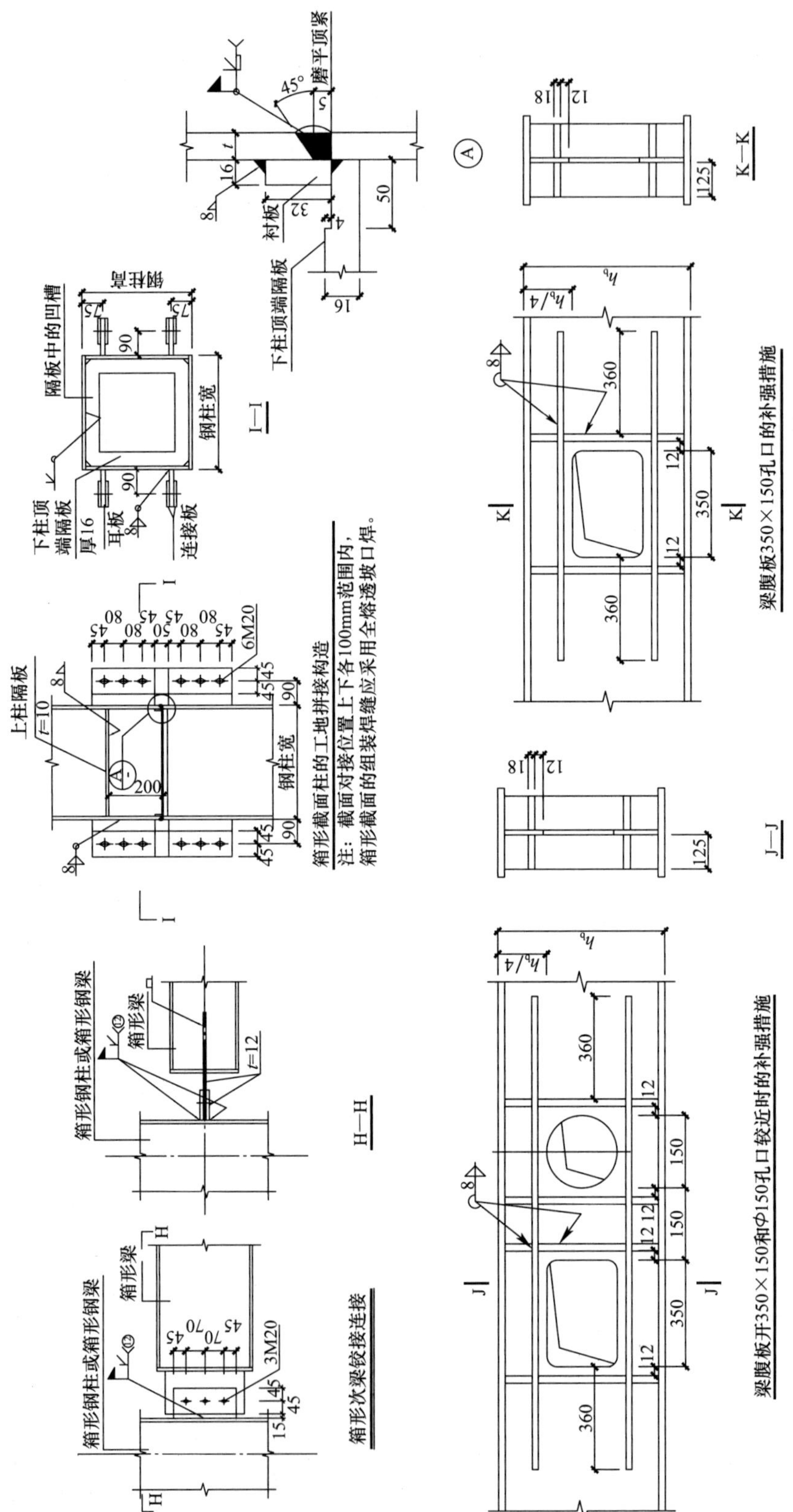

图 6-38 某钢结构工程节点详图（二）

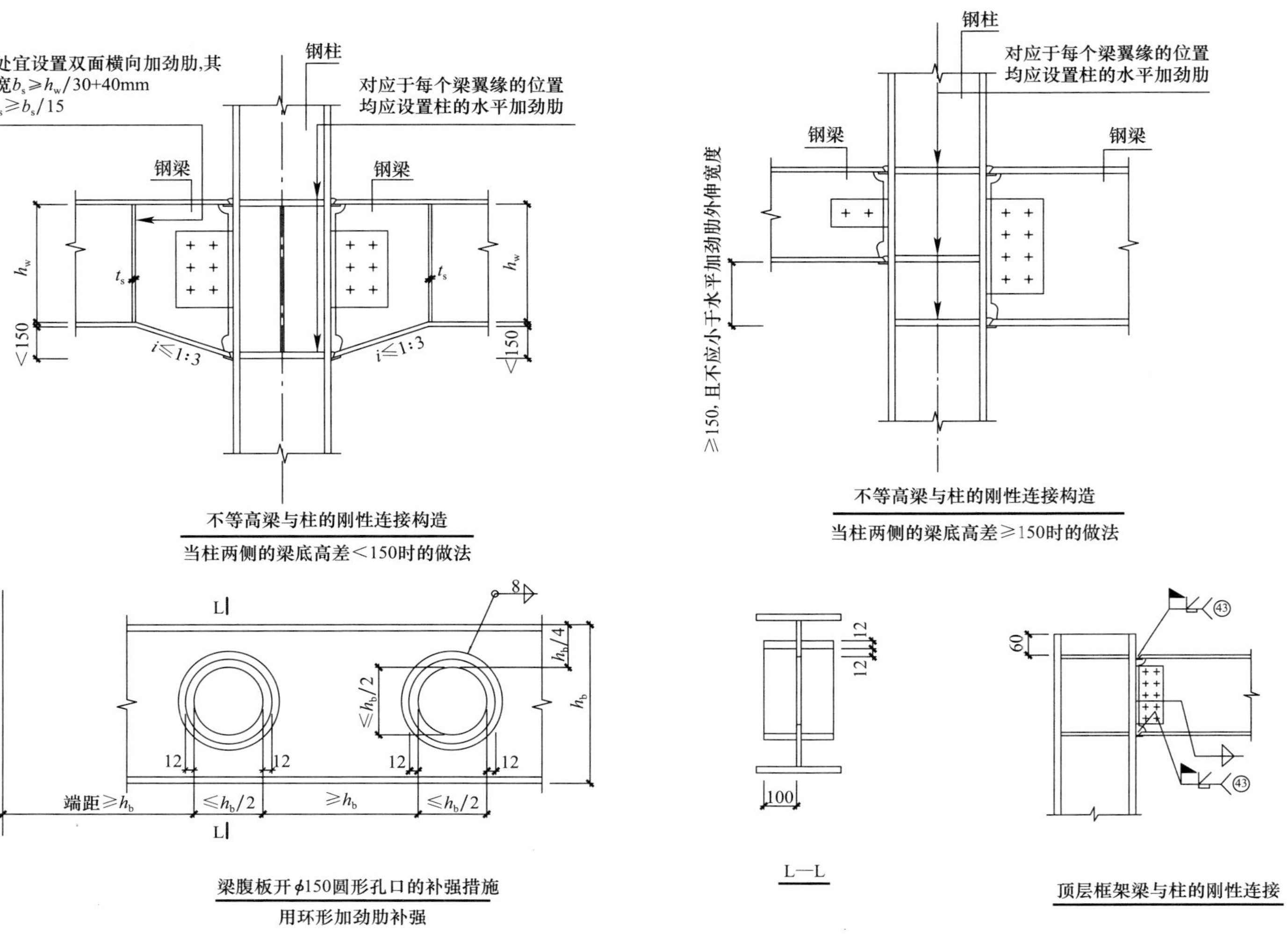

图 6-38　某钢结构工程节点详图（三）

6.2 某高层钢结构办公楼

由6.1节内容我们知道，根据《高层民用建筑钢结构技术规程》JGJ 99—2015，10层及10层以上或房屋高度大于28m的住宅建筑以及高度大于24m的其他类型民用建筑为高层建筑。当建筑物的层数较少，高度较小时，竖向荷载起控制作用；当建筑物的层数较多，高度较大时，水平荷载逐渐起控制作用；因此，结构体系除了设置承担竖向荷载的体系外，还应设置承担水平荷载的体系。本节以北京某高层钢结构办公楼为例，介绍高层钢结构的设计思路，重点分析框架-支撑结构体系在本建筑中的应用。高层钢结构的整体设计流程如图6-39所示。

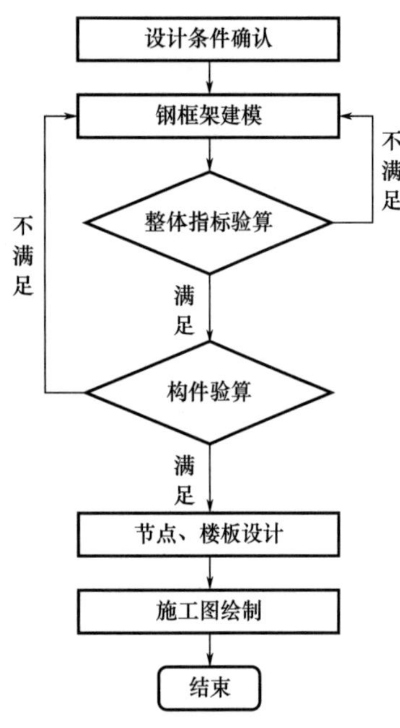

图6-39 高层钢结构设计流程

该办公楼位于北京市海淀区，占地4703m²，总建筑面积24265m²，是一座国际化标准的办公楼。大厦地上十二层，地下二层，建筑总高度为54.80m，结构高度为49.5m，地下室埋深为11m。地上一层～十一层为办公用房，十二层为设备机房，地下一层和二层为汽车库。

6.2.1 相关专业配合

因该工程建成后为IT软件企业提供办公所用，业主要求该办公楼具有现代感，即若干年乃至几十年后，使该办公楼建筑看上去仍不落后。因此，当前设计就应考虑采用先进的钢结构形式。

为了满足业主低用钢量高抗震性能的要求，结构体系为钢框架-支撑体系，支撑按人字形中心支撑布置，梁、柱、支撑等构件的截面尺寸都较小，但能满足规范层间位移角1/250的限值。结构刚度要尽可能做柔而耗能，充分发挥钢结构延性好的抗震优点。

分析表明，结构方案采用钢框架-支撑结构体系，可以将结构柱截面控制到最小，同时配合钢梁与钢-混凝土组合楼板的应用，增加了建筑平面及空间的使用率，同时钢结构自重更轻，抗震性能更好。

结构建模时充分考虑建筑设计的因素，尽可能满足其空间布局需求，同时配合暖通水电等方面对结构局部的要求，整体上同各个专业相互配合。

6.2.2 结构选型与结构布置

目前，高层建筑钢结构的结构体系分类，主要是在大量工程实践的基础上，根据不同的建筑高度、不同抗侧力结构对水平荷载效应的适应性，将建筑钢结构体系分为多种。

（1）纯框架结构体系

钢框架结构由钢梁、钢柱以正交或非正交构成。沿房屋的横向和纵向设置，形成双向抗侧力结构，承受竖向荷载和任意方向水平荷载的作用，如图6-40所示。

框架结构在建筑平面设计中具有较大的活性，由于可以采用较大的柱距从而获得较大的使用空间，易于满足多功能的使用要求。结构刚度比较均匀，构造简单，便于施工。结构具有较好的延性，自振周期长，对地震作用不敏感，是较好的抗震结构形式。

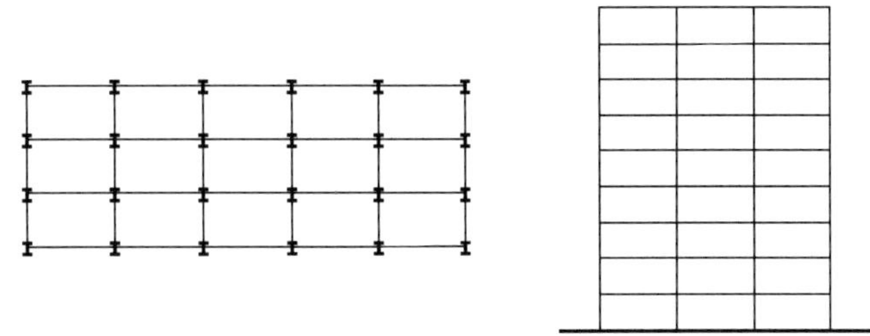

图 6-40　框架结构平面图

框架结构靠钢梁、钢柱的抗弯刚度来提供整体结构的侧向刚度，所以其抗侧力的能力较弱，在水平荷载作用下，结构顶部侧向位移较大，在框架柱内引起的 P-Δ 效应较严重，同时宜使非结构构件损坏。这种变形特点使框架结构体系在使用时建筑高度受到限制。

（2）框架-支撑结构体系

在框架结构的基础上，沿房屋的纵向和横向布置一定数量的支撑就组成了框架-支撑结构体系，如图 6-41 所示。这种结构体系是高层钢结构中应用最多的结构体系之一，其特点是框架和支撑系统协同工作，支撑具有较大的侧向刚度，承担大部分的水平剪力，减小了整体结构的水平位移。在罕遇地震作用下，若支撑系统遭到破坏，可以通过内力重分布使框架结构承担水平力，即所谓的两道抗震设防。

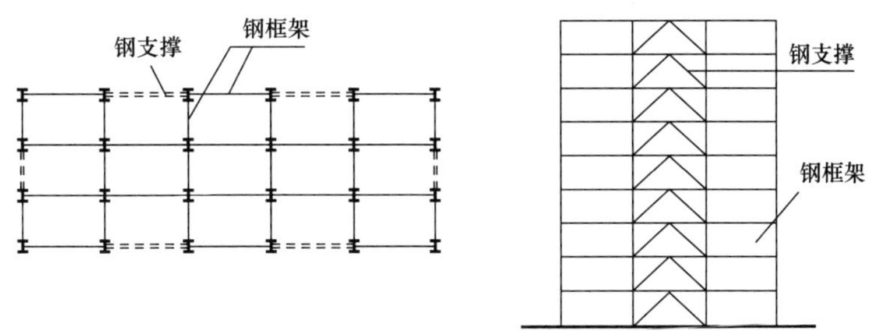

图 6-41　框架-支撑体系

支撑应沿建筑物的两个方向布置，支撑的数量、形式及刚度应根据建筑物的高度、水平力作用情况进行设置。在抗震建筑中，支撑一般在同一竖向柱距内连续布置（图 6-42a），使层间刚度变化比较均匀。当不考虑抗震时，根据建筑物的立面要求，亦可交错布置（图 6-42b）。

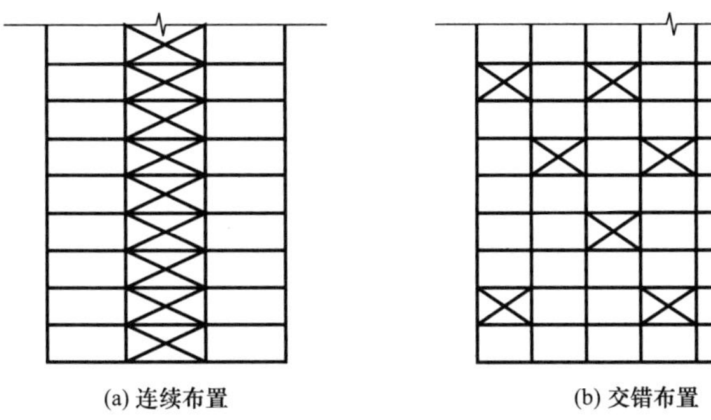

图 6-42　竖向支承的立面布置

支撑桁架的类型有中心支撑和偏心支撑。中心支撑是斜杆与横梁、柱交汇于一点，汇交时无偏心距的影响。根据斜杆的布置形式不同，中心支撑的形式主要有十字交叉斜杆、单斜杆、人字形斜杆、V形斜杆、K形斜杆等，如图6-43所示。在水平地震的往复作用下，斜杆易产生重复压曲而降低受压承载力，尤其是K形斜杆支撑在水平地震的往复作用下，使支承及其节点、相邻的构件产生很大的附加应力，所以对于地震区的建筑，不得采用K形斜杆支撑。为了避免水平地震的往复作用下中心支撑的这一缺点，在地震区的高层建筑可采用偏心支撑。偏心支撑指斜杆与横梁、柱的交点有一段偏心距，此偏心距即为消能梁段。偏心支撑在水平地震的作用下，一是通过消能梁段的非弹性变形进行耗能，二是通过消能梁段剪切屈服在先（同跨的其余两段未屈服），而保护斜杆屈曲在后。偏心支撑的类型如图6-44所示。

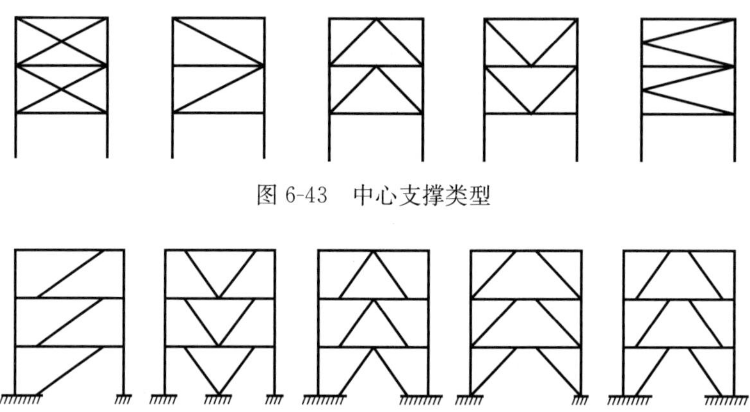

图6-43　中心支撑类型

图6-44　偏心支撑类型

（3）框架-抗震墙结构体系

在框架结构的基础上，沿房屋的纵向和横向布置一定数量的抗震墙就组成了框架-抗震墙结构体系。这种结构的受力特点是整个建筑的竖向荷载由钢框架承担，而水平荷载由钢框架和抗震墙共同承担。由于抗震墙的侧向刚度很大，水平荷载所引起的水平剪力主要有抗震墙承担，而水平荷载所引起的倾覆力矩由钢框架和抗震墙共同承担。这种结构体系既有框架结构的优点，又有较大的侧向刚度，同时还能充分发挥材料的强度作用，具有较好的技术经济指标，可用于40～60层的高层钢结构。

抗震墙按其材料和结构形式可分为钢筋混凝土抗震墙、钢筋混凝土带缝抗震墙和钢板抗震墙。

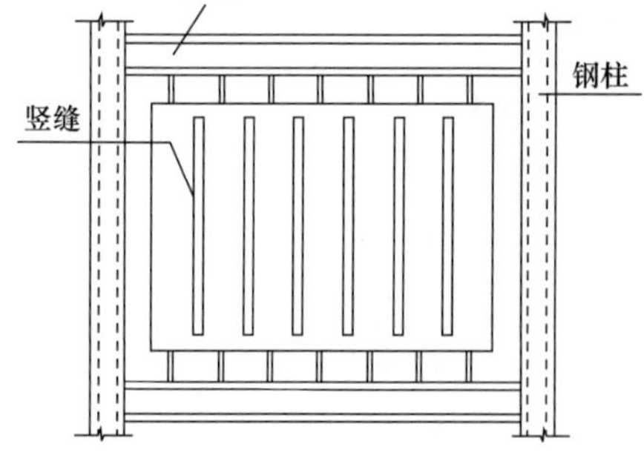

图6-45　带竖缝钢筋混凝土抗震墙

钢筋混凝土抗震墙刚度较大，地震时易发生应力集中，导致墙体产生斜向裂缝而发生脆性破坏。为避免这种现象，可采用带缝抗震墙，即在钢筋混凝土抗震墙中按一定间距设置竖缝，如图6-45所示。这种抗震墙成为并列壁柱，在风荷载和小震下处于弹性阶段，保证结构的使用功能。在强震时并列壁柱进入塑性阶段，能吸收大量地震能量，而继续保持承载力，防止建筑物倒塌。

钢板抗震墙是以钢板（或带加劲肋）作为抗震墙结构，与钢框架组合，起到刚性构件的作用，如图 6-46 所示。在水平刚度相同的条件下，框架-钢板抗震墙结构的耗钢量比纯框架结构要省。钢板厚度一般采用 8～10mm，当建筑物的抗震设防烈度不小于 7 度时，宜在钢板两侧设置纵横两个方向的加劲肋，以防止局部失稳，提高板的临界承载力。当建筑物的抗震设防烈度小于 7 度时，可不设置加劲肋。钢板抗震墙的周边与框架梁、柱连接，一般采用高强度螺栓进行连接。

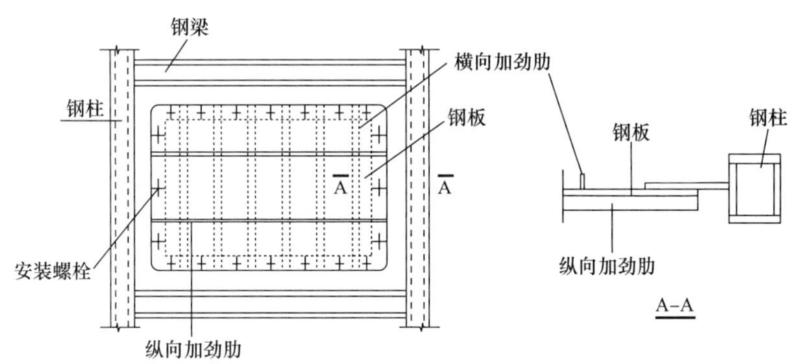

图 6-46　带加劲肋钢板抗震墙

（4）框架-核心筒结构体系

在框架-抗震墙结构体系中，将抗震墙结构设置在建筑平面的内部，以形成封闭的核心筒体，而外围结构采用框架结构，则构成了框架-核心筒结构体系。

框架-核心筒结构体系在布置时，通常结合建筑平面的使用要求。建筑物的电梯间、楼梯间等公用设施服务区常设置在建筑平面的中心部位，在服务区的四周设置办公区。在结构布置上，将服务区作为核心内筒，而办公区的周边设置一圈外框架。核心筒作为主要抗侧力结构，承受全部或大部分水平力，框架部分主要承受建筑物的重力作用。该体系充分综合利用了钢结构的强度高、延性好、施工快和混凝土结构刚度大、成本低、防火性能好的优点，是一种符合我国国情的较好的多高层（特别是高层）建筑结构形式。

（5）筒体结构体系

筒体体系分外框架筒体系、筒中筒体系、束筒体系、外支撑桁架筒体系等。

① 外框架筒体系

外框架筒体系（图 6-47a）由围绕房屋周边的密柱深梁和内部承重框架构成。密柱是指柱子间距不大，一般在 3～4.5m，柱截面亦不大。深梁是指具有较高截面的窗间梁，截面高度在 0.9～1.5m，与密排柱连接在一起，承担全部水平荷载，而各楼层的重力荷载按荷载面积比例分配给内部框架和外围框筒。由于内部框架仅承担重力荷载，所以梁、柱节点可以采用铰接形式。

② 筒中筒体系

筒中筒体系（图 6-47b）由内框筒和外框筒构成，共同抵抗水平荷载，其外框筒多采用密柱深梁的钢框筒，内框筒可采用钢结构或钢筋混凝土结构筒体。筒中筒结构体系是一种空间工作性能更高效的抗侧力体系。

③ 束筒体系

束筒体系（图 6-47c）由两个以上的筒体相连，成为整体性更好、侧向刚度更大的结构体系。由于束筒体系是筒体的组合群，可以组成任何形状，使建筑立面形式更加丰富。

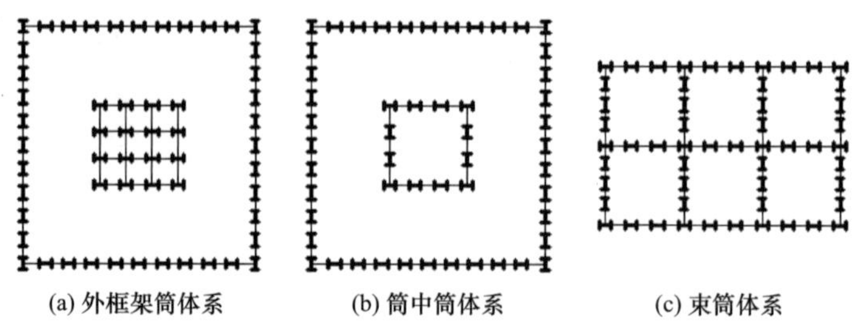

(a) 外框架筒体系　　(b) 筒中筒体系　　(c) 束筒体系

图 6-47　各类筒体结构平面图

该建筑体型规则、基本对称，建筑外形为 47m×38m 的长方形，长方形的中心部位设计为核心筒，由电梯、楼梯、卫生间及管道竖井组成。核心筒外围是开放式办公。用户可以根据自己的需要灵活布置隔断墙。

结构布置基本依据建筑设计，且本建筑结构比较规整。核心筒柱网为（9+9+9）m×9m；外围柱间距为 9m；核心筒柱与外围柱之间跨距为 14m。层高一层、十一层为 5.0m；其余层为 4.2m；顶层设备房、地下一、二层层高为 4.5m。结构建模步骤已在上一节有详细说明，本节不再赘述。其结构平面图和 3D 模型图如图 6-48 所示。

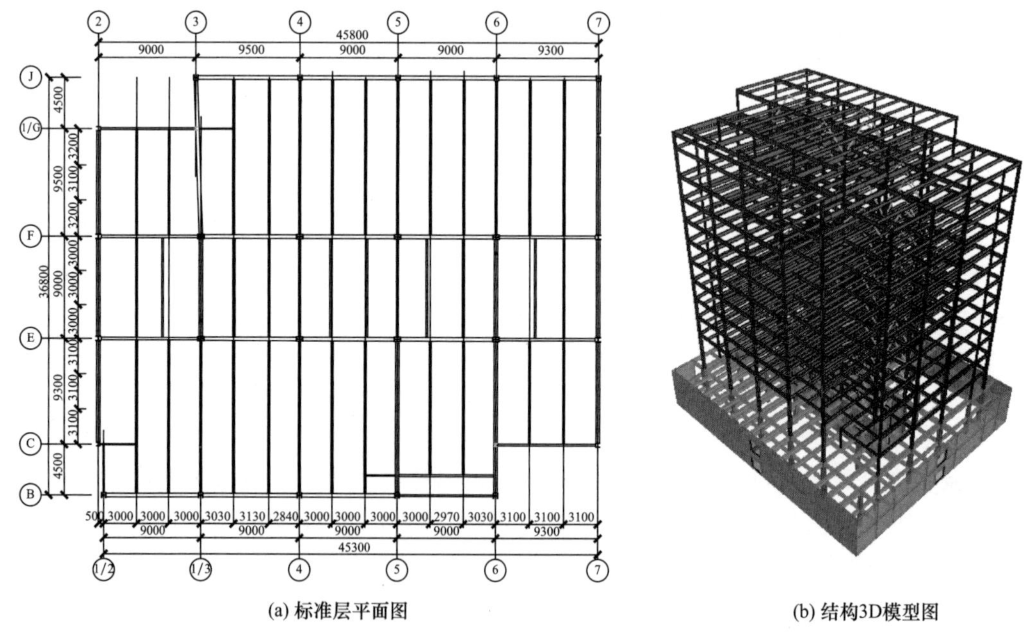

(a) 标准层平面图　　(b) 结构3D模型图

图 6-48　结构模型图

核心筒人字形支撑采用中心支撑方式，依据部位不同分别采用连续布置和交错布置方式，部分布置图如图 6-49 所示。

结构采用埋入式柱脚。

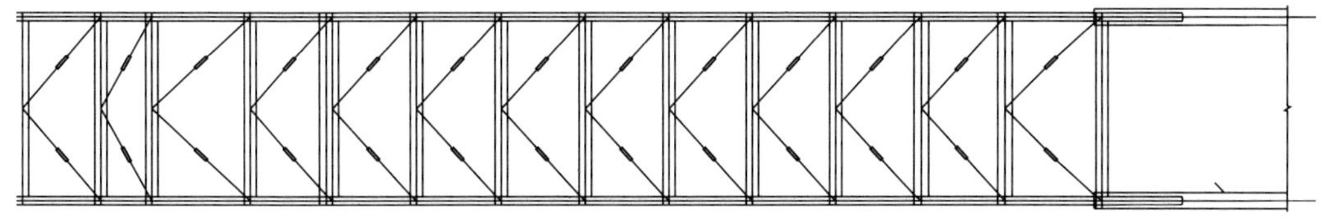

(a) 支撑连续布局图

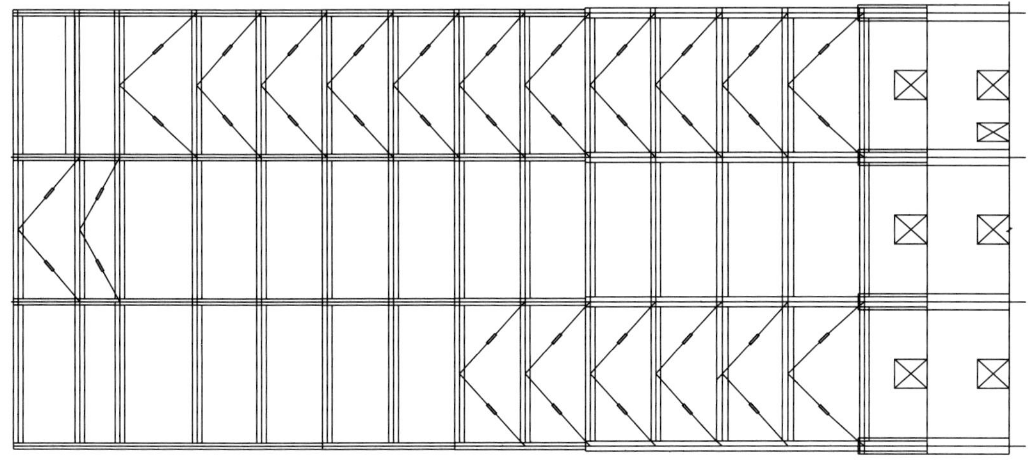

(b) 支撑交错布局图

图 6-49 支撑布置图

6.2.3 预估截面并建立结构模型

结构布置结束后，需对构件截面作初步估算。主要是梁柱和支撑等的断面形状与尺寸的假定。依据本书 6.1.3 节中介绍的方法，对本结构构件截面进行最初选取。

本工程抗震设防烈度 8 度，钢结构抗震等级为三级，框架柱长细比按不大于 $100\sqrt{235/f_{ay}}$ 考虑。根据轴心受压、双向受弯或单向受弯的不同，可选择钢管或 H 型钢截面等；在柱较高或对纵横向刚度有较大要求时，宜采用十字形截面或方管截面，若外观等有特殊需求，亦可采用圆管截面。

设计条件：

抗震设防烈度 8 度，相应的设计基本地震加速度值为 0.20g；建筑场地类别为Ⅲ类；设计地震分组：第一组，特征周期：0.35s，抗震设防类别：标准设防类（丙类）；

结构类型：钢框架-支撑结构。

结构荷载信息如下：

风荷载：0.45kN/m^2

雪荷载：0.40kN/m^2

恒荷载（楼板自重除外）

（1）标准层：

填充结构/50mm 面层　　1.2kN/m^2

隔墙　　1.0kN/m^2

吊顶　　0.6kN/m^2

（2）屋顶机房/机械层：

填充结构/60mm 面层　　　1.5kN/m^2

设备/设备基础　　　　　7.0kN/m^2

吊顶　　　　　　　　　0.6kN/m^2

（3）一层：

硬质结构/填充结构/铺砌　7.0kN/m^2

（4）屋顶花园：

填充结构/铺砌　　　　　2.0kN/m^2

（5）停车场：

填充结构/40mm 面层　　　1.0kN/m^2

（6）活荷载（表 6-12）

活荷载选择值　　　　**表 6-12**

位置/荷载	标准值（kN/m^2）	组合值 Ψ_C	频率值 Ψ_f	准永久值 Ψ_q
办公区	2.0	0.7	0.5	0.4
楼梯、走廊、门厅	2.5	0.7	0.6	0.5
疏散楼梯	3.5	0.7	0.5	0.3
停车库 单向钢筋混凝土板跨度≥2m 轿车 消防车辆	 4.0 35.0	 0.7 0.7	 0.7 0.7	 0.6 0.6
不上人屋面	0.5	0.7	0.5	0
上人屋面	2.0	0.7	0.5	0.4
电梯机房、设备机房	7.0			
屋顶花园	3.0	0.7	0.6	0.5

根据荷载及结构布置情况，结构的梁和柱均采用 H 型钢，其中部分柱采用“日”字形钢柱，柱截面随着所在层数的增高截面逐渐减小，斜撑为 H 型钢杆件，现以结构中某一轴 H 型钢柱、C3 轴“日”字形钢和 B1～B7 截面 H 型钢梁为例，将其初估截面列于表 6-13。

部分构件截面尺寸　　　　**表 6-13**

构件类型	截面参数（mm）	构件类型	截面参数（mm）
“日”字形柱（C3 轴，t=30mm）	1～2 层：660×400×60×60	H 型柱（C1 轴）	9～11 层：H380×395×18×30
	3～4 层：630×400×60×60	H 型钢梁	B1：H720×327×15×24
支撑	1～7 层：H400×300×8×12		B2：H625×200×10×14
	8～11 层：H400×250×8×12		B3：H720×300×15×24
H 型柱（C1 轴）	1～2 层：H550×550×45×60		B4：H720×178×24×24
	3～4 层：H500×450×40×60		B5：H720×228×12×24
	5～6 层：H425×409×32×52		B6：H710×350×14×22
	7～8 层：H399×401×24×39		B7：H710×280×13×22

注：“日”字形柱和 H 型钢截面参数示意图如图 6-50 所示，表格中的截面尺寸便是根据 $H\times B\times t_w\times t_f$ 的方式示意的。

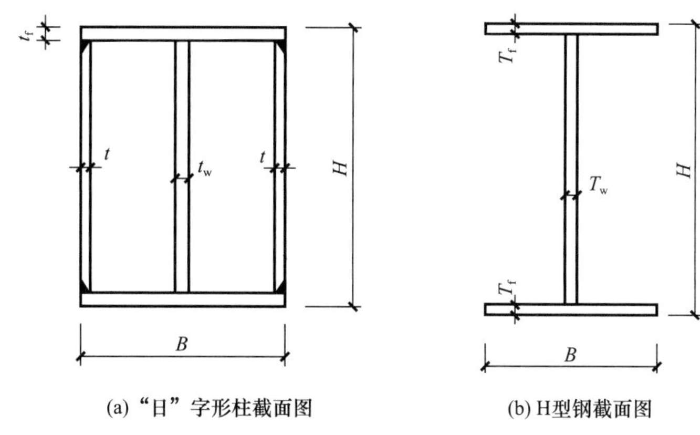

(a)“日”字形柱截面图　　(b) H型钢截面图

图 6-50　构件截面示意图

6.2.4　结构分析与工程判定

本工程采用 PKPM 软件进行结构整体分析。求出结构自振周期、最大层间位移角、结构底部地震总剪力、底部地震作用总倾覆弯矩、剪重比等整体指标。在本书 6.1 节中已详细介绍各计算结果的提取方法，此处直接列举各分析结果，验证结构是否满足规范要求。

1. 结构设计信息

应用 SATWE 结构分析模块，查看结构分析结果。本例结构设计基本信息文本输出结果如下：

建筑结构的总信息

SATWE 中文版

文件名：WMASS. OUT

剪力墙底部加强区信息

剪力墙底部加强区的层和塔的信息

层号　　　　塔号

1　　　　　1

2　　　　　1

各层的质量、质心坐标信息如表 6-14 所示。

结构质量、质心坐标表　　　　表 6-14

层号	塔号	质心（m）X	质心（m）Y	质心（m）Z	恒载质量	活载质量
15	1	20.160	17.699	63.300	697.7	23.4
4	1	22.326	18.621	18.200	1104.5	511.5
3	1	23.991	22.725	14.000	858.3	272.5

活载产生的总质量（t）：　　　　3610.893

恒载产生的总质量（t）：　　　　20181.936

结构的总质量（t）：　　　　23792.828

恒载产生的总质量包括结构自重和外加恒载

结构的总质量包括恒载产生的质量、活载产生的质量、附加质量和自定义工况荷载产生的质量活载产生的总质量、自定义工况荷载产生的总质量是折减后的结果（1t=1000kg）

各层构件数量、构件材料和层高如表 6-15 所示。

结构构件数量、材料、层高表 **表 6-15**

层号	塔号	梁数（混凝土/主筋）	柱数（混凝土/主筋）	墙数（混凝土/主筋）	层高（m）	累计高度（m）
3	1	117（30/300）	27（30/300）	0（30/300）	5.000	14.000
4	1	120（30/300）	26（30/300）	0（30/300）	4.200	18.200
15	1	95（30/300）	21（30/300）	0（30/300）	3.950	63.300

风荷载信息如表 6-16 所示。

风荷载信息表 **表 6-16**

层号	塔号	风荷载 X	剪力 X	倾覆弯矩 X	风荷载 Y	剪力 Y	倾覆弯矩 Y
15	1	150.59	150.6	594.8	203.14	203.1	802.4
4	1	82.98	1628.4	48837.5	102.49	2014.9	60638.1
3	1	88.58	1717.0	57422.3	109.65	2124.6	71261.1

各层刚心、偏心率、相邻层侧移刚度比等计算信息

Floor No：层号

Tower No：塔号

Xstif，Ystif：刚心的 X，Y 坐标值

Alf：层刚性主轴的方向

Xmass，Ymass：质心的 X，Y 坐标值

Gmass：总质量

Eex，Eey：X，Y 方向的偏心率

Ratx，Raty：X，Y 方向本层塔侧移刚度与下一层相应塔侧移刚度的比值

Ratx1，Raty1：X，Y 方向本层塔侧移刚度与上一层相应塔侧移刚度 70%的比值，或上三层平均侧移刚度 80%的比值中之较小者（《建筑抗震设计规范》GB 50011—2010（2016 年版）刚度比）

Ratx2，Raty2：X，Y 方向的刚度比，对于非广东地区分框架结构和非框架结构，框架结构刚度比与《建筑抗震设计规范》GB 50011—2010（2016 年版）类似，非框架结构为考虑层高修正的刚度比；对于广东地区为考虑层高修正的刚度比（《高层民用建筑钢结构技术规程》JGJ 99 刚度比）

RJX1，RJY1，RJZ1：结构总体坐标系中塔的侧移刚度和扭转刚度（剪切刚度）

RJX3，RJY3，RJZ3：结构总体坐标系中塔的侧移刚度和扭转刚度（地震剪力与地震层间位移的比）

Floor No. 3　　Tower No. 1

Xstif=22.4612(m)　　Ystif=18.3200(m)　　Alf=−0.0002(Degree)

Xmass=23.9907(m)　　Ymass=22.7253(m)　　Gmass(活荷折减)=1403.2906(1130.8202)(t)

Eex=0.0942　　Eey=0.1557

Ratx=0.0286　　Raty=0.0385

Ratx1=1.5120　　　　　Raty1=1.7123

薄弱层地震剪力放大系数=1.00

RJX1=4.6542E+06(kNm)　RJY1=4.6334E+06(kNm)　RJZ1=0.0000E+00(kNm)

RJX3=9.9026E+05(kN/m)　RJY3=7.5710E+05(kN/m)　RJZ3=0.0000E+00(kN/m)

Floor No. 9　　　　　Tower No. 1

Xstif=22.6440(m)　　　Ystif=18.3258(m)　　　Alf=−0.0003(Degree)

Xmass=22.3745(m)　　　Ymass=18.6151(m)　　　Gmass(活荷折减)=1354.0895 (1198.2903)(t)

Eex=0.0162　　　　　Eey=0.0152

Ratx=0.7987　　　　　Raty=0.8102

Ratx1=1.5365　　　　　Raty1=1.5704

薄弱层地震剪力放大系数=1.00

RJX1=2.9546E+06(kN/m)　RJY1=2.9546E+06(kN/m)　RJZ1=0.0000E+00(kN/m)

RJX3=4.7734E+05(kN/m)　RJY3=3.1878E+05(kN/m)　RJZ3=0.0000E+00(kN/m)

结构整体稳定验算结果如表6-17所示。

结构整体稳定验算结果表　　　　**表6-17**

层号	X向刚度	Y向刚度	层高	上部重量	X刚重比	Y刚重比
3	0.990E+06	0.757E+06	5.00	219185	22.59	17.27
8	0.606E+06	0.360E+06	4.20	118342	21.52	12.77
15	0.538E+06	0.139E+06	3.95	9027	235.17	60.60

工况	验算公式	验算值
EX	EJd/GH^2	2.1
EY	EJd/GH^2	3.1

该结构刚重比 $D_i \times H_i / G_i$ 大于10，能够通过《高层民用建筑钢结构技术规程》JGJ 99第5.4.4条的整体稳定验算。

楼层抗剪承载力、及承载力比值

Ratio_Bu：表示本层与上一层的承载力之比，如表6-18所示。

结构相邻层承载力之比　　　　**表6-18**

层号	塔号	X向承载力	Y向承载力	Ratio_Bu	X，Y
15	1	0.1273E+05	0.1016E+04	1.00	1.00
3	1	0.3209E+05	0.2776E+05	0.80	0.80

【设计知识及规范链接】

建筑结构的总信息内容主要包括：结构计算前的用户输入信息（包含输入参数和计算模型中各层的质量、质心坐标信息、层高等），风荷载信息，计算信息，各层刚心、偏心率，相邻层侧移刚度比等计算信息，结构整体稳定演算结果，楼层抗剪承载力及承载力比值。

建筑结构的总信息中，结构计算前的用户输入信息应逐一核对查看，此处着重介绍以下几点：

（1）结构计算前的用户输入信息（图 6-51）：此中特别注意核对各输入参数，特别注意“剪力墙底部加强区信息”，此参数对前模型中剪力墙加强区布置及后施工图绘制时加强区剪力墙构造检查范围的依据，程序自动按《高层建筑混凝土结构技术规程》JGJ 3—2010 中第 7.1.9 条计算。

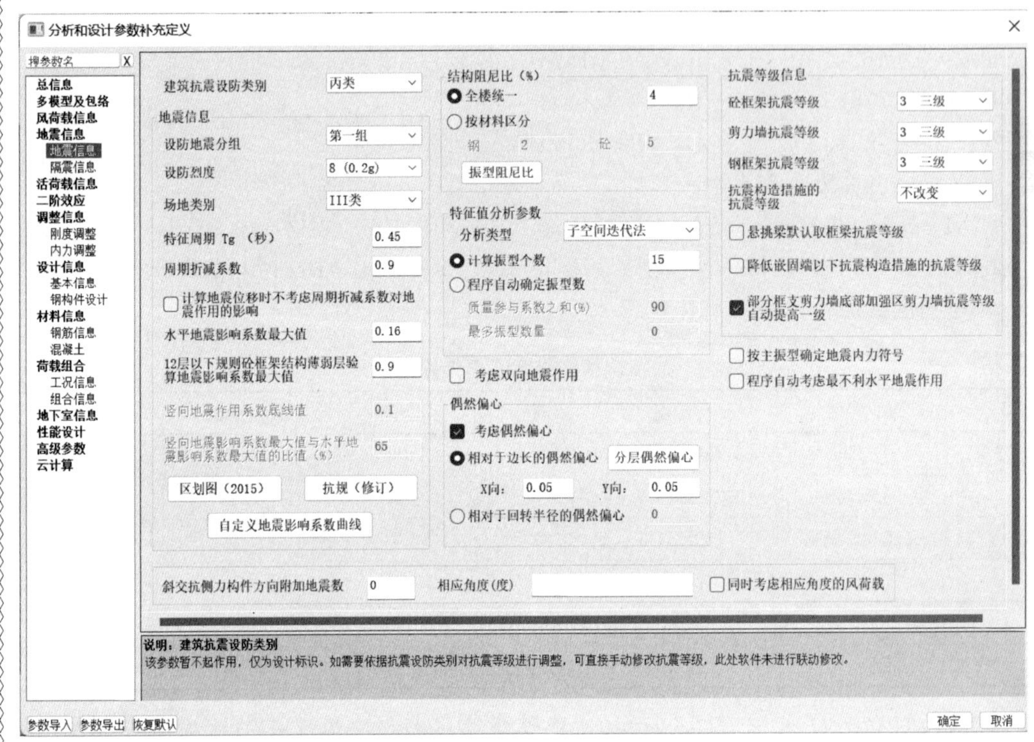

图 6-51　地震信息设置

（2）各层的质量、质心坐标信息：此中给出了各楼层荷载质量（恒荷载质量＋活荷载质量），对应规范《高层民用建筑钢结构技术规程》JGJ 99—2015 中第 3.3.2 条第 2 款内容。

（3）各层刚心、偏心率、相邻层侧移刚度比等计算信息：如本例中上述结果所示。

偏心率：结果中的 Eex、Eey。在图 6-51 所示的地震信息界面中选择“规则结构”时，偏心率应满足《高层民用建筑钢结构技术规程》JGJ 99—2015 中第 3.2.2 条第 1 款要求偏心率不大于 0.15。如本例所列结果中 3 层 Eey 为 0.1557 大于 0.15，为不规则，程序计算选择不规则，按规范应计算结构扭转的影响，程序计算需选择“偶然偏心”。进入图 6-52 所示界面，查看质心与刚心的偏心方向，调整结构平面抗侧力构件位置，以使偏心率满足要求。结构平面偏心率不宜太大，否则结构计算的其他各项要求很难满足要求。本例中偏心率超出不大，可不调整结构平面布置。

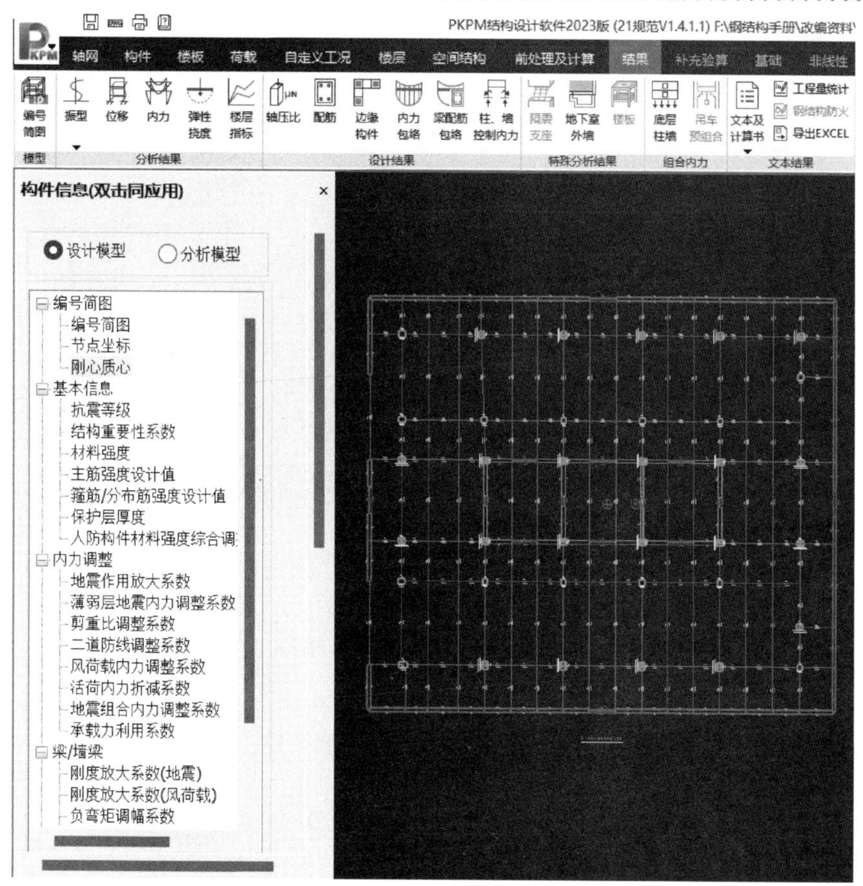

图 6-52　结构刚心质心简图

本层塔侧移刚度与下一层相应塔侧移刚度的比值：结果中 Ratx，Raty。为本层 RJX 与下层 RJY 比值。一般为使结构规则化，通常应满足《高层民用建筑钢结构技术规程》JGJ 99—2015 中第 3.3.2 条第 1 款要求，即此数值不大于 1/0.7. 本例中第 9 层 Ratx＝0.7987＜1/0.7＝1.4，结果满足。

本层塔侧移刚度与上一层相应塔侧移刚度 70％的比值或上三层平均侧移刚度 80％的比值中之较小者：结果中 Ratx1，Raty1，按《建筑抗震设计规范》GB 50011—2010（2016 年版）中表 3.4.3-2 及第 3.4.3 条判定，当此数值小于 1 时，该层为薄弱层，必须在图 6-53 中调整信息界面中填写薄弱层个数和层号，填写时每个层号以空格断开。

（4）结构整体稳定验算结果：根据用户在图 6-54 所示的设计参数补充定义界面中输入的结构体系，计算出结构整体稳定。可根据《高层民用建筑钢结构技术规程》JGJ 99—2015 中第 7.3.2 条判断结构二阶效应计算方法的，在图 6-55 设计信息界面中输入重新计算。

（5）楼层抗剪承载力及承载力比值：程序给出本层与上一层之间的承载力比值，此值可间接地反映《高层民用建筑钢结构技术规程》JGJ 99—2015 中第 3.3.2 条楼层竖向规则性内容。

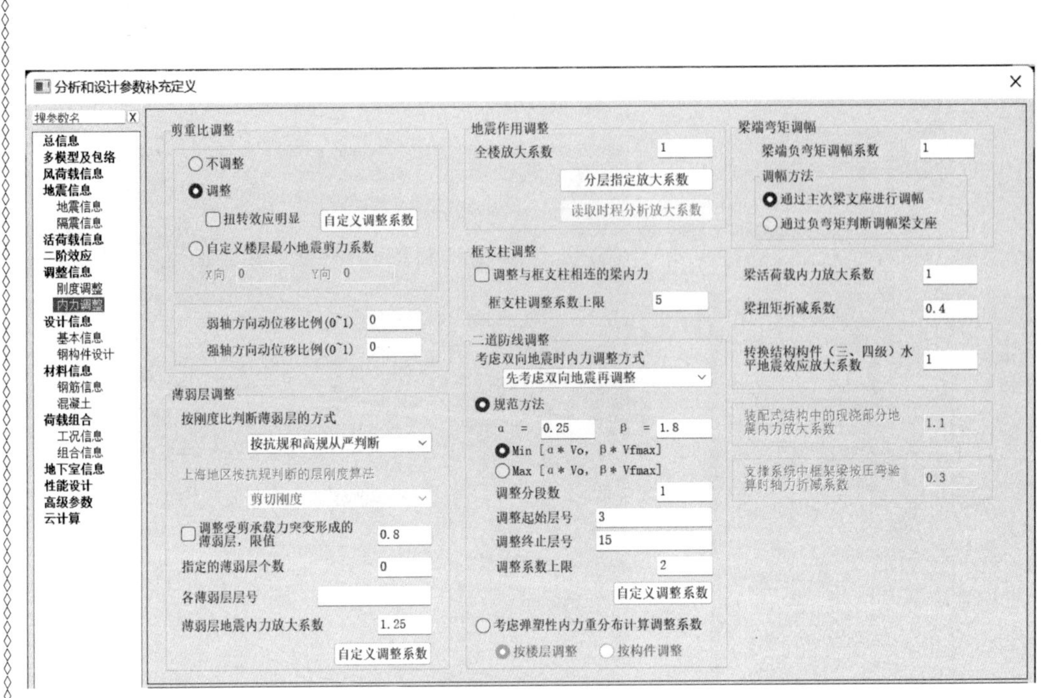

图 6-53　结构调整信息

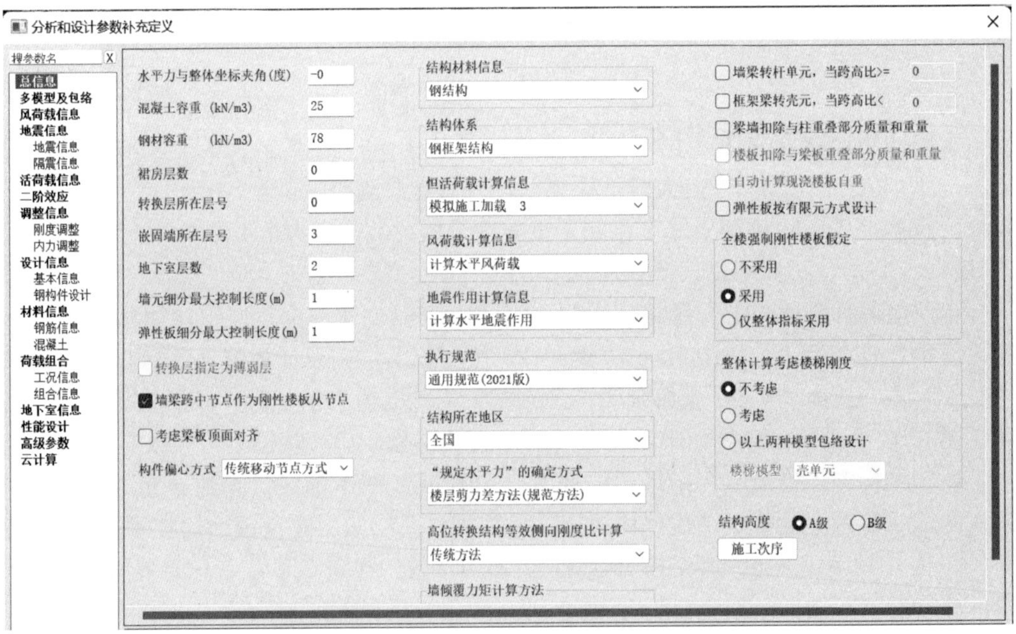

图 6-54　结构总信息

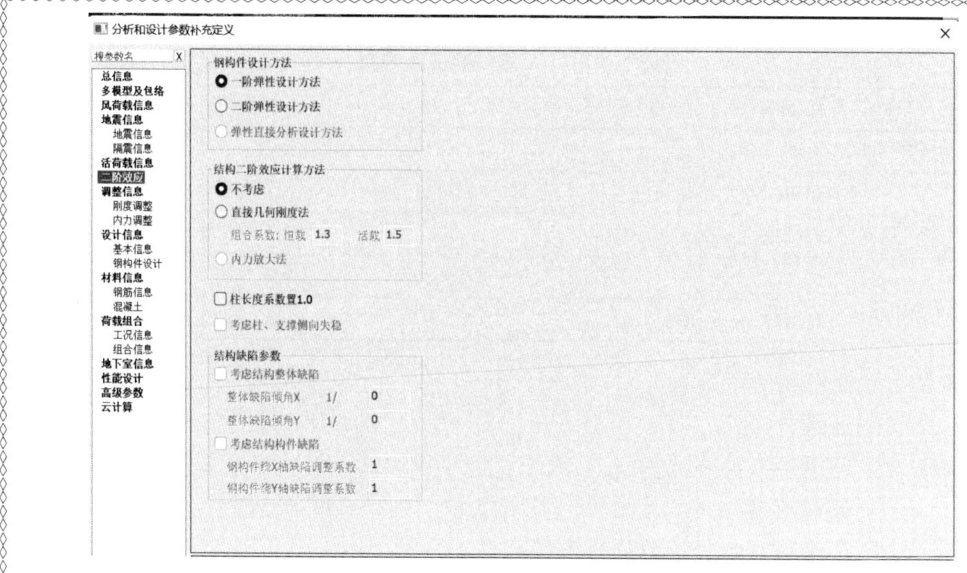

图 6-55　二阶效应计算方法输入界面

2. 周期、地震作用与振型

软件导出结构周期、振型、地震作用中主要计算结果如下：

周期、地震作用与振型输出文件（VSS 求解器）

考虑扭转耦联时的振动周期（s）、X，Y 方向的平动系数、扭转系数如表 6-19 所示。

结构周期、振型、平动、扭转表　　　　**表 6-19**

振型号	周期	转角	平动系数（X+Y）	扭转系数
1	2.7078	90.40	0.99（0.00+0.99）	0.01
2	2.3796	169.35	0.07（0.05+0.01）	0.93
3	2.1430	179.89	0.99（0.99+0.00）	0.01
4	0.9030	95.32	0.75（0.02+0.74）	0.25
5	0.8406	70.91	0.33（0.06+0.27）	0.67
6	0.7622	178.40	0.96（0.96+0.00）	0.04
7	0.5074	126.16	0.12（0.05+0.08）	0.88
8	0.4803	87.41	0.93（0.00+0.92）	0.07
9	0.4156	0.05	0.97（0.97+0.83）	0.03
10	0.3554	159.80	0.03（0.03+0.00）	0.97
11	0.3322	89.82	1.00（0.00+1.00）	0.00
12	0.3013	0.02	0.99（0.99+0.00）	0.01
13	0.2733	150.97	0.10（0.07+0.02）	0.90
14	0.2504	88.29	0.97（0.00+0.97）	0.03
15	0.2364	179.52	0.78（0.77+0.01）	0.22

地震作用最大的方向＝−89.746（°）

各振型作用下X方向的基底剪力如表6-20所示。

各振型作用下X方向的基底剪力　　表6-20

振型号	剪力（kN）	振型号	剪力（kN）	振型号	剪力（kN）
1	0.17	6	2690.16	11	0.00
2	48.96	7	15.14	12	564.54
3	4911.94	8	0.91	13	6.83
4	10.55	9	1254.89	14	0.30
5	65.47	10	6.50	15	150.88

各层X方向的作用力（CQC）

Floor　　：层号

Tower　　：塔号

Fx　　：X向地震作用下结构的地震反应力

Vx　　：X向地震作用下结构的楼层剪力

Mx　　：X向地震作用下结构的弯矩

Static Fx：静力法X向的地震作用，如表6-21所示。

各振型作用下X方向的地震作用　　表6-21

Floor	Tower	Fx(kN)	Vx(kN)(分塔剪重比)(整层剪重比)	Mx(kN·m)	Static Fx(kN)
15	1	833.77	833.77（11.56%）　（11.56%）	3293.39	1566.52
8	1	916.33	4123.81（5.03%）　（5.03%）	82957.31	437.39
3	1	456.86	5804.87（3.93%）　（3.93%）	177530.16	163.24

《建筑与市政工程抗震通用规范》GB 55002—2021第4.2.4条要求的X向楼层最小剪重比为3.20%

X方向的有效质量系数：　　98.99%

各振型作用下Y方向的基底剪力如表6-22所示。

各振型作用下Y方向的基底剪力　　表6-22

振型号	剪力（kN）	振型号	剪力（kN）	振型号	剪力（kN）
1	4103.34	6	1.64	11	593.92
2	35.37	7	95.38	12	0.00
3	0.02	8	1243.15	13	3.41
4	2012.32	9	0.02	14	274.36
5	684.37	10	0.72	15	0.82

各层Y方向的作用力（CQC）

Floor　　：层号

Tower　　：塔号

FY　　：Y向地震作用下结构的地震反应力

VY　　：Y向地震作用下结构的楼层剪力

MY　　：Y 向地震作用下结构的弯矩

Static Fy：静力法 Y 向的地震作用如表 6-23 所示。

各振型作用下 Y 方向的地震作用　　　　**表 6-23**

Floor	Tower	Fx(kN)	Vx(kN)(分塔剪重比)(整层剪重比)	Mx(kN·m)	Static Fx(kN)
15	1	785.75	785.75 (10.90%)　　(10.90%)	3103.71	1478.96
8	1	816.64	3550.88 (4.33%)　　(4.33%)	70204.30	336.42
3	1	474.33	5004.40 (3.39%)　　(3.39%)	150228.59	125.55

《建筑与市政工程抗震通用规范》GB 55002—2021 第 4.2.4 条要求的 Y 向楼层最小剪重比为 3.20%

Y 方向的有效质量系数：　99.95%

【设计知识及规范链接】

(1) 周期及平扭系数：在此文本中可查看结构振动周期，平动系数大于 0.5（通常大于 0.9 以上为佳）为平动，平动系数小于 0.5 为扭转，一般一个合理的结构体系，第一、第二周期为平动，第三周期为扭转。此处有两个重要参数。

① 第一周期为结构基本周期。在图 6-56 风荷载信息截面中，选择【自动读取上一次计算的结构自振周期】基本周期。

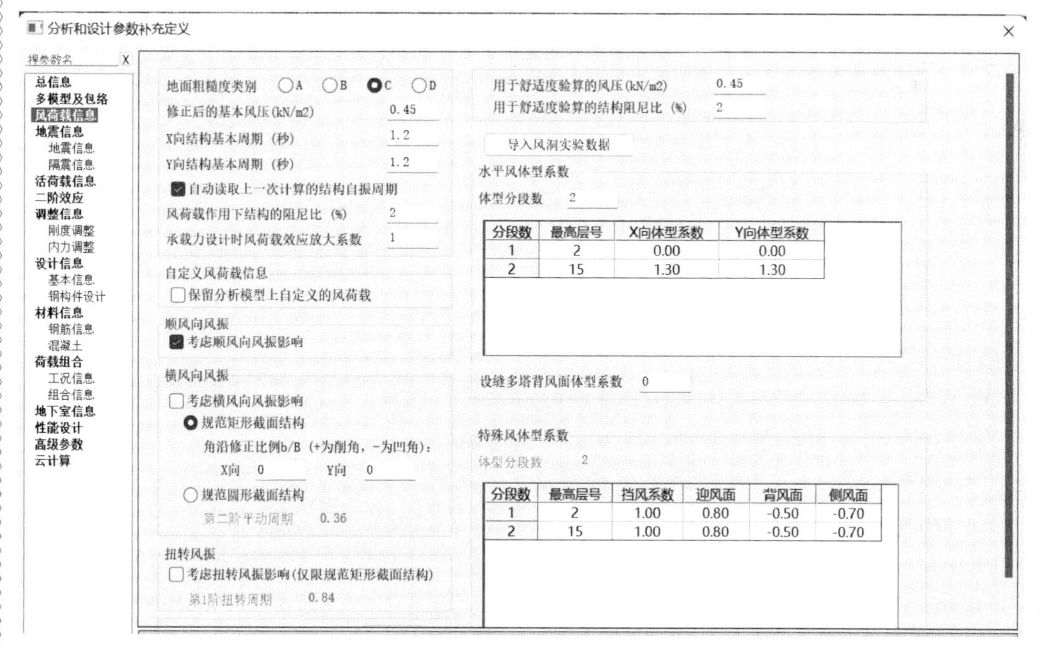

图 6-56　风荷载信息

② 第一扭转周期与第一平动周期之比：此参数为钢筋混凝土结构判断结构扭转不规则的参数，对钢结构在《高层民用建筑钢结构技术规程》JGJ 99—2015 没有要求，

扭转不规则的判断反映在结构的偏心率上，一般对高层钢结构宜满足《高层建筑混凝土结构技术规程》JGJ 3—2010 中第 3.4.5 条，本例结构为 A 级高层建筑不应大于 0.9，计算如下。

$$T_t=2.3796 \qquad T_1=2.7078 \qquad T_t/T_1=0.8788<0.9$$

（2）有效质量系数：一般 A 级高层建筑有效质量系数应大于 90%，当小于 90% 时，地震计算失真，应增加振型数直至满足此参数。

（3）楼层剪重比：应满足《建筑与市政工程抗震通用规范》GB 55002—2021 第 4.2.4 条，当不满足时程序自动调整各层地震剪力。

（4）各振型楼层地震反应力和各振型基底反应力：程序给出了振型对楼层的地震反应力和各振型总的基底反应力，以此可以找出对结构地震反应力作用最大的振型，一般合理的结构布置，每个方向（X 方向地震，Y 方向地震）的第一主振型基底反应力占这个方向所有振型基底反应力总和的 50%以上。

（5）各楼层地震剪力系数调整情况：针对《建筑与市政工程抗震通用规范》GB 55002—2021 第 4.2.4 条中薄弱层的调整。

3. 结构位移

软件导出位移输出文件主要计算结果如下：

SATWE 位移输出文件

文件名称：WDISP. OUT

所有位移的单位为毫米

Floor　　：层号

Tower　　：塔号

Jmax　　：最大位移对应的节点号

JmaxD　　：最大层间位移对应的节点号

Max-(Z)　：节点的最大竖向位移

h　　　　：层高

Max-(X)，Max-(Y)　：X，Y 方向的节点最大位移

Ave-(X)，Ave-(Y)　：X，Y 方向的层平均位移

Max-Dx，Max-Dy　：X，Y 方向的最大层间位移

Ave-Dx，Ave-Dy　：X，Y 方向的平均层间位移

Ratio-(X)，Ratio-(Y)：最大位移与层平均位移的比值

Ratio-Dx，Ratio-Dy　：最大层间位移与平均层间位移的比值

Max-Dx/h，Max-Dy/h：X，Y 方向的最大层间位移角

DxR/Dx，DyR/Dy　：X，Y 方向的有害位移角占总位移角的百分比例

Ratio_AX，Ratio_AY：本层位移角与上层位移角的 1.3 倍及上三层平均位移角的 1.2 倍的比值的大者

X-Disp，Y-Disp，Z-Disp：节点 X，Y，Z 方向的位移

工况 1：X 方向地震作用下的楼层最大位移如表 6-24 所示。

X 方向地震作用下的楼层最大位移 表 6-24

Floor	Tower	Jmax JmaxD	Max-(x) Max-Dx	Ave-(X) Ave-Dx	h Max-Dx/h	DxR/Dx	Ratio _ AX
15	1	2555 2555	74.15 1.64	71.51 1.55	3950 1/2402	30.1%	1.00
11	1	2255 2255	62.90 8.86	58.85 8.19	4200 1/474	0.3%	1.19
7	1	1949 1949	33.41 7.48	31.18 6.85	4200 1/562	3.0%	0.77
3	1	1639 1639	6.30 6.17	5.94 5.82	5000 1/810	99.2%	0.65

X 方向最大层间位移角: 1/474（第 11 层第 1 塔）

工况 2：Y 方向地震作用下的楼层最大位移如表 6-25 所示。

Y 方向地震作用下的楼层最大位移 表 6-25

Floor	Tower	Jmax JmaxD	Max-(y) Max-Dy	Ave-(Y) Ave-Dy	h Max-Dy/h	DyR/Dy	Ratio _ AY
15	1	2553 2553	119.62 9.48	107.64 5.76	3950 1/417	16.1%	1.00
11	1	2242 2242	83.59 12.27	77.56 10.52	4200 1/342	0.0%	1.04
7	1	1936 1936	42.42 9.75	40.22 9.47	4200 1/431	5.9%	0.77
3	1	1625 1625	7.61 7.30	7.06 6.80	5000 1/685	94.2%	0.56

Y 方向最大层间位移角: 1/342（第 11 层第 1 塔）

工况 3：X 方向风荷载作用下的楼层最大位移如表 6-26 所示。

X 方向风荷载作用下的楼层最大位移 表 6-26

Floor	Tower	Jmax JmaxD	Max-(x) Max-Dx	Ave-(X) Ave-Dx	Ratio-(X) Ratio-Dx	h Max-Dx/h	DxR/Dx	Ratio _ AX
15	1	2563 2609	24.89 0.44	23.04 0.33	1.08 1.32	3950 1/8929	33.0%	1.00
11	1	2246 2246	20.20 2.45	18.74 2.27	1.08 1.08	4200 1/1714	3.0%	1.34
7	1	1940 1940	10.48 2.24	9.68 2.11	1.08 1.06	4200 1/1874	2.9%	0.78
3	1	1630 1684	1.95 1.91	1.77 1.73	1.10 1.10	5000 1/2616	96.0%	0.61

X 方向最大层间位移角：　　　　　　　　　　1/1658（第 9 层第 1 塔）
X 方向最大位移与层平均位移的比值：　　　　1.11（第 4 层第 1 塔）
X 方向最大层间位移与平均层间位移的比值：　2.71（第 14 层第 1 塔）

工况 4：Y 方向风荷载作用下的楼层最大位移如表 6-27 所示。

Y 方向风荷载作用下的楼层最大位移　　　　表 6-27

Floor	Tower	Jmax JmaxD	Max-(y) Max-Dy	Ave-(Y) Ave-Dy	Ratio-(Y) Ratio-Dy	h Max-Dy/h	DyR/Dy	Ratio _ AY
15	1	2553 2553	53.54 3.96	49.60 2.38	1.08 1.66	3950 1/996	23.5%	1.00
11	1	2242 2242	37.55 4.96	36.23 4.41	1.04 1.12	4200 1/846	2.4%	1.08
7	1	2007 2007	18.42 4.30	18.32 4.28	1.01 1.01	4200 1/977	5.7%	0.79
3	1	1625 1625	3.02 2.88	2.98 2.86	1.02 1.01	5000 1/1734	96.7%	0.55

Y 方向最大层间位移角：　　　　　　　　　　1/840（第 10 层第 1 塔）
Y 方向最大位移与层平均位移的比值：　　　　1.08（第 15 层第 1 塔）
Y 方向最大层间位移与平均层间位移的比值：　1.66（第 15 层第 1 塔）

工况 5：竖向恒载作用下的楼层最大位移如表 6-28 所示。

竖向恒载作用下的楼层最大位移　　　　表 6-28

Floor	Tower	Jmax	Max-(Z)
15	1	2600	−126.86
3	1	1638	−45.15

工况 6：竖向活载作用下的楼层最大位移如表 6-29 所示。

竖向活载作用下的楼层最大位移　　　　表 6-29

Floor	Tower	Jmax	Max-(Z)
15	1	2570	−29.68
3	1	1638	−34.30

【设计知识及规范链接】

（1）最大位移与层平均位移的比值：在具有偶然偏心的规定水平力作用下，最大位移与层平均位移的比值应满足《建筑抗震设计规范》GB 50011—2010（2016 年版）中第 3.4.3 与 3.4.4 条。

（2）在风荷载或多遇地震标准值作用下，按弹性方法计算的层间最大位移与层高之比（最大位移角）应满足《高层民用建筑钢结构设计规程》JGJ 99—2015 中第 3.5.2 条。地震作用下，结构层间位移角如图 6-57 所示。

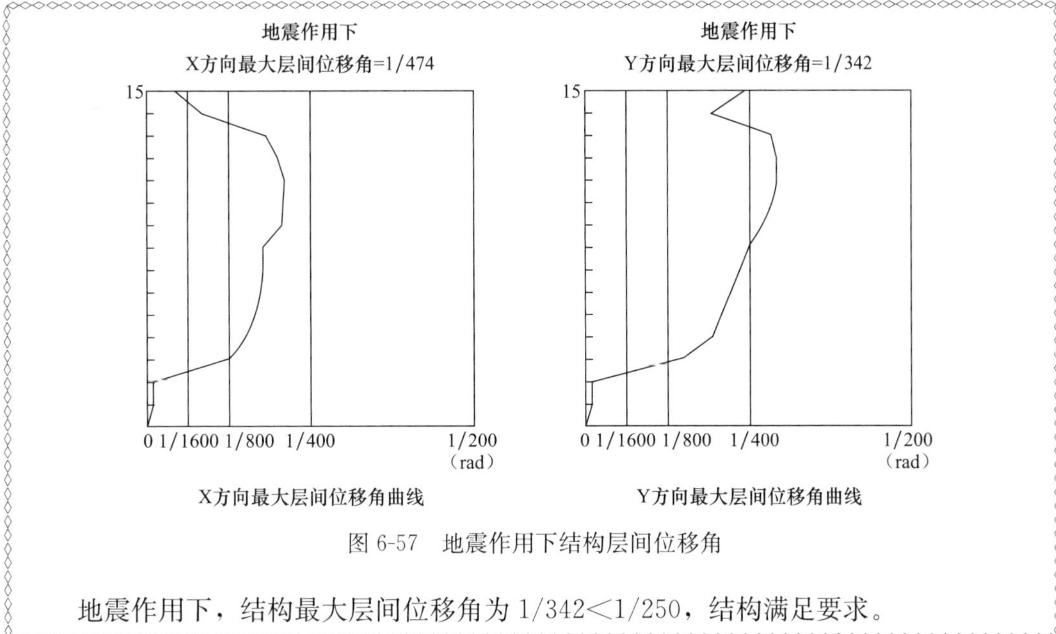

图 6-57　地震作用下结构层间位移角

地震作用下，结构最大层间位移角为 1/342<1/250，结构满足要求。

6.2.5　构件和节点设计

1. 设计原则

和多层钢结构的连接方式类似，高层钢结构连接可采用焊接、高强度螺栓连接或栓焊混合连接。连接及节点的设计直接影响到结构的安全性，必须符合传力明确、构造简单、制造方便、安装可行、节省造价的要求。在节点设计中，节点的构造应避免采用约束度大和易产生层状撕裂的连接形式。一般来说，高层钢结构节点设计主要有以下部位：柱脚节点、柱-柱节点、梁-柱节点、梁-梁节点、支撑节点等。

高层建筑钢结构的节点连接，当非抗震设计的结构，应按现行国家标准《钢结构设计规范》GB 50017 的有关规定执行。抗震设计时，构件按多遇地震作用下内力组合设计值选择截面，连接设计应符合构造要求，按弹塑性设计，节点连接的极限承载力应大于构件截面的全塑性承载力。要求抗震设防的结构，当风荷载起控制作用时，仍应满足抗震设防的构造要求。需要指出的是《高层民用建筑钢结构技术规程》JGJ 99—2015 关于极限承载力验算的规定与《建筑抗震设计规范》GB 50011—2010（2016 年版）的规定有所区别。

抗震设防的高层建筑钢结构框架，从梁端或柱端算起的 1/10 跨长或两倍截面高度范围内，节点设计应验算：节点连接的最大承载力、构件塑性区的板件宽厚比、受弯构件塑性区侧向支撑点间的距离。

2. PKPM 软件节点设计

节点设计可在施工图绘制中全楼整体设计，也可用 PKPM“工具集”中的钢结构工具设计。采用全楼整体设计，软件按用户输入信息自动进行全楼节点或分层每层设计，通常楼层较多时运算时间较长，此处先介绍用“工具集”按等强原则设计节点，以梁柱连接节点为例，详见以下内容。

在主菜单中点击【工具集】中，进而选择【钢结构工具】进入图 6-58 界面，选择【梁柱构件】，单击第一项“1. 梁柱连接”，进入图 6-59。

上部结构
补充检算
基础
非线性
砼施工图
砼图校审
钢施工图
常用工具
混凝土构件
钢结构工具
吊车梁工具
排架节点工具
复杂截面设计
构件设计
围护构件设计
连接设计
绘图工具
设计工具

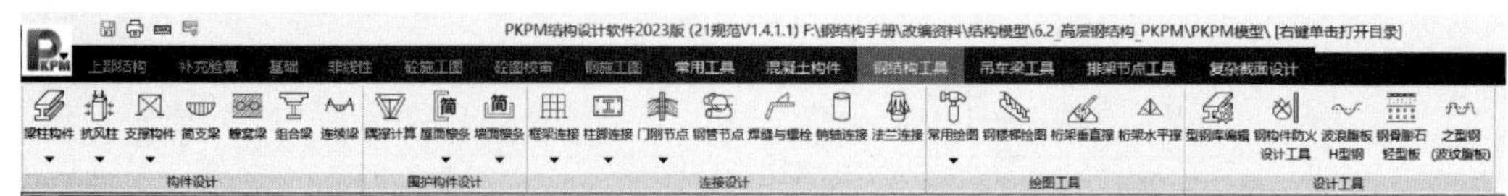

图 6-58　钢结构工具

节点设计参数
连接总体信息
地震作用参数
连接参数1
连接参数2
柱拼接连接
截面选择
选柱截面
柱截面标准类型号:
0
选梁截面
梁截面标准类型号:
0
柱布置角度:
0度
梁坡度:
0
连接方法:
固接连接
钢号:
Q355
梁净跨度(mm):
6000
梁端设计内力（请输入设计值）
梁端弯矩M(kN*m):
30
梁端轴力N(kN):
0
梁端剪力V(kN):
50
输出数据文件名:
BCNodeDesn.txt
节点连接示意图

图 6-59　梁柱连接总体信息界面

抗震调整系数和连接参数分别如图 6-60～图 6-62 所示。

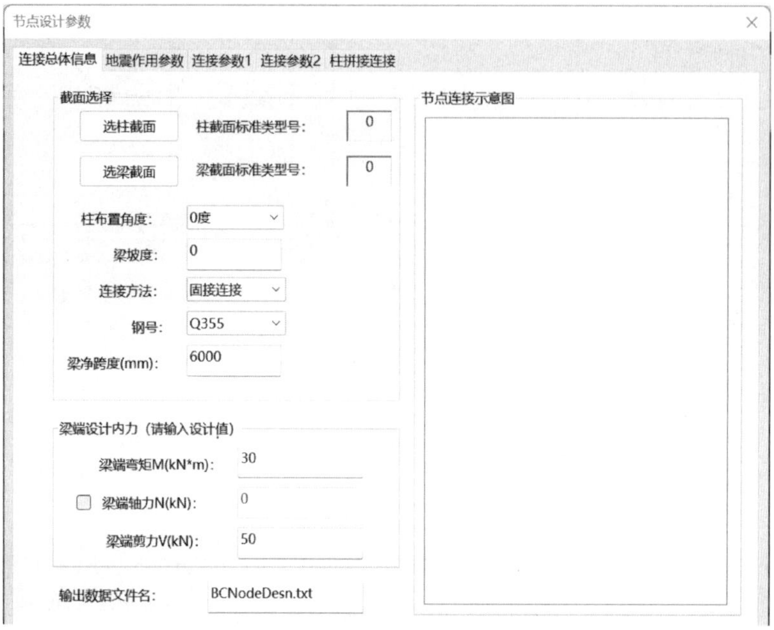

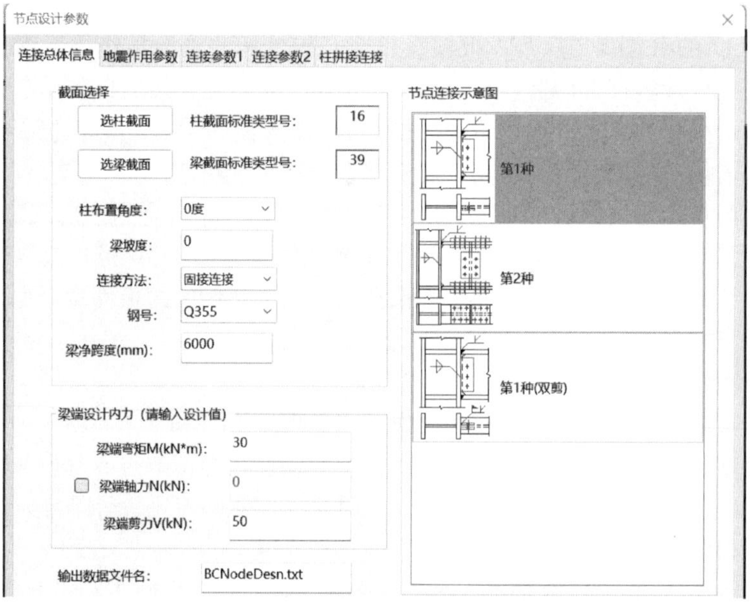

节点设计参数
连接总体信息
地震作用参数
连接参数1
连接参数2
柱拼接连接
截面选择
选柱截面
柱截面标准类型号:
16
选梁截面
梁截面标准类型号:
39
柱布置角度:
0度
梁坡度:
0
连接方法:
固接连接
钢号:
Q355
梁净跨度(mm):
6000
梁端设计内力（请输入设计值）
梁端弯矩M(kN*m):
30
梁端轴力N(kN):
0
梁端剪力V(kN):
50
输出数据文件名:
BCNodeDesn.txt
节点连接示意图
第1种
第2种
第1种(双剪)

图 6-60　梁柱抗震调整系数界面

图 6-61　梁柱连接参数 1 界面

图 6-62　梁柱连接参数 2 界面

柱拼接连接参数如图 6-63 所示。

在以上各个设置窗口依据设计条件完成设计后，单击“确定”生成计算结果文本信息如图 6-64 所示。

3. 梁柱刚性节点设计

本例主要内容如下，查看计算结果，判断节点设计是否合理，再按程序提示可生成施工图。

图 6-63　柱拼接连接界面

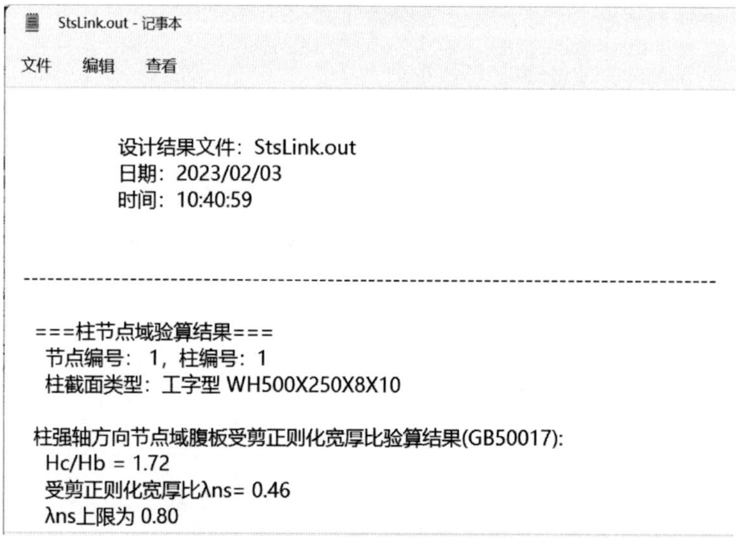

图 6-64　梁柱连接节点设计文本

设计结果文件：StsLink. out

===柱节点域验算结果===

节点编号：1，柱编号：1

柱截面类型：工字型 WH550×550×45×60

柱强轴方向节点域腹板受剪正则化宽厚比验算结果（GB 50017）：

Hc/Hb=0. 70

受剪正则化宽厚比 λns=0. 13

λns 上限为 0. 80

满足规范要求！

柱弱轴方向节点域腹板受剪正则化宽厚比验算结果（GB 50017）：

该方向没有连梁或梁都为铰接（H型截面不计算）

柱强轴方向节点域腹板抗剪强度验算结果：

计算抗剪控制组合号（非地震）：1

[(Mb1+Mb2)/Vp]/fps=0.243<=1

按GB 50017（12.3.3-3）抗剪验算满足！

柱弱轴方向节点域腹板抗剪强度验算结果：

该方向不用验算节点域

梁编号=1，连接端：1

采用钢截面：WH720×327×15×24

梁钢号：Q345

连接柱截面：WH550×550×45×60

柱钢号：Q345

连接设计方法：按梁端部内力设计（拼接处为等强）。

全焊连接（腹板用现场焊缝）

工字型柱与工形梁（0）度固接连接

连接类型为：一　单剪连接

梁翼缘塑性截面模量/全截面塑性截面模量：0.763

常用设计法 算法：翼缘承担全部弯矩，腹板只承担剪力

梁端部连接验算：

采用单连接板连接

腹板作用弯矩（kN·m）、轴力N（kN）、剪力V（kN）(分配后)：0.00，0.00，0.00

梁边到柱截面边的距离e=15mm

连接件验算：

连接板尺寸B×H×T=125×602×18

连接件与梁腹板之间的围焊缝连接验算：

腹板作用弯矩M（kN·m）轴力N（kN）、剪力V（kN）（分配后）：0.00，0.00，671.61

（剪力V取　梁腹板净截面抗剪承载力设计值的1/2）

连接件与梁腹板之间的围焊缝焊脚尺寸Hf=6mm

连接件与梁腹板之间的围焊缝最大折算应力199.88N/mm^2<=Ffw=200N/mm^2，设计满足

连接板与柱的连接角焊缝验算：

连接板与柱的连接角焊缝焊脚尺寸Hf=8

连接件（或梁腹板）与柱之间的角焊缝最大应力102.33N/mm^2<=Ffw，设计满足

下柱编号=3，连接端：

采用钢截面：WH550×550×45×60

柱钢号：Q345

拼接采用设计方法：等强连接，翼缘和腹板分别承担各自弯矩

翼缘采用对接焊！

腹板螺栓连接验算：

腹板螺栓设计使用的弯矩 M：402.16kN·m；剪力 V：2494.80kN

采用 10.9 级高强度螺栓

螺栓直径 D=22mm

高强度螺栓连接处构件接触面抛丸（喷砂）

接触面抗滑移系数 u=0.40

高强螺栓预拉力 P=190.00kN

高强螺栓双面抗剪承载力设计值 Nvb=136.80kN

腹板高强螺栓所受最大剪力 Ns=124.31kN<=Nvb，设计满足

腹板螺栓排列：

行数：10，　螺栓的行间距：80mm，　螺栓的行边距：50mm

列数：4，　螺栓的列间距：75mm，　螺栓的列边距：50mm

连接板尺寸 B×H×T：325mm×1645mm×45mm

【设计知识及规范链接】

（1）梁与柱连接节点的基本知识

1）构造规定。梁与柱连接节点应满足《高层民用建筑钢结构技术规程》JGJ 99—2015 中第 8.3 条相关规定和《钢结构设计标准》GB 50017—2017 第 12.3 条相关规定。PKPM 程序提供了目前常用的连接方式，用户可根据实际需要选择。

2）节点弹性阶段承载力。计算节点连接的抗弯承载力和抗剪承载力。

梁端弯矩：梁腹板应计入剪力和弯矩，梁端弯矩由梁翼缘和腹板共同承担，腹板承担弯矩根据梁腹板连接的受弯承载力系数确定，确定梁翼缘和腹板承担的弯矩后(亦可按照梁翼缘和腹板刚度比分配弯矩)，再分别计算各自的连接件此处需计算螺栓承载力、连接板与柱连接处焊缝承载力，连接板承载力。

梁端剪力：由梁腹板连接承担。

单个摩擦型高强螺栓的承载力按《钢结构设计标准》GB 50017—2017 第 11.4.2 条计算。

连接板与柱连接处焊缝应力应满足《钢结构设计标准》GB 50017—2017 第 11.2.2 条和第 11.2.3 条。

连接板承载力：抗弯强度按《高层民用建筑钢结构技术规程》JGJ 99—2015 中第 8.2.4 条计算，受剪强度按《高层民用建筑钢结构技术规程》JGJ 99—2015 中第 8.2.5 条计算，且截面满足《钢结构设计标准》GB 50017—2017 第 6.1.5 条。

3）节点域的抗剪承载力和节点域的稳定计算。应满足《高层民用建筑钢结构技术规程》JGJ 99—2015 中第 8.3.8 条和《建筑抗震设计规范》GB 50011—2010（2016 年版）中第 8.2.5 条第 2、第 3 项要求。

4）节点抗震验算。

① 满足强柱弱梁要求，即满足《建筑抗震设计规范》GB 50011—2010（2016年版）中式（8.2.5-1）。当不满足时调整梁、柱截面。

② 满足强节点弱构件要求：连接的受弯承载力应满足《高层民用建筑钢结构技术规程》JGJ 99—2015中式（8.2.4-1）～式（8.2.4-7）。受剪承载力应满足《高层民用建筑钢结构技术规程》JGJ 99—2015中式（8.2.5-1）或式（8.2.5-2）。当不满足上述要求时节点连接应予以加强。

③ 节点域屈服强度，满足《建筑抗震设计规范》GB 50011—2010（2016年版）第8.2.5条采取加强措施。

（2）梁与柱连接节点设计PKPM工具集输入参数

1）连接总体信息。梁、柱截面定义：定义所要设计连接节点的梁、柱截面，点击【选择柱截面】和【选择梁截面】进入截面定义。

“节点连接示意图”中的选项：固结连接和铰接连接，程序分别各提供了3种连接方式，根据实际连接需要选择，通常固结连接采用第1种，铰接连接采用第2种，当连接处剪力较大时采用其对应的双剪连接。

承受外力值：当为非抗震设计时，可按所要设计梁端的实际内力输入；当为抗震设计时，此处可按梁端承载力输入。

弯矩：$M=fW_{nx}$　　剪力：$V=\dfrac{4M}{L_n}$

本例以承载力输入，计算如下：

$W_{nx}=W_x=6.3359\times10^3\text{mm}^3$，$f=310\text{N/mm}^2$，$L_n=9.3\text{m}$

$M=6.3359\times10^3\times310=1964\text{kN}\cdot\text{m}$

$V=4\times1964/9.3=844.73\text{kN}$

2）抗震调整系数：当考虑地震组合时，根据《建筑与市政工程抗震通用规范》GB 55002—2021第4.3.1条，一般取程序自动默认值。不考虑地震组合时不选此项。

3）连接参数1：按实际连接填写，此处应注意两个折减系数。

螺栓连接的强度折减系数：考虑实际现场连接，操作工艺为先栓后焊。焊接温度对高强螺栓预拉力有影响，高强螺栓承载力实际应作折减，折减系数通常为0.9。

角焊缝连接的强度设计值折减系数：根据《钢结构设计标准》GB 50017—2017第3.4.2条中第2款，当无引弧板时取0.85。

4）连接参数2：按程序默认数据即可。

5）柱拼接连接：进行柱拼接设计选择“是”，其余按程序默认数据即可。

（3）设计结果

1）算法：根据《建筑抗震设计规范》GB 50011—2010（2016年版）中第8.2.8条第3款，翼缘和腹板共同承担弯矩，腹板还承担剪力。此方法计算梁端弯矩按翼缘与腹板的刚度比，各自分担弯矩，程序自动计算。

2）梁翼缘塑形截面模量/全截面塑形截面模量：根据《建筑抗震设计规范》GB 50011—2010（2016 年版）中第 8.3.4 条第 3、4 款，当此数值小于 0.7 时，螺栓数不少于 2 列。

3）应力：抗震设计时应满足《建筑与市政工程抗震通用规范》GB 55002—2021 第 4.3.1 条。

4）腹板螺栓排列：计算结果中螺栓排列不超过 3 列为合理。

5）节点域计算：节点域腹板稳定应满足《建筑抗震设计规范》GB 50011—2010（2016 年版）第 8.2.5 条第 2 款要求；节点域屈服承载力应满足《高层民用建筑钢结构技术规程》JGJ 99—2015 第 7.3.8 条要求；节点域腹板受剪正则化宽厚比应满足《钢结构设计标准》GB 50017—2017 第 12.3.3 条第 1 款要求，腹板抗剪强度应满足《建筑抗震设计规范》GB 50011—2010（2016 年版）式（8.2.5-8）的要求。

4. 主次梁铰接节点设计

在主次梁设计完成后，节点设计计算书如下：

设计结果文件：StsLink. out

主次梁连接铰接第三种：宽加劲肋

主梁编号=1

采用钢截面：WH720×327×15×24

主梁钢号：Q345

次梁编号=3

采用钢截面：WH700×178×12×12

次梁钢号：Q345

（次梁端剪力取端部剪力的 1.3 倍）

腹板螺栓连接验算结果：

螺栓验算采用的组合号：1

（次梁端剪力取端部剪力的 1.3 倍）

对应的内力：M=0.00kN·m；N=0.00kN；V=290.55kN

采用 10.9 级摩擦型高强度螺栓连接

螺栓直径 D=22mm

高强度螺栓连接处构件接触面处理方式：抛丸（喷砂）

接触面抗滑移系数 u=0.40

高强度螺栓预拉力 P=190.00kN

螺栓单面抗剪承载力设计值 Nvb=68.40kN

螺栓承受的最大剪力 Ns=36.32kN<Nvb，设计满足

主梁腹板侧螺栓验算：

腹板螺栓排列（平行于梁轴线的称为“行”）：

行数：8，螺栓的行间距：72mm，螺栓的行边距：56mm

列数：1，螺栓列列边距：40mm

连接件验算：

连接板尺寸：B×H×T＝251×672×14
构件抗拉强度设计值：f＝305.00N/mm^2　抗剪强度设计值：fv＝175.00N/mm^2
连接角焊缝强度 Ffw＝200.00N/mm^2
连接件净截面最大正应力：0.00N/mm^2＜f＝305.00N/mm^2，设计满足
连接件净截面平均剪应力：43.24N/mm^2＜fv＝175.00N/mm^2，设计满足
加劲肋与主梁的连接焊缝：
加劲肋与主梁腹板的连接焊缝 Hf＝8mm
加劲肋与主梁翼缘的连接焊缝 Hf＝8mm
焊缝强度设计值 Fcw＝200.00N/mm^2
加劲肋与主梁围焊缝最大应力：57.61N/mm^2＜＝Fcw，设计满足
次梁端部连接验算：
次梁净截面正应力计算采用的组合号：1
对应的内力组合（分配后）：M＝0.00kN・m；N＝0.00kN
构件抗拉强度设计值：f＝305.00N/mm^2　抗剪强度设计值：fv＝175.00N/mm^2
次梁腹板净截面最大正应力：0.00N/mm^2＜＝f，设计满足
次梁腹板净截面剪应力计算采用的组合号：1
（次梁端剪力取端部剪力的 1.3 倍）
对应的内力组合：V＝290.55kN
次梁腹板净截面平均剪应力：50.03N/mm^2＜＝fv，设计满足
次梁到主梁腹板的距离 e＝15mm

【设计知识及规范链接】

1. 梁与梁连接节点的基本知识

（1）构造规定。梁与梁连接节点应满足《高层民用建筑钢结构技术规程》JGJ 99—2015 中第 8.5.1 条规定。

（2）节点弹性阶段承载力。计算节点连接的抗剪承载力。

梁端剪力：由梁腹板连接承担。

单个摩擦型高强螺栓的承载力按《钢结构设计标准》GB 50017—2017 第 11.4.2 条计算。

连接板与梁连接处焊缝应力应按照《钢结构设计标准》GB 50017—2017 第 12.2.2 条和第 12.2.3 条计算。连接板承载力：受剪强度按《高层民用建筑钢结构技术规程》JGJ 99—2015 中第 8.5.2 条计算，且截面满足《钢结构设计标准》GB 50017—2017 第 12.2.1 条。

（3）节点抗震验算。满足强节点弱构件要求：连接的受剪承载力，满足《建筑抗震设计规范》GB 50011—2010（2016 年版）中式（8.2.8-4）。当不满足时，增加螺栓数。

2. 梁与梁连接节点设计 PKPM 工具集输入参数

（1）连接总体信息

梁、柱截面定义：定义所要设计连接节点的主梁、次梁截面，与前截面定义操作相同。

承受外力值：当非抗震设计时，可按所要设计梁端的实际内力输入，但应满足《高层民用建筑钢结构技术规程》JGJ 99—2015 中第 8.5.2 条；当抗震设计时，此处按梁端承载力输入。

剪力：$V=0.5\times0.85t_wh_wf_v$

本例以承载力输入，计算如下：

$$t_w=12\text{mm},\ h_w=700-12\times2=676\text{mm},\ f_v=180\text{N/mm}^2$$

$$V=0.5\times0.85\times12\times676\times180=620.568\text{kN}$$

（2）连接参数 1

螺栓连接的强度折减系数：次梁与主梁铰接连接，高强度螺栓承载力不折减。

角焊缝连接的强度设计值折减系数：根据《钢结构设计标准》GB 50017—2017 第 4.4.5 条中第 4 款进行折减，当无引弧板时取 0.85。

5. 全楼节点设计

（1）设计条件输入

在三维分析完成并从结果查询中核实各构件验算满足要求的情况下，即可进行全楼节点设计。

在主菜单中选择【钢施工图】标签，弹出计算数据选择界面，如图 6-65 所示。

图 6-65　计算数据选窗口

选择数据源，选择【连接参数】标签，弹出连接设计主菜单如图 6-66 所示。

下面对本例中需要用到的参数进行逐一说明：

1）抗震调整系数

如图 6-67 所示，该项为结构考虑抗震时，对于地震作用组合设计内力情况下，各部位设计的承载力抗震调整系数，按照《建筑与市政工程抗震通用规范》GB 55002—2021 表 4.3.1 进行，设计人员不能修改。

2）连接板厚度

如图 6-68 所示，在该界面，读者可以指定节点板厚度，避免出现过多类型的板厚，便于设计规格化。当程序设计过程中，个别节点设计节点板厚度超过读者指定最大节点板厚度时，程序自动采用程序计算结果。

3）连接设计参数

连接设计参数包括：总设计方法、连接设计信息、梁柱连接参数、梁拼接连接、柱拼

设置节点连接设计参数

抗震调整系数
连接板厚度
连接设计参数
总设计方法
连接设计信息
梁柱连接参数
梁拼接连接
柱拼接连接
加劲肋参数
柱脚参数
支撑参数
节点域加强板参数
梁柱节点连接形式
箱形柱与工字形梁
钢管柱与工字形梁
工字形(十字形)柱与工字
工字形(十字形)柱与工字
柱脚节点形式
箱形柱脚连接形式
工字形柱脚连接形式
钢管柱脚连接形式
十字形柱脚连接形式
梁梁连接形式
连续梁连接类型
简支梁铰接类型

总设计方法　PKPM-STS

按 高层民用建筑钢结构技术规程
焊接柱翼缘与腹板连接采用焊缝类型: K 形焊缝
焊接梁采用的焊缝形式
K形焊缝　角焊缝
钢柱下端为混凝土结构时，按柱脚设计
顶层铰接梁柱连接采用柱托梁
焊缝连接的强度设计值折减系数: 1
螺栓连接的强度设计值折减系数: 1
设计结果详细输出　2010抗震规范　2001抗震规范（08版）
进行支撑节点设计　（注：规范选择仅为方便设计比较与过渡期设计）
进行门式刚架节点设计　按抗震规范8.2.8条要求校核强节点弱构件
抗侧力构件连接按等强连接（梁柱连接）
钢材强度采用GB50017-2003取值(超过Q420钢材按Q420取)
选择部分楼层自动连接设计
起始楼层: 柱脚层　终止楼层: 顶层
节点起始编号: 0
连接归并
梁柱归并　柱脚归并

确认(O)　取消(C)

图 6-66　连接节点设计主菜单界面

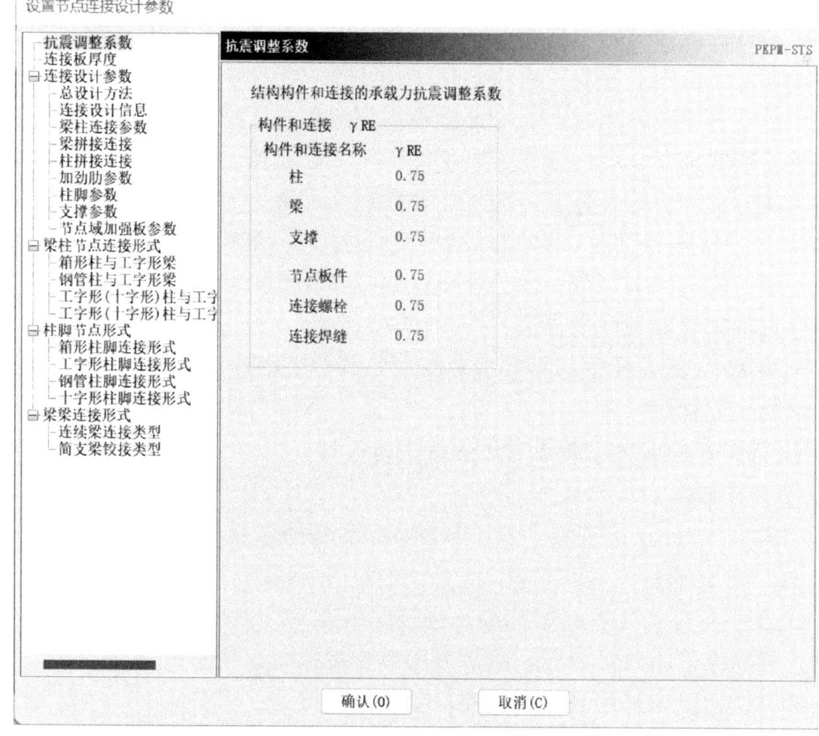

图 6-67　抗震调整系数

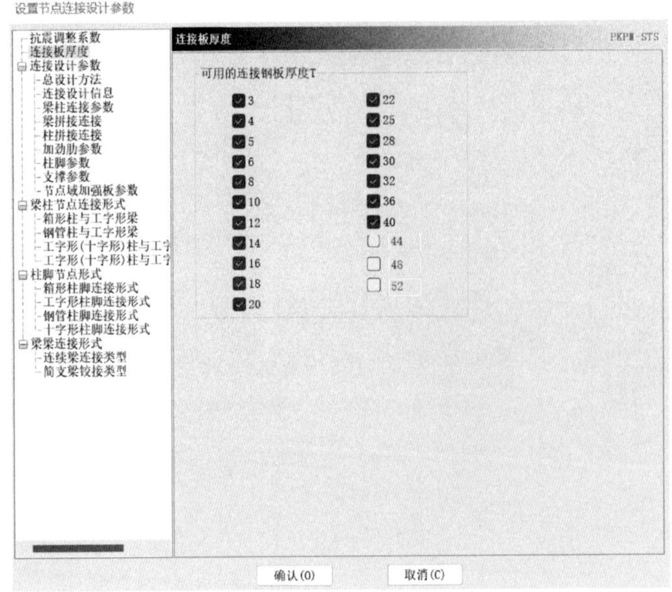

图 6-68　连接板厚度

接连接、加劲肋参数、柱脚参数及支撑参数。

读者需熟悉钢结构设计基本原理及相关规范要求才能对这部分内容有所选择，这里不再展开详述。

① PKPM 程序中，连接采用的设计方法，由程序根据以下原则自动采用。

当结构未进行抗震计算时（根据 TAT、SATWE、PMSAP 中的地震计算参数确定），若翼缘惯性矩在整个截面惯性矩中所占的比例不小于 0.7，采用常用设计法，全部弯矩由翼缘承担，全部剪力由腹板承担，不考虑腹板承担弯矩；否则，若翼缘惯性矩在整个截面惯性矩中所占的比例小于 0.7，则采用精确设计法，翼缘和腹板根据自身惯性矩在整个截面中所占的比例分别分担部分弯矩，腹板还要承担全部剪力。

② 当结构进行抗震计算时，均采用精确设计法，翼缘和腹板根据自身惯性矩在整个截面惯性矩中所占的比例分别分担部分弯矩，腹板还要承担全部剪力。梁截面、柱截面的拼接设计程序自动采用等强度设计法。

③ 当梁或柱截面采用 K 形对接焊缝连接时，其焊缝的连接强度认为与板材强度相同，不需要作焊缝的强度验算。

④ 当采用角焊缝连接时，需要对角焊缝进行设计。

⑤ 梁柱节点连接形式

本例是 H 形柱与 H 形梁连接，按“强轴固结，弱轴铰接”的原则进行，见图 6-69 和图 6-70。

图 6-69 是工字形柱与工字形梁固结。强轴固结方式有三种：

第一种，梁翼缘采用对接焊缝，腹板采用单连接板与工字形柱强轴连接。梁腹板连接板采用角焊缝与柱连接，采用高强度螺栓与梁腹板连接；

第二种，梁翼缘采用对接焊缝，腹板采用角焊缝与工字形柱强轴连接，梁在距柱中心的一定位置进行梁柱的拼接。

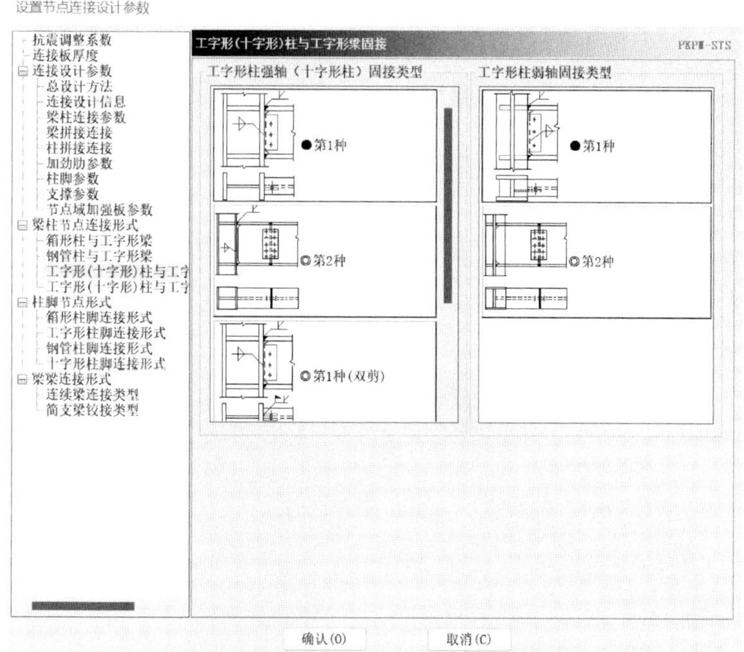

图 6-69　工字形（十字形）柱与工字形梁固接

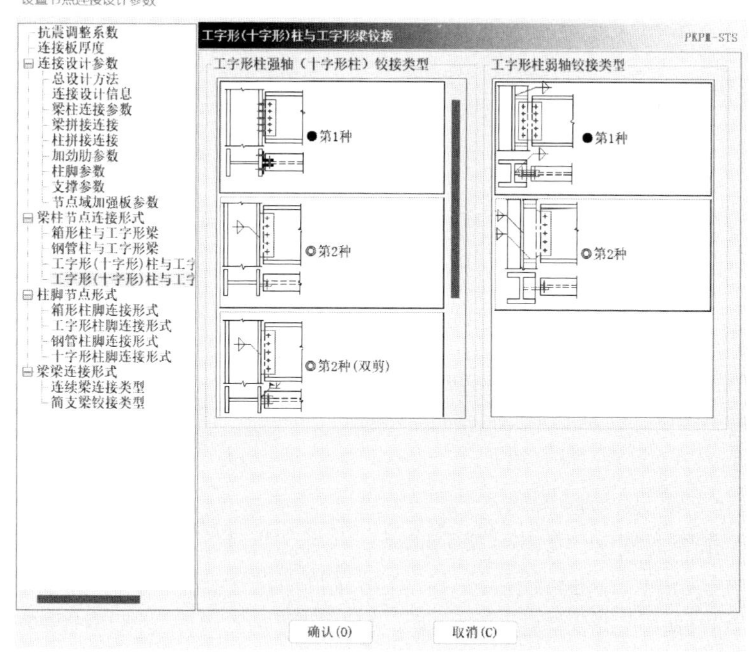

图 6-70　工字形（十字形）柱与工字形梁铰接

第三种（双剪），梁腹板采用双连接板与工字形柱强轴连接。其他连接与第一种连接形式相同。

本例选择第一种方式。

图 6-70 是工字形柱与工字形梁铰接。弱轴铰接方式有两种：

第一种，梁腹板采用双连接板与工字形柱弱轴连接，柱腹板垂直加劲肋采用角焊缝与工字形柱腹板连接，双连接板采用高强度螺栓与垂直加劲肋和梁腹板连接；

第二种，梁腹板采用单连接板与工字形柱弱轴连接，梁连接板采用角焊缝与工字形柱腹板连接，采用高强度螺栓与梁腹板连接。

本例选择第二种方式。

4）柱脚节点形式

本例选择工字形柱脚固结形式，见图 6-71。

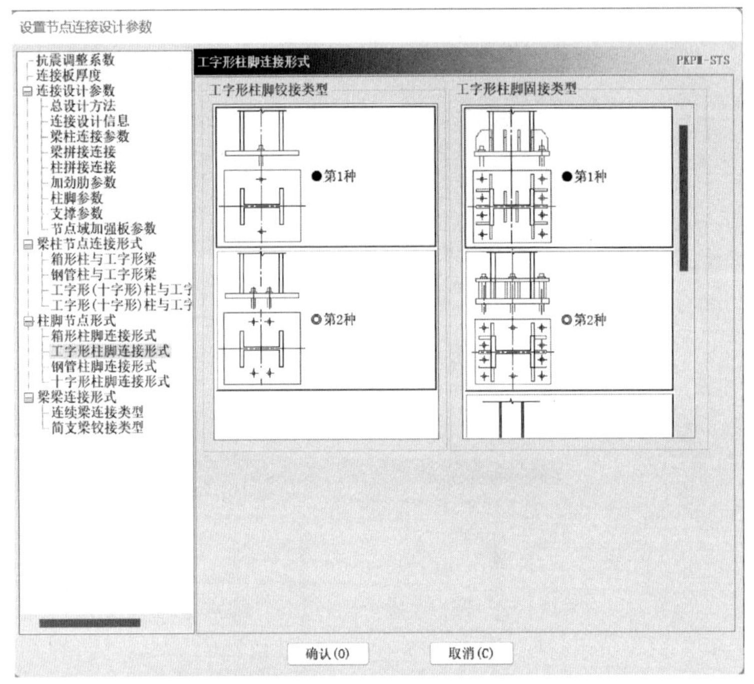

图 6-71　工字形柱脚节点设置

柱脚连接形式有四种：

第一种为外露式，不带锚栓顶板固结柱脚类型；

第二种为外露式，带锚栓顶板固结柱脚类型；

第三种为埋入式固结柱脚类型；

第四种为外包式固结柱脚类型。

（2）设计结果查询在设计参数定义完成以后，可进行【绘图参数】的设置，此处不再赘述，绘图参数设置完成后，进行连接设计，点击【自动设计＋生成连接】程序自动完成全楼梁柱节点、梁梁节点、柱脚及梁柱构件拼接、支撑与梁柱节点、支撑与柱脚节点等设计。

1）设计参数修改与验算

在程序完成全楼节点设计后，可查询计算结果，对验算满足的节点可点击【修改连接】进行修改，可以对每个节点的节点类型、设计参数、主次梁的支座等进行修改，修改完毕后，程序自动根据读者的修改结果对已修改的节点重新进行设计和归并，但程序不会对修改结果进行验算。

2）查询设计结果

执行【连接设计】对话框中的【连接查询】菜单，与平面模型互动查询节点的计算结果。也可通过查询设计结果文件查询整体计算结果，如图 6-72 所示。

6. 柱脚设计

本工程地下两层，结构采用埋入式柱脚，埋入标高为结构±0.000 处，柱身为钢骨混凝土构件，钢骨埋入到地下一层，即整个地下一层的高度均为柱脚的埋入部位，地下室二层起柱的材料由钢骨混凝土变为钢筋混凝土。

对于有地下室的多高层建筑钢结构，特别是有多层地下室时，如上部结构不是嵌固在基础上，则柱底承担弯矩很小，接近铰接，因此若钢柱一直伸至地下室底部，柱脚宜采用铰接，使其构造简单，便于现场安装。本结构钢柱只延伸至地下一层，钢柱柱脚仅为安装固定使用，因此采用铰接形式。

关于埋入式柱脚的验算在 6.1.5 节已有详细介绍，此处不再赘述，仅将结构设计图列出以供参考（图 6-73）。

图 6-72　程序输出连接设计结果文件

7. 支撑拼接极限受拉承载力验算

取其中全螺栓连接支撑为例，验算其抗震性能是否满足“强节点、弱构件”的要求。计算过程如下：

（1）节点基本资料

支撑截面：H300×200×6×12，材料：Q345

腹板螺栓群：10.9 级 M20

螺栓群并列布置：3 行；行间距 70mm；3 列；列间距 70mm

螺栓群列边距：45mm，行边距 45mm

翼缘螺栓群：10.9 级 M20

螺栓群并列布置：1 行；5 列；列间距 70mm

螺栓群列边距：45mm，行边距 40mm

腹板连接板：厚 6mm

翼缘上部连接板：厚 6mm

翼缘下部连接板：厚 6mm。

（2）设计依据

《钢结构设计标准》GB 50017—2017

《高层民用建筑钢结构技术规程》JGJ 99—2015

《钢结构设计手册》（第四版）

（3）翼缘极限承载力验算

单侧翼缘极限受拉强度：$N_{\mathrm{ubr}}^{\mathrm{F}}=1.2A_{\mathrm{n}}^{\mathrm{F}}f_{\mathrm{ay}}=1.2\times200\times12\times345=993600\mathrm{N}$

螺栓受剪：$N_{\mathrm{ubr}}^{j}=0.58nn_{\mathrm{f}}A_{\mathrm{e}}^{\mathrm{b}}f_{\mathrm{u}}^{\mathrm{b}}=0.58\times10\times2\times245\times1040=17142944\mathrm{N}$

钢板承压：$N_{\mathrm{ubr}}^{j}=nd(\sum t)f_{\mathrm{cu}}^{\mathrm{b}}=10\times20\times12\times1.5\times470=16920000\mathrm{N}$

Min（17142944，16920000）＝16920000N>993600N，满足。

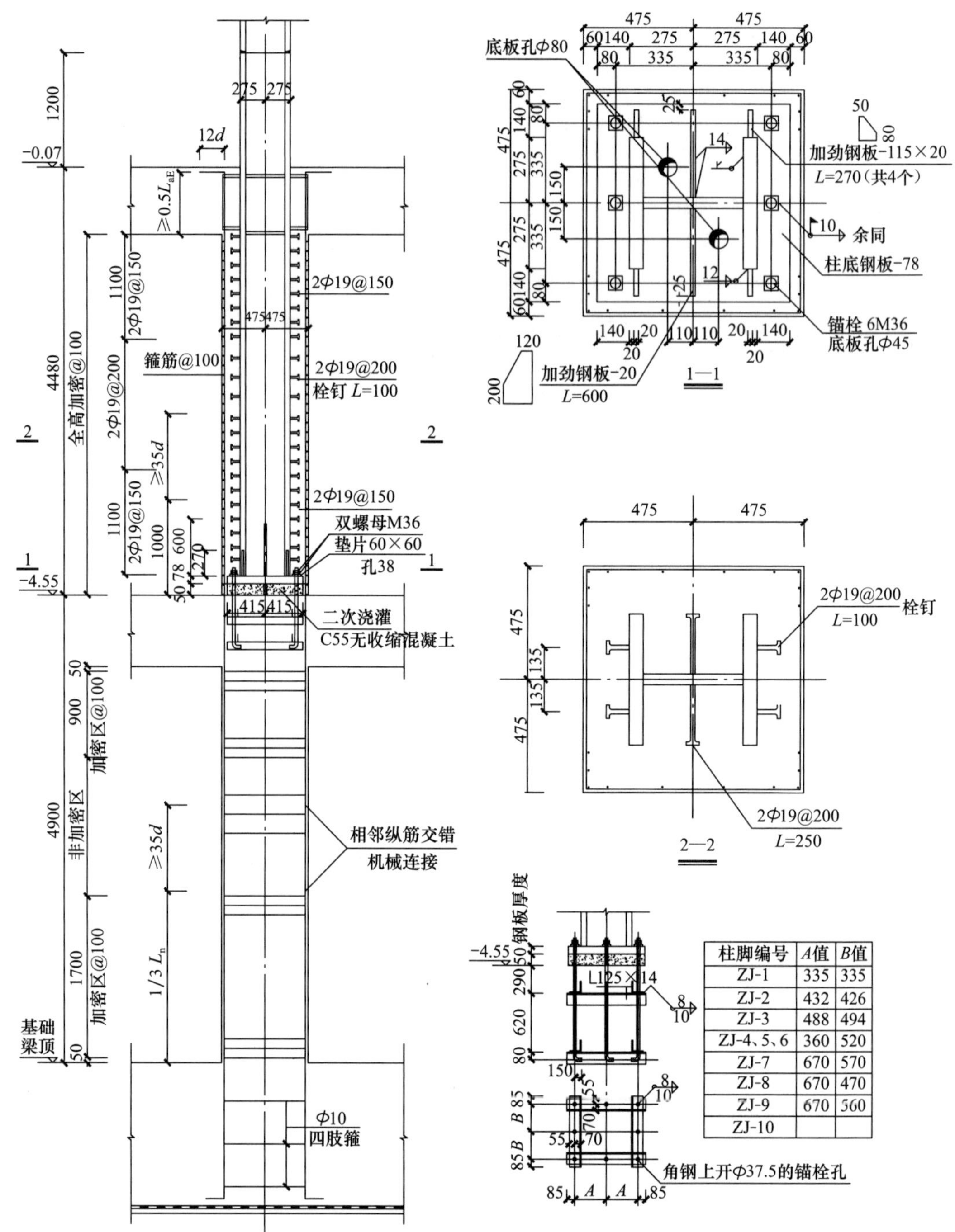

柱脚编号	A值	B值
ZJ-1	335	335
ZJ-2	432	426
ZJ-3	488	494
ZJ-4、5、6	360	520
ZJ-7	670	570
ZJ-8	670	470
ZJ-9	670	560
ZJ-10		

图 6-73　柱脚节点设计图

（4）腹板极限承载力验算

腹板极限受拉强度：$N_{ubr}^{F}=1.2A_{n}^{F}f_{ay}=1.2\times276\times6\times345=685584\text{N}$

螺栓受剪：$N_{ubr}^{j}=0.58nn_{f}A_{e}^{b}f_{u}^{b}=0.58\times9\times2\times245\times1040=2550112\text{N}$

钢板承压：$N_{ubr}^{j}=nd(\sum t)f_{cu}^{b}=9\times20\times12\times1.5\times470=1522800\text{N}$

Min(2550112,1522800)＝1522800N＞685584N，满足。

式中　n，n_{f}——分别为接头一侧的螺栓数量和一个螺栓的受剪面数量；

$A_{\mathrm{e}}^{\mathrm{b}}$——螺栓螺纹处的极限抗拉强度最小值；

$f_{\mathrm{u}}^{\mathrm{b}}$——螺栓钢材的极限抗拉强度最小值；

D——螺栓杆的直径；

$\sum t$——被连接钢板同一受力方向的钢板厚度之和；

$f_{\mathrm{cu}}^{\mathrm{b}}$——被连接钢板在螺栓处的极限受压强度，取 $1.5f_{\mathrm{u}}$。

（5）结论

支撑拼接极限受拉承载力满足要求。

6.2.6　施工图绘制

高层钢结构施工图的组成基本类同多层钢结构施工图，但是在高层钢结构中往往采用支撑体系，因此在结构施工图中应添加同支撑体系有关的部分图纸。其部分结构平面图和柱表如图 6-74 所示。

以本工程为例，图纸中应包括支撑立面布置图、支撑节点详图等图纸以及支撑杆件截面表等，如图 6-75 所示。

在框架立面图中，表示出钢支撑的立面布置形式与支撑杆件中心线定位尺寸，根据不同的层高，编注钢支撑构件型号，引出节点详图的编号索引，如图 6-76 所示。

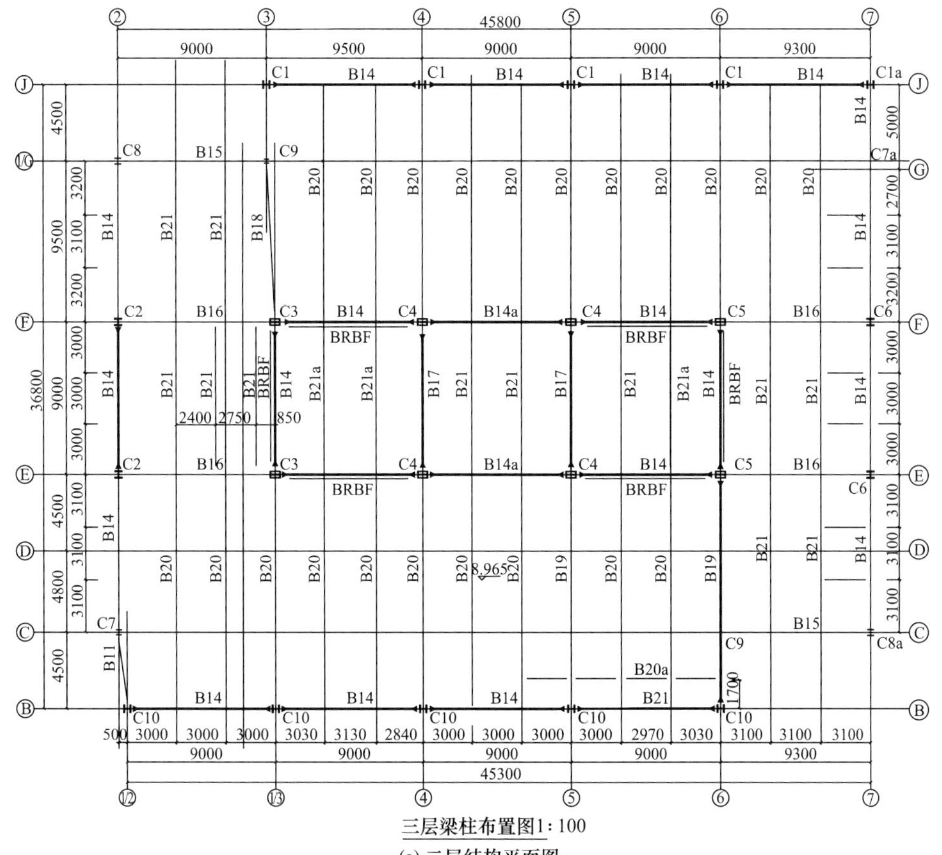

(a) 二层结构平面图

图 6-74　结构平面图和柱表（一）

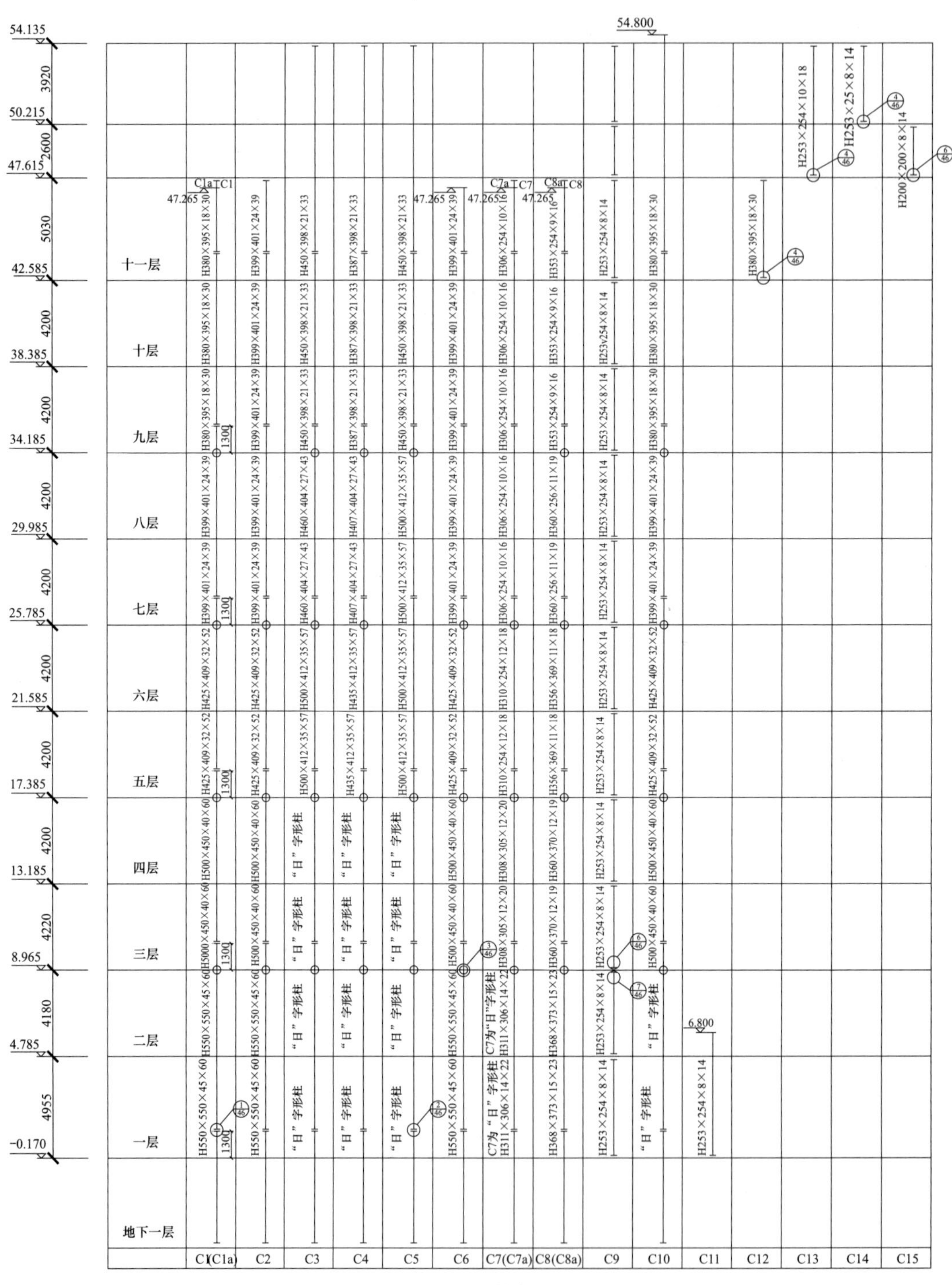

(b) 柱表

图 6-74　结构平面图和柱表（二）

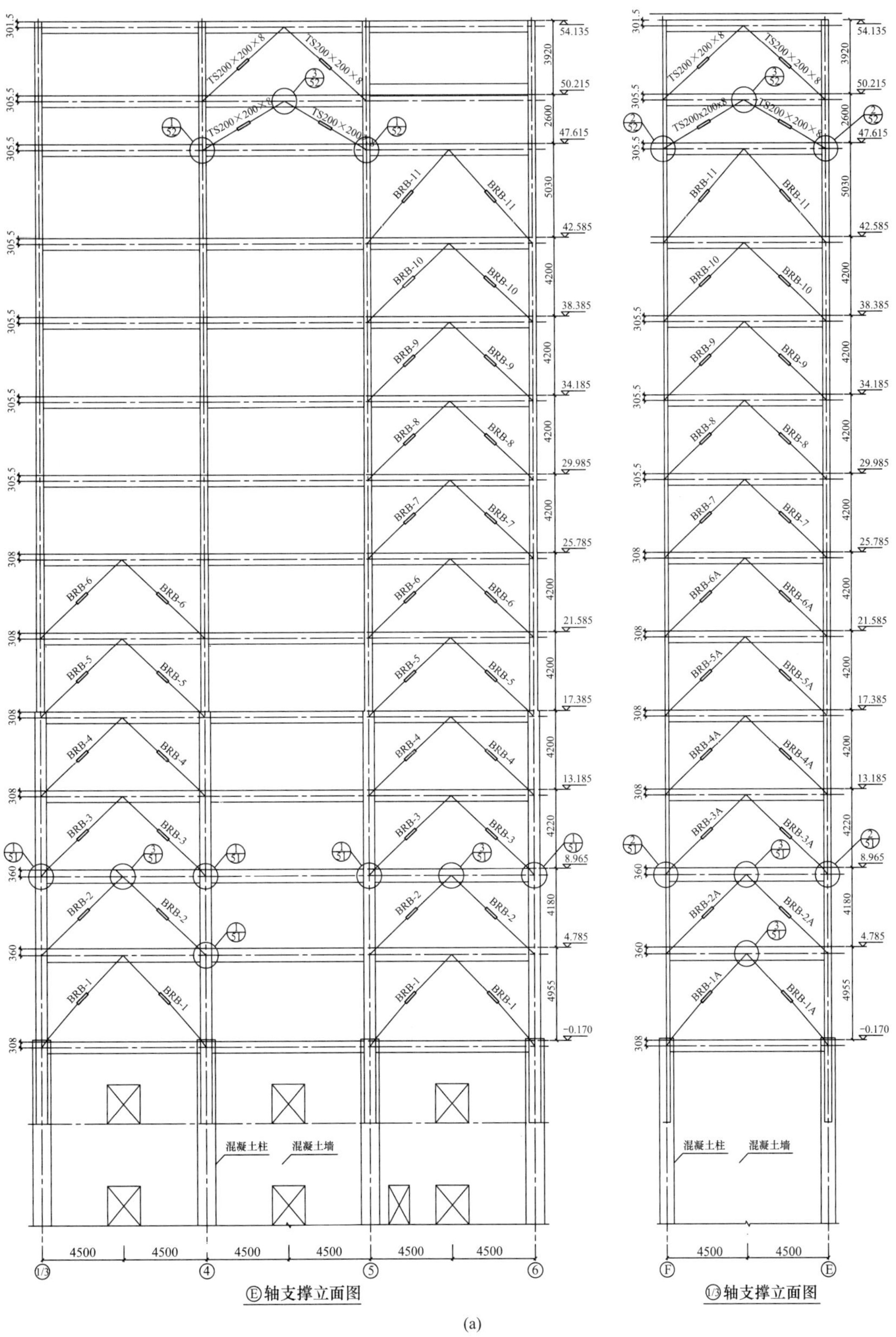

(a)

图 6-75　支撑布置图（一）

TS200×200×8
54.135
50.800
50.215
47.615
42.585
38.385
34.185
29.985
25.785
21.585
17.385
13.185
8.965
4.785
−0.170
BRB-11
BRB-10
BRB-9
BRB-8
BRB-7
BRB-6A
BRB-5A
BRB-4A
BRB-3A
BRB-2A
BRB-1A
混凝土柱
混凝土墙
4500
④轴支撑立面图
⑤轴支撑立面图
⑥轴支撑立面图
(b)

图 6-75　支撑布置图（二）

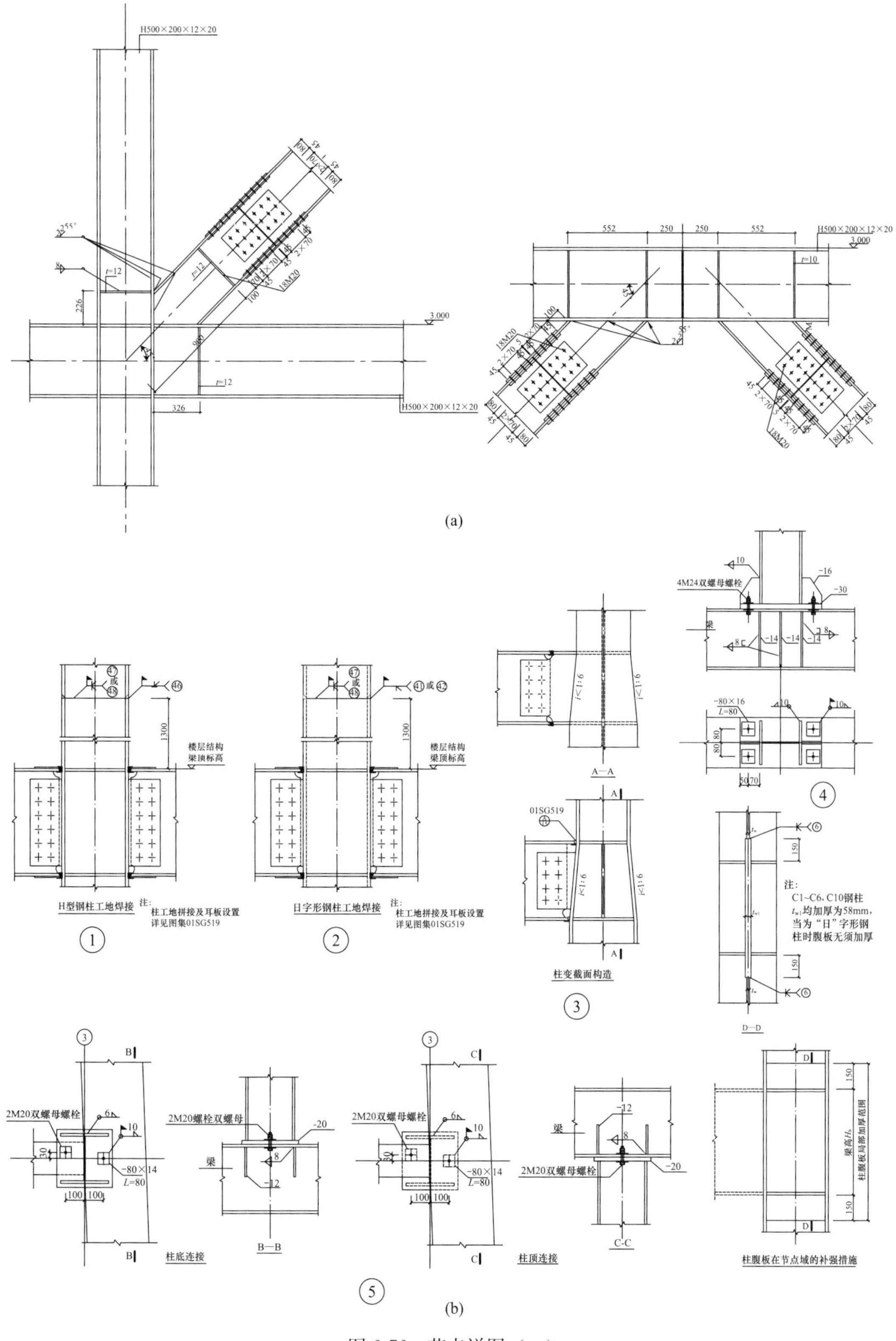
H500×200×12×20
3.000
t=12
226
900
326
18M20
H型钢柱工地焊接
日字形钢柱工地焊接
注:
柱工地拼接及耳板设置
详见图集01SG519
楼层结构
梁顶标高
1300
柱变截面构造
4M24双螺母螺栓
2M20双螺母螺栓
2M20螺栓双螺母
梁
柱底连接
柱顶连接
C1~C6, C10钢柱
均加厚为58mm,
当为“日”字形钢
柱时腹板无须加厚
柱腹板在节点域的补强措施
梁高
柱腹板局部加厚范围
A—A
B—B
C-C
D—D
(a)
(b)

图 6-76　节点详图（一）

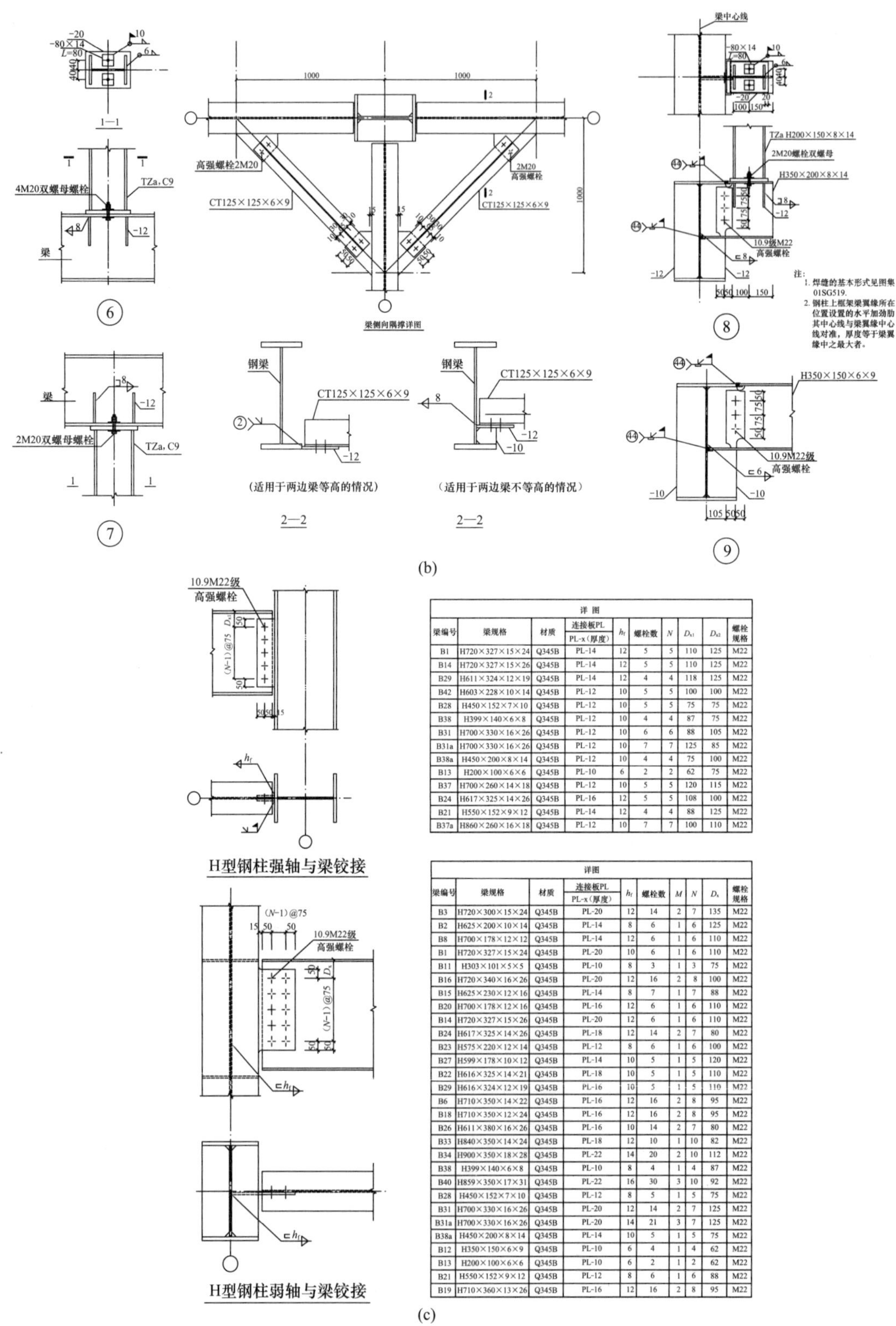

详图									
梁编号	梁规格	材质	连接板PL PL-x（厚度）	h_f	螺栓数	N	D_{x1}	D_{x2}	螺栓规格
B1	H720×327×15×24	Q345B	PL-14	12	5	5	110	125	M22
B14	H720×327×15×26	Q345B	PL-14	12	5	5	110	125	M22
B29	H611×324×12×19	Q345B	PL-14	12	4	4	118	125	M22
B42	H603×228×10×14	Q345B	PL-12	10	5	5	100	100	M22
B28	H450×152×7×10	Q345B	PL-12	10	5	5	75	75	M22
B38	H399×140×6×8	Q345B	PL-12	10	4	4	87	75	M22
B31	H700×330×16×26	Q345B	PL-12	10	6	6	88	105	M22
B31a	H700×330×16×26	Q345B	PL-12	10	7	7	125	85	M22
B38a	H450×200×8×14	Q345B	PL-12	10	4	4	75	100	M22
B13	H200×100×6×6	Q345B	PL-10	6	2	2	62	75	M22
B37	H700×260×14×18	Q345B	PL-12	10	5	5	120	115	M22
B24	H617×325×14×26	Q345B	PL-16	12	5	5	108	100	M22
B21	H550×152×9×12	Q345B	PL-14	12	4	4	88	125	M22
B37a	H860×260×16×18	Q345B	PL-12	10	7	7	100	110	M22

详图									
梁编号	梁规格	材质	连接板PL PL-x（厚度）	h_f	螺栓数	M	N	D_x	螺栓规格
B3	H720×300×15×24	Q345B	PL-20	12	14	2	7	135	M22
B2	H625×200×10×14	Q345B	PL-14	8	6	1	6	125	M22
B8	H700×178×12×12	Q345B	PL-14	12	6	1	6	110	M22
B1	H720×327×15×24	Q345B	PL-20	10	6	1	6	110	M22
B11	H303×101×5×5	Q345B	PL-10	8	3	1	3	75	M22
B16	H720×340×16×26	Q345B	PL-20	12	16	2	8	100	M22
B15	H625×230×12×16	Q345B	PL-14	8	7	1	7	88	M22
B20	H700×178×12×16	Q345B	PL-16	12	6	1	6	110	M22
B14	H720×327×15×26	Q345B	PL-20	12	6	1	6	110	M22
B24	H617×325×14×26	Q345B	PL-18	12	14	2	7	80	M22
B23	H575×220×12×14	Q345B	PL-12	8	6	1	6	100	M22
B27	H599×178×10×12	Q345B	PL-14	10	5	1	5	120	M22
B22	H616×325×14×21	Q345B	PL-18	10	5	1	5	110	M22
B29	H616×324×12×19	Q345B	PL-16	10	5	1	5	110	M22
B6	H710×350×14×22	Q345B	PL-16	12	16	2	8	95	M22
B18	H710×350×12×24	Q345B	PL-16	12	16	2	8	95	M22
B26	H611×380×16×26	Q345B	PL-16	10	14	2	7	80	M22
B33	H840×350×14×24	Q345B	PL-18	12	10	1	10	82	M22
B34	H900×350×18×28	Q345B	PL-22	14	20	2	10	112	M22
B38	H399×140×6×8	Q345B	PL-10	8	4	1	4	87	M22
B40	H859×350×17×31	Q345B	PL-22	16	30	3	10	92	M22
B28	H450×152×7×10	Q345B	PL-12	8	5	1	5	75	M22
B31	H700×330×16×26	Q345B	PL-20	12	14	2	7	125	M22
B31a	H700×330×16×26	Q345B	PL-20	14	21	3	7	125	M22
B38a	H450×200×8×14	Q345B	PL-14	10	5	1	5	75	M22
B12	H350×150×6×9	Q345B	PL-10	6	4	1	4	62	M22
B13	H200×100×6×6	Q345B	PL-10	6	2	1	2	62	M22
B21	H550×152×9×12	Q345B	PL-12	8	6	1	6	88	M22
B19	H710×360×13×26	Q345B	PL-16	12	16	2	8	95	M22

图 6-76　节点详图（二）

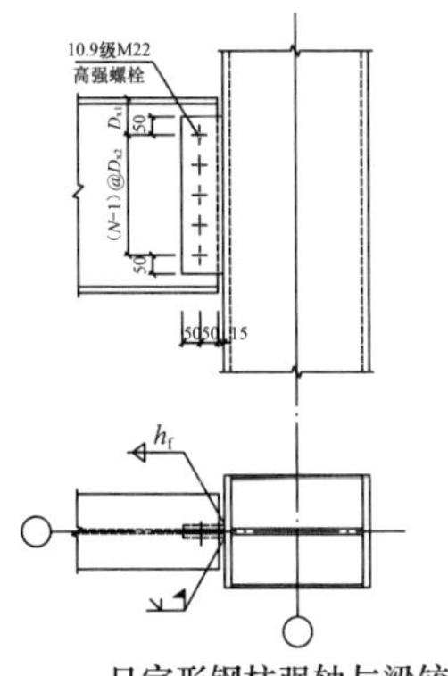

日字形钢柱强轴与梁铰接

详图									
梁编号	梁规格	材质	连接板PL PL-x（厚度）	h_f	螺栓数	N	D_{x1}	D_{x2}	螺栓规格
B3	H720×300×15×24	Q345B	PL-16	12	5	5	110	125	M22
B16	H720×340×16×26	Q345B	PL-16	12	8	8	98	75	M22
B24	H617×325×14×26	Q345B	PL-16	12	5	5	108	100	M22
B21	H550×152×9×12	Q345B	PL-14	12	4	4	88	125	M22

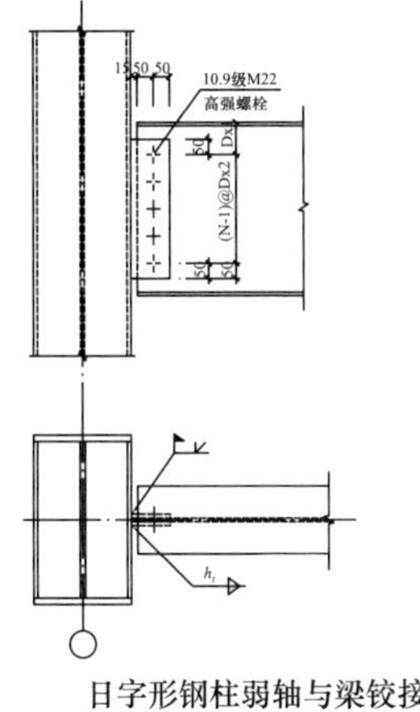

日字形钢柱弱轴与梁铰接

详图									
梁编号	梁规格	材质	连接板PL PL-x（厚度）	h_f	螺栓数	N	D_{x1}	D_{x2}	螺栓规格
B6	H710×350×14×22	Q345B	PL-14	12	7	7	85	90	M22
B7	H710×280×13×22	Q345B	PL-14	12	6	6	105	100	M22
B8	H700×178×12×12	Q345B	PL-14	12	6	6	100	100	M22
B18	H710×350×13×24	Q345B	PL-14	12	7	7	85	90	M22
B19	H710×360×13×26	Q345B	PL-14	12	7	7	105	100	M22
B20	H700×178×12×16	Q345B	PL-14	12	6	6	100	100	M22
B26	H611×380×16×26	Q345B	PL-14	12	7	7	80	75	M22
B27	H599×178×10×12	Q345B	PL-14	12	5	5	80	110	M22

注：
1. 焊缝的基本形式见图集01SG519。
2. 钢柱上框架梁翼缘所在位置设置的水平加劲肋中之最大者。其中心线与梁翼缘中心线对准，厚度等于梁翼缘。

(c)

图 6-76　节点详图（三）

6.3　某超高层钢结构综合楼

我国《民用建筑设计统一标准》GB 50352—2019 规定：建筑高度超过 100m 时，不论住宅及公共建筑均为超高层建筑。超高层建筑除了采用新型的高强材料、先进的试验方法和更精密的计算机分析计算，更是结构体系创新和发展的催化剂。由于高度不断增加，原有的常规结构体系已经不能满足超高层结构的需要，筒体结构体系、巨型结构体系和混合结构体系，包括钢-混凝土、钢管混凝土、型钢混凝土和竖向混合体系等，越来越多地应用于实际工程中，并表现出各自独特的优势。例如日本计划建造的千年塔，高约 800m，采用组合巨型支撑结构体系；北京 CBD 核心区 Z15 地块中国尊项目，采用巨型支撑框架外筒＋混凝土核心筒混合结构体系；吉隆坡 452m 高的石油大厦采用型钢混凝土框架-核心筒体系；美国芝加哥的西尔斯大厦则是成束框筒结构的代表性建筑。随着超高层建筑的几何形式更加复杂多样，高度更高，同时要求更高的安全性和使用功能，研究发展更合理的结构体系，使其经济有效并在施工上可行，必然是超高层建筑未来发展的关键。

我国的高层建筑发展始于20世纪初，1921～1936年，上海、广州陆续建造了一些高层旅馆、办公楼和住宅；20世纪50～70年代，高层建筑取得了一定的发展；80年代开始，随着经济建设的发展，高层建筑进入了快速发展时期，兴建了大量的高层建筑；近三十年来，我国高层建筑取得了令世人瞩目的发展，我国内地成为世界高层及超高层建筑发展的中心之一。

6.3.1 超高层建筑结构体系概述

我国的超高层建筑结构，早期主要采用钢筋混凝土结构，这既符合我国国情，可适应使用要求和降低工程造价，也符合规范中关于适用高度的规定。当前一段时间，对建于抗震设防区的超高层建筑，在考虑结构方案时，主要关注钢结构和钢-混凝土混合结构体系，这是符合当前技术条件的。在超高层结构构件选型时，还涉及钢骨混凝土或钢管混凝土等组合构件的选择。各种结构体系各有优缺点，现就超高层建筑中钢结构、钢-混凝土混合结构和钢骨混凝土结构三类结构的主要优缺点作一粗略分析。

1. 超高层建筑钢结构

（1）主要优点

1）抗震性能优于钢筋混凝土结构

相对于钢材来说，混凝土的抗拉和抗剪强度均较低，延性也差，混凝土构件开裂后的承载力和变形能力将迅速降低。钢材基本上属各向同性的材料，抗压、抗拉和抗剪强度均很高，更重要的是它具有良好的延性。在地震作用下，钢结构因有良好的延性，不仅能减弱地震反应，而且属于较理想的弹塑性结构，具有抵抗强烈地震的变形能力。

2）减轻结构自重，降低基础工程造价

一般钢筋混凝土框-剪结构和框架-筒体结构的高层建筑，当外墙采用玻璃幕墙或铝合金幕墙板，内墙采用轻质隔墙时，包括楼面活荷载在内的上部建筑结构全部重力荷载为15～17kN/m^2，其中梁、板、柱及剪力墙等结构的自重为10～12kN/m^2。相同条件下采用钢结构时，全部重力荷载为10～12kN/m^2，其中钢结构和混凝土楼板的结构自重为5～6kN/m^2。由上述可知，两类结构的结构自重的比例为2∶1，全部重力荷载的比例约为1.5∶1，这相当于75层高的钢结构高层建筑上部重力荷载，可等同于50层高的钢筋混凝土结构高层建筑。荷载值的差异很大，相应的地震作用数值也大为减小，基础荷载大为减轻，基础处理的难度以及基础工程造价等均将受很大影响。

3）减少建筑中结构所占的面积

对于30～40层的钢筋混凝土结构的高层建筑建于地震区时，其柱截面尺寸常取决于轴压比限值而达1.8m×1.8m～2.0m×2.0m，核心筒在底部的壁厚将达0.6～0.8m，以符合结构侧向刚度和层间位移的要求，这两项结构面积约为建筑楼层面积的7%。如采用钢结构，柱截面大为减小，核心筒采用钢柱及钢支撑时，包括它外侧的装修做法，其厚度仍比混凝土结构薄很多，相应的结构面积一般约为建筑楼层面积的3%，比钢筋混凝土结构可减少约4%，这对投资方来说，将产生不小的经济效益。

4）施工周期短

钢结构的施工特点是钢构件在工厂制作，然后在现场安装。钢构件安装时，一般不搭设脚手架，同时采用压型钢板组合楼板或钢筋桁架楼承板，无需另行支设模板，而且混凝土楼板的施工可与上部钢构件安装交叉进行。钢筋混凝土结构除钢筋可在车间内下料外，大量的支模、钢筋绑扎和混凝土浇筑等工作均需在现场作业。因此，钢结构的施工速度常可快于钢筋混凝土结构30%～40%，相应地施工周期也缩短，能早日投入使用，使投资方在经济效益上获得早回报。

(2) 关于钢结构造价及综合经济效益

1) 高层钢结构的造价高于同高度混凝土结构的造价及其原因

不包括基础及地下室结构在内，上部高层钢结构造价一般为同样高度钢筋混凝土结构造价的1.5～2.0倍，从而增加了上部结构的直接投资。钢结构的造价一般包含三部分，即钢材费用、制作和安装费用，以及防火涂料费用，这三者的粗略比例关系可由下式表示：

钢结构造价＝钢材费用(50%)＋制作安装费用(40%)＋防火涂料费用(10%)

2) 上部钢结构造价与全部结构造价及工程造价的比例关系

全部结构造价包括上部钢结构外，还包括影响较大的基础造价和地下室造价。基础造价与地基土条件有很大的关系，软土地基时的桩基础费用相当高。对于一般性高层建筑，上部钢结构造价为全部结构造价的60%～70%。工程造价除包括全部结构造价外，还包括费用很高的建筑装修及电梯、机电设备等。粗略估计时，一般全部结构造价为工程造价的20%～30%，相应地上部钢结构为工程造价的15%～20%。

3) 采用钢结构的综合经济效益

由上述可知，上部钢结构的造价一般为工程造价的15%～20%，而一般工程造价约为工程总投资（包括拆迁、购地及市政设施增容费用等）的50%～70%，相应地上部钢结构造价为工程总投资的8%～15%。因此钢结构与钢筋混凝土结构间的差价为工程总投资的5%～10%。这一差价常可用于采用钢结构后，因自重轻而降低基础造价、增加建筑使用面积和缩短施工周期等得到相当程度的弥补，从而提高工程的综合经济效益。

(3) 存在的主要问题

1) 钢结构的耐火性能差

钢结构是不耐火的结构。钢结构在火灾烈焰下，构件温度迅速上升，钢材的屈服强度和弹性模量随温度上升而急剧下降。当结构温度达到350℃及500℃时，其强度可分别下降30%及50%，至600℃时结构完全丧失承载能力，变形迅速增大，导致结构倒塌。因此，《高层民用建筑钢结构技术规程》JGJ 99—2015（以下简称《高钢规程》）规定对钢结构中的梁、柱、支撑及作承重用的压型钢板等要采用喷涂防火涂料保护。

2) 吸取震害经验教训完善钢结构设计

《高钢规程》在内容上虽已反映部分国内外的地震震害经验和抗震设计措施，但是由于地震的随机性和实际工程结构的复杂性，未能避免诸如结构平面和竖向的不规则，以及沿竖向的刚度突变和强度突变的结构方案，潜伏着结构的薄弱部位和遭受破坏的可能性。钢结构虽有较好的延性，但还难以避免连接节点的开裂、支撑压屈，柱子脆性断裂等震害。因此，需要在总结震害经验的同时开展科学研究，逐渐完善钢结构设计。

2. 超高层建筑钢-混凝土结构

(1) 主要优点

1) 侧向刚度大于钢结构

钢-混凝土结构由于采用钢筋混凝土剪力墙或核心筒作为主要抗侧力结构，其侧向刚度大于一般纯钢结构，相应的水平位移也小。

2）结构造价介于钢结构和钢筋混凝土结构之间

如上所述，根据我国国情，钢筋混凝土结构的直接造价低于钢结构。钢-混凝土结构钢材用量小于钢结构，又可节省部分防火涂料费用，因此，钢-混凝土结构的造价基本上介于钢结构和钢筋混凝土结构之间。

3）施工速度比钢筋混凝土结构有所加快

钢-混凝土结构的施工特点，是常将混凝土核心筒安排先行施工，随后将筒体施工进度也安排快于周边钢结构的安装，同时在钢-混凝土结构中的梁、柱采用钢结构，楼板结构采用组合楼板。因此，钢-混凝土结构的施工速度可快于钢筋混凝土结构，施工周期也可缩短。

4）结构面积小于钢筋混凝土结构

在该结构体系中，由于采用钢柱本身强度高，且承担的水平剪力较小，故与钢筋混凝土结构相比较，可减小柱子所占用的建筑面积。

5）发挥钢管混凝土柱的强度和刚度作用

钢管混凝土柱（圆形或矩形）利用钢管和混凝土两种材料在受力过程中的相互作用，弥补了两种材料各自的缺点，且可充分发挥二者的优点，使钢管混凝土具有承载力高、塑性和韧性好、施工方便和耐火性能好等诸多优点而得到了较为广泛的应用。

（2）存在的主要问题

1）混凝土内筒的刚度退化将加大钢框架的剪力

钢-混凝土混合结构中目前采用的主要结构体系为钢框架（或为组合框架）-混凝土内筒体系，其中钢筋混凝土内筒为主要抗侧力结构，钢框架主要承担重力荷载，也承担较小的水平剪力。在水平地震作用下，由于钢框架的抗推刚度远小于混凝土内筒，钢框架承担的水平剪力除顶部几层可为楼层剪力的15%～20%，中部及下部为下部楼层剪力的10%～15%。在往复地震动的持续作用下，结构进入弹塑性阶段时，墙体产生裂缝后，内筒的抗推刚度大幅度降低，而钢框架由于弹性极限变形角大于混凝土内筒甚多，虽然此时的水平地震作用要小于弹性阶段，但钢框架仍有可能要承担比弹性阶段大得多的水平地震剪力和倾覆力矩。因此，为符合结构裂而不倒的要求，需要调整钢框架部分所承担的水平剪力，以提高钢框架的承载力，并采取措施提高混凝土内筒的延性。

2）混凝土内筒的施工误差远大于钢结构

钢框架-混凝土内筒的施工进度常先于钢框架。由于现浇混凝土结构的施工精度小于钢结构。当钢梁与混凝土墙采用预埋钢板相连接时，钢板埋件容易出现定位不准确、扰动移位的问题，其误差值远大于钢梁加工尺寸的允许范围，常需采取难以令人满意的弥补措施。因此，宜在设计时采用适应性较好的连接方法。

3. 超高层建筑钢骨混凝土结构

（1）主要优点

1）可用作良好的结构过渡层

① 高层建筑在标准层以下和地下室以上常安排有公共建筑部分，其层高大于标准层甚多。由于柱的抗推刚度 D 是柱高度 h 三次方的倒数关系 $\left(D=\alpha\dfrac{EI}{h^3}\right)$，因此，这一部位

是结构侧向刚度突变的部位。例如，这一部位的钢柱截面同标准层，而层高是标准层的 2 倍，则公共建筑部位柱的抗推刚度相比标准层柱的抗推刚度要降到 1/8，刚度突变量很大。如由梁柱构成钢骨混凝土框架，再与支撑框架等共同工作，则不仅提高柱的承载力，更主要的是改善地震区建筑刚度突变的不利情况，以及减小该部位的层间位移量。

② 高层建筑地下室主要是机电设施用房，其防火要求甚高，建筑设计上也不再采用吊顶装修。因此，如采用钢骨混凝土梁柱构件，则可不再喷涂防火涂料，比起钢梁钢柱构件更适应地下室的使用要求。

③ 在一些工程中除为适应地下室功能要求外，还考虑为安排钢构件加工有一进度上的间隔，或要设置人防结构等，需要采用钢筋混凝土结构的地下室。此时，上部钢结构与地下室钢筋混凝土结构之间，需要采用钢骨混凝土结构过渡层，以使钢柱及竖向钢支撑等有良好的受力特性过渡，也便于连接构造。

此外，当钢结构主楼与钢筋混凝土裙房结构之间相连而不设防震缝时，在该部位的主楼结构采用钢骨混凝土结构时，也有利于两种结构之间的构造连接。

2）造价低于钢结构，防火能力高于钢结构

钢骨混凝土柱可发挥混凝土的受压强度，截面小于钢筋混凝土柱，用钢量小于钢柱，相应地可降低造价。钢骨混凝土有很好的防火能力，可避免采用昂贵的防火涂料。钢骨混凝土柱比钢柱便于建筑装修。

3）延性优于钢筋混凝土，刚度大于钢结构

钢骨混凝土与钢筋混凝土的阻尼比基本相等，但延性有一定程度的提高，滞回曲线丰满些。由于钢骨混凝土柱截面大于钢柱，相应地刚度也大。

4）施工速度可快于钢筋混凝土结构

钢骨混凝土结构施工的特点，是可先形成钢骨结构，然后交叉施工钢筋混凝土部分。此时，可利用钢骨结构作为施工用的承重结构，节省大量脚手架，与钢筋混凝土结构相比较，可加快施工速度，缩短施工周期。

当不采用钢骨混凝土梁，而采用钢梁及在压型钢板上浇筑混凝土作为楼板时，其施工速度甚至可接近钢结构施工速度的水平。这也是在一些工程中不采用钢骨混凝土梁的原因之一。

（2）存在的主要问题

1）钢骨混凝土梁、柱的连接构造复杂

已建的高层建筑中，在标准层部位采用钢骨混凝土柱及剪力墙时，很少采用钢骨混凝土框架梁及次梁。其原因有三：一是梁柱连接构造复杂；二是未能减小梁的截面高度，从而不能增加建筑楼层的有效净高；三是影响施工速度。

采用钢骨混凝土框架梁时，该梁的上下层纵向钢筋要穿越十字形钢骨柱在两个方向上的腹板，梁柱节点处柱箍筋要穿越柱侧 2～4 根钢骨梁的腹板，构造很复杂。尤其是框架梁与柱非正交连接时，不仅十字形钢骨柱截面为一异形截面，而且在柱腹板上要留斜向穿筋洞，施工相当困难。主次梁连接时，次梁下筋要与主梁的连接板焊接。

2）钢骨混凝土梁影响压型钢板的采用

高层建筑钢结构之所以能快速施工，原因之一在于采用无需支模的压型钢板或钢筋桁架楼承板上浇筑混凝土楼板的方法。但是，当采用钢骨混凝土梁时，就难以采用压型钢板做法，需要对梁自身和混凝土楼板等支模施工，且梁柱节点处要穿筋，从而减慢了施工速度，甚至与钢筋混凝土结构的施工速度相近。

在实际工程设计中，对上述三种主要结构类型常结合工程的具体情况进行再组合，也可在同一工程中对一些主要抗侧力构件采用不同的材料，形成派生的多种结构类型。再组合后常用的结构类型有下列几种。

（1）上部为钢结构下部为钢骨混凝土结构

这种上下两种结构类型的组合结构，已较多地用于实际工程中，这是由于在下部采用钢骨混凝土结构具有下列优点：

1）作为上部钢结构向下的过渡层

上部钢结构通过钢骨混凝土结构向下部钢筋混凝土结构过渡时，不仅在构造上较为方便，更主要的是使结构传力特性、结构延性和结构刚度方面等起到具有连续性及缓变的作用。

2）作为与裙房结构的连接层

工程中层数不多的裙房结构常采用钢筋混凝土结构，当与其高层部分的结构相连而不设缝时，如高层部分在裙房结构高度范围内采用钢骨混凝土结构，则两者之间的连接比较方便，且可保持高层部分的侧向刚度大于裙房结构甚多。

3）提高下部几层的侧向刚度

高层建筑的下部几层，由于建筑设计要设置门厅、中厅和其他公共的建筑用房，其层高为上部标准层层高的 1.5～2 倍，由此导致上下层侧向刚度突变，层间位移也有较多的增大，但如在这些部位采用钢骨混凝土结构，则对此将有所改善。

4）提高下部几层的防火能力

一般高层建筑的下部几层为公共的建筑用房，地下室又为机电设备和车库等用房，如采用钢骨混凝土结构，则可更好地适应这类用房的防火要求。

（2）钢框架-钢骨混凝土内筒结构

钢框架-钢骨混凝土内筒结构与钢框架-钢筋混凝土内筒相比，在框架与内筒的屈服强度、延性和刚度方面的匹配关系等有较大的改善，也便于楼面钢梁与钢暗柱的安装就位，也因内筒中的钢暗柱与钢连梁可作为施工用结构，与外框架同步施工，可缩短施工周期。

（3）钢骨混凝土柱和钢梁组合成框架

在工程中也有采用钢骨混凝土柱与钢梁组合成框架，再与内筒组成一抗侧力结构的。之所以在高层建筑上部结构中较少采用钢骨混凝土梁的原因，一是这类梁中的钢骨保护层厚度宜不小于 100mm，梁的截面高度常大于 H 型钢组合梁，不能增加建筑的净层高；二是不便采用组合楼板；三是钢骨混凝土梁中的钢筋需穿越钢骨柱腹板等，其构造较复杂，也影响施工进度。如采用钢梁则可消除上述缺点，而保留钢骨混凝土柱的优点，如柱刚度较大、造价也低、防火性能较好和便于对柱子进行外包装修等。

6.3.2 结构选型与结构布置

对于超高层钢结构工程，其结构设计流程相对于一般高层钢结构工程，重点和难点在于按照超限审查要求完成一系列补充分析，其他各方面设计与一般高层钢结构设计区别不大，所以本节主要介绍本工程超限设计的相关内容。本工程结构设计的重点在于不仅要满足其安全可靠性，还应保证其在超限的条件下满足各项指标，其验算论证结果将在结构分析中详细说明。超高层钢结构设计流程如图 6-77 所示。

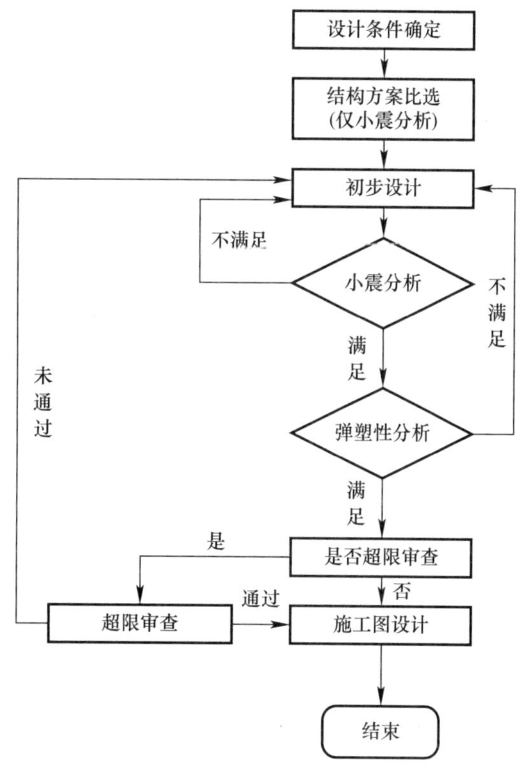

图 6-77　超高层钢结构设计流程

本超高层工程项目位于超高层建筑群中，是一大型的综合设施，在底部设置有水景主题的公园，其上升起三座平面方形呈品字形布局的塔楼。这三座塔楼中的酒店塔楼是整个项目的中心，其两翼为办公楼。酒店塔楼容纳了一家五星级的酒店，拥有优雅舒适的客房、豪华的公寓和服务设施。本章以酒店塔楼为例详细介绍超高层项目的结构设计要点及流程。

酒店塔楼的总建筑高度为 249.9m，结构高度为 227m，使整体建筑具有良好的抗风性能，增加舒适性，同时对结构抗震提供安全保障，使结构抵抗地震的能力更高、结构更安全。

基于上述结构方案的优缺点分析，决定采用纯钢结构方案，结构体系结合建筑立面采用筒中筒。

根据《超限高层建筑工程抗震设防专项审查技术要点》（以下简称《审查要点》）中各种结构类型的适用高度，结构布置不规则，如扭转不规则、偏心布置、楼板不连续、刚度突变等，此类不规则包含三项及三项以上视为超限高层建筑。

本工程结构高度 227m，未超过钢结构筒体类高度限值 240m；不规则性亦未超过《审查要点》的相关规定。但基于本工程采用纯钢结构在设计时国内鲜有工程实例，初步设计时还是进行了抗震专项审查（即超限审查）并顺利通过。

图 6-78 为酒店结构的一个标准层平面图，外框筒平面尺寸为 39.1m×39.1m，高宽比 6.32，标准层高 3400mm、3300mm，普通柱距为 5m。内筒平面尺寸 15.6m×15.6m，柱距不大于 4.725m。外框筒、内筒的四个角采用箱形钢柱；高 1200mm 的扁十字形截面钢柱沿外框筒四周布置，高 900mm 的工字形截面钢柱沿内筒四周布置。在水平力作用下，外框筒中除了腹板框架抵抗部分倾覆力矩外，翼缘框架柱受拉受压形成的力臂用以抵抗水平荷载产生的部分倾覆力矩。从图 6-78 可知，内筒的平面尺寸比外筒的平面尺寸小许多，外筒的高宽比 6.32 比内筒的高宽比 16 小许多，外筒的侧向刚度远大于内筒的侧向刚度。因此，在酒店结构的周边形成了外框筒全三维结构体系以抵抗水平荷载的作用。由于 5 层（4.5m 层高）及其以下楼层（一～四层 5.5m 层高）比标准层层高（分别为 3.4m、3.3m、3.8m）高许多，在该部位内筒四周设置了柱间支撑以防止结构的层间侧向刚度下柔上刚。

内筒四周筒壁采用密柱钢结构，局部位置设置了柱间支撑，裙梁为实腹式焊接工字钢梁，与柱连接形式为刚接；外筒采用钢结构柱，裙梁为实腹式焊接工字钢梁，与柱连接形式为刚接；内外筒之间的钢梁连接为铰接。三、四层设置转换钢桁架，上托以上楼层钢柱。方案设计阶段，专业配合时，建筑专业希望在底部大堂区域抽柱形成大开间，结合立面柱间开洞情况，形成转换桁架详图如图 6-79 所示。

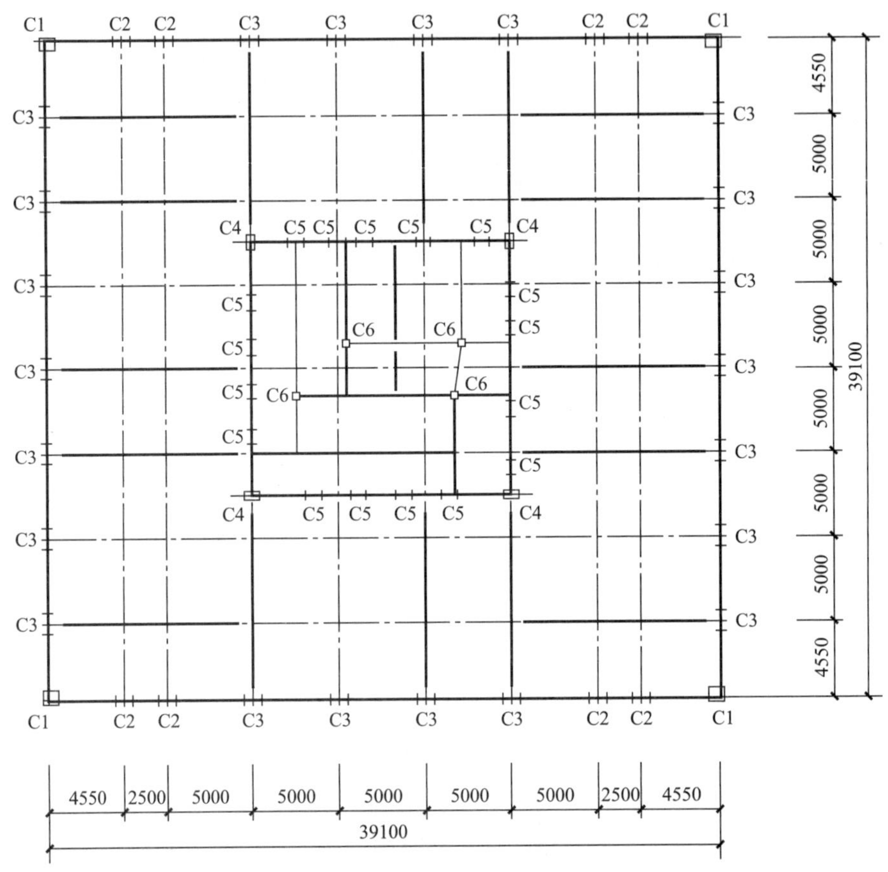

图 6-78　酒店标准层结构平面图

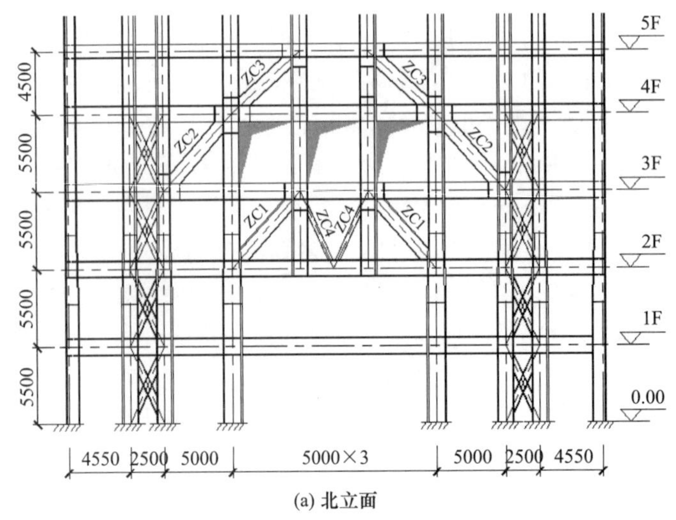

图 6-79　转换桁架布置示意图（一）

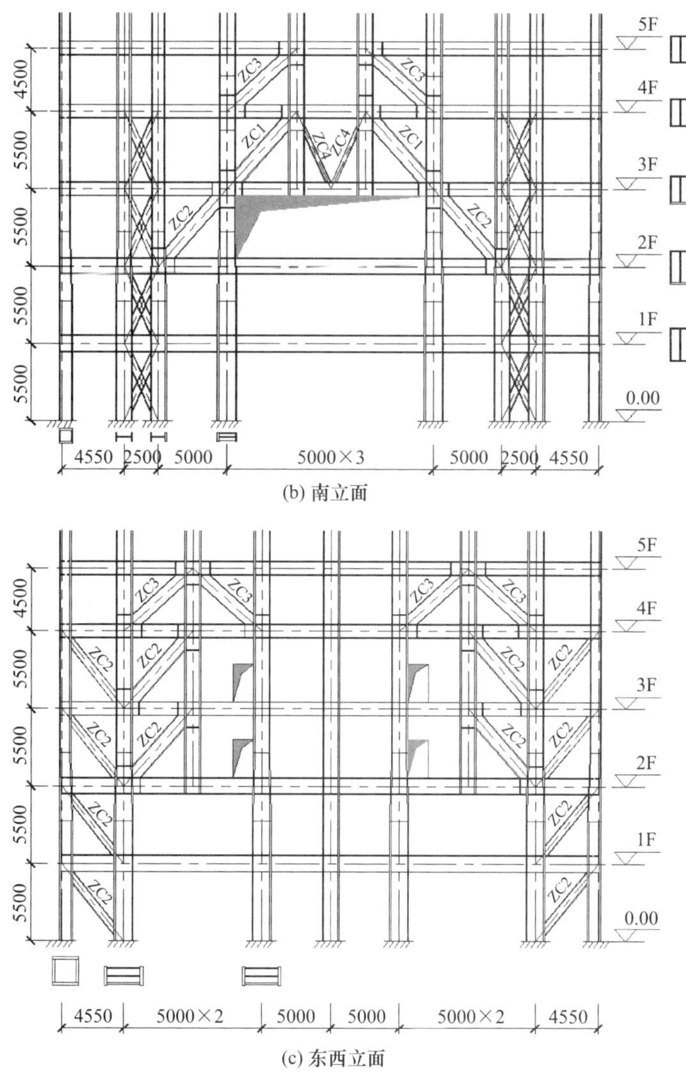

(b) 南立面

(c) 东西立面

图 6-79　转换桁架布置示意图（二）

在结构方案设计阶段，无细致的计算验证，为保证随后的设计工作可以稳定进行，应着重把握概念设计。所谓的概念设计一般指不经数值计算，尤其在一些难以作出精确力学分析或在规范中难以规定的问题中，从整体的角度来确定建筑结构的总体布置和抗震细部措施的宏观控制。本工程结构复杂，在结构的南北和东西向外筒各抽掉 2 根钢柱，形成局部转换。三层、四层、五层采用钢桁架转换。为了保证结构具有良好的抗震性能，顺利通过抗震设防专项审查，酒店结构采取以下措施来满足设计要求：

① 由于有局部钢桁架转换，转换层下部有可能形成薄弱部位，通过调整钢柱、裙梁的截面，设置斜撑等措施使之满足《建筑抗震设计规范》GB 50011—2010（2016 年版）第 3.4.3 条的规定（即该层的侧向刚度不小于相邻上一层的 70%，或不小于其上相邻三个楼层平均值的 80%），避免结构出现薄弱层。

② 转换层及其上下楼板加厚，双层双向连续配筋，转换楼层楼板下加水平钢支撑，以提高转换层面内刚度。

③ 转换桁架楼层处，三层南侧和四层北侧立面由于开有洞口，在该层相应位置，设置附加支撑，使质心与刚心的位置尽量接近，以减小地震作用时的扭转反应。

④ 转换构件的设计：由于转换构件承托上部被抽柱所传下来的 50 多层内力，并将其转换至相邻柱，因此，转换构件的抗震性能在一定程度上体现了整个结构的抗震性能。为确保转换构件的安全，除按多遇地震进行强度设计外，还按罕遇地震对转换构件进行强度复核，确保转换构件在罕遇地震下处于弹性状态。

⑤ 地上（0.00 标高）柱间竖向连续布置的支撑桁架延伸至基础。

⑥ 顶部构筑物与主体一起进行整体分析，振型数取为 99，以考虑高振型的影响。在 62 层标高处与该层楼板连接。

除去以上几点在设计中具体把握的环节之外，在一般的结构设计中，概念设计主要应考虑以下方面：

1. 适宜的刚度

结构刚度并非是越大越好。在结构设计中，恰如其分确定建筑物刚度是非常重要的。应根据具体情况和平衡原则进行必要的刚度调整和分配。

刚度大，结构自振周期短，地震作用大，自重大，材料又浪费。

刚度小，结构过柔，产生过大变形，影响强度和稳定性，结构自振周期大。

同时结构刚度要满足舒适度的要求。

2. 强度均匀的原则

此为必须认真考虑的原则，设计时一定要避免由于设计考虑不周造成在水平作用下部分主要承重结构构件提前破坏和整幢建筑物连续破坏。或者由于局部破坏严重，使建筑物过早地处于不能正常使用的状况。故在建筑物的整体设计时要避免薄弱环节，尽量做到强度均匀。如框架的角柱给予加强，防止角柱先于其他结构的破坏，引起结构其他部位的连续破坏。

3. 结构延性设计的原则

结构延性用延性系数表示，它表示的是结构极限变形（位移、转角、曲率）与屈服变形的比值，也可以分别用位移延性系数、转角延性系数等来表示。该比值越大，结构的延性越好。混凝土是脆性材料，其延性系数只有 1～2，钢筋是很好的延性材料，级别越高，其延性越差。钢筋混凝土的延性主要是靠钢筋的延性来实现的。整个结构的各个构件均具有较好的延性，那么整个结构本身也会有较好的延性。

4. 强柱弱梁设计原则

强柱弱梁是保证在强震作用下，框架的塑性铰首先在梁上发生而不在柱上发生，避免框架结构出现楼层破坏机制。在强震作用下，框架结构能采用塑性变形，从而大量地消耗地震能量，减小地震作用，同时还能保证框架结构具有承受竖向荷载的能力。此外还要遵循强剪弱弯、强节点弱构件的设计原则。

5. 充分考虑地震的耦合作用

地震是一个非平稳的随机复杂过程，对建筑的作用是综合的，不是单一的是几个分量（水平、垂直、扭转、摆动、共振）的同时作用。要做到小震不坏、中震可修、大震不倒。在地震作用下，建筑结构虽然产生较大变形和破坏，但不至于倒塌。即使倒塌也是塑性破坏，有足够逃生时间，避免发生突然性脆性破坏。即使脆性破坏也不是粉碎性倒塌而能形成一些交错状的生存空间。应设置多道防线，选择有利场地。

6. 认识风荷载和地震作用

两者都能对结构设计起控制作用，但两者有本质的差别，风荷载是外界施加在建筑物上的作用；而地震作用是由地基土运动引起建筑结构自身产生变形的动态作用。

7. 温度对建筑结构的作用

温度对建筑结构的作用主要是由温度差造成的。温度差可分为季节性温度差，室内外温度差和日照温度差，另外还有由于设备造成的温度差，火灾造成的温度差。温度对建筑结构具有不可忽视的影响，设计时应精确分析钢结构在升温及降温各工况下构件应力情况，保证结构具有足够的承载能力。

8. 结构布置

一个好的建筑设计方案首先包含着结构受力合理，施工方便简单。在建筑体型构思，平面布置和竖向设计阶段，建筑和结构设计人员一定要密切配合，相互取长补短，既要充分考虑到建筑物使用合理，造型美观，又要考虑到结构受力明确，结构设计经济合理，有利于抵抗水平作用和方便施工等。建筑物的体型对建筑结构的受力和材料消耗有极其重要的作用。在建筑物竖向设计上，尤其是超高层建筑，如能将顶部削成斜面，对抗风和抗震都是有利的。为减轻结构自重，应优先采用轻质隔墙。当建筑物位于地震区时，其体型应尽量设计得简单和规则。设计中应优先考虑通过调整平面形状和尺寸达到尽量采用不设防震缝的方案。当建筑物平面形状不规则时，有较大的错层，或者各部分结构的刚度，荷载相差悬殊，应设置防震缝，使不规则的平面划分为独立的规则的单元建筑物。

6.3.3 预估截面并建立结构模型

本工程预估截面模型分别采用 PKPM 和 ETABS 软件建立。荷载情况依据工程实际情况进行输入，包括恒荷载，活荷载，风荷载，地震作用等。其他荷载根据工程具体情况另行设计。

本工程自然条件如下：

(1) 风荷载

基本风压（100年一遇）： 0.50kN/m^2

地面粗糙度：C

(2) 地震作用

地震烈度： 8度（0.20g）

水平地震影响系数最大值：0.16

建筑结构阻尼比：0.02

场地类别： Ⅱ类

地震分组： 第一组

周期折减系数：0.9

建筑抗震设防类别：标准设防类（丙类）

结构柱从底部向顶部截面逐渐减小，除角柱为“口”字形外，其余立柱及梁构件均为工字形，“口”字形柱截面从1000×1000×100×100逐渐减少为600×600×30×30，工字形钢梁从1200×650×100×100逐渐减少为900×350×12×25。在设置好边界条件和荷载

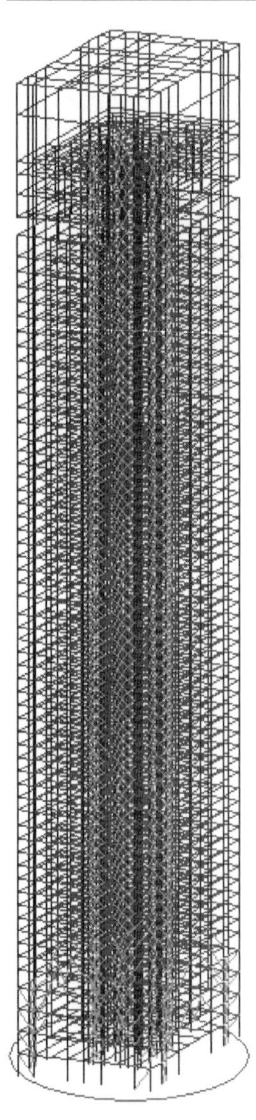
图 6-80　结构计算模型简图

工况后，建立结构模型。

PKPM 中结构模型如图 6-80 所示。

6.3.4　结构分析与工程判定

结构分析的核心问题是计算模型的确定，包括计算简图和采用的计算理论。这部分通常是手算和电算相结合。

要正确使用结构设计软件，还应对其输出结果做“工程判定”，比如，评估各向周期、总剪力、变形特征等。根据“工程判定”决定是修改模型重新分析，还是直接修正计算结果。

不同的软件会有不同的适用条件，此外，工程设计中的计算和精确的力学计算本身常有一定距离，为了获得实用的设计方法，有时会用误差较大的假定，但对这种误差，会通过“适用条件、概念及构造”的方式来保证结构的安全。钢结构设计中，“适用条件、概念及构造”是比定量计算更重要的内容。

设计中，采用 SATWE 软件进行了整体分析计算，并用 ETABS 软件进行校核。取前 99 个振型，考虑偶然偏心和耦联作用。采用 CQC 法计算扭转与平动振动的耦联反应，以反映扭转效应的动力增大作用。按规范进行活荷载折减。主要计算结果整理分析如下：

1. 振型分析

前 6 个振型的结构自由振动特征数据列于表 6-30。表明了第一、第二振型基本上都是以平动分量为主，第三振型表现出扭转分量。平动分量与扭转分量之间的耦联现象很弱。但由于高阶振型的能量较小，所以对整个结构响应的贡献是很小的。更进一步，从提供的振动方向角可以看出，第一振型的振动主轴几乎平行于 Y 轴，第二振型的振动主轴几乎平行于 X 轴，说明结构平面布置是比较均匀的，而且在 X 和 Y 两个方向上均有较好的对称性。

自由振动基本参数　　**表 6-30**

振型	周期（s）		主轴夹角（°）	平动分量		扭转分量	
	SATWE	ETABS	SATWE	SATWE (X+Y)	ETABS (UX+UY)	SATWE	ETABS
1	6.0422	6.64	93.35	1.0	0.66	0	0.06
2	5.9454	6.52	3.39	1.0	0.66	0	0.00
3	3.0506	4.02	90.35	0.01	0.05	0.99	0.72
4	2.011	2.27	97.70	1.0	0.14	0	0.00
5	1.9551	2.20	7.79	1	0.15	0	0.00
6	1.1756	1.45	96.41	0.01	0	0.99	0.01

表 6-31 给出了一阶扭转周期和第一周期与第二周期的比值，由此表明，酒店结构的

抗侧结构体系布置是令人满意的。

周期比　　表6-31

振型	SATWE	ETABS
一阶扭转周期/第一周期	3.0506/6.0422=0.505<0.85	4.02/6.64=0.605<0.85
一阶扭转周期/第二周期	3.0506/5.9454=0.513<0.85	4.02/6.52=0.617<0.85

2. 有效质量系数

SATWE与ETABS的有效质量系数如表6-32所示。两个程序都反映了所取的振型数参与计算已经具有足够的工程精度。

有效质量系数　　表6-32

Cmass-x		Cmass-y	
SATWE	ETABS	SATWE	ETABS
99.5%	99.6%	99.5%	99.5%

3. 水平位移反应

表6-33给出了程序分析的水平位移值。数据表明结构有很好的抗侧刚度，两个程序的结构弹性层间位移均能满足抗震规范要求的地震作用下1/250的限值。扭转位移比结果在1.00～1.22范围之内，小于现行国家标准《建筑抗震设计规范》GB 50011中1.5的限值，这是因为在转换层处设置了附加斜杆。

水平位移值　　表6-33

荷载	最大层间位移	
	SATWE	ETABS
地震X向	1/403	1/358
地震Y向	1/394	1/347
风载X向	1/511	1/482
风载Y向	1/501	1/477

4. 基底地震作用

表6-34给出了计算所得的基底地震作用与建筑物总重量之比值。

基底剪力与结构总重的比值　　表6-34

结构物总重量		SATWE	ETABS
		940360kN	888015kN
底部地震作用	X方向	$Q_{ox}/G_e=2.40\%$	$Q_{ox}/G_e=2.44\%$
	Y方向	$Q_{ox}/G_e=2.40\%$	$Q_{oy}/G_e=2.435\%$

结构地震作用下楼层剪力曲线如图6-81所示。

5. 层间侧移刚度比

楼层侧向刚度比均不小于相邻上部楼层侧向刚度的70%或其上相邻三层侧向刚度平均值的80%。

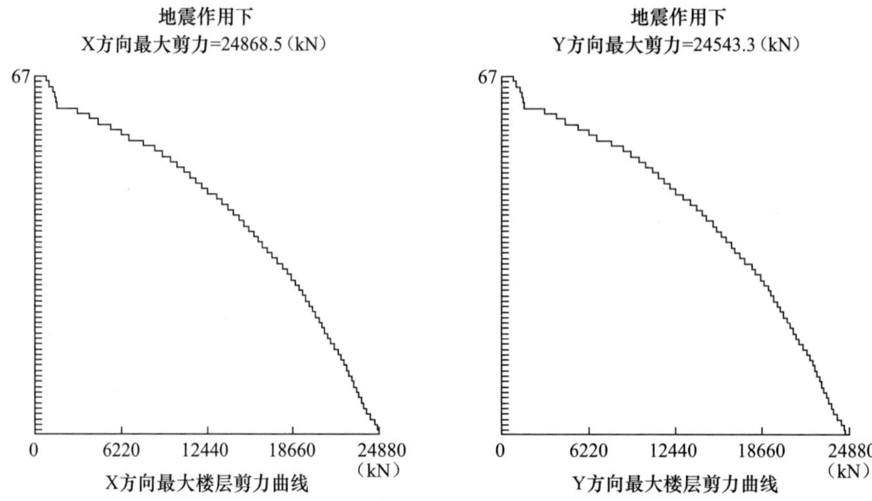

图 6-81　地震作用下结构楼层剪力曲线

6. 转换层处等效刚度比（表 6-35）

转换层处等效侧向刚度比　　表 6-35

X 向等效侧向刚度比	0.32<1.3
Y 向等效侧向刚度比	0.32<1.3

7. 一～六层内外筒的剪力、弯矩分配（表 6-36）

剪力、弯矩分配　　表 6-36

类别		固定端	二层	三层	四层	五层	六层
EX 剪力	外筒	63.40%	68.20%	91.70%	92.70%	91.50%	90.90%
	内筒	36.60%	31.80%	8.30%	7.30%	8.50%	9.10%
EY 剪力	外筒	73.70%	79%	89.90%	91%	93.50%	94.80%
	内筒	26.30%	21%	10.10%	9.00%	6.50%	5.20%
EX 弯矩	外筒	80.70%	83.10%	83.50%	82.90%	82.40%	85.80%
	内筒	19.30%	16.90%	16.50%	17.10%	17.60%	14.20%
EY 弯矩	外筒	86.80%	92.20%	84.20%	83.70%	83.00%	88.70%
	内筒	13.20%	7.80%	15.80%	16.30%	17%	11.30%

从表 6-36 可以看出，底部剪力及倾覆弯矩均由外筒承担，主要是内筒面积占整体面积相对较小，内筒刚度偏弱所致。

8. 剪力滞后情况

六层、七层、八层外筒的剪力滞后见图 6-82，底部剪力滞后现象相对严重一些，愈向上柱轴力减少，剪力滞后现象缓和，轴力分布趋于平缓。

自提出筒体概念以来，筒体结构因其良好的受力性能在工程中得到了广泛应用，对它的研究也日益受到人们的重视。近来工程界对筒体结构剪力滞后效应的研究就是一例。如图 6-82 所示，在水平荷载作用下，人们将其比拟为一端固定的箱形悬臂构件，平面中和轴把整个框筒分为受拉和受压翼缘框架，实线表示实际柱轴力分布，虚线为其平均值，对应于梁在纯弯矩作用时的正应力分布。翼缘框架正应力两边大、中间小的这种分布不均匀现象即为筒体结构的剪力滞后现象。

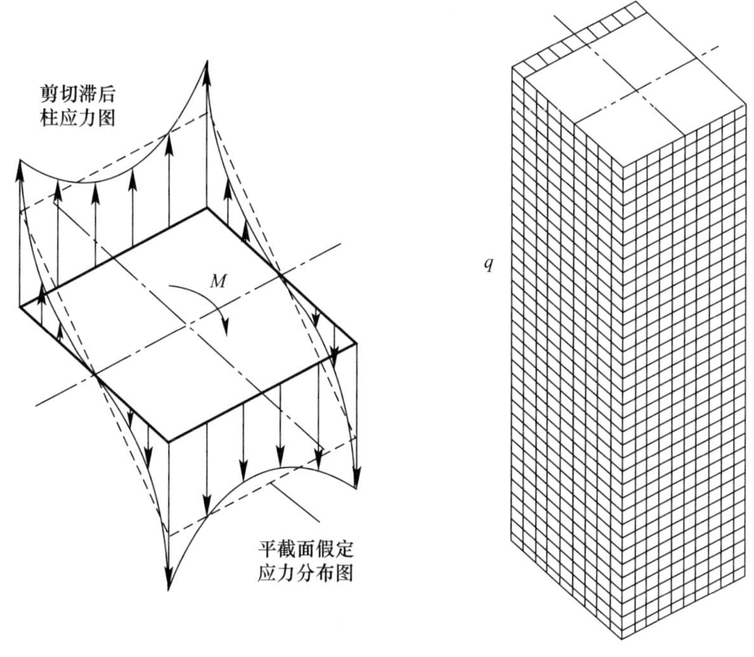

图 6-82　剪力滞后现象示意图

这一现象的产生主要是裙梁承受剪力发生剪切变形所致，与柱矩与裙梁高度、角柱面积、框筒结构高度及框筒平面形状等因素有关。

图 6-83 为在 X 方向地震作用下外框筒的翼缘框架和腹板框架在 1 层、6 层、25 层的轴力分布图。在 1 层角柱与中柱的轴力比约为 6.29；在 6 层角柱与中柱的轴力比约为 3.15；

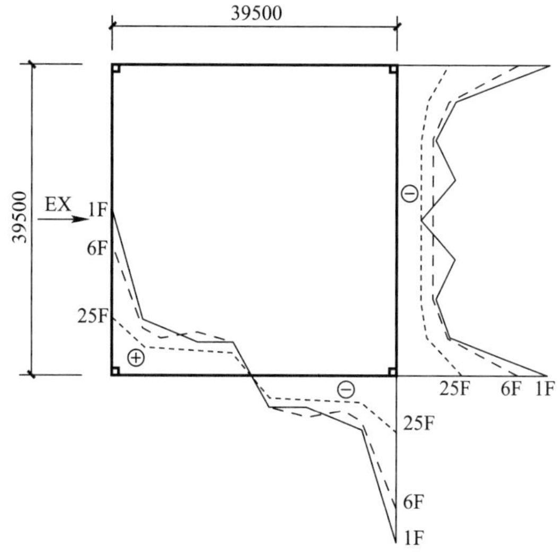

图 6-83　X 方向地震下 1 层、6 层、25 层轴力分布图

在25层角柱与中柱的轴力比约为2.74；底部楼层的剪力滞后相对严重一些，愈向上柱轴力值逐渐变小，剪力滞后现象缓和，翼缘框架柱的轴力分布趋于平均。对6层而言，该层外框筒承受的剪力占该层总剪力的83.5%，外框筒承受的倾覆力矩占该层总倾覆力矩的85%。由以上分析可知，对于采用相对较大的柱距和深裙梁，沿周圈布置截面高度较大的柱也能形成具有空间作用的框筒。

为改善外筒裙梁剪力滞后现象，使翼缘框架柱受力均匀，提高结构的抗侧力效果，在设备层L17、L33、IA6设置了有限刚度的伸臂桁架并且贯穿内筒。设置该外伸桁架严格控制该层与下层的侧移刚度比，并遵守《高钢规程》第3.3.2条中的规定，即该层的下层与该层的侧移刚度比不小于70%，防止沿竖向刚度突变、应力集中和整个结构系统受力有大的变化。

以酒店结构6层为例，其柱应力、轴力变化图如图6-84所示。

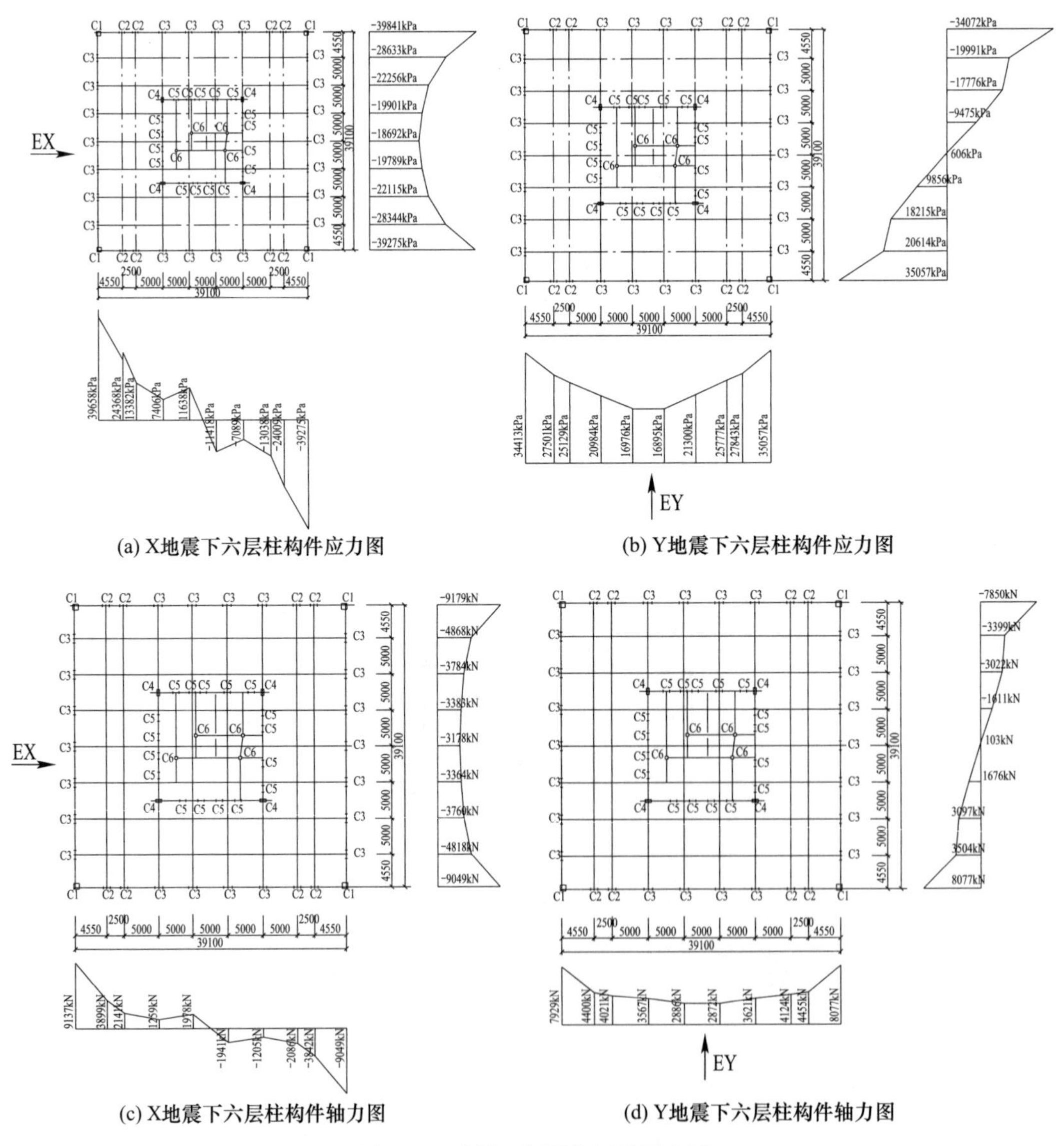

(a) X地震下六层柱构件应力图　(b) Y地震下六层柱构件应力图

(c) X地震下六层柱构件轴力图　(d) Y地震下六层柱构件轴力图

图6-84　地震工况下六层柱受力图

结果显示，角柱部位虽然轴力、应力等均有加强，但是仍然在安全承载力范围内，结构可靠。

9. 地震作用下顶点最大位移、最大层间位移角、最大扭转位移比（表 6-37、图 6-85、图 6-86）

地震作用下顶点最大位移、最大层间位移角、最大扭转位移比　　表 6-37

地震作用	顶点最大位移（mm）	X	433.51
		Y	447
	最大层间位移角和位置	X	1/403　46 层
		Y	1/394　46 层
	最大扭转位移比		X 1.22（在 6 层处）　Y 1.20　（在 6 层处）

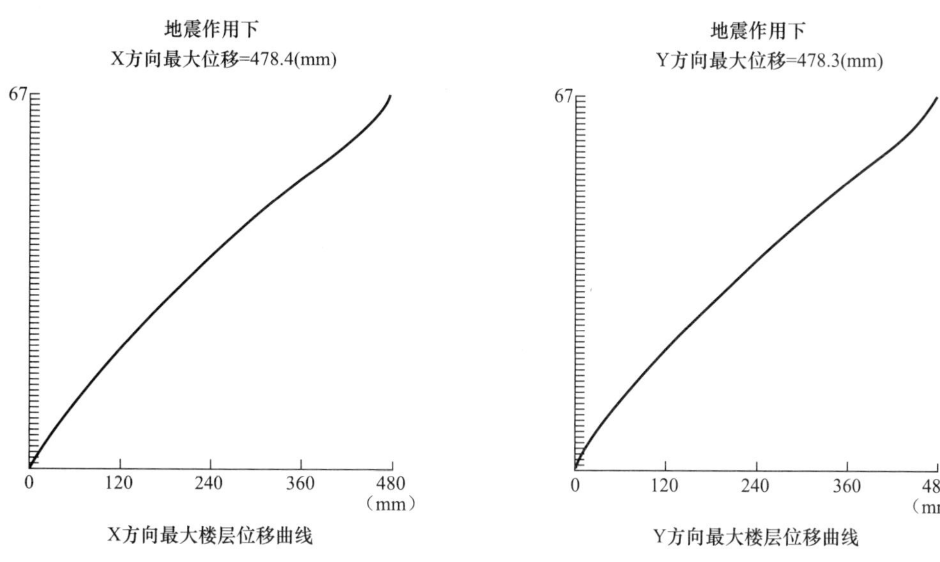

图 6-85　地震作用下结构楼层位移曲线

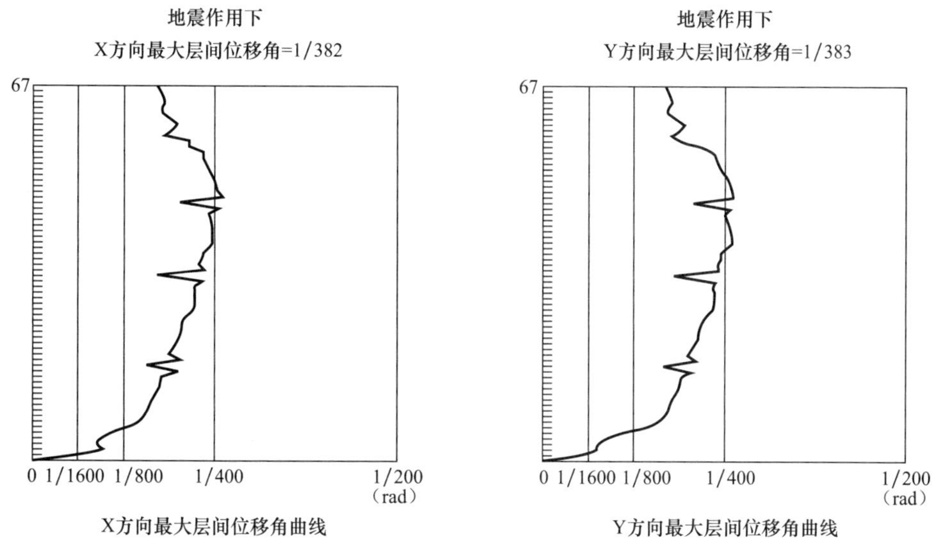

图 6-86　地震作用下结构层间位移角曲线

10. 风荷载作用下的结构分析（表 6-38）

风荷载作用下顶点最大位移、最大层间位移角、最大扭转位移比　　表 6-38

风作用	顶点最大位移（mm）	X	347.8
		Y	357.9
	最大层间位移角和位置	X	1/511　46 层
		Y	1/501　46 层
	X 向顶点最大加速度（m/s^2）	顺风向	$0.0533m/s^2<0.28m/s^2$
		横风向	$0.243m/s^2<0.28m/s^2$
	Y 向顶点最大加速度（m/s^2）	顺风向	$0.0533m/s^2<0.28m/s^2$
		横风向	$0.23m/s^2<0.28m/s^2$
	最大扭转位移比		1.17（在 6 层处）1.14（在 6 层处）

北京地区重现期为 100 年的基本风压 $0.5kN/m^2$，地面粗糙度按 C 类考虑。图 6-87 为按规范计算的风荷标准值产生的 X 方向楼层剪力与风洞试验报告提供的 X 方向、Y 方向一种组合后风荷标准值产生的最大楼层剪力的对比。

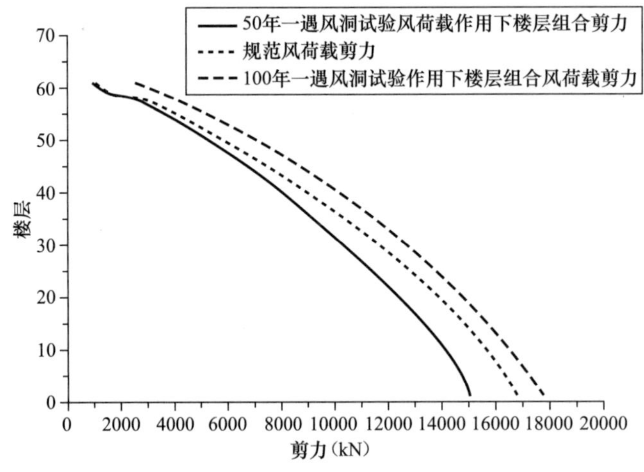

图 6-87　风荷载作用下楼层组合剪力对比

由图 6-87 可知重现期为 50 年、100 年风洞试验报告组合后计算的最大基底剪力比按规范计算的 X 方向基底剪力分别减小 15%、5%，由于平面布置规整，风洞试验报告提供的扭转效应进行组合后主体结构影响也较小，主体结构层间位移和钢构件的验算由现行国家标准《建筑结构荷载规范》GB 50009 计算的风荷控制。

11. 弹性时程分析结果

时程分析时时程曲线的选用应符合《高钢规程》第 5.3.3 条规定，本工程采用了两条天然波和一条人工波对结构进行了弹性时程分析，结果表明结构在弹性时程分析时满足规范对楼层位移和构件的要求。采用 CQC 法进行分析，地震波图形如图 6-88 所示。

其时程分析结果如图 6-89 所示。

12. 弹塑性分析

对高层钢结构建筑弹塑性分析可以达到以下目的：

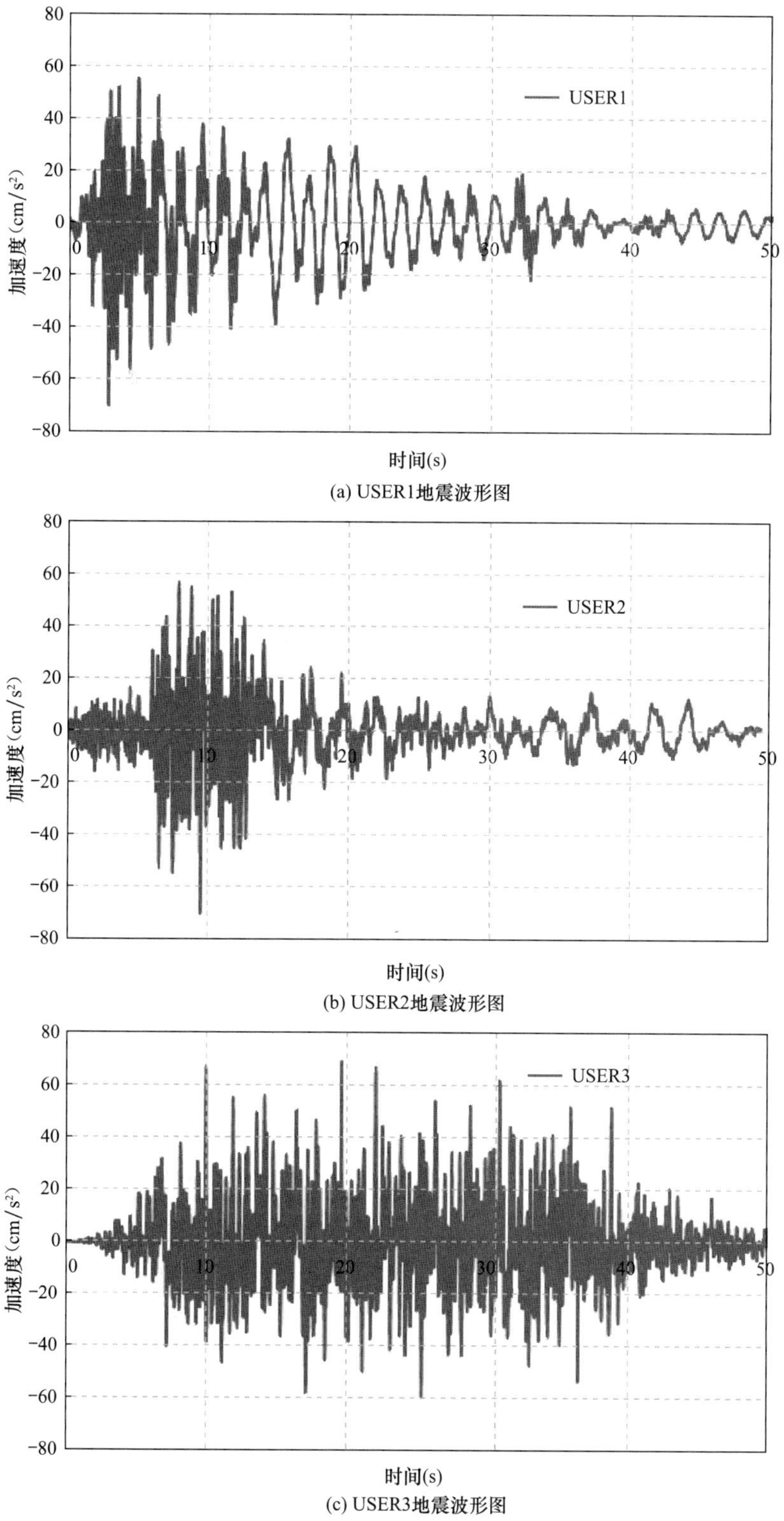

(a) USER1地震波形图

(b) USER2地震波形图

(c) USER3地震波形图

图 6-88　地震波形图

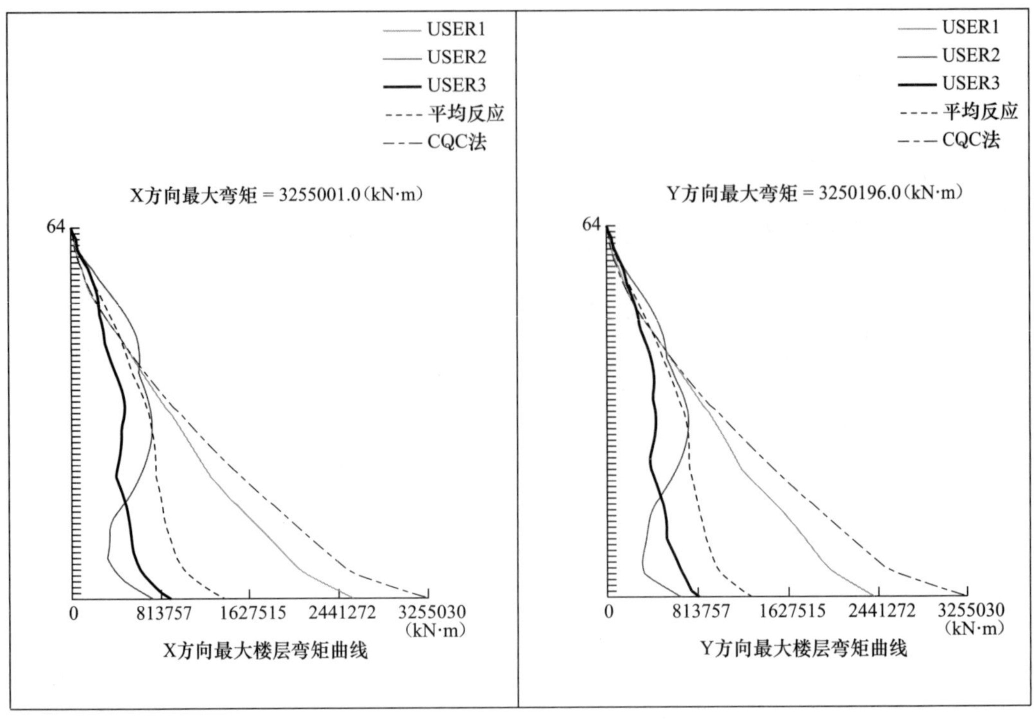

(a) 时程分析下结构弯矩图

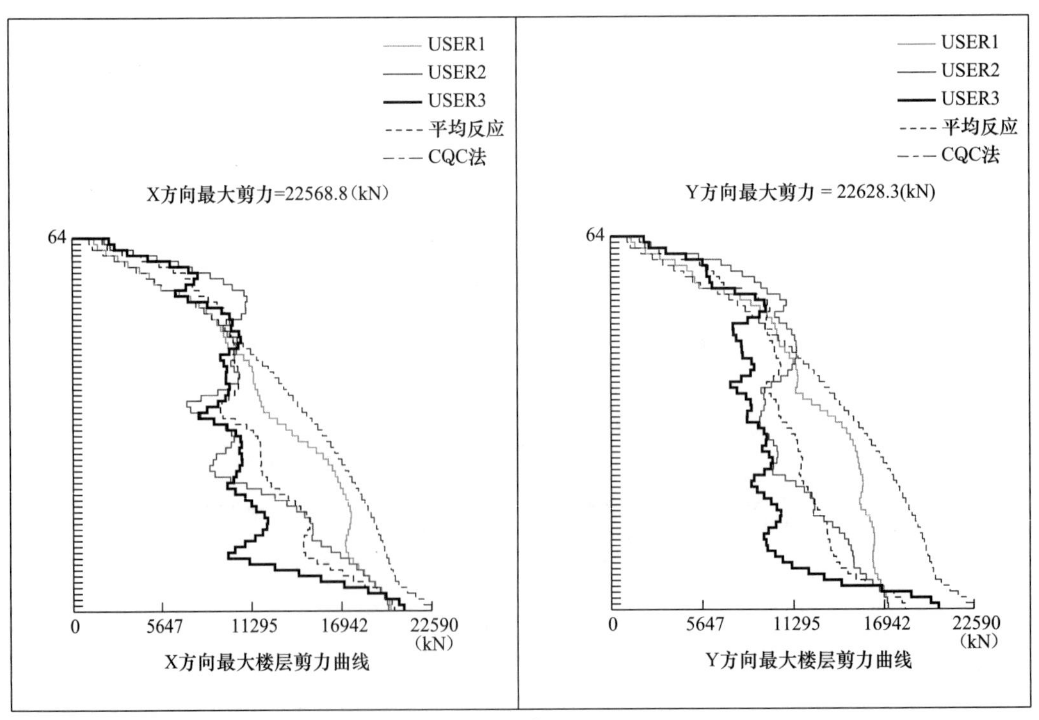

(b) 时程分析下结构剪力图

图 6-89　结构时程分析结果图（一）

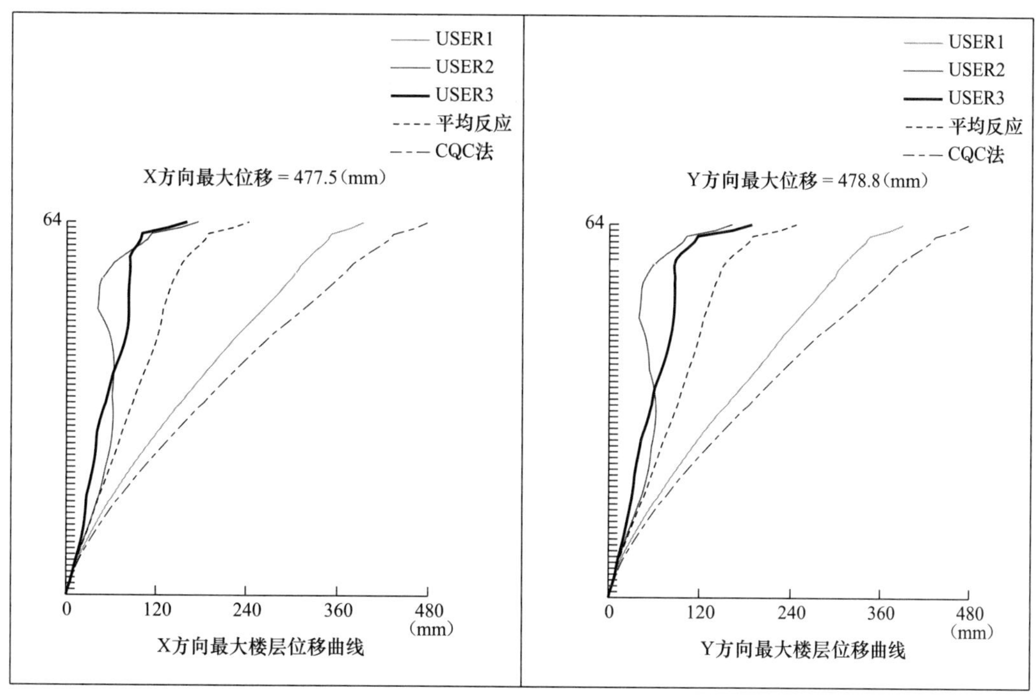

(c) 时程分析下结构位移图

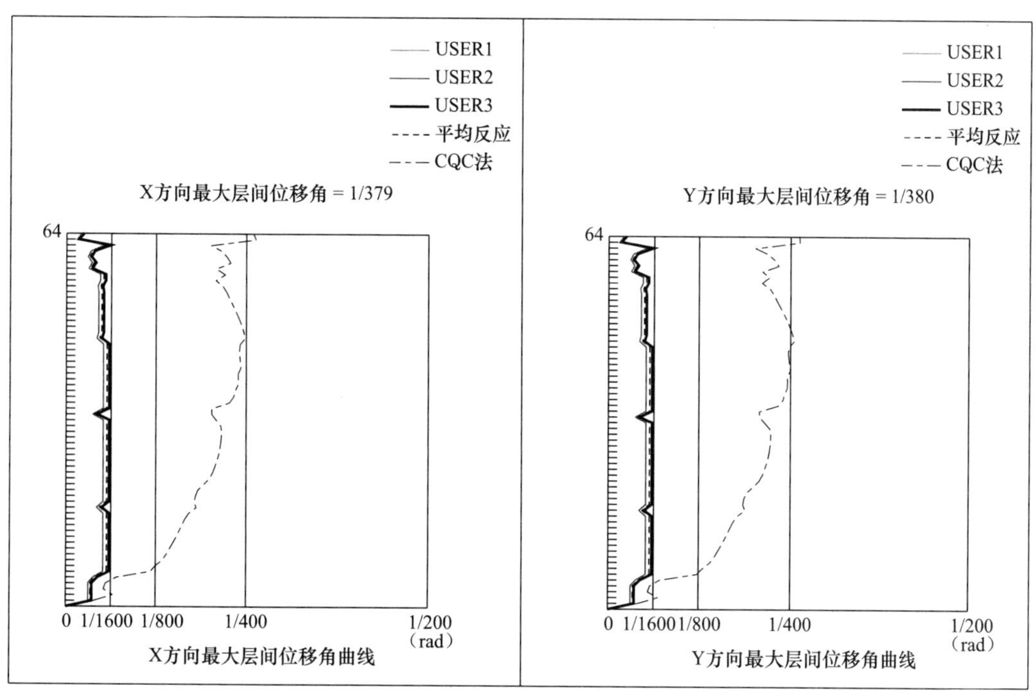

(d) 时程分析下结构层间位移角

图 6-89 结构时程分析结果图（二）

（1）评价结构在罕遇地震作用下的弹塑性行为，根据整体结构塑性变形（位移角）和主要构件的塑性损伤情况，确认结构满足“大震不倒”的设防水准要求。

（2）观察塑性铰出现的顺序、位置，以了解结构的薄弱部位及预计结构体系破坏的模式，判别结构设计的可靠性和合理性。

（3）验证沿结构高度是否存在薄弱层。

（4）判断转换构件、框支柱、长悬臂构件、大跨度构件等关键构件的承载力是否满足抗震性能要求。

在进行结构弹塑性分析时，应根据工程的重要性、破坏后的危害性及修复的难易程度，设定结构抗震性能目标。结构抗震性能目标分为A、B、C、D四个等级，结构抗震性能分为1、2、3、4、5五个水准，每个性能目标均与一组在指定地面运动下的结构抗震性能水准相对应。选择性能目标时一般需征求业主或有关专家的意见。本工程考虑到其高度方面等并未超限，故可选择其抗震性能目标为B级或C级。抗震性能化设计具体可按《高钢规程》第3.8节规定进行或按《建筑抗震设计规范》GB 50011—2010（2016年版）第3.10节规定进行。

弹塑性分析方法可根据实际情况采用静力弹塑性分析方法和弹塑性时程分析方法，二者各有优缺点，在此不展开叙述，具体可参见《高层钢结构设计计算实例》(金波）一书相关论述。《高钢规程》第6.3.3条规定，房屋高度不超过100m时可采用静力弹塑性方法，房屋高度超过150m时应采用弹塑性时程分析方法，房屋高度在100～150m时可视结构不规则程度选择静力弹塑性方法和弹塑性时程分析方法。房屋高度超过300时，应有两个独立的计算。《建筑抗震设计规范》GB 50011—2010（2016年版）第5.3.3条规定，钢结构建筑可采用静力弹塑性方法和弹塑性时程分析方法。

本工程设计时由于结构本身比较规则，且局限于计算软件的选择性比较少，采用了静力弹塑性方法。静力弹塑性分析（Pushover）方法是对结构在罕遇地震作用下进行弹塑性变形分析的一种简化方法，本质上是一种静力分析方法。具体地说，就是在结构计算模型上施加按某种规则分布的水平侧向力，单调加荷载并逐级加大；一旦有构件开裂（或屈服）即修改其刚度（或使其退出工作），进而修改结构总刚度矩阵，进行下一步计算，依次循环直到结构达到预定的状态（成为机构、位移超限或达到目标位移），得到结构能力曲线，并判断是否出现性能点，从而判断是否达到相应的抗震性能目标。

Pushover方法可分为两步，第一步建立结构能力谱曲线，第二步评估结构的抗震性能。

在SATWE小震分析的基础上，采用ETABS对酒店分别沿X方向和Y方向作了推覆分析。加载方式采用加速度方式模拟地震水平惯性力作用的侧向力并逐步单调加大。以下，我们分别作详细的说明。

图6-90和图6-91表示X向和Y向结构能力谱及反应谱曲线。结构的能力谱曲线穿过了场地评估报告提供的罕遇地震下的反应谱曲线，也穿过了《建筑抗震设计规范》GB 50011—2010（2016年版）要求的罕遇地震下的反应谱曲线，说明结构能抵抗该条反应谱所对应的地震烈度。

图6-92是X，Y方向结构破坏前结构的弹塑性层间位移角曲线。X方向最大层间位移角为0.0137（1/73），Y方向最大层间位移角为0.0148（1/67），满足规范的要求1/50。结构不存在薄弱层。

图6-93为外筒东、南立面塑性铰的出现次序；其他立面塑性铰的出现次序及塑性铰

发展程度与东、南立面类似。

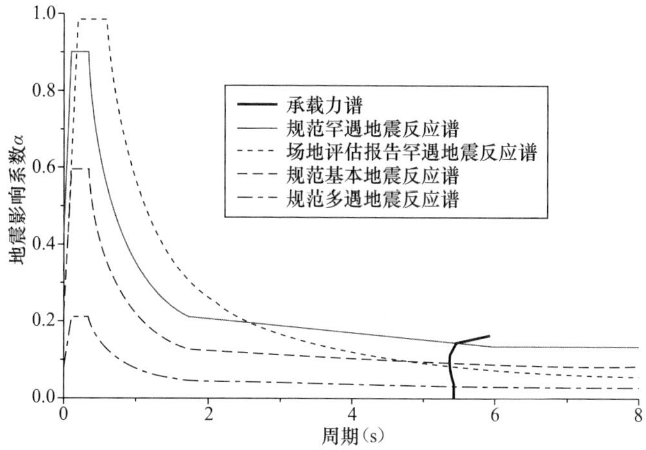

图 6-90　X 向结构能力谱及反应谱曲线

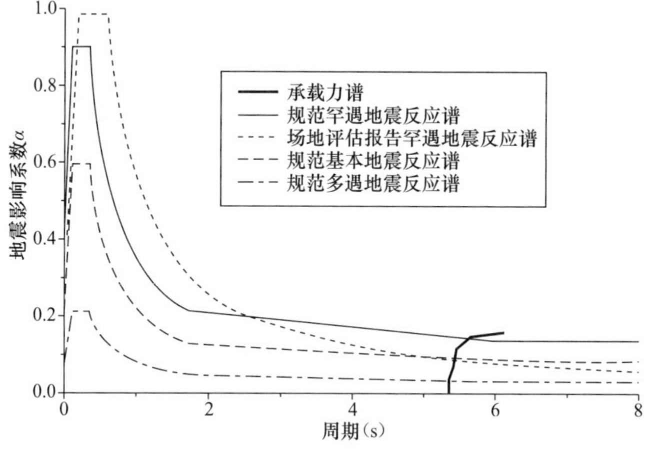

图 6-91　Y 向结构能力谱及反应谱曲线

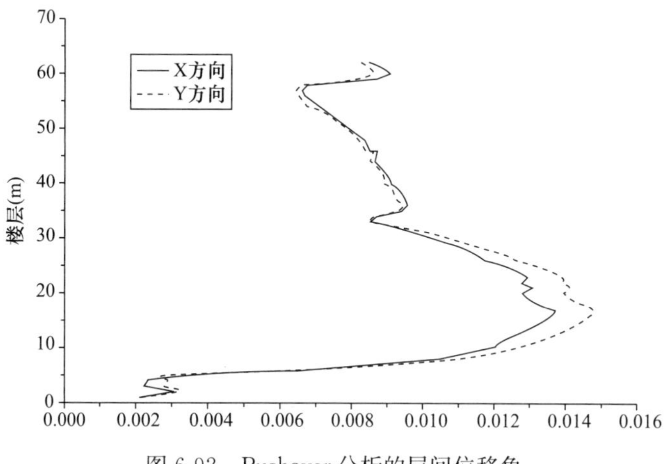

图 6-92　Pushover 分析的层间位移角

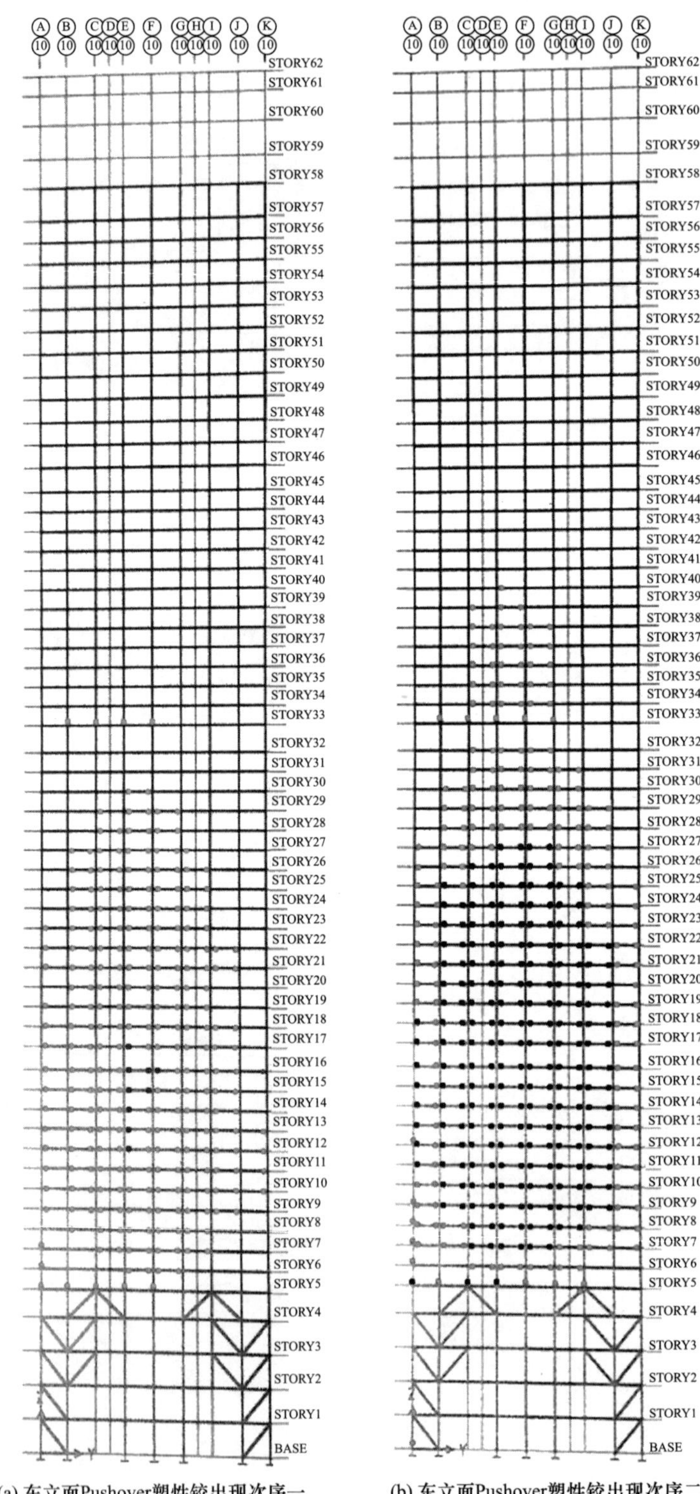

(a) 东立面Pushover塑性铰出现次序一　　(b) 东立面Pushover塑性铰出现次序二

图 6-93　外筒东、南立面塑性铰的出现次序（一）

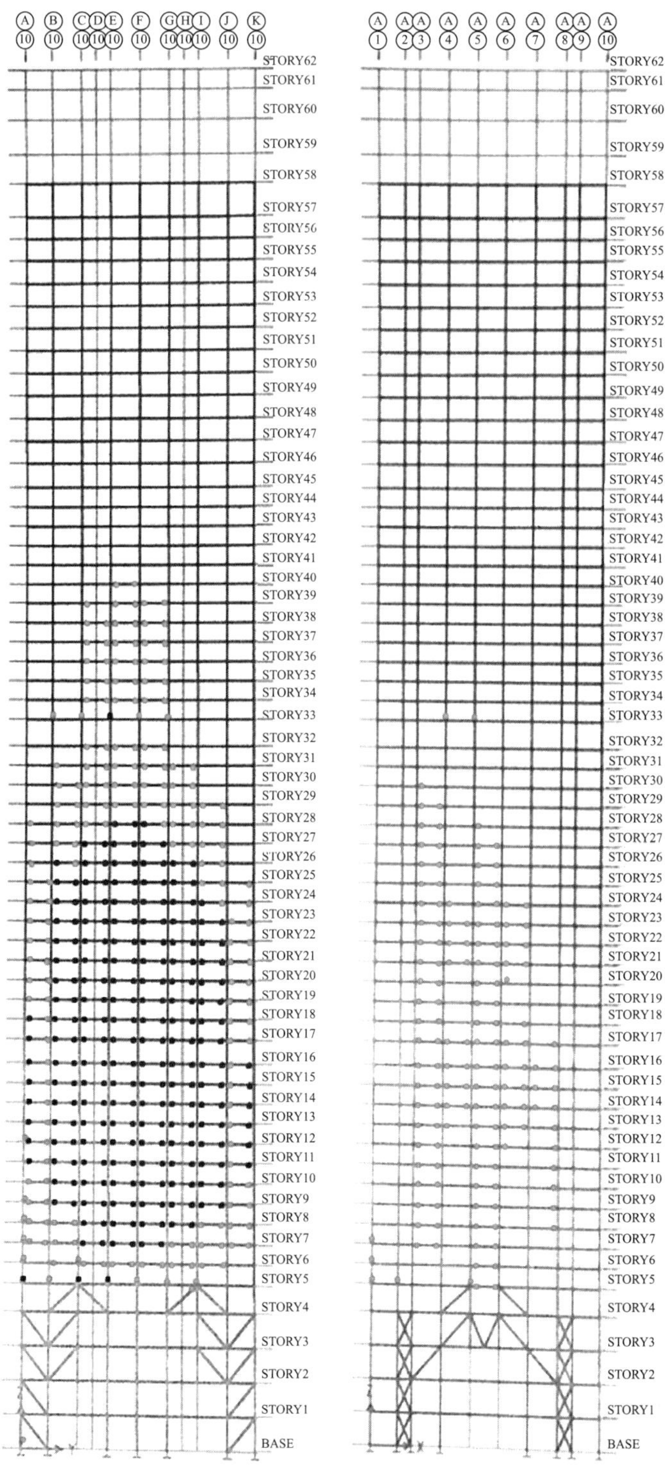

(c) 东立面Pushover塑性铰出现次序三　　(d) 南立面Pushover塑性铰出现次序一

图 6-93　外筒东、南立面塑性铰的出现次序（二）

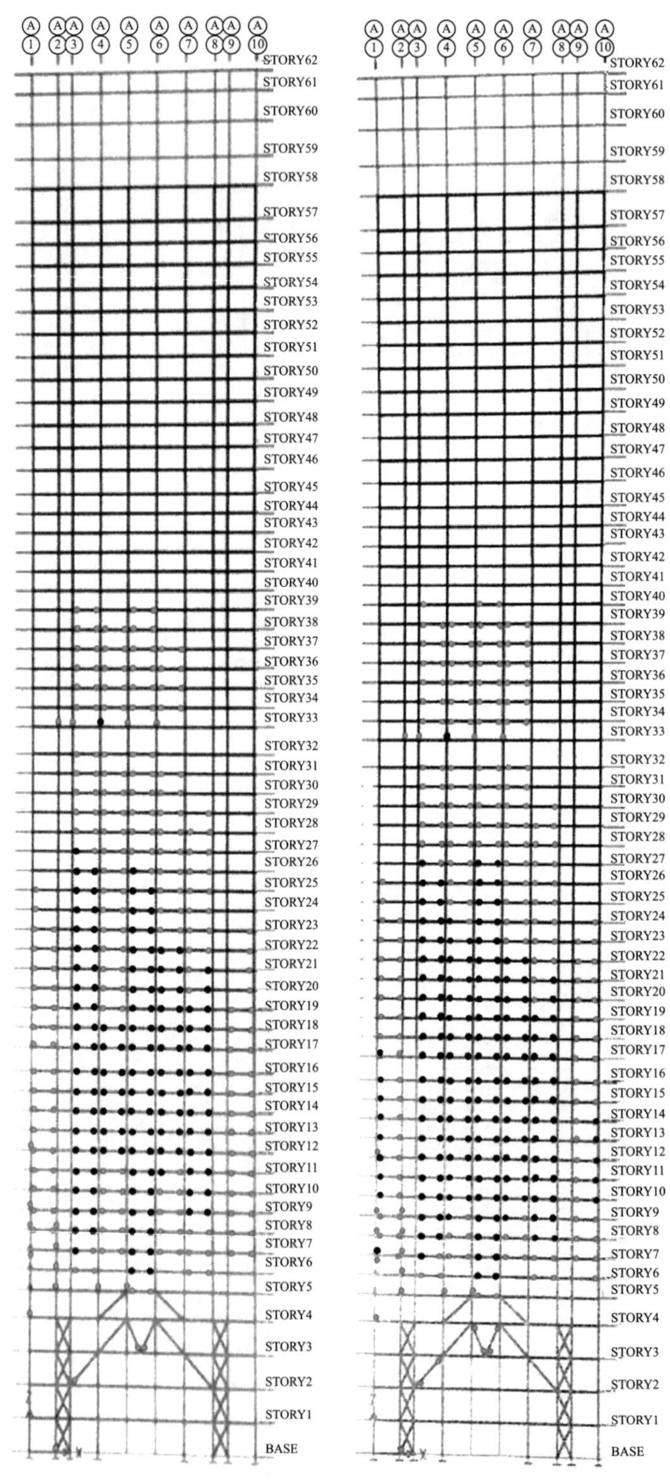

(e) 南立面Pushover塑性铰出现次序二　　(f) 南立面Pushover塑性铰出现次序三

图 6-93　外筒东、南立面塑性铰的出现次序（三）

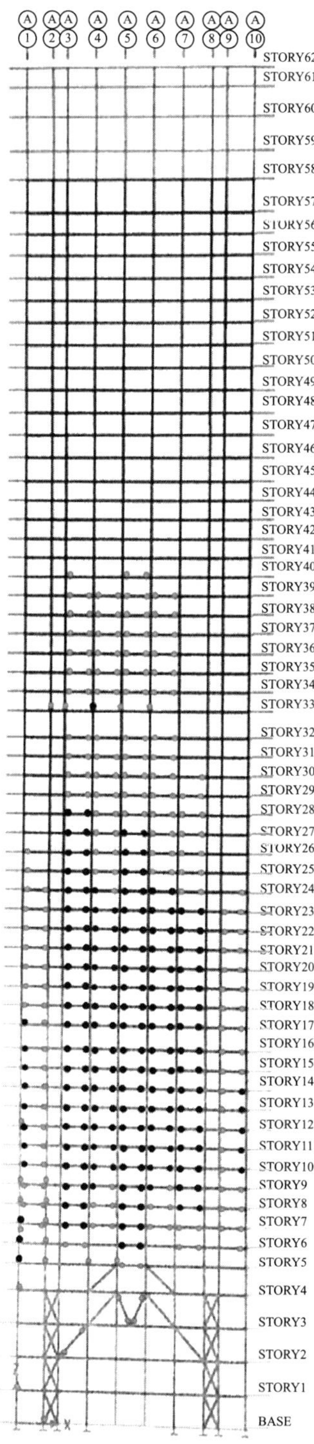

(g) 南立面Pushover塑性铰出现次序四

图 6-93　外筒东、南立面塑性铰的出现次序（四）

在推覆过程中，在多遇地震的加速度作用下，构件没有出现塑性铰，第一批塑性铰出现时，程序记录的谱加速度为 0.146m/s^2，塑性铰大部分出现在梁上，框支柱未出现塑性铰。荷载继续增大时，塑性铰的数量增多，底层个别柱出现塑性铰。最后结构的破坏是因为转换层以上的部分构件形成了破坏机构，而转换层及其以下的结构仍处于稳定状态。

通过推覆分析，找到了结构薄弱部位，施工图设计中采取构造措施来增加某些柱子和转换构件的强度及延性。

6.3.5　构件与节点设计

构件与节点设计基本与多高层钢结构工程类似，下面着重介绍本工程中应用到的有特色的构件与节点设计。

1. 转换桁架的方案比选

两种桁架布置方案的受力特点如图 6-94 和图 6-95 所示，设计时按大震不屈服进行强度校核（第三性能水准）。

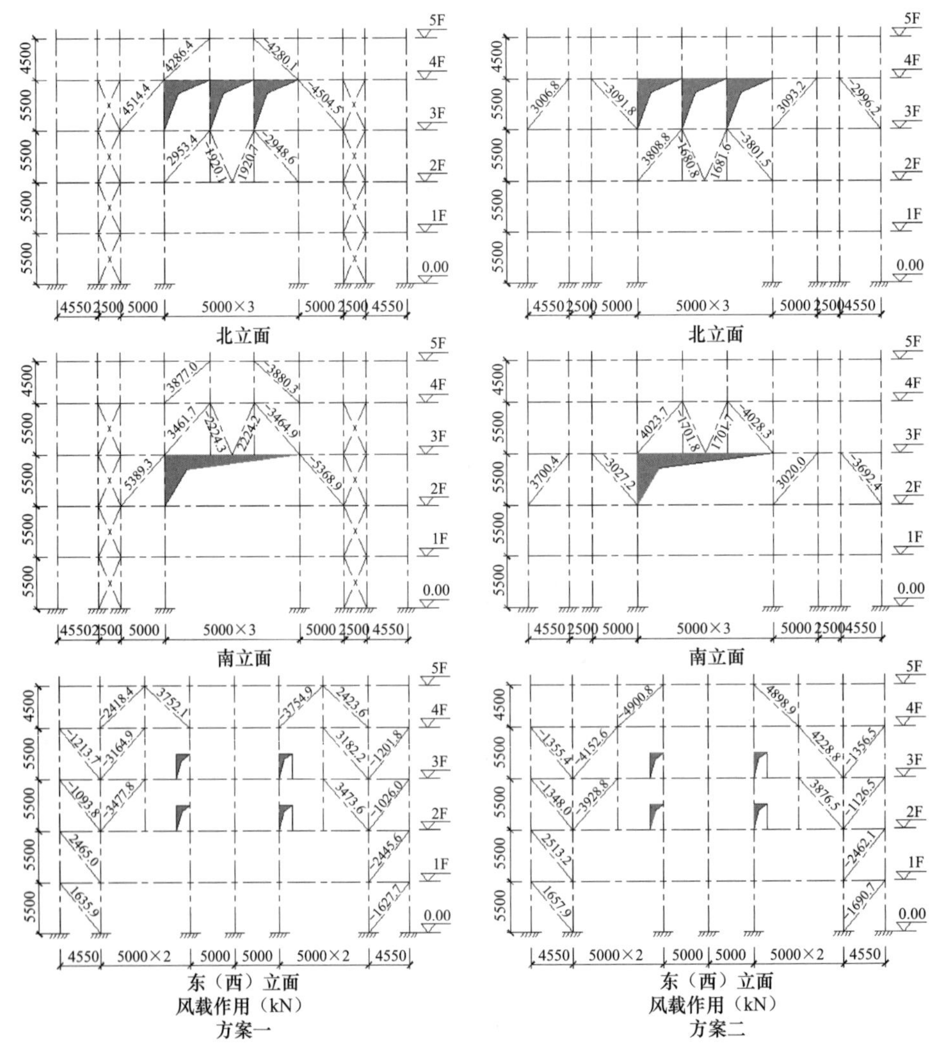

图 6-94　风载作用下两种方案的比较

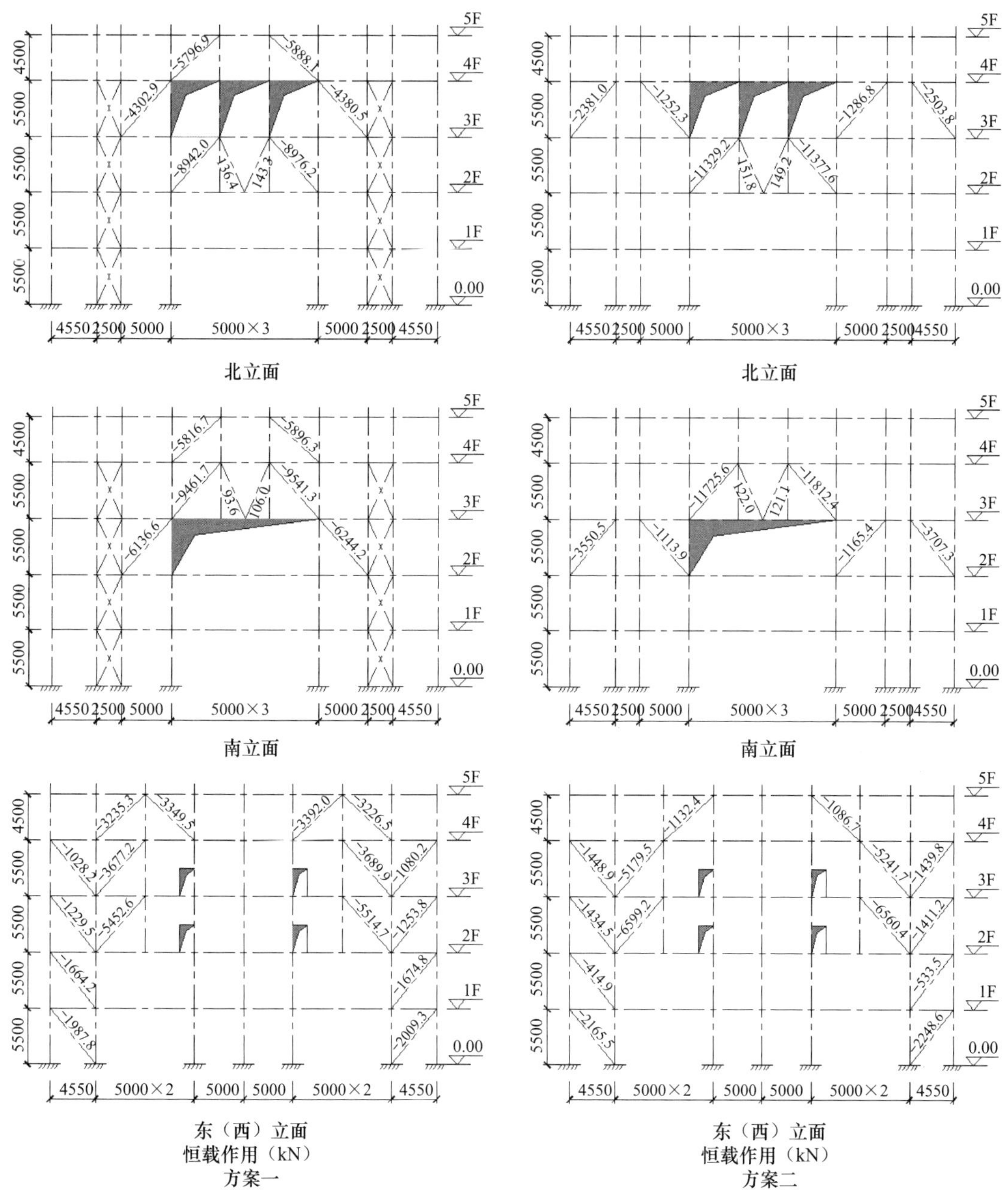

图 6-95　恒载作用下两种方案的比较

由图 6-94、图 6-95 可以看出，在两种荷载作用下，方案一桁架体系的受力相比于方案二更为均匀，且恒载作用下，方案二北立面、南立面构件中出现了较多的轴力大于 10000kN 的杆件，同时也存在着许多轴力仅为 200kN 左右的杆件，结构受力分布极为不均。因此选择方案一桁架体系。

方案一的北立面桁架布置如图 6-96 所示。

以三层 16 号斜杆为例，桁架杆件的计算结果见表 6-39。

杆件断面尺寸：□1000×600×60×60

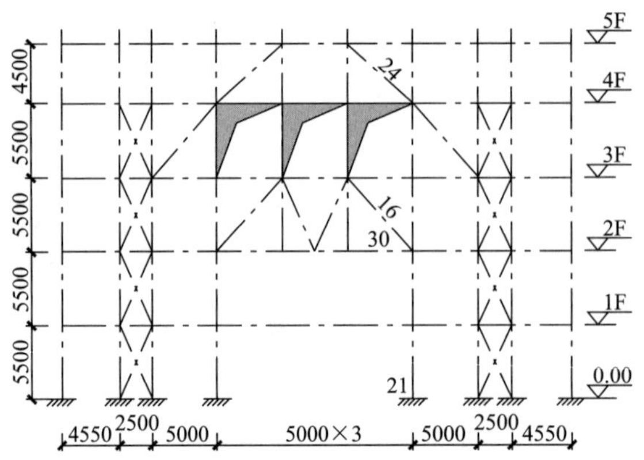

图 6-96　桁架北立面布置图

桁架杆件计算结果　　**表 6-39**

荷载组合	N（kN）	M_x（kN·m）	M_y（kN·m）
多遇地震	−22761.7	−2240.8	−244.9
罕遇地震	−32378.4	−3549.6	−390.91

斜杆长度：$l=\sqrt{5.5^2+5^2}=7.433\text{m}$

截面性质：

面积：$A=1000\times600-(1000-2\times60)\times(600-2\times60)=177600\text{mm}^2$

惯性矩：$I_x=\dfrac{600\times1000^3}{12}-\dfrac{(600-2\times60)\times(1000-2\times60)^3}{12}=2.274\times10^{10}\text{mm}^4$

$$I_y=\frac{1000\times600^3}{12}-\frac{(1000-2\times60)\times(600-2\times60)^3}{12}=9.89\times10^9\text{mm}^4$$

抵抗矩：$W_x=\dfrac{I_x}{\dfrac{h}{2}}=\dfrac{2.274\times10^{10}}{\dfrac{1000}{2}}=4.548\times10^7\text{mm}^3$

$$W_y=\frac{I_y}{\dfrac{h}{2}}=\frac{9.89\times10^9}{\dfrac{600}{2}}=3.297\times10^7\text{mm}^3$$

回转半径：$i_x=\sqrt{\dfrac{I_x}{A}}=\sqrt{\dfrac{2.274\times10^{10}}{177600}}=357.8\text{mm}$

$$i_y=\sqrt{\frac{I_y}{A}}=\sqrt{\frac{9.89\times10^9}{177600}}=236.0\text{mm}$$

长细比：$\lambda_x=\dfrac{l}{i_x}=\dfrac{7433}{357.8}=20.77$　查《钢结构设计标准》GB 50017—2017 附录 D. 0. 2 得 $\phi_x=0.952$

$\lambda_y=\dfrac{l}{i_y}=\dfrac{7433}{236.0}=31.50$　查《钢结构设计标准》GB 50017—2017 附录 D. 0. 2 得 $\phi_y=0.906$

欧拉临界力：$N'_{Ex}=\dfrac{\pi^2EA}{1.1\lambda_x^2}=\dfrac{\pi^2\times2.06\times10^5\times177600}{1.1\times20.77^2}=7.6\times10^8\text{N}$

$$N'_{Ey}=\frac{\pi^2EA}{1.1\lambda_y^2}=\frac{\pi^2\times2.06\times10^5\times177600}{1.1\times31.5^2}=3.31\times10^8\text{N}$$

截面塑性发展系数：$\gamma_x=1.0$，$\gamma_y=1.0$

箱形截面均匀弯曲的受弯构件整体稳定性系数：$\phi_{bx}=\phi_{by}=1.0$

计算弯矩作用平面内稳定时的等效弯矩系数：$\beta_{mx}=1.0$，$\beta_{my}=1.0$

计算弯矩作用平面外稳定时的等效弯矩系数：$\beta_{tx}=1.0$，$\beta_{ty}=1.0$

（1）多遇地震作用：

1）强度验算：

$$\frac{N}{A_n}+\frac{M_x}{\gamma_x W_{nx}}+\frac{M_y}{W_{ny}}$$
$$=\frac{22761.7\times10^3}{177600}+\frac{2240.8\times10^6}{1.0\times4.548\times10^7}+\frac{244.9\times10^6}{1.0\times3.297\times10^7}$$
$$=185\text{N/mm}^2<290\text{N/mm}^2$$

强度验算满足要求。

2）稳定性验算：

$$\frac{N}{\phi_x A}+\frac{\beta_{mx}M_x}{\gamma_x W_{1x}\left(1-0.8\frac{N}{N'_{Ex}}\right)}+\frac{\beta_{ty}M_y}{\phi_{by}W_{1y}}$$
$$=\frac{22761.7\times10^3}{0.952\times177600}+\frac{1.0\times2240.8\times10^6}{1.0\times4.548\times10^7\times\left(1-0.8\times\frac{22761.7\times10^3}{7.6\times10^8}\right)}+\frac{1.0\times244.9\times10^6}{1.0\times3.297\times10^7}$$
$$=193\text{N/mm}^2<290\text{N/mm}^2$$

$$\frac{N}{\phi_y A}+\frac{\beta_{my}M_y}{\gamma_y W_{1y}\left(1-0.8\frac{N}{N'_{Ey}}\right)}+\frac{\beta_{tx}M_x}{\phi_{bx}W_{1x}}$$
$$=\frac{22761.7\times10^3}{0.906\times177600}+\frac{1.0\times244.9\times10^6}{1.0\times3.297\times10^7\times\left(1-0.8\times\frac{22761.7\times10^3}{3.31\times10^8}\right)}+\frac{1.0\times2240.8\times10^6}{1.0\times4.548\times10^7}$$
$$=199\text{N/mm}^2<290\text{N/mm}^2$$

稳定性验算满足要求。

（2）罕遇地震作用：

1）强度验算：

材料屈服强度：345N/mm^2

$$\frac{N}{A_n}+\frac{M_x}{\gamma_x W_{nx}}+\frac{M_y}{W_{ny}}$$
$$=\frac{32378.4\times10^3}{177600}+\frac{3549.6\times10^6}{1.0\times4.548\times10^7}+\frac{390.9\times10^6}{1.0\times3.297\times10^7}$$
$$=272\text{N/mm}^2<345\text{N/mm}^2$$

强度验算满足要求。

2）稳定性验算：

$$\frac{N}{\phi_x A}+\frac{\beta_{mx}M_x}{\gamma_x W_{1x}\left(1-0.8\frac{N}{N'_{Ex}}\right)}+\frac{\beta_{ty}M_y}{\phi_{by}W_{1y}}$$

$$=\frac{32378.4\times10^3}{0.952\times177600}+\frac{1.0\times3549.6\times10^6}{1.0\times4.548\times10^7\times\left(1-0.8\times\frac{32378.4\times10^3}{7.6\times10^8}\right)}+\frac{1.0\times390.91\times10^6}{1.4\times3.31\times10^7}$$

$$=284\text{N/mm}^2<345\text{N/mm}^2$$

$$\frac{N}{\phi_y A}+\frac{\beta_{my}M_y}{\gamma_y W_{1y}\left(1-0.8\frac{N}{N'_{Ey}}\right)}+\frac{\beta_{tx}M_x}{\phi_{bx}W_{1x}}$$

$$=\frac{32378.4\times10^3}{0.906\times177600}+\frac{1.0\times390.91\times10^6}{1.0\times3.297\times10^7\times\left(1-0.8\times\frac{32378.4\times10^3}{3.64\times10^8}\right)}+\frac{1.0\times3549.6\times10^6}{1.4\times4.548\times10^7}$$

$$=217\text{N/mm}^2<345\text{N/mm}^2$$

稳定性验算满足要求。

2. “犬骨式”钢梁设计

本工程结构采用了“犬骨式”钢梁设计，即梁端削弱式连接。梁端削弱式连接的设计原则，就是将梁翼缘切去一部分，以使在罕遇地震下塑性铰出现在梁翼缘的削弱部位，并要求梁翼缘的削弱对梁的刚度和强度影响都很小，要实现这一目标，关键是如何确定削弱部位距柱边的距离 a，削弱部位的长度 b，以及削弱部位的深度 c 这三个尺寸（图 6-97）。

根据国家建筑标准设计图集《多、高层民用建筑钢结构节点构造详图》16G519，最终计算的犬骨式钢梁三个系数还应满足以下要求：

$a=(0.50\sim0.75)b_f$

$b=(0.65\sim0.85)h_b$

$c=0.25b_f$，并应满足强度要求。

本例以某钢梁为例，该钢梁截面尺寸为 H1200×440×30×50。根据上文所述，暂取 $\alpha=0.5b_f=0.5\times440=220$mm，$b=0.8h_b=0.8\times1200=960$mm，$c=0.25b_f=0.25\times440=110$mm，最终设计图如图 6-98 所示。

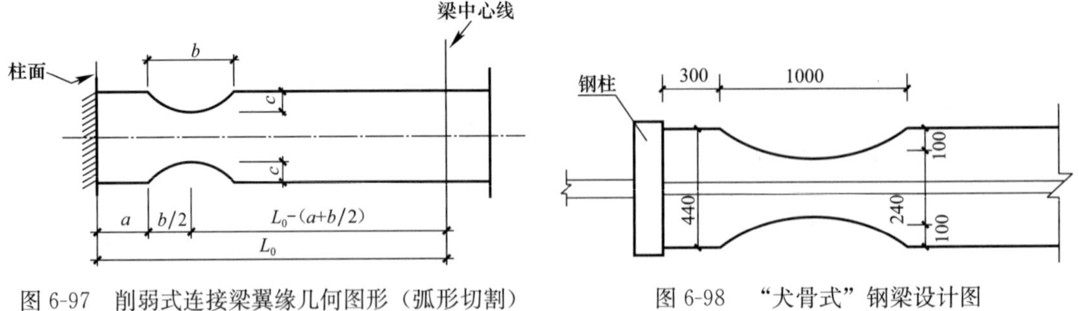

图 6-97　削弱式连接梁翼缘几何图形（弧形切割）

图 6-98　“犬骨式”钢梁设计图

3. 地下室及柱脚设计

本工程地下 4 层，B1～B4 各层层高分别为 4.85m、4.65m、4.5m 及 5.1m。内外筒的钢结构一直延伸至基础筏板，但钢结构全部外包构造钢筋混凝土形成钢骨混凝土梁及钢骨混凝土柱。这样一方面增强了结构在地下部分的刚度，与设计假定的嵌固端位于地下室顶板相吻合，另一方面地下机电设备较多，改善了建筑的防火性能。

地下钢骨混凝土柱、墙平面布置图如图 6-99 所示；外筒钢骨混凝土钢骨立面布置如图 6-100 所示。

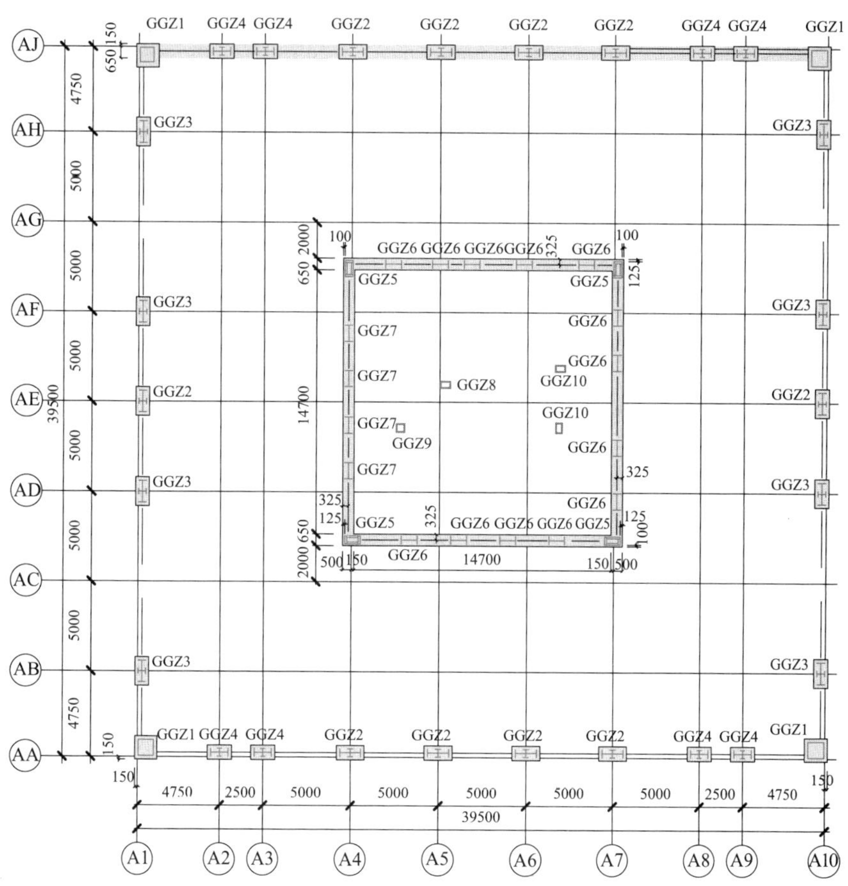

(a) 地下钢骨混凝土柱、墙平面布局图

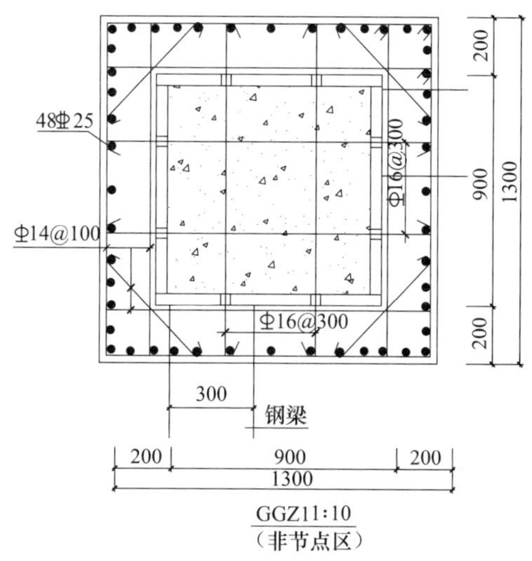

(b) 钢骨混凝土柱剖面图

图 6-99　地下钢骨混凝土柱、墙平面布置图

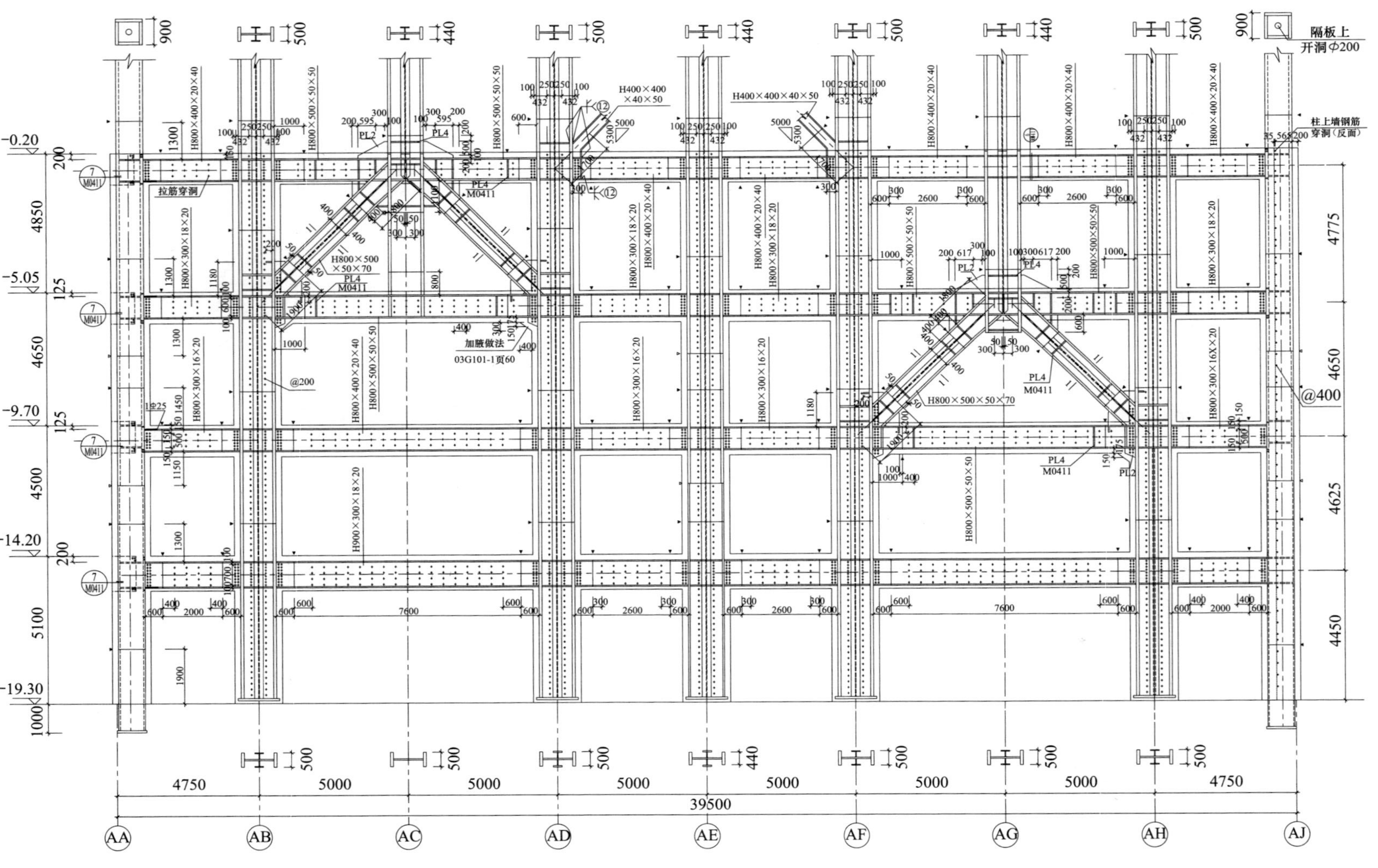

图 6-100　外筒钢骨混凝土钢骨立面布置图

钢柱从地下室顶板即嵌固端开始，埋入地下混凝土结构较深，除了角柱外，柱脚基本放置于基础筏板顶面，采用非埋入式；而角柱因受力较大且受力相对复杂，采用半埋入式，如图 6-101 所示。

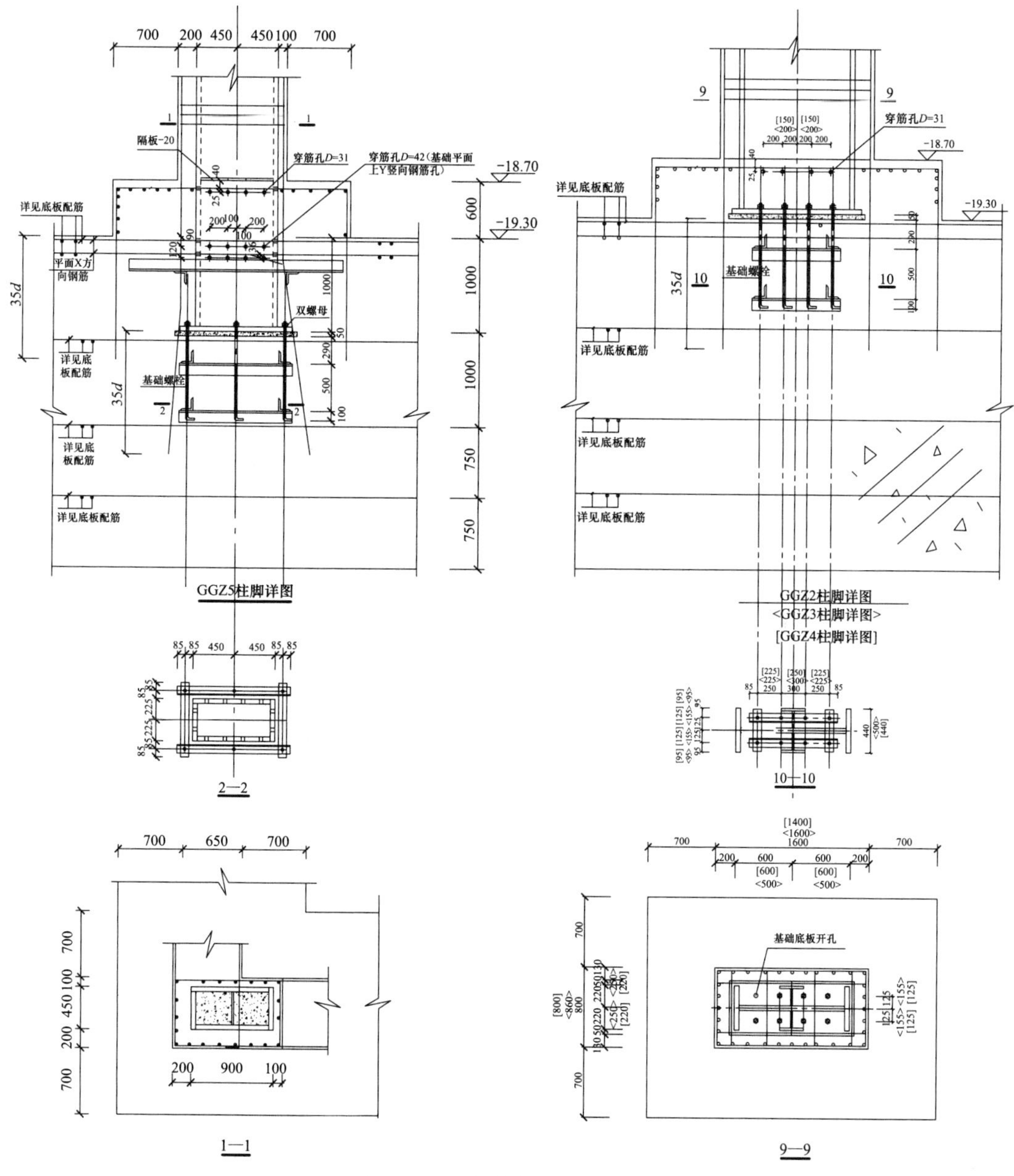

图 6-101　钢柱柱脚节点详图

6.3.6　施工图绘制

超高层钢结构的施工图组成基本同高层钢结构，在图纸绘制中，应根据结构自身的特点出具相关图纸，从而清晰准确地表达出设计思想。

本结构底部几层采用了转换桁架，部分梁构件采用了“犬骨式”钢梁，因此在图纸中要注意此部分结构体系及构件的标注说明（图 6-102～图 6-105）。

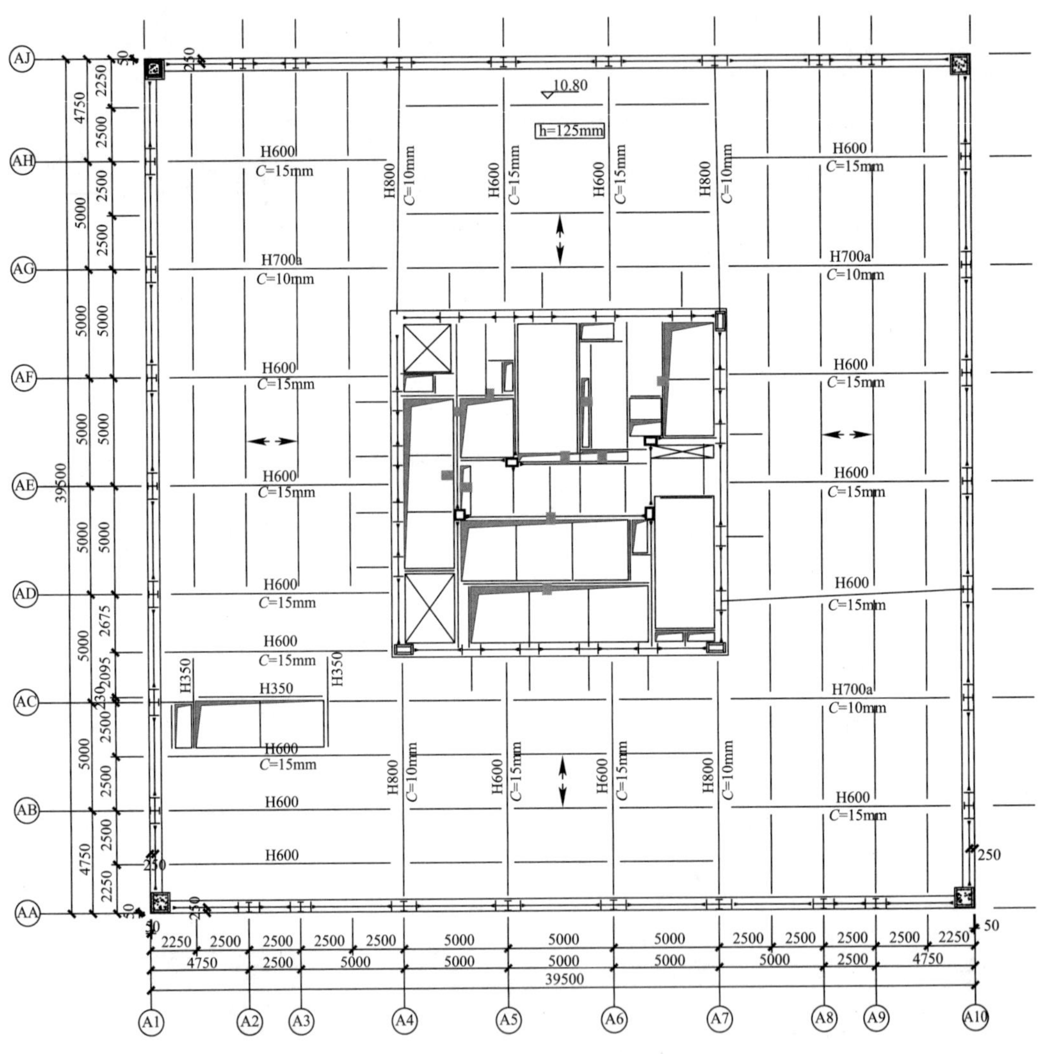

图 6-102　3 层结构平面布置图

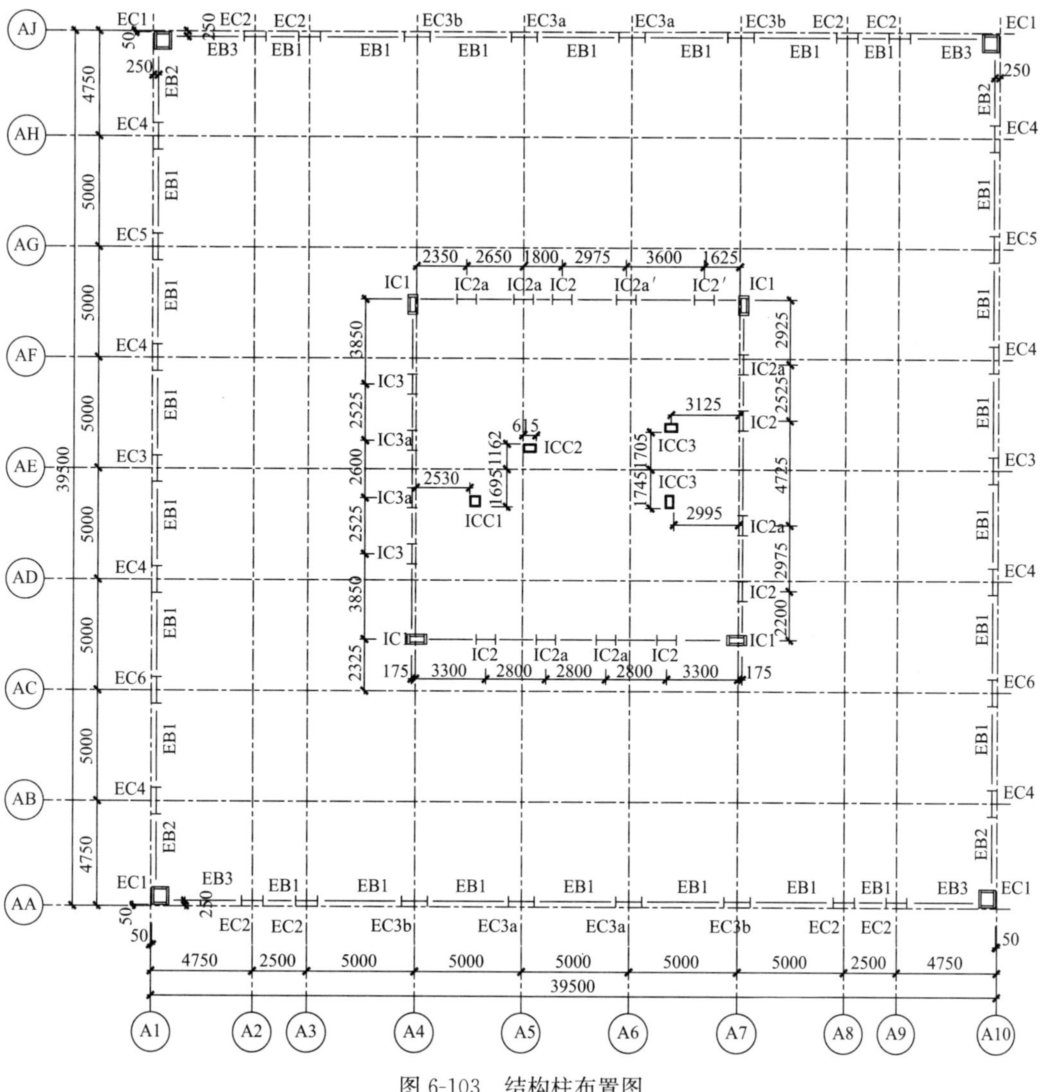

图 6-103　结构柱布置图

连接的基本形式

梁高<200的梁与钢梁的连接

梁与梁连接示意图一

梁与梁连接示意图二

同梁腹板厚

梁柱连接示意图一

梁柱连接示意图二

梁柱连接示意图三

箱形梁肋板与梁腹板等厚

梁柱连接示意图六（01SG519节点②）

梁柱连接示意图四

设引弧板

梁柱连接示意图五

箱形梁肋板与梁腹板等厚

双剪

单剪

工字钢梁与箱形梁连接示意图七

内、外筒间楼层钢梁连接一览表（Table of floor Beams）

次梁型号	d	n×s	c	b	连接板数量	连接板厚	焊缝高度hf	螺栓数	截面尺寸 (section)	层数	备注 (remark)
H800	120	7×80	75	50	2	12	10	2×16M22	H800×350×16×32	L2~L5,L55,L61	图一、图二
H800a	120	7×80	75	50	2	12	10	2×16M22	H800×400×16×32	L55	图一、图二、图七
H720	135	6×75	75	50	2	14	11	2×7M22	H720×350×18×30	L2~L5	图二
H700a	125	6×75	75	50	2	14	11	2×7M22	H700×350×18×30	L2~L5,L56	图一、图二
H700b	125	6×75	75	50	1	16	10	2×7M22	H700×350×16×25	L17,33,46,55	单剪栓焊连接，hf1=10mm
H700c	125	6×75	75	50	1	20	10	2×7M22	H700×350×20×30	L17,33,46,55	单剪栓焊连接，hf1=10mm
H700d	125	6×75	75	50	2	20	10	2×7M22	H700×300×13×24（热轧）	L60,61,62	
H700e	190	4×80	70	50	2	20	12	2×5M20	H700×500×20×28		
H650	100	6×75	75	50	2	16	10	2×7M22	H650×300×16×20	L17,18,33,34,46,47,L55	
H600	112.5	5×75	70	50	2	16	13	2×6M20	H600×250×16×28	L2~L5,L56	单剪
H600a	140	4×80	70	50	2	16	10	2×5M20	H600×250×16×20	L18,L34,L47	
H450	105	3×80	70	50	2	14	10	2×4M20	H450×300×14×25	L7~16,19~30,31,32,L35~45,48~54	单剪
H450a	105	3×80	75	50	2	16	10	2×4M22	H450×300×16×28	L6	单剪
H515	97.5	4×75	75	50	2	12	10	2×5M22	H515×350×16×28	L6,L7~16,19~30,31,32,L35~45,48~54	图一、图二
H350	105	2×70	70	50	1	10	8	2×3M20	H350×175×7×11（热轧）	L61	单剪
H325	87.5	2×75	75	50	1	10	8	2×3M22	H325×300×14×25	L59	单剪 hf1=8
H300	75	2×75	70	50	1	8	6	2×3M22	H300×150×6.5×9（热轧）	L17,18,33,34,46,47,55	单剪 hf1=6
H300a	75	2×75	70	50	1	10	8	2×3M22	H300×150×10×14	L18,34,46,47,55	单剪 hf1=8
H250	90	1×70	70	50	1	6	5	2×2M20	H250×125×6×9（热轧）	L17,18,33,34,46,47,55	单剪 hf1=6
H248	89	1×70	0	50	1	6	5	2M20	H248×124×5×8（热轧）	除L17,18,33,34,46,L47,55外其他层	单剪
H250a	90	1×70	0	50	1	6	5	2M20	H250×100×6×10	L31~L34之间夹层（115.35m，118.20m，121.15m）	单剪栓焊连接，hf=8mm
H200	65	1×70	0	40	1	6	5	2M20	H194×150×6×9（热轧）		连接形式为焊接
H150									H150×75×5×7（热轧）		该梁腹板与腹板贴角满焊，hf=6
H500a	130	3×80	70	50	2	18	14	2×4M20	H500×300×18×30		
H500	130	3×80	70	50	2	12	10	2×4M20	H500×200×10×16（热轧）	L60,61,62	
H500c	130	3×80	70	50	2	16	13	2×4M20	H500×500×14×28		
H550	115	4×80	80	50	2	12	10	2×5M20	H550×200×12×14		
□900a	150	8×75	0	50	1	20	16	9M22	□900×425×30×30	L61,62	
□900	150	8×75	0	50	1	25	20（部分熔透）	9M22	□900×500×30×30	L61,62	
H900	150	8×75	0	50	1	14	11	9M22	H900×300×14×25	L60,61,62	
H400	87.5	3×75	0	50	1	8	6	4M22	H400×200×8×13（热轧）	L60,61,62	
H1110	155	10×80	80	50	2	16	13	2×11M22	H1110×350×25×22	L56	
H1110a	155	10×80	80	50	2	14	11	2×11M20	H1110×150×18×14	L56	
H1500	270	12×80	80	50	2	20	16	2×13M22	H1500×350×28×22	L56	
H900a	150	8×75	80	50	2	16	13	2×9M22	H900×400×20×36	L56	
ZHGLH900	150	8×75	80	50	2	16	13	2×9M22	H900×450×20×36	L57	与箱形梁连接为双剪；
					1	20	16	2×9M22			与工字梁连接为栓焊连接：单剪，hf=14mm
ZHGL□900a	150	8×75	80	50	2	20	16	2×9M22	□900×300×20×36	L57	单剪栓焊连接，hf=14mm
ZHGL□900	150	8×75	80	50	2	25	20（部分熔透）	2×9M22	□900×500×25×36	L59	单剪栓焊连接，hf=14mm
ZHGL□1200	150	12×75	80	50	2	20	16	4×13M22	□1200×400×20×36	L59	单剪栓焊连接，hf=14mm
ZHGL□1200a	150	11×80	80	50	2	20	16	4×12M22	□1200×300×20×30	L59	单剪栓焊连接，hf=14mm
LSH250	87.5	1×75	75	50	1	8	7	2×2M22	H250×150×8×14	L17,33,46,55	仅用于吊装设备用
LSH350	100	2×75	75	50	1	12	10	2×3M22	H350×200×12×20	L18,34,47,56	仅用于吊装设备用

图 6-104　部分节点详图

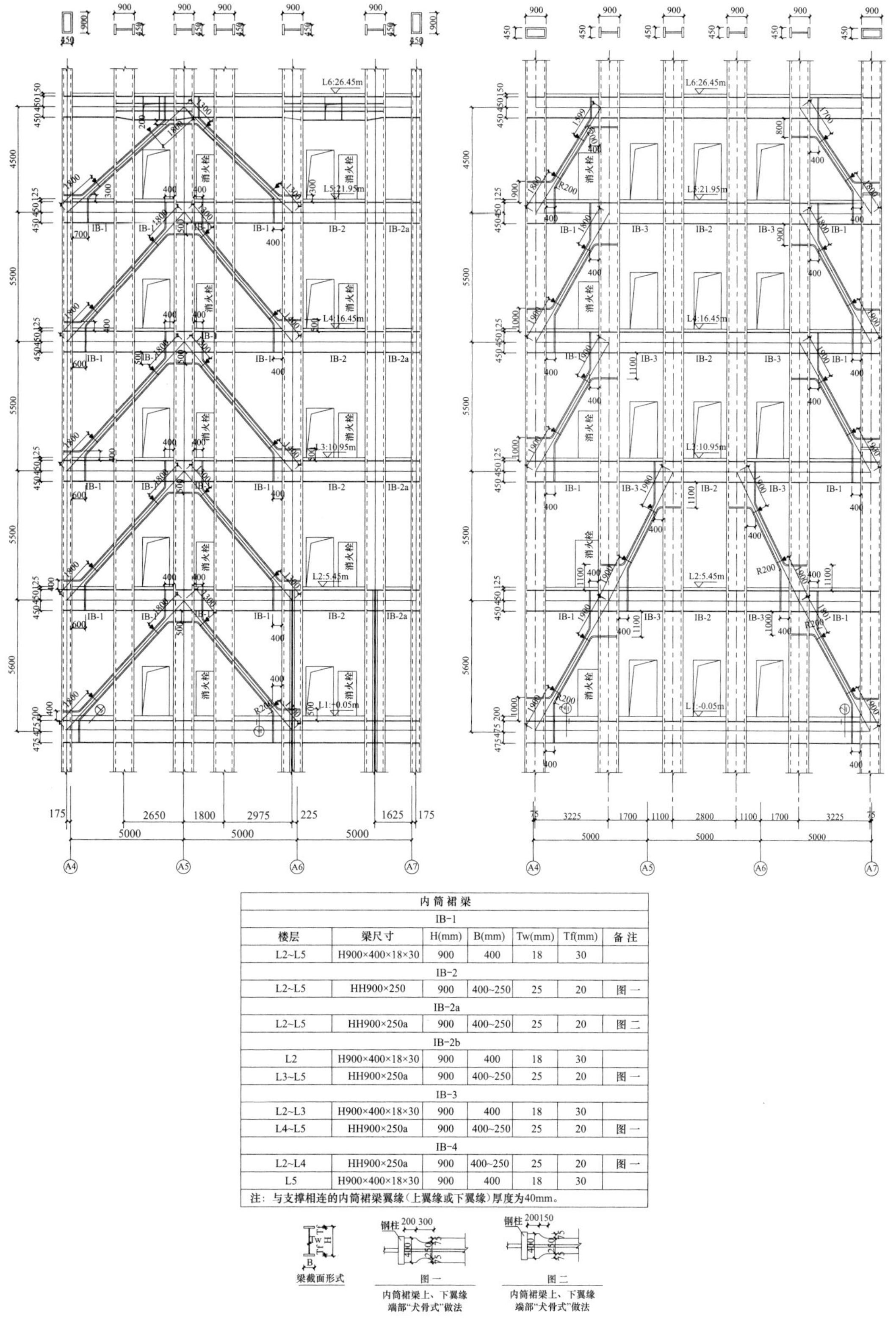

内筒裙梁						
IB-1						
楼层	梁尺寸	H(mm)	B(mm)	Tw(mm)	Tf(mm)	备 注
L2~L5	H900×400×18×30	900	400	18	30	
IB-2						
L2~L5	HH900×250	900	400~250	25	20	图 一
IB-2a						
L2~L5	HH900×250a	900	400~250	25	20	图 二
IB-2b						
L2	H900×400×18×30	900	400	18	30	
L3~L5	HH900×250a	900	400~250	25	20	图 一
IB-3						
L2~L3	H900×400×18×30	900	400	18	30	
L4~L5	HH900×250a	900	400~250	25	20	图 一
IB-4						
L2~L4	HH900×250a	900	400~250	25	20	图 一
L5	H900×400×18×30	900	400	18	30	
注：与支撑相连的内筒裙梁翼缘（上翼缘或下翼缘）厚度为40mm。						

图 6-105　内筒局部立面布置图

第7章　大跨空间钢结构

大跨空间钢结构是目前发展最快的结构类型。大跨度建筑及作为其核心的空间结构技术的发展状况是代表一个国家建筑科技水平的重要标志之一。大跨空间钢结构的类型和形式十分丰富多彩，习惯上分为如下这些类型：钢筋混凝土薄壳结构、网架结构、网壳结构、立体桁架、悬索结构、膜结构、索—膜结构以及混合结构，通常是柔性构件和刚性构件的联合应用。

随着建筑科技的进步和经济文化发展的需要，人们在不断地追求覆盖更大的建筑空间。我国虽然尚是一个发展中国家，但由于国大人多，随着国力的不断增强，建造更多更大的体育、休闲、展览、火车站站房、航空港、机库等大空间和超大空间建筑物的需求十分旺盛，且这种需求量已超过许多发达国家。这是我国空间结构领域面临的巨大机遇。

7.1　某学校电教中心网架屋面

网架结构在工程上的大量使用，皆因其能够做到大跨、耗钢量低、承载能力高、能根据建筑设计的要求实现不同的造型等特点。

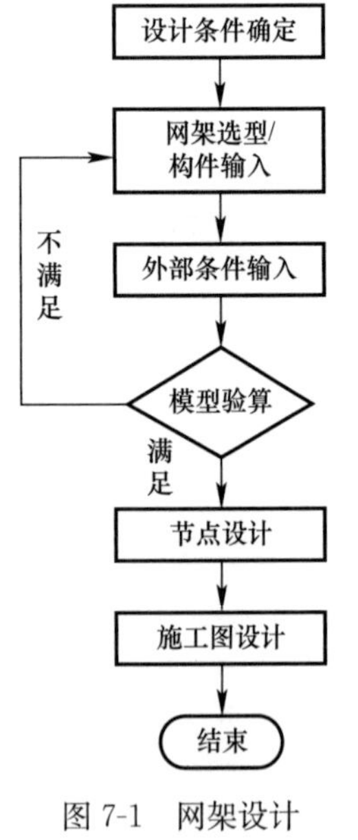

图7-1　网架设计流程图

网架结构在我国的工程中已经应用了几十年，其设计水平和施工手段已相当成熟。

设计空间网格结构时，应从工程实际情况出发，合理选用结构方案、网格布置与构造措施，并综合考虑加工制作与现场施工安装方法，以取得良好的技术经济效果。

本节以某学校电教中心项目设计为例，详细介绍网架工程设计的一般流程和设计要点。网架结构的设计流程如图7-1所示。

7.1.1　相关专业配合

本项目网架跨度37.8m，屋顶起伏略有弧度。为满足建筑设计要求，充分体现其屋顶平滑流畅的设计效果和室内空间宽阔的要求，初步计划采用网架结构形式。柱距依照建筑轴网布置，根据建筑结构部位不同分别有8.4m、7.2m和9m。建筑平面分为两部分，左侧为多功能厅区域，用以满足大型会议容纳观众和各种相关设备的需要，区域中杜绝支承构件，故采用屋顶为平面网架，采取周边支承的方式，以满足其较大的空间需求。右侧为办公区域，设计为框架结构体系，达到灵活布置空间的效果，其首层建筑平面图如图7-2所示。

7.1.2　结构选型与模型建立

（1）结构选型

本工程网架长50.4m，宽37.8m，平面长宽比小于1.5，根据空间结构的有关规

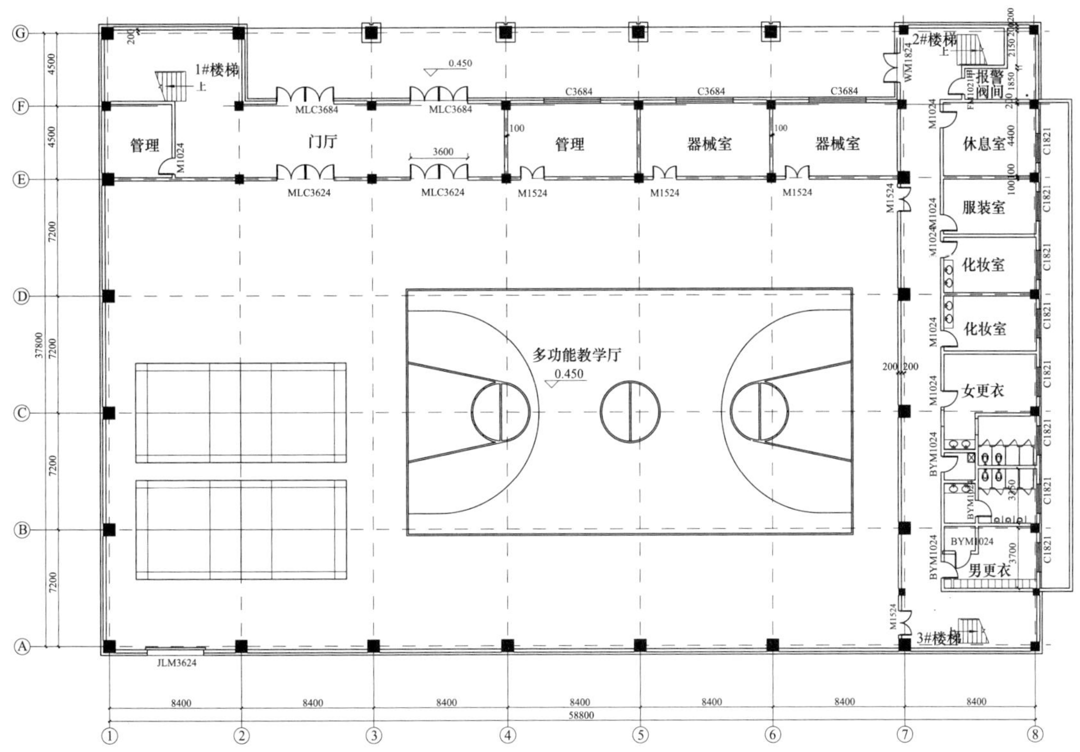

图 7-2　首层建筑平面图

定，本工程网架宜选取斜放四角锥网架、棋盘形四角锥网架、正放抽空四角锥网架、两向正交斜放网架、两向正交正放网架和正放四角锥网架。考虑到正放四角锥网架的节点、杆件数量最少，用钢量最省，屋面排水处理及天窗设置也比较方便，从刚度特性及受力性能来看，正放四角锥网架的空间刚度比其他四角锥网架及两向正交正放网架都大，受力比较均匀，延性较好。所以本工程采用正放四角锥网架形式。同时，本工程还建立了正放抽空四角锥网架，并对其计算结果进行了受力性能和经济性能分析，通过对这两种不同形式的网架结构的综合分析，选择较好的一种应用于实际工程中。

(2) 预估截面

在确定结构形式后，预估截面往往是首要环节。一般情况下，根据结构的跨度、荷载大小来确定，这主要是经验的积累。需要进行多次的构件截面的选择和计算。在实际的结构设计中，通常根据施工中常见的各种构件截面，建立常用的截面库，再从截面库中进行筛选，来完成截面的最初估计。常用的钢管构件截面如 P60×3.5，P140×4，P180×7，P245×12，P299×12，P325×14，P406×16 等。

(3) 模型建立

在确定结构选型和预估构件截面后，进入模型建立环节，模型建立前要确定网格尺寸、网格的高度等。

网格尺寸与网架短向跨度有关。常用网格尺寸与短向跨度的关系如表 7-1 所示。

节点形式采用螺栓球节点，支座节点采用平板压力支座节点。

网格尺寸与跨度的关系 **表 7-1**

网架短向跨度 L_2	网格尺寸
<30m	$(1/12\sim1/6)L_2$
30～60m	$(1/16\sim1/10)L_2$
>60m	$(1/20\sim1/12)L_2$

根据表 7-1，网格尺寸宜取（1/16～1/10）×37.8m＝2.36～3.78m。这里由柱距的 1/3 确定网格尺寸，分别为 2.8m×2.4m 和 2.8m×3.0m。高跨比可取 1/10～1/18，此处取为 2.4m。

本工程属于学校建筑，根据《建筑工程抗震设防分类标准》GB 50223—2008 的有关条文规定，本工程属于乙类建筑。现将设计参数汇总如下：

（1）设计工作年限：50 年

（2）建筑结构安全等级：一级

（3）主要设计荷载与工况组合：

1）主要设计荷载

① 恒载（不含结构自重）

屋面恒载标准值：0.6kN/m^2

下弦吊挂标准值：0.2kN/m^2

② 活载和雪荷载

a. 屋面活荷载标准值：0.5kN/m^2

b. 基本雪压：0.35kN/m^2（50 年）

c. 屋面积雪分布系数按规范选取

d. 活荷载和雪荷载取大者

③ 风荷载

a. 基本风压：0.5kN/m^2（50 年）

b. 风振系数：按随机振动理论计算

c. 地面粗糙度类别：B 类

d. 风压高度变化系数：按规范选取

e. 风荷载体型系数：按规范选取

④ 地震作用

抗震设防烈度为 7 度，设计地震基本加速度值为 0.10g，设计地震分组为第三组；场地类别为Ⅱ类。

地震作用分析采用振型分析反应谱法，结构阻尼比取 0.03，计算前 15 阶振型，考虑双向地震作用和扭转耦联；考虑竖向地震作用。

⑤ 温度作用

空间网格结构的温度场变化范围应取安装完毕时的气温与当地 50 年重现期的月平均最高气温和月平均最低气温的温差。本工程考虑±20℃的温差作用。

2）工况组合

① 1.30 恒载＋1.50 活载

② 1.00 恒载＋1.50 活载

③ 1.30 恒载＋1.50 风载

④ 1.00 恒载＋1.50 风载

⑤ 1.30 恒载＋1.50 雪载＋1.50×0.60 风载

⑥ 1.00 恒载＋1.50 雪载＋1.50×0.60 风载

⑦ 1.30 恒载＋1.50×0.70 雪载＋1.50 风载

⑧ 1.00 恒载＋1.50×0.70 雪载＋1.50 风载

⑨ 1.30 恒载＋1.50 活载＋1.50×0.60 温度荷载

⑩ 1.00 恒载＋1.50 活载＋1.50×0.60 温度荷载

⑪ 1.30 恒载＋1.50 雪载＋1.50×0.60 风载＋1.50×0.60 温度荷载

⑫ 1.00 恒载＋1.50 雪载＋1.50×0.60 风载＋1.50×0.60 温度荷载

⑬ 1.30 恒载＋1.50×0.70 活载＋1.50 温度荷载

⑭ 1.00 恒载＋1.50×0.70 活载＋1.50 温度荷载

⑮ 1.30 恒载＋1.50×0.70 雪载＋1.50×0.60 风载＋1.50 温度荷载

⑯ 1.00 恒载＋1.50×0.70 雪载＋1.50×0.60 风载＋1.50 温度荷载

⑰ 1.30 恒载＋0.65 活载＋1.40 水平地震＋1.40×0.50 竖向地震

⑱ 1.30 恒载＋0.65 活载＋0.50 水平地震＋1.40 竖向地震

⑲ 1.30 恒载＋0.65 活载＋1.40 水平地震

⑳ 1.30 恒载＋0.65 活载＋1.40 竖向地震

本工程对正放四角锥网架结构和正放抽空四角锥网架结构两种模型的受力性能进行对比分析，以优化设计。实际建模时，抽空四角锥网架是在正放四角锥网架模型的基础上局部抽空网架中部规则的四角锥形成，其他计算参数不变。在对四角锥网架抽空试算的过程中应避免形成的抽空四角锥网架变成几何可变体系，这是工程中绝对不允许的。

模型计算时，正放四角锥网架和正放抽空四角锥网架平面图如图 7-3 所示。

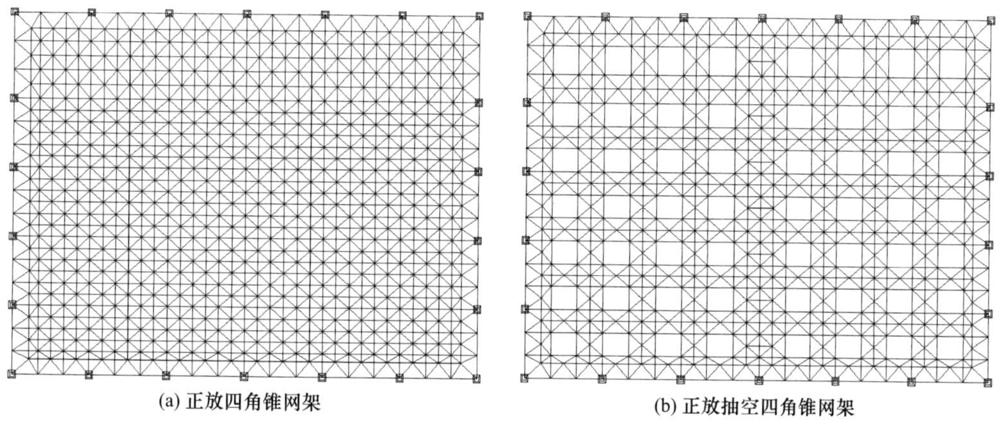

(a) 正放四角锥网架　　(b) 正放抽空四角锥网架

图 7-3　网架平面示意图

本工程采用 3D3S 分析程序对上述两种模型进行计算，并分别对各模型的计算结果进行分析比较，得出可为同类工程做参考的结论，其分析结果如表 7-2 和表 7-3 所示。

正放四角锥各工况结构分析 **表 7-2**

模型	工况	工况对应的组合	U_x (mm)	U_y (mm)	U_z (mm)	最大压力 (kN)	最大拉力 (kN)	用钢量（t）
正放四角锥	1	1.3恒+1.5活	12.8	12.4	−92.8	−2415	727	46.78
	2	1.0恒+1.5活	12.8	12.4	−92.8	−2063	647	
	3	1.3恒+1.54风	6.4	5.2	−39.7	−2034	264	
	4	1.0恒+1.5风	6.4	5.2	−39.7	−1682	183	
	5	1.3恒+1.5雪+1.5×0.6风	11.2	10.4	−77.9	−2369	597	
	6	1.0恒+1.5雪+1.5×0.6风	11.2	10.4	−77.9	−2017	517	
	7	1.3恒+1.5×0.7雪+1.5风	9.0	7.9	−59.5	−2247	436	
	8	1.0恒+1.5×0.7雪+1.5风	9.0	7.9	−59.5	−1895	356	
	9	1.3恒+1.5活+1.5×0.6温度	14.7	14.1	−91.7	−2375	729	
	10	1.0恒+1.5活+1.5×0.6温度	14.7	14.1	−91.7	−2023	649	
	11	1.3恒+1.5雪+1.5×0.6风+1.5×0.6温度	13.1	12.0	−76.7	−2329	599	
	12	1.0恒+1.5雪+1.5×0.6风+1.5×0.6温度	13.1	12.0	−76.7	−1977	518	
	13	1.3恒+1.5×0.7活+1.5温度	14.9	14.0	−82.6	−2257	656	
	14	1.0恒+1.5×0.7活+1.5温度	14.9	14.0	−82.6	−1905	576	
	15	1.3恒+1.5×0.7雪+1.5×0.6风+1.5温度	13.3	12.0	−67.8	−2211	526	
	16	1.0恒+1.5×0.7雪+1.5×0.6风+1.5温度	13.3	12.0	−67.8	−1860	446	
	17	1.3恒+0.65活+1.4水平地震+0.5竖向地震	26.2	20.7	−88.7	−2053	556	
	18	1.3恒+0.65活+0.5水平地震+1.4竖向地震	26.2	20.7	−88.7	−2140	537	
	19	1.3恒+0.65活+1.4水平地震	25.9	20.4	−91.5	−2058	579	
	20	1.3恒+0.65活+1.4竖向地震	25.9	20.4	−91.5	−2232	541	

正放抽空四角锥各工况结构分析 **表 7-3**

模型	工况	工况对应的组合	U_x (mm)	U_y (mm)	U_z (mm)	最大压力 (kN)	最大拉力 (kN)	用钢量（t）
正放抽空四角锥	1	1.3恒+1.5活	18.1	17.5	−98.3	−2383	1079	41.39
	2	1.0恒+1.5活	18.1	17.5	−98.3	−2036	963	
	3	1.3恒+1.5风	8.0	6.7	−39.2	−2015	359	
	4	1.0恒+1.5风	8.0	6.7	−39.2	−1667	243	
	5	1.3恒+1.5雪+1.5×0.6风	15.4	14.4	−81.7	−2341	877	
	6	1.0恒+1.5雪+1.5×0.6风	15.4	14.4	−81.7	−1994	760	
	7	1.3恒+1.5×0.7雪+1.5风	12.0	10.7	−61.2	−2223	627	
	8	1.0恒+1.5×0.7雪+1.5风	12.0	10.7	−61.2	−1876	511	
	9	1.3恒+1.5活+1.5×0.6温度	19.7	18.7	−97.1	−2348	1078	
	10	1.0恒+1.5活+1.5×0.6温度	19.7	18.7	−97.1	−968	961	
	11	1.3恒+1.5雪+1.5×0.6风+1.5×0.6温度	17.1	15.7	−80.5	−2306	875	
	12	1.0恒+1.5雪+1.5×0.6风+1.5×0.6温度	17.1	15.7	−80.5	−1958	759	
	13	1.3恒+1.5×0.7活+1.5温度	19.1	17.8	−87.0	−2235	962	
	14	1.0恒+1.5×0.7活+1.5温度	19.1	17.8	−87.0	−1887	846	

续表

模型	工况	工况对应的组合	U_x (mm)	U_y (mm)	U_z (mm)	最大压力 (kN)	最大拉力 (kN)	用钢量 (t)
正放抽空四角锥	15	1.3恒+1.5×0.7雪+1.5×0.6风+1.5温度	16.5	14.8	−70.5	−2192	759	41.39
	16	1.0恒+1.5×0.7雪+1.5×0.6风+1.5温度	16.5	14.8	−70.5	−1845	643	
	17	1.3恒+0.65活+1.4水平地震+0.5竖向地震	34.6	33.3	−93.4	−2078	873	
	18	1.3恒+0.65活+0.5水平地震+1.4竖向地震	34.6	33.3	−93.4	−2093	815	
	19	1.3恒+0.65活+1.4水平地震	34.1	32.9	−96.5	−2077	908	
	20	1.3恒+0.65活+1.4竖向地震	34.1	32.9	−96.5	−2205	791	

现对两表的计算结果进行总结归纳，如表7-4所示。

模型结构分析对比 **表7-4**

模型	U_x(mm)	U_y(mm)	U_z(mm)	最大压力（kN）	最大拉力（kN）	用钢量（t）
正放四角锥	26.2	20.7	−92.8	−2415	727	46.78
正放抽空四角锥	34.6	33.3	−98.3	−2383	1079	41.39

对其计算结果进行分析，得出如下结论：

(1) 正放抽空四角锥网架相对正放四角锥网架的受力性能和刚度较差

正放抽空四角锥网架的X、Y、Z三个方向的位移均比正放四角锥网架的位移大，最大位移相差X向为32.1%、Y向为60.9%，Z向为5.9%。这种情况的出现，是由于抽空四角锥网架局部抽空了上下弦层之间的四角锥，使得节点的自由度减少，网架整体刚度较正放四角锥网架的小，这样使得X、Y、Z三个方向的位移都增大了许多。

由上面的位移相差对比可知，三个方向中X、Y方向的最大位移相差幅度均比Z方向大很多，非常明显，说明正放四角锥网架抽空后，除了Z方向网架竖向刚度有所下降之外，X、Y两个方向的水平刚度有更大幅度的下降，变形性能变差。另外，对表7-4分析可知，正放抽空四角锥网架的杆件最大拉力比正放四角锥网架增大了许多，增加幅度为48.0%，这使得正放抽空四角锥网架的最大杆件直径为ϕ245，而正放四角锥网架的最大钢件直径为ϕ219。同时正放抽空四角锥网架杆件截面变化大，过大和过多变化的杆件增加了施工的难度，影响施工的质量和工期。此外，网架抽空后杆件承受的最大拉力有所增大，而承受的最大压力却有所减少。整个网架结构受力大的杆件受力更大，杆件尺寸也会变得更大，受力小的杆件受力更小，杆件尺寸也会变得更小。所以整个抽空四角锥网架结构受力分布不均匀、不合理，刚度较差，不利于结构的稳定性和正常使用。

(2) 采用正放抽空四角锥网架之后网架的杆件重量减少不多，经济性改善不明显

采用正放抽空四角锥网架之后，总用钢量减少约为11.5%。与结构刚度的减小幅度相比，用钢量的减小幅度并不明显，这是由于虽然抽空后的网架节省了单元杆件的数量，减少了一部分的杆件重量，但同时很多结构杆件的内力增大，构件规格增大，用钢量增加；两者一抵消，并不能获得比较大的经济效果。显然这种通过大幅牺牲结构刚度和受力合理性而获得有限的经济性的做法并不是合理的选择。总的来说，抽空四角锥网架计算比较复杂，设计过程中要不断通过试算，以免结构变成了几何可变体系，这样就增加了设计工作

量，不利于结构设计效率的提高。另外，正放抽空四角锥网架的刚度较小，结构杆件受力不均，设计杆件的截面种类较多，不利于施工，并且抽空四角锥网架的经济性比四角锥网架并没有有较大幅度的提高，所以对本工程来说，采用正放四角锥网架。

7.1.3 结构分析与工程判定

根据《空间网格结构技术规程》JGJ 7—2010 第 4.1.1 条规定，网架结构应进行外荷载作用下的内力、位移计算，并应根据具体情况，对地震、温度变化、支座沉降及施工安装荷载等作用下的内力、位移进行计算。

控制指标：

强度控制（内力）：杆件应力比控制在 0.85 以下。

变形控制（位移）：空间网架结构的最大挠度值不应超过表 7-5 中的容许挠度值。

空间网架结构的容许挠度值 **表 7-5**

结构体系	屋盖结构（短向跨度）	楼层结构（短向跨度）	悬挑结构（悬挑跨度）
网架	1/250	1/300	1/125

此处最大挠度值应小于 1/250L（L 为短向跨度）。

结构设计整体要求各结构构件满足以上控制指标。根据表 7-1 得结构在 1.0 恒+1.0 活荷载工况下 Z 向位移最大，为 92.8mm，结构短向跨度为 37.8m，挠度值为 92.8/37800=1/407<1/250，满足要求。

在 3D3S 软件中，可以通过设计验算中的验算结果显示查看各结构构件的杆件应力比，在规定控制比为 0.85 的条件下，软件可以自动计算显示出超出控制应力比的杆件，在此基础上通过截面调整来控制各杆件应力比。本工程设计中，所有杆件的杆件应力比均符合要求，选取强度应力比最大的前 10 个单元验算结果汇总如表 7-6～表 7-11 所示。

“强度应力比”最大的前 10 个单元的验算结果（所在组合号/情况号） **表 7-6**

序号	单元号	强度	结果
1	785	0.84（11/1）	满足
2	752	0.84（11/1）	满足
3	1923	0.82（11/1）	满足
4	1914	0.82（11/1）	满足
5	1297	0.81（11/2）	满足
6	1366	0.81（11/2）	满足
7	753	0.80（11/1）	满足
8	786	0.80（11/1）	满足
9	773	0.80（11/1）	满足
10	762	0.79（11/1）	满足

按“强度应力比”统计结果表 **表 7-7**

范围	>1.05	1.05～1.00	1.00～0.80	0.80～0.60	0.60～0.02
单元数	0	0	9	280	1871

"整体稳定应力比"最大的前 10 个单元的验算结果（所在组合号/情况号）　表 7-8

序号	单元号	强度	绕 2 轴整体稳定	绕 3 轴整体稳定	绕 2 轴长细比	绕 3 轴长细比	沿 2 轴 W/l	沿 3 轴 W/l	结果
1	1678	0.37	0.85（20/4）	0.85	120	120	0	0	满足
2	1225	0.23	0.84（20/7）	0.84	161	161	0	0	满足
3	785	0.84	0.84（11/1）	0.84	56	56	0	0	满足
4	1441	0.23	0.84（20/8）	0.84	161	161	0	0	满足
5	1658	0.27	0.84（20/4）	0.84	145	145	0	0	满足
6	752	0.84	0.84（11/1）	0.84	56	56	0	0	满足
7	1626	0.35	0.83（20/4）	0.83	123	123	0	0	满足
8	1696	0.33	0.83（20/2）	0.83	127	127	0	0	满足
9	1731	0.41	0.83（11/1）	0.83	109	109	0	0	满足
10	952	0.25	0.83（20/4）	0.83	151	151	0	0	满足

按"整体稳定应力比"统计结果表　表 7-9

范围	>1.05	1.05～1.00	1.00～0.80	0.80～0.60	0.60～0.02
单元数	0	0	47	663	1450

"长细比"最大的前 10 个单元的验算结果　表 7-10

序号	单元号	强度	绕 2 轴整体稳定	绕 3 轴整体稳定	绕 2 轴长细比	绕 3 轴长细比	结果
1	1659	0.46	0.46	0.46	172	172	满足
2	1728	0.36	0.36	0.36	172	172	满足
3	865	0.51	0.51	0.51	170	170	满足
4	934	0.47	0.47	0.47	170	170	满足
5	1513	0.71	0.71	0.71	168	168	满足
6	1582	0.76	0.76	0.76	168	168	满足
7	1585	0.24	0.24	0.24	168	168	满足
8	1587	0.12	0.45	0.45	168	168	满足
9	1654	0.32	0.32	0.32	168	168	满足
10	1656	0.19	0.74	0.74	168	168	满足

按"长细比"统计结果表　表 7-11

范围	>180	180～150	150～120	120～80	80～32
单元数	0	764	110	961	325

通过分析结果，结构在强度、位移、长细比等方面均满足规范要求，该结构可行。

7.1.4 构件与节点设计

1. 构件设计

（1）本工程设计管材宜采用高频焊管和无缝钢管，当有条件时可采用薄壁管形截面。杆件的钢材应按现行国家标准《钢结构设计标准》GB 50017 的规定采用。

杆件截面应按现行国家标准《钢结构设计标准》GB 50017 根据强度和稳定性的要求计算确定。

（2）确定杆件的长细比时，其计算长度 l_0 应按表 7-12 采用。

杆件的计算长度 **表 7-12**

结构体系	杆件形式	节点形式				
		螺栓球	焊接空心球	板节点	毂节点	相贯节点
网架	弦杆及支座腹杆	1.0L	0.9L	1.0L	—	—
	腹杆	1.0L	0.8L	0.8L	—	—
双层网壳	弦杆及支座腹杆	1.0L	1.0L	1.0L	—	—
	腹杆	1.0L	0.9L	0.9L	—	—
单层网壳	壳体曲面内	—	0.9L	—	1.0L	0.9L
	壳体曲面外	—	1.6L	—	1.6L	1.6L

注：L——杆件的几何长度（节点中心线距离）。

（3）杆件的长细比不宜超过表 7-13 中规定的数值。

杆件的容许长细比 **表 7-13**

结构体系	杆件形式	杆件受拉	杆件受压	杆件受压与压弯	杆件受拉与抗弯
网架	一般杆件	350	180	—	—
	支座附近杆件	250			
	直接承受动力荷载杆件	250			
双层网壳	一般杆件	300	180	—	—
	直接承受动力荷载杆件	250			
单层网壳	一般杆件	—	—	150	300

本工程中取容许长细比为 180。

（4）杆件截面的最小尺寸应根据结构的跨度与网格大小按计算确定，普通型钢不宜小于∟ 50×3，钢管不宜小于 ϕ48×3。本工程设计中钢管最小尺寸为 ϕ60×3.5。

（5）空间网格结构杆件分布应保证刚度的连续性，受力方向相邻的弦杆截面差别不应超过 20%，截面规格差不宜大于 2 档，多点支撑的网架结构其反弯点的上下弦杆要按构造加大截面。

（6）对于低应力小规格的受拉杆件宜按受压杆件控制杆件的长细比。

（7）杆件在构造设计时宜避免出现难于检查、清刷、油漆以及积留湿气的死角或凹槽，钢管端部宜进行封闭。

2. 连接和节点设计

（1）螺栓球节点

螺栓球节点应由高强度螺栓、钢球、紧固螺钉、套筒和锥头或封板等零件组成，适用于连接双层网壳和网架等空间网格结构的钢管插件。

用于制造螺栓球节点的钢球、封板、锥头、套筒的材料可按表 7-13 规定，并应符合相应标准的技术文件。产品质量应符合现行行业标准《钢网架螺栓球节点》JG/T 10 的规定。

螺栓球节点零件推荐材料如表 7-14 所示。

螺栓球节点零件推荐材料表　　　　**表 7-14**

<table>
<tr><th>零件名称</th><th>推荐材料</th><th>材料标准编号</th><th>备注</th></tr>
<tr><td>钢球</td><td>45 号钢</td><td>《优质碳素结构钢》GB/T 699—2015</td><td>毛坯钢球锻造成型</td></tr>
<tr><td rowspan="2">锥头或封板</td><td>Q235B 钢</td><td>《碳素结构钢》GB/T 700—2006</td><td rowspan="2">钢号宜与板号一致</td></tr>
<tr><td>Q355B 钢</td><td>《低合金高强度结构钢》GB/T 1591—2018</td></tr>
<tr><td rowspan="3">套筒</td><td>Q235B 钢</td><td>《碳素结构钢》GB/T 700—2006</td><td>套筒内孔径为 13～34mm</td></tr>
<tr><td>Q355B 钢</td><td>《低合金高强度结构钢》GB/T 1591—2018</td><td rowspan="2">套筒内孔径为 37～65mm</td></tr>
<tr><td>45 号钢</td><td>《优质碳素结构钢》GB/T 699—2015</td></tr>
<tr><td rowspan="5">紧固螺钉</td><td>20MnTiB</td><td rowspan="2">《合金结构钢》GB/T 3077—2015</td><td rowspan="2">螺钉直径尽量小</td></tr>
<tr><td>40Cr</td></tr>
<tr><td>20MnTiB，40Cr，35CrMo</td><td rowspan="3">《合金结构钢》GB/T 3077—2015</td><td>螺纹规格 M12～M24</td></tr>
<tr><td>35VB，40C，35CrMo</td><td>螺纹规格 M27～M36</td></tr>
<tr><td>35CrM，40Cr</td><td>螺纹规格 M39～M64×4</td></tr>
</table>

钢球直径应根据相邻螺栓在球体内不相碰并满足套筒接触面的要求分别按式（7-1）、式（7-2）核算，并按计算结果中的较大者选用。

$$D \geqslant \sqrt{\left(\frac{d_s^b}{\sin\theta} + d_1^b \cot\theta + 2\xi d_1^b\right)^2 + \lambda^2 d_1^{b^2}} \tag{7-1}$$

$$D \geqslant \sqrt{\left(\frac{\lambda d_s^b}{\sin\theta} + \lambda d_1^b \cot\theta\right)^2 + \lambda^2 d_1^{b^2}} \tag{7-2}$$

式中　D——钢球直径（mm）；

θ——两相邻螺栓之间的最小夹角（rad）；

d_1^b——两相邻螺栓的较大直径（mm）；

d_s^b——两相邻螺栓的较小直径（mm）；

ξ——螺栓拧入球体长度与螺栓直径的比值，可取 1.1；

λ——套筒外接圆直径与螺栓直径的比值，可取 1.8。

当相邻杆件夹角 θ 较小时，尚应根据相邻杆件及相关封板、锥头、套筒等零部件不相碰的要求核算螺栓直径。此时可通过检查可能相碰点至球心的连线与相邻杆件轴线间的夹角之和不大于 θ 的条件进行核算。

高强度螺栓的性能等级应按螺纹规格分别选用。对于 M12～M36 的高强度螺栓，其强度等级按 10.9 级选用；对于 M39～M64 的高强度螺栓，其强度等级按 9.8 级选用。螺栓的形式与尺寸应符合现行国家标准《钢网架螺栓球节点用高强度螺栓》GB/T 16939 的要求。

高强度螺栓的直径应由杆件内力控制。每个高强度螺栓的受拉承载力设计值应按下式计算：

$$N_1^b = A_{eff} f_1^b$$

式中　f_1^b——高强度螺栓经热处理后的受拉强度设计值，对 10.9 级，取 430N/mm^2；对 9.8 级，取 385N/mm^2；

A_{eff}——高强度螺栓的有效截面面积，可按表 7-15 选取；当螺栓上钻有键槽或钻孔时，A_{eff} 值取螺栓处或键槽、钻孔处二者中的较小值。

常用螺栓在螺纹处的有效截面面积 A_{eff} 和承载力设计值 N_1^b 如表 7-15 所示。

常用螺栓有效截面面积和承载力设计值 **表 7-15**

性能等级	10.9 级									
螺纹规格 d	M12	M14	M16	M20	M22	M24	M27	M30	M33	M36
螺距 p(mm)	1.75	2	2	2.5	2.5	3	3	3.5	3.5	4
A_{eff}(mm^2)	84.3	115	157	245	303	353	459	561	694	817
N_1^b(kN)	36.2	49.5	67.5	105	130.5	151.5	197.5	241.0	298	351
性能等级	9.8 级									
螺纹规格 d	M39	M42	M45	M48	M56×4	M60×4	M64×4			
螺距 p(mm)	4	4.5	4.5	5	4	4	4			
A_{eff}(mm^2)	976	1121	1306	1470	2144	2485	2851			
N_1^b(kN)	375.6	431.5	502.8	567.1	825.4	956.6	1097.6			

受压杆件的连接螺栓直径，可按其设计内力绝对值求得螺栓直径计算值后，按表 7-15 的螺栓直径系列减少 1～3 个级差，但必须保证套筒任何截面具有足够的抗压强度。

套筒外形尺寸应符合扳手开口系列，端部要求平整，内孔径可比螺栓直径大 1mm。

套筒应根据空间网格结构相应杆件的最大轴向承载力按压杆进行计算，并验算其端部有效截面的局部承压力。

对于开设滑槽的套筒尚需验算套筒端部到滑槽端部的距离，应使该处有效截面的抗剪力不低于紧固螺栓的抗剪力，且不小于 1.5 倍滑槽宽度。其设计示意图如图 7-4 所示。

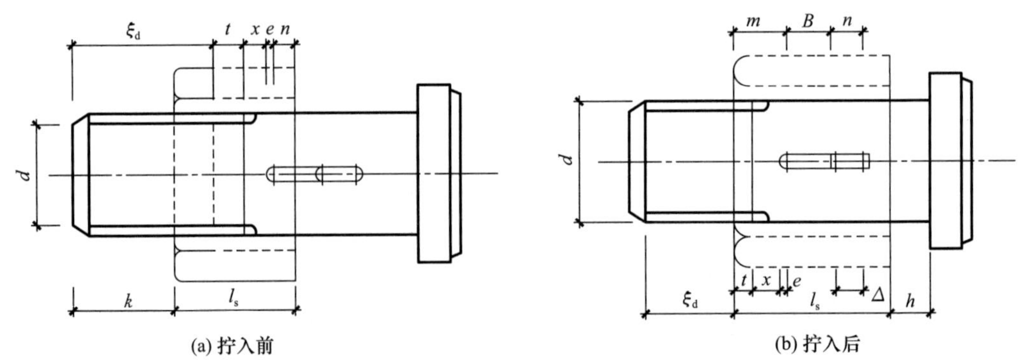

(a) 拧入前　　(b) 拧入后

图 7-4　套筒长度及螺栓长度

t—螺纹根部到滑槽附加余量，取 2 个丝扣；x—螺纹收尾长度；

e—紧固螺钉的半径；Δ—滑槽预留量，一般取 4mm

套筒长度　　$l_s = m + B + n$

滑槽长度　　$B = \xi_d - k$

螺栓长度　　$l = \xi_d + l_s + h$

式中　ξ_d——螺栓伸入钢球长度；

m——滑槽端部紧固螺钉中心到套筒端部的距离；

n——滑槽顶部紧固螺钉中心至套筒顶部的距离；

k——螺栓露出套筒距离，预留 4～5mm，但不应少于 2 个丝扣；

h——锥头端部厚度或封板厚度。

空间网格结构杆件端部应采用锥头或封板连接，其连接焊缝及锥头的任何截面必须与连接钢管等强，焊缝底部宽度 b 可根据连接钢管壁厚取 2～5mm。封板厚度应按实际受理大小计算决定，且不宜小于钢管外径的 1/5。锥头底板厚度不宜小于锥头底部内径的 1/4。

本工程采用软件 3D3S 自动设计螺栓球节点。设计流程如下：

1）在完成结构受力分析，确定杆件截面尺寸的基础上，进行螺栓球节点的设计。在设计开始阶段，首先定义螺栓球基准孔方向。在网格结构中，基准孔的选取原则一般是沿螺栓球所在弦平面在该球处的法线方向，上弦面内的基准孔方向向上（或向外），其优点是可利用基准孔安装檩托；下弦面内的基准孔方向向下（或向内），可利用该孔吊顶或安装灯具等设施。在 3D3S 软件中，基准孔默认方向均为 Z 正向，故需要改变下弦杆基准孔方向。

2）完成基准孔方向定位后，进行螺栓球节点设计。选定需要设计的网架杆件，在螺栓球节点设计对话框中输入设计所需参数，由软件自动完成计算。

3）由软件自动出具螺栓球节点图和上下弦、腹杆施工图，校核节点设计性能。

（2）支座节点

1）网格结构支座节点必须具有足够的强度，在荷载作用下应不先于杆件和其他节点而破坏，也不得产生不可忽略的变形。支座节点构造形式应传力可靠、连接简单，并符合计算假定。

2）网格结构支座节点根据结构的形式及支座节点主要特点可分别选用压力支座节点、拉力支座节点、可滑移、转动的弹性支座节点及兼受轴力、弯矩与剪力的刚性支座节点。

3）常用压力支座节点可按下列构造形式选用：

① 平板压力支座节点（图 7-5），适用于较小跨度的网架结构。

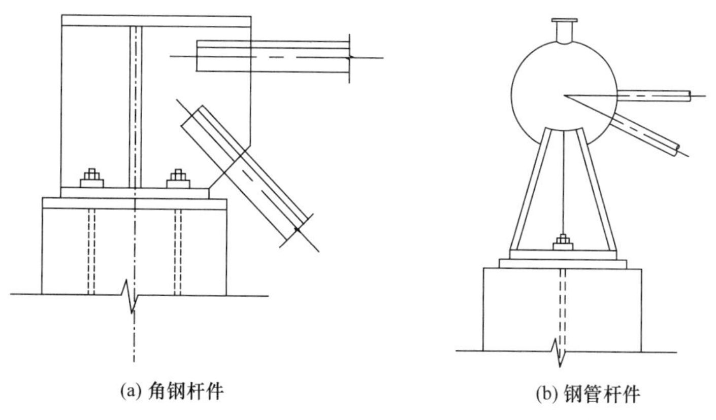

(a) 角钢杆件　　(b) 钢管杆件

图 7-5　平板压力支座节点

② 单面弧形压力支座节点（图 7-6），适用于要求沿单方向转动的中小跨度网架结构。支座反力较大时可采用图 7-6(b) 所示支座。

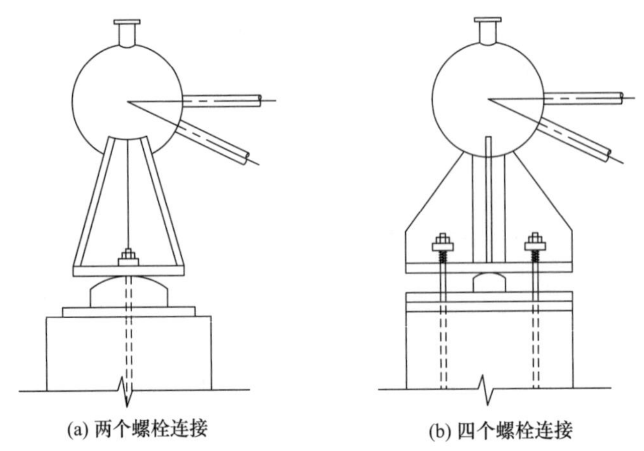

图 7-6　单面弧形压力支座节点

③ 双面弧形压力支座节点（图 7-7），适用于温度应力变化较大且下部支承结构刚度较大的大跨度网格结构。

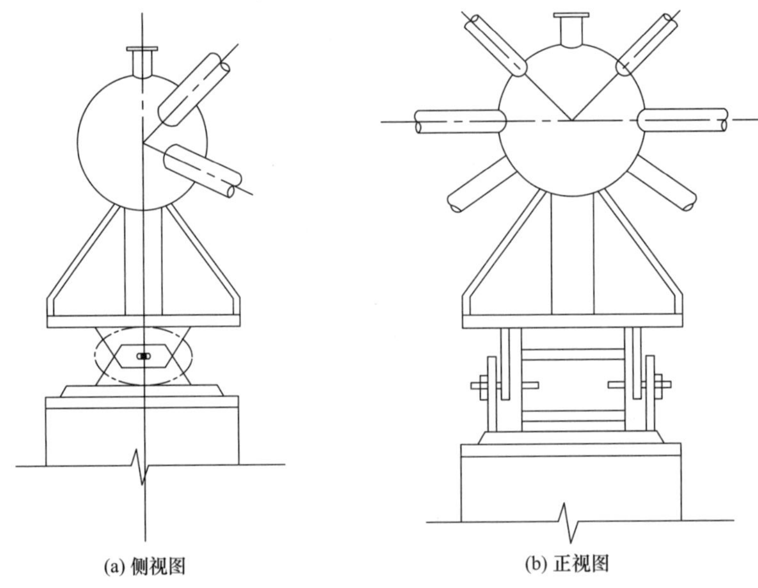

图 7-7　双面弧形压力支座节点

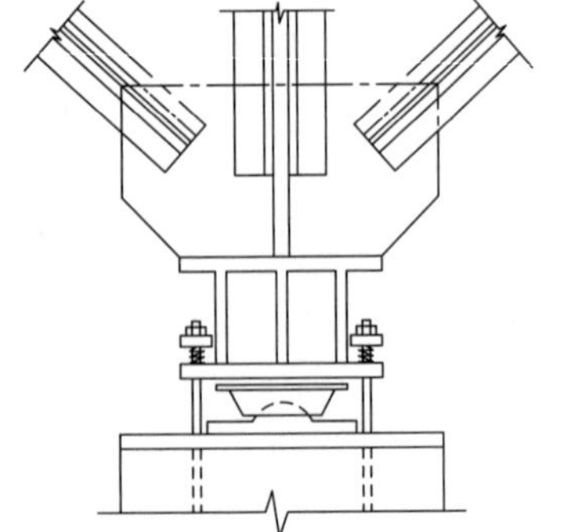

图 7-8　球铰压力支座节点

④ 球铰压力支座节点（图 7-8），适用于有抗震要求、多支点的大跨度网格结构。

4）常用拉力支座节点可按下列构造形式选用：

平板拉力支座节点（图 7-9），适用于较小跨度的网架结构。

单面弧形拉力支座节点（图 7-10），适用于要求沿单方向转动的中小跨度网格结构。

5）弹性橡胶板式支座节点（图 7-11），适用于支座反力较大、有隔震要求、需释放温度应力与其他水平位移及有转动要求的大跨度网格结构。

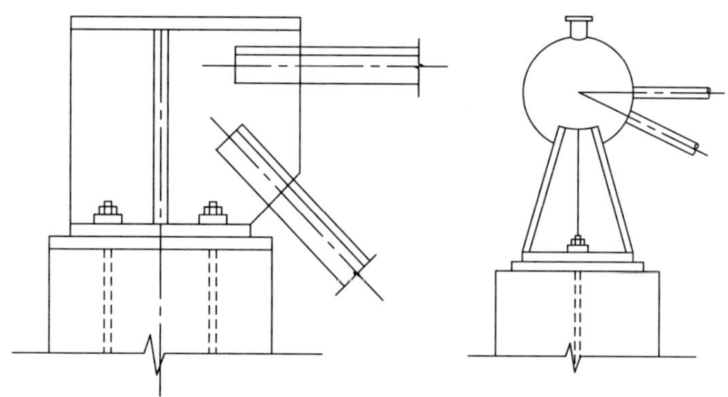

图 7-9　平板压力支座节点

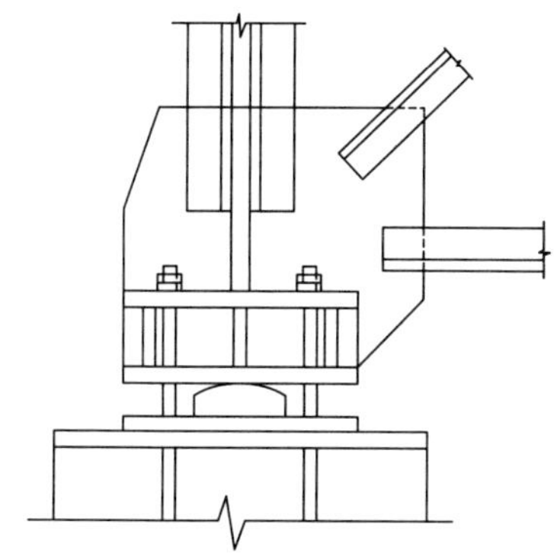

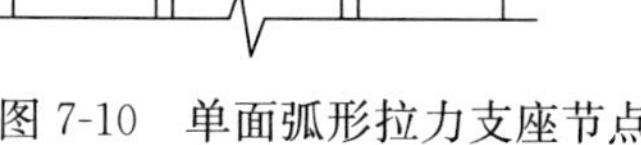

图 7-10　单面弧形拉力支座节点

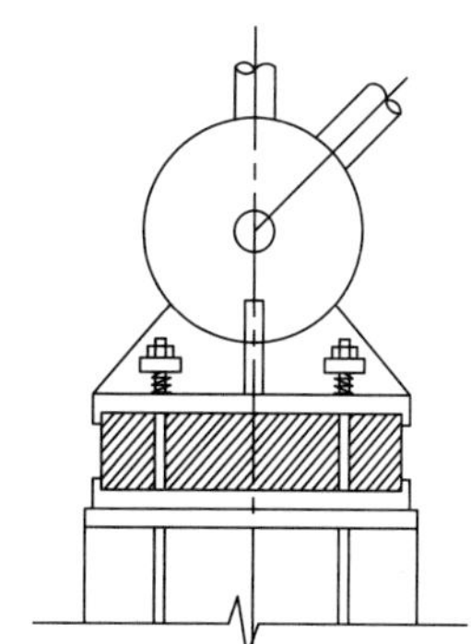

图 7-11　弹性橡胶板式支座节点

6）刚性支座节点（图 7-12），适用于兼受轴力、弯矩与剪力的网格结构。

7）支座节点竖向支承底板的设计与构造应满足下列要求：

① 支座节点竖向中心线应与支座竖向反力作用线一致，并与支座节点连接的杆件中心线汇交于支座节点中心。

② 支座球节点底部至支座底板间的距离宜尽量减小，其构造高度可根据支座球节点球径大小取 100～250mm，防止斜杆与支座边缘相碰（图 7-13）。

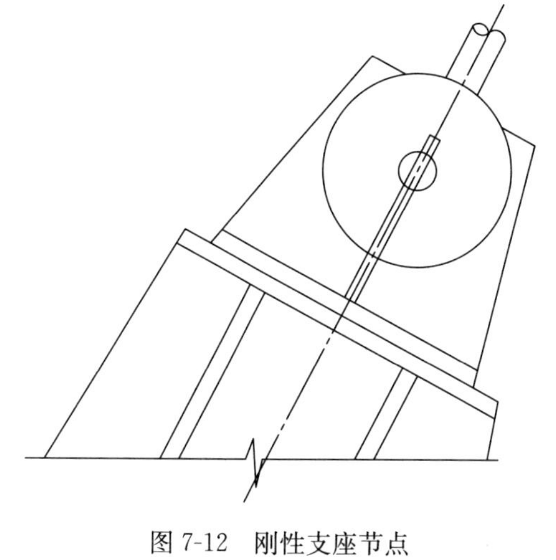

图 7-12　刚性支座节点

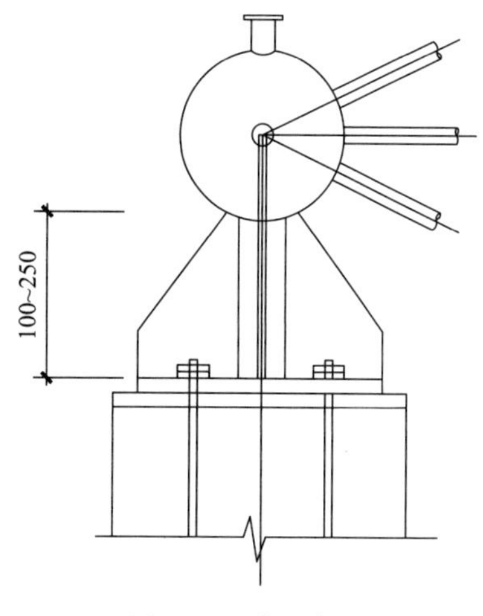

图 7-13　支座高度

③ 支座节点竖板厚度应保证其自由边不发生侧向屈曲，不宜小于 10mm。对于拉力支座节点，支座节点竖板的最小截面面积及相关连接焊缝必须满足强度要求。

④ 支座节点底板的净面积应满足支承结构材料的局部受压要求，其厚度应满足底板在支座竖向反力作用下的抗弯要求，不宜小于 12mm。

⑤ 支座节点底板的孔径比锚栓直径系列大 1～2 个级差，并应考虑适应支座节点水平变位要求。

⑥ 支座节点锚栓按构造要求设置时，其直径可取 20～25mm，数量取 2～4 个。对于拉力锚栓其直径应经计算确定，锚固长度不应小于 35 倍锚栓直径，并设置双螺母。

⑦ 支座节点中当水平剪力与竖向压力之比小于 0.4 时，可将支座垫板与支座锚板直接焊接或直接将支座底板用锚栓固定于混凝土构件顶面，否则应设抗剪键承受支座的水平剪力（图 7-14）。

⑧ 弧形支座板的材料宜用铸钢，单面弧形支座板也可用厚钢板加工而成。板式橡胶支座垫板可采用多层橡胶层与薄板相间粘合成的橡胶垫板，其材料性能及计算构造要求可按规程确定。

⑨ 网架压力支座节点也可以增设与埋头螺栓相连的过渡钢板，并使之与支座底板相连（图 7-15）。

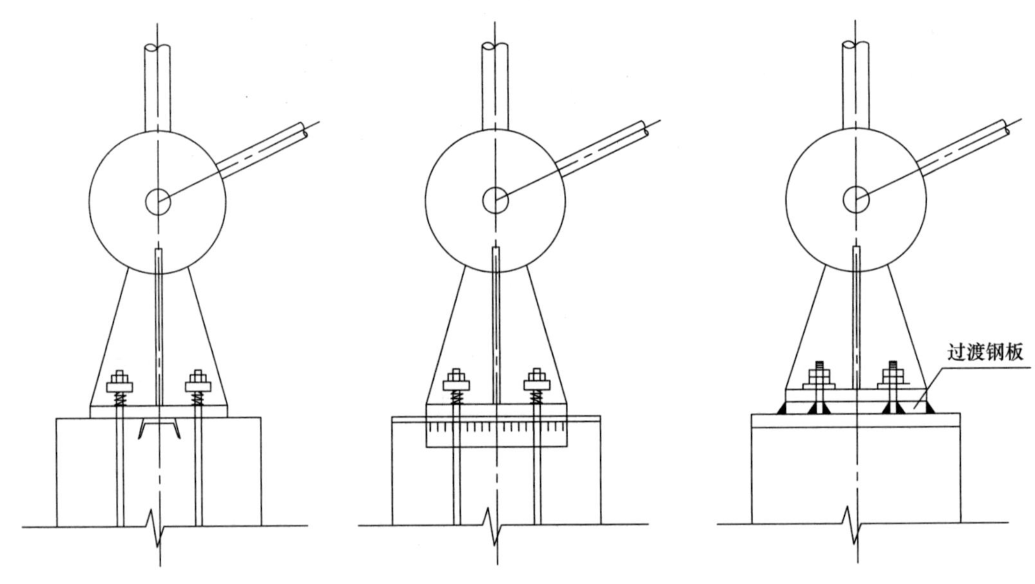

图 7-14　支座抗剪键　　　　图 7-15　支座过渡钢板

对于本工程等中小跨度网架结构，可采用平板压力支座。其设计图如图 7-16 所示。根据《钢结构连接节点设计手册》（第四版）第 6-60 条，支座节点验算如下：

1）支座底板验算

C30 混凝土　　$f_c=14.3$MPa　　钢　　$f=295$MPa

竖向反力　　$R=480$kN

底板尺寸　　$a=450$mm，$b=450$mm

底板面积验算：

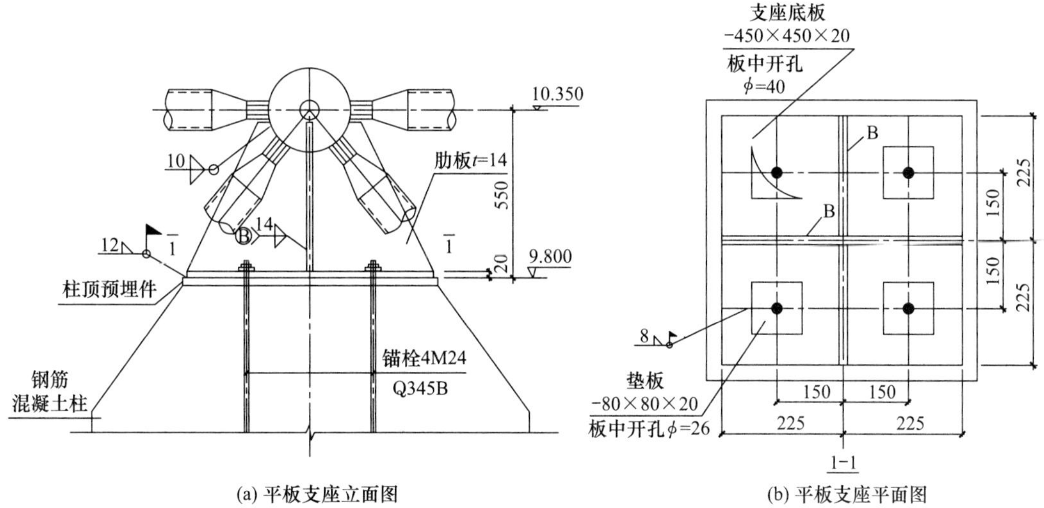

(a) 平板支座立面图 (b) 平板支座平面图

图 7-16 平板支座图

$$A_{pb}=a\times b=0.2025\text{m}^2>\frac{R}{f_c}=\frac{480\text{kN}}{14.3\text{MPa}}=0.034\text{m}^2$$

底板抗弯验算：

$$\sigma_c=\frac{R}{A_{pb}}=\frac{48\text{kN}}{0.2025\text{m}^2}=2.37\text{MPa}$$

$$a_1=\sqrt{\left(\frac{a}{2}\right)^2+\left(\frac{b}{2}\right)^2}=\sqrt{\left(\frac{450\text{mm}}{2}\right)^2+\left(\frac{450\text{mm}}{2}\right)^2}=318.198\text{mm}$$

$$b_1=\frac{a\times b}{4\times a_1}=\frac{450\text{mm}\times 450\text{mm}}{4\times 318.198\text{mm}}=159.099\text{mm}$$

$$\frac{b_1}{a_1}=\frac{159.099\text{mm}}{318.198\text{mm}}=0.5$$

$$\alpha=0.06$$

$$M_{max}=\alpha\times\sigma_c\times a_1^2=0.06\times 2.37\text{MPa}\times 318.198^2\text{mm}^2=14.4\text{kN}$$

$$t_{pb}=\sqrt{\frac{6\cdot M_{max}}{f}}=\sqrt{\frac{6\times 14.4\text{kN}}{295\text{MPa}}}=17.114\text{mm}$$

取底板厚度为 20mm。

2）十字板垂直焊缝计算

$$l_{wH}=225\text{mm}\quad h_f=14\text{mm}\quad l_{wV}=150\text{mm}\quad f_f^w=200\text{MPa}$$

$$M=\frac{1}{8}\times R\times l_{wH}=\frac{1}{8}\times 480\text{kN}\times 225\text{mm}=13.5\text{kN}\cdot\text{m}$$

$$V=\frac{R}{4}=\frac{480\text{kN}}{4}=120\text{kN}$$

$$\sigma_{fs}=\sqrt{\left(\frac{6M}{2\times 0.7\times h_f\times l_{wV}^2}\right)^2+\left(\frac{V}{2\times 0.7\times h_f\times l_{wV}}\right)^2}$$

$$=\sqrt{\left(\frac{6\times13.5\text{kN}\cdot\text{m}}{2\times0.7\times14\text{mm}\times150^2\text{mm}^2}\right)^2+\left(\frac{120\text{kN}}{2\times0.7\times14\text{mm}\times150\text{mm}}\right)^2}$$
$$=188.154\text{MPa}$$

3）十字板焊缝计算

$$\sum l_{\text{wH}}=8\times l_{\text{wH}}=8\times225=1800\text{mm}$$

$$\sigma_{\text{f}}=\frac{R}{0.7\times h_{\text{f}}\times\sum l_{\text{wH}}}=\frac{480\text{kN}}{0.7\times14\text{mm}\times1800\text{mm}}=27.211\text{MPa}$$

7.1.5 施工图绘制

网架设计施工图主要包括结构设计总说明、预埋件布置图、网架平面图、网架节点图、网架内力图、网架杆件截面图、网架节点装配图等。

结构设计总说明应包括网架总体参数、材料选用标准、制作安装要求等信息，如图 7-17 所示。

网架设计说明

一、设计依据

1 本工程已批准的初步设计及建筑、工艺设备等有关专业提供的技术条件.

2 本工程结构设计使用年限为50年，建筑结构安全等级为一级.

3 抗震设防烈度为7度，设计基本地震加速度为0.10g，设计地震分组为第三组。场地类别为Ⅱ类，建筑抗震设防类别为乙类.

4 设计基准期为50年的基本风压值为0.50kN/m²，地面粗糙度为B类，基本雪压为0.35kN/m².

5 荷载标准值

（1）屋面恒载：

上弦（不含网架自重）	0.60kN/m²
下弦	0.20kN/m²

（2）屋面活荷载：

上弦	0.50kN/m²

（3）温度变化　±20°

6 结构设计规范和规程

《钢结构设计标准》	GB 50017-2017
《冷弯薄壁型钢结构技术规范》	GB 50018-2002
《钢结构工程施工质量验收标准》	GB 50205-2020
《建筑结构荷载规范》	GB 50009-2012
《建筑抗震设计规范》	GB 50011-2010（2016年版）
《钢网架螺栓球节点用高强度螺栓》	GB/T 16939-2016
《空间网格结构技术规程》*	JGJ 7-2010
《钢网架螺栓球节点》	JG/T 10-2009

二、工程概况

本工程网架跨度37.8m，柱距8.4m（7.2m或9m），上弦支承。螺栓球节点，正放四角锥网架，网格尺寸2.8m×2.4m（2.8m×3.0m）。厚度为2.4m.

三、本网架结构采用同济大学编制的3D3S9.0软件进行计算并设计。

四、材料

1 钢管采用Q235B钢，可采用焊接钢管（GB/T 3092）或无缝钢管（GB/T 8162）（壁厚偏差在±5%以内）.

2 螺栓球采用符合《优质碳素结构钢技术条件》GB/T 699的45号钢锻件.

3 高强度螺栓采用《合金结构钢》GB/T 3077的经调质热处理的40Cr，直径≤M36的性能为10.9级，直径>M36的性能为9.8级.

4 锥头封板采用Q235B钢，锥头采用锻件.

5 套筒采用Q235B钢锻件。当高强度螺栓直径>M30时，采用45号钢锻件.

6 紧固螺钉采用经调质热处理的40Cr.

7 支座采用Q345B钢、支托及其连接件均采用Q235B钢.

8 檩条采用Q235B钢制成的冷弯薄壁型钢.

9 普通螺栓采用符合现行国家标准要求的Q235钢制造的C级粗制螺栓，性能等级4.8级.

10 上述钢号应有材料的质量证明及复验报告，符合现行国家标准的要求.

11 焊接用的焊条及焊丝应符合现行国家标准的有关要求。Q345钢之间焊接采用E50XX型焊条，Q235钢之间或Q235钢与Q345钢之间焊接焊条采用E43XX型焊条.

五、制作与安装要求

1 焊接

（1）钢管与锥头（封板）采用E43焊条焊接，焊缝要求饱满，不得有夹渣、气孔、咬肉、未焊透等缺陷。钢板与球焊接时，球应预热150~200°C，方可施焊.

（2）所有对接焊缝接缝应按GB 50205中的二级焊缝质量检查.

（3）每道焊缝应打上焊接者和检查者编号钢印，焊接者应经过考试并取得合格证，在有效期限内，持证上岗.

2 高强度螺栓要逐根进行硬度检查及外观检查，不得有裂纹或损伤.

3 网架支座预埋件施工时应采取措施，保证预埋件位置、标高及平整度的准确.

4 为确保网架安装顺利，应有详细的施工组织设计。网架安装必须保证结构的稳定性和不产生永久的附加变形.

5 屋面排水坡度见建筑平面图，网架采用小立柱找坡（当支托大于600mm，应设置双向稳定撑杆）；网架支托及小立柱的设计，由网架施工单位负责，材料统计中未考虑其重量.

6 水、暖、电等专业管线及桥架穿过网架处，应根据专业走向在网架节点钢球上预留螺栓孔，作为固定管线的连接孔，不得固定在网架杆件上。待以上工作完成后，方可安装网架，安装完毕后，不允许在网架钢球及杆件上直接施焊.

六、防腐、防火要求

1 所有钢管两端均应封闭，若未封闭需设封板，以防管内锈蚀.

2 制作完的构件应采用喷射除锈，使钢材表面露出部分金属光泽，除锈等级应不低于Sa2$\frac{1}{2}$级，除锈质量应符合GB 8923的有关要求.

3 本工程钢结构位于C3类中侵蚀性环境，实际工程中应选用品质相当或不低于该类的产品。为保证各涂层间的兼容性及整体配套的粘结强度，所有涂层应来自同一厂家.

1	环氧磷酸锌底漆50微米
2	防火涂料可选用超薄型防火涂料，满足相应的耐火等级
3	环氧封闭漆40微米
4	丙烯酸改性聚氨酯面漆厚50微米

4 防火涂料的特性及面漆颜色见建筑图要求.

5 防火涂料必须选用通过国家检测机关检测合格，消防部分认可的产品，应符合现行国家标准《钢结构防火涂料》GB 14907和现行国家标准《钢结构防火涂料应用技术规程》T/CECS 24的规定.

七、其他

1 网架结构的安装，应符合网架计算假定.

2 网架加工详图、杆件关系尺寸由网架施工承包方提出，经设计院认可后方可施工.

图 7-17　网架设计说明

结构平面图应能全面清楚地表达网架结构的构成和空间关系。一般包括上、下弦杆平面布置图及关键剖面图。图中应注明轴线关系、总尺寸、分尺寸、控制标高及构件编号和节点索引编号，必要时说明施工要求，如图 7-18 所示。

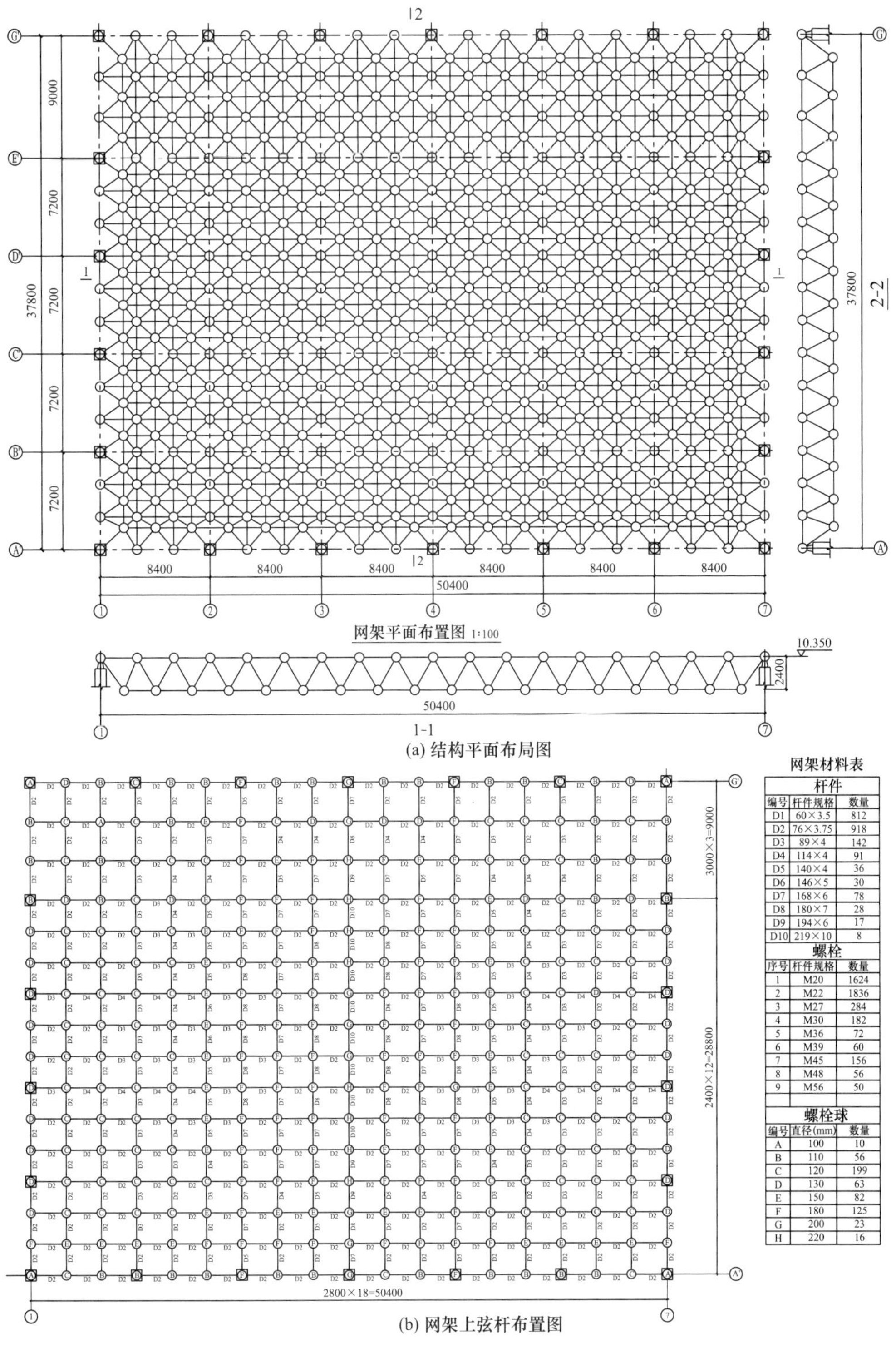

(a) 结构平面布局图

(b) 网架上弦杆布置图

网架材料表

杆件		
编号	杆件规格	数量
D1	60×3.5	812
D2	76×3.75	918
D3	89×4	142
D4	114×4	91
D5	140×4	36
D6	146×5	30
D7	168×6	78
D8	180×7	28
D9	194×6	17
D10	219×10	8
螺栓		
序号	杆件规格	数量
1	M20	1624
2	M22	1836
3	M27	284
4	M30	182
5	M36	72
6	M39	60
7	M45	156
8	M48	56
9	M56	50
螺栓球		
编号	直径(mm)	数量
A	100	10
B	110	56
C	120	199
D	130	63
E	150	82
F	180	125
G	200	23
H	220	16

图 7-18　网架结构布置图（一）

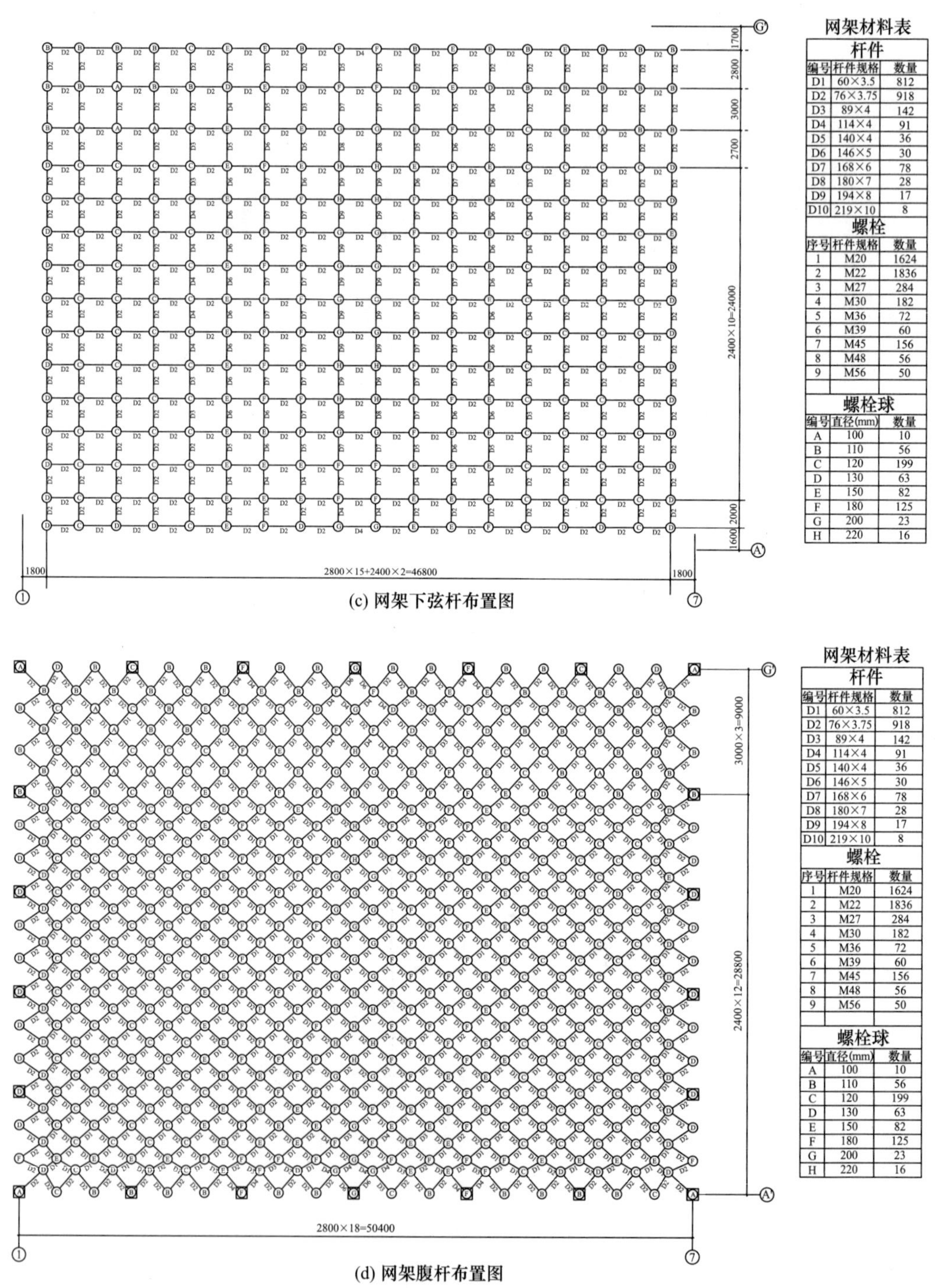

网架材料表

杆件

编号	杆件规格	数量
D1	60×3.5	812
D2	76×3.75	918
D3	89×4	142
D4	114×4	91
D5	140×4	36
D6	146×5	30
D7	168×6	78
D8	180×7	28
D9	194×8	17
D10	219×10	8

螺栓

序号	杆件规格	数量
1	M20	1624
2	M22	1836
3	M27	284
4	M30	182
5	M36	72
6	M39	60
7	M45	156
8	M48	56
9	M56	50

螺栓球

编号	直径(mm)	数量
A	100	10
B	110	56
C	120	199
D	130	63
E	150	82
F	180	125
G	200	23
H	220	16

(c) 网架下弦杆布置图

网架材料表

杆件

编号	杆件规格	数量
D1	60×3.5	812
D2	76×3.75	918
D3	89×4	142
D4	114×4	91
D5	140×4	36
D6	146×5	30
D7	168×6	78
D8	180×7	28
D9	194×8	17
D10	219×10	8

螺栓

序号	杆件规格	数量
1	M20	1624
2	M22	1836
3	M27	284
4	M30	182
5	M36	72
6	M39	60
7	M45	156
8	M48	56
9	M56	50

螺栓球

编号	直径(mm)	数量
A	100	10
B	110	56
C	120	199
D	130	63
E	150	82
F	180	125
G	200	23
H	220	16

(d) 网架腹杆布置图

图 7-18　网架结构布置图（二）

节点详图应说明各部位构件间的相互定位关系和连接做法，注明各构件尺寸或规格、位置以及必要的标高，注明连接板、加劲板厚度和位置、焊缝尺寸和螺栓规格及其布置等。原则上内容和深度满足钢结构详图绘制的要求即可，如图 7-19 所示。

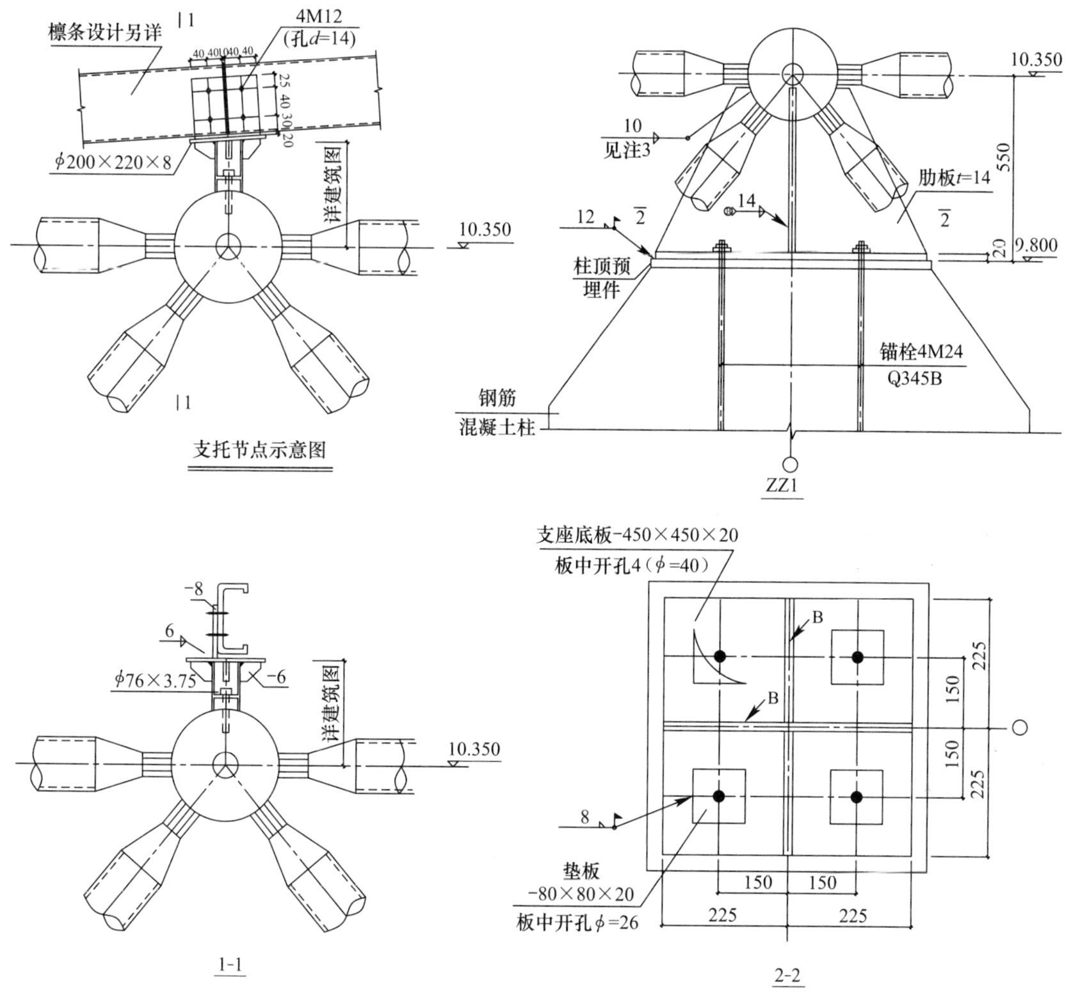

图 7-19　网架节点详图

螺栓球节点网架整体上是属于钢结构范围，其中节点的零件加工和装配应属于机械范围，如按钢结构绘图的表示方法，则不能满足加工的要求，但又不能像机械绘图要求那么严格。

7.2　某工程网壳屋面

网壳是一种与平板网架类似的空间杆系结构，系以杆件为基础，按一定规律组成网格，按壳体结构布置的空间构架，它兼具杆系和壳体的性质。其传力特点主要是通过壳内两个方向的拉力、压力或剪力逐点传力。此结构是一种国内外颇受关注、有广阔发展前景的空间结构。

本节结合一个实际的类球面网壳工程介绍网壳结构的设计过程。设计流程如图 7-20 所示。

本节将会用到的工具软件主要有：MIDAS/GEN、ANSYS 等，关于各个软件的具体使用方法请参考各软件的使用说明书。

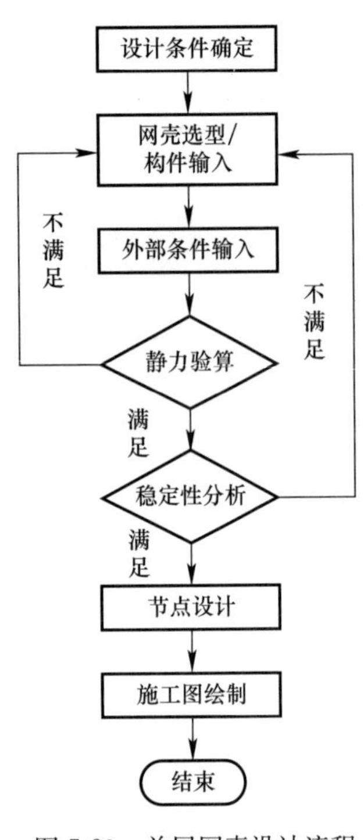

图 7-20　单层网壳设计流程

7.2.1　建筑条件及结构方案比选

本工程为某屋顶钢结构单层球面网壳，网壳网格采用扇形三向网格形式。整个网壳投影圆形半径为 15m，矢高 5m。节点采用鼓形焊接球节点，网壳周边采用 20 个固定铰支座与下部混凝土连接。结构设计工作年限为 50 年。

单层球面网壳构造简单，重量轻，外观简洁优美，但稳定性较差，一般适用于中、小跨度结构。单层球面网壳的形式，按网格划分主要有肋环形球面网壳、肋环斜杆型球面网壳、葵花型球面网壳、扇形三向网格型球面网壳等。本例工程为中小型网壳屋盖，在结构设计初期分别采用两种单层网壳结构体系进行初算，通过对比计算结果，选择合适方案。

1. 方案说明

方案 A：肋环斜杆型球面网壳如图 7-21(a) 所示；

方案 B：扇形三向网格型球面网壳如图 7-21(b) 所示。

2. 计算条件

(1) 自重×1.1 来考虑包括节点在内的整体质量；

(2) 恒载：1.0kN/m^2；

(3) 活载：0.5kN/m^2；

(4) 风荷载：按荷载规范考虑；

(5) 地震作用：按 8°（0.2g），场地类别三类，设计地震分组第一组，按双向地震考虑耦联。

(6) 温差：±20℃。

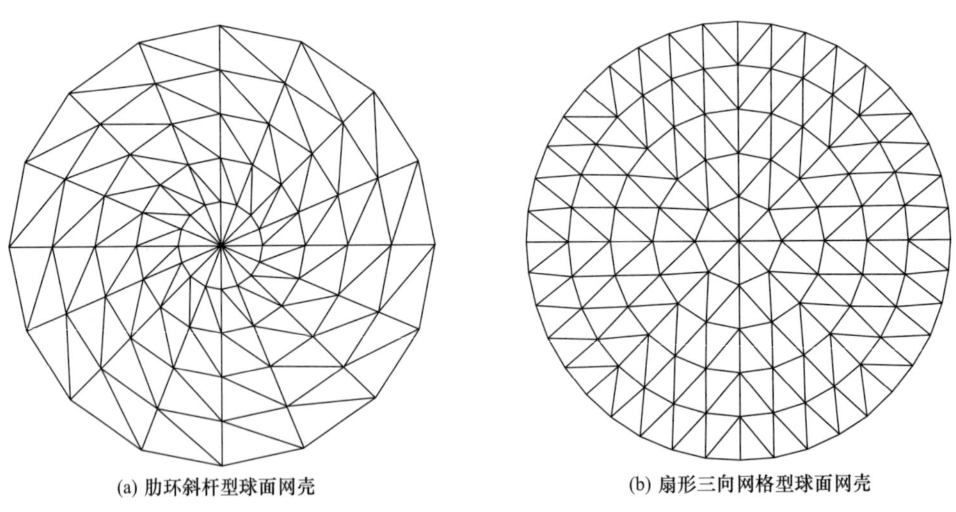

(a) 肋环斜杆型球面网壳　　(b) 扇形三向网格型球面网壳

图 7-21　网壳初期方案示意图

3. 结果对比

(1) 线性静力分析结果

结构线性屈曲分析的实质是求解结构刚度矩阵的特征值问题，特征值可看作结构整体稳定理论意义上的失稳点。结构线性屈曲分析对于判断结构实际的整体稳定失稳点有着重要意义。对于非稳定的整体失稳，它的极限承载力都要小于结构整体稳定理论意义上的失稳点对应的荷载值，同时通过对特征值和实际失稳值差异大小的比较，可以判断结构是否对缺陷或材料的塑性敏感，进而指导我们对结构设计与安装精度提出合理要求。此两方案线性分析结果如表 7-16 所示。

两方案线性结果对比　　表 7-16

结果项	方案 A	方案 B
自振周期（t）	0.2607，0.2585，0.2368	0.1892，0.1883，0.1644
最大挠度（mm）	14.30	4.87
验算控制应力比	基本控制在 0.8 以下，个别杆件接近 1.0	所有杆件均控制在 0.4 以内

（2）用钢量统计

结构用钢量如表 7-17 所示。

两方案结构用钢量对比　　表 7-17

结果项	方案 A	方案 B
总用钢量（t）	16.12	16.82
每平方米用钢量（kg/m^2）	22.82	23.81

由上述对比分析可知，A、B 两方案用钢量基本相同，但是方案 B 最大挠度远小于方案 A，且方案 B 更好地控制了所有杆件的应力比，故结构采用扇形三向网格型球面网壳。

7.2.2　网格模型的建立

结构中央屋面网壳跨度 30m，矢高 5m，矢跨比 1/6>1/7，整体采用扇形三向网格形式。径向杆件长度均为 3m，与中心相连的共有 8 根，每根夹角 45°，环向共有 5 层，依次连接各杆件。

> 《空间网格结构技术规程》JGJ 7—2010：
> 3.3.1 1 球面网壳的矢跨比不宜小于 1/7；
> 3.3.1 3 单层球面网壳的跨度（平面直径）不宜大于 80m。

网壳节点全部采用鼓型焊接球节点，网壳周边采用 20 个固定铰支座与下部混凝土连接。图 7-22 为网壳结构平面示意图。

网壳环向外围共设 40 个节点，隔点依次布置支座，如此分布既能保证良好的结构刚度，同时又可以显著提升结构的稳定性。其布置图如图 7-23 所示。

7.2.3　网壳结构截面的优化

网格模型建立完成之后，设置各工况荷载，优化杆件截面。

1. 结构总体控制参数

结构设计工作年限　　50 年

建筑结构安全等级　　二级

结构重要性系数　　$\gamma_0=1.0$

建筑抗震设防等级　　标准设防类（丙类）

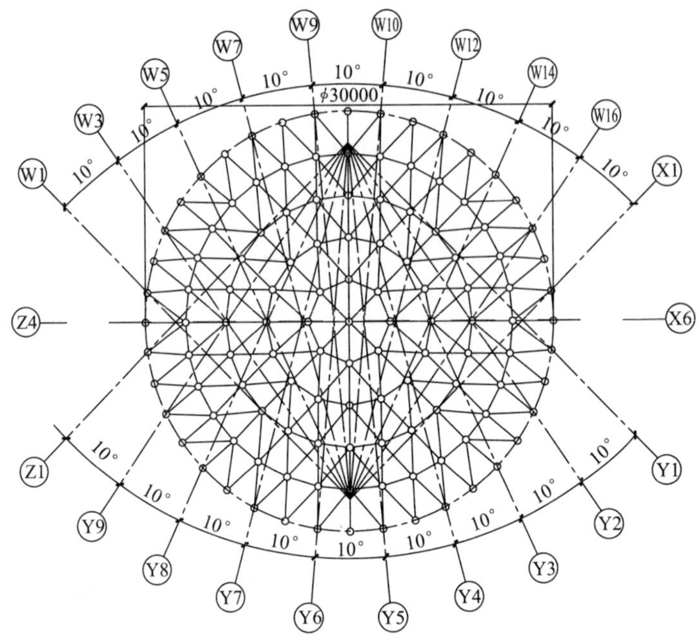

图 7-22　网壳结构平面示意图

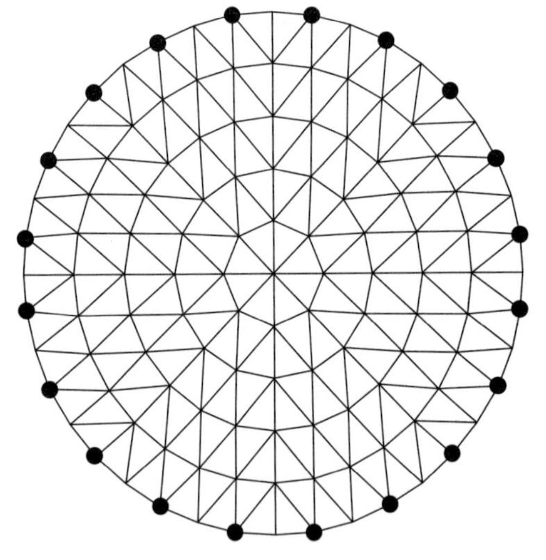

图 7-23　网壳支座布置示意图

抗震设防烈度　　8 度

设计地震分组　　第一组

场地类别　　　　Ⅲ类

2. 位移限值

网壳结构的最大位移不应超过跨度的 1/400。

3. 杆件计算长度

壳体曲面内杆件计算长度为（1×L）

壳体曲面外杆件计算长度为（1.6×L）

4. 荷载

荷载包括结构自重、恒荷载、活荷载、风荷载、温度荷载、地震荷载等，各种荷载具体取值如下。

（1）结构自重

钢结构自重由程序自动统计，通过自重×1.1 来考虑节点重量；其设置窗口如图 7-24 所示。

（2）恒荷载

建筑做法、屋面檩条等：1.0kN/m^2

（3）活荷载

不上人屋面：0.5kN/m^2

（4）风荷载

风压按照 50 年重现期取基本风压 w_0=0.4kN/m^2

根据荷载规范，按照 B 类地面粗糙度，查得 48.5m 高度处风压高度系数 $\mu_z=1.605$

风振系数取 $\beta_z=1.55$

体型系数取 $\mu_s=-0.54$

风压计算：$w_k=\beta_z\times\mu_s\times\mu_z\times w_0$

$$=1.55\times0.54\times1.605\times0.4$$

$$-0.54\text{kN/m}^2$$

在设置屋面恒载、活载时，根据屋面杆件布置规则情况，可选择施加节点荷载或者面荷载。当杆件布置规则、各网格尺寸均匀时，可采用等效节点法，将面荷载换算为节点荷载，施加于各杆件节点，如图 7-25 所示。

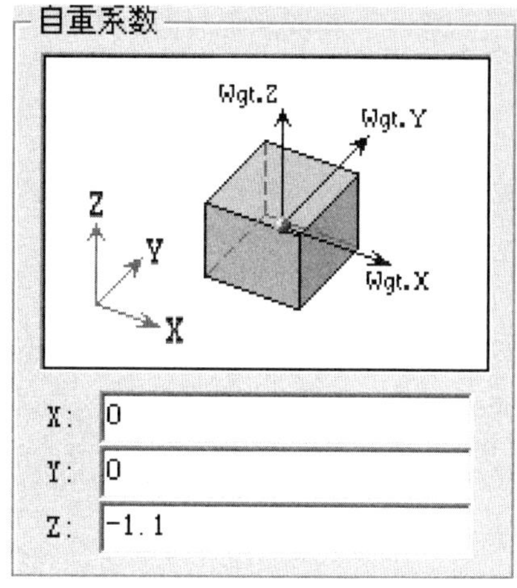

图 7-24　结构自重设置

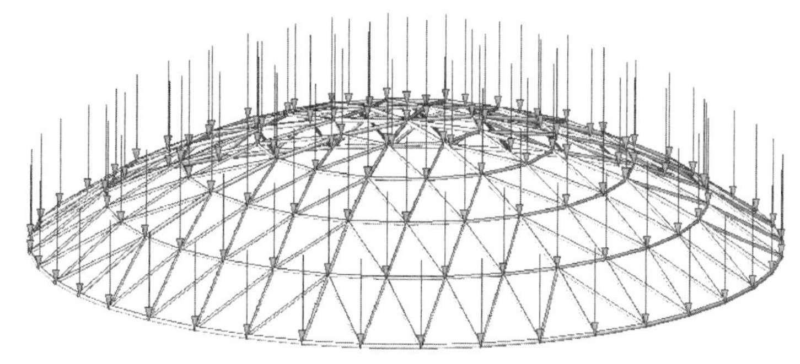

(a) 屋面荷载布置图

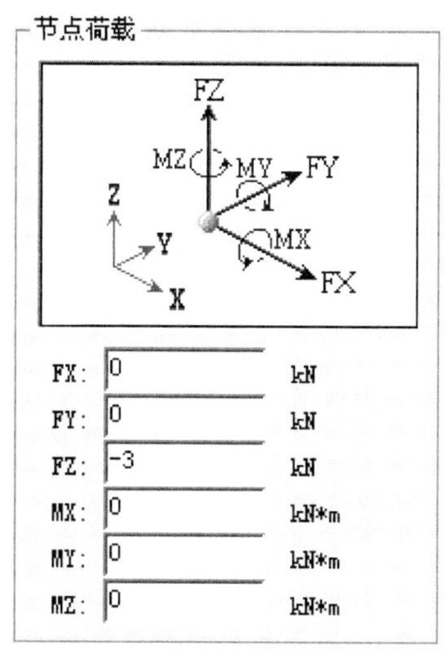

(b) 屋面荷载大小设置

图 7-25　屋面荷载设置

对于本工程，结构各网格大小均不相同，考虑到计算的精确性，采用虚面施加面荷载的方式进行加载。首先建立虚面体系，虚面的建立在于有效传递面荷载到各个杆件当中，在 MIDAS 中建立的虚面应使其密度为 0，弹性模量、泊松比、线膨胀系数等根据实际情况设置，一般同屋面杆件材料相同，本例屋面材料设置如图 7-26 所示。

以板单元方式在结构杆件表面建立虚面，虚面厚度可设置为 1mm 或更小。建立完成后，以压力荷载的方式设置恒载、活载、风荷载等。如图 7-27 所示。

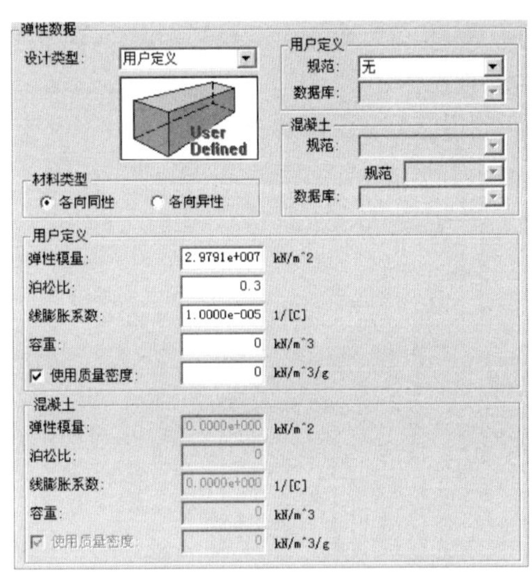

图 7-26　虚面材料设置窗口

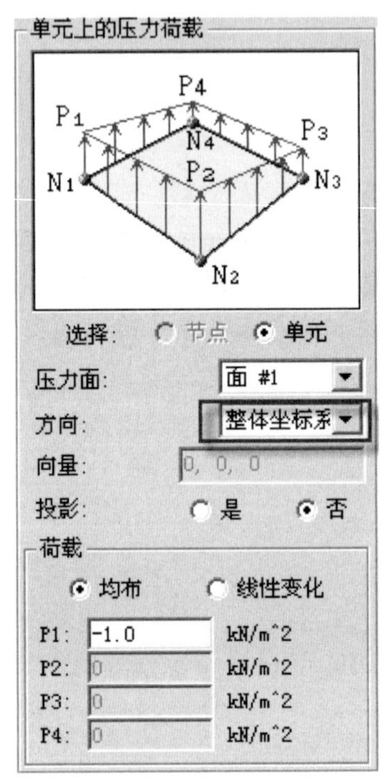

图 7-27　面荷载设置窗口

荷载方向注意调整，一般为整体坐标系 Z 方向，即竖直方向，正数代表向上，负数代表向下。

（5）温度荷载

钢结构合拢温度：15～20℃

温度荷载：升温＋20℃、降温－20℃

（6）地震作用

抗震设防烈度：8 度

建筑场地类别Ⅲ类场地，第一组，设防烈度地震作用下的水平地震影响系数最大值 $\alpha_{max}=0.45$，在 MIDAS 中通过如图 7-28 设置实现，此设置也可用来调试大震、中震、小震等不同情况。

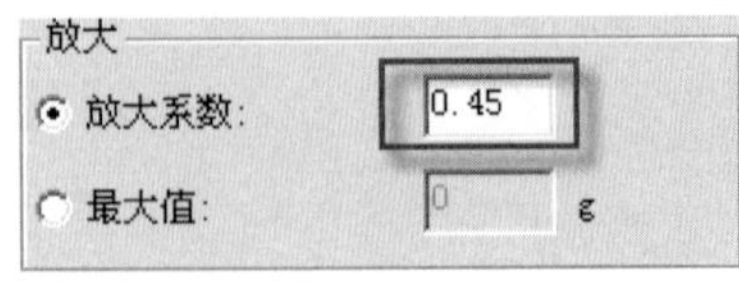

图 7-28　地震影响系数设置

5. 荷载组合

（1）结构承载力复核时，考虑以下类型的荷载组合：

1）1.3×恒＋1.5×活

2）1.3×恒＋1.5×风　　（1.0×恒＋1.5×风）

3）1.3×恒＋1.5×温度

4）1.3×恒＋1.5×活＋0.9×风　　（1.0×恒＋1.5×活＋0.9×风）

1.3×恒＋1.05×活＋1.5×风　　（1.0×恒＋1.05×活＋1.5×风）

5）1.3×恒+1.5×活+0.9×温度　（1.3×恒+1.05×活+1.5×温度）

6）1.3×恒+1.5×活+0.9×风+0.9×温度　（1.3×恒+1.05×活+1.5×风+0.9×温度）

1.3×恒+1.05×活+0.9×风+1.5×温度（1.0×恒+1.5×活+0.9×风+0.9×温度）

1.0×恒+1.05×活+1.5×风+0.9×温度　（1.0×恒+1.05×活+0.9×风+1.5×温度）

7）1.3×恒+0.65×活+1.4×地震　　　（1.0×恒+0.5×活+1.4×地震）

8）1.3×恒+0.65×活+0.3×风+1.4×地震（1.0×恒+0.5×活+0.3×风+1.4×地震）

各种组合的分项系数和组合值系数按照《工程结构通用规范》GB 55001—2021 和《建筑与市政工程抗震通用规范》GB 55002—2021 选取。

最终共 260 种荷载组合。

(2) 结构刚度验算时，考虑以下荷载组合：

恒荷载+活荷载，荷载分项系数取 1.0。

在结构计算处理完成后，在软件后处理中完成杆件的优化设计。

在设计选项卡中的钢结构优化设计中进行优化，优化窗口如图 7-29 所示。

在设计和分析选项卡中完成最终的杆件优化设计。优化原则是在满足杆件承载力规定的基础上，节约钢材，节省造价，同时使杆件截面形式尽可能减少，从而为节点设计和施工提供方便。

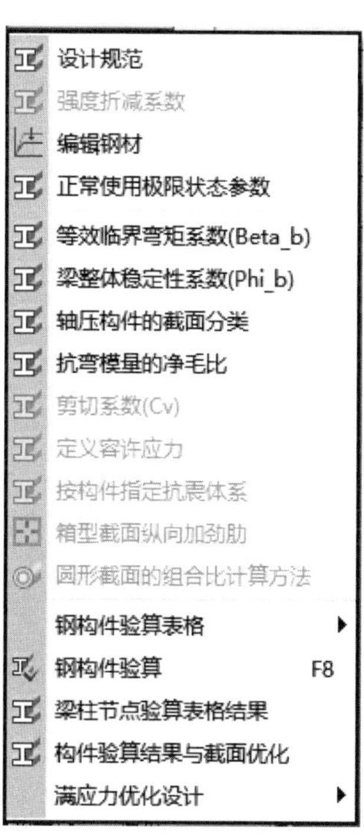

(a) 钢结构优化菜单

图 7-29　钢结构优化（一）

设计标准：GB50017-17　单位：kN，m　排列形式
排序：○构件 ◉特性值　修改…　更新…　○特性值 ◉构件

CHK	选择	构件号	截面名称	材料名称	Len	Ly	Ky	强度			稳定-y		稳定-z		抗剪			长细比		高厚比和宽厚比				挠度	
		组合	截面号	材料号	Lb	Lz	Kz	组合	值	限值	组合	比率	组合	比率	组合	值	限值	值	限值	翼缘宽厚	限值	腹板宽厚	限值	挠跨比	限值
OK	☐	27	P180x6	Q235	3.576	3.576	1.000	sLCB12	81645.091	215000.000	sLCB12	0.357	-	-	-	-	-	58.095	200.000	30.000	219.238	-	-	-	-
		0.380	1	1	3.576	3.576	1.000																		
OK	☐	137	P133x4.5	Q235	3.655	3.655	1.000	sLCB12	104112.074	215000.000	sLCB12	0.540	-	-	-	-	-	80.393	200.000	29.556	158.178	-	-	-	-
		0.540	2	1	3.655	3.655	1.000																		

☐连接模型截面　选择结果：◉全部 ○满足 ○不满足
图形结果　全选　解除选择　<<　详细文本结果　查看验算比　关闭　复制表格

(b) 钢结构优化窗口

图 7-29　钢结构优化（二）

杆件优化后，网壳共分为两种截面，即 P180×6 和 P133×4.5。结构构件承载力验算结果如图 7-30 所示。

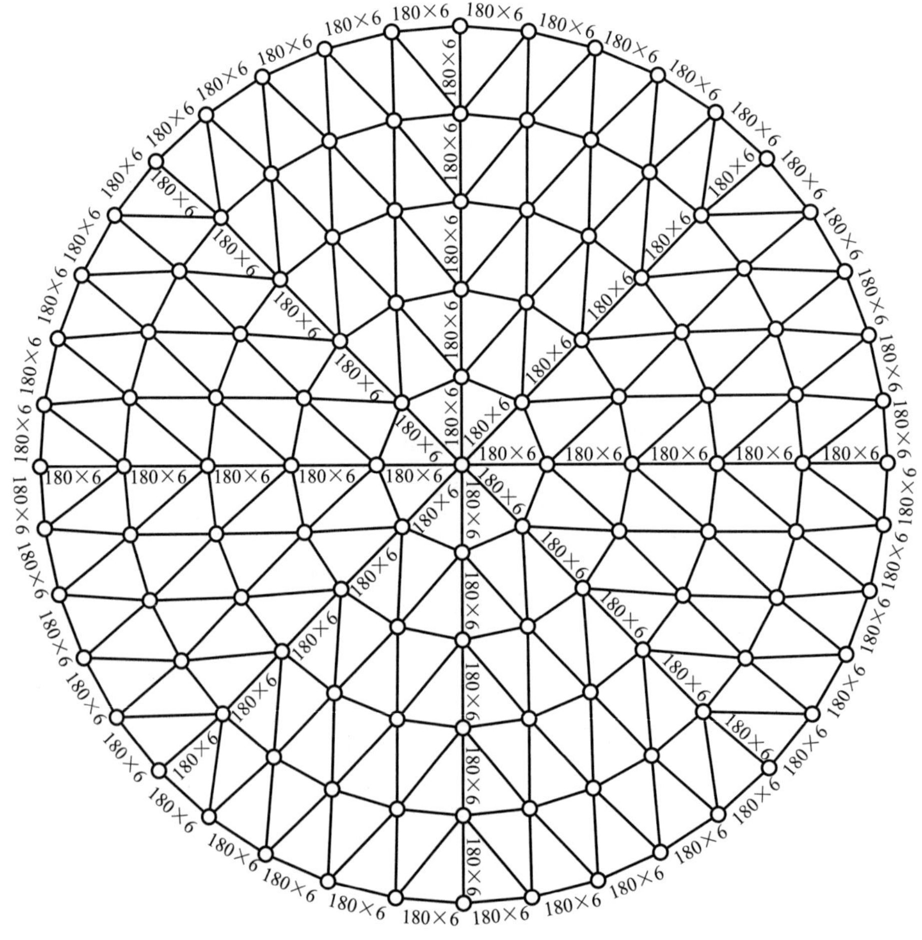

图 7-30　P180×6 主弦杆件布置图

图 7-30 中外圈环向杆件均为 180×6 的无缝钢管，其应力比均控制在 0.8 左右，其余内部杆件应力比均控制在 0.45 以下，图 7-31 为杆件应力比图。

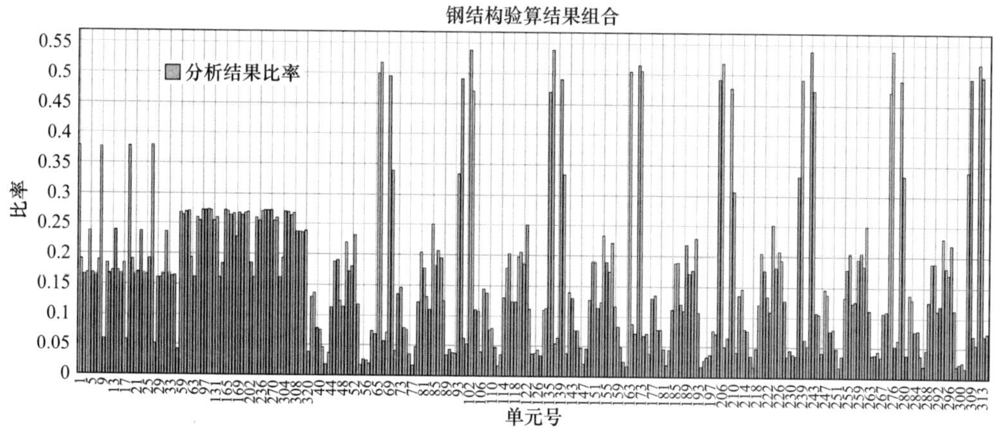

图 7-31　杆件应力比图

6. 变形验算结果

结构竖向位移图如图 7-32 所示。

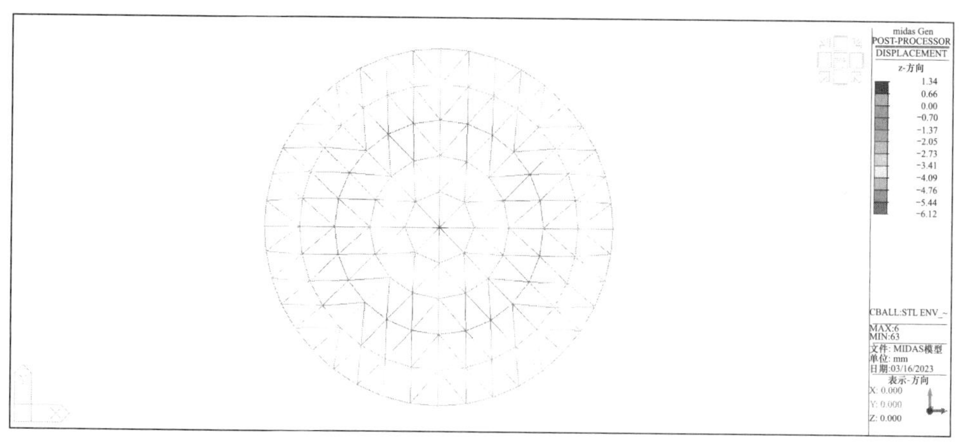

图 7-32　结构竖向位移验算

由图 7-32 可知，单层网壳在结构自重、恒荷载以及活荷载下挠度为 6.12mm，挠跨比为 1/4901≤1/400，满足现行国家标准《空间网格结构技术规程》JGJ 7 的要求。

7. 结构振型和周期（表 7-18）

结构振型和周期　　　　**表 7-18**

模态号	周期（s）	X方向因子	Y方向因子	Z方向因子
1	0.191	29.04	1.14	69.83
2	0.189	0.89	28.61	70.50
3	0.170	14.59	2.73	82.67
4	0.168	2.97	15.99	81.04
5	0.166	17.24	6.91	75.85
6	0.163	5.68	14.98	79.34

续表

模态号	周期（s）	X 方向因子	Y 方向因子	Z 方向因子
7	0.158	12.48	11.54	75.98
8	0.158	11.81	12.18	76.02
9	0.149	6.01	5.68	88.31
10	0.144	9.54	13.55	76.91
11	0.143	14.20	9.07	76.73
12	0.141	8.62	5.06	86.32
13	0.141	4.12	9.80	86.08
14	0.141	6.54	7.09	86.38
15	0.141	8.13	5.40	86.47
16	0.138	11.50	12.11	76.38
17	0.130	10.46	12.24	77.30
18	0.130	12.27	10.65	77.09
19	0.125	5.42	8.14	86.44
20	0.123	6.47	6.09	87.44

选取部分结构振型图如图 7-33 所示。

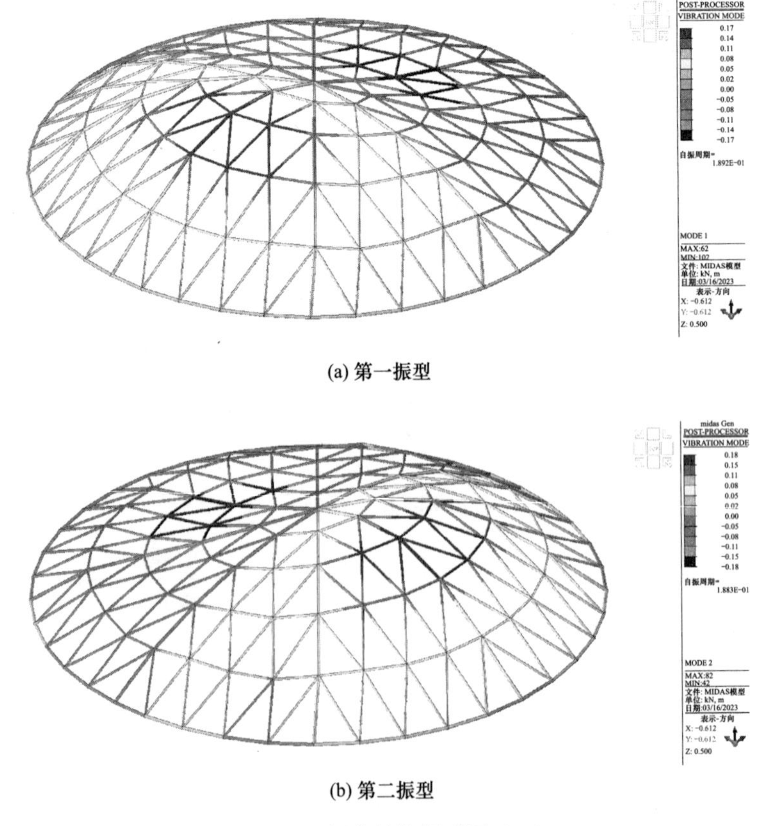

(a) 第一振型

(b) 第二振型

图 7-33　部分结构振型图（一）

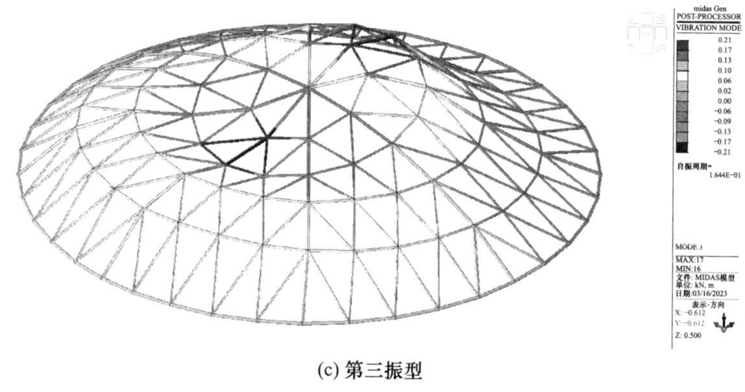

(c) 第三振型

图 7-33　部分结构振型图（二）

7.2.4　网壳结构稳定性分析

采用通用有限元软件 ANSYS19.0 进行分析计算，计算模型中整体结构均视为杆系结构。由于所有构件都采用刚性连接，因而采用空间梁单元建模，采用 BEAM188 单元，Q235 钢材，屈服强度 235N/mm^2，材料本构关系采用理想弹塑性材料。

采用考虑几何非线性的有限元方法进行荷载——位移全过程分析是网壳结构稳定分析的有效途径。通过跟踪网壳结构的非线性荷载——位移全过程响应，可以完全了解结构在整个加载过程中的强度、稳定性以至刚度的变化历程，从而合理确定其稳定承载能力。

《空间网格结构技术规程》JGJ 7—2010 规定，通过网壳结构的几何非线性全过程分析，并考虑了初始缺陷、不利荷载分布等影响后求得的第一个临界点的荷载值，可作为该网壳的极限承载力。将极限承载力除以系数 K 后，即为按网壳稳定性确定的容许承载力（标准值）。规程建议系数 K 可取为 4.2，系数确定时考虑到以下因素：(1) 荷载等外部作用和结构抗力的不确定性可能带来的不利影响；(2) 计算中未考虑材料弹塑性可能带来的不利影响；(3) 结构工作条件中的其他不利因素。

本例在恒+活标准值组合作用下，不考虑初始缺陷的全过程曲线如图 7-34 所示。几何非线性屈曲荷载系数为 8.5，满足规范要求。

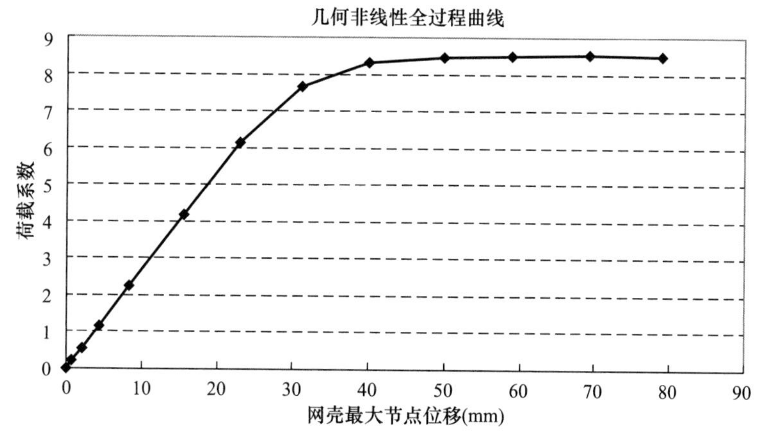

图 7-34　恒+活荷载模式几何非线性全过程曲线

网壳最终的变形图如图 7-35 所示。

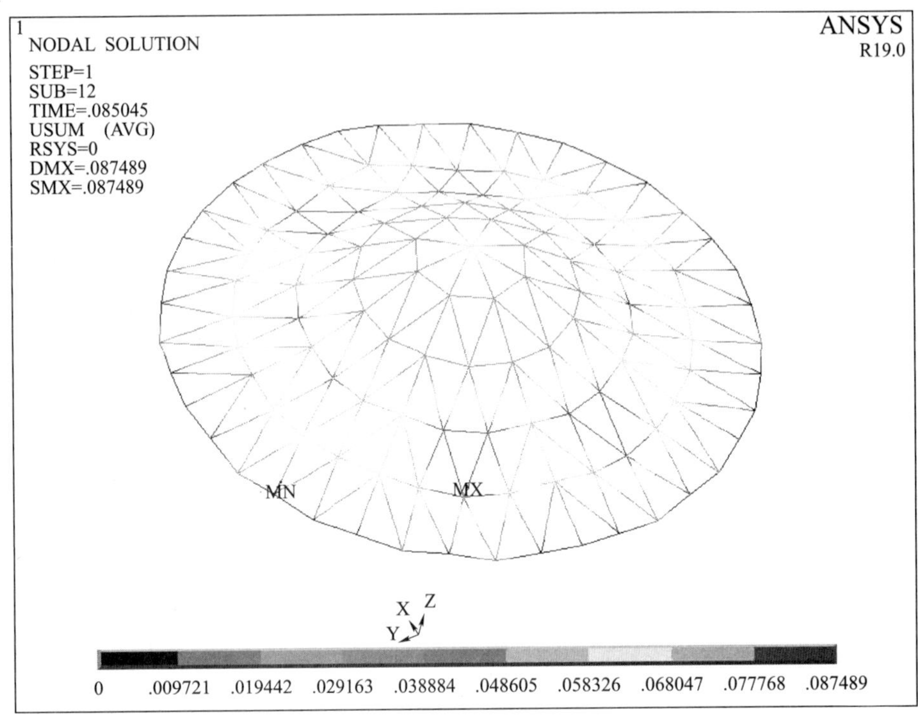

图 7-35　恒＋活荷载模式最终变形图

任何一种结构在制作安装时都会存在一定误差，这种误差对于结构来讲是一种初始缺陷，这种缺陷的存在可能会较大地影响结构的极限承载力。单层网壳结构的稳定性计算要求取结构线性屈曲的第一阶模态为初始缺陷形态，以跨度的 1/300 为初始缺陷最大值进行缺陷结构的非线性屈曲分析。本例以恒＋活下网壳的变形为标准，在考虑初始缺陷的条件下，非线性屈曲荷载系数为 7.6，满足规范要求。考虑初始缺陷的恒＋活荷载模式下的非线性全过程曲线如图 7-36 所示。

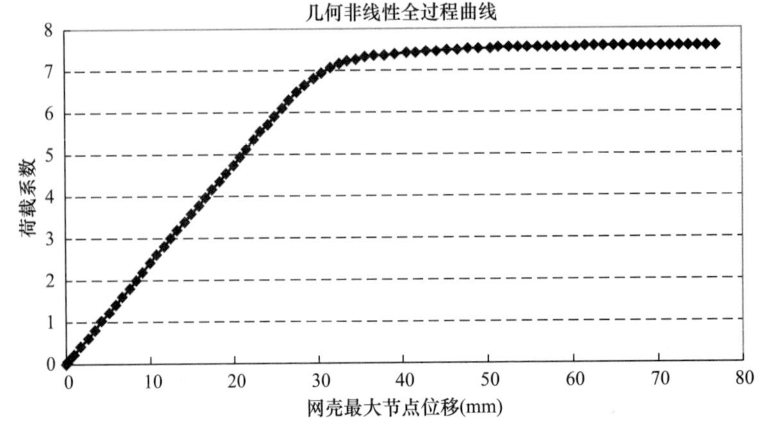

图 7-36　恒＋活荷载模式下考虑初始缺陷的几何非线性全过程曲线

由此可见，在考虑了初始缺陷的情况下，结构非线性屈曲荷载系数降低了 10.59%，这说明结构对初始缺陷是比较敏感的。考虑初始缺陷的网壳最终变形如图 7-37 所示。

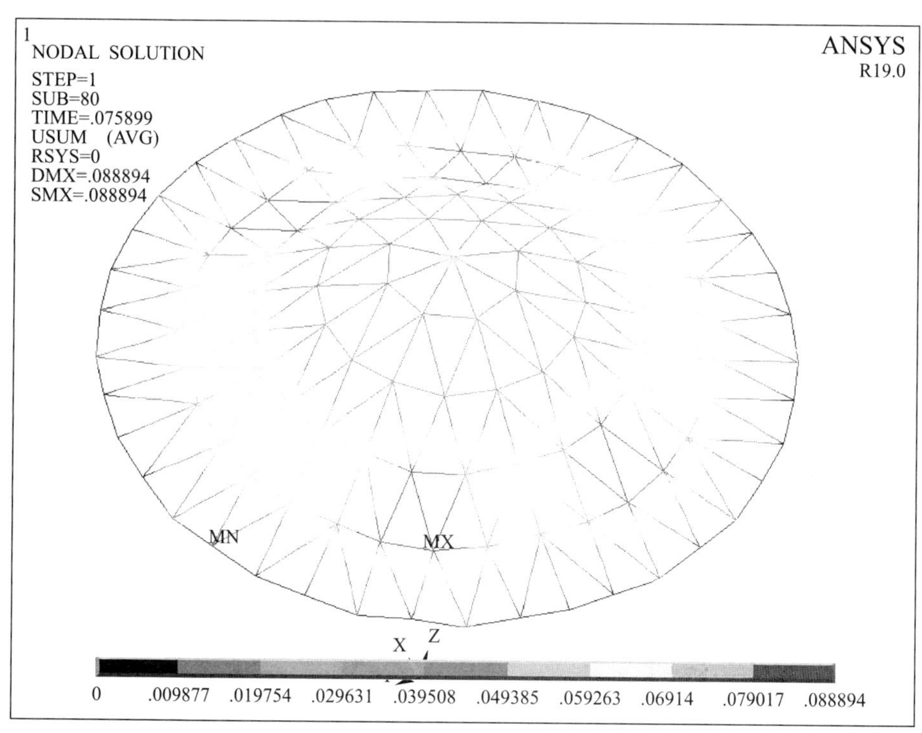

图 7-37　恒+活荷载模式下考虑初始缺陷的网壳最终变形图

7.2.5　关键节点设计

单层网壳内部节点采用鼓形焊接球节点，焊接球直径均为 500mm，壁厚 16mm。根据《空间网格结构技术规程》JGJ 7—2010，空心焊接球受压和受拉承载力设计值 N_R 可按下式计算：

$$N_R = \left(0.32 + 0.6 \times \frac{d}{D}\right) \eta_d \times \pi \times t \times d \times f$$

式中　D——空心球的外径（mm）；

d——与空心球相连接的圆管杆件的外径（mm）；

t——空心球壁厚（mm）；

f——钢材的抗拉强度设计值（N/mm^2）；

η_d——加肋承载力提高系数，受压空心球加肋采用 1.4，受拉空心球加肋采用 1.1。

对于单层网壳结构，空心球承受压弯或拉弯的承载力设计值 N_m 可按下式计算：

$$N_m = \eta_m \times N_R$$

式中　η_m——考虑空心球受压弯或拉弯作用的影响系数，可采用 0.8。

本节以网壳中心节点焊接球为例，验证其设计强度是否满足承载力要求。

中心焊接球直径 500mm，壁厚 16mm，与其相连的六根杆件均为 P180×6。根据 N_R 计算公式，得：

$$N_R=\left(0.32+0.6\times\frac{d}{D}\right)\eta_d\times\pi\times t\times d\times f$$
$$=\left(0.32+0.6\times\frac{180}{500}\right)\times1.4\times3.14\times16\times180\times235$$
$$=1595\text{kN}$$

根据 N_m 计算公式

$$N_m=\eta_m\cdot N_R=0.8\times1595=1276\text{kN}$$

软件中提取该节点所受外力合力约 719kN，远小于焊接球强度设计值。该焊接球设计满足要求。经计算，其余各焊接球均满足承载力要求。

7.2.6 网壳结构的施工图绘制

网壳结构施工图基本与网架结构施工图一致，但是考虑到网壳结构各节点的空间分布较网架结构分散，故需单独提供各节点的坐标定位。其网壳结构图如图 7-38 所示。

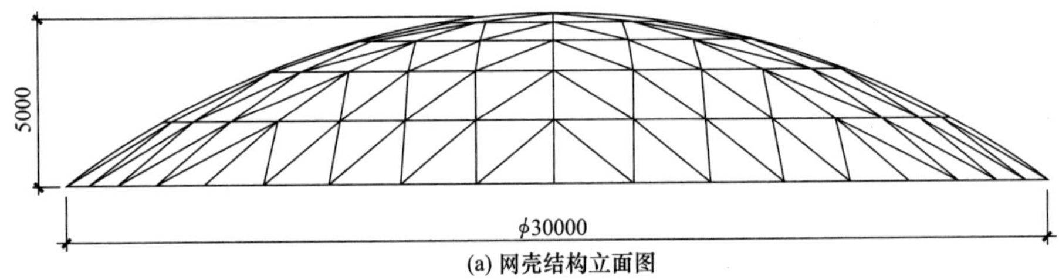

(a) 网壳结构立面图

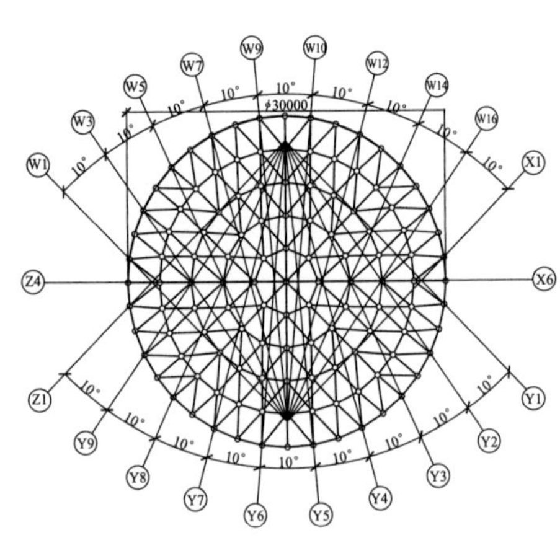

节点编号	X坐标(m)	Y坐标(m)	Z坐标(m)	球类型	球规格(mm)
1	−15.000	0.000	0.000	鼓形焊接球	ϕ500×16
2	−14.849	−2.121	0.000	鼓形焊接球	ϕ500×16
3	−14.849	2.121	0.000	鼓形焊接球	ϕ500×16
4	−14.349	−4.372	0.000	鼓形焊接球	ϕ500×16
5	−14.349	4.372	0.000	鼓形焊接球	ϕ500×16
6	−13.496	−6.546	0.000	鼓形焊接球	ϕ500×16
7	−13.496	6.546	0.000	鼓形焊接球	ϕ500×16
8	−12.303	−8.581	0.000	鼓形焊接球	ϕ500×16
9	−12.303	8.581	0.000	鼓形焊接球	ϕ500×16
10	−10.793	−10.417	0.000	鼓形焊接球	ϕ500×16
11	−10.793	10.417	0.000	鼓形焊接球	ϕ500×16
12	−9.000	−12.000	0.000	鼓形焊接球	ϕ500×16
13	−9.000	12.000	0.000	鼓形焊接球	ϕ500×16
14	−6.969	−13.283	0.000	鼓形焊接球	ϕ500×16
15	−6.969	13.283	0.000	鼓形焊接球	ϕ500×16
16	−4.753	−14.227	0.000	鼓形焊接球	ϕ500×16
17	−4.753	14.227	0.000	鼓形焊接球	ϕ500×16
18	−2.409	−14.805	0.000	鼓形焊接球	ϕ500×16
19	−2.409	14.805	0.000	鼓形焊接球	ϕ500×16
20	0.000	−15.000	0.000	鼓形焊接球	ϕ500×16

(b) 网壳结构平面布置图

图 7-38　网壳结构图

根据网壳节点的采用情况，如本结构采用鼓形焊接球形节点，节点详图应表示清楚节点的构造及安装要求，如图 7-39 所示。

焊接球由两个半球焊接而成，半球一般多用热压成型，两半球的对接面应开坡口，以保证对接处的焊接强度。加肋焊接球的加劲肋厚度，一般不应小于球的壁厚，为减轻重量可以在中间挖去直径的 1/3～1/2。加劲肋切成凸台，是为了拼装方便。

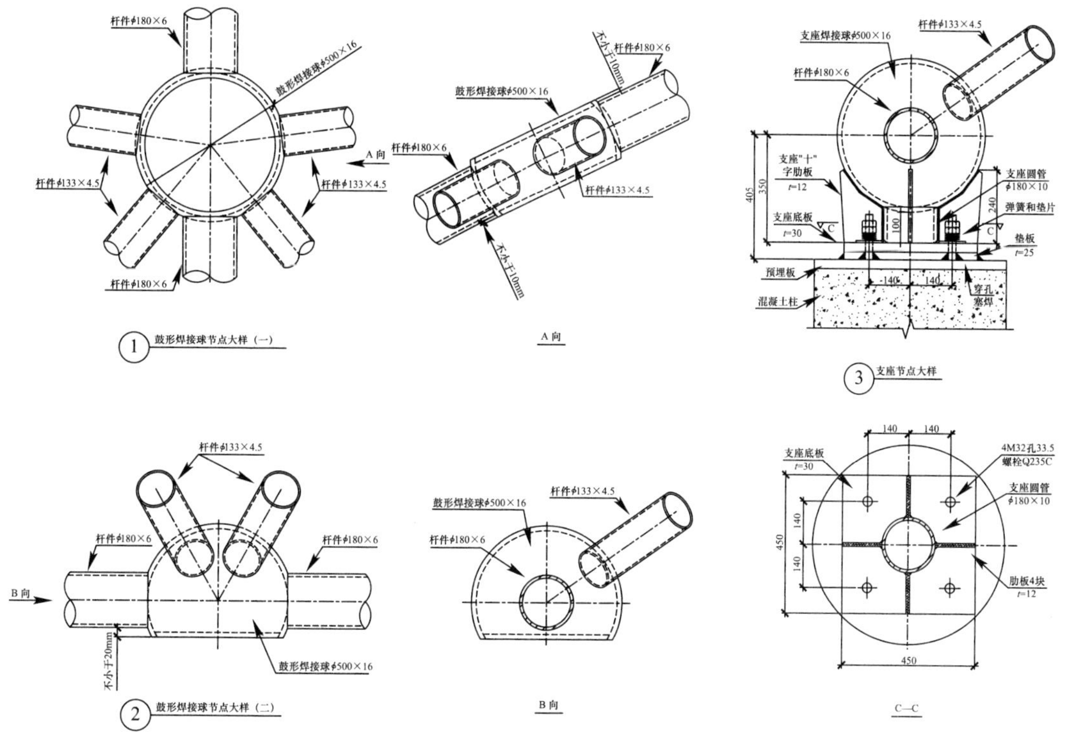

图 7-39 网壳节点详图

焊接球的直径不同，空心球之间杆件的长度不同均会给制图、制作和拼装带来麻烦，因此在结构设计中，尽量使焊接球规格相同，杆件长度、直径一致。

7.3 某体育馆管桁架屋盖结构

管桁架结构是指用钢管在端部相互连接而组成的桁架结构体系的网格结构。该类网格结构利用钢管的优越受力性能和美观的外部造型构成独特的结构体系，满足钢结构的最新设计观念，集中使用材料、承重与稳定作用的构件组合以发挥空间作用。与网架（壳）结构相比，管桁架结构节点直接相贯省去球节点，可满足各种不同建筑形式的要求，尤其是构筑圆拱和任意曲线形状比网架（壳）结构更有优势。钢管桁架结构是在网架（壳）结构的基础上发展起来的，与网架（壳）结构相比具有其独特的优越性和实用性，结构用钢量也较经济。

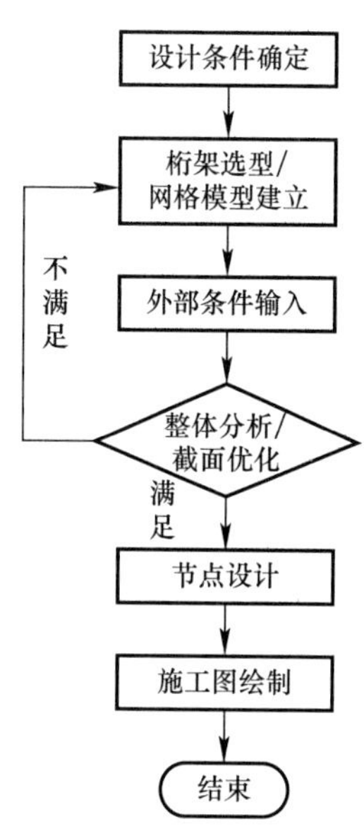

图 7-40 空间管桁架设计流程

本章结合某体育馆工程介绍管桁架结构的设计过程。其设计流程如图 7-40 所示。

本章将会用到的工具软件主要有：3D3S（桁架模块）、3DS MAX 等，关于各个软件的具体使用方法请参考各软件的使用说明书。

7.3.1 建筑条件及结构选型

本工程是某小型体育馆，首层平面长 84.6m、宽 60m，首层设两个标准的篮球场地，三面为教室和体育休息用房，教室和休息用房一共两层，层高均为 4.5m，屋盖为一椭圆形弧面，中心最高点标高为 16.55m，如图 7-41 所示。

图 7-41 体育馆建筑效果图

根据此工程的建筑布置条件，下部两层教室和休息用房可以采用现浇钢筋混凝土框架结构，而上部的曲面屋盖跨度达 53.4m，外侧悬挑达 10.5m，则需要用钢结构来实现。但具体选用哪种钢结构形式，才能最好地满足建筑的使用功能要求呢？本工程设计过程中，与建筑师进行了充分的沟通，由于室内篮球场的顶部即是钢结构屋盖，建筑师希望不做吊顶而把钢结构外露，以体现结构美。这就要求钢结构要简洁、流畅，不能有太大的节点构造，于是空间管桁结构在节点处采用杆件直接焊接的相贯节点（图 7-42）就成了最好的选择。

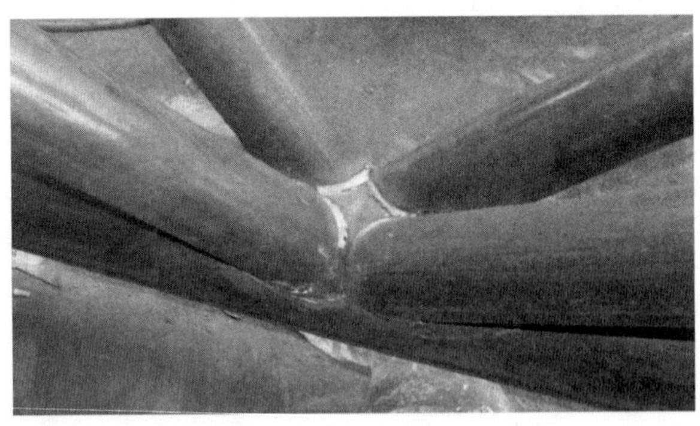

图 7-42 相贯节点示意

管桁结构主要有以下 3 个优点：

① 采用相贯节点，外形简洁、大方，能够较好地体现结构美；

② 采用圆钢管，截面回转半径大，能够最大限度地利用材料；

③ 防腐、清洁容易，在节点处各杆件直接焊接，没有难于清刷的死角和凹槽。

网格的建立：

1. 网格划分的原则

空间管桁结构通常为三角形截面，又称三角形立体桁架。与平面桁架结构相比，空间管桁结构提高了桁架本身的侧向稳定性和抗扭刚度，可以减少侧向支撑构件的数量，小跨度的结构甚至可以不布置侧向支撑。本工程选用倒三角形立体桁架，这种形式的桁架上弦有两根杆件，在竖向荷载作用下上弦通常是受压构件，下弦是受拉构件，从杆件稳定性考虑，这种截面形式是较为合理的选择；此外，上弦两根杆件也会减小檩条的跨度，可以节约次结构的用钢量。

一般来讲，在进行管桁结构的网格划分时宜考虑以下几个方面的影响：

(1) 支承点的位置对网格的影响：支承点（又称支座）的布置每个工程各有不同，可以放在桁架上弦也可以放在桁架下弦，本工程由于四周均有悬挑，上弦贯通支承点放在下弦较为合理。那么，在进行网格划分的时候就至少要保证在支承点的位置有节点。

(2) 注意杆件间夹角不要太小：

《空间网格结构技术规程》JGJ 7—2010：
3.2.5 ……确定网格尺寸时宜使相邻杆件间的夹角大于45°，且不宜小于30°。

以上规范条文对网架结构的杆件夹角进行了限制，对于空间桁架结构也应该尽量做到“相邻杆件间的夹角不宜小于30°”，这样不仅腹杆受力更为合理，而且当相交于一点的杆件较多时，能尽可能地减小隐蔽焊缝的数量，降低节点焊接难度。要想得到合理的杆件夹角，还有一个因素不可忽视——桁架高度。桁架高度的经验取值在规范中有一个建议值如下：

《空间网格结构技术规程》JGJ 7—2010：
3.4.1 立体桁架的高度可取跨度的1/12～1/16。

(3) 考虑次结构布置的合理性：屋面板一般要通过檩条等次结构将自重传递给桁架主结构，为了使传力直接且路径最短，布置管桁结构时宜使次结构的跨度控制在合理的范围内。一般情况下，能使轻钢屋面板檩条的跨度控制在1.5～4m之间为宜。

(4) 网格尺寸宜均匀、渐变：均匀、渐变的网格不仅可使建筑造型美观，还可使结构不致产生局部应力过分集中，杆件截面突变。

2. 网格划分的过程

本工程可用于支承上部屋盖结构的支承点如图7-43所示。可以考虑横向布置10榀主桁架，纵向布置7榀次桁架，主、次桁架上弦杆平面投影宽度取2.5m，主桁架最大高度取3.5m（约为跨度的1/15）。

打开3D3S软件的“钢管桁架结构-桁架结构”模块，借助辅助线使用“由单线段生成桁架”或“由两线段生成桁架”命令先生成统一高度的桁架三维模型，沿桁架方向的网格大小可根据桁架的高度，在跨中部位网格大一些（如3.9m），支座部位网格小一些（如2.6m）。生成平面网投影的网格如图7-44所示。

平面网格确定以后，下一步需要对网格的空间位置进行修正，以达到符合建筑要求的光滑曲面效果。首先借助3Ds MAX强大的三维建模功能，依据建筑提供的坐标控制数据建立屋顶空间曲面。如图7-45所示。

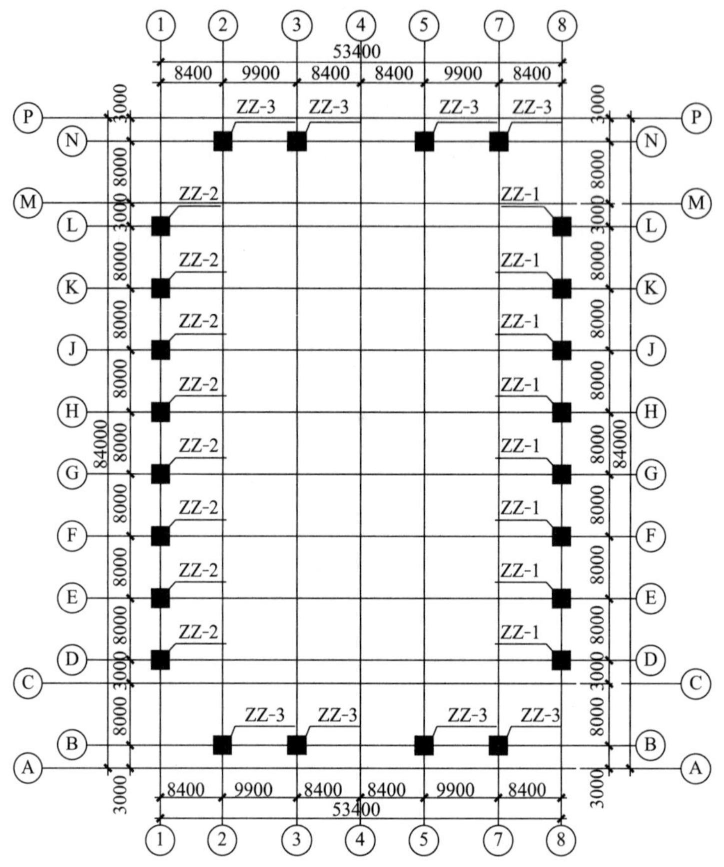

图 7-43　屋盖结构支承点布置图

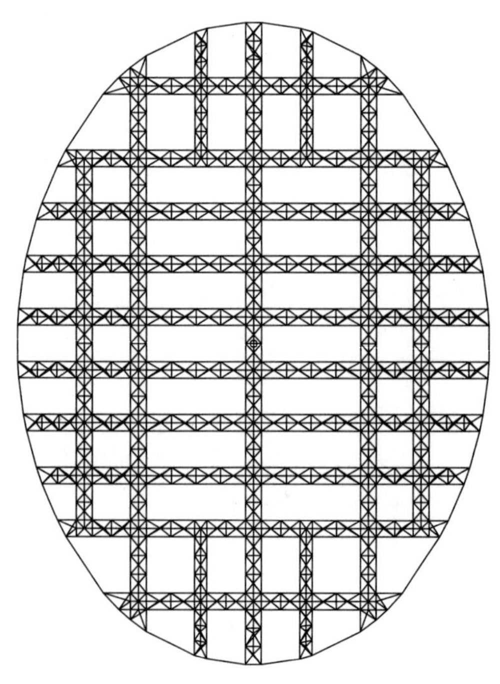

图 7-44　桁架网格平面投影图

将 3Ds MAX 三维曲面导出为“＊.dwg”文件，用 AutoCAD 打开并将其打散成 3DFace 对象，同时将在 3D3S 划分好平面网格的空间模型也导出为空间直线网格模型，将 3DFace 对象模型和空间直线网格模型合并，注意坐标点基点的一致性。使用自编的基于 AutoCAD 的空间直线投影工具进行空间坐标投影，此工具的设置对话框如图 7-46 所示。各参数的设置说明如下：

（1）3DFace 所在图层：此项下拉表单可用于指定投影时目标曲面对象（3DFace）所在的图层，当打开此对话框时，当前 dwg 文件中所有图层均会出现在此下拉表单中，用户只需选择一个即可，默认是“＊不指定＊”。

（2）直线投影点：设定投影时程序修改三维直线的上端点还是下端点，程序自动根据三维直线两个端点的 Z 坐标来判断上下。一般情

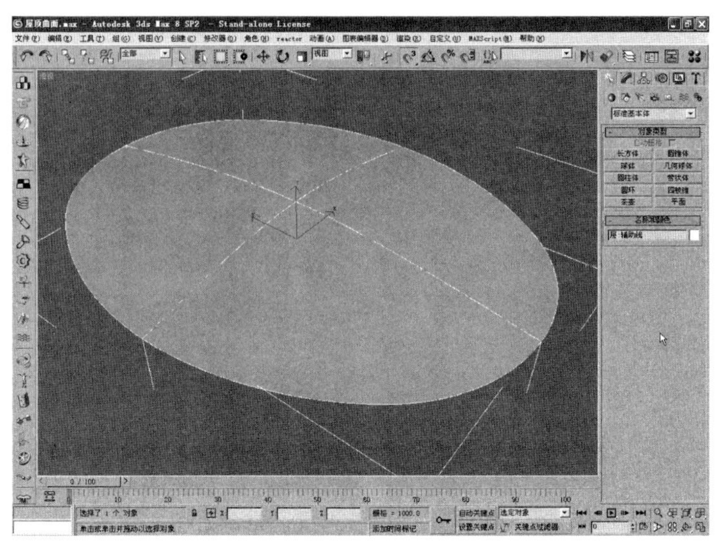

图 7-45　3Ds MAX 三维曲面

况下，位于上弦面或下弦面的直线可以同时勾选“投影上端点”和“投影下端点”，而对于中间的斜腹杆投影上弦曲面时选择“投影上端点”，投影下弦曲面时选择“投影下端点”。

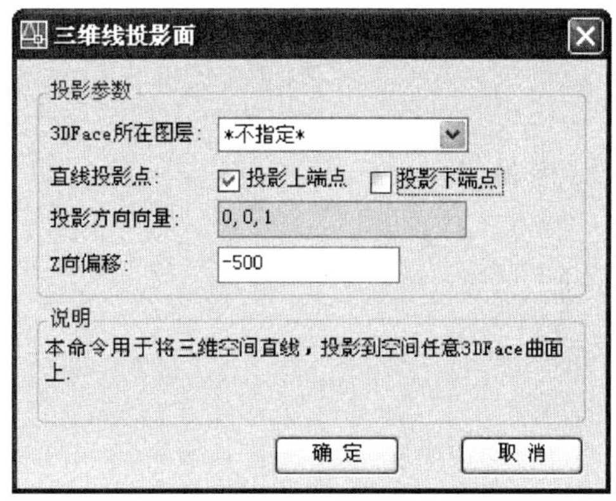

图 7-46　三维线投影对话框设置

(3) 投影方向向量：设定将点向面上投影时的方向向量，程序默认是“0，0，1”，即沿Z轴，对于一般的曲面工程已经够用，特殊情况用户可以根据需要修改成其他的方向向量。

(4) Z向偏移量：指定点投影到面后的Z向偏移量，如果三维曲面是按建筑标高建立的，可直接设定一个负的偏移量以考虑屋面板和檩条的厚度，如果三维曲面建立时按结构实际坐标，则此项输0即可。

本工程中由于三维曲面是按建筑标高建立的，在“Z向偏移”文本框中输入“－500”，然后分别对上弦杆、下弦杆和腹杆进行投影可生成准确的三维空间网格，如图 7-47 所示。

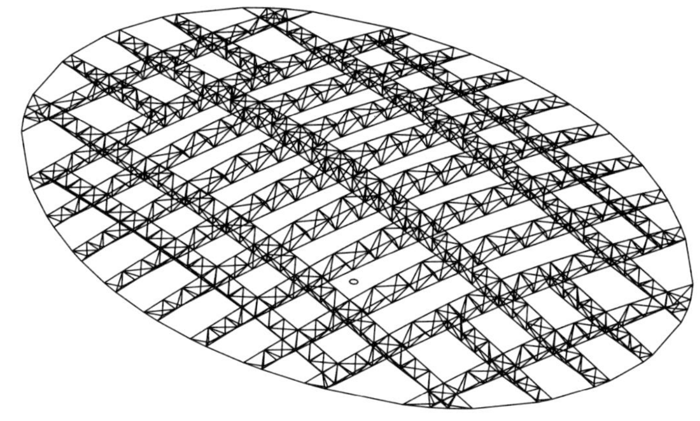

图 7-47　屋面三维空间网格

7.3.2 荷载施加与截面初选

1. 荷载取值

荷载的取值应该按照建筑构造做法和建筑所处的环境确定，本工程屋面钢结构的主要荷载取值如下：

（1）恒荷载（不含结构自重）

室内单层屋面处：0.6kN/m^2；悬挑端双层屋面取 0.85kN/m^2。

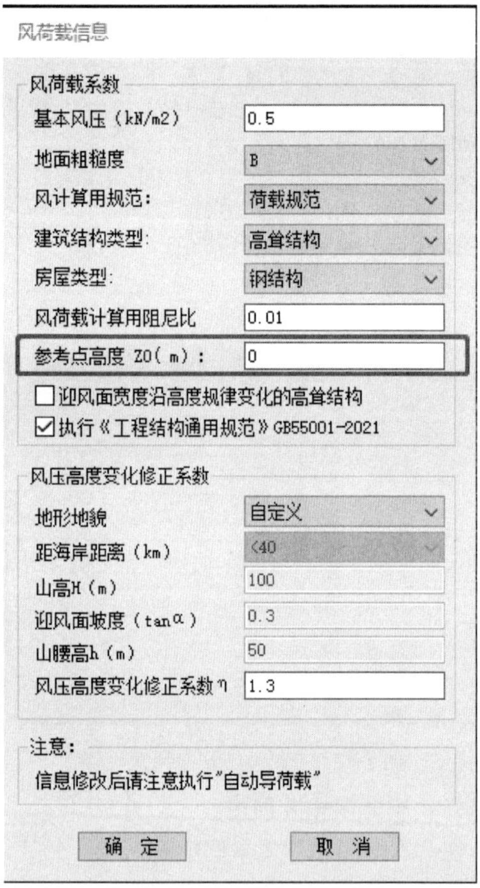

（2）活载和雪荷载

① 屋面活荷载标准值：0.5kN/m^2

② 基本雪压：0.35kN/m^2（50 年）

考虑到活荷载和雪荷载一般不同时作用于结构，在荷载组合时活荷载和雪荷载取大者（即 0.5kN/m^2）参与组合；另外附加考虑活荷载在主桁架方向上的半跨不均匀分布。

（3）风荷载

① 基本风压：0.5kN/m^2（50 年）

② 风振系数：依据经验统一取 1.7

③ 地面粗糙度类别：B 类

④ 风压高度变化系数：根据离地面高度按规范计算

⑤ 风荷载体型系数：按 CFD 报告选取

在 3D3S 软件中进行风荷载施加时，程序可根据模型的空间坐标自动计算每个空间点的风压高度变化系数。但应注意正确设置“参考点高度”参数（图 7-48）。软件对结构风压高度系数的计算中距地面高度的体现通过 Z 向坐标值实现，故±0.000 的点其建模 Z 坐标必须为 0.000，否则可以输入参考点高度予以调整。比如，结构柱脚位于±0.000 点，而建模时柱脚的 Z 坐标为 3000mm，则参考点高度输入+3，3−3=0；若结构最低点标高为+50m，模型的底点 Z 坐标为 30000mm，则输入参考点高度−20，30−(−20)=50m。所以在建模时宜尽量使模型的 Z 坐标和实际标高一致，这样参考点高度不用输入，即为 0；

风荷载信息
风荷载系数
基本风压（kN/m2） 0.5
地面粗糙度 B
风计算用规范： 荷载规范
建筑结构类型： 高耸结构
房屋类型： 钢结构
风荷载计算用阻尼比 0.01
参考点高度 Z0(m)： 0
□迎风面宽度沿高度规律变化的高耸结构
☑执行《工程结构通用规范》GB55001-2021
风压高度变化修正系数
地形地貌 自定义
距海岸距离（km） <40
山高H（m） 100
迎风面坡度（tanα） 0.3
山腰高h（m） 50
风压高度变化修正系数η 1.3
注意：
信息修改后请注意执行"自动导荷载"
确 定　取 消

图 7-48　3D3S 杆件导风荷载对话框设置

> 《空间网格结构技术规程》JGJ 7—2010：
> 4.1.3 ……对于多个连接的球面网壳和圆柱面网壳，以及各种复杂形体的空间网格结构，当跨度较大时，应通过风洞试验或专门研究确定风载体型系数……

本工程屋面型体复杂且跨度较大，进行了较为经济的风荷载数值模拟（CFD），以确定风荷载体型系数。设计时，选择了较为典型的 0°、45°和 90°三个风向角进行了风荷载输入，各风向的体型系数取值见图 7-49。

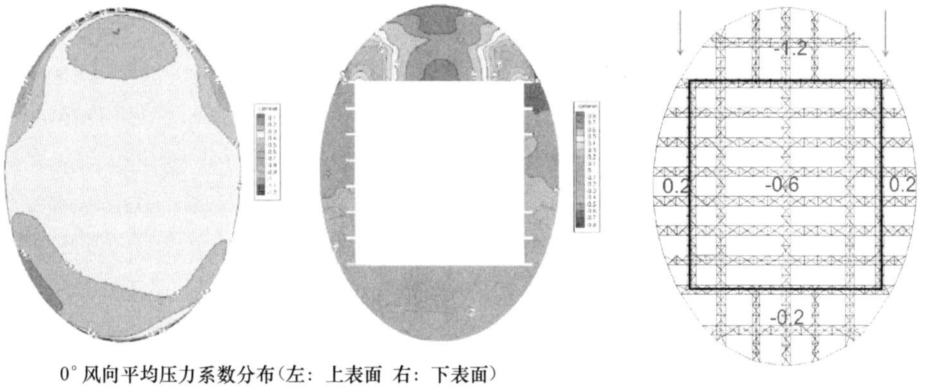

0° 风向平均压力系数分布(左：上表面 右：下表面)

(a) 0° 方向CFD结果及体型系数取值

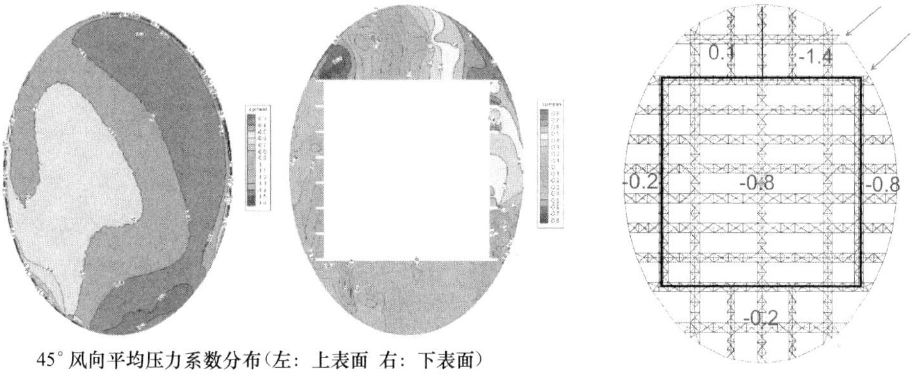

45° 风向平均压力系数分布(左：上表面 右：下表面)

(b) 45° 方向CFD结果及体型系数取值

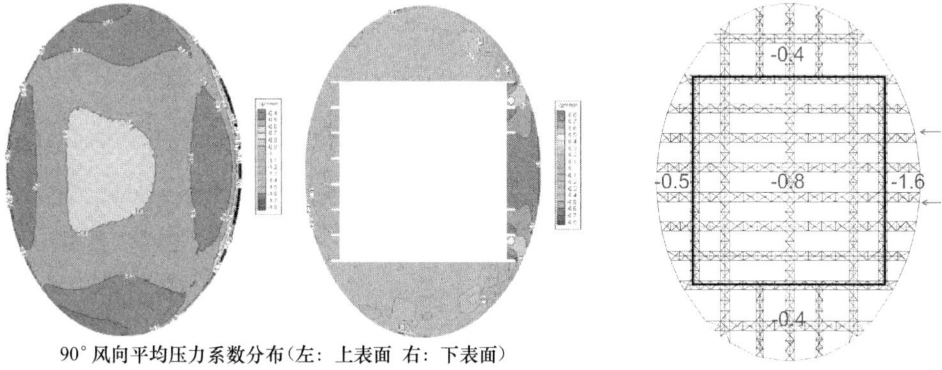

90° 风向平均压力系数分布(左：上表面 右：下表面)

(c) 90° 方向CFD结果及体型系数取值

图 7-49　CFD 结果及体型系数取值

(4) 地震作用

抗震设防烈度为 7 度，设计地震基本加速度值为 0.10g，设计地震分组为第三组；场地类别为Ⅱ类。地震作用分析采用振型分解反应谱法，结构阻尼比取 0.03，计算前 15 阶振型，考虑双向地震作用和扭转耦联；考虑竖向地震作用，竖向地震影响系数最大值取水平地震影响系数最大值的 65%，即 0.052。

《空间网格结构技术规程》JGJ 7—2010：
4.4.8 当采用振型分解反应谱法进行空间网格结构地震效应分析时，对于网架结构宜至少取前 10～15 个振型，对于网壳结构宜至少取前 25～30 个振型，以进行效应组合；对于体型复杂或重要的大跨度空间网格结构需要取更多振型进行效应组合。
4.4.9 在抗震分析时，应考虑支承体系对空间网格结构受力的影响。此时宜将空间网格结构与支承体系共同考虑，按整体分析模型进行计算；亦可把支承体系简化为空间网格结构的弹性支座，按弹性支承模型进行计算。
4.4.10 在进行结构地震效应分析时，对于周边落地的空间网格结构，阻尼比值可取 0.02；对设有混凝土结构支承体系的空间网格结构，阻尼比值可取 0.03。

本工程采用包含下部混凝土结构的总装模型，来考虑网格结构与支承体系的共同作用。需要注意的是，在振型数量的取值上应注意查看结构的振型参与质量是否达到总质量的 90%，如果达不到，应该继续增加振型数量，否则振型分析反应谱法的精度就会降低。

（5）温度作用

考虑升温工况＋25℃的温差作用和降温工况－25℃的温差作用。

（6）天沟荷载

按 600mm×600mm 的天沟满水计算线荷载为 3.6kN/m，位置距檐口边线 1500mm。

2. 荷载组合

本工程需要考虑的荷载工况主要有：恒荷载、活荷载（或雪载）、风荷载、地震和温度作用。在钢结构单独计算时，建议先只考虑恒荷载、活荷载、风荷载和温度作用参与的组合，进行构件截面的初选，之后再在总装模型中加入地震作用进行截面验证，不足的加大截面尺寸，直到满足设计要求。这样做的优点是截面初选快速，地震作用计算相对合理。

表 7-19 和表 7-20 给出了本工程考虑的组合。表中数值为分项系数和组合系数的乘积，无地震参与的分项系数和组合值系数，按照《工程结构通用规范》GB 55001—2021 选取，地震参与的系数按照《建筑与市政工程抗震通用规范》GB 55002—2021 选取。

无地震参与的组合 **表 7-19**

序号	组合名	恒	活	风	水平地震	竖向地震	温度
1	恒＋活	1.30	1.50				
2	恒＋风（恒载有利）	1.00		1.50			
3	恒＋温度（恒载不利）	1.30					1.50
4	恒＋温度（恒载有利）	1.0					1.50
5	恒＋活＋风（活荷载为主）	1.30	1.50	0.9			
6	恒＋活＋风（风荷载为主）	1.30	1.05	1.50			
7	恒＋活＋温度（活荷载为主）	1.30	1.50				0.9
8	恒＋活＋温度（温度荷载为主）	1.30	1.05				1.50
9	恒＋风＋温度（风荷载为主，恒载不利）	1.30		1.5			0.9
10	恒＋风＋温度（风荷载为主，恒载有利）	1.0		1.50			0.9
11	恒＋风＋温度（温度为主，恒载不利）	1.30		0.9			1.50
12	恒＋风＋温度（温度为主，恒载有利）	1.0		0.9			1.50

续表

序号	组合名	恒	活	风	水平地震	竖向地震	温度
13	恒＋活＋风＋温度（活荷载为主）	1.30	1.50	0.9			0.9
14	恒＋活＋风＋温度（风荷载为主）	1.30	1.05	1.50			0.9
15	恒＋活＋风＋温度（温度荷载为主）	1.30	1.05	0.9			0.9

地震参与的组合　　表 7-20

序号	组合名	恒	活	风	水平地震	竖向地震	温度
16	等效重力荷载＋竖向地震（恒活不利）	1.30	0.65			1.40	
17	等效重力荷载＋竖向地震（恒活有利）	1.00	0.50			1.40	
18	等效重力荷载＋风＋竖向地震（恒活不利）	1.30	0.65	0.3		1.40	
19	等效重力荷载＋风＋竖向地震（恒活有利）	1.00	0.50	0.3		1.40	
20	等效重力荷载＋竖向地震＋温度（恒活不利）	1.30	0.65			1.40	0.3
21	等效重力荷载＋竖向地震＋温度（恒活有利）	1.00	0.50			1.40	0.3
22	等效重力荷载＋风＋竖向地震＋温度（恒活不利）	1.30	0.65	0.3		1.40	0.3
23	等效重力荷载＋风＋竖向地震＋温度（恒活有利）	1.00	0.50	0.28		1.40	0.3
24	等效重力荷载＋水平地震（恒活不利）	1.30	0.65		1.40		
25	等效重力荷载＋水平地震（恒活有利）	1.00	0.50		1.40		
26	等效重力荷载＋风＋水平地震（恒活不利）	1.30	0.65	0.3	1.40		
27	等效重力荷载＋风＋水平地震（恒活有利）	1.00	0.50	0.3	1.4		
28	等效重力荷载＋水平地震＋温度（恒活不利）	1.30	0.65		1.40		0.3
29	等效重力荷载＋水平地震＋温度（恒活有利）	1.00	0.50		1.40		0.3
30	等效重力荷载＋风＋水平地震＋温度（恒活不利）	1.30	0.65	0.3	1.40		0.3
31	等效重力荷载＋风＋水平地震＋温度（恒活有利）	1.00	0.50	0.3	1.40		0.3
32	恒＋活＋水平地震＋竖向地震（恒活不利）	1.30	0.65		1.40	0.50	
33	恒＋活＋水平地震＋竖向地震（恒活有利）	1.00	0.50		1.40	0.50	
34	恒＋活＋风＋水平地震＋竖向地震（恒活不利）	1.30	0.65	0.3	1.40	0.50	
35	恒＋活＋风＋水平地震＋竖向地震（恒活有利）	1.00	0.50	0.3	1.40	0.50	
36	恒＋活＋水平地震＋竖向地震＋温度（恒活不利）	1.30	0.65		1.40	0.50	0.3
37	恒＋活＋水平地震＋竖向地震＋温度（恒活有利）	1.00	0.50		1.40	0.50	0.3
38	恒＋活＋风＋水平地震＋竖向地震＋温度（恒活不利）	1.30	0.65	0.3	1.40	0.50	0.3
39	恒＋活＋风＋水平地震＋竖向地震＋温度（恒活有利）	1.00	0.50	0.3	1.40	0.50	0.3
40	恒＋活＋水平地震＋竖向地震（恒活不利）	1.30	0.65		0.50	1.40	
41	恒＋活＋水平地震＋竖向地震（恒活有利）	1.00	0.50		0.50	1.40	

续表

序号	组合名	恒	活	风	水平地震	竖向地震	温度
42	恒＋活＋风＋水平地震＋竖向地震（恒活不利）	1.30	0.65	0.3	0.50	1.40	
43	恒＋活＋风＋水平地震＋竖向地震（恒活有利）	1.00	0.50	0.3	0.50	1.40	
44	恒＋活＋水平地震＋竖向地震＋温度（恒活不利）	1.30	0.65		0.50	1.40	0.3
45	恒＋活＋水平地震＋竖向地震＋温度（恒活有利）	1.00	0.50		0.50	1.40	0.3
46	恒＋活＋风＋水平地震＋竖向地震＋温度（恒活不利）	1.30	0.65	0.3	0.50	1.40	0.3
47	恒＋活＋风＋水平地震＋竖向地震＋温度（恒活有利）	1.00	0.50	0.3	0.50	1.40	0.3

3. 截面初选

在 3D3S 中施加了荷载工况和建立相应组合后，可以使用其自带的截面放大功能进行杆件截面的初选。

为使软件自动选择的截面合理，还需要人工指定截面库，本工程所有桁架杆件均使用焊接圆钢管，只需要用到“热轧无缝钢管与电焊钢管”一种截面类型。打开 3D3S 的“截面库”对话框，输入图 7-50 所示截面参数，并注意把程序自带的截面删除。目前国家标准规定的钢管截面形式很多，直径从 10～600mm 均有，一般结构管桁架结构截面种类宜

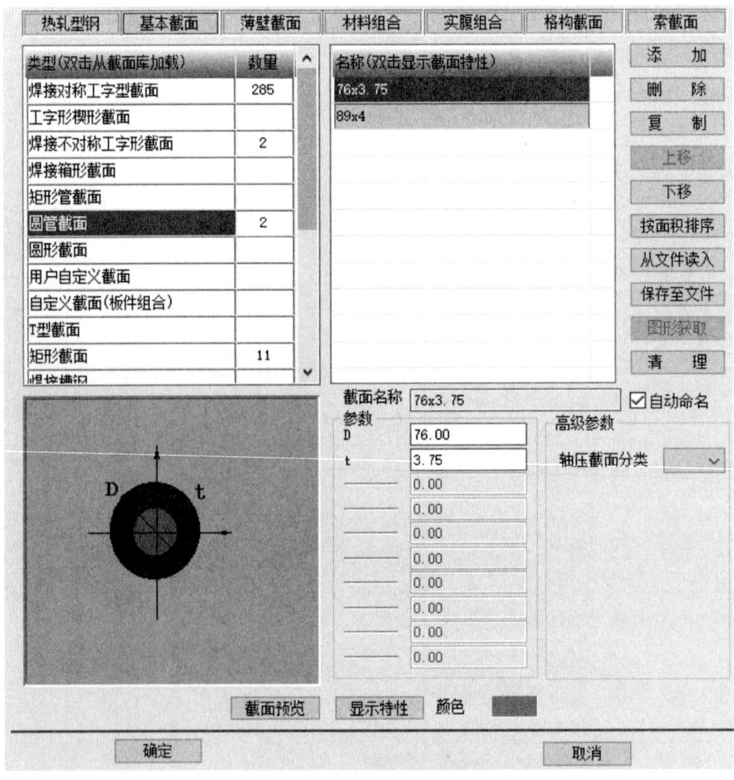

图 7-50　钢管截面库

控制在 6～10 种为宜，其截面积和回转半径的级差宜均匀。

可以先给所有杆件指定一个最小截面（如 ϕ76×3.75），进行计算后使用 3D3S 的截面放大功能进行截面自动放大（图 7-51），如果杆件的应力比超过设定的上限（如 1.0），程序会自动把杆件截面调大，调整的范围限定在之前指定的截面库中，截面放大后程序会重新进行内力计算，之后再进行截面放大验算，如此反复迭代数次直到大部分杆件应力比小于设定的上限值。

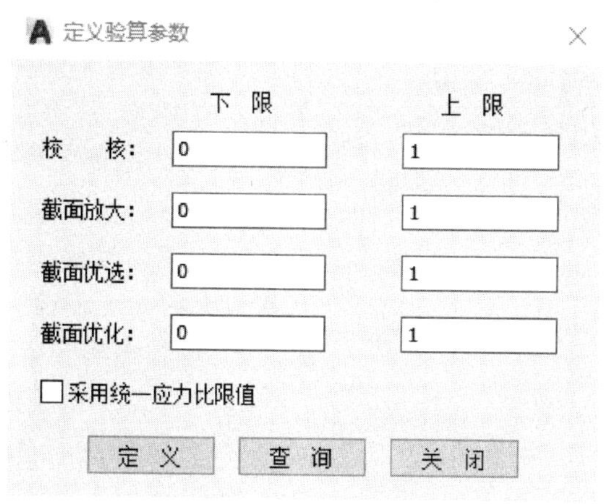

图 7-51　截面放大对话框

管桁架结构和网架结构不同，弦杆在每个节间不可随意变换截面，应尽量减少弦杆截面变化的次数，为防止在截面放大时程序弦杆的截面不规则性，宜在执行截面放大操作之前，预先定义优选分组。定义了相同组号的杆件在进行截面放大的时候程序会按相同的截面放大。本工程主桁架弦杆不变截面，每榀桁架上弦、下弦分别指定一个组号即可。

截面初选时还应注意以下两点：

（1）杆件计算长度取值（表 7-21）

杆件在平面内和平面外的计算长度在现行的《钢结构设计标准》GB 50017—2017 中已有规定如下：

《钢结构设计标准》GB 50017—2017：

7.4.1 确定桁架弦杆和单系腹杆的长细比时，其计算长度 l_0 应按表 7.4.1-1 的规定采用；采用相贯焊接连接的钢管桁架，其构件计算长度 l_0 可按表 7.4.1-2（本书表 7-21）的规定取值。

钢管桁架构件计算长度 l_0　　**表 7-21**

桁架类别	弯曲方向	弦杆	腹件	
			支座斜杆和支座竖杆	其他腹杆
平面桁架	平面内	$0.9l$	l	$0.8l$
	平面外	l_1	l	l
立体桁架		$0.9l$	l	$0.8l$

注：1. l_1 为平面外无支撑长度，l 为杆件的节间长度。
2. 对端部缩头或压扁的圆管腹杆，其计算长度取 l。
3. 对于立体桁架，弦杆平面外的计算长度取 $0.9l$，同时尚应以 $0.9l_1$ 按格构式压杆验算其稳定性。

在确定桁架中一根受压杆件的计算长度 μl 时，系数 μ 可以保守地取 1.0，因为管桁架中受压杆件一般都有相当大的端点约束，计算长度系数 μ 一般小于 1.0。需要说明的是，本工程中主桁架和次桁架均有一定的悬挑长度，在悬挑的部分三角形桁架的下弦一般受压，为了保证其两端点的约束程度，宜从概念上将悬挑部分的桁架腹杆截面加大。

（2）杆件截面的构造关系

本工程节点均为相贯焊接节点，为了保证焊接的质量，设计时应该确定杆件相贯的顺序。一般来讲，桁架弦杆外径不应小于腹杆外径，主桁架弦杆外径不应小于次桁架弦杆外径，当相交于一点的杆件较多时，主杆（被贯杆）的壁厚不应过小，主杆壁厚不应小于支杆（相贯杆）壁厚。程序计算自动放大后的截面很多时候不满足这个原则，应该在程序放大后人工调整。

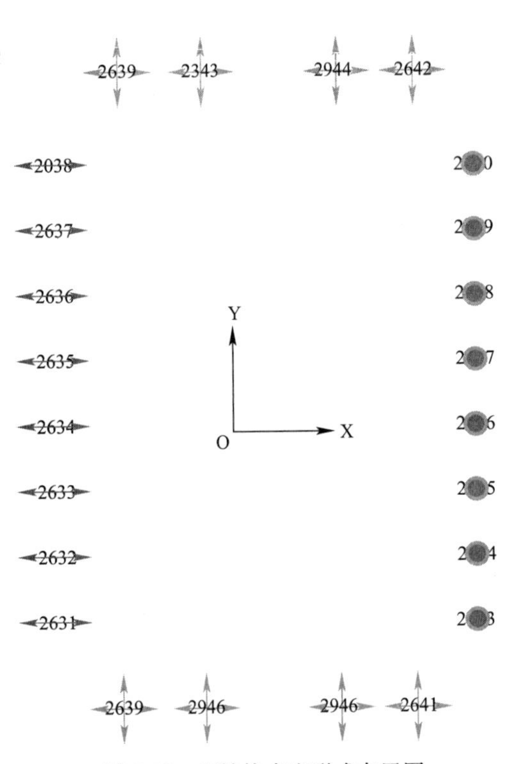

图 7-52　钢结构支座形式布置图

7.3.3　整体结构分析及截面优化

1. 与下部结构整体组装

3D3S 软件中提供了导入其他模型的功能，如 PMSAP、YJK 等模型的功能，使用该功能可以方便地将上部钢结构和下部混凝土结构组装成整体进行计算。

组装模型时，应注意使上部钢结构模型与下部混凝土模型在支座部位正确连接、模型假定符合实际构造。为了释放屋盖结构在竖向荷载作用下支座的水平力，本工程采用了单向滑动球形钢支座、固定铰球形钢支座和双向滑动平面压力支座，其布置如图 7-52 所示。图 7-53 为总装完成的整体结构计算模型。

> 《空间网格结构技术规程》JGJ 7—2010：
> 5.9.2 空间网格结构的支座节点应根据其主要受力特点，分别选用压力支座节点、拉力支座节点、可滑移与转动的弹性支座节点以及兼受轴力、弯矩与剪力的刚性支座节点。

2. 总装模型的动力特性

整体组装模型计算得到的前三阶振型如图 7-54 所示。可以看出，大跨度空间结构的前几阶振型均为屋盖自身的竖向振动，且周期比较密集。

3. 桁架杆件截面进一步优化与变形控制

在整体组装模型的基础上，需要对桁架杆件截面进一步验算和优化。保证杆件在表 7-19 和表 7-20 给出的所有组合下应力比在控制指标以内。本工程中，主次桁架弦杆控制在 0.8 以下，其他杆件控制在 0.85 以下。

另外，还应控制屋盖结构在恒荷载和活荷载标准值作用下的最大挠度（表 7-22）。

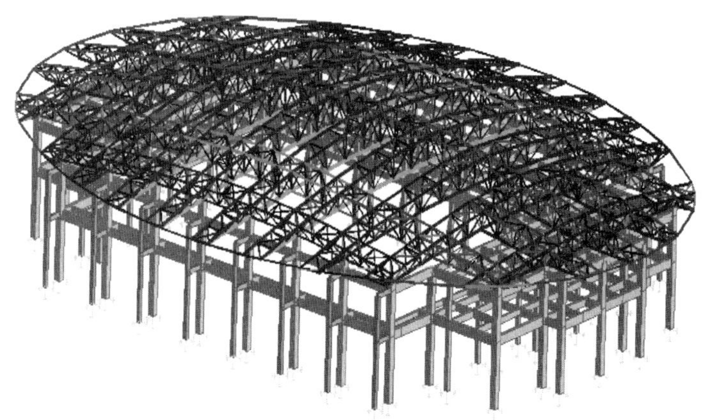

图 7-53　整体组装模型

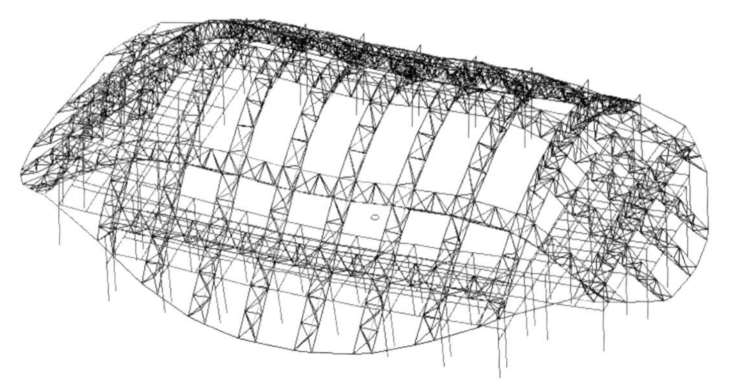

(a) 第1振型：0.717s

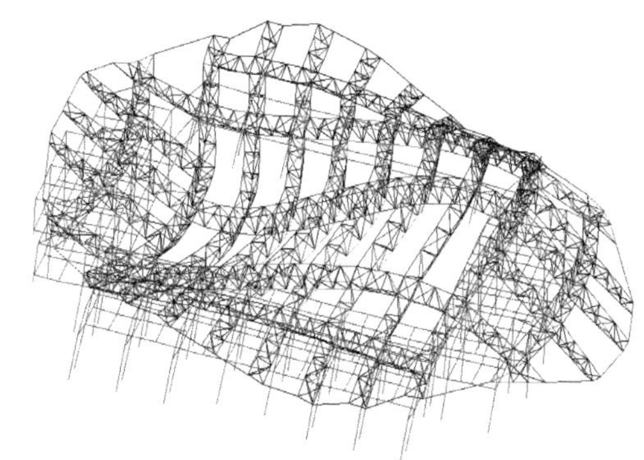

(b) 第2振型：0.676s

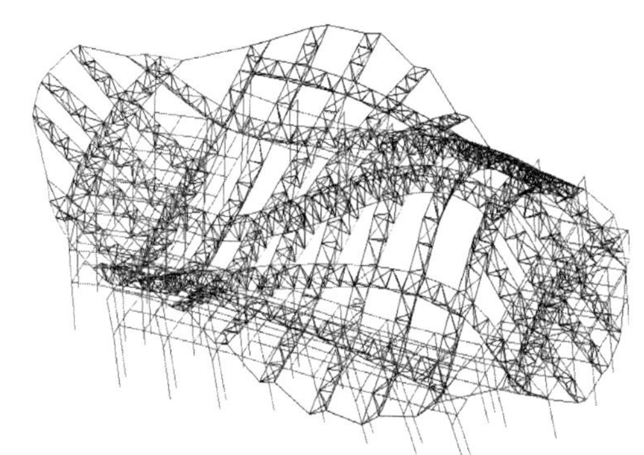

(c) 第3振型：0.629s

图 7-54　结构整体前三阶振型简图

空间网格结构的容许挠度值　　**表 7-22**

结构体系	屋盖结构（短向跨度）	楼盖结构（短向跨度）	悬挑结构（悬挑跨度）
立体桁架	1/250	—	1/125

《空间网格结构技术规程》JGJ 7—2010：

3.5.1 空间网格结构在恒荷载和活荷载标准值作用下的最大挠度值不宜超过表 3.5.1（本书表 7-22）中的容许挠度值。

本工程在 1.0 恒载+1.0 活载标准组合作用下的桁架最大位移见表 7-23，可以看出其均满足规范要求。

最大位移统计表 **表 7-23**

位置	跨度（m）	最大挠度（mm）	挠度/跨度
跨中	53.4	137	1/389
悬挑	10.5	45	1/467

7.3.4 节点设计

1. 相贯节点设计

管桁架结构中，相贯节点的设计是尤为重要的环节，节点的破坏往往导致与之相连的若干杆件的失效，从而使整个结构破坏。相贯节点的设计主要考虑以下 3 个方面的内容：

（1）构造要求符合规范规定；

（2）各支管的轴向力不得大于承载力设计值；

（3）主管与支管的连接焊缝满足强度要求。

规范关于构造要求的相关规定主要有：

《钢结构设计标准》GB 50017—2017：

13.2.1 钢管直接焊接节点的构造应符合下列规定：

1 主管的外部尺寸不应小于支管的外部尺寸，主管的壁厚不应小于支管的壁厚，在支管与主管的连接处不得将支管插入主管内。

2 主管与支管或支管轴线间的夹角不宜小于 30°。

3 支管与主管的连接节点处宜避免偏心；偏心不可避免时，其值不宜超过下式的限制：

$$-0.55 \leqslant e/D \text{（或 } e/h\text{）} \leqslant 0.25 \tag{13.2.1}$$

式中 e——偏心距；

D——圆管主管外径（mm）；

h——连接平面内的方（矩）形管主管截面高度（mm）。

13.3.1 采用本节进行计算时，圆钢管连接节点应符合下列规定：

1 支管与主管外径及壁厚之比均不得小于 0.2，且不得大于 1.0；

2 主支管轴线间的夹角不得小于 30°；

3 支管轴线在主管横截面所在平面投影的夹角不得小于 60°，且不得大于 120°。

在 3D3S 中提供了节点承载力和焊缝强度验算功能，但由于实际工程中杆件相交情况多种多样，一般很难准确区分相贯节点的形式，建议实际应用中挑选关键部位进行自定义相贯节点验算。点击“自定义相贯节点验算”命令，AutoCAD 命令行提示请选择相贯节点的主管，此时选择的杆件将作为主管，单击右键结束主管选择，AutoCAD 命令行继续提示请选择相贯节点的支管，此时选择的杆件将作为支管，单击右键结束支管选择，计算完毕后选择计算书保存目录保存文件即可。

为了读者更清楚地掌握相关节点承载力的验算过程，下面对一典型的 KK 型节点进行了手算，其计算过程如下：

相贯节点验算校核

（1）焊缝承载力计算

主管　$D=299\text{mm}$　　$t=12\text{mm}$

支管　$D_i=146\text{mm}$　　$t_i=5\text{mm}$　　$\theta_i=65°$

$f_{\text{fw}}=200\text{MPa}$　　$h_f=2t_i=10\text{mm}$

$\beta=\dfrac{D_i}{D}=0.488$　　$\dfrac{D}{t}=24.92$

$$\begin{cases}\left[(3.25D_i-0.025D)\left(\dfrac{0.534}{\sin\theta_i}+0.466\right)\right] & \text{if}\quad \beta\leqslant 0.65\\ \left[(3.81D_i-0.389D)\left(\dfrac{0.534}{\sin\theta_i}+0.466\right)\right] & \text{if}\quad \beta>0.65\end{cases}$$

焊缝长度：

$$l_w=492.807\text{mm}$$

焊缝承载力：

$$N_w=0.7h_f l_w f_f^w=689.9\text{kN}$$

（2）节点承载力计算

1）节点形式：KK 型

2）附加几何信息

另一支管参数：　$D_{i2}=146\text{mm}$　　$t_{i2}=5\text{mm}$　　$\theta_{i2}=65°$

$\beta_2=\dfrac{D_{i2}}{D}=0.488$

$A=\pi\left(\dfrac{d}{2}\right)^2-\pi\left(\dfrac{d}{2}-t\right)^2=1.082\times10^4\text{mm}^2$

$A_i=\pi\left(\dfrac{d_i}{2}\right)^2-\pi\left(\dfrac{d_i}{2}-t_i\right)^2=2.215\times10^3\text{mm}^2$

$A_{i2}=\pi\left(\dfrac{d_{i2}}{2}\right)^2-\pi\left(\dfrac{d_{i2}}{2}-t_{i2}\right)^2=2.215\times10^3\text{mm}^2$

3）内力信息

支管内力：$N_{\text{cob1}}=493.5\text{kN}$　　$N_{\text{cob2}}=-278.1\text{kN}$

支管内力：$N_i=-329.9\text{kN}$　　$N_{i2}=396.6\text{kN}$

4）受压支管在节点处的承载力

$a=162.96\text{mm}$

$f=305\text{MPa}$　　$f_y=345\text{MPa}$

$$\sigma=\begin{cases}0 & \text{if}\quad N_{\text{cob1}}>0,\ N_{\text{cob2}}>0\\ \dfrac{\min\left(|N_{\text{cob1}}|,\ |N_{\text{cob2}}|\right)}{A} & \text{otherwise}\end{cases}$$

$$\psi_a=1+\frac{2.19}{1+\dfrac{7.5a}{d}}\left(1-\frac{20.1}{6.6+\dfrac{d}{t}}\right)(1-0.77\beta)=1.351$$

$$\psi_{\mathrm{d}}=\begin{vmatrix}(0.069+0.93\beta) & \text{if} \quad \beta\leqslant 0.7 \\ (2\beta-0.68) & \text{if} \quad \beta>0.7\end{vmatrix}=0.523$$

$$\psi_{\mathrm{n}}=1-0.3\frac{\sigma}{f_{\mathrm{y}}}-0.3\left(\frac{\sigma}{f_{\mathrm{y}}}\right)^{2}=1$$

$$N_{\mathrm{cK}}=\frac{11.51}{\sin\ (\theta_i)}\left(\frac{D}{t}\right)^{0.2}\psi_{\mathrm{n}}\psi_{\mathrm{d}}\psi_{\mathrm{a}}t^{2}f=762.433\mathrm{kN}$$

$$N_{\mathrm{cKK}}=0.9N_{\mathrm{cK}}=686.19\mathrm{kN}$$

5）另一支管在节点处的承载力

$$N_{\mathrm{2KK\_t}}=\frac{\sin\theta_i}{\sin\theta_{i2}}N_{\mathrm{cKK}}=686.19\mathrm{kN}\quad（受拉承载）$$

（3）结论

两支管焊缝承载力大于节点承载力，节点承载力大于支管内力，安全！

2. 支座节点设计

支座节点的构造和设计应与计算模型的假定相一致，由本章第 7.1 节知本工程的支座类型有单向滑动球形钢支座、固定铰球形钢支座和双向滑动平面压力支座三种。

球形钢支座是指可使结构在支座处沿任意方向转动，以钢球面作为支承面的铰接支座。有固定铰支座和滑动支座两种形式，支座主体材料为铸钢，钢球面和滑动面之间一般垫有聚四氟乙烯板、不透钢板等可减小摩擦的材料，可由专业厂家设计制造，设计师仅根据工程需要提出对支座的受力、转角和滑动位移等参数要求即可（表 7-24）。

球形钢支座技术参数示意 **表 7-24**

类别	压力	上拔力	水平剪力	转角	滑动量	备注
球形支座 A	＞1500kN	＞500kN	＞1500kN	0.03rad		固定铰
球形支座 B	＞1500kN	＞500kN	＞1500kN	0.03rad	±50mm	沿主桁架方向可滑动

另外，为了尽量减小支座节点区的弯矩作用，球形钢支座设计时还宜使支座的转动中心与桁架杆件轴线交点重合，如图 7-55 所示。

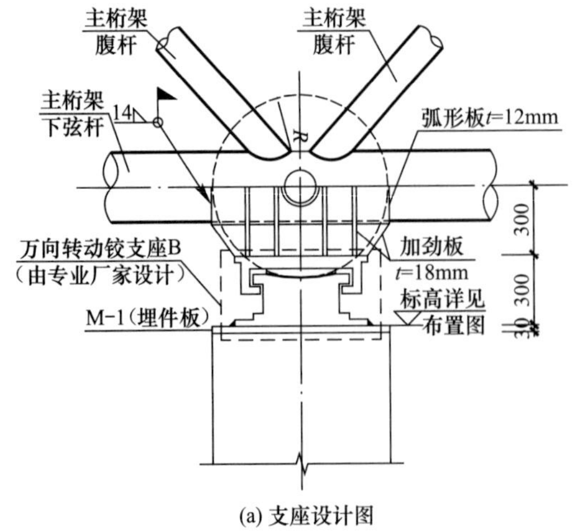

(a) 支座设计图

(b) 支座现场安装

图 7-55 球形钢支座

双向滑动平面压力支座如图 7-56 所示，只承载竖向压力作用，在支座底板和埋件板之间设置聚四氟乙烯板和不锈钢板，支座底板的锚栓孔开大孔，使支座水平两个方向可自由滑动。同时，为了防止支座变形过大致使锚栓受剪，在埋件板的四周还需要焊接支座限位挡板。

支座中连接板或加劲板间的连接焊缝强度应满足现行国家标准《钢结构设计标准》GB 50017 的相关要求。

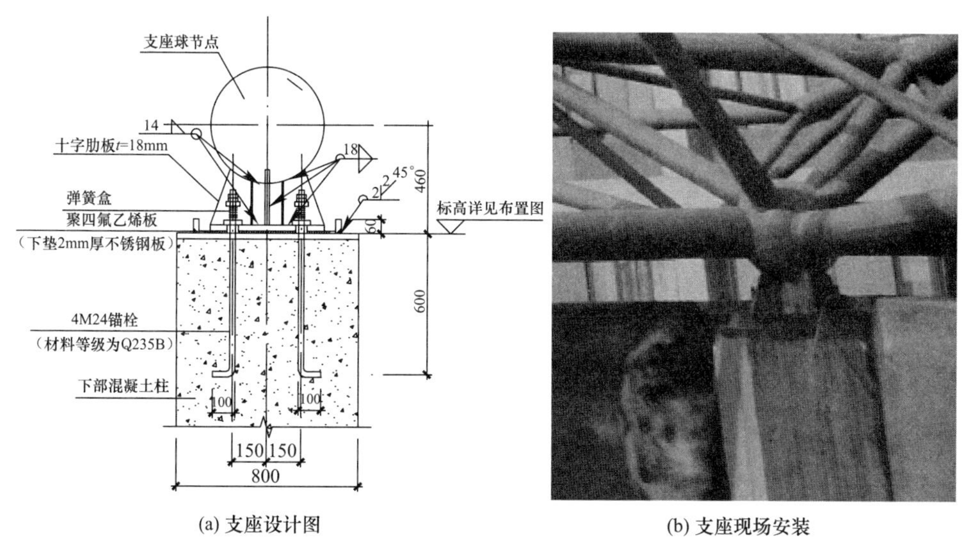

(a) 支座设计图　　(b) 支座现场安装

图 7-56　双向滑动平面压力支座

7.3.5　施工图绘制

完整的管桁架结构施工图一般应包括施工图设计说明、结构平面图、桁架构件详图和节点详图。本节仅介绍管桁架结构施工图绘制过程中需要特别注意的方面。

结构平面图应能全面清楚地表达桁架结构的构成和空间关系。一般包括上、下弦杆平面布置图及关键剖面，必要时还应绘制三维轴测图和屋面檩条布置图。图中应注明轴线关系、总尺寸、分尺寸、控制标高及构件编号和节点索引编号，必要时说明施工要求。图 7-57 为本章示例工程的平面布置图。

此外，对于复杂、重要的工程为了明确结构的使用荷载，还宜绘制允许荷载平面示意图。本工程中体育馆在使用过程中的灯具吊挂具有较大的不确定性，为了保证不超载，特绘制了吊挂荷载平面布置图，并注明灯具的安装吊点要求，见图 7-58。

桁架构件详图一般应绘出平面图、剖面图、立面图或立面展开图（对弧形构件），注明定位尺寸、分尺寸以及单构件型号和规格，绘制组装节点和其他构件连接详图，必要时说明施工和安装要求。图 7-59 为本工程主桁架详图示意。

节点详图应说明各部位构件间的相互定位关系和连接做法，注明各构件尺寸或规格、位置以及必要的标高，注明连接板、加劲板厚度和位置、焊缝尺寸和螺栓规格及其布置等。原则上内容和深度满足钢结构详图绘制的要求即可。相贯节点应给出不同情况下节点的加强做法，本工程的相贯节点处理原则如图 7-60 所示。

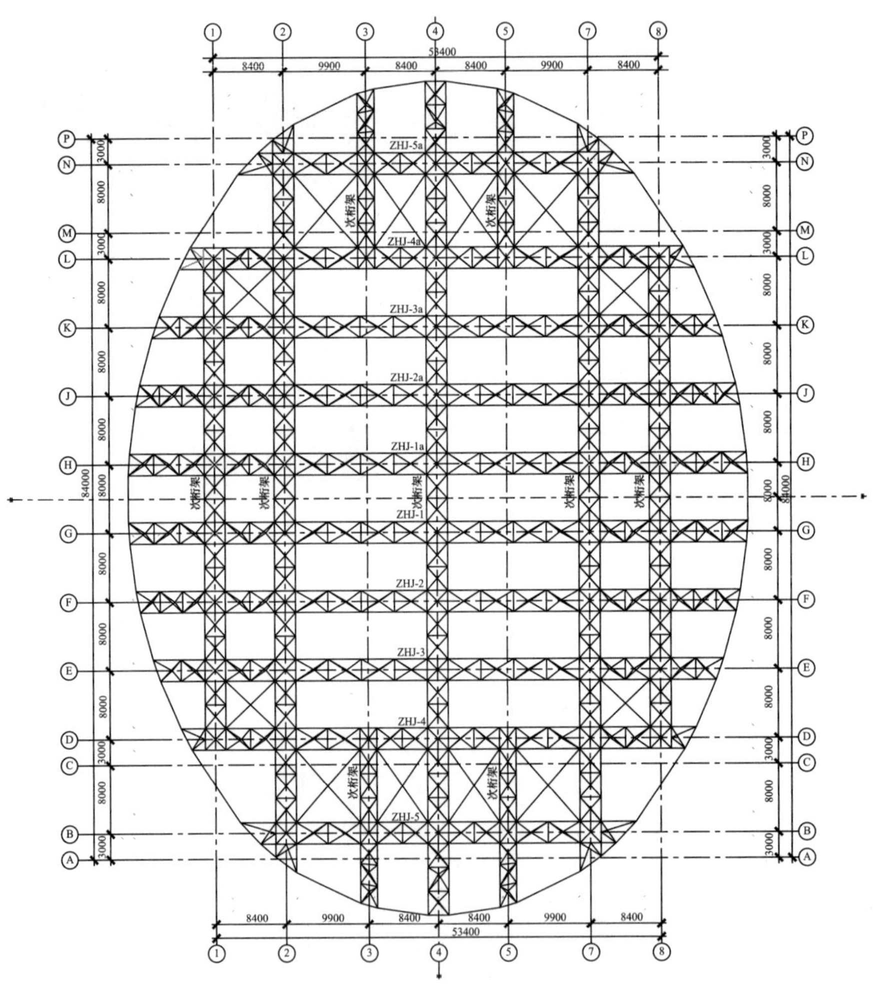

说明:

1. 本图只表示主桁架的编号和位置；
2. 除去主桁架的部分均为次桁架；
3. 整个屋盖结构沿G~H轴中线和4轴双轴对称；
4. 主桁架的杆件截面详见结施-17~21；
5. 次桁架的杆件截面详见结施-22~24。

图 7-57　屋盖桁架布置图

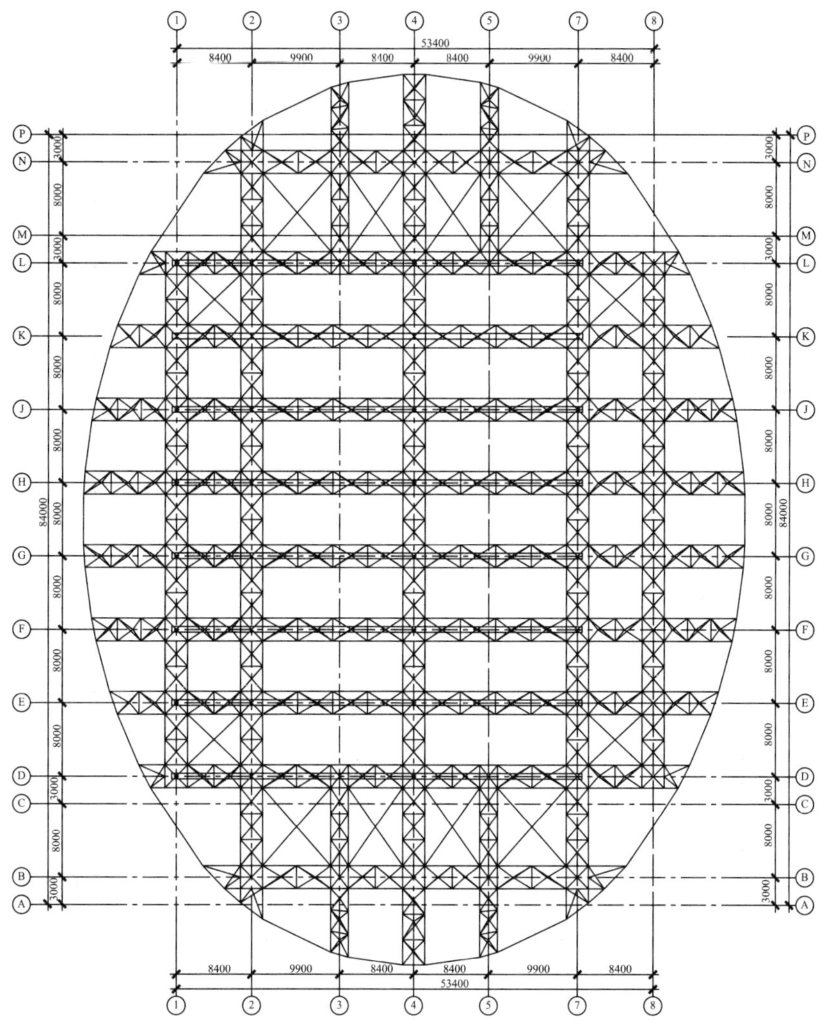

说明：

1. 图中虚线所示范围为吊挂灯具位置，图例：[‾ ‾ ‾]；
2. 吊挂灯具宜均匀布置于主桁架下弦，其均布荷载值应小于3.2kN/m；
3. 如实际吊挂荷载与本图相差较大，需经过设计方确认后方可安装。

图 7-58　屋盖吊挂荷载布置图

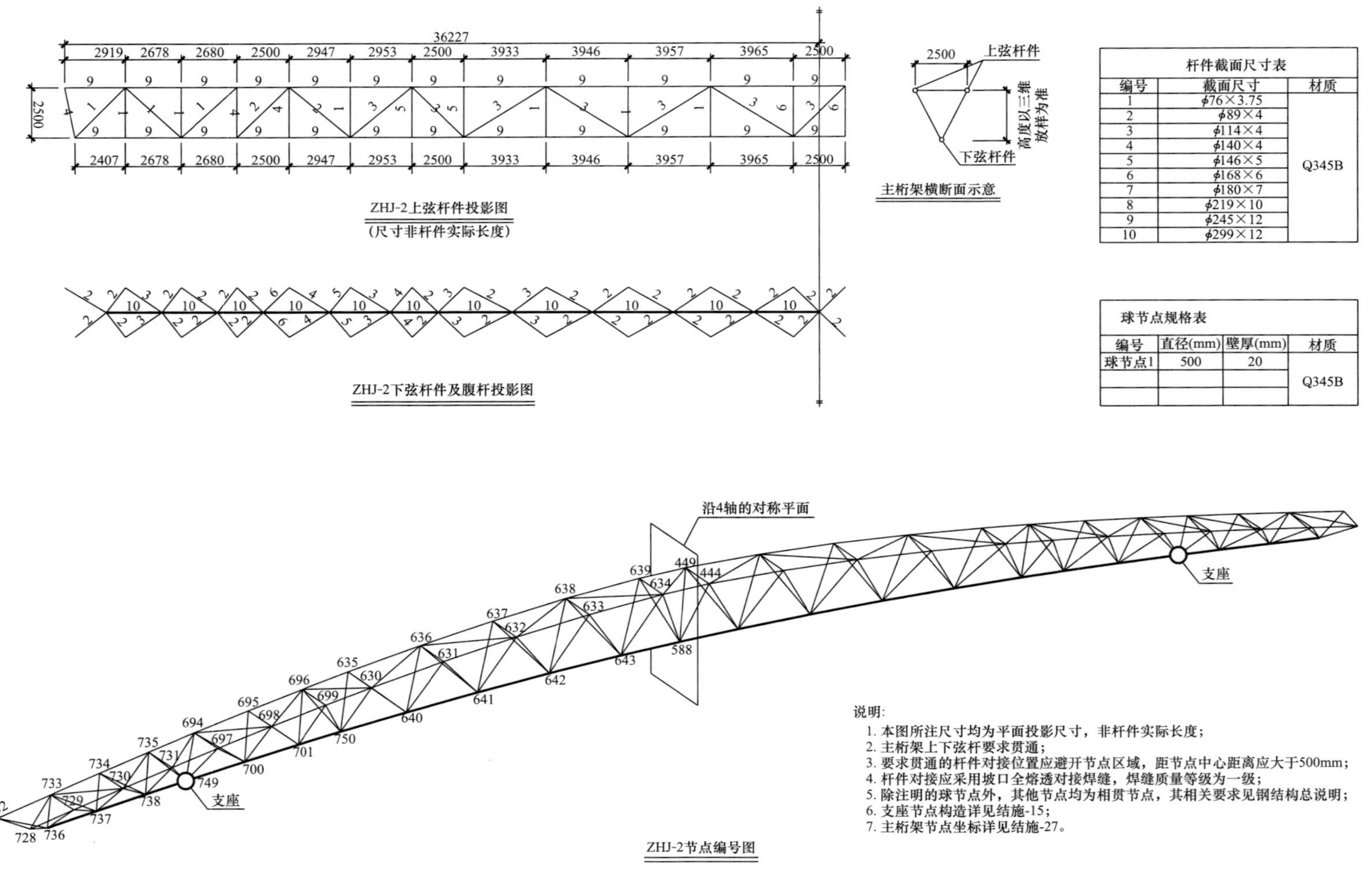

杆件截面尺寸表		
编号	截面尺寸	材质
1	ϕ76×3.75	Q345B
2	ϕ89×4	
3	ϕ114×4	
4	ϕ140×4	
5	ϕ146×5	
6	ϕ168×6	
7	ϕ180×7	
8	ϕ219×10	
9	ϕ245×12	
10	ϕ299×12	

球节点规格表			
编号	直径(mm)	壁厚(mm)	材质
球节点1	500	20	Q345B

说明:

1. 本图所注尺寸均为平面投影尺寸，非杆件实际长度;
2. 主桁架上下弦杆要求贯通;
3. 要求贯通的杆件对接位置应避开节点区域，距节点中心距离应大于500mm;
4. 杆件对接应采用坡口全熔透对接焊缝，焊缝质量等级为一级;
5. 除注明的球节点外，其他节点均为相贯节点，其相关要求见钢结构总说明;
6. 支座节点构造详见结施-15;
7. 主桁架节点坐标详见结施-27。

图 7-59　主桁架详图示意

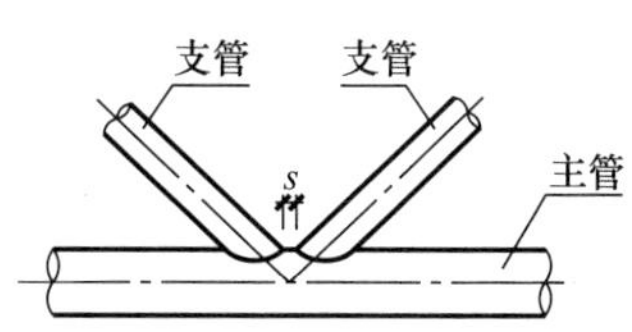

相贯节点处理情况A
（间隙$s \geqslant 20$mm）

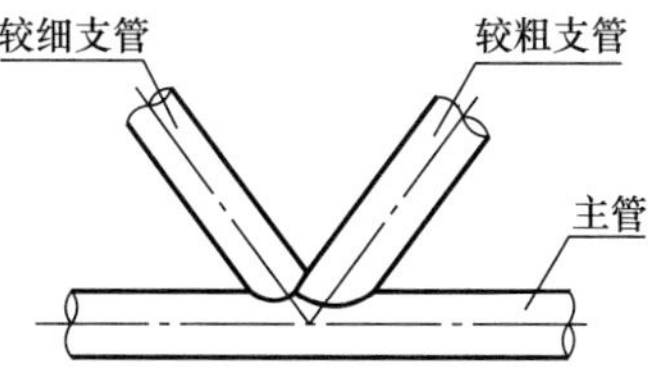

相贯节点处理情况B
（间隙$s<20$mm,支管直径不相等,
较粗支杆先和主杆完全相贯焊接）
（隐蔽焊缝必须先行施焊,检验
合格后方可覆盖焊接外露焊缝）

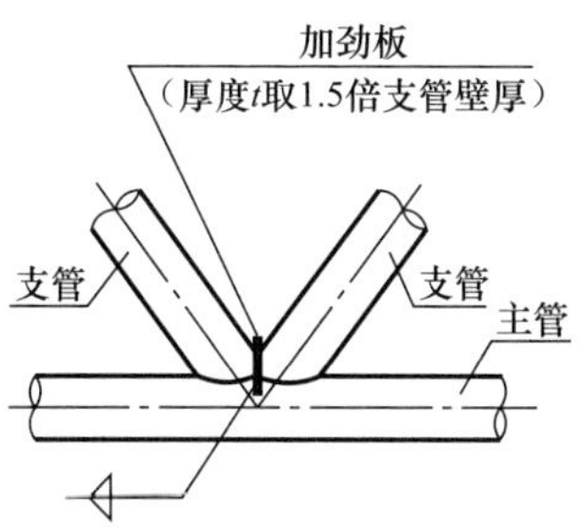

相贯节点处理情况C
（间隙$s<20$mm, 支管直径相等）
（隐蔽焊缝必须先行施焊,检验
合格后方可覆盖焊接外露焊缝）

图 7-60 相贯节点处理原则示意

第8章 预应力钢结构

所谓预应力钢结构，是指在设计、制造、安装、施工和使用过程中，采用人为方法引入预应力以提高结构强度、刚度、稳定性的各类钢结构。

预应力钢结构学科从诞生到现在已经历了将近六十年。第二次世界大战后恢复生产，重建经济时要求对旧结构和桥梁加固补强，20世纪50年代材料匮乏资金短缺的年代里要求降低用钢量节约成本，于是出现了在传统钢结构中引入预应力的预应力钢结构学科。随着科技进步、工业发达的步伐，20世纪末期在大量新材料、新技术、新理论的推动下，预应力钢结构领域中产生了一批张拉结构体系，它们受力合理，节约材料，型式多样，造型新颖，应用广泛，成为建筑领域中的最新成就。

8.1 预应力钢结构概述

8.1.1 预应力钢结构主要特点

1. 充分、反复地利用材料的弹性强度潜力以提高承载力

普通钢结构杆件的受力过程是从零应力开始（不计自重），外部荷载作用后杆件开始受力直至应力达到材料的抗拉或抗压极限。杆件承载力大小取决于杆件截面面积 A 与强度极限 f 的乘积，即 $F=Af$。在钢材抗拉与抗压强度相等的条件下，先在受拉杆件中引入最大的预压应力（不计稳定系数时），然后承受荷载，则其抗拉能力可提高一倍，如图8-1所示。普通拉杆的承载力 F_1 是从零应力状态开始的，当截面应力达到极限值 f 后就不再受载。而引入预压应力时其承载能力 F_2 是从预应力状态 $-f$ 开始的。随着荷载的增长首先抵消截面预应力，荷载继续增大至截面应力为极限值 f 后而不再能受力。显然 $F_2=2F_1$。换句话说，非预应力钢结构杆件的材料强度最大值只是可以被利用的强度幅值的一半，而预应力杆件在引入与荷载应力符号相反的预应力后，则可提高原强度承载能力一倍。也就是说预应力可以大大提高结构的弹性受力范围。

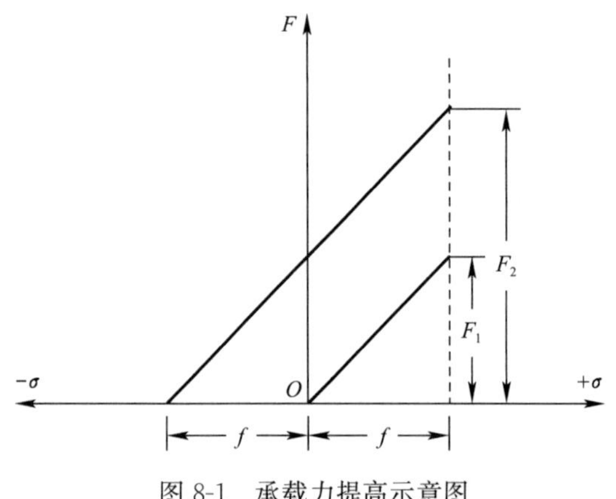

图8-1 承载力提高示意图

2. 改善结构的受力状态以节约钢材

在杆件内引入预应力后可以改善其受力状态，降低内力峰值，节约用钢量。例如均布荷载作用下的简支梁，用拉索法引入预应力后可将跨中最大弯矩减小。非预应力梁的弯矩设计值为 $M_{1\max}=\frac{1}{8}ql^2$，而预应力梁的弯矩设计值则下降为 $M_{2\max}=\frac{1}{8}ql^2-Te$，如图8-2所示，显然 $M_{1\max}>M_{2\max}$。

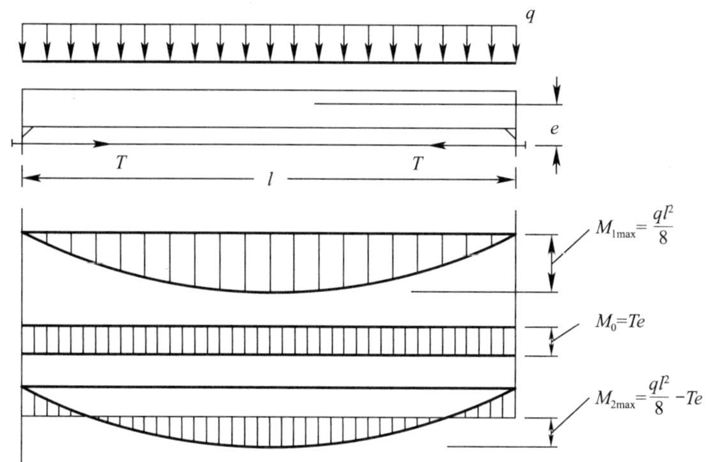

图 8-2　预应力梁弯矩变化示意图

如果采用支座位移法在双跨连续梁中引入预应力，如图 8-3 所示，则可根据荷载数量大小、作用位置及跨度尺寸等条件调整跨中弯矩峰值，强迫中间支座上下移位，使梁内三处弯矩峰值比较接近，以便设计出经济合理同一截面的梁。

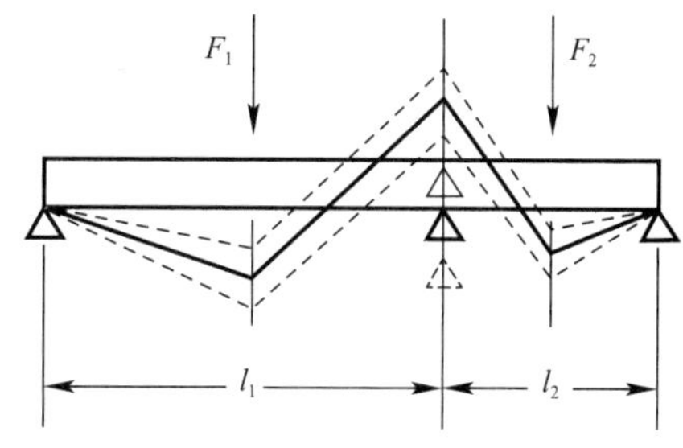

图 8-3　调整弯矩峰值示意图

3. 提高结构的刚度和稳定性，调整其动力性能

预应力能使结构产生与外部荷载作用下位移方向相反或相同的预应力位移 v_0，可以提高结构的刚度。反向预应力位移 v_0 如同结构的起拱，在荷载作用下可先抵消初始挠度，如图 8-4(a) 所示，再在水平轴线基础上计算结构实际挠度。同向预应力位移如同预位移，在荷载作用前因预应力作用而产生挠度，如图 8-4(b) 所示，待荷载作用时，则不再产生新的挠度（当 $F<T$ 时）。换言之，大大提高了结构刚度。

如果采用拉索法对压杆施加预应力，则可改变基本杆件的边界条件，从而提高其稳定性。图 8-5 中所示预应力的作用相当于在立柱的两端（图 8-5a）和中部（图 8-5b）增设了弹性嵌固支点，因而提高了基本杆件的稳定性。如果所增加弹性支座的数量与位置恰当，则可以

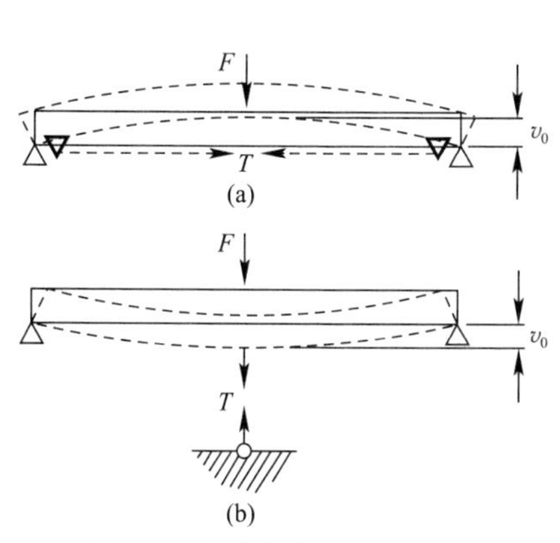

图 8-4　提高结构刚度示意图

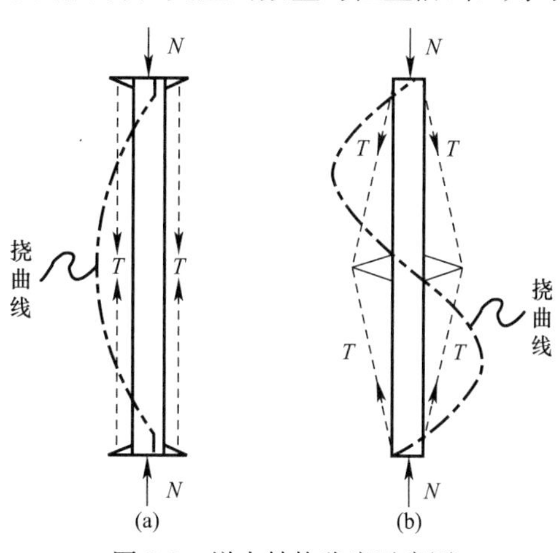

图 8-5　增大结构稳定度示意图

借助预应力手段排除基本杆件失稳问题而只依据杆件截面大小和材料强度来设计轴心压杆。

预应力还可以改变基本杆件的动力性能。根据预应力体系的选择与预应力施加力度的大小可以调节基本杆件的振动频率与自振周期，从而调整其动力特性。

8.1.2 预应力钢结构发展现状

预应力钢结构在我国经过 30 年的快速发展，其技术水平与工程规模都已达到国际先进水平。由于预应力钢结构的先进性和科学性，对其研究和应用已经从实腹梁、桁架等领域扩展到刚架、塔桅结构、大跨空间结构、悬索结构、桥梁、高层建筑、起重设备结构、储液库和大直径高压管道结构等多方面领域。

伴随着电子计算机技术进步和众多新兴空间结构的涌现，预应力钢结构已从初始的探索和试验阶段发展为标志当代先进工程技术水平的一门新兴学科，给结构工程带来崭新的面貌。预应力钢结构的理论研究与工程结构学科的研究同步发展，从结构静定性能深入到动态与抗震，从弹性强度理论扩展到塑性、疲劳及稳定，从平面结构扩展到空间体系，从设计、计算延伸到经济学、可靠度及优化成型理论，与此同时兴建了大批的预应力钢结构工程，如北京奥运工程国家体育馆双向度张弦网格结构，北京农展馆新馆张弦立体桁架结构，北京奥运工程羽毛球馆弦支穹顶结构，鄂尔多斯伊金霍洛旗体育中心索穹顶结构、北京冬奥会速滑馆屋盖采用单层正交双向马鞍形索网体系等，都将为今后的预应力钢结构工程提供借鉴模式。

预应力钢结构是一种新兴的工程技术。在钢结构的承重结构系统中引入预应力，可以改善结构的承重特性和稳定性，增加结构刚度，减轻结构自重，降低用钢量、降低成本，也可以创造新的结构体系和建筑造型。通过多年的发展创新，现代预应力钢结构可大致归纳为如下几种类型：

1. 预应力基本构件

包括预应力拉杆、预应力压杆和预应力实腹梁等。

2. 预应力平面结构

包括预应力桁架、预应力拱架、预应力框架和预应力吊挂结构等。

3. 预应力空间结构

包括预应力立体桁架、预应力网架、预应力网壳、预应力玻璃幕墙结构和预应力索膜结构等。

丰富多样的预应力张拉钢结构体系不断面世，证明了这门学科的先进性、科学性及无穷魅力，说明了客观事物的发展规律总是沿着至真、至善、至美的方向前进。我国在这一领域已形成了多个强大的科研群体，为预应力钢结构学科的发展与深入进行了不懈的努力，并取得了可喜的成就。2006 年由中国工程建设标准化协会发布了首部《预应力钢结构技术规程》CECS 212—2006，其问世使我国预应力钢结构设计与施工有了统一的、科学的、合理的标准规范，促使学科积极健康地发展，并发挥对技术的引领作用；同时标志着我国在这一领域已填补空白，有助于推动此新兴学科的普及和发展，是学科发展和工程建设上的一个里程碑。随着大量的研究实践以及相关规范的完善，我国的预应力钢结构标准体系在世界上已处于领先地位。与初创时期相比，应该说我国预应力钢结构在各方面都有了本质的提高与突破。

本章主要以某综合科研楼张弦梁玻璃采光顶、某火车站拉索幕墙、某火车站 V 形撑和某看台挑篷为例，详细解说预应力钢结构的设计流程及要点。

8.2　预应力钢结构实例一：张弦梁

8.2.1　工程简介

本节以某综合科研楼张弦梁玻璃采光顶为例，介绍张弦梁结构的设计流程和重点问题。张弦梁结构是张弦结构体系中最早出现的结构，它由梁、柔性下弦、撑杆三类构件组成。梁是刚性的压弯杆件，发展至今它已具有梁、拱、立体桁架、网壳等多种形式。柔性下弦是引入预应力的柔索，如今除拉索、小直径圆钢拉杆外，甚至采用直径大于 100mm 的钢棒。撑杆是连接刚性上弦与柔性下弦的传力载体，多采用钢管构件。张弦梁体系也可以理解为是由梁和悬索结构通过撑杆的连接而优化组合得到的复合结构体系，因其具有受力合理、经济美观、轻盈灵活、构造简单和结构效能高等特点而在国内外得到较多应用。

本例中的玻璃采光屋顶便是采用的张弦梁结构，其效果图如图 8-6 所示。

图 8-6　张弦梁结构效果图

8.2.2　模型建立

本结构张弦梁共分为三种规格，短向两种以及长向一种，其结构布置图和张弦梁模型分别如图 8-7 所示。

主张弦梁中拉杆的设计预应力为 100kN，确保自重＋预应力工况下与初拉力逼近。荷载情况如下：

（1）屋面荷载：

中空夹胶玻璃　　0.50kN/m^2

檩条　　0.10kN/m^2

附加荷载　　0.10kN/m^2

附加荷载　　0.10kN/m^2

屋面活载　　0.50kN/m^2

屋架自重由软件自动计算。

（2）抗震设防烈度：为 8 度，设计基本地震加速度值为 0.20g，第一组。

结构采用 MIDAS/GEN 进行设计计算。由于结构布置规则，所以设计时仅需选择其中标准一段进行计算。现取 BSS-A1 为例，介绍其设计验算过程。

(a) 屋面结构布置图

(b) BSS-A1

(c) BSS-A2

(d) BSS-B2 (3-4)

图 8-7　张弦梁结构布置图

依据结构布置，该段长度为 31.525m，分为 6 段，各段长度由实际布置情况确定。构件截面根据荷载情况依经验选取。张弦结构各节点边界条件如图 8-8 所示。

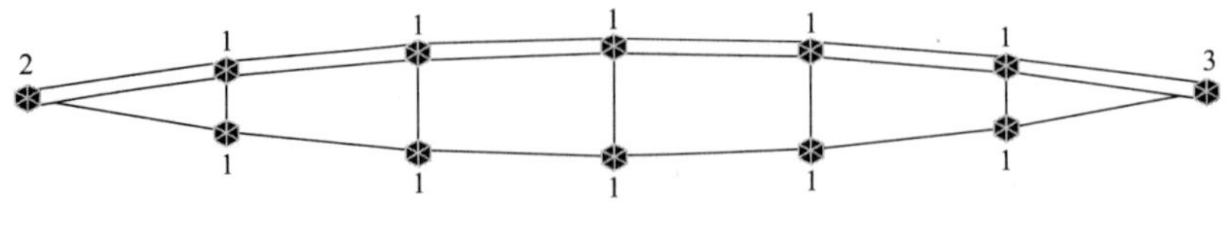

图 8-8　BSS-A1 边界条件

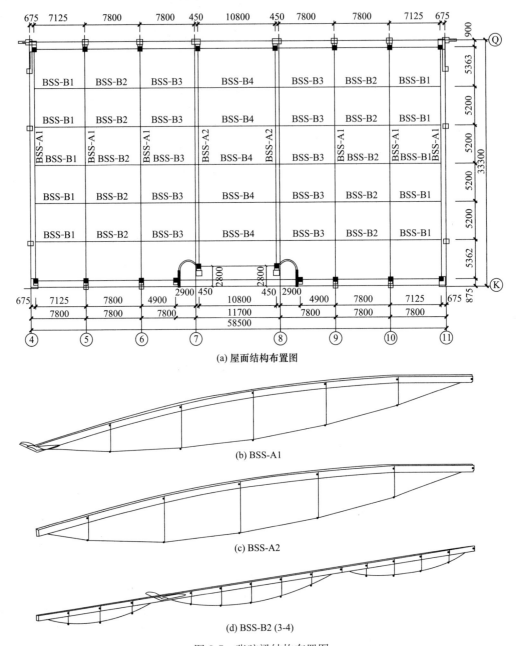

结构上弦与下弦节点全部为边界条件类型一，即约束 Y 方向位移，保证撑杆的有效连接和结构内力的传递；左侧支点为边界条件类型二，X、Y、Z 方向位移全部约束，作为结构受力变形的基准点；右侧支点为边界条件类型三，约束 Y、Z 方向位移，释放 X 方向约束，保证结构不会在 X 方向形变上产生的结构内力对结构本身产生不利影响。其设置窗口如图 8-9 所示。

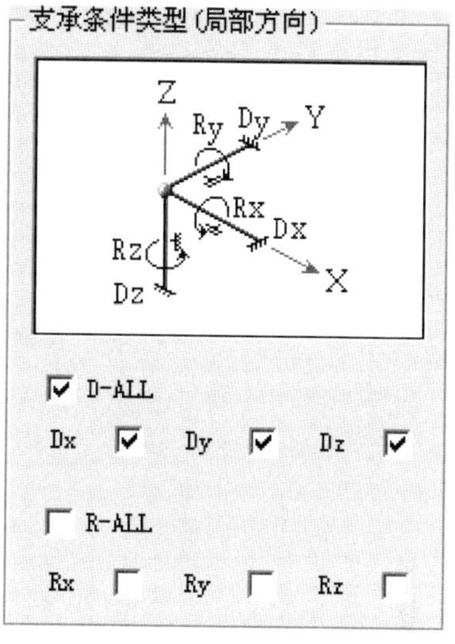

图 8-9　边界条件设置

荷载输入包括节点荷载、线荷载以及预应力荷载。各荷载根据实际受力情况计算后输入，完成建模。

8.2.3　结构分析与工程判定

结构计算结果如图 8-10 所示。

（1）结构杆件轴力

在两种情况下，结构杆件最大轴力为 928.9kN，杆件直径为 0.06m，所用材料为 Q550 钢材，杆件应力为 328.69MPa＜750/1.7＝442MPa（750MPa 为 Q550 钢拉杆极限受拉承载力，1.7 为材料分项系数），故杆件强度符合要求。

（2）下弦拉索拉力

张弦梁结构需要重点验证的问题便是下弦钢索在各种工况下所受荷载均为拉力，及受力荷载为正值，图 8-11 为其 1.2 恒载＋1.4 活载工况下的杆件内力图，由图中可知，下弦钢索均受拉力作用。

以杆件 7 为例，摘录其各种工况下的受力如图 8-12 所示，以确保其在所有工况下均能保证结构下弦钢索的有效工作。

（3）节点位移

节点 1 为结构竖向位移最大的点，其在 1.0 恒载＋1.0 活载＋1.0 预应力下的位移图如图 8-13 所示。

节点竖向位移为 39.95mm，39.95/15762.5＝1/395＜1/250

（4）周期和振型（表 8-1）

结构部分振型图如图 8-14 所示。

经验算，结构满足安全稳定要求。

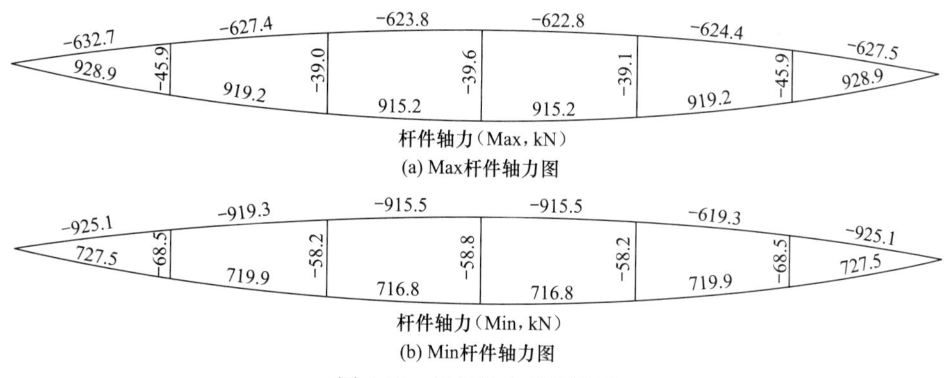

图 8-10　杆件轴力验算结果

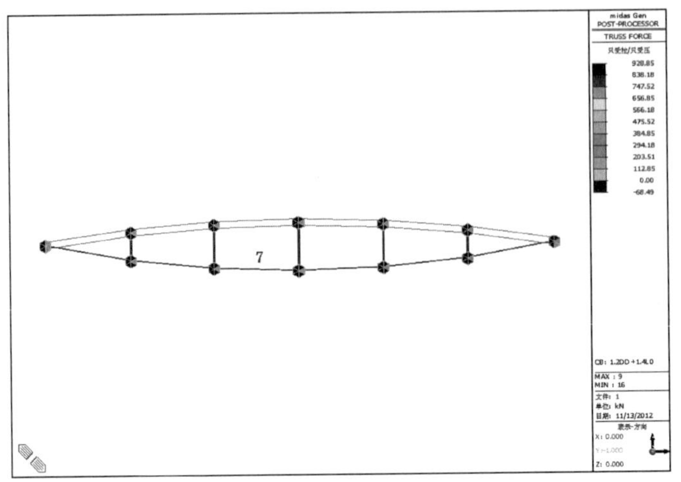

图 8-11　1.2 恒＋1.4 活下弦钢索内力图

单元	荷载	内力-I (kN)	内力-J (kN)
7	DEAD	350.6721	350.6721
7	LIVE0	215.5673	215.5673
7	LIVE1	86.71864	86.71864
7	LIVE2	86.71864	86.71864
7	SWT	82.27475	82.31973
7	prestr	10.64416	10.64416
7	RZ(RS)	74.43014	74.43014
7	1.2DD+1	915.1722	915.2315
7	1.2DD+1	716.7451	716.8045
7	1.2DD+1	716.7451	716.8045
7	1.35DD+	887.0163	887.0831
7	1.35DD+	748.1173	748.1841
7	1.35DD+	748.1173	748.1841
7	DSP(DD+	725.0742	725.1237
7	DSP(DD+	583.3406	583.3901
7	DSP(DD+	583.3406	583.3901
7	DSP(SWT	92.91891	92.96389
7	1.2DD+0	831.9080	831.9674
7	ENVELOP	915.1722	915.2315
7	DSP(DD+	476.2415	476.2910
7	DSP(DD+	713.3656	713.4151
7	ENVELOP	716.7451	716.8045
7	ENVELOP	915.1722	915.2315
7	STD-1.2	915.1722	915.2315
7	STD-1.2	716.7451	716.8045
7	STD-1.2	716.7451	716.8045
7	STD-1.3	887.0163	887.0831
7	STD-1.3	748.1173	748.1841
7	STD-1.3	748.1173	748.1841
7	1.2(DD+	818.9739	819.0333

图 8-12　各工况下杆件 7 受力情况

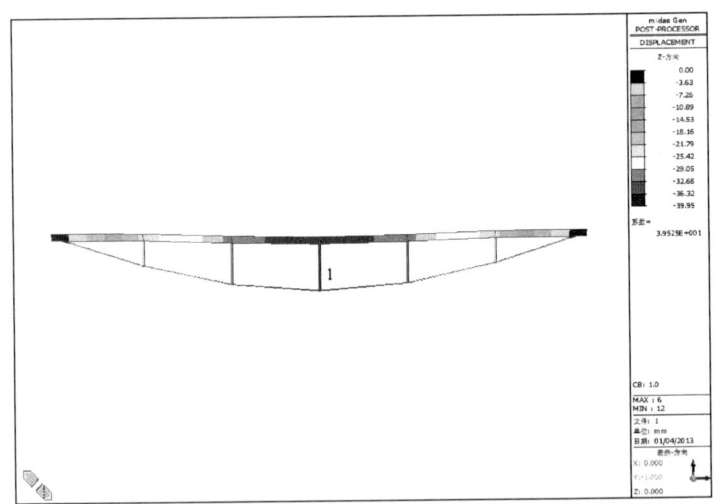

图 8-13　1.0 恒＋1.0 活＋1.0 预应力结构竖向位移图

结构周期与振型　　**表 8-1**

模态	周期（s）	模态	周期（s）
1	0.6535	6	0.0708
2	0.5015	7	0.0257
3	0.2840	8	0.0164
4	0.1676	9	0.0138
5	0.1166	10	0.0122

8.2.4　施工图绘制

张弦梁施工图一般包括结构平面图、立面图，其中预应力杆件详图要清楚地表示出其构造措施，对于复杂节点，可通过平、立、剖面三种视图分别详细表示，如图 8-15、图 8-16 所示。

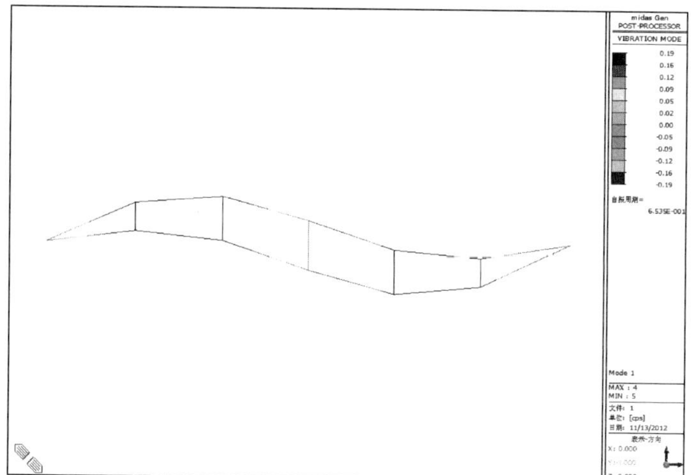

(a) 第一振型

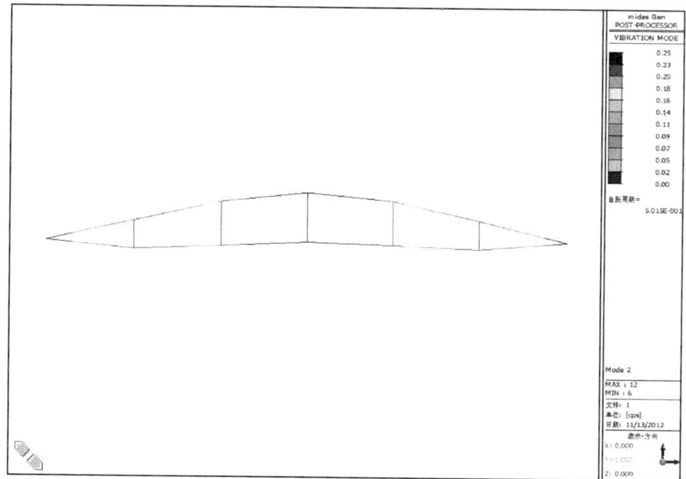

(b) 第二振型

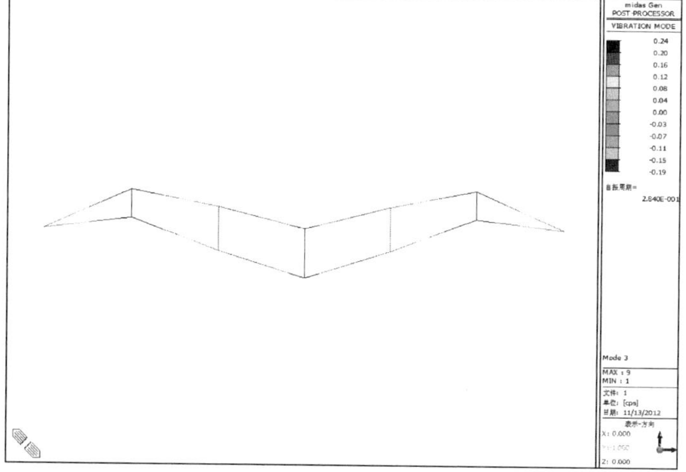

(c) 第三振型

图 8-14　结构振型图（一）

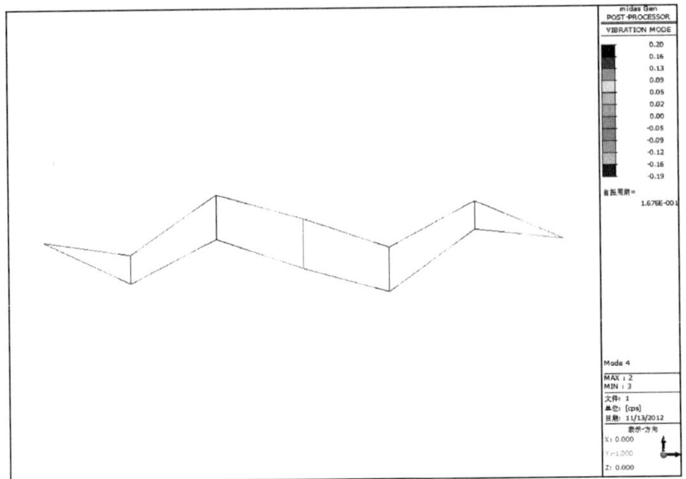

(d) 第四振型

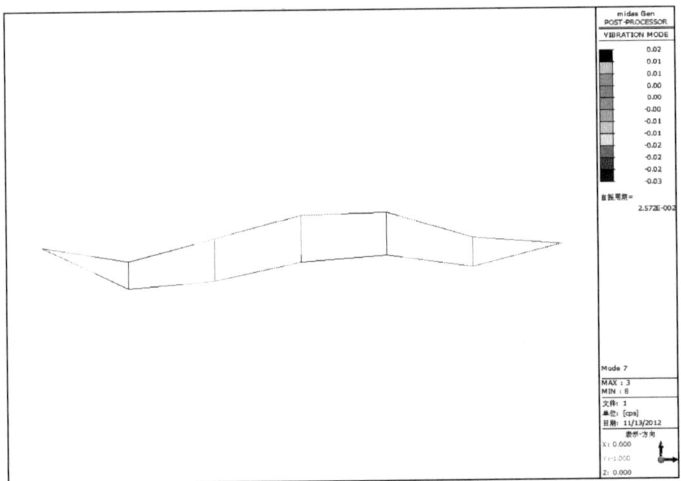

(e) 第七振型

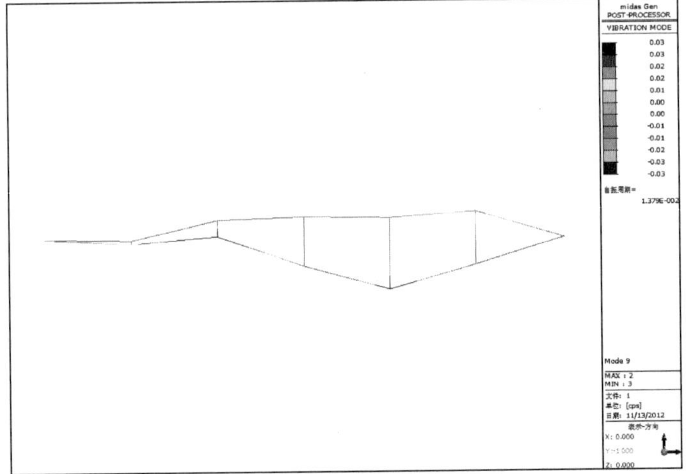

(f) 第九振型

图 8-14　结构振型图（二）

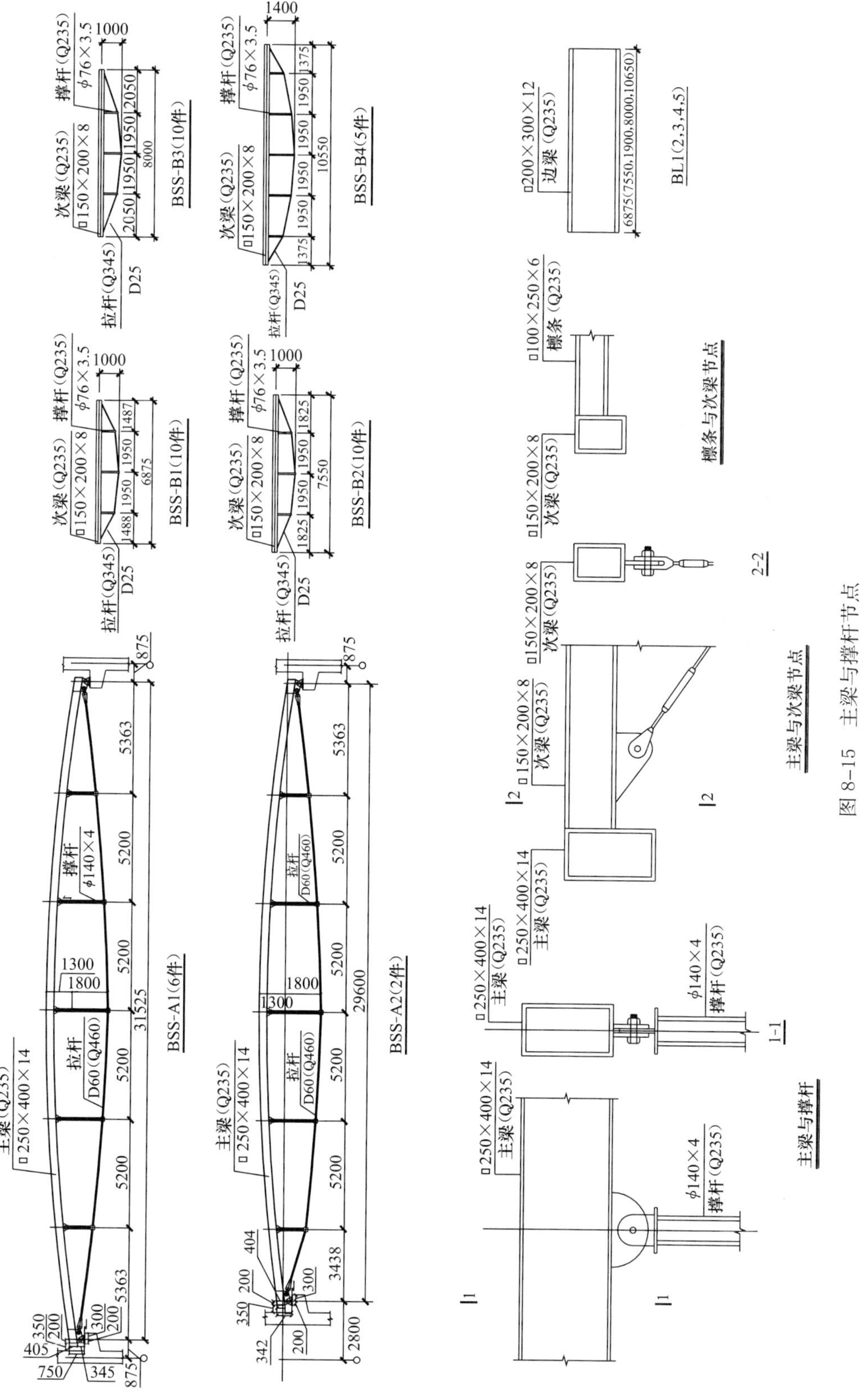

图 8-15　主梁与撑杆节点

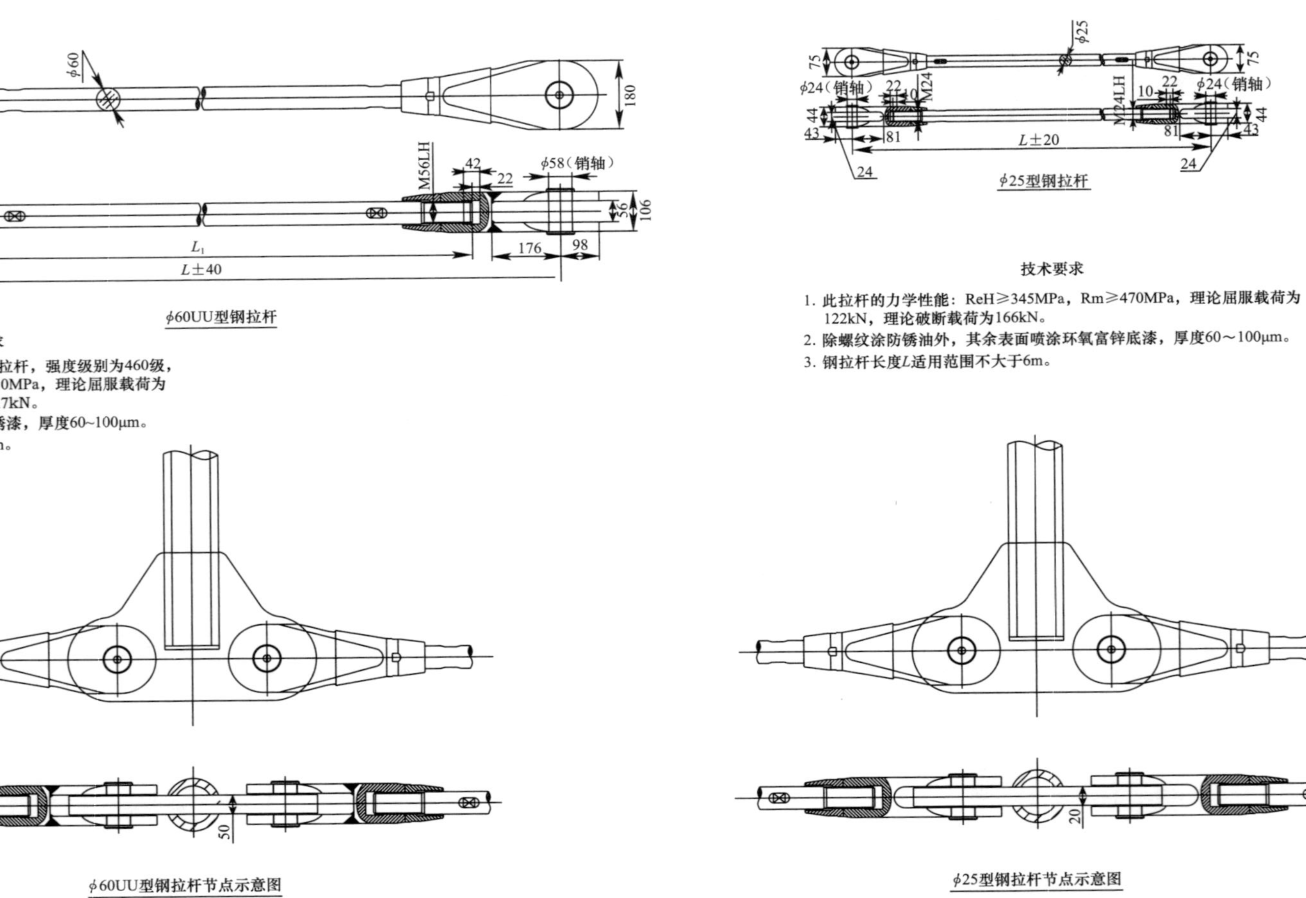
180
φ60
180
φ58（销轴）
42
22
M56
M56LH
42
22
φ58（销轴）
106
56
56
106
98
176
L_1
176
98
L±40
φ60UU型钢拉杆
技术要求
1. 本拉杆为建筑用UU型非等强钢拉杆，强度级别为460级，杆体的ReH≥460MPa，Rm≥610MPa，理论屈服载荷为1008kN，理论破断载荷为1336.7kN。
2. 螺纹部分涂防锈油，其余涂防锈漆，厚度60~100μm。
3. 钢拉杆长度L适用范围不大于6m。
75
φ25
75
φ24（销轴）
22
10
M24
M24LH
10
22
φ24（销轴）
44
43
81
L±20
81
44
43
24
24
φ25型钢拉杆
技术要求
1. 此拉杆的力学性能：ReH≥345MPa，Rm≥470MPa，理论屈服载荷为122kN，理论破断载荷为166kN。
2. 除螺纹涂防锈油外，其余表面喷涂环氧富锌底漆，厚度60～100μm。
3. 钢拉杆长度L适用范围不大于6m。
50
φ60UU型钢拉杆节点示意图
20
φ25型钢拉杆节点示意图

图 8-16　UU型钢拉杆

8.3　预应力钢结构实例二：拉索幕墙

本节结合一个实际的拉索幕墙工程介绍拉索幕墙的设计过程。主要包括以下几个要点：

（1）结构模型的建立；

（2）结构荷载的确定和输入；

（3）分析步的定义和输入；

（4）计算结果的查看和分析。

其设计流程如图 8-17 所示。

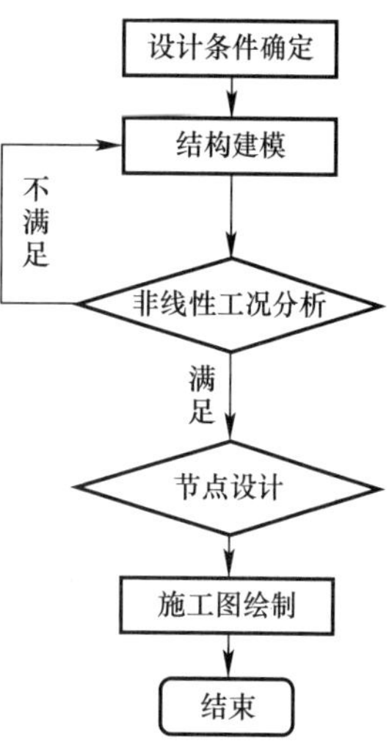

图 8-17　拉索幕墙设计流程

8.3.1　建筑条件及结构选型

拉索幕墙立面、剖面如图 8-18 所示。

8.3.2　模型建立

本例利用 SAP2000 来计算分析，模型建立可以通过其他的软件进行导入或者直接在 SAP2000 中建立。本书利用 AutoCAD 生成含截面组的 dxf 文件，然后导入 SAP2000 中赋予材料、截面。最终的 SAP2000 模型如图 8-19 所示。

模型有几点需要说明的是：①考虑到后面需要施加荷载，模型建立了虚面。通过指定面单元厚度为 0 来实现虚面的添加，虚面主要是用来导荷载的，对结构的整体刚度没有贡献。②除了拉索单元用 Cable 单元来模拟，其他的框架单元都用 Frame 单元来模拟，桁架单元通过释放 Frame 单元两端的弯矩来实现。

由于结构的主要功能是传递荷载，因此在计算分析之前需要考虑结构必须传递什么荷载。由《玻璃幕墙工程技术规范》JGJ 102—2013 第 5.4.1 条，本例中幕墙考虑的荷载有恒荷载（DL）、风荷载（Wind）、地震作用（EQ）。

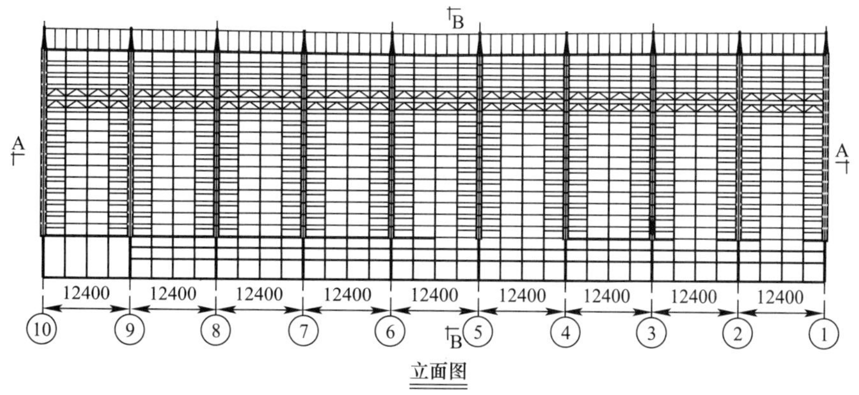

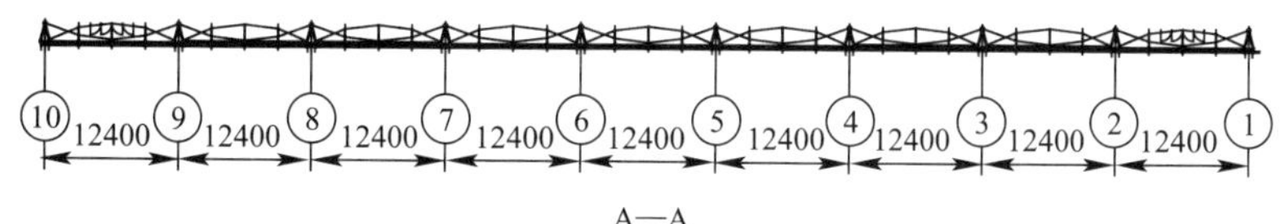

图 8-18　拉索幕墙立面、剖面图（一）

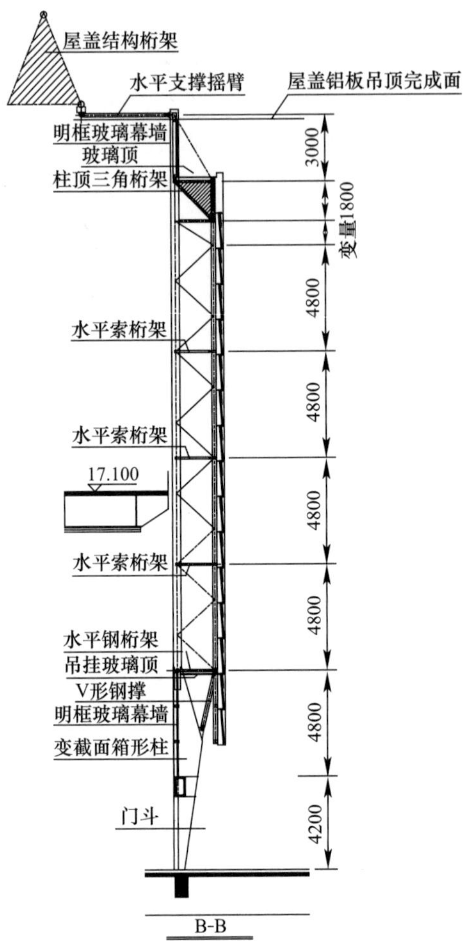

图 8-18 拉索幕墙立面、剖面图（二）

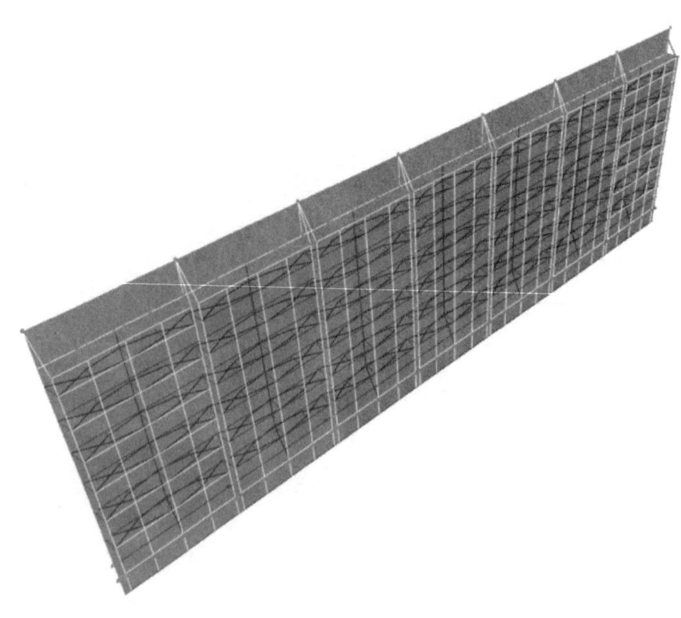

图 8-19 幕墙 SAP2000 模型图

恒荷载 DL 包含幕墙构件重力荷载及支撑幕墙的钢构件自重，其中钢构件的自重可以由软件自动计算。本工程中 DL 取值为 0.8kN/m^2（不包含模型自重）。

风荷载由荷载规范知，考虑正风压和负风压。按照 100 年重现期取基本风压 $w_0=0.7$kN/m^2；按照 A 类区计算得 36m 高处的阵风系数取 $\beta_{gz}=1.53$；按照 A 类区计算得 36m 高处风压高度变化系数取 $\mu_z=1.872$；局部风荷载体形系数 $\mu_s=-1.2$（负风压）；$\mu_s=1.0$（正风压）。此处刚架系统的风荷载从属面积 $A>10$m^2；则对体型系数进行折减 $\mu_s=0.8\times(-1.2)=-0.96$（负风压）；$\mu_s=0.8\times1.0=0.8$（正风压）；

负风压：$w_k=\beta_{gz}\times\mu_s\times\mu_z\times w_0=1.53\times0.96\times1.872\times0.7=1.925$kN/m^2；

正风压：$w_k=\beta_{gz}\times\mu_s\times\mu_z\times w_0=1.53\times0.8\times1.872\times0.7=1.6$kN/m^2；

本例中风荷载标准值取 Wind=2kN/m^2。

垂直于玻璃幕墙平面的分布水平地震作用标准值按《玻璃幕墙工程技术规范》JGJ 102—2003 第 5.3.4 条计算。本例中抗震设防烈度为 7 度，α_{max} 取 0.08。水平地震作用标准值 $EQ_{Ek}=5\times\alpha_{max}\times G_k=5\times0.08\times0.8=0.32$kN/m^2。

拉索的预应力通过降温法来施加，对拉索单元降温 150℃，相当于施加的预应力为 $F=\Delta t\times E\times A\times\alpha=150\times2.06e^5\times\pi\times20^2/4\times1.2e^{-5}=116431\text{N}\approx120\text{kN}$。

SAP2000 中定义完荷载模式如图 8-20 所示。

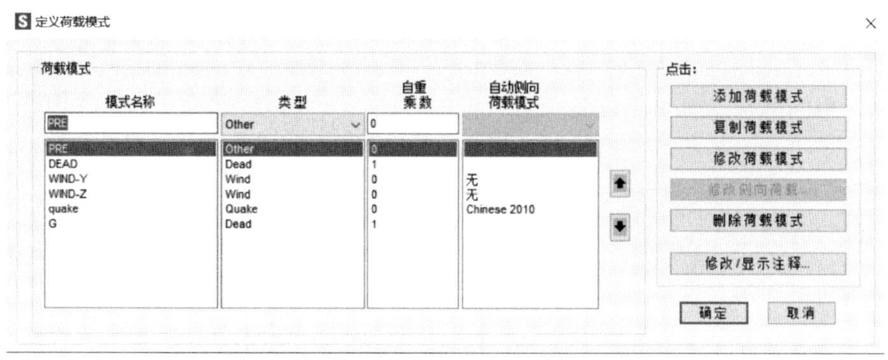

图 8-20　荷载定义

之后为各个荷载模式指定对应模式下的荷载，本例中施加的荷载通过施加在虚面上来实现。然后再定义荷载工况如图 8-21 所示。

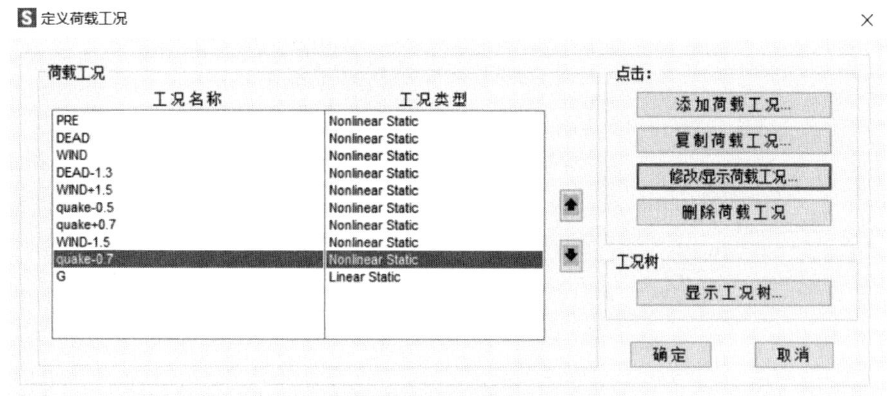

图 8-21　荷载工况定义

指定荷载工况类型为 Nonlinear Static，考虑 P-Delta 效应和大位移，如图 8-22 所示。

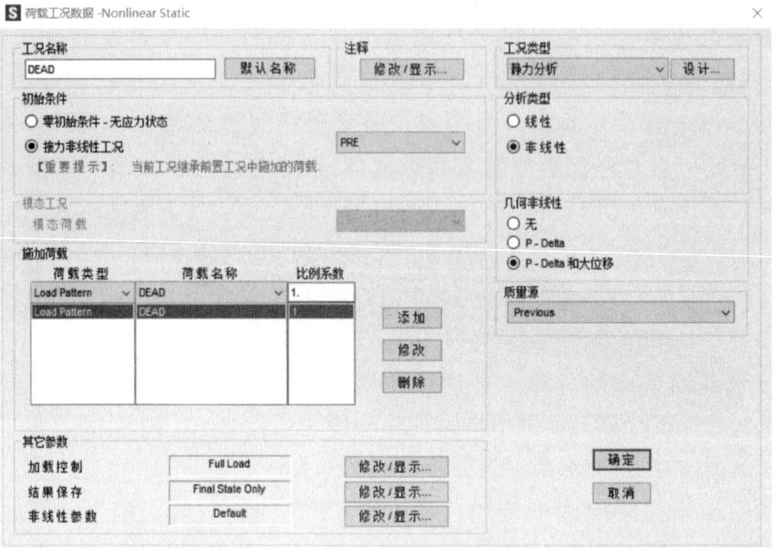

图 8-22　荷载工况数据设置

非线性分析的下一工况是以之前分析下来的工况为初始状态，如 Dead 工况是在以施加预应力的工况 Pre 为初始状态上继续分析的，以此类推，最后得到最终需要考虑的几种荷载工况。本例最终考虑的荷载工况为 1.3DL＋1×1.5Wind＋0.5×1.4EQ，同时考虑荷载的方向，最终考虑的荷载工况如表 8-2 所示，荷载工况施加完后，可以查看荷载工况树，如图 8-23 所示。

荷载工况说明　　　　**表 8-2**

荷载工况	DL	Wind	Pre	EQ	说明
LCB1	1.3	1.5	1	0.7	1.3DL＋1.5Wind＋0.7EQ
LCB2	1.3	－1.5	1	－0.7	1.3DL－1.5Wind－0.7EQ
LCB3	1.3	1.5	1	0.7	1.3DL＋1.5Wind－0.7EQ
LCB4	1.3	－1.5	1	0.7	1.3DL－Wind＋0.7EQ

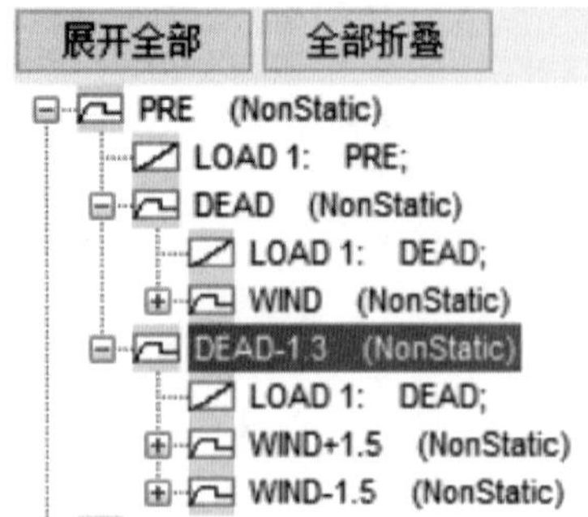

图 8-23　荷载工况树

8.3.3　结构分析与工程判定

1. 挠度查看与分析

由《玻璃幕墙工程技术规范》JGJ 102—2003 第 5.4.4 条知，幕墙构件的挠度验算时，风荷载分项系数和永久荷载分项系数均取 1.0，且可不考虑作用效应的组合。因此在 SAP2000 中查看模型在 DL 和 Wind 工况下的位移值即可。由《玻璃幕墙工程技术规范》JGJ 102—2003 第 6.2.7 条知，采用钢型材材料的横梁，在风荷载或重力荷载标准值作用下，挠度

限值宜按构件跨度 $l/250$ 来采用，其中 l 为横梁的跨度。本工程的挠度限值为 11000/250=44mm。

在恒荷载标准值作用下的挠度云图如图 8-24 所示。

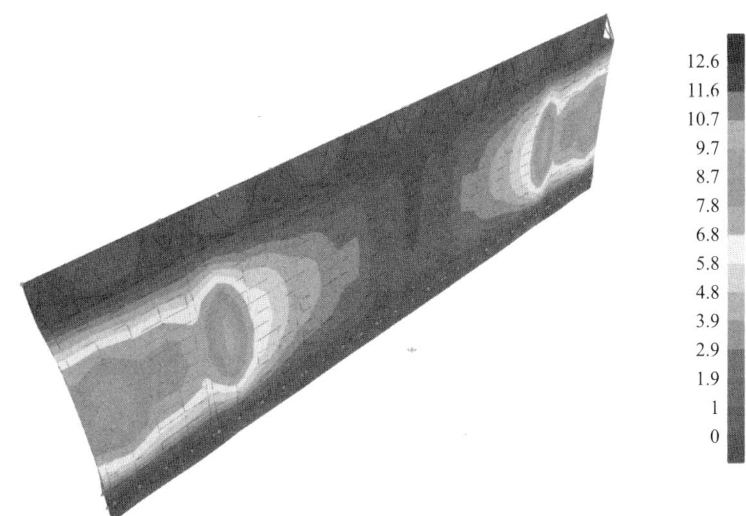

图 8-24　恒载标准值作用下幕墙挠度云图

可以发现结构在恒荷载标准值作用下的最大位移为 12.6mm，满足在该作用下的挠度限制要求。

在风荷载标准值作用下的挠度云图如图 8-25 所示。

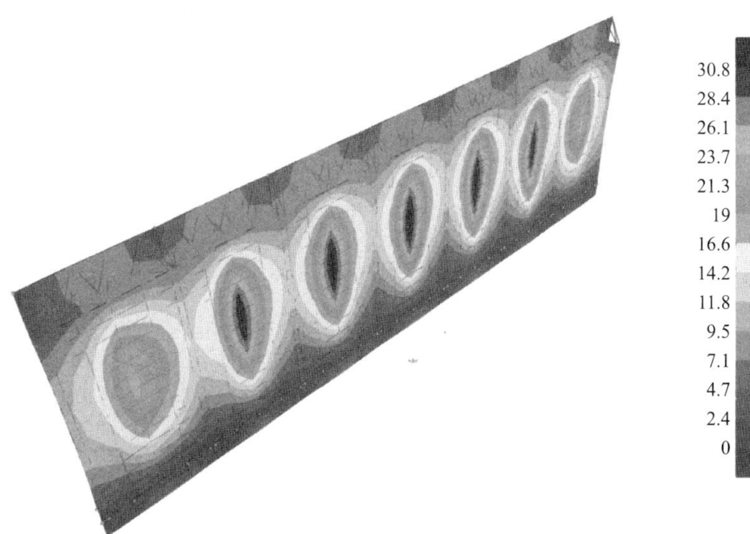

图 8-25　风载标准值作用下幕墙挠度云图

可以发现结构在风荷载标准值作用下的最大位移为 30.8mm，也满足在该作用下的挠度限制要求。

2. 杆件应力比验算

打开 SAP2000 的钢框架设计菜单，单击显示初选项，对其中的参数进行输入，输入与自己工程相适应的参数。本工程的参数输入如图 8-26 所示。

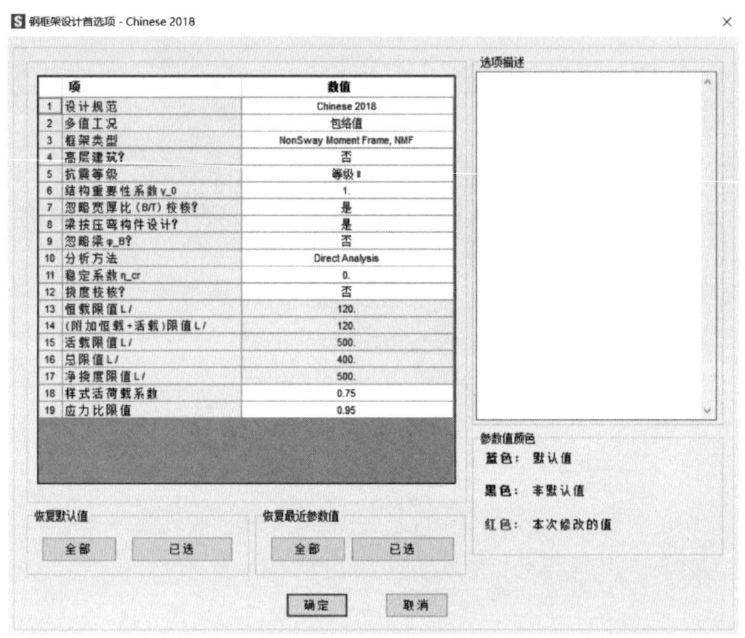
钢框架设计首选项 - Chinese 2018

	项	数值
1	设计规范	Chinese 2018
2	多值工况	包络值
3	框架类型	NonSway Moment Frame, NMF
4	高层建筑?	否
5	抗震等级	等级 II
6	结构重要性系数 γ_0	1.
7	忽略宽厚比（B/T）校核?	是
8	梁按压弯构件设计?	是
9	忽略梁 φ_B?	否
10	分析方法	Direct Analysis
11	稳定系数 η_cr	0.
12	挠度校核?	否
13	恒载限值 L/	120.
14	（附加恒载+活载）限值 L/	120.
15	活载限值 L/	500.
16	总限值 L/	400.
17	净挠度限值 L/	500.
18	样式活荷载系数	0.75
19	应力比限值	0.95

图 8-26　参数输入

首选参数输入完成后，选择设计对应的各个荷载组合，验算所有荷载组合下的杆件应力比。查看各个杆件的应力比值，验证是否满足要求，不满足要求的需要加大杆件截面或者增大材料强度，本工程结构的应力比结果验算如下：由于全部显示看不清各个杆件的应力比，图 8-27 仅截取部分区域的应力比值。

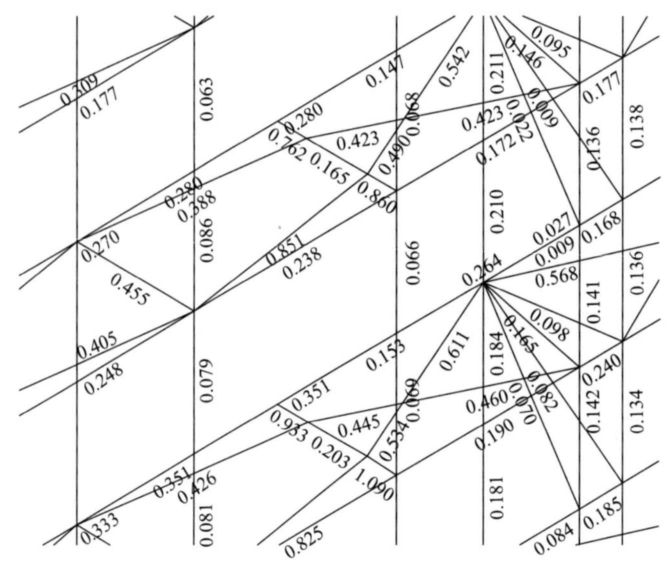

图 8-27　部分杆件应力比

如图 8-27 所示，钢框架杆件的应力比均小于 1，满足要求。

对于幕墙预应力拉索，需要考虑两种情况：(1) 初始预拉力，一般是考虑结构在自重状态下拉索作为只受拉单元所受的拉力来确定，即在自重＋预应力荷载工况下，各个拉索杆件均处于受拉状态，而且应保证各个拉索所受的拉力值相差不大。(2) 在包络工况下，各个拉索不会受压松弛，且受拉时不发生破坏。不破坏即保证在包络工况下拉索的内力还没有达到抗拉力设计值。这里的抗拉力设计值 $F=F_{tk}/\gamma_R$，其中 F_{tk} 为拉索的极限抗拉力标准值，γ_R 为拉索的抗力分项系数，取 2.0；当为钢拉杆时取 1.7。

本工程中拉索在自重＋预应力荷载工况下的轴力（单位：kN）如图 8-28 所示（部分区域的轴力值）。

图 8-28　拉索在自重＋预应力荷载工况下的轴力

如图 8-28 所示，拉索单元均处于受拉状态，而且各拉索所受的轴力大致相当，满足要求。

拉索在包络工况下的应力值 S_{11}（单位 MPa）如图 8-29 所示（部分区域的应力值）。

可以看出，拉索单元在包络工况下的应力小于抗拉设计强度 1320/2＝660MPa，满足要求。

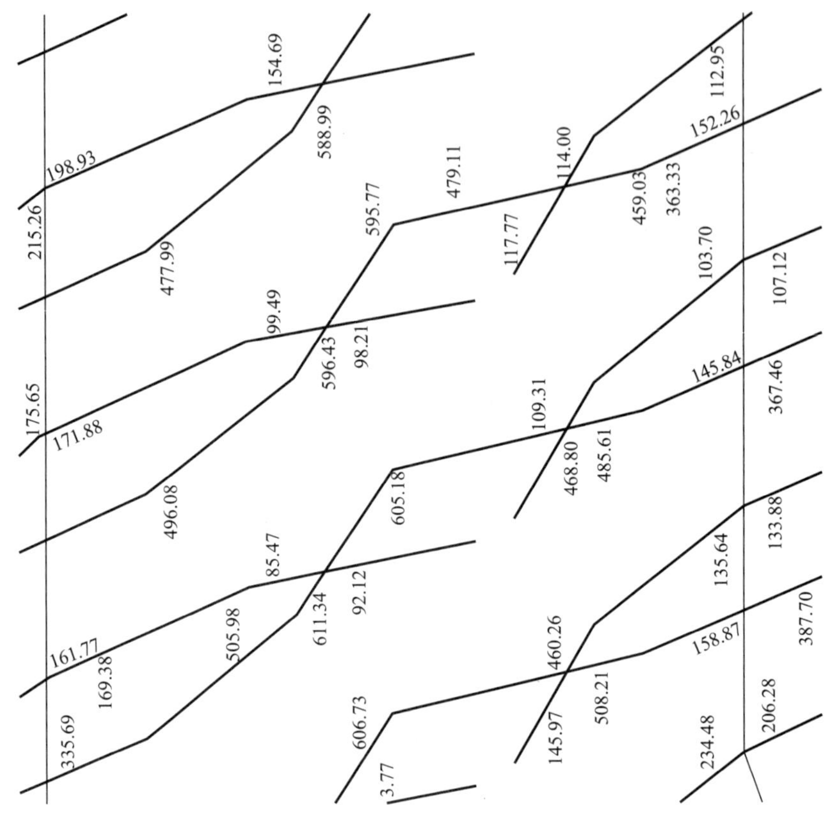

图 8-29　拉索在包络工况下的应力

8.4　预应力钢结构实例三：预应力压杆

轴心受压杆件是工程结构中的主要受力构件。其截面尺寸一般情况下是由强度和稳定条件确定的，而稳定性往往是设计中的控制因素。在杆件长细比较大时（>150），考虑稳定性对承载力的折减可以达到70%左右，大大损耗了承载幅值。而采用预应力技术可使压杆不受长细比制约，排除杆件失稳影响，只依据杆件截面强度来设计承载力，从而挽回传统压杆设计中的强度折减损失。因此预应力压杆可以节约材料、减轻自重、降低成本，在大型空间结构如火车站站房、机场航站楼等设计中，采用预应力压杆作为主要受压构件的优点非常突出。

本节结合一个实际的工程介绍预应力压杆的计算和设计过程。

8.4.1　工程概况

图 8-30 是某火车站站房中预应力压杆所处的主要位置和预应力压杆构造。

预应力轴心压杆的构造一般由三部分组成：

(1) 刚性中心杆是压杆的主要部分，一般由一对型钢对称组成的封闭截面或由圆钢管组成，杆长如在两主轴平面内支承条件相等时，也应选用对两主轴平面惯性矩相同的截面形式。

(2) 拉索是施加预应力形成中心杆边界约束条件的载体，一般布置在杆截面重心处或与重心对称的位置上。拉索可由高强钢丝、高强圆钢、钢绞线或钢缆绳等做成。

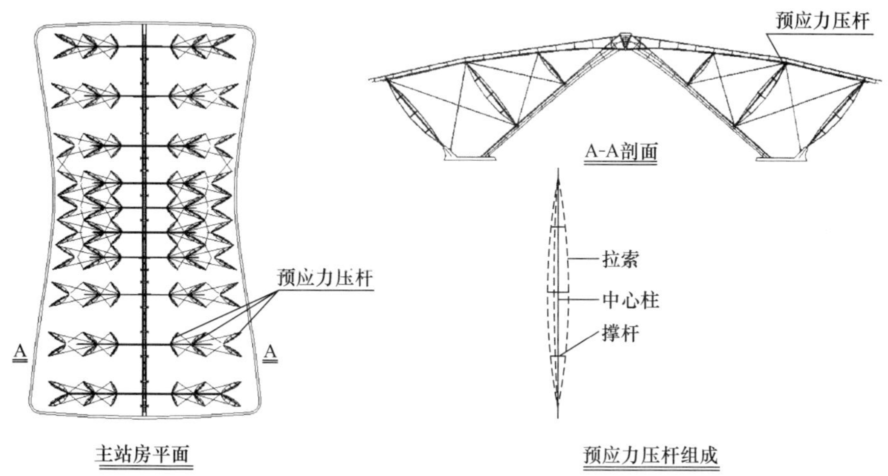

图 8-30　预应力压杆示意

(3) 横隔或撑杆是连接中心杆和拉索保证其共同工作的刚性构件，通过撑杆调整拉索的位置，以形成中心杆上不同弹性系数的中间弹性支座。撑杆一般按拉索分肢布置情况相应设置，由钢板或型钢组成，与中心杆刚性相连。撑杆与拉索连接处应当固结，以防止中心杆弯曲后其间相互滑动。

8.4.2　模型建立

本工程利用 MIDAS 软件来进行整体计算分析，整体模型建立时考虑预应力压杆在结构中处于只受压状态，因此等效为一个杆件建立在整体模型中，分析完成后提取该杆件的内力再来单独地分析预应力压杆的承载力。图 8-31 所示为整体模型，模型已等效为一个具有圆管截面的杆件。

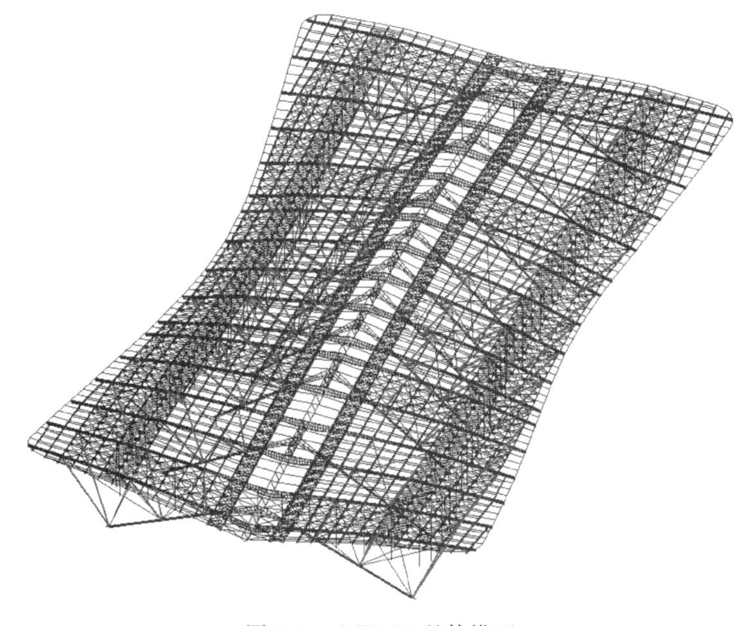

图 8-31　MIDAS 整体模型

8.4.3 预应力压杆的计算方法

预应力撑杆式压杆计算方法有多种，基于不同的构造假设及计算图形大体分为两类：(1) 根据临界状态下的静力特征而提出的计算方法，称为静力法；(2) 根据临界状态下的能量特征而提出的计算方法，称为能量法。然后根据平衡形式的二重性（即失稳前后的两种平衡状态）建立特征方程式，最后根据特征方程式求出极限承载力 P_{cr}。具体的计算方法推导过程和平衡方程可参考陆赐麟等《现代预应力钢结构（修订版）》一书。

实际计算和分析时可以利用手算法和软件分析法来得到预应力压杆的极限承载力。预应力钢结构任意工况下，都应确保拉索处于受拉状态，按照这个原则来确定拉索初始预应力的下限值，包括由稳定控制的极限状态和由强度控制的极限状态；在拉索张力作用下，中心杆需要满足强度和稳定要求，同时确保拉索本身不会发生强度破坏，此为拉索初始预应力的上限值。

8.4.4 预应力压杆手算过程

1. 计算依据

(1) 陆赐麟等编著.《现代预应力钢结构（修订版）》

(2) 唐柏鉴，董军. 首部《预应力钢结构技术规程》的几点探讨 [J]. 江苏科技大学学报

2. 截面参数

中心柱弹性模量：$E_1=206000\text{MPa}$

中心柱几何尺寸：$D_1=600\text{mm}$　$t_1=25\text{mm}$

压杆总长度：$l=44\text{m}$

拉索弹性模量：$E_2=195000\text{MPa}$

拉索有效直径：$D_2=60\text{mm}$

中心杆节间数：$n=4$

拉索边数：$k=3$

中心柱截面面积：

$$A_1=\pi\cdot\left(\frac{D_1}{2}\right)^2-\pi\cdot\left(\frac{D_1-2\cdot t_1}{2}\right)^2=\pi\cdot\left(\frac{600}{2}\right)^2-\pi\cdot\left(\frac{600-2\times25}{2}\right)^2=45137.5\text{mm}^2$$

拉索有效面积：$A_2=\pi\cdot\left(\frac{D_2}{2}\right)^2=\pi\cdot\left(\frac{60}{2}\right)^2=2826\text{mm}^2$

中心柱强度设计值：$f_1=295\text{MPa}$

拉索抗拉强度设计值：$f_2=930\text{MPa}$

3. 极限承载力计算（稳定）

中心柱惯性矩：

$$I_1=\frac{\pi\cdot D_1^4}{64}-\frac{\pi\cdot(D_1-2\cdot t_1)^4}{64}=\frac{\pi\cdot600^4}{64}-\frac{\pi\cdot(600-2\times25)^4}{64}=1.869\times10^9\text{mm}^2$$

全部拉索面积对形心轴的最大惯性矩：

$$I_2=\frac{1}{2}\cdot k\cdot A_2\cdot b_{\max}^2=\frac{1}{2}\times3\times2826\times3.502^2=5.20\times10^{10}\text{mm}^4$$

中心柱的欧拉临界荷载：

$$P_{cr1}=\frac{\pi^2\cdot E_1\cdot I_1}{(\mu\cdot l)^2}=\frac{\pi^2\times 206000\text{MPa}\times 1.869\times 10^9\text{mm}^4}{(1.0\times 44)^2}=1963.7\text{kN}$$

拉索体系的最大等效欧拉荷载：

$$P_{cr2}=\frac{\pi^2\cdot E_2\cdot I_2}{(\mu\cdot l)^2}=\frac{\pi^2\times 195000\text{MPa}\times 5.20\times 10^{10}\text{mm}^4}{(1.0\times 44)^2}=51704.3\text{kN}$$

拉索体系的体型系数：

$$\psi=\frac{2\cdot n}{\pi^4}\cdot\sum_{i=0}^{n-1}[B(i)\cdot\sin(\alpha(i))+C(i)\cdot\pi\cdot\cos(\alpha(i))^2\cdot\cos(\alpha(i))]$$

其中　$\alpha(i)=\arctan\left[\frac{4\cdot(b_{i+1}-b_i)}{l}\right]$

$$B(i)=\sin\left[\frac{(i+1)\cdot\pi}{n}\right]-\sin\left(\frac{i\cdot\pi}{n}\right)$$

$$C(i)=\xi(i)\cdot\cos\left(\frac{i\cdot\pi}{n}\right)-\xi(i+1)\cdot\cos\left[\frac{(i+1)\cdot\pi}{n}\right]$$

$$\xi(i)=\frac{b_i}{b_{max}}$$

由此可得，预应力压杆的稳定临界荷载值为：

$$P_{cr}=P_{cr1}+P_{cr2}\cdot\psi=34855.6\text{kN}$$

4. 极限承载力计算（强度）

$$P_{scr}=A_1\cdot f_1=45137.5\text{mm}^2\times 295\text{MPa}=13322.3\text{kN}$$

拉索初张力暂取

$$T_0=600\text{kN}$$

$$\eta=\frac{E_2\cdot A_2}{E_1\cdot A_1}=0.059$$

$$P_{st}(i)=\frac{A_1\cdot f_1-k\cdot T_0\cdot\cos(\alpha(i))}{1+k\cdot\eta\cdot\cos(\alpha(i))^3}$$

$$P_{str}=\min\{P_{st}(0),P_{st}(1),P_{st}(2),P_{st}(3)\}=9805.6\text{kN}$$

5. 拉索初张力确定

（1）拉索初张力下限

$$P_{crm}=\min(P_{cr},\ P_{str})=9805.6\text{kN}$$

$$T_{0d}=\frac{P_{crm}\cdot\eta}{1+k\cdot\eta}=493.407\text{kN}$$

（2）拉索初张力上限

1）中心杆控制

$$T_{0u1}=\frac{\min\left(A_1\cdot f_1,\ \frac{n^2\cdot\pi^2\cdot E_1\cdot I_1}{l^2}\right)}{k}=4440.8\text{kN}$$

2）拉索本身控制

$$T_{0u2}=A_2\cdot f_2=2629.5\text{kN}$$

$$T_{0u}=\min(T_{0u1},T_{0u2})=2629.5\text{kN}$$

（3）拉索初张力评判

拉索初张力 $T_0=600kN$，介于拉索初张力上下限之间，故此预应力压杆满足要求。

8.4.5 预应力压杆软件分析过程

在分析极限承载力时，通常需要进行线性屈曲和非线性屈曲分析。其中线性屈曲也称为特征值屈曲，而非线性屈曲形式包括极值点屈曲和二次分叉屈曲两种形式。极值点屈曲形式是指结构在荷载作用下，结构发生与荷载一致的变形，直到荷载达到结构承载力的极限，结构发生越跃并失去承载力：二次分叉屈曲形式是与荷载形式不一致的一种或几种变形形式，通常是由结构的初始缺陷或者微小扰动引起的。在加载过程的某一时刻，结构会由于初始缺陷或微小扰动的影响，结构的变形形式会从与荷载形式一致的变形跳跃到另外一种形式，从而导致结构发生二次分叉屈曲。因为结构的初始缺陷或者微小扰动是不可避免的，所以结构的最终破坏形式取决于这两种破坏形式中屈曲荷载较小的一种形式。

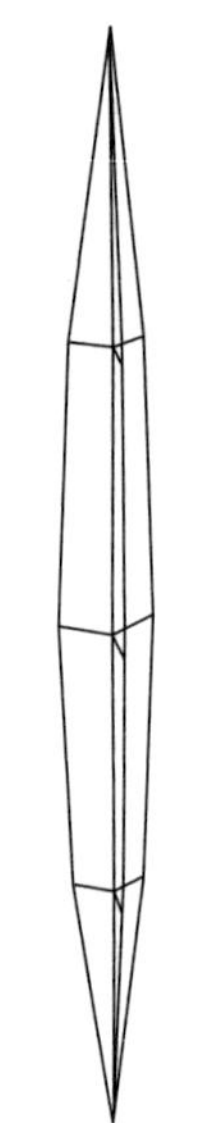

图 8-32　几何模型的建立

本节主要介绍如何利用软件分析预应力压杆的极限承载力，采用的软件是通用有限元软件 ABAQUS。

1. 有限元模型建立

（1）首先在 ABAQUS 中建立几何模型（图 8-32）

几何模型可以通过在 CAD 里建模，然后根据坐标和线的连接属性生成 ABAQUS 需要的 inp 文件，然后导入 ABAQUS 中。

（2）定义材料和截面

输入对应材料的参数和单元的截面，由于需要通过降温法来施加预应力，所以材料参数中需要输入对应的热膨胀系数，如图 8-33 和图 8-34 所示。

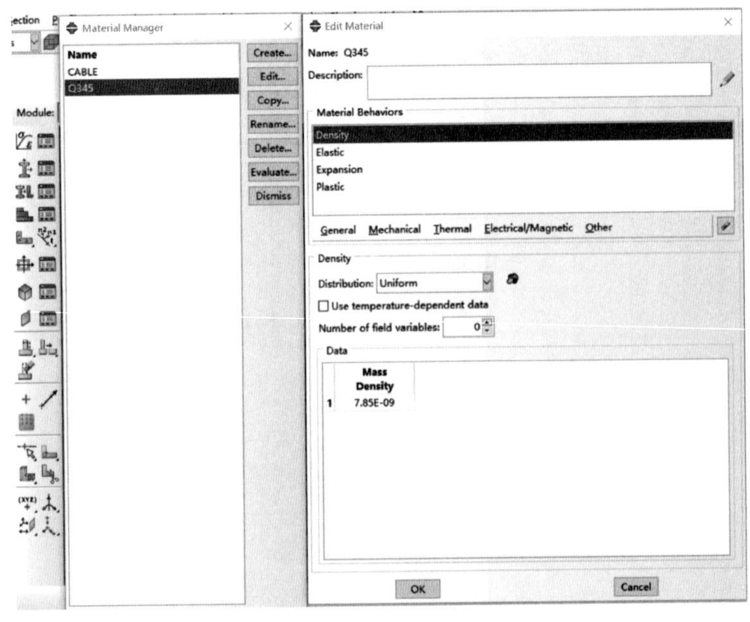

图 8-33　材料定义

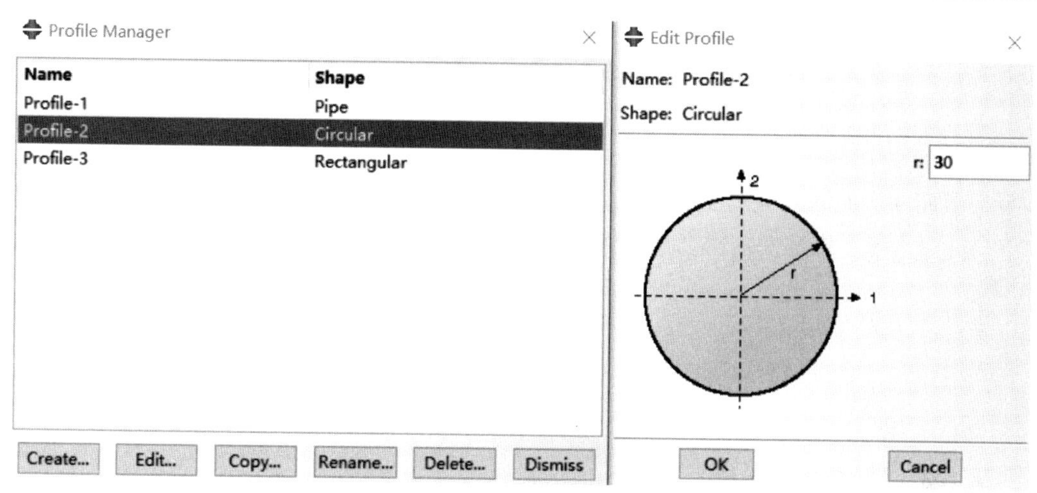

图 8-34　截面的定义

(3) 单元定义和给几何模型赋予单元（图 8-35）

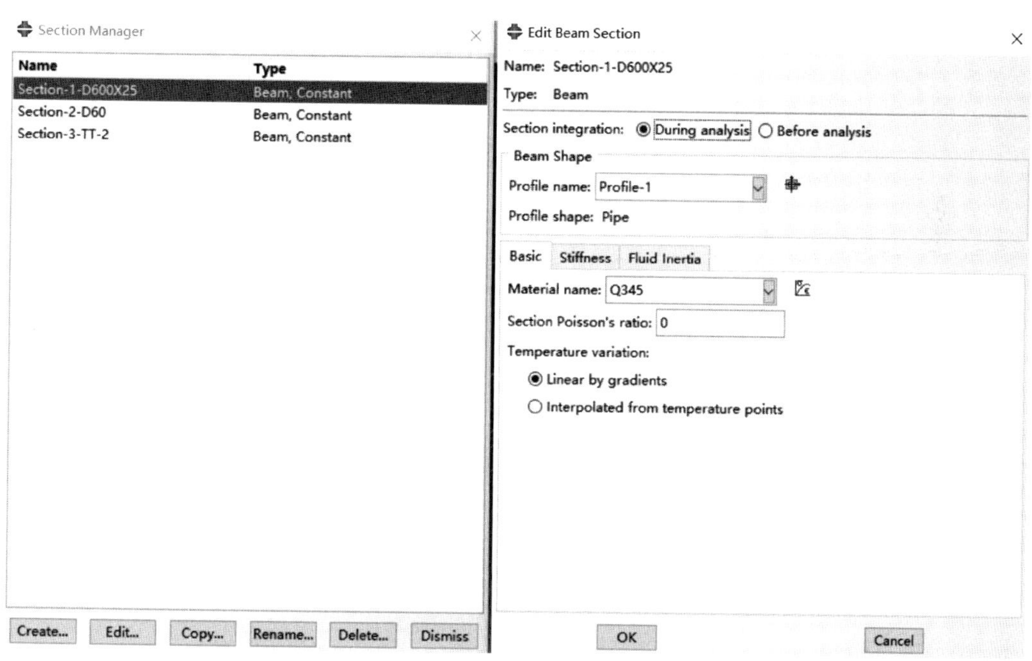

图 8-35　单元定义和给几何模型赋予单元

赋予单元和截面后，在 ABAQUS 中还需要给各单元指定一个局部坐标系用来对单元进行空间定位。完成后观察一下模型的截面是不是被正确地赋予了，单击图 8-36 所示的渲染梁单元截面来查看截面是否被正确地赋予了。

单元建立并装配完以后，进入 Step 模块，建立两个 Step，先建立一个施加重力和预应力的 Step-1，然后再建立一个进行屈曲分析的 Step-2，如图 8-37 所示；Step-2 选择 ABAQUS 中的 Buckle 分析步，参数设置如图 8-38 所示，分析三个屈曲模态。

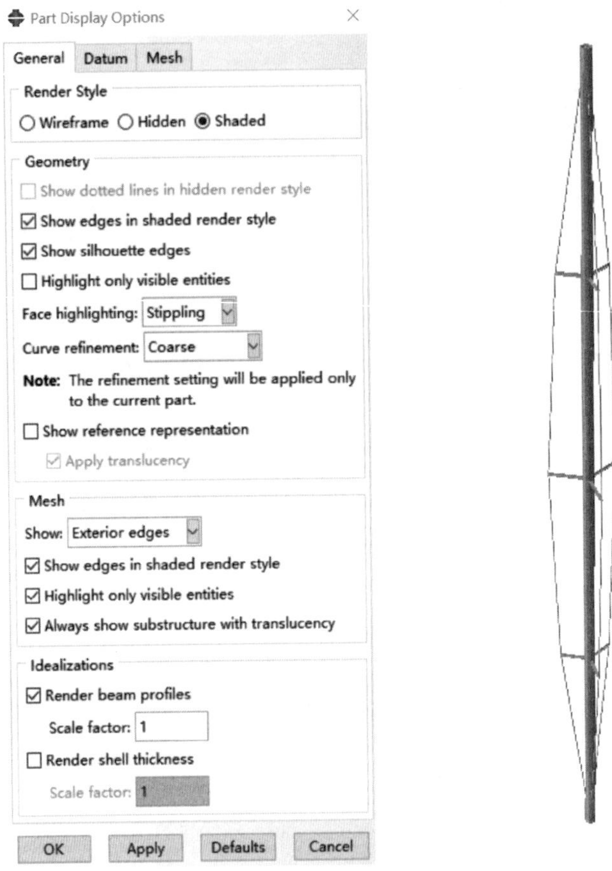

图 8-36　单元截面查看

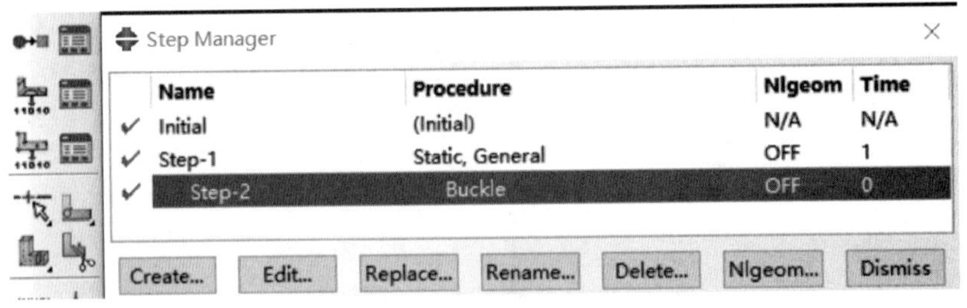

图 8-37　两个 Step 的建立

设置完 Buckle 分析步的参数后，进入 Load 模块，将荷载条件与边界条件都施加上，约束底端的 XYZ 和顶端 XY 向平动位移，沿轴线施加 6000kN 的力，如图 8-39 所示。索的预应力通过降温法施加，预应力与温度的关系可通过下式来计算：$F=\alpha\times E\times A\times\Delta T$，其中 α 为线膨胀系数，E 为弹性模量，A 为截面面积，ΔT 为温度变化，软件分析时，拉索预应力取 600kN，通过公式换算得到的 $\Delta T=F/(\alpha\times E\times A)=600000\times4/(1.2\mathrm{e}^{-5}\times2.06\mathrm{e}^{5}\times p_i\times60\times60)=86$℃，也就是通过给拉索单元施加 −86℃ 的温度来达到施加 600kN 预应力的效果。最终的模型如图 8-40 所示。然后提交作业，进行线性屈曲分析。

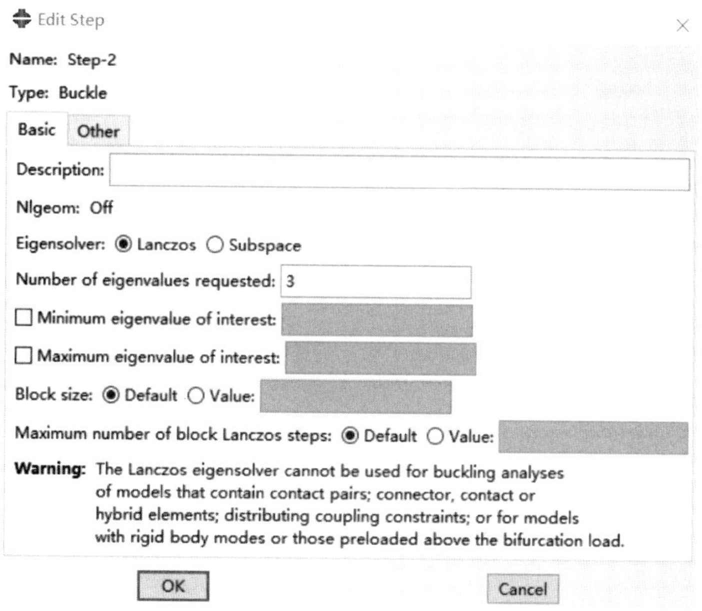

Edit Step

Name: Step-2

Type: Buckle

Basic　Other

Description:

Nlgeom: Off

Eigensolver: ◉ Lanczos ○ Subspace

Number of eigenvalues requested: 3

☐ Minimum eigenvalue of interest:

☐ Maximum eigenvalue of interest:

Block size: ◉ Default ○ Value:

Maximum number of block Lanczos steps: ◉ Default ○ Value:

Warning: The Lanczos eigensolver cannot be used for buckling analyses of models that contain contact pairs; connector, contact or hybrid elements; distributing coupling constraints; or for models with rigid body modes or those preloaded above the bifurcation load.

OK　Cancel

图 8-38　屈曲分析步参数的设置

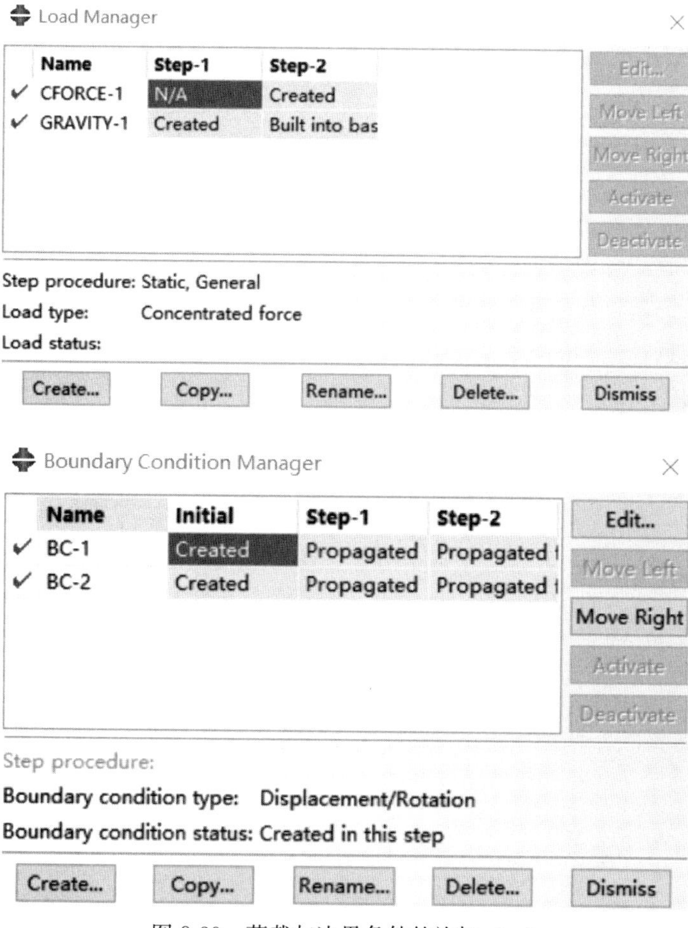

图 8-39　荷载与边界条件的施加（一）

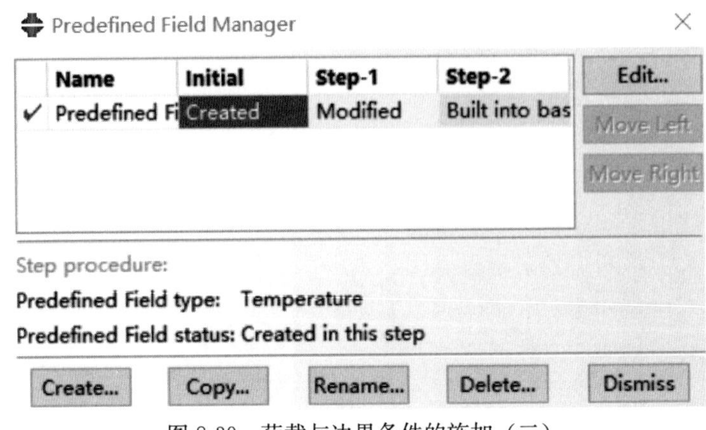

图 8-39　荷载与边界条件的施加（二）

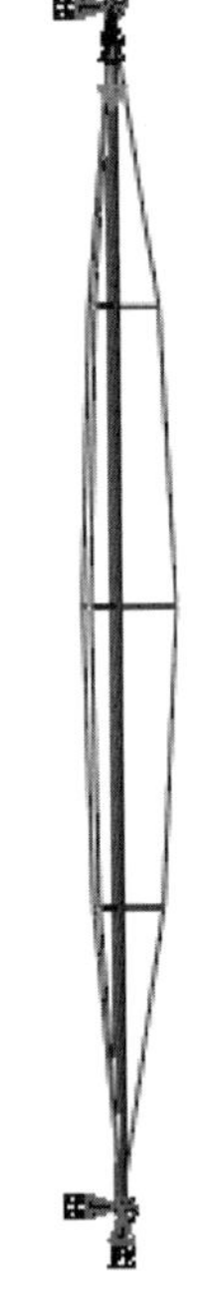

图 8-40　最终有限元模型

2. 计算与分析过程

为了在非线性屈曲分析时考虑结构的初始几何缺陷，本例在计算非线性屈曲之前通过输出线性屈曲的第一模态来施加初始缺陷，因此本文在进行线性分析时需要通过关键字输出结构的第一模态各个节点对应的位移值，关键字如下：

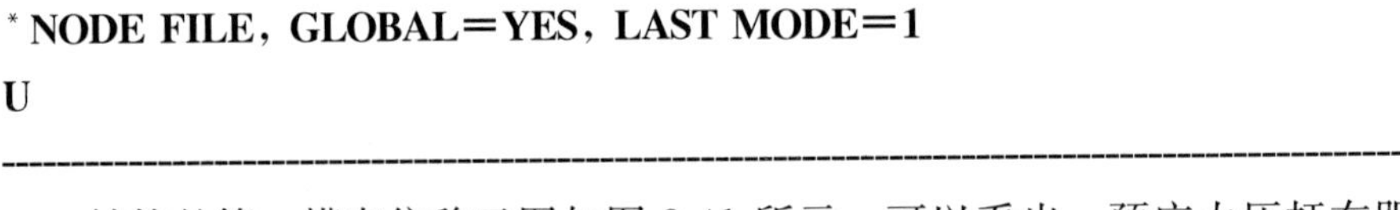

```
*NODE FILE, GLOBAL=YES, LAST MODE=1
U
```

结构的第一模态位移云图如图 8-41 所示，可以看出，预应力压杆在距离根部的 1/2 处可能首先发生屈曲，第一屈曲模态对应的特征值为 3.27，即发生线性屈曲时对应的外荷载为 3.27×6000=19620kN。

由于在线性屈曲分析过程中忽略了结构的实际变形情况，通常会过高地估计结构的极限承载力，而且在实际工程中，初始缺陷具有随机性，不同的初始缺陷对结构的极限承载力影响不同。根据《空间网格结构技术规程》JGJ 7—2010 初始缺陷一般取 $L/300$，其中 L 为结构的跨度。因此，根据该规程的要求，我们确定了初始缺陷的取值。

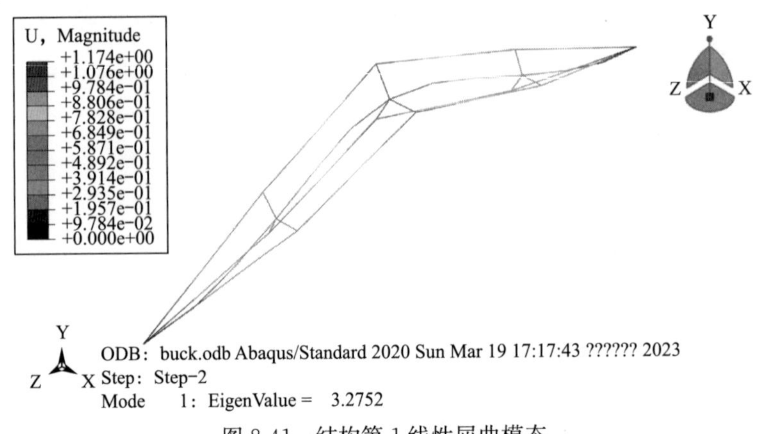

图 8-41　结构第 1 线性屈曲模态

如果我们以线性屈曲算出来的极限荷载来作为设计依据的话，通常会使设计结果偏于不安全。因此为了更准确地分析出结构的极限承载力，通常在算完线性屈曲后，还应该进行非线性屈曲分析，从而得到结构更精确的极限承载力。具体的操作方法是在 ABAQUS 中将之前进行线性屈曲的分析步 Buckle 改成 Riks，利用弧长法进行分析，如图 8-42 所示，选取几何非线性选项，由于结构进入非线性时，需要足够小的步长才可以使计算收敛，因此步长需要取得较小，但是太小又太耗费计算时间，所以需要通过不断地调试才可以得到合理的步长，从而得到结构的极限承载力，本例中利用弧长法分析结构的极限承载力时，具体的参数设置如图 8-43 所示。

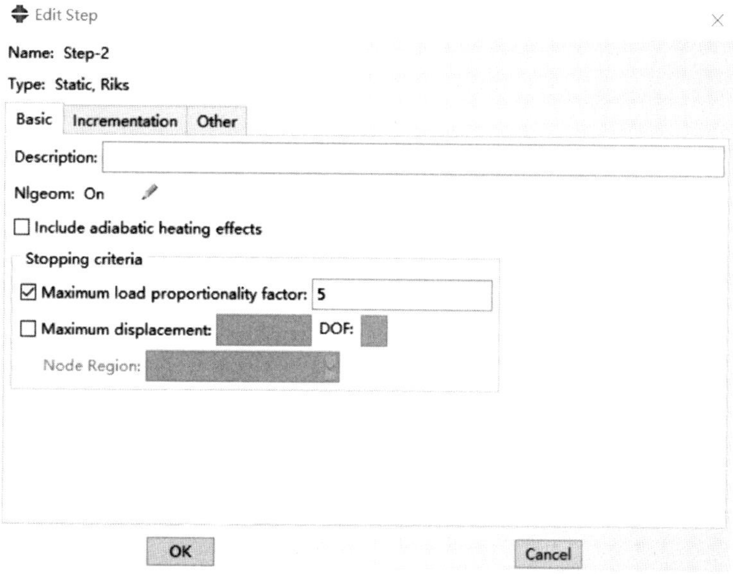

图 8-42　弧长法参数设置 1

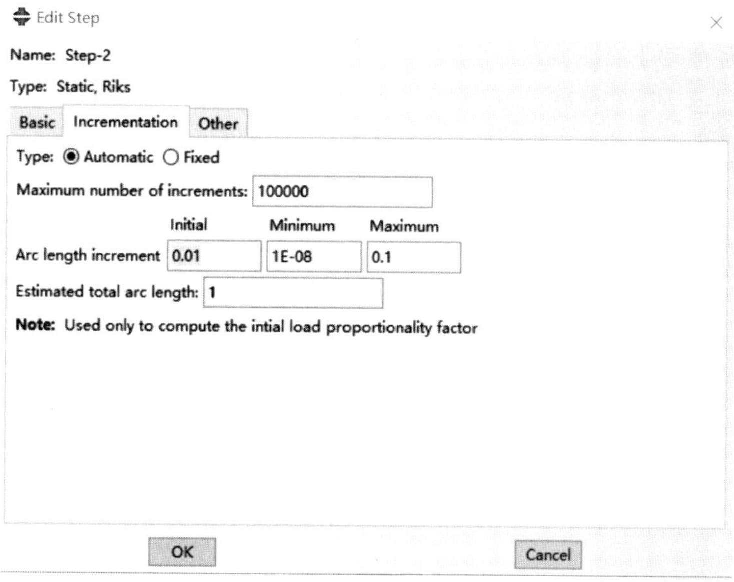

图 8-43　弧长法参数设置 2

需要指出的是，在进行非线性屈曲分析时，需要引入线性屈曲的初始缺陷到结构中来，ABAQUS 可以通过关键字 *IMPERFECTION 来施加，关键字如下：

```
*IMPERFECTION，FILE=buck，STEP=2
1，0.147
```

其中第一行 FILE 后面的名字为线性屈曲分析结束后生成的文件名，STEP 后面的 2 为需要引入初始缺陷的分析步，第二行的 1 为第一模态，0.147 为初始缺陷值，杆件的跨度为 44m，44/300=0.147 为施加的初始缺陷值。

施加了初始缺陷后，提交到 ABAQUS 进行非线性屈曲分析，查看分析结果，通过输出历史场变量 LPF（Load proportion Factor）荷载比例系数曲线来查看加载过程。如图 8-44 所示。

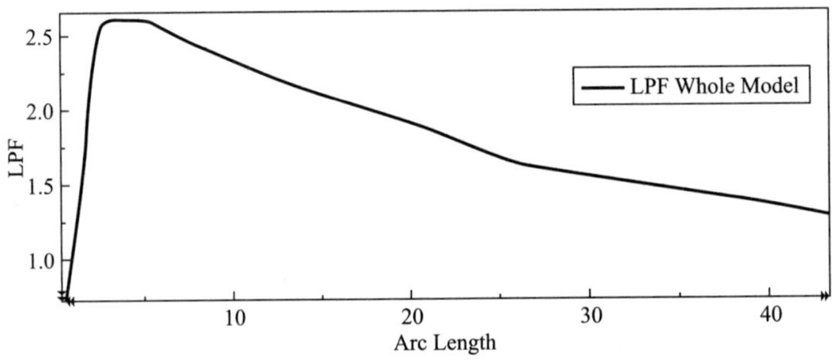

图 8-44　荷载比例系数曲线 LPF

从图 8-44 可以看出，当荷载比例系数达到 2.61 时，即外荷载为 2.61×6000=15660kN 时，结构发生失稳破坏，在软件中可以查看比例系数达到该值时对应的步，此时的应力状态和变形状态如图 8-45 和图 8-46 所示。

通过线性屈曲和非线性屈曲分析可以发现，线性屈曲时对应的外荷载为 19620kN 大于非线性屈曲时对应的外荷载 15660kN，也就是说线性屈曲分析过高地估计结构的极限承

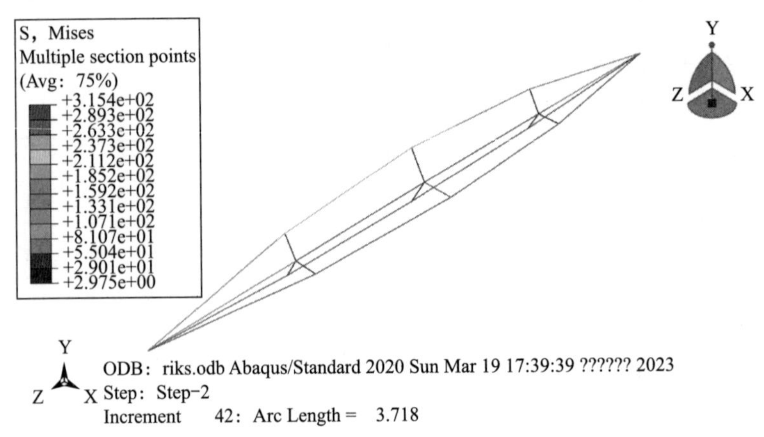

图 8-45　荷载比例系数达到 2.61 时的应力云图

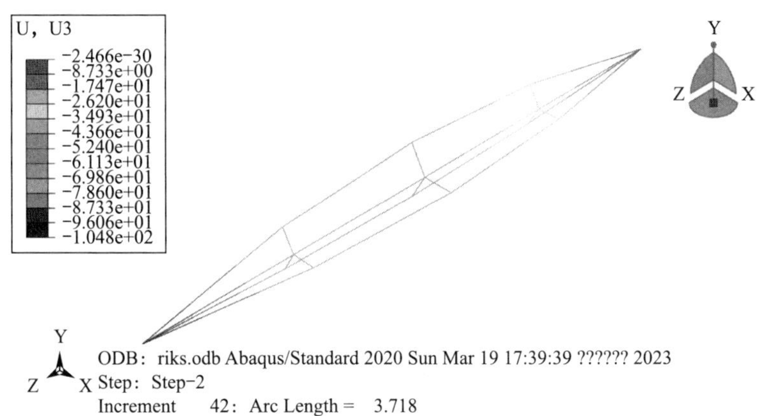

图 8-46　荷载比例系数达到 2.61 时的位移云图

载力。所以说线性屈曲的结果对于设计来说通常过于不安全，为了更加真实和准确地了解结构的极限承载力和破坏过程，进行非线性屈曲分析是十分必要的。

8.4.6　施工图绘制

预应力压杆施工图比较简单，主要表达清楚刚性中心杆、撑杆及拉索等的截面，以及各部位之间的连接构造措施，如索夹等，如图 8-47 所示。

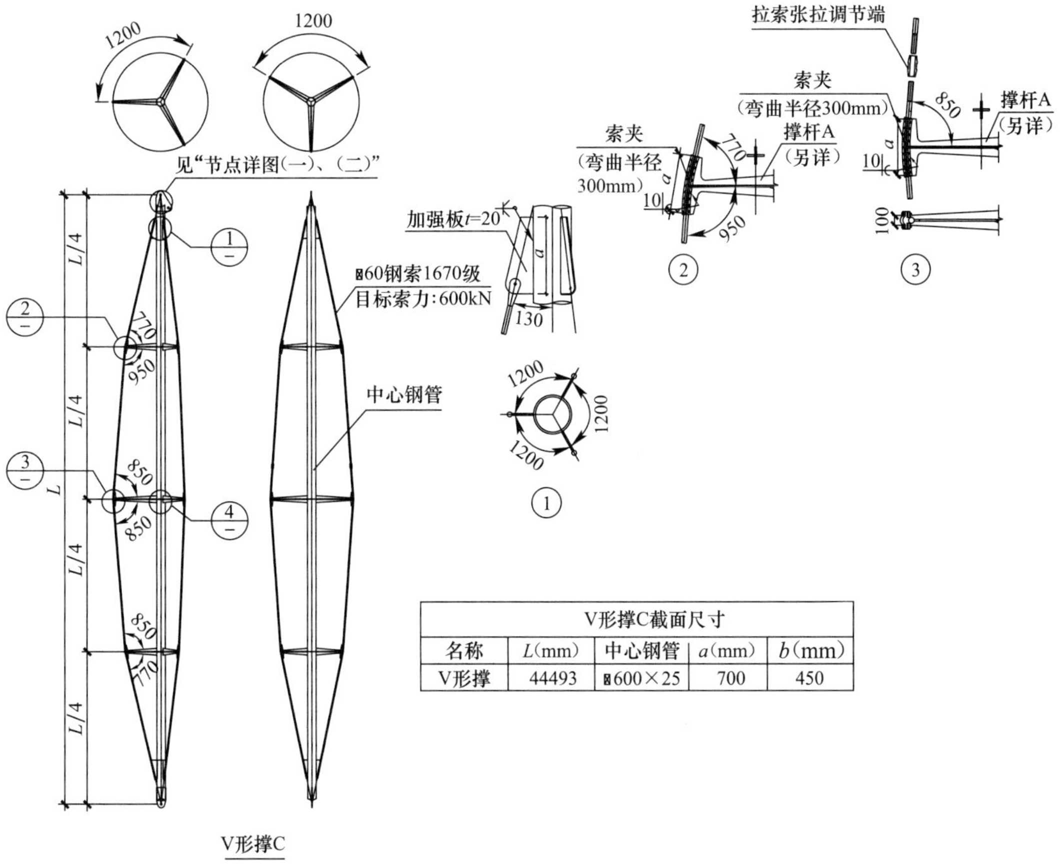

V形撑C截面尺寸				
名称	L(mm)	中心钢管	a(mm)	b(mm)
V形撑	44493	⌀600×25	700	450

V形撑C

图 8-47　预应力压杆施工图（一）

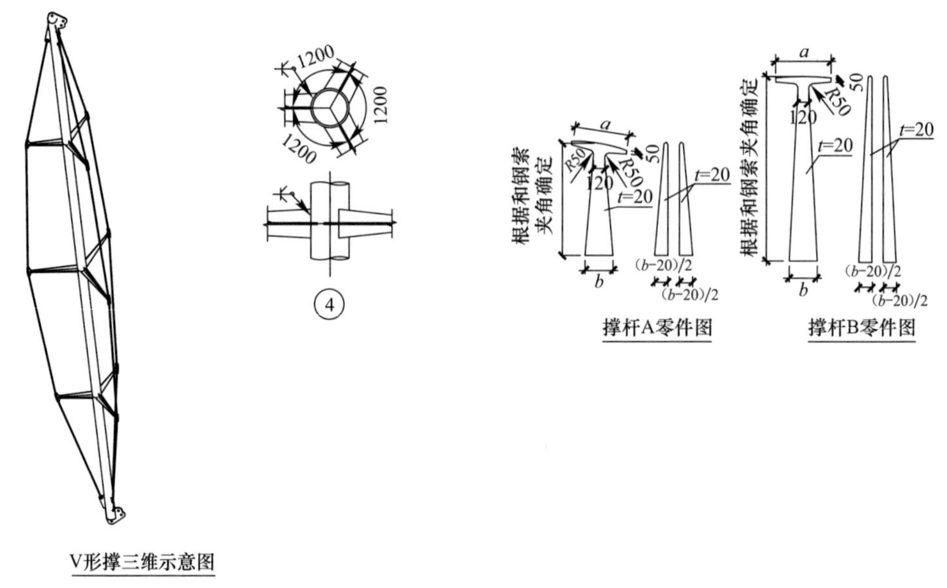

图 8-47　预应力压杆施工图（二）

8.5　预应力钢结构实例四：看台斜拉挑篷

8.5.1　工程概况与模型建立

本节以某看台挑篷为例，介绍挑篷尤其是预应力斜拉索的设计流程和重点问题。

看台挑篷纵向长度 28.8m，柱距 7.2m，共四根柱，两侧各悬挑出 3.6m；横向长度 15.35m，起始端设置拉索与支撑柱顶端相连，共计 8 条，其模型示意图如图 8-48 所示。

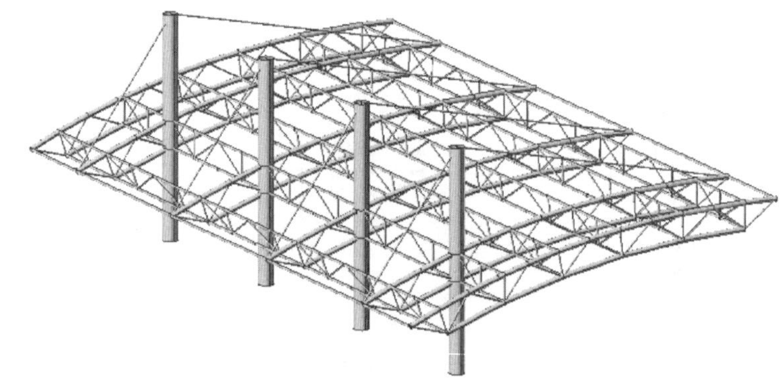

图 8-48　看台挑篷模型图

1. 结构设计基本条件

（1）结构抗震设防烈度为 7 度，抗震设防类别为乙类，按 7 度进行地震作用计算，8 度采取抗震措施。

（2）设计基本加速度为 0.10g，设计地震分组为第三组，场地特征周期为 0.5s，建筑场地类别为Ⅱ类，钢结构结构阻尼比为 0.02。

（3）结构安全等级为二级。重要性系数取 1.0。

（4）嵌固部位为混凝土柱顶标高 9.8m。

2. 结构主要受到的荷载

自重荷载、屋面活荷载、风荷载、水平地震作用。其荷载取值如下：

(1) 屋面荷载（表 8-3）：

屋面荷载值　　表 8-3

静载标准值	0.4	kN/m^2
活载标准值	0.5	kN/m^2

(2) 风荷载计算

风压按照 50 年重现期取基本风压 $w_0=0.5kN/m^2$

根据荷载规范，按照 A 类地面粗糙度，查得 15m 高度处风压高度系数 $\mu_z=1.14$

风振系数取 $\beta_z=1.9$

体型系数取 $\mu_s=1.3$

风压计算：$w_k=\beta_z\times\mu_s\times\mu_z\times w_0=1.9\times1.3\times1.14\times0.5=1.41kN/m^2$

节点荷载：$1.41\times3.6\times2.7=6.8kN$

(3) 预应力荷载

斜拉索初拉力取 1200kN。

3. 结构验算标准

(1) 总体控制参数

结构设计工作年限	50 年
建筑结构安全等级	二级（$\gamma_0=1.0$）
建筑抗震设防类别	标准设防类（乙类）

(2) 钢结构设计控制参数

竖向挠度（恒+活）	$L/250$
柱顶侧移（风荷载）	$h/400$
杆件应力比	<1.0
压杆长细比	$\leqslant150$
拉杆长细比	$\leqslant200$

截面信息如表 8-4 所示。

钢管截面列表　　表 8-4

构件截面表					
构件号	截面代号	截面类型	截面规格（$H\times B\times T$）	材质	备注
ZHJ-1 ZHJ-2	a	圆管	P216.3×7	Q345C	弦杆
	b	圆管	P76.3×3.2		斜腹杆
	d	圆管	P60.3×3.2		竖腹杆
CHJ-1 CHJ-2	c	圆管	P101.6×4	Q345C	弦杆
	d	圆管	P60.3×3.2		斜腹杆、竖腹杆
GZ1		圆管	ϕ600×30		
XG1		圆管	P101.6×4		

4. 计算荷载简图

(1) 恒荷载分布图

恒荷载包括：屋面荷载自重、广告牌自重，具体分布情况如图 8-49 所示。

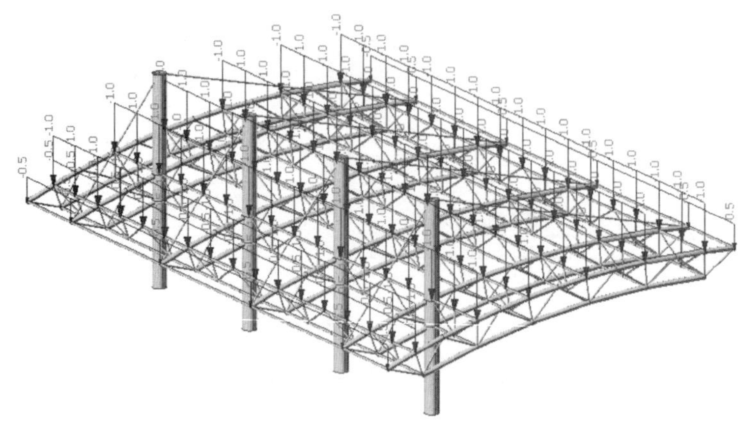

图 8-49　结构恒载布置

（2）活荷载分布图

活荷载包括：屋面活荷载如图 8-50 所示。

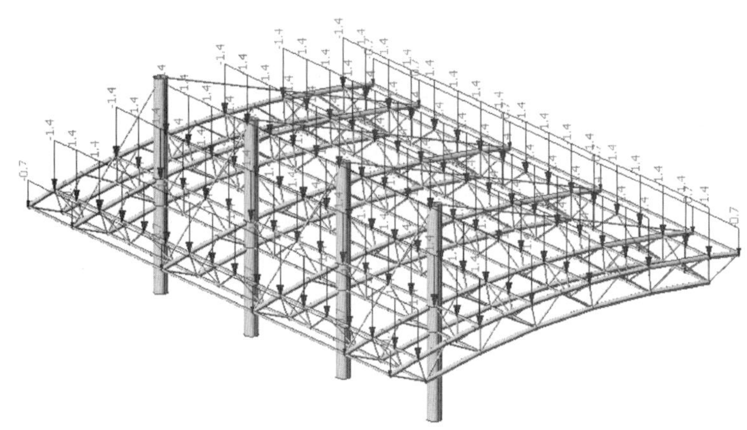

图 8-50　结构活载布置

（3）风荷载分布图

向上风荷载如图 8-51 所示。

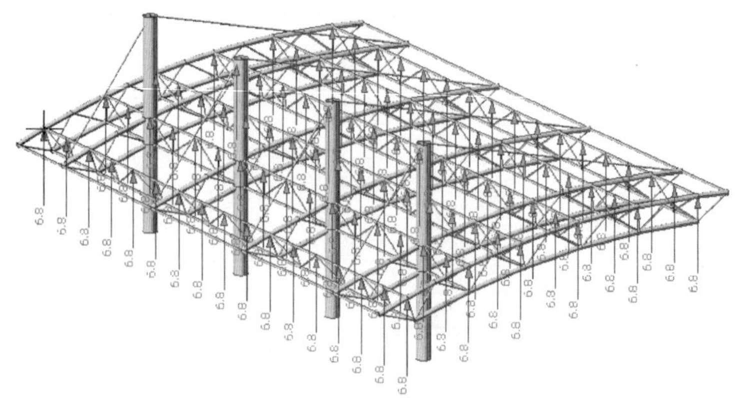

图 8-51　结构风载布置

8.5.2　结构分析与工程判定

(1) 在 MIDAS 中查看各构件的应力比，其设置流程如图 8-52 所示。

在验算结束后，界面弹出对话框，依查看情况选取，其窗口如图 8-53 所示。

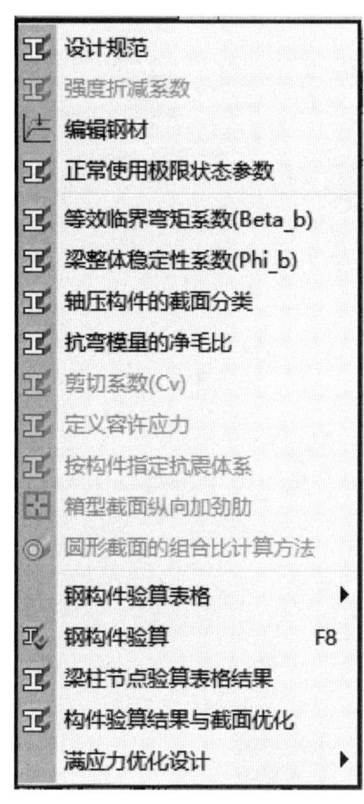

图 8-52　钢构件截面验算

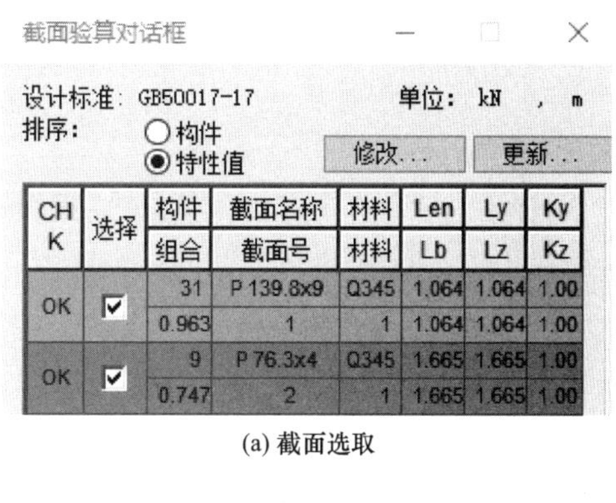

(a) 截面选取

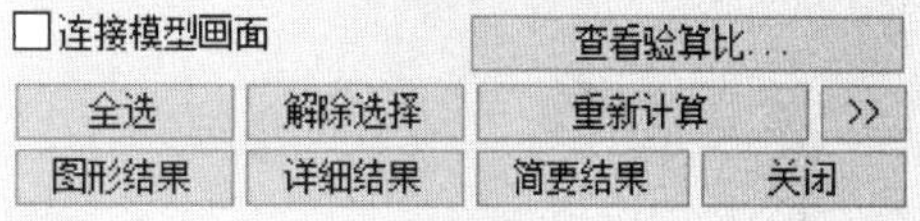

(b) 功能选择

图 8-53　截面验算

选择下面的查看验算比，在弹出的应力比对话框中选择要查看的杆件，其余一般按照默认设置，其构件强度校核检验图如图 8-54 所示。

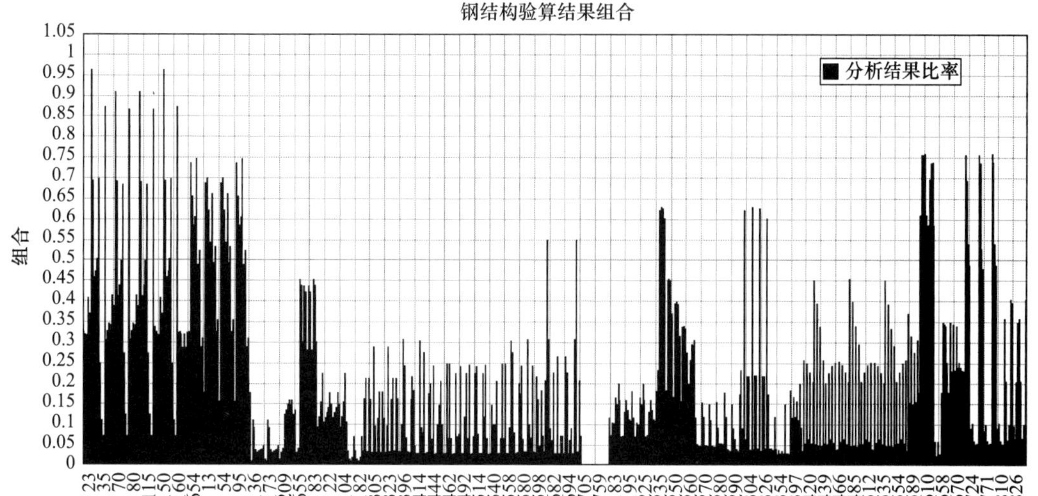

图 8-54　构件强度校核检验

构件的最大应力比均小于1.0，满足强度要求。

结构位移结果如图8-55所示。

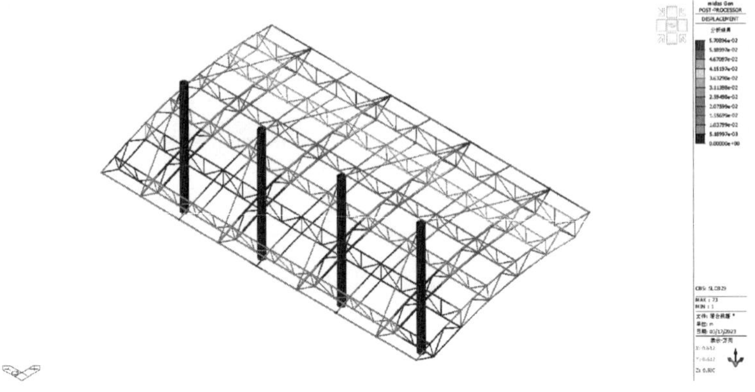

图8-55　结构竖向位移结果

桁架最大竖向变形为57mm，挠度为1/412<1/250，满足要求。

为使悬索结构能够发挥其预应力效果，必须保证其在各种工况下均满足所受外力为拉力状态。故需对此进行严格验证。现以悬索1为例，介绍其验算流程。

在窗口中调出内力表格如图8-56所示。

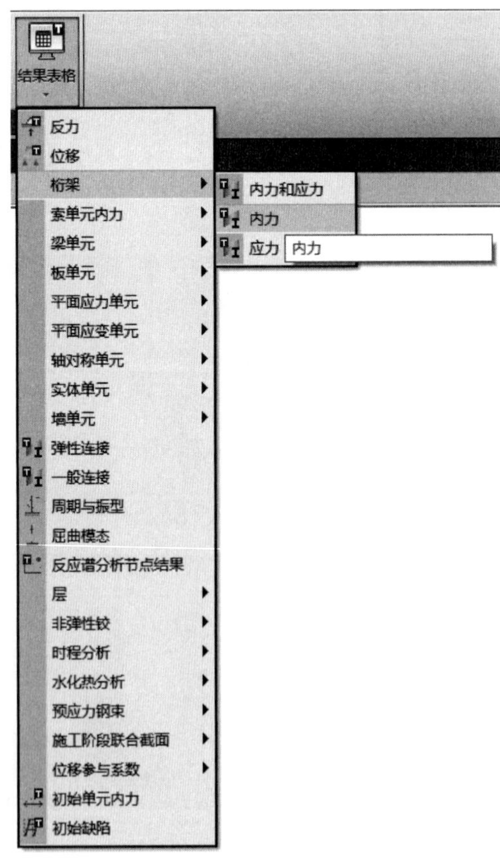

图8-56　内力表格调取窗口

在激活记录选项卡中填写所要验证的单元号，本例中悬索一单元号为 126，选择所有工况。确定生成表格，如图 8-57 所示。

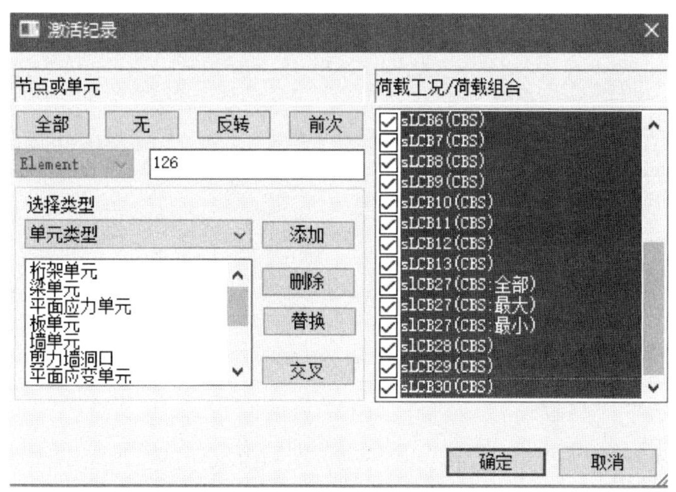

图 8-57　单元内力工况激活

在表格中查看杆件内力。拉力以正值表示，故仅需查看其数值正负情况，如图 8-58 所示。

单元	荷载	内力-I (kN)	内力-J (kN)
126	DL	54.912797	54.117202
126	LL	44.447366	44.447366
126	PS	99.128275	99.128275
126	RX(RS)	0.776960	0.776960
126	RY(RS)	0.213369	0.213369
126	sLCB1	216.81897	215.74491
126	sLCB2	227.24994	226.29523
126	sLCB3	216.26738	215.47178
126	sLCB4	21.899125	20.944410
126	sLCB5	10.916565	10.120970
126	sLCB6	141.37524	140.42052

图 8-58　杆件内力查看

图 8-58 仅列注部分工况，在实际验算中，各工况下拉索受力均为拉力，符合要求。

(2) 周期与振型

提取结构前 10 阶振型周期，提取窗口如图 8-59 所示。

在激活记录窗口中选好预检验振型，其结果如表 8-5 所示。

结构模态周期　　表 8-5

模态	周期（s）	模态	周期（s）
1	1.1901	6	0.3415
2	0.4409	7	0.3334
3	0.4342	8	0.2999
4	0.4247	9	0.1571
5	0.3801	10	0.1540

摘录部分结构振型模态如图 8-60 所示。

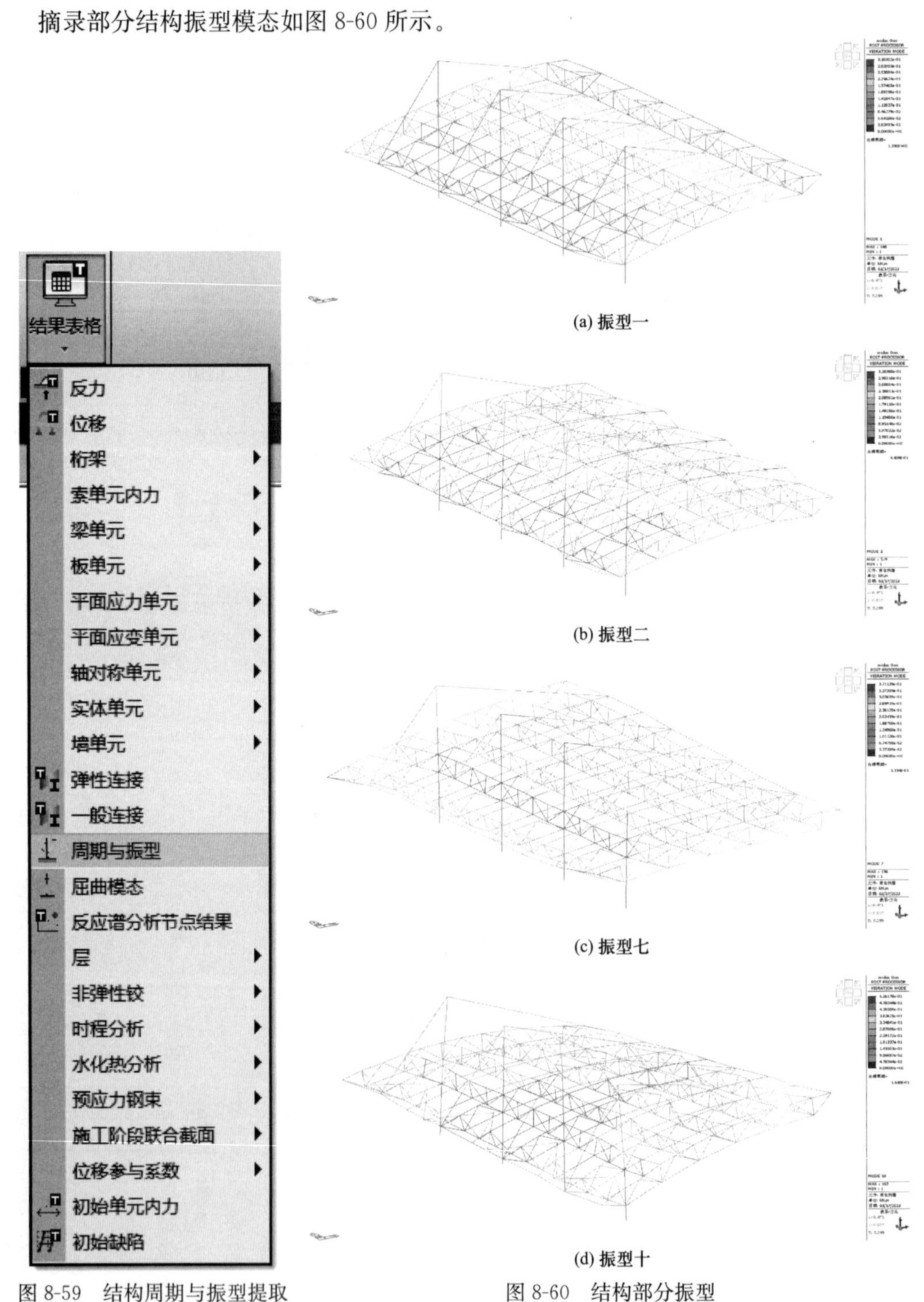

(a) 振型一

(b) 振型二

(c) 振型七

(d) 振型十

图 8-59　结构周期与振型提取

图 8-60　结构部分振型

8.5.3　施工图绘制

此部分看台挑篷的施工图基本同于管桁架结构施工图，包括结构设计总说明，结构平面图，节点详图，杆件截面图等。

根据挑篷的结构布置，在立柱所在平面绘制结构剖面图，图纸应清晰表示立柱与挑篷的结构关系，复杂节点应绘制专门的节点详图，如图 8-61～图 8-64 所示。

图 8-61　看台挑篷平面示意图

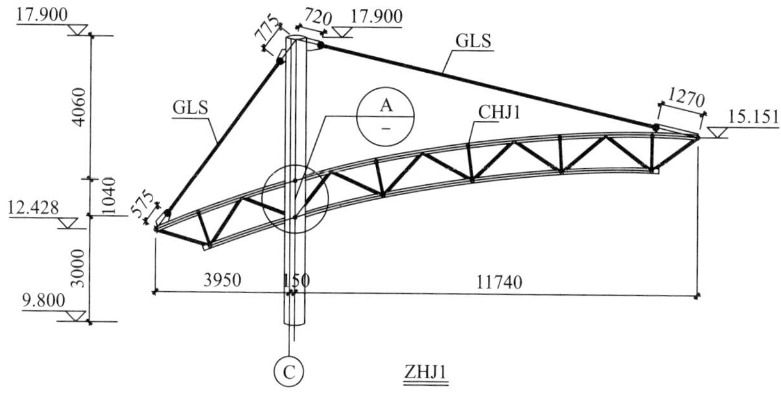

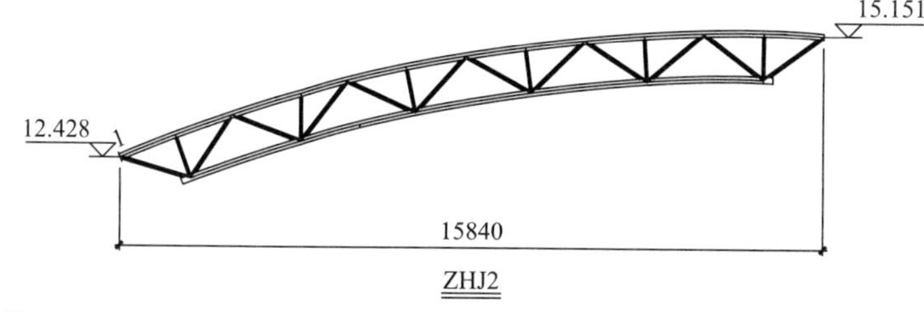

注:
1.钢拉索目标索力值为233kN；拉索目标索力是指结构成形后在恒载（含自重）和预应力作用下的拉索内力；
2.钢拉索包络索力值为282kN；拉索包络索力是指结构工作状态的索力最大值；
3.钢拉索直径为D70，钢索有效面积为4809mm²；
4.钢拉索材料等级为1670级，并应采用锌铝合金高钒镀层系统（Galfan System），要求能达到50年免维修；
5.每根钢柱两侧拉索目标索力值相同；
6.其他未尽事宜详见结构设计总说明。

节点坐标表

节点号	X(m)	Y(m)
1	−4.099	−1.412
2	−2.842	−0.921
3	−1.567	−0.476
4	0	0
5	1.207	0.271
6	2.343	0.573
7	3.669	0.826
8	5.004	1.030
9	6.345	1.185
10	7.691	1.291
11	9.040	1.347
12	10.390	1.353
13	11.740	1.310
14	−2.495	−1.859
15	0	−1.039
16	2.549	−0.406
17	5.137	0.039
18	7.751	0.293
19	10.377	0.353

图 8-62　挑篷剖面示意图

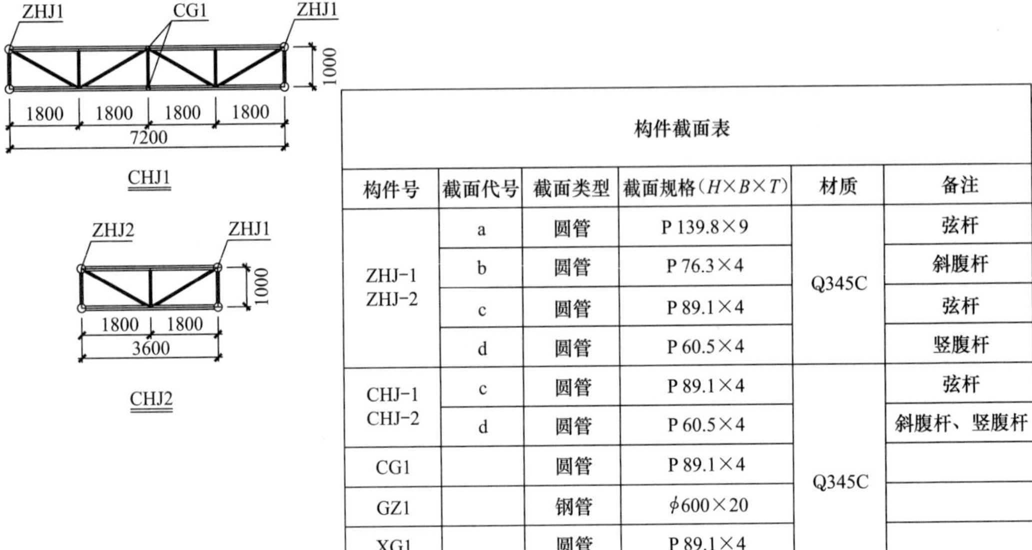

构件截面表

构件号	截面代号	截面类型	截面规格（$H\times B\times T$）	材质	备注
ZHJ-1 ZHJ-2	a	圆管	P 139.8×9	Q345C	弦杆
	b	圆管	P 76.3×4		斜腹杆
	c	圆管	P 89.1×4		弦杆
	d	圆管	P 60.5×4		竖腹杆
CHJ-1 CHJ-2	c	圆管	P 89.1×4	Q345C	弦杆
	d	圆管	P 60.5×4		斜腹杆、竖腹杆
CG1		圆管	P 89.1×4		
GZ1		钢管	ϕ600×20		
XG1		圆管	P 89.1×4		

图 8-63　挑篷构件截面表

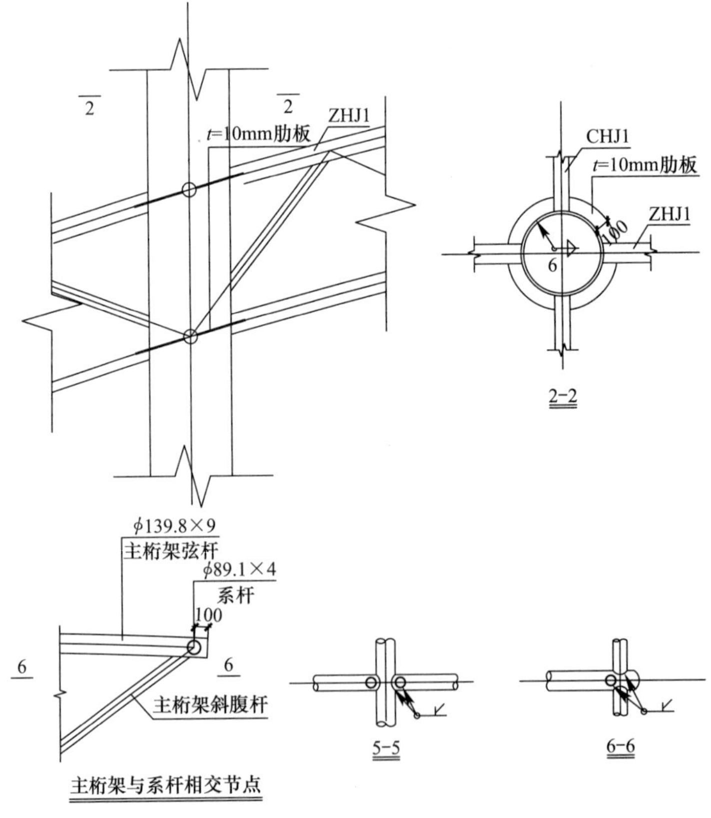

图 8-64　部分节点详图（一）

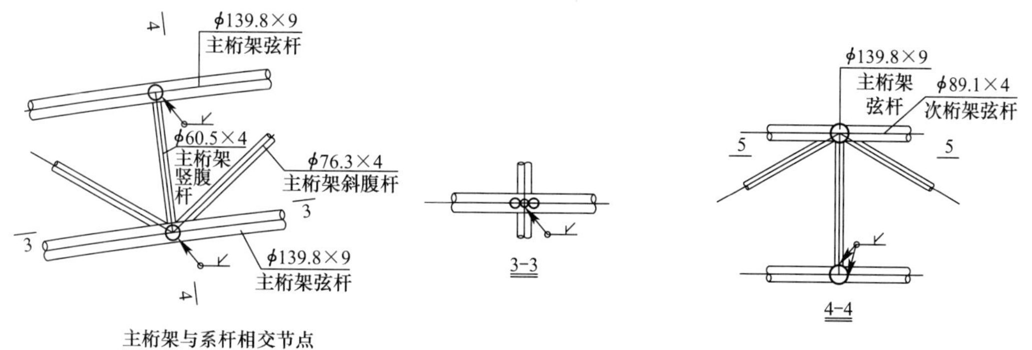

图 8-64　部分节点详图（二）

第 9 章　装配式钢结构住宅

9.1　装配式钢结构住宅概述

9.1.1　装配式钢结构住宅概述

根据《装配式钢结构住宅建筑技术标准》JGJ/T 469—2019 第 2.0.1 条，装配式钢结构住宅的含义是，以钢结构作为主要结构系统、配套的外围护系统、设备管线系统和内装系统的主要部品部（构）件采用集成方法设计、建造的住宅建筑，见图 9-1。装配式钢结构住宅具有绿色、低碳、工业化的特点，在工厂加工制作，运输到施工现场进行装配，更易于实现"建筑、结构、设备与装修一体化"。

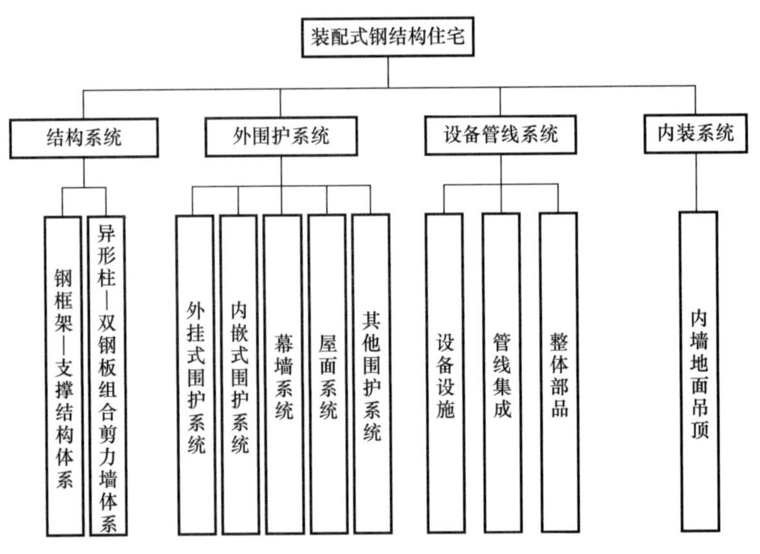

图 9-1　装配式钢结构住宅的组成

政策方面，自 2015 年国家开始推动建筑工业化以来，从政府主导的调研、试点到论证、推广，装配式钢结构建筑已逐渐成为建筑工业化的重要发展方向，钢结构住宅迎来新一波建设期。2019 年住房和城乡建设部建筑市场监管司"工作要点"中，明确提出大力推进装配式钢结构住宅建设试点。2019 年 7 月开始，住房和城乡建设部相继批复山东、湖南、四川、河南、浙江、江西、青海七省作为试点省份开展装配式钢结构住宅建设试点工作。2021 年 10 月 24 日发布《国务院关于印发 2030 年前碳达峰行动方案的通知》（国发［2021］23 号），在城乡建设碳达峰行动及推动城乡建设绿色低碳转型中要求，大力发展装配式建筑，推广钢结构住宅。

技术标准方面，住房和城乡建设部积极推进《钢结构通用规范》GB 55006—2021、

《装配式住宅设计选型标准》JGJ/T 494—2022、《装配式钢结构住宅建筑技术标准》JGJ/T 469—2019、《装配式建筑评价标准》GB/T 51129—2017 以及《钢结构住宅主要构件尺寸指南》《建筑用热轧 H 型钢和剖分 T 型钢》《钢结构住宅评价标准》等标准的编制和应用，以标准化为主线打通钢结构建筑设计、生产、施工等环节的断点、堵点。

9.1.2　高层装配式钢结构住宅结构选型

高层住宅户型一般分为“板式户型”和“点式户型”两种。

点式户型一般应用于高层住宅中，是以电梯为中心，围绕着多户呈圆周状分布，所以每户不会都是正南正北。而与之相对应的板式户型一般应用于多层和小高层，每户的朝向都一样，由多个单元组成，每个单元有单独的楼梯，每户都并列排列，户型通透，通风采光好，得房率也较高，如图 9-2、图 9-3 所示。

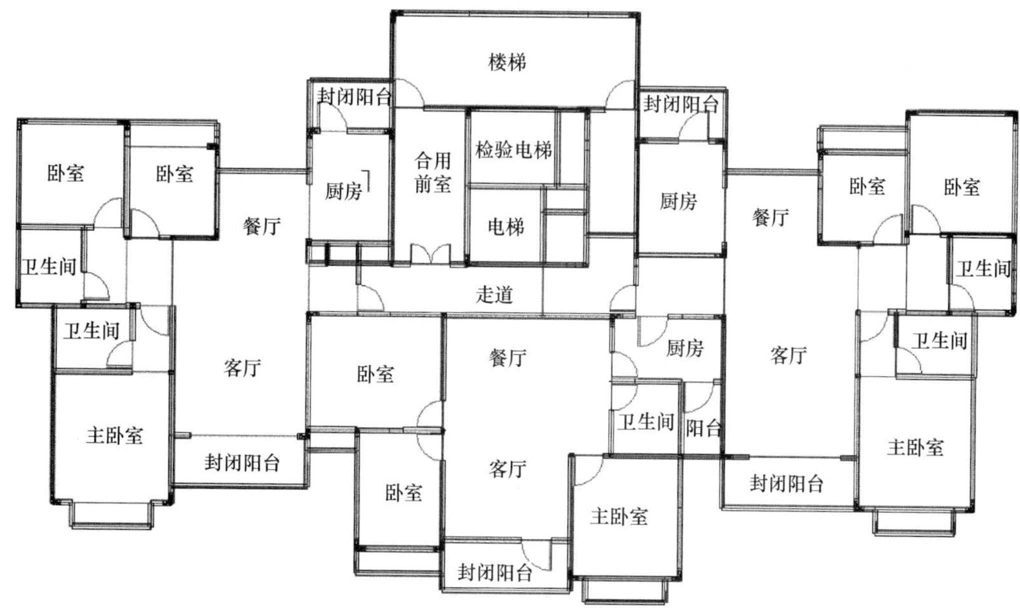

图 9-2　板式户型图

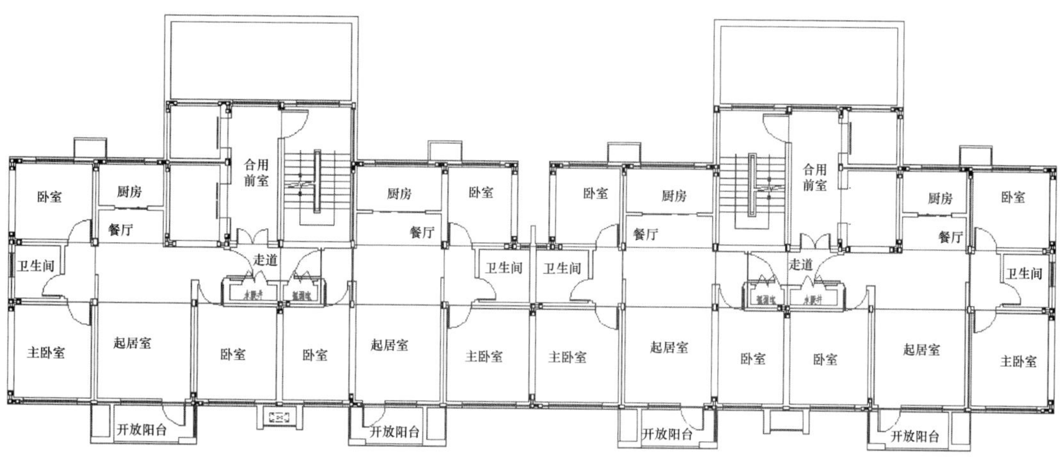

图 9-3　点式户型图

为解决 50～100m 高层钢结构住宅常规结构体系与市场主流户型匹配度不高、结构构件（尤其斜撑）不易布置、构件尺寸大影响室内效果（如露梁露柱）等问题，中建科工集团有限公司与天津大学联合研究组历时多年，开展了含建筑、结构、机电及施工等多专业的成套技术研究。

由于异形柱和双钢板组合剪力墙构件可做成小截面，与住宅建筑户型较为匹配，研究工作中先对异形柱-支撑结构、异形柱-单钢板剪力墙结构、异形柱-双钢板组合剪力墙结构、双钢板组合剪力墙结构四种结构体系进行了比较，依托典型户型——板式户型和点式户型，对 200 余个模型的结构体系、户型、高度、设防烈度等参数进行试算研究，试算结果如表 9-1、表 9-2 所示。

板式户型用钢量及层间位移角结果 **表 9-1**

设防烈度	板式户型	16 层	24 层	30 层
7 度 0.15g	框架-支撑	89（1/389，1/427）	106（1/411，1/499）	127（1/403，1/441）
	框架-钢板剪力墙	112（1/607，1/646）	122（1/626，1/631）	130（1/672，1/622）
	框架-组合剪力墙	98（1/605，1/636）	108（1/654，1/636）	116（1/610，1/616）
	组合剪力墙	80（1/601，1/641）	88（1/632，1/612）	98（1/616，1/602）
8 度 0.2g	框架-支撑	112（1/406，1/532）	130（1/390，1/445）	—
	框架-钢板剪力墙	123（1/605，1/640）	137（1/650，1/703）	149（1/630，1/607）
	框架-组合剪力墙	116（1/605，1/670）	128（1/605，1/675）	143（1/592，1/601）
	组合剪力墙	88（1/607，1/685）	111（1/629，1/621）	125（1/643，1/604）

点式户型用钢量及层间位移角结果 **表 9-2**

设防烈度	点式户型	16 层	24 层	30 层
7 度 0.15g	框架-支撑	91（1/421，1/478）	129（1/409，1/480）	154（1/423，1/453）
	框架-钢板剪力墙	109（1/591，1/719）	120（1/595，1/742）	126（1/611，1/619）
	框架-组合剪力墙	95（1/612，1/811）	107（1/664，1/775）	116（1/622，1/677）
	组合剪力墙	83（1/670，1/629）	94（1/608，1/611）	106（1/675，1/670）
8 度 0.2g	框架-支撑	123（1/428，1/457）	170（1/418，1/399）	—
	框架-钢板剪力墙	134（1/603，1/629）	145（1/537，1/592）	153（1/572，1/486）
	框架-组合剪力墙	115（1/611，1/707）	121（1/674，1/631）	136（1/622，1/541）
	组合剪力墙	101（1/618，1/607）	118（1/608，1/707）	129（1/640，1/731）

经过比选分析，异形柱-双钢板组合剪力墙结构性能较优，可以根据计算需求适当布置异形柱作为端柱，抗侧具有两道防线，能很好地平衡安全与经济性能。

9.1.3 异形柱-双钢板组合剪力墙结构体系

异形柱-双钢板组合剪力墙结构，由钢管混凝土组合异形柱（或部分钢管混凝土扁柱）与钢梁形成框架及双钢板组合剪力墙一起组成的协同受力体系，具有两道抗震防线，受力性能接近钢框架-延性墙板体系。结构布置时，为适应住宅建筑功能，可将方管柱调整为扁柱或异形柱，隐藏在墙厚范围内。该处的异形柱，指由多个方钢管混凝土柱及双钢板连接而成（双钢板间灌注混凝土）的钢管混凝土异形柱，截面几何形状可为 L 形、T 形和十字形，实际应用中多采用 L 形。双钢板组合剪力墙由双钢板及内灌混凝土组成，且两端设置钢管混凝土异形柱或钢管混凝土扁柱作为边缘构件，见图 9-4、图 9-5。

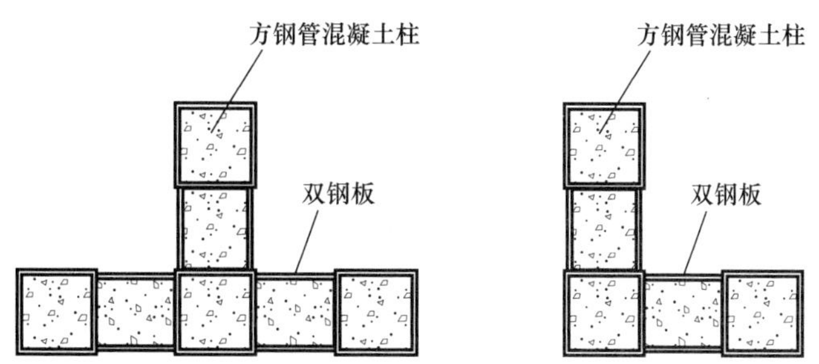

图 9-4　钢管混凝土组合异形柱示意图

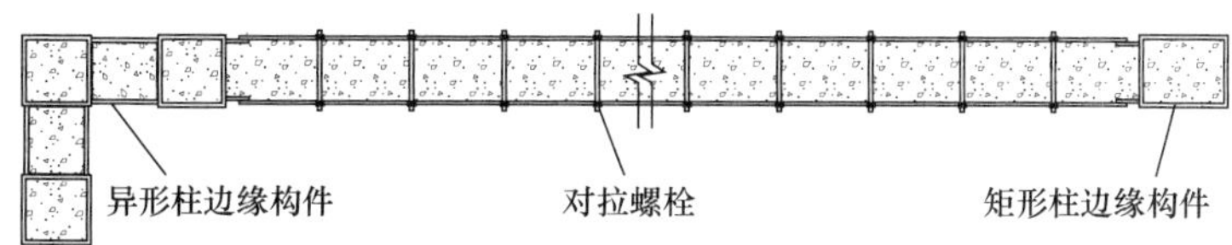

图 9-5　双钢板组合剪力墙示意图

由于异形柱及扁柱截面尺寸一般较小，梁柱节点采用设置内隔板的常用做法时存在混凝土难以浇筑密实的情况。为此，针对扁钢管混凝土柱和异形柱的截面特点，在现有钢管混凝土柱梁节点的基础上，提出了适用于扁钢管混凝土柱的梁柱节点形式-π 型节点以及适用于异形柱与钢梁连接的外肋环板节点（图 9-6、图 9-7）。

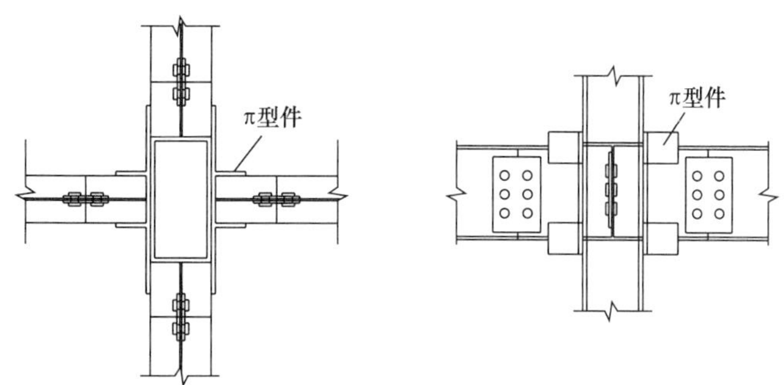

图 9-6　π 型节点示意图

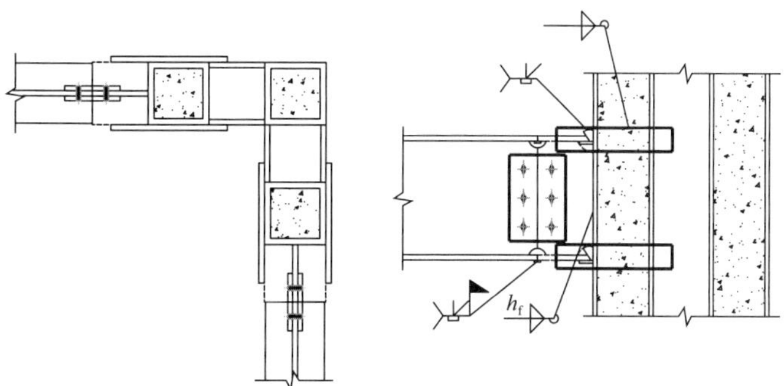

图 9-7　外肋环板节点示意图

为便于体系的应用和推广，中建科工联合全产业链包括地产开发、设计、钢铁制造、部品部件、施工等在内30余家单位，总结以往经验，基于该体系理论及试验研究，主编了团体标准《异形柱-双钢板组合剪力墙住宅建筑技术标准》T/CSCS 021—2022（以下简称《异形柱-双钢板墙规》），参编标准《矩形钢管混凝土组合异形柱结构技术规程》T/CECS 825—2021（以下简称《异形柱规》），并提出了一套系统设计方法，供设计人员参考。

编制组首次提出了双钢板组合剪力墙面外承载力计算公式，经专家论证后写入标准《异形柱-双钢板墙规》第5.5.5条。对于受压弯作用的双钢板组合剪力墙，其弯矩作用平面外的稳定性应满足式（9-1）和式（9-2）的要求：

$$\frac{N}{\varphi N_0}+\frac{M}{1.4M_u}\leqslant 1 \tag{9-1}$$

$$M_u=\left[0.5A_s\left(t_c-\frac{L}{2}+e\right)+Lb\left(b+\frac{L}{2}-e\right)\right]f \tag{9-2}$$

式中，M_u为截面只在M作用下的受弯承载力设计值；M为剪力墙承担的弯矩设计值；b为双钢板组合剪力墙的单钢板厚度。

《异形柱-双钢板墙规》第5.6节详细规定了π型节点的构造、抗剪承载力及抗弯承载力计算公式。对于梁柱节点形式——π型节点，采用试验研究、有限元模拟相结合的方法，对该节点进行了抗震性能及力学性能研究，并在此基础上推导了适用于钢管混凝土扁柱π型节点核心区的承载力计算公式。

为便于进行结构计算，基于前期理论研究成果，以《异形柱-双钢板墙规》《异形柱规》为主要依据，对异形柱-双钢板组合剪力墙的计算模块进行了开发，将异形柱、双钢板剪力墙的截面植入盈建科YJK前处理、后处理，进行参数化建模及分析，目前该软件已完成并投入商业化应用，同时编制了配套使用手册。在承载力验算方面，采用塑性设计方法确定组合异形柱及双钢板剪力墙的承载力，并进行强度、稳定性验算。在节点设计方面，通过智能分析构件的连接情况，生成该体系的连接节点，并根据规范条文对节点进行迭代设计，自动设计出满足规范要求的板材螺栓等连接数据。在节点验算方面，既考虑节点构造是否满足规范要求，又按规范对节点连接的承载力进行验算，大大提高了设计人员的工作效率。

目前该体系在国内多个住宅项目中得到应用。

9.2 异形柱-双钢板组合剪力墙住宅实例

9.2.1 工程简介

本工程为某保障性租赁住房项目，项目单体地上建筑面积约1.4万m^2，地上27层，地下1层，层高3m，建筑高度81m。为响应国家装配式政策和碳达峰、碳中和目标，某单体采用装配式钢结构住宅体系。结构体系选用异形柱-双钢板组合剪力墙结构体系。外墙及内墙均采用ALC条板，外墙墙体厚240mm，内墙墙体厚200mm，隔墙100mm厚。外门窗采用铝合金框和Low-E中空玻璃。阳台玻璃栏板采用铝合金栏杆和透明钢化夹胶玻璃。室内部分除防火门、楼梯间等为木门外，其他对外开放的防火门均为钢制门。

9.2.2 结构布置

为与设计户型相匹配，本结构选用异形柱-双钢板组合剪力墙结构体系，其中钢框架部分，柱采用钢管混凝土扁柱、方钢管混凝土组合异形柱以及方钢管混凝土柱，墙采用双钢板组合剪力墙，柱和双钢板墙的宽度均为 150mm，150mm 宽的竖向构件可隐藏于建筑墙体内，柱体不外露，最大限度保证了户内使用空间的流畅完整，避免室内梁柱凸出影响居住感受，同时获得更多的使用面积。

由于异形柱沿弱轴方向刚度较弱，在洞口位置处应避免采用异形柱，因此在北侧的电梯间、楼梯间以及南侧的厨房排风井道处设置了常规钢管混凝土柱；在整体平面内尽量选用异形柱和钢管混凝土扁柱，使柱子藏在墙内，减小对使用空间的影响，同时在受力较小处可采用扁柱，图 9-8 在电梯间角部处布置了扁柱。

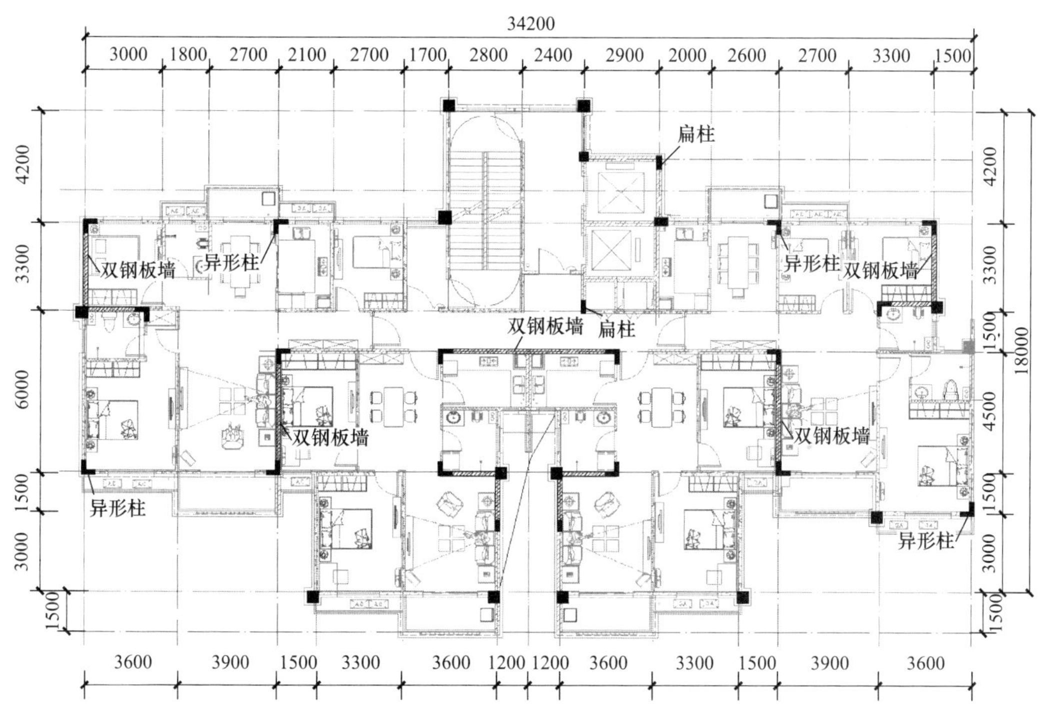

图 9-8　竖向构件平面布置图

异形柱-双钢板组合剪力墙结构的布置，与混凝土“框架-剪力墙”结构类似，在轴网中柱与剪力墙的先后布置顺序为：先在部分房间的拐角处布置“L 形组合异形柱”或钢管混凝土扁柱构件单元；再根据抗侧力需要填充布置“双钢板组合剪力墙”单元；“双钢板组合剪力墙”两端应布置 L 形组合异形柱或组合扁柱（长向沿墙体）作为边缘构件。

9.2.3　模型建立

1. 整体模型

本项目设计条件为：(1) 地震信息：抗震设防烈度 7 度，相应的设计基本地震加速度为 0.15g；建筑场地设计类别为Ⅲ类；设计地震分组为第二组，特征周期 0.35s；(2) 荷载信息：风荷载 0.45kN/m^2；标准层附加恒载 1.8kN/m^2，活荷载 2kN/m^2；屋面附加恒载 5.6kN/m^2，活荷载 3kN/m^2。

在方案阶段，用 YJK 软件进行了建模分析，通过设置双钢板组合剪力墙，使结构的前两个振型平动、第三振型扭转，本结构标准层布置及全楼模型示意图如图 9-9、图 9-10

所示。嵌固端为±0，钢柱及钢板墙插入下部混凝土结构。

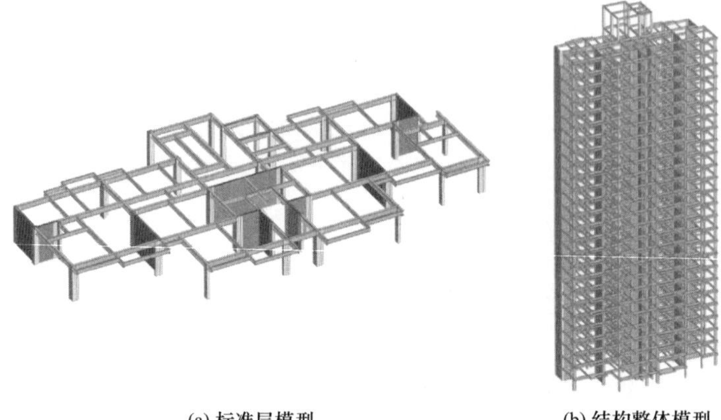

(a) 标准层模型　　(b) 结构整体模型

图 9-9　YJK 模型

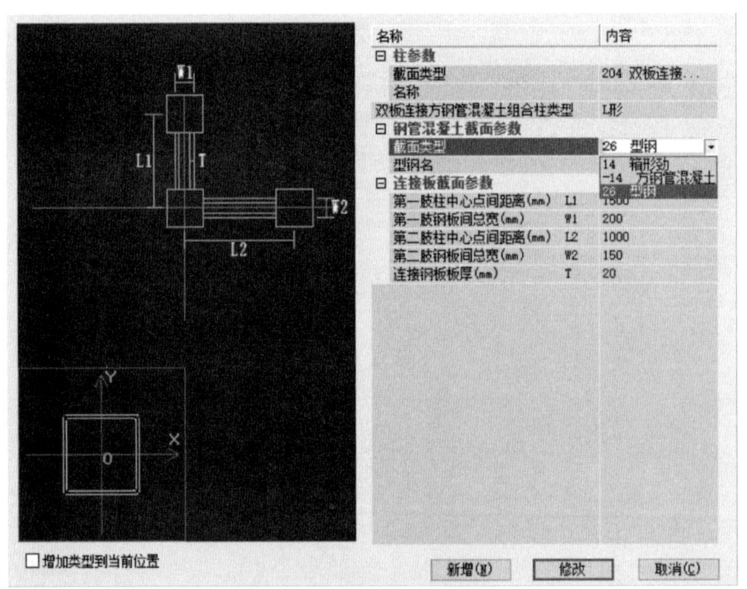

图 9-10　异形柱截面输入

2. 截面输入

矩形钢管混凝土组合异形柱的截面定义如下，在“构件布置”中，柱截面类型选择“204 双板连接方钢管混凝土组合柱”。其中，作为角肢柱和边肢柱的钢管混凝土柱，软件为用户提供了三种截面类型，分别为 14 箱型劲，－14 方钢管混凝土和 26 型钢。

对于异形柱截面，不可采用自定义截面的形式，由于自定义截面与“204 双板连接方钢管混凝土组合柱”的截面特性定义不一样，会导致整体计算时的振型与实际不一致。

由于《异形柱规》中的组合异形柱目前只有“L 形组合异形柱”的相关公式，YJK 专用软件仅能分析该类截面，建议结构构件平面布置时仅采用“L 形组合异形柱”，而“T 形或十字形”异形柱待规范完善后再使用。因“T 形或十字形”截面特性计算更复杂，若建模时按“L 形组合异形柱”输入、而施工图设计时绘制成相应的“T 形或十字形”组合截面，计算模型与实际刚度会产生一定的偏差。

双钢板组合剪力墙的定义如图 9-11 所示，在“构件布置”中，墙截面类型选择“双层钢板砼墙”。

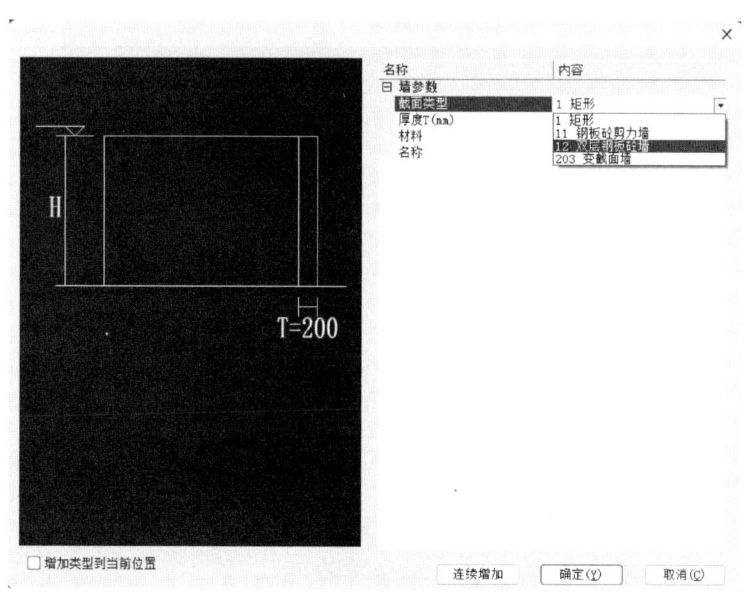

图 9-11 双钢板剪力墙截面输入

9.2.4 结构分析与结果输出

1. 结构分析

对于异形柱-双钢板组合剪力墙结构的结构分析，与常规钢结构项目基本一致，在参数设置中应注意以下几点：

(1) 在结构总体信息中，结构体系选用“异形柱框剪结构”。

(2) 对于设计信息中 $0.2V_0$ 调整系数，可按《建筑抗震设计规范》GB 50011—2010 (2016 年版) 第 8.2.3-3 条框架部分按刚度分配计算得到的地震层剪力应乘以调整系数，达到不小于结构底部总地震剪力的 25%和框架部分计算最大层剪力 1.8 倍二者的较小值，此时需要在设计信息 $0.2V_0$ 调整系数中设置 $\alpha=0.25$，$\beta=1.8$。

(3) 对于柱子的计算长度系数，应根据《钢结构设计标准》GB 50017—2017 让程序自动判断是否为强支撑后再进行确定。

(4) 结构的整体计算，由于双钢板组合剪力墙和异形柱内均灌注混凝土，可参考混合结构，多遇地震下全楼阻尼比取 4%。

(5) 对于位移角，根据《异形柱-双钢板墙规》，异形柱-双钢板组合剪力墙结构体系在风荷载和多遇地震下的弹性层间位移角不大于 1/350；

(6) 对于刚重比，参照钢框架-延性墙板结构，依据《高钢规程》第 6.1.7-2 条进行整体稳定验算。

2. 结果输出

异形柱构件验算按照《异形柱规》进行强度、稳定验算，在图形计算结果和文本结果中输出了正应力强度、X 向压弯稳定、Y 向压弯稳定（图 9-12）。

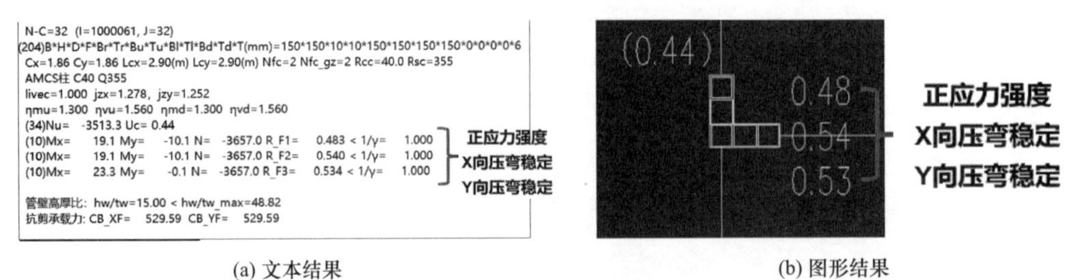

(a) 文本结果　　(b) 图形结果

图 9-12　异形柱构件截面输入

双钢板组合剪力墙构件验算按照《异形柱-双钢板墙规》进行强度、稳定验算，在图形计算结果和文本结果中输出抗弯承载力、抗剪承载力和压弯稳定性验算（图 9-13）。

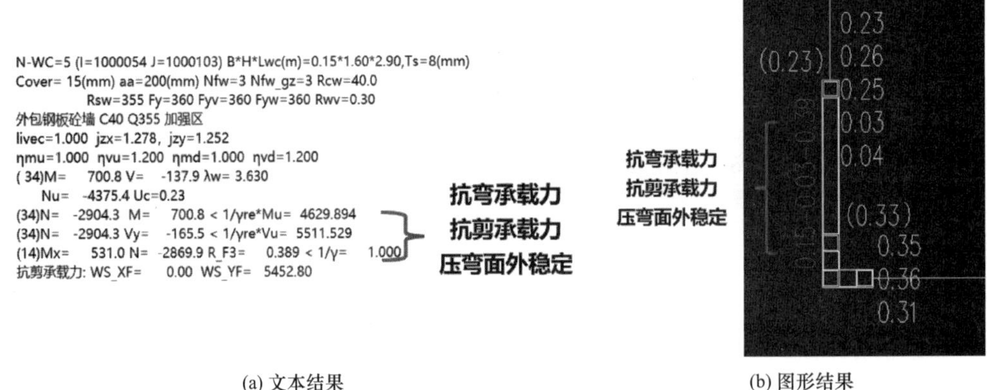

(a) 文本结果　　(b) 图形结果

图 9-13　双钢板组合剪力墙构件验算

9.2.5　节点设计

1. 外肋环板节点和 π 型节点的设计要点

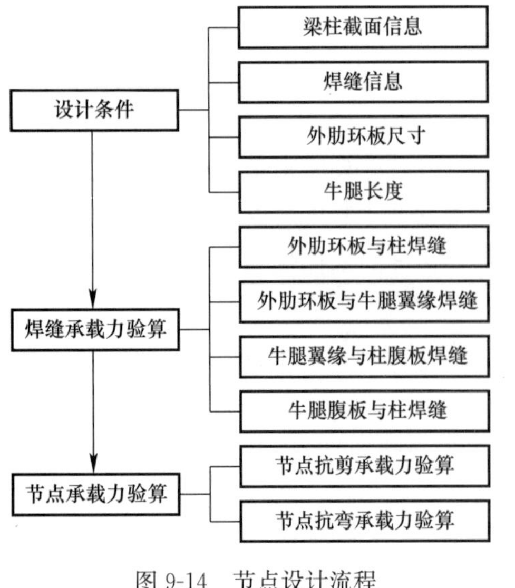

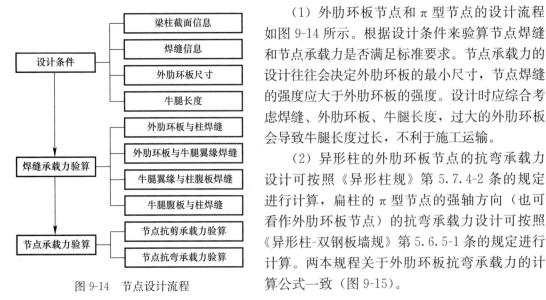

图 9-14　节点设计流程

（1）外肋环板节点和 π 型节点的设计流程如图 9-14 所示。根据设计条件来验算节点焊缝和节点承载力是否满足标准要求。节点承载力的设计往往会决定外肋环板的最小尺寸，节点焊缝的强度应大于外肋环板的强度。设计时应综合考虑焊缝、外肋环板、牛腿长度，过大的外肋环板会导致牛腿长度过长，不利于施工运输。

（2）异形柱的外肋环板节点的抗弯承载力设计可按照《异形柱规》第 5.7.4-2 条的规定进行计算，扁柱的 π 型节点的强轴方向（也可看作外肋环板节点）的抗弯承载力设计可按照《异形柱-双钢板墙规》第 5.6.5-1 条的规定进行计算。两本规程关于外肋环板抗弯承载力的计算公式一致（图 9-15）。

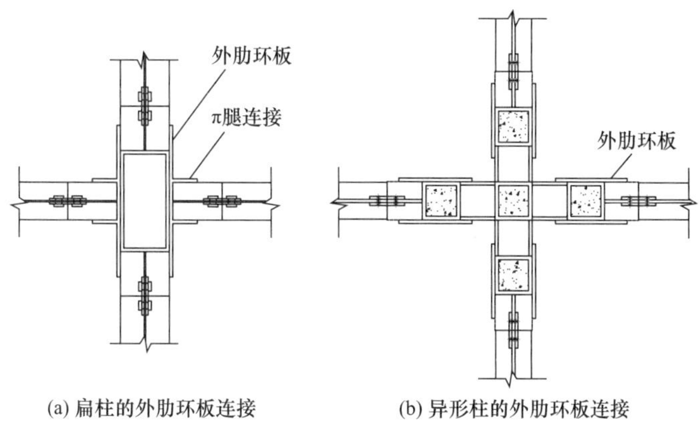

(a) 扁柱的外肋环板连接　　(b) 异形柱的外肋环板连接

图 9-15　外肋环板节点

（3）外肋环板连接的弱轴方向节点可采用 π 型节点形式，其抗弯承载力可按照《异形柱-双钢板墙规》第 5.6.5-2 条进行计算。

（4）外肋环板节点的抗剪承载力设计可按照《异形柱规》第 5.7.4-1 条的规定进行计算。

（5）外肋环板与异形柱单肢柱腹板的单侧角焊缝长度（图 9-16），计算原则是：两条角焊缝 1 的设计强度应大于单个外肋板的强度，当角焊缝 1 不能满足要求时，可考虑角焊缝 1＋角焊缝 2 同时作用的焊缝强度。当角焊缝计算不能通过时，不宜将异形柱单肢柱调整为矩形柱来调整焊缝长度，原因是单肢柱加长尺寸，较难匹配成品的冷弯矩形钢管，与整体计算模型也不匹配，同时，异形柱应设置为等肢，才能与压弯稳定的推导理论相吻合。

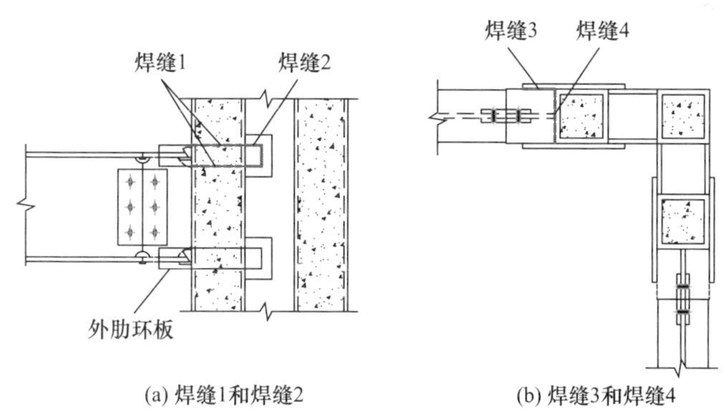

(a) 焊缝1和焊缝2　　(b) 焊缝3和焊缝4

图 9-16　外肋环板节点焊缝情况

（6）外肋环板与钢梁焊缝长度的焊缝长度（图 9-16），计算原则是：焊缝 3 的设计强度应大于单个外肋板的强度，焊缝 3 的计算往往决定了外伸牛腿的长度，当外肋环板尺寸根据抗弯承载力计算得到的尺寸较大时，焊缝 3 的长度也会较长。焊缝 3 可根据计算情况采用角焊缝或者剖口焊。计算公式如下：

当焊缝 3 为角焊缝时，竖向肋板与钢梁的焊缝长度为：

$$L_e=\frac{b_{vs}t_{vs}f_{vsy}}{h_e f_f^w}+2h_f \tag{9-3}$$

当焊缝 3 为剖口焊缝时，竖向肋板与钢梁的焊接长度为：

$$L_e=\frac{b_{vs}t_{vs}f_{vsy}}{t f_v^w}+2t \tag{9-4}$$

式中，b_{vs} 是外肋环板的竖向高度，t_{vs} 是外肋环板的厚度，f_{vsy} 是竖向肋板的设计强度，f_f^w 是角焊缝强度设计值，f_v^w 是钢材的抗剪强度设计值。

（7）钢梁翼缘与异形柱单肢柱的焊缝采用全熔透剖口焊。

2. 外肋环板节点和 π 型节点的软件设计

对于外肋环板节点和 π 型节点，可采用 YJK 软件“钢结构施工图”模块中钢结构节点进行设计（图 9-17、图 9-18）。

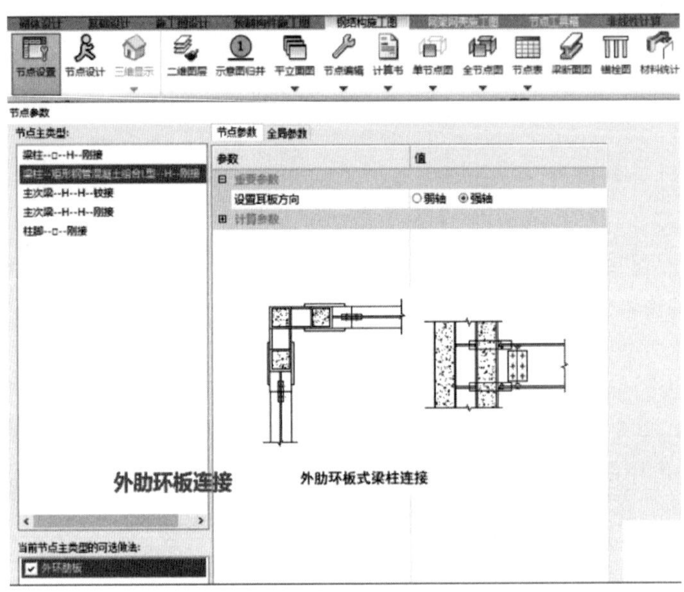

图 9-17　外肋环板节点

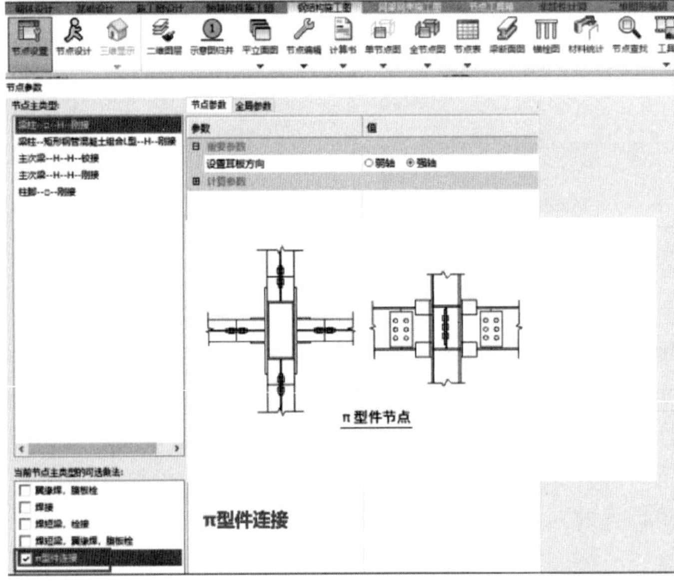

图 9-18　π 型节点

3. 节点算例

（1）设计条件：

梁截面信息：梁采用 H300×150×6×10，材质 Q355，屈服强度 355.0N/mm²，极限

抗拉强度 470.0N/mm²。

柱截面信息：柱采用矩形钢管混凝土组合 L 形异形柱，单肢尺寸 150×150×12，单肢间连接板采用 6mm 钢板，截面总长度和总宽度均为 450mm，材质 Q355，屈服强度 355.0N/mm²，极限抗拉强度 470.0N/mm²，混凝土等级为 C40。

焊缝信息：角焊缝（抗拉、抗压、抗剪）强度设计值，$f_f^w=200N/mm^2$，$f_u^w=280N/mm^2$

承载力放大系数 $\alpha=1.000$，截面塑性发展系数 $\gamma_x=1.05$，$\eta_j=1.40$

外肋环板尺寸：高度 100mm，外伸长度 210mm，厚度 16mm

焊缝：外肋环板与梁焊脚尺寸 10mm，外肋环板与柱焊脚尺寸 14mm，牛腿腹板与柱焊脚尺寸 10mm

贴板尺寸：外伸宽度 50mm，外伸长度 50mm

腹板与柱连接角焊缝尺寸：10.0mm

牛腿截面信息：梁采用 H300×150×6×16，材质 Q355

短梁长度为：450mm

（2）焊缝承载力验算：

1）外环肋板与柱焊缝

外环肋板与柱腹板焊缝尺寸为 14mm，角焊缝最小构造尺寸是 5mm（满足）

外环肋板与柱腹板焊缝承载力 $F_w=2\times h_f\times 0.7\times(l_w-2\times h_f)\times f_{vw}+h_f\times 0.7\times l_w\times f_{vw}=2\times 14\times 0.7\times(150-2\times 14)\times 200+12\times 0.7\times 100\times 200=478.24kN+168kN=646kN$

外环肋板承载力 $F_{pi}=B\times T\times f=100.00\times 16.0\times 305=488.00kN$

因此，$F_w\geqslant F_{pi}$（满足）

2）外环肋板与牛腿翼缘焊缝

外环肋板与牛腿翼缘焊缝为熔透焊接。

外环肋板与牛腿翼缘焊缝承载力 $F_w=t\times(l_w-2\times t)\times f=16\times(210-2\times 16)\times 175=498.4kN$

外环肋板承载力 $F_{pi}=B\times T\times f=100.00\times 16.0\times 305=488.00kN$

因此，$F_w\geqslant F_{pi}$（满足）

3）外环肋板与牛腿翼缘焊缝及牛腿翼缘与柱腹板焊缝

外环肋板与牛腿翼缘焊缝为熔透焊接。

牛腿翼缘与柱焊缝为熔透焊。

梁翼缘承载力 $F_{bf}=B_{bw}\times t_f\times f=150\times 16\times 305=732kN$

牛腿翼缘与外环肋板焊缝承载力 $F_{w2}=t\times(l_w-2\times t)\times f=16\times(210-2\times 16)\times 175=498.4kN$

因此，$F_{w2}\times 2=996.8kN\geqslant F_{bf}=732.0kN$（满足）

4）牛腿腹板与柱焊缝

牛腿腹板角焊缝尺寸为 10mm，角焊缝最小构造尺寸是 3mm（满足）

柱腹板与梁腹板角焊缝承载力 $F_w=2\times h_f\times 0.7\times(l_w-2\times h_f)\times f_{vw}=2\times 10\times 0.7\times(280-2\times 10)\times 200=728.00kN$

梁腹板承载力 $V_{bw}=f_v\times t_w\times(H_b-2\times t_f)=175.00\times 6.00\times 280.00=294.00kN$

因此，$F_w\geqslant V_{bw}$（满足）

(3) 节点域 Y 轴方向验算：

1) 节点抗剪承载力验算

计算控制组合：组合号 10(0.99×−Y 向风荷载+1.30×土压力+1.30×恒载+1.50×活载)，V=352773.11N。根据《矩形钢管混凝土组合异形柱结构技术规程》T/CECS 825—2021 第 5.7.4-1 条的规定计算如下：

$$A_{mcw}=4\times t_{mc}\times(H_{mc}-2\times t_{mc})=6048.000\text{mm}^2$$

$$A_{sbw}=t_{sbw}\times H_{sbw}=0.000\text{mm}^2$$

$$A_c=2\times(H_{mc}-2\times t_{mc})\times(B_{mc}-2\times t_{mc})=31752.000\text{mm}^2$$

$$M_{mcfy}=1/4\times f_{mcy}\times(B_{mc}-2\times t_{mc})\times t_{mc}^2=1383480.000\text{N}\cdot\text{mm}$$

$$dM_{vsy}=0.5\times df_{vsy}\times dt_{vs}\times(db_{vs})^2=24400000.000\text{N}\cdot\text{mm}$$

$$M_{bfy}=0.25\times f_{bfy}\times t_{bf}^2\times(B_{bf}-2\times t_{mc})=960750.000\text{N}\cdot\text{mm}$$

$$M_{sfy}=\min(M_{mcfy},\ M_{vsy},\ M_{bfy})=960750.000\text{N}\cdot\text{mm}$$

钢框架的受剪承载力设计值为：

$$V_u^{fra}=n\times M_{sfy}/(H_b-t_{bf})=26503.448\text{N}$$

混凝土的受剪承载力设计值为：

$$V_u^c=0.3\times f_c\times(B_{mc}-2\times t_{mc})\times(B_{mc}-2\times t_{mc})=91010.298\text{N}$$

$$\sigma_{mcN}=N\times f_{mcy}/(f_{mcy}\times A_{mcw}+f_{sbwy}\times A_{sbw}+f_c\times A_c)=0.000\text{MPa}$$

钢管腹板的受剪承载力设计值为：

$$V_u^{mcw}=A_{mcw}\times \text{sqrt}(f_{mcy}\times f_{mcy}-\sigma_{mcN}\times\sigma_{mcN})/\sqrt{3}=1065003.405\text{N}$$

$$\sigma_{sbwN}=N\times f_{sbwy}/(f_{mcy}\times A_{mcw}+f_{sbwy}\times A_{sbw}+f_c\times A_c)=0.000\text{MPa}$$

内部短梁腹板的受剪承载力设计值为：

$$V_u^{sbw}=A_{sbw}\times \text{sqrt}(f_{sby}\times f_{sby}-\sigma_{sbwN}\times\sigma_{sbwN})/\sqrt{3}=0.000\text{N}$$

节点受剪承载力设计值为：

$$V_u^p=V_u^{mcw}+V_u^{sbw}+V_u^{fra}+V_u^c=1182517.151\text{N}$$

节点所受的剪力设计值为：

$$V=(2\times M_c-V_b\times H_c)/H_b=352773.111\text{N}$$

因此，节点抗剪承载力：$\beta\times V$=458605.044N≤$1/\gamma\times V_{up}$=1576689.535N（满足）

2) 节点抗弯承载力验算

$$M=297790614.00\text{N}\cdot\text{m}$$

$$D_0=B_{mc}-2\times t_{mc}=126.000\text{mm}$$

$$M_p=0.25\times f_{mcy}\times t_{mc}^2=10980.000\text{N}\cdot\text{mm}$$

$$P_{mcf1}=2\times t_{mc}\times[t_{bf}+\text{sqrt}(D_0\times t_{mc}/2)]\times f_{mcy}+4\times D_0\times M_p\times\text{sqrt}[2/(D_0\times t_{mc})]=475733.449\text{N}$$

$$P_{vs}=2\times t_{vs}\times b_{vs}\times f_{vsy}=976000.000\text{N}$$

$$P_1=\alpha\times(P_{mcf1}+P_{vs})=1161386.759\text{N}$$

节点抗弯承载力设计值为：

$$M_u^p=P_1\times(H_b-t_{bf})=336802160.178\text{N}\cdot\text{mm}$$

节点所承受的弯矩设计值为：

$$M=1.2\times C_{pR}\times R_{y}\times W_{pb}\times f_{y}=297790614.000\text{N}\cdot\text{mm}$$

因此，节点抗弯承载力：$\beta_{m}\times M=357348736.800\text{N}\cdot\text{mm}\leqslant 1/\gamma\times M_{up}=449069546.905\text{N}\cdot\text{mm}$（满足）

9.2.6 装配率评分

1. 整体评级

依据《装配式建筑评价标准》GB/T 51129—2017，对本项目进行装配率评分（表 9-3）。

装配式评分表　　表 9-3

评价项		评价要求	实际比例	最低分值	计算分值
主体结构（50 分）	柱、支撑、承重墙延伸墙体等竖向构件	35%≤比例≤80%	100%	20	30
	梁、板、楼梯、阳台、空调板等构件	70%≤比例≤80%	90%		20
围护墙和内隔墙（20 分）	非承重围护墙非砌筑	比例≥80%	85%	10	5
	围护墙与保温、隔热、装饰一体化	50%≤比例≤80%	—		—
	内隔墙非砌筑	比例≥50%	51%		5
	内隔墙与管线、装修一体化	50%≤比例≤80%	—		0
装修和设备管线（30 分）	全装修	—	—	6	6
	干式工法楼面、地面	比例≥70%	—	—	—
	集成厨房	70%≤比例≤90%	83%		4
	集成卫生间	70%≤比例≤90%	100%		6
	管线分离	50%≤比例≤70%	—		—
总分		76			
根据装配式评价等级划分标准为		AA 级			

因此，本楼装配式等级为 AA 级。

2. 分项评分

（1）柱、支撑、承重墙延伸墙体等竖向构件

本项目的柱、墙体均采用钢结构，全部竖向构件均计入装配率计算。

$q_{1a}=(V_{1a}/V)\times 100\%=100\%$，因此得分为 30 分。

（2）梁、板、楼梯、阳台、空调板等构件

平面采用钢梁、可拆卸式钢筋桁架楼承板，装配率计算：

$q_{1b}=(A_{1b}/A)\times 100\%=90\%$，因此得分为 20 分。

（3）外围护墙

外围墙大部分采用预制 ALC 条板。

$Q_{2a}=(A_{2a}/A_{W1})\times 100\%=85\%$，因此得分为 5 分。

（4）内隔墙

内隔墙大部分采用预制 ALC 条板。

$Q_{2a}=(A_{2a}/A_{W1})\times 100\%=51\%$，因此得分为 5 分。

（5）全装修

依据《装配式建筑评价标准》GB/T 51129—2017 的要求，本楼采用装配式装修交付。因此得分为 6 分。

（6）集成厨房

依据《装配式建筑评价标准》GB/T 51129—2017 的要求，本楼采用集成厨房交付。

$Q_{3b}=(A_{3b}/A_k)\times100\%=83\%$，因此得分为 4 分。

（7）集成卫生间

依据《装配式建筑评价标准》GB/T 51129—2017 的要求，本楼采用集成卫浴交付。

$Q_{3c}=(A_{3c}/A_b)\times100\%=100\%$，因此得分为 6 分。

9.2.7 施工图绘制

装配式钢结构住宅施工图的图纸组成基本同高层钢结构，在图纸绘制中，增加了异形柱、双钢板组合剪力墙两种构件，因此在平面图及截面表中需准确表述异形柱和双钢板组合剪力墙的截面尺寸及材质，通用图纸中需标明异形柱、双钢板剪力墙的加工要求，此外与传统结构体系图纸相比，节点图纸中增加了外肋环板节点和 π 型节点，详见图 9-19～图 9-23。

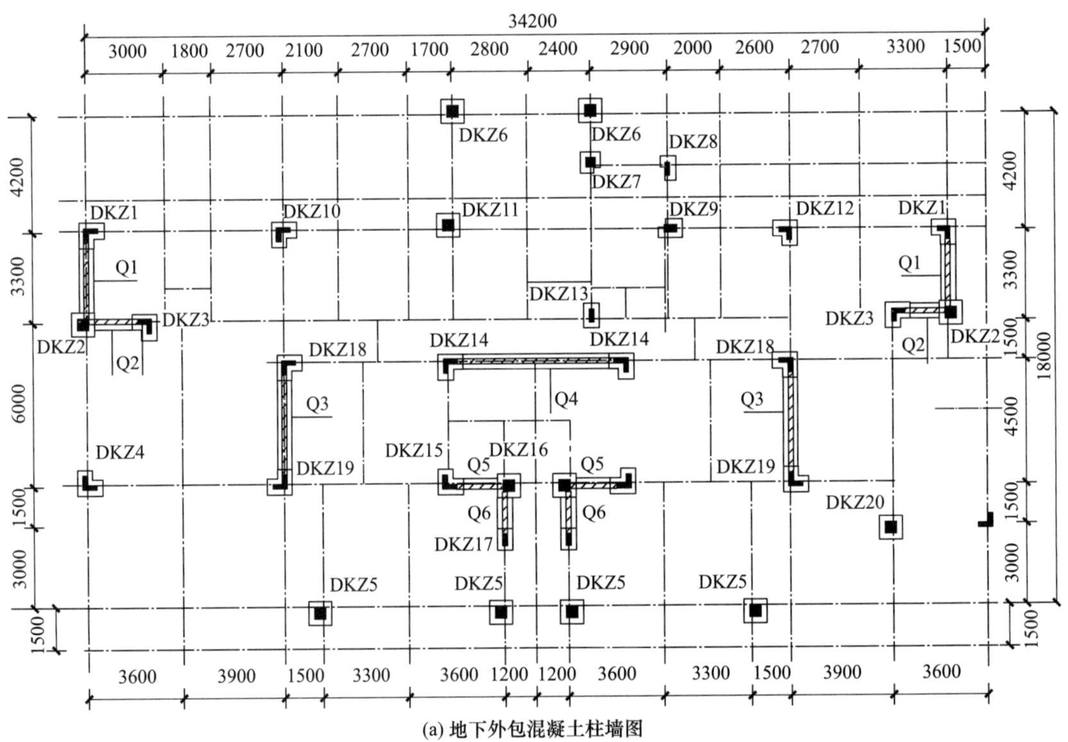

(a) 地下外包混凝土柱墙图

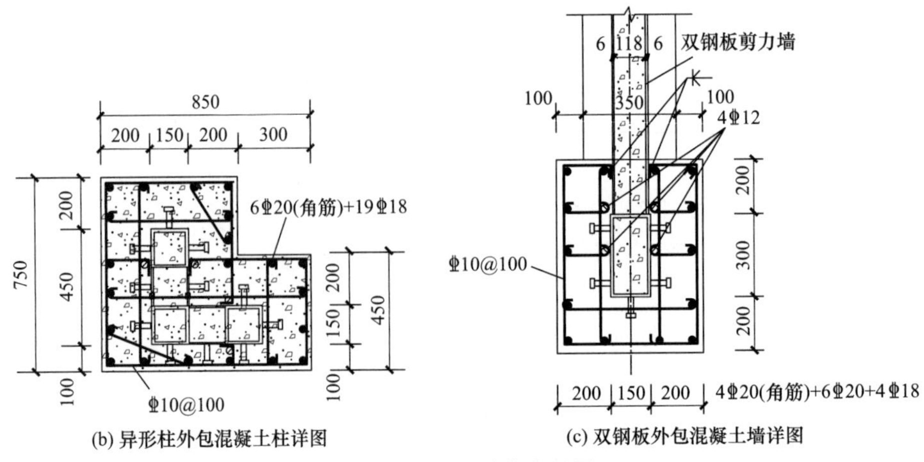

(b) 异形柱外包混凝土柱详图

(c) 双钢板外包混凝土墙详图

图 9-19 地下墙柱布置图

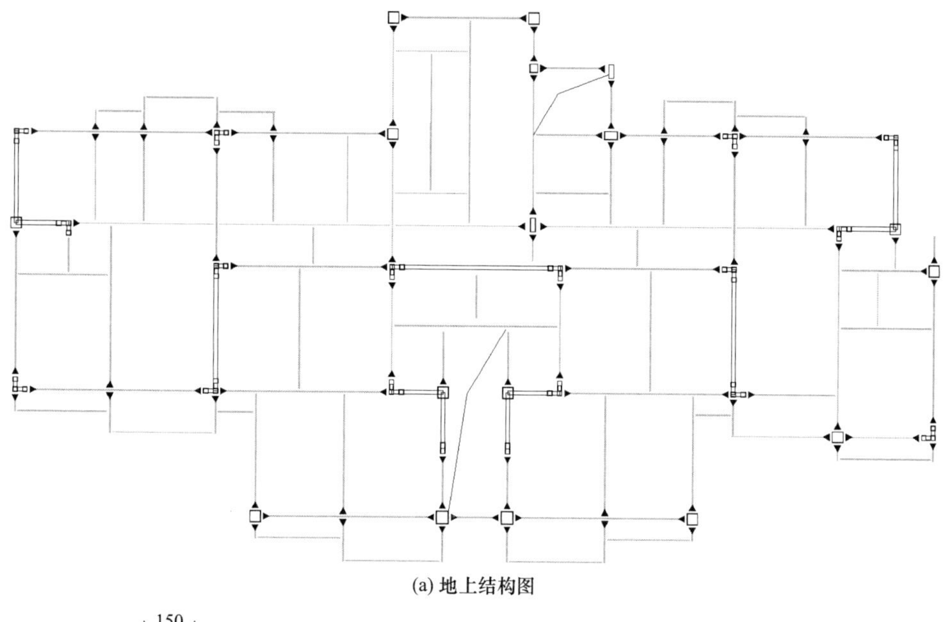

(a) 地上结构图

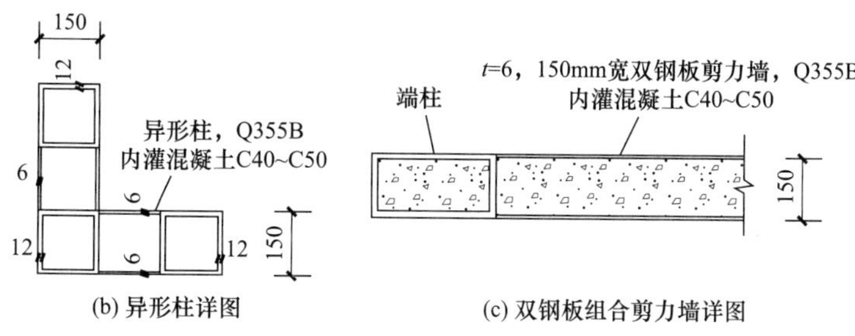

(b) 异形柱详图　　(c) 双钢板组合剪力墙详图

图 9-20　地上结构布置图

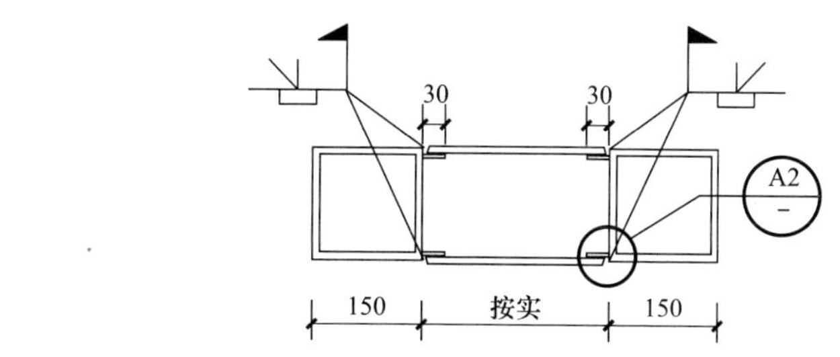

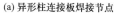

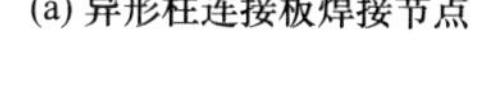
(a) 异形柱连接板焊接节点

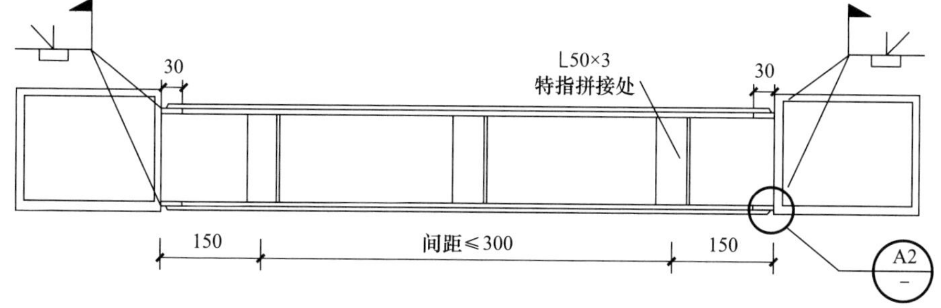

(b) 双钢板组合剪力墙连接处节点

图 9-21　通用节点做法（一）

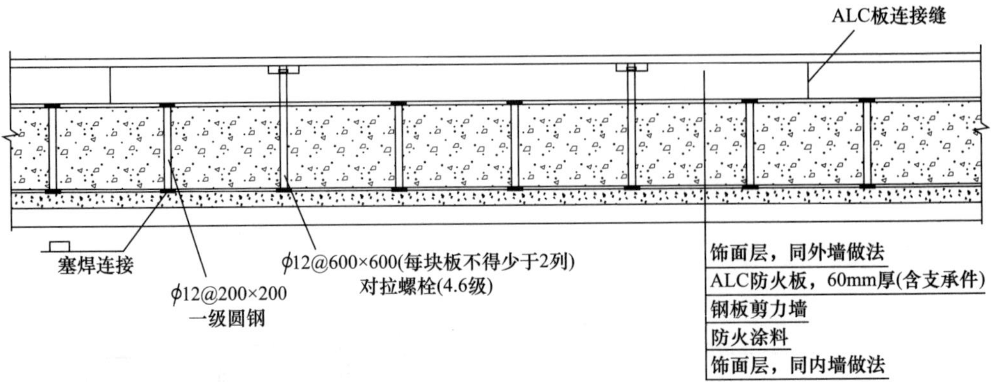

(c) 钢板剪力墙构造大样

图 9-21　通用节点做法（二）

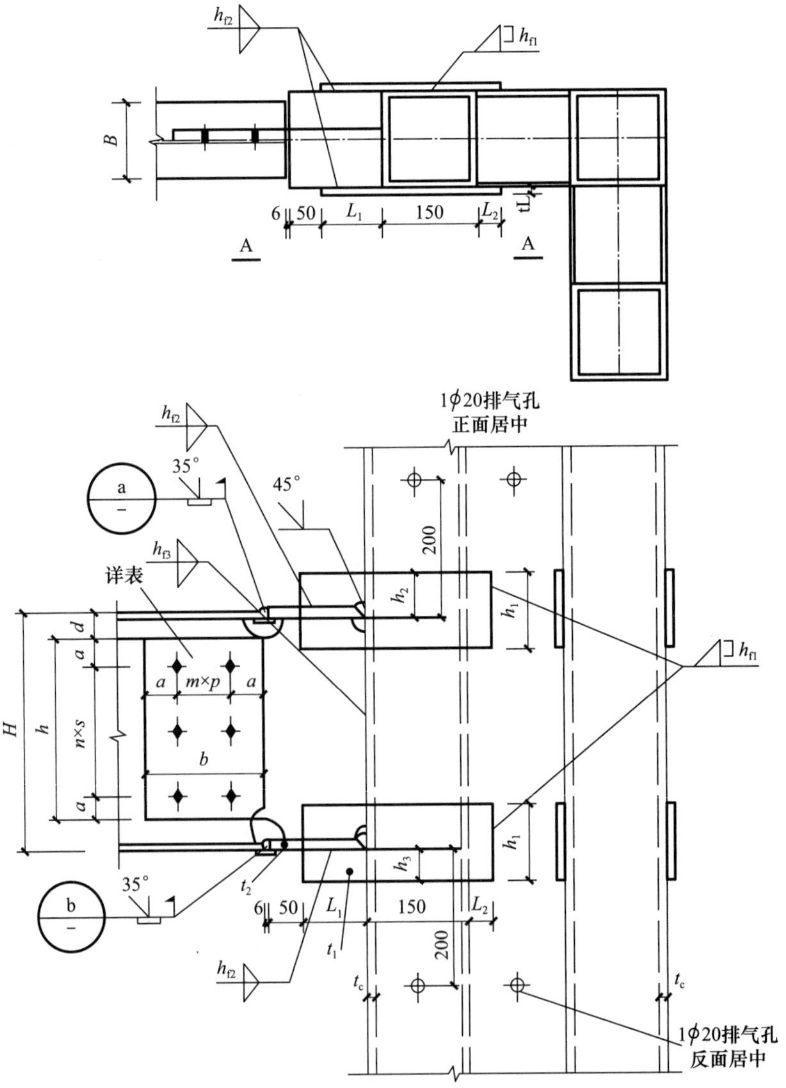

图 9-22　外肋环板节点

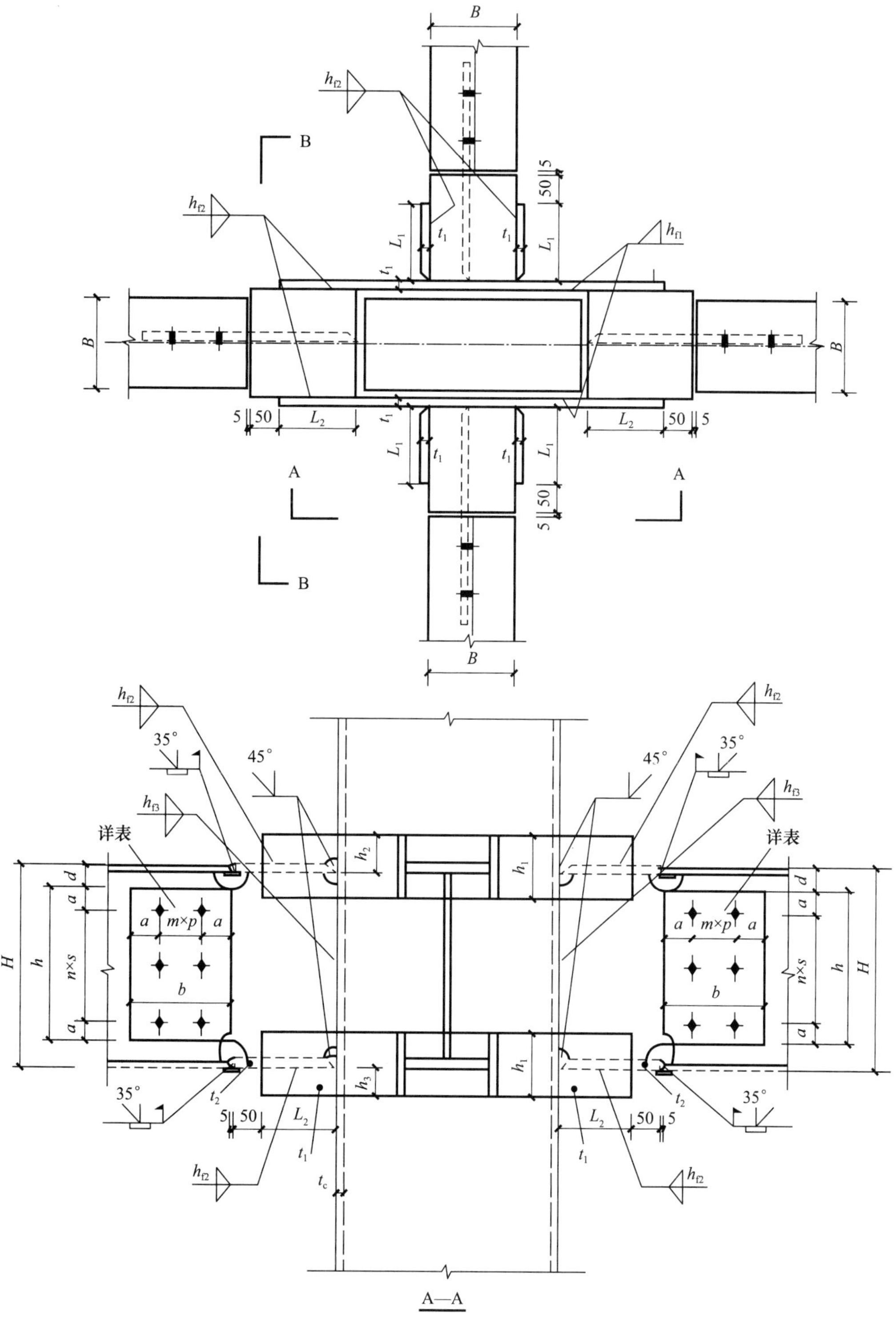

注:1.适用于左右梁标高相同时;
2.当左右梁高差相差小于150mm时,长边通长连接板顺势加高。

图 9-23　π型节点（一）

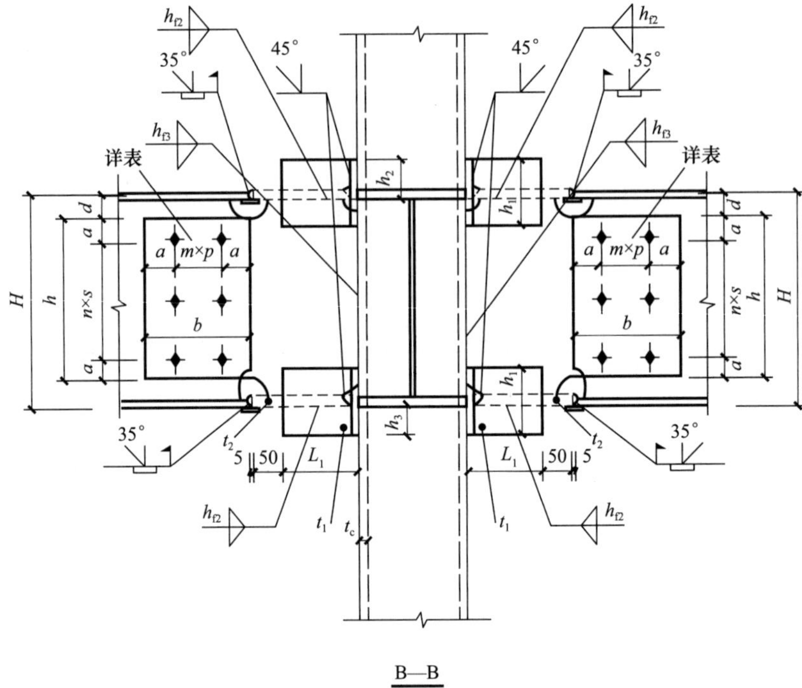

B—B

图 9-23　π型节点（二）

附录 A

A.1 钢结构设计常用计算软件

(1) 门式刚架及钢框架

中国建筑科学研究院	PKPM
北京盈建科软件股份有限公司	YJK
上海同磊土木工程技术有限公司	3D3S

(2) 网格结构

上海同磊土木工程技术有限公司	3D3S
浙江大学	MST
美国 REI	STAAD PRO

(3) 通用钢结构分析软件

美国 CSI 公司	ETABS SAP2000
韩国 MIDAS IT	MIDAS
美国 ANSYS 公司	ANSYS
法国达索 SIMULIA 公司	ABAQUS

(4) 弹塑性分析软件

美国 CSI 公司	ETABS SAP2000 PERFORM-3D
法国达索 SIMULIA 公司	ABAQUS
北京构力科技有限公司	EPDA
北京盈建科软件股份有限公司	Y-Paco
广州建研数力建筑科技有限公司	SAUSAGE

(5) 索膜结构

上海同磊土木工程技术有限公司	3D3S
美国 ANSYS 公司	ANSYS

(6) 钢结构详图软件

芬兰 Tekla 公司	TEKLA Structure (Xsteel)
北京构力科技有限公司	PKPM-STXT
北京盈建科软件股份有限公司	Y-ST

A.2 钢结构设计常用规范及标准

1. 通用标准

(1) 工程结构通用规范 GB 55001—2021

（2）建筑与市政工程抗震通用规范 GB 55002—2021
（3）钢结构通用规范 GB 55006—2021
（4）钢结构设计标准 GB 50017—2017
（5）建筑结构荷载规范 GB 50009—2012
（6）建筑抗震设计规范 GB 50011—2010
（7）冷弯薄壁型钢结构技术规范 GB 50018—2002
（8）建筑钢结构防火技术规范 GB 51249—2017
（9）钢管混凝土结构技术规范 GB 50936—2014
（10）建筑钢结构防腐蚀技术规程 JGJ/T 251—2011
（11）钢结构钢材选用与检验技术规程 CECS 300：2011
（12）铸钢节点应用技术规程 CECS 235：2008
（13）组合楼板设计与施工规范 CECS 273：2010
（14）建筑结构制图标准 GB/T 50105—2010
2. 高层、高耸钢结构标准
（1）高层民用建筑钢结构技术规程 JGJ 99—2015
（2）高层建筑钢—混凝土混合结构设计规程 CECS 230：2008
（3）高耸结构设计标准 GB 50135—2019
（4）装配式钢结构住宅建筑技术标准 JGJ/T 469—2019
（5）异形柱-双钢板组合剪力墙住宅建筑技术标准 T/CSCS 021—2022
3. 空间结构标准
（1）空间网格结构技术规程 JGJ 7—2010
（2）索结构技术规程（局部修订）JGJ 257—2012
（3）膜结构技术规程 CECS 158：2015
（4）预应力钢结构技术规程 CECS 212：2006
4. 轻型钢结构标准
（1）门式刚架轻型房屋钢结构技术规范 GB 51022—2015
（2）轻型钢结构住宅技术规程 JGJ 209—2010
5. 组合结构标准
（1）组合结构通用规范 GB 55004—2021
（2）钢管混凝土结构技术规范 GB 50936—2014
（3）组合结构设计规范 JGJ 138—2016
（4）钢管混凝土结构技术规程 CECS 28：2012
（5）矩形钢管混凝土结构设计规程 CECS 159：2004
（6）钢管混凝土叠合柱结构技术规程 T/CECS 188—2019
（7）钢骨混凝土结构设计规程 YB 9082—2006
6. 施工相关标准
（1）钢结构工程施工规范 GB 50755—2020
（2）钢结构焊接规范 GB 50661—2011
（3）钢结构工程施工质量验收标准 GB 50205—2020

（4）建筑工程预应力施工规程 CECS 180：2018

A.3 钢结构设计常用图集

（1）钢结构设计制图深度和表示方法 03G102
（2）《钢结构设计标准》图示 20G108-3
（3）《高层民用建筑钢结构技术规程》图示 16G108-7
（4）《门式刚架轻型房屋钢结构技术规范》图示 15G108-6
（5）多、高层民用建筑钢结构节点构造详图 16G519
（6）钢结构连接施工图示（焊接连接）15G909-1
（7）门式刚架轻型房屋钢结构 19G518 系列
（8）钢网架结构设计 07SG531
（9）钢管混凝土结构构造 06SG524
（10）钢与混凝土组合楼（屋）盖结构构造 05SG522
（11）型钢混凝土组合结构构造 04SG523
（12）蒸压轻质加气混凝土板（NALC）构造详图 03SG715-1
（13）民用建筑钢结构防火构造 06SG501

A.4 国内大型钢结构公司

（排名不分先后，仅供参考）

中建钢构股份有限公司
江苏沪宁钢机股份有限公司
上海冠达尔钢结构有限公司（宝钢钢构有限公司）
长江精工钢结构（集团）股份有限公司
杭萧钢构股份有限公司
浙江东南网架股份有限公司
上海宝冶建设有限公司
上海中远川崎重工钢结构有限公司
中国二十二冶金属结构工程公司

A.5 大型钢结构工程防火防腐厂商

（排名不分先后，仅供参考）

广州集泰化工股份有限公司
阿克苏诺贝尔防护涂料（苏州）有限公司
佐敦涂料（张家港）有限公司
海虹老人涂料（昆山）有限公司
PPG 涂料（天津）有限公司

四国化研（上海）有限公司
上海门普来新材料股份有限公司
江苏兰陵化工集团有限公司
北京金隅涂料有限责任公司

A.6 大型组合楼板供应商

（排名不分先后，仅供参考）

多维联合集团有限公司
汉德邦建材有限公司
来实建筑系统（上海）有限公司
行家钢承板（苏州）有限公司
巴特勒（上海）有限公司
鞍山东方钢结构有限公司

参考文献

[1] 中华人民共和国住房和城乡建设部. 工程结构通用规范 GB 55001—2021［S］. 北京：中国建筑工业出版社，2021.

[2] 中华人民共和国住房和城乡建设部. 建筑与市政工程抗震通用规范 GB 55002—2021［S］. 北京：中国建筑工业出版社，2021.

[3] 中华人民共和国住房和城乡建设部. 钢结构通用规范 GB 55006—2021［S］. 北京：中国建筑工业出版社，2021.

[4] 中华人民共和国住房和城乡建设部. 组合结构通用规范 GB 55004—2021［S］. 北京：中国建筑工业出版社，2021.

[5] 中华人民共和国住房和城乡建设部. 钢结构设计标准 GB 50017—2017［S］. 北京：中国建筑工业出版社，2017.

[6] 中华人民共和国住房和城乡建设部. 建筑结构荷载规范 GB 50009—2012［S］. 北京：中国建筑工业出版社，2012.

[7] 中华人民共和国住房和城乡建设部. 建筑抗震设计规范 GB 50011—2010（2016 年版）［S］. 北京：中国建筑工业出版社，2010.

[8] 中华人民共和国建设部. 冷弯薄壁型钢结构技术规范 GB 50018—2002［S］. 北京：中国计划出版社，2002.

[9] 中华人民共和国住房和城乡建设部. 建筑钢结构防火技术规范 GB 51249—2017［S］. 北京：中国计划出版社，2006.

[10] 中华人民共和国住房和城乡建设部. 高层民用建筑钢结构技术规程 JGJ 99—2015［S］. 北京：中国建筑工业出版社，2015.

[11] 中华人民共和国住房和城乡建设部. 建筑结构制图标准 GB/T 50105—2010［S］. 北京：中国建筑工业出版社.

[12] 中华人民共和国住房和城乡建设部. 空间网格结构技术规程 JGJ 7—2010［S］. 北京：中国建筑工业出版社，2010.

[13] 中国工程建设标准化协会. 预应力钢结构技术规程 CECS 212：2006［S］. 北京：中国计划出版社，2006.

[14] 中华人民共和国住房和城乡建设部. 门式刚架轻型房屋钢结构技术规范 GB 51022—2015［S］. 北京：中国计划出版社，2015.

[15] 中华人民共和国住房和城乡建设部. 装配式钢结构住宅建筑技术标准 JGJ/T 469—2019［S］. 北京：中国建筑工业出版社，2019.

[16] 中华人民共和国住房和城乡建设部. 装配式建筑评价标准 GB/T 51129—2017［S］. 北京：中国建筑工业出版社，2017.

[17] 中国工程建设标准化协会. 钢管混凝土结构技术规程 CECS 28：2012［S］. 北京：中国建筑工业出版社，2012.

[18] 中国建筑标准设计研究院. 钢结构设计制图深度和表示方法 03G102［S］. 北京：中国计划出版社，2010.

[19] 中国建筑标准设计研究院. 多、高层民用建筑钢结构节点构造详图 16G519 [S]. 北京：中国计划出版社，2016.
[20] 但泽义等. 钢结构设计手册（第四版）[M]. 北京：中国建筑工业出版社，2019.
[21] 陈文渊，刘梅梅. 钢结构设计精讲精读 [M]. 北京：中国建筑工业出版社，2022.
[22] 金波. 高层钢结构设计计算实例 [M]. 北京：中国建筑工业出版社，2018.
[23] 王松岩. 钢结构设计与应用实例 [M]. 北京：中国建筑工业出版社，2007.
[24] 王建. PKPM结构设计软件入门与应用实例-钢结构 [M]. 北京：中国电力出版社，2008.
[25] 易富民. PKPM STS钢结构设计：从入门到精通 [M]. 大连：大连理工大学出版社，2010.
[26] 陆赐麟，尹思明，刘锡良. 现代预应力钢结构（修订版）[M]. 北京：人民交通出版社，2007.
[27] 丁芸孙. 钢结构设计误区与释义 [M]. 北京：人民交通出版社，2008.
[28] 上官子昌. 钢结构快速设计与算例 [M]. 北京：中国建筑工业出版社，2011.
[29] 李星荣 . 钢结构工程施工图实例集萃 [M]. 北京：机械工业出版社，2019.
[30] 李星荣，秦斌. 钢结构连接节点设计手册 [M]. 北京：中国建筑工业出版社，2019.
[31] 孙海林. 手把手教你建筑结构设计 [M]. 北京：中国建筑工业出版社，2009.
[32] 中国建筑标准设计研究院. 民用建筑工程设计常见问题分析及图示 05SG109-4 [S]. 北京：中国建筑标准设计研究院，2005.
[33] 谢国昂. 钢结构设计深化及详图表达 [M]. 北京：中国建筑工业出版社，2010.
[34] www.okok.org. 结构理论与工程实践——中华钢结构论坛精华集 [M]. 北京：中国计划出版社，2009.
[35] 张其林. 建筑索结构设计计算与实例精选 [M]. 北京：中国建筑工业出版社，2009.
[36] 中国建筑金属结构协会建筑钢结构委员会专家组. 中国大型建筑钢结构工程设计与施工 [M]. 北京：中国建筑工业出版社，2007.
[37] 龙文志. 点支承玻璃幕墙 [M]. 大连：大连理工大学出版社，2010.
[38] 建设部工程质量安全监督与行业发展司. 国民用建筑工程设计技术措施 [M]. 北京：中国计划出版社，2003.
[39] 陈富生. 高层建筑钢结构设计 [M]. 北京：中国建筑工业出版社，2000.
[40] 刘大海，杨翠如. 型钢、钢管混凝土高楼计算与构造 [M]. 北京：中国建筑工业出版社，2003.
[41] 黄斌. 新型空间钢结构设计与实例 [M]. 北京：机械工业出版社，2009.
[42] 龚思礼. 建筑抗震设计手册 [M]. 北京：中国建筑工业出版社，2002.
[43] 王彦惠. 建筑工程施工读图常识 [M]. 北京：化学工业出版社，2003.
[44] 郭兵. 多层民用钢结构房屋设计 [M]. 北京：中国建筑工业出版社，2005.
[45] 刘锡良. 现代空间结构 [M]. 天津：天津大学出版社，2003.
[46] 沈祖炎. 钢结构学 [M]. 北京：中国建筑工业出版社，2005.
[47] 尹德钰. 网壳结构设计 [M]. 北京：中国建筑工业出版社，1996.
[48] 陈绍蕃等. 钢结构设计原理 [M]. 北京：科学出版社，2001.
[49] 牟在根. 钢结构设计与原理 [M]. 北京：人民交通出版社，2004.
[50] 蓝天，张毅刚. 大跨度屋盖结构抗震设计 [M]. 北京：中国建筑工业出版社，2000.
[51] 李文卿. 建筑钢基本知识 [M]. 北京：中国工业出版社，1965.
[52] 沈世钊. 网壳结构稳定性 [M]. 北京：科学出版社，1999.
[53] 钢结构设计规范国家标准管理组，《钢结构设计计算示例》编制委员会. 钢结构设计计算示例 [M]. 北京：中国计划出版社，2007.
[54] 魏琏. 建筑结构抗震设计 [M]. 北京：万国学术出版社，1991.
[55] 王肇民. 建筑钢结构设计 [M]. 上海：同济大学出版社，2000.

[56] 刘新．钢结构防腐蚀和防火涂装［M］．北京：化学工业出版社，2005.

[57] 童根树．钢结构设计方法［M］．北京：中国建筑工业出版社，2005.

[58] 郑廷银．高层建筑结构设计［M］．北京：机械工业出版社，2005.

[59] 李国强．多高层建筑钢结构设计［M］．北京：中国建筑工业出版社，2004.

[60] 李国强．钢结构及钢——混凝土组合结构抗火设计［M］．北京：中国建筑工业出版社，2006.

[61] 王国周，瞿履谦．钢结构——原理与设计［M］．北京：清华大学出版社，1993.

[62] 包头钢铁设计研究总院．钢结构设计与计算（第二版）［M］．北京：机械工业出版社，2006.

[63] 张相勇．北京国际财源中心（西塔）混合结构设计［J］．建筑结构，2006（9）：92-96.

[64] 张相勇，娄宇，常为华．北京银泰中心桩筏基础设计［J］．建筑结构，2007（7）：97-101.

[65] 张相勇．鄂尔多斯同基双子座超高层办公楼结构方案选型研究［J］．建筑结构，2011，41（S1）：422-425.

[66] 张相勇，常为华，甘明．合肥南站主站房大跨超限结构设计与研究［J］．建筑结构，2011，41（9）：88-92，126.

[67] 赵鹏飞，Emmanuel Livadiotti，阳升等．青岛北站站房屋盖结构体系研究［J］．建筑结构学报，2011，32（8）：10-17.

[68] 卜国熊，谭平，张颖等．大型超高层建筑的随机风振响应分析［J］．哈尔滨工业大学学报，42（2）：263-266.

[69] 田玉基，杨庆山．国家体育场屋盖结构风振响应的时域分析［J］．工程力学．2009，2（6）：95-99.

[70] 陈志华．弦支穹顶结构体系及其结构特性分析［J］．建筑结构，2004，34（5）：38-41.

[71] 蒋友宝，杨伟军．不对称荷载下大跨空间结构体系可靠性设计研究［J］．工程力学，2009，26（7）：105-110.

[72] 陈宗弼，陈星，叶群英等．广州新中国大厦结构设计［J］．建筑结构学报，2000，21（3）：1-9.

[73] 赵阳，陈贤川，董石麟．大跨椭球面圆形钢拱结构的强度及稳定性分析［J］．土木工程学报，2005，38（5）：15-23.

[74] 赵鹏飞等．武汉火车站复杂大型钢结构体系研究［J］．建筑结构，2009，39（1）：1-4.